2024

영양사
[1교시+2교시]
핵심요약+적중문제

원성숙

2024
영양사 [1교시+2교시] 핵심요약+적중문제

인쇄일 2024년 7월 1일 초판 1쇄 인쇄
발행일 2024년 7월 5일 초판 1쇄 발행
등 록 제17-269호
판 권 시스컴2024

발행처 시스컴 출판사
발행인 송인식
지은이 원성숙

ISBN 979-11-6941-388-6 13590
정 가 29,000원

주소 서울시 금천구 가산디지털1로 225, 514호(가산포휴) | **홈페이지** www.nadoogong.com
E-mail siscombooks@naver.com | **전화** 02)866-9311 | **Fax** 02)866-9312

산업사회가 발달하고 식생활이 변화함에 따라 병원은 물론 학교, 사업체 등에서의 단체급식과 일반 가정에서의 영양공급에 이르기까지 식품학, 영양학 등의 전문적인 지식을 갖춘 인력이 요구되면서 영양사 자격제도가 시행되고 확대되고 있다.

영양사의 주요 역할로는 식단 작성, 조리 및 배식지도, 검식, 영양분석 및 평가, 급식효과의 판정, 피급식자 및 관련자의 영양지도와 상담, 급식 종사자에 대한 교육, 급식예산의 계획 및 집행, 식생활 개선 및 영양관리를 위한 계몽 등 식품영양에 관련된 업무수행, 식품제조회사에서 식품제조를 위한 연구, 관리 및 판촉업무를 수행하게 된다. 앞으로 영양사의 고용은 증가할 것으로 전망되며, 생활환경의 변화와 노령인구의 증가로 인해 각종 의료기관과 복지시설이 신설되고 있어 영양사의 고용에 긍정적인 영향을 미칠 것이다. 또한 식생활이 변화되고 비만, 고혈압, 당뇨병 등의 성인병이 사회문제로 대두되면서 균형 있고 절제된 식생활과 영양관리를 필요로 하고 있고, 어린이와 청소년의 건전한 식습관 형성을 위한 학교급식의 필요성이 더욱 커지고 있으므로 영양사의 역할이 점점 증대할 것이다.

본서의 특징은
첫째, 영양사 시험에 합격하기 위해 반드시 숙지하고 암기해야 할 핵심내용들로만 체계적으로 정리하여 학습의 효율성을 높였습니다.
둘째, 각 과목별 적중문제를 통해 앞서 학습한 핵심내용들을 확인해봄으로써 수험생 여러분의 문제풀이 도우미가 되도록 하였습니다.
셋째, 한 권으로 1교시와 2교시 과목들을 한 번에 준비할 수 있도록 하여 수험생 여러분의 시간적, 경제적 활용가치를 높일 수 있도록 하였였습니다.

영양사를 준비하시는 수험생 여러분의 건투와 최단시간 내에 합격하시길 기원드리며 아울러 본서가 탄생할 수 있도록 해주신 시스컴 출판사 사장님과 임직원 여러분께 깊은 감사를 드립니다.

영양사란?

영양사는 개인 및 단체에 균형 잡힌 급식 서비스를 제공하기 위해 식단을 계획하고 조리 및 공급을 감독하는 등 급식을 담당하며, 산업체에서 급식관리 업무 외에 영양교육 및 상담, 영양지원 등 영양서비스를 관리하는 업무를 수행하는 자를 말한다.

수행직무

영양사는 「국민영양관리법」에 따라 다음과 같은 업무를 수행한다.
- 건강증진 및 환자를 위한 영양ㆍ식생활 교육 및 상담
- 식품영양정보의 제공
- 식단작성, 검식 및 배식관리
- 구매식품의 검수 및 관리
- 급식시설의 위생적 관리
- 집단급식소의 운영일지 작성
- 종업원에 대한 영양지도 및 위생교육

영양사의 전망

영양사는 중장기 인력 수급 전망에 따라 매년 2.2%의 인력 수요가 더 늘어날 것으로 한국고용정보원의 통계 조사에서 나타났습니다. 또한 1회 급식 인원이 100명 이상인 산업체나 의료기관에서는 반드시 영양사를 의무적으로 배치하는 것으로 법제화되어 취업 전망이 더욱 밝아졌습니다.

어린이집이나 유치원처럼 영유아를 대상으로 하는 교육기관에서 영양사 배치를 반드시 필요로 하며, 고령화 인구가 늘어나면서 요양원이나 복지관 등에서도 영양사 수요로 인한 취업의 문이 넓어지고 있습니다.

〈영양사 수요처〉
- 어린이집
- 유치원
- 사내식당
- 국립학교
- 구내식당
- 의료기관

합격자 통계

연도	회차	응시	합격	합격률(%)
2023년	47회	5,559	4,032	72.5
2022년	46회	5,398	3,629	67.2
2021년	45회	5,972	4,472	74.9
2020년	44회	6,633	4,567	70.2
2019년	43회	6,411	3,522	54.9
2018년	42회	6,464	4,509	69.8
2017년	41회	6,888	4,458	64.7
2017년	40회	6,998	4,504	64.4
2016년	39회	6,892	4,041	58.6
2015년	38회	7,250	4,636	63.9

시험과목

시험 과목 수	문제수	배점	총점	문제형식
4	220	1점/1문제	220점	객관식 5지선다형

시험시간표

구분	시험과목 (문제수)	교시별 문제수	시험형식	입장시간	시험시간
1교시	1. 영양학 및 생화학(60) 2. 영양교육, 식사요법 및 생리학(60)	120	객관식	~08:30	09:00~10:40(100분)
2교시	1. 식품학 및 조리원리(40) 2. 급식, 위생 및 관계법규(60)	100	객관식	~11:00	11:00~12:35(85분)

※ 식품 · 영양 관계법규 : 「식품위생법」, 「학교급식법」, 「국민건강증진법」, 「국민영양관리법」, 「농수산물의 원산지 표시에 관한 법률」, 「식품 등의 표시 · 광고에 관한 법률」과 그 시행령 및 시행규칙

합격기준

- 합격자 결정은 전 과목 총점의 60퍼센트 이상, 매 과목 만점의 40퍼센트 이상 득점한 자를 합격자로 합니다.
- 응시자격이 없는 것으로 확인된 경우에는 합격자 발표 이후에도 합격을 취소합니다.

합격자 발표

- 국시원 홈페이지 : [합격자조회] 메뉴
- 국시원 모바일 홈페이지
- 휴대전화번호가 기입된 경우에 한하여 SMS로 합격여부를 알려드립니다.

시험장소

서울, 부산, 대구, 광주, 대전, 전주, 원주, 제주도

응시자격

1. 2016년 3월 1일 이후 입학자
   ① 다음의 학과 또는 학부(전공) 중 1가지
      - 학과 : 영양학과, 식품영양학과, 영양식품학과
      - 학부(전공) : 식품학, 영양학, 식품영양학, 영양식품학
      ※ 학칙에 의거한 '학과명' 또는 '학부의 전공명'이어야 하며, 위와 명칭이 상이한 경우 반드시 담당자 확인 요망 (1544-4244)
   ② 교과목(학점) 이수 : '영양관련 교과목 이수증명서'로 교과목(학점) 확인 가능(국시원 홈페이지 [시험안내 홈] – [영양사 시험선택] – [서식모음 7] 첨부파일 참조)
      - 영양관련 교과목 이수증명서에 따른 18과목 52학점을 전공(필수 또는 선택)과목으로 이수해야 함
      - 2016년 3월 1일 이후 영양사 현장실습 교과목 이수 시 80시간 이상(2주 이상), 영양사가 배치된 집단급식소, 의료기관, 보건소 등에서 현장 실습하여야 함
      - 법정과목과 그에 해당하는 유사인정과목은 동일한 과목이므로, 여러 개 이수해도 1개 과목 이수로만 인정(단, 학점은 합산 가능)

2. 2010년 5월 23일 이후 ~ 2016년 2월 29일 입학자

① 식품학 또는 영양학 전공 : 식품학, 영양학, 식품영양학, 영양식품학 중 1가지

※ 학칙에 의거한 '전공명'이어야 하며, 위와 명칭이 상이한 경우 반드시 담당자 확인 요망 (1544-4244)

② 교과목(학점) 이수 : '영양관련 교과목 이수증명서'로 교과목(학점) 확인 가능(국시원 홈페이지 [시험안내 홈] – [영양사 시험선택] – [서식모음 7] 첨부파일 참조)

- 영양관련 교과목 이수증명서에 따른 18과목 52학점을 전공(필수 또는 선택)과목으로 이수해야 함
- 2016년 3월 1일 이후 영양사 현장실습 교과목 이수 시 80시간 이상(2주 이상), 영양사가 배치된 집단급식소, 의료기관, 보건소 등에서 현장 실습하여야 함
- 법정과목과 그에 해당하는 유사인정과목은 동일한 과목이므로, 여러 개 이수해도 1개 과목 이수로만 인정(단, 학점은 합산 가능)

3. 2010년 5월 23일 이전 입학자

식품학 또는 영양학 전공 : 식품학, 영양학, 식품영양학, 영양식품학 중 1가지

※ 학칙에 의거한 '전공명'이어야 하며, 위와 명칭이 상이한 경우 반드시 담당자 확인 요망 (1544-4244)

4. 국내대학 졸업자가 아닌 경우

① 외국에서 영양사면허를 받은 사람

② 외국의 영양사 양성학교 중 보건복지부장관이 인정하는 학교를 졸업한 사람

응시 불가능자

- 「정신건강증진 및 정신질환자 복지서비스 지원에 관한 법률」에 따른 정신질환자(다만, 전문의가 영양사로서 적합하다고 인정하는 사람은 제외)
- 「감염병의 예방 및 관리에 관한 법률」에 따른 감염병환자(B형간염 환자 제외) 중 보건복지부령으로 정하는 사람
- 마약 · 대마 또는 향정신성의약품 중독자
- 영양사 면허의 취소처분을 받고 그 취소된 날부터 1년이 지나지 아니한 자

인터넷 접수

1. 인터넷 접수 대상자

① 방문접수 대상자를 제외하고 모두 인터넷 접수만 가능

② 방문접수 대상자 : 보건복지부장관이 인정하는 외국대학 졸업자 중 국가시험에 처음 응시하는 경우

2. 인터넷 접수 준비사항

① 회원가입 등

- 회원가입 : 약관 동의(이용약관, 개인정보 처리지침, 개인정보 제공 및 활용)
- 아이디/비밀번호 : 응시원서 수정 및 응시표 출력에 사용
- 연락처 : 연락처1(휴대전화번호), 연락처2(자택번호), 전자 우편 입력

※ 휴대전화번호는 비밀번호 재발급 시 인증용으로 사용됨

② 응시원서

- 국시원 홈페이지 [시험안내 홈] – [원서접수] – [응시원서 접수]에서 직접 입력
- 실명인증 : 성명과 주민등록번호를 입력하여 실명인증을 시행, 외국국적자는 외국인등록증이나 국내거소신고증 상의 등록번호사용
- 금융거래 실적이 없을 경우 실명인증이 불가능함(코리아크레딧뷰 : 02-708-1000)에 문의
- 공지사항 확인

※ 원서 접수 내용은 접수 기간 내 홈페이지에서 수정 가능(주민등록번호, 성명 제외)

③ 사진파일 : jpg 파일(컬러), 276×354픽셀 이상 크기, 해상도는 200dpi 이상

3. 응시수수료 결제

① 결제 방법 : [응시원서 작성 완료] → [결제하기] → [응시수수료 결제] → [시험선택] → [온라인계좌이체 / 가상계좌이체 / 신용카드] 중 선택

② 마감 안내 : 인터넷 응시원서 등록 후, 접수 마감일 18:00시까지 결제하지 않았을 경우 미접수로 처리

4. 접수결과 확인

① 방법 : 국시원 홈페이지 [시험안내 홈] – [원서접수] – [응시원서 접수결과] 메뉴

② 영수증 발급 : https://www.easypay.co.kr → [고객지원] → [결제내역 조회] → [결제수단 선택] → [결제정보 입력] → [출력]

5. 응시원서 기재사항 수정

① 방법 : 국시원 홈페이지 [시험안내 홈] – [마이페이지] – [응시원서 수정] 메뉴

② 기간 : 시험 시작일 하루 전까지만 가능

③ 수정 가능 범위

- 응시원서 접수기간 : 아이디, 성명, 주민등록번호를 제외한 나머지 항목
- 응시원서 접수기간~시험장소 공고 7일 전 : 응시지역
- 마감~시행 하루 전 : 비밀번호, 주소, 전화번호, 전자 우편, 학과명 등

- 단, 성명이나 주민등록번호는 개인정보(열람, 정정, 삭제, 처리정지) 요구서와 주민등록초본 또는 기본증명서, 신분증 사본을 제출하여야만 수정이 가능
  ※ 국시원 홈페이지 [시험안내 홈] – [시험선택] – [서식모음]에서 「개인정보(열람, 정정, 삭제, 처리정지) 요구서」 참고

6. 응시표 출력

① 방법 : 국시원 홈페이지 [시험안내 홈] – [응시표출력]
② 기간 : 시험장 공고 이후 별도 출력일부터 시험 시행일 아침까지 가능
③ 기타 : 흑백으로 출력하여도 관계없음

방문접수

1. 방문 접수 대상자

보건복지부장관이 인정하는 외국대학 졸업자 중 국가시험에 처음 응시하는 경우는 응시자격 확인을 위해 방문접수만 가능합니다.

2. 방문 접수 시 준비 서류

외국대학 졸업자 제출서류(보건복지부장관이 인정하는 외국대학 졸업자 및 면허소지자에 한함)
① 응시원서 1매(국시원 홈페이지 [시험안내 홈] – [시험선택] – [서식모음]에서 「보건의료인국가시험 응시원서 및 개인정보 수집 · 이용 · 제3자 제공 동의서(응시자)」 참고)
② 동일 사진 2매(3.5×4.5cm 크기의 인화지로 출력한 컬러사진)
③ 개인정보 수집 · 이용 · 제3자 제공 동의서 1매(국시원 홈페이지 [시험안내 홈] – [시험선택] – [서식모음]에서 「보건의료인국가시험 응시원서 및 개인정보 수집 · 이용 · 제3자 제공 동의서(응시자)」 참고)
④ 면허증사본 1매
⑤ 졸업증명서 1매
⑥ 성적증명서 1매
⑦ 출입국사실증명서 1매
⑧ 응시수수료(현금 또는 카드결제)
  ※ 면허증사본, 졸업증명서, 성적증명서는 현지의 한국 주재공관장(대사관 또는 영사관)의 영사 확인 또는 아포스티유(Apostille) 확인 후 우리말로 번역 및 공증하여 제출합니다. 단, 영문서류는 번역 및 공증을 생략할 수 있습니다(단, 재학사실확인서는 필요시 제출).
  ※ 단, 제출한 면허증, 졸업증명서, 성적증명서, 출입국사실증명서 등의 서류는 서류보존기간(5년)동안 다시 제출하지 않고 응시하실 수 있습니다.

3. 응시수수료 결제

① 결제 방법 : 현금, 신용카드, 체크카드 가능
② 마감 안내 : 방문접수 기간 18:00시까지(마지막 날도 동일)

접수안내

공통 유의사항

1. 원서 사진 등록
   ① 모자를 쓰지 않고, 정면을 바라보며, 상반신만을 6개월 이내에 촬영한 컬러사진
   ② 응시자의 식별이 불가능할 경우, 응시가 불가능할 수 있음
   ③ 셀프 촬영, 휴대전화기로 촬영한 사진은 불인정
   ④ 기타 : 응시원서 작성 시 제출한 사진은 면허(자격)증에도 동일하게 사용
2. 면허 사진 변경
   면허교부 신청 시 변경사진, 개인정보(열람, 정정, 삭제, 처리정지) 요구서, 신분증 사본을 제출
   하면 변경 가능

유의사항

시험 시작 전

- 응시자는 본인의 시험장이 아닌 곳에서는 시험에 응시할 수 없으므로 반드시 사전에 본인의 시
  험장을 확인하시기 바랍니다.
- 모든 응시자는 신분증, 응시표, 필기도구를 준비하셔야 합니다.
- 응시표는 한국보건의료인국가시험원 홈페이지에서 출력하실 수 있으며 컴퓨터용 흑색 수성 사
  인펜은 나누어 드리니 별도로 준비하지 않으셔도 됩니다.
- 시험 당일 시험장 주변이 혼잡할 수 있으므로 대중교통을 이용하셔야 합니다.
- 학교는 국민건강증진법에 따라 금연 지역으로 지정되어 있으므로 시험장 내에서의 흡연은 불가
  능합니다.
- 본인의 응시표에 적혀있는 응시자 입실 시간까지 해당 시험장에 도착하여 시험실 입구 및 칠판
  에 부착된 좌석 배치도를 확인하고 본인의 좌석에 앉으셔야 합니다.
- 시험 시작 종이 울리면 응시자는 절대로 시험실에 입실할 수 없습니다.
- 응시자는 안내에 따라 응시표, 신분증, 필기구를 제외한 모든 소지품을 시험실 앞쪽에 제출합니다.
- 응시자는 개인 통신기기 및 전자 기기의 전원을 반드시 끈 상태로 가방에 넣어 시험실 앞쪽에
  제출하도록 합니다.
- 휴대전화, 태블릿 PC, 이어폰, 스마트 시계/스마트 밴드, 전자계산기, 전자사전 등의 통신기기 및
  전자기기는 시험 중 지 할 수 없으며, 만약 이를 소지하다 적발될 경우 해당 시험 무효 등의 처

분을 받게 됩니다.

- 신분증은 주민 등록증, 유효기간 내에 주민등록증 발급 신청 확인서 운전면허증, 청소년증, 유효기간 내에 청소년증 발급 신청 확인서 만료일 이내에 여권, 영주증, 외국인등록증, 외국국적동포 국내 거소 신고증, 주민등록번호가 기재된 장애인 등록증 및 장애인 복지카드에 한하여 인정하며 학생증 등은 신분증으로 인정하지 않습니다.
- 감독관이 답안 카드를 배부하면 응시자는 답안카드에 이상 여부를 확인합니다.
- 가방 카드의 모든 기재 및 표기 사항은 반드시 컴퓨터용 흑색 수성 사인펜으로 작성하도록 합니다.
- 응시자는 방송에 따라 시험 직종, 시험 교시, 문제 유형, 성명, 응시번호를 정확히 기재해야 하며 문제 유형은 응시번호 끝자리가 홀수이면 홀수형으로 짝수이면 짝수형으로 표기합니다.
- 시험 시작 전 응시자에 본인 여부를 확인하고 답안 카드에 시험 감독관 서명란에 서명이 이루어집니다.
- 감독관이 문제지를 배부하면 응시자는 문제지를 펼치지 말고 대기하도록 합니다.
- 응시자는 감독관에 지시에 따라 문제지 누락, 인쇄 상태 및 파손 여부 등을 확인하고 문제지에 응시번호와 성명을 정확히 기재한 후 시험 시작 타종이 울릴 때까지 문제지를 펼치지 말고 대기하도록 합니다.
- 시험문제가 공개되지 않는 시험의 경우 문제지 감독관 서명란에 서명이 이루어집니다.

시험 시작

- 답안카드의 모든 기재 및 표기 사항은 반드시 컴퓨터용 흑색 수성 사인펜으로 작성하도록 합니다.
- 연필이나 볼펜 등을 사용하거나 펜의 종류와 색깔과 상관없이 예비 마킹으로 인하여 답안카드에 컴퓨터용 흑색 수성 사인펜 이외에 필기구에 흔적이 남아있는 경우에는 중복 답안으로 채점되어 해당 문제가 0점 처리 될 수 있으므로 반드시 수정테이프로 깨끗이 지워야 합니다.
- 점수 산출은 이미지 스캐너 판독 결과에 따르기 때문에 답안은 보기와 같이 정확하게 표기해야 하며 이를 준수하지 않아 발생하는 정답 표기 불인정 등은 응시자에게 귀책사유가 있습니다.
- 답안을 잘못 표기 하였을 경우 답안 카드를 교체 받거나 수정 테이프를 사용하여 답안을 수정할 수 있습니다.
- 수정 테이프가 아닌 수정액이나 수정 스티커는 사용할 수 없습니다.
- 수정 테이프를 사용하여 답안을 수정한 경우 수정 테이프가 떨어지지 않게 손으로 눌러 줍니다.
- 수정 테이프로 답안 수정 후 그 위에 답을 다시 표기하는 경우에도 정상처리됩니다.
- 방송 또는 시험 감독관이 시험 종료 10분 전 5분 전에 남은 시험 시간을 안내합니다.
- 시험 중 답안 카드를 교체해야 하는 경우 시험 감독관에게 조용히 손을 들어 답안 카드를 교체받으며, 이때 인적 사항 문제 유형 등 답안 카드 기재 사항을 모두 기재해야 합니다.

- 교체 전 답안 카드는 시험 감독관에게 즉시 제출합니다.
- 시험 종료와 동시에 답안 카드를 제출해야 합니다.
- 시험 종류가 임박하여 답안 카드를 교체하는 경우 답안 표기 시간이 부족할 수 있음을 유념하시기 바랍니다.
- 시험문제가 공개되지 않는 시험의 경우 시험문제 또는 답안을 응시표 등에 옮겨 쓰는 경우와 시험 종료 후 문제지를 제출하지 않거나 문제지를 훼손하여 시험 문제를 유출하려고 하는 경우에는 부정행위자로 처리될 수 있습니다.
- 응시자는 시험시간 중 화장실을 사용하실 수 없습니다.
- 응시자는 시험 종료 전까지 시험실에서 퇴실하실 수 없습니다.

시험 종료

- 시험 시간이 종료되면 모든 응시자는 동시에 필기구에서 손을 떼고 양손을 책상 아래로 내려야 합니다.
- 시험 감독관에게 답안 카드를 제출하지 않고 계속 필기하는 경우 해당교시가 0점 처리됩니다.
- 감독관의 답안 카드 매수 확인이 끝나면 감독관의 지시에 따라 퇴실할 수 있습니다.
- 응시자는 교실 앞에 놓아두었던 개인 소지품을 챙겨 귀가합니다.
- 시험문제가 공개되는 시험의 경우 응시자는 시험 종료 후 본인의 문제지를 가지고 퇴실하실 수 있습니다.
- 시험문제에 공개 여부는 한국보건의료인국가시험원 홈페이지에서 확인하실 수 있습니다.
- 시험문제는 저작권법에 따라 보호되는 저작물이며 시험문제에 일부 또는 전부를 무단 복제 배포 (전자)출판하는 등 저작권을 침해하는 경우 저작권법에 의하여 민·형사상 불이익을 받을 수 있습니다.
- 시험 문제를 공개하지 않는 시험의 시험문제를 유출하는 경우에는 관계 법령에 의거 합격 취소 등의 행정처분을 받을 수 있습니다.
- 다음 내용에 해당하는 행위를 하는 응시자는 부정행위자로 처리되오니 주의하시기 바랍니다.

  - 응시원서를 허위로 기재하거나 허위 서류를 제출하여 시험에 응시한 행위
  - 시험 중 시험문제 내용과 관련된 시험 관련 교재 및 요약 자료 등을 휴대하거나 일을 주고받는 행위
  - 대리 시험을 치른 행위 또는 치르게 하는 행위
  - 시험 중 다른 응시자와 시험과 관련된 대화를 하거나 손동작, 소리 등으로 신호를 하는 행위
  - 시험 중 다른 응시자의 답안 또는 문제지를 보고 자신의 답안 카드를 작성하는 행위
  - 시험 중 다른 응시자를 위하여 답안 등을 알려 주거나 보여 주는 행위
  - 시험장 내외의 자로부터 도움을 받아 답안 카드를 작성하는 행위 및 도움을 주는 행위
  - 다른 응시자와 답안카드를 교환하는 행위

- 다른 응시자와 성명 또는 응시번호를 바꾸어 기재한 답안카드를 제출하는 행위
- 시험 종료 후 문제지를 제출하지 않거나 일부를 훼손하여 유출하는 행위
- 시험 전, 후 또는 시험 기간 중에 시험문제, 시험 문제에 관한 일부 내용 답안 등을 다른 사람에게 알려 주거나 알고 시험을 치른 행위
- 시험 중 허용되지 않는 통신기기 및 전자기기 등을 사용하여 답안을 전송하거나 작성하는 행위
- 시행 본부 또는 시험 감독관의 지시에 불응하여 시험 진행을 방해하는 행위
- 그 밖의 부정한 방법으로 본인 또는 다른 응시자의 시험결과에 영향을 미치는 행위

• 다음 내용에 해당하는 행위를 하는 응시자는 응시자 준수사항 위반자로 처리 돼 오니 주의하시기 바랍니다.

- 신분증을 지참하지 아니한 행위
- 지정된 시간까지 지정된 시험실에 입실하지 아니한 행위
- 시험 감독관의 승인을 얻지 아니하고 시험시간 중에 시험실에서 퇴실한 행위
- 시험 감독관의 본인 확인 요구에 따르지 아니한 행위
- 시험 감독관의 소지품 제출 요구를 거부하거나 소지품을 지시와 달리 임의의 장소에 보관한 행위(단 시험문제 내용과 관련된 물품의 경우 부정행위자로 처리됩니다.)
- 시험 중 허용되지 않는 통신기기 및 전자기기 등을 지정된 장소에 보관하지 않고 휴대한 행위
- 그밖에 한국보건의료인국가시험원에서 정한 응시자 준수사항을 위반한 행위
- 다리를 떠는 행동
- 몸을 과도하게 움직이는 행동
- 볼펜 똑딱이는 소리 등은 다른 응시자에게 방해됩니다.
- 응시자 여러분들은 다른 응시자에게 방해되는 행동을 하지 않도록 주의하여 주시기 바랍니다.

기타 응시자 유의사항

- 편의 제공이 필요한 응시자는 시험일 30일 전까지 편의제공 대상자 지정신청서를 제출해야 합니다.
- 시험장 주변에서 단체 응원은 시험 진행에 방해되고 시험장 지역 주민의 생활 침해 및 민원 대상이 되므로 단체응원은 하실 수 없습니다.
- 식사 후 도시락 및 음식물 쓰레기는 반드시 각자 수거해 가셔야 합니다.
- 시험장 내 기물이 파손되지 않도록 주의합니다.
- 시험실 책상 서랍 속에 물건이 분실되지 않도록 주의합니다.
- 응시자 개인 물품에 관리 책임은 응시자 본인에게 있으므로 개인 소지품이 분실되지 않도록 주의합니다.
- 합격 여부는 한국보건의료인국가시험원 홈페이지, 모바일 홈페이지, ARS를 통해 확인하실 수 있습니다.
- 응시원서 접수 시 휴대폰 연락처를 기재한 경우 시험 전에는 시험장소 및 유의사항을 시험 후에는 합격 여부 및 성적을 문자 메시지로 발송하여 드립니다.

핵심요약

영양사 고득점을 위해 반드시 숙지하고 암기해야 할 핵심내용들만 체계적으로 정리하여 학습의 효율성을 높였습니다.

영양사 1교시 | 1과목 영양학

1장 탄수화물

1 탄수화물 일반

(1) 탄수화물의 의의

① 녹말, 셀룰로오스, 포도당 등과 같이 일반적으로 탄소 · 수소 · 산소의 세 원소로 이루어져 있으며, 생물체의 구성 성분이나 에너지원으로 사용되는 등 생물체에 꼭 필요한 화합물이다.

② 당류 · 당질이라고도 부른다.

③ $C_n(H_2O)_m$의 일반식을 가지는데, 이것이 마치 탄소와 물분자(H_2O)로 이루어져 있는 것처럼 보이기 때문에 탄소의 수화물이라는 뜻에서 탄수화물이라는 이름이 붙었다.

④ 산소 원자수가 일반식보다 하나 적은 것(디옥시리보오스 등)도 탄수화물에 포함시키며, 질소원자를 함유하는 것(디미노당 등), 황화합물을 함유하는 것(콘드로이틴황산 등)도 포함시킨다.

⑤ 탄수화물은 주로 광합성에 의하여 식물에서 만들어지며 자연계에서 가장 많이 존재하는 화합물이다.

⑥ 탄수화물은 동물에 있어서 가장 중요한 에너지원이고, 핵산의 구성성분이며 세포막 등에 함유되어 있다.

⑦ 탄수화물은 동식물계에 널리 분포하는데, 생물체 내에서의 기능은 생물체의 구성 성분인 것과 활동의 에너지원이 되는 것으로 크게 나눌 수 있다.

⑧ 구조를 유지하는 데 사용되는 탄수화물은 모두 다당류로, 식물의 세포벽을 만드는 셀룰로오스, 곤충의 외피를 만드는 키틴, 동물의 연골이나 힘줄의 성분인 황산콘드로이틴류 등이 그 예이다.

⑨ 에너지원으로 사용되는 탄수화물은 지질 · 단백질과 함께 생물체에서 중요한 비중을

영양사

1교시

1과목 영양학
정답 및 해설

1과목 영양학

01	③	02	①	03	⑤	04	④	05	①
06	②	07	③	08	②	09	⑤	10	③
11	④	12	③	13	①	14	③	15	⑤
16	②	17		18	①	19	①	20	⑤
21	③	22	④	23	②	24	②	25	⑤
26	③	27	④	28	⑤	29	④	30	①
31	①	32	③	33	③	34	①	35	④
36	①	37	①	38	②	39	⑤	40	②
41	④	42	④	43	①	44	④	45	②
46	①	47		48	①	49	①	50	⑤

01   정답 ③

해 케톤체가 과잉으로 생성되는데 이것이 처리되지 못하면 케톤증이 된다. 고탄수화물의 섭취는 케톤증과 직접적인 관련이 없다.

04   정답 ④

올리고당은 단당류가 3~10개 결합된 당질로 충치원인균인 streptococcus mutans의 발육에 거의 이용되지 않아 충치예방효과가 있으며, 장내 유익한 비피더스균을 증식시켜 장을 튼튼하게 한다.

05   정답 ①

과당은 간에서 포도당으로 전환되며, 세포 내로 이동하는 것은 인슐린 의존성이 아니다. 과당은 해당과정에서 속도조절 단계를 거치지 않고 중간 단계인 디히드록시아세톤인산의 형태로 들어가므로 아세틸 CoA 전환속도가 증가되어 지방의 합성속도가 증가한다.

06   정답 ②

유당불내증이란 락타아제 부족으로 유당이 포도당과 갈락토오스로 분해되지 못하고 소장 내 박테리아에 의해 이용되어 많은 양의 가스가 발생되고 삼투압의 증가로 인해 수분을 끌어들여 복부경련과 설사가 유발되는 증상이다.

07   정답 ③

지방은 지용성 비타민(비타민 A, D, E, K)의 운반과 흡수를 돕는다.

정답 및 해설

빠른 정답 찾기로 문제를 빠르게 채점할 수 있고, 각 문제의 해설을 상세하게 풀어내어 문제와 관련된 개념을 이해하기 쉽도록 하였습니다.

목 차

효율적인 학습을 위한 CHECK LIST

연도	과목	학습 기간	정답 수	오답 수
1교시	1과목 영양학	~		
	2과목 생화학	~		
	3과목 영양교육	~		
	4과목 식사요법	~		
	5과목 생리학	~		
2교시	1과목 식품학 및 조리원리	~		
	2과목 급식관리	~		
	3과목 식품위생			
	4과목 식품·영양 관계법규	~		

NUTRITIONIST

1교시
1과목 영양학

1장 탄수화물

1 탄수화물 일반

(1) 탄수화물의 의의

① 녹말, 셀룰로오스, 포도당 등과 같이 일반적으로 탄소·수소·산소의 세 원소로 이루어져 있으며, 생물체의 구성 성분이나 에너지원으로 사용되는 등 생물체에 꼭 필요한 화합물이다.

② 당류·당질이라고도 부른다.

③ $C_n(H_2O)_m$의 일반식을 가지는데, 이것이 마치 탄소와 물분자(H_2O)로 이루어져 있는 것처럼 보이기 때문에 탄소의 수화물이라는 뜻에서 탄수화물이라는 이름이 붙었다.

④ 산소 원자수가 일반식보다 하나 적은 것(디옥시리보오스 등)도 탄수화물에 포함시키며, 질소원자를 함유하는 것(디미노당 등), 황화합물을 함유하는 것(콘드로이틴황산 등)도 포함시킨다.

⑤ 탄수화물은 주로 광합성에 의하여 식물에서 만들어지며 자연계에서 가장 많이 존재하는 유기물이다.

⑥ 탄수화물은 동물에 있어서 가장 중요한 에너지원이고, 핵산의 구성성분이며 세포막 등에 함유되어 있다.

⑦ 탄수화물은 동식물계에 널리 분포하는데, 생물체 내에서의 기능은 생물체의 구성 성분인 것과 활동의 에너지원이 되는 것으로 크게 나눌 수 있다.

⑧ 구조를 유지하는 데 사용되는 탄수화물은 모두 다당류로, 식물의 세포벽을 만드는 셀룰로오스, 곤충의 외피를 만드는 키틴, 동물의 연골이나 힘줄의 성분인 황산콘드로이틴류 등이 그 예이다.

⑨ 에너지원으로 사용되는 탄수화물은 지질·단백질과 함께 생물체에서 중요한 비중을 차지한다.

⑩ 녹색식물은 광합성을 통해 단당류인 글루코오스(포도당)를 합성하고, 이것을 다당류인 녹말로 합성하여 저장한다.

⑪ 동물은 자신이 탄수화물을 합성하지 못하므로 이것을 식물에서 섭취하여 사용한다.

(2) 탄수화물의 분류

① 탄수화물은 그것을 구성하는 단위가 되는 당의 수에 따라 단당류·소당류·다당류로 구분한다. 예를 들어, 포도당은 단당류의 일종으로 녹말을 형성하는 기본 단위가 되기도 하며,

녹말은 그 단위가 되는 포도당이 무수히 많이 연결되어 만들어진 분자로 다당류에 속한다.

② 단당류는 한 개의 분자가 가지는 탄소의 수에 따라 다시 3탄당(트리오스)부터 7탄당(헵토오스)까지 분류된다. 포도당(글루코오스)은 탄소 수가 여섯 개이기 때문에 6탄당(헥소오스)이라 부른다.

③ 소당류는 몇 개의 단당류가 글리코시드 결합을 통해 연결된 것으로, 단당류가 2개 결합한 것을 이당류라고 하며, 수크로오스 · 말토오스 등이 그 예이다. 같은 식으로 3개가 결합한 것을 삼당류, 4개가 결합한 것을 사당류라 부른다.

④ 다당류는 수없이 많은 단당류가 글리코시드 결합으로 연결된 것이며, 분자량은 수천에서 100만을 넘는 것도 있다.

(3) 탄수화물의 기능

① 탄수화물은 가장 저렴한 칼로리의 하나이며 지구상에서 가장 광범위하게 공급되는 영양소이다. 주요기능은 에너지를 공급하는 것이며, 인간의 식품에너지 중 가장 중요한 공급원으로 1g당 4kcal를 공급한다.

② 우리가 섭취한 탄수화물은 일련의 생화학 반응을 통하여 에너지화된다. 그 에너지는 간과 근육에 저장되어 있다가 신체활동에 쓰여지게 되는데 제일 먼저 쓰이는 것은 근육 속에 저장되어 있던 근글리코겐이다.

③ 근글리코겐이 사용됨에 따라 혈중에 있던 글루코오스는 근육으로 들어가 글리코겐의 저장량을 유지시켜 주고, 이때 부족한 혈중의 글루코오스는 간에 저장되어 있던 간글리코겐이 보충해준다.

④ 탄수화물의 섭취가 부족하면 체내의 에너지 대사에 장애가 발생하여 중간 대사산물이 쌓이는 등 여러 가지 부작용이 생길 수 있다. 이런 대사상의 장애를 막기 위해서는 최소한 50~100g의 탄수화물을 매일 섭취해야 한다.

⑤ 단백질의 절약, 혈당유지, 지방대사에 관여하는 등의 역할을 한다.

⑥ 당질의 섭취가 부족하면 체조직 형성에 우선적으로 사용되어야 할 식이단백질과 체단백질이 포도당이나 에너지를 제공하기 위해 사용된다. 그러므로 충분한 당질은 체단백질이 에너지원으로 사용되는 것을 막아준다.

⑦ **케톤증 예방** : 저탄수화물 식이로 인슐린 분비가 감소하면 지방이 분해되며, 또한 심한 당뇨, 기아, 마취, 산독증일 때도 지방분해로 인해 케톤체가 과잉으로 생성되는데 이것이 처리되지 못하면 케톤증이 된다.

Tip

탄수화물의 화학적 작용
• 구성성분은 C. H. O이다.

- 에너지 급원으로 1g에 4kcal를 낸다.
- 섭취하면 글리코겐으로 되어 간, 근육에 저장된다.
- 감미(단맛)가 있다.
- 부족하면 체중감소, 체력저하가 생기고, 발육이 나빠진다.
- 권장량은 1일 총열량의 60~65% 정도이다.
- 과잉 섭취 시 배가 나오고 비만이 오며 팔, 다리가 붓고 피로하기 쉽다.
- 체내에서 소화되어 포도당으로 흡수되며, 더 이상 가수분해가 되지 않는 단당류, 단당류가 2개 결합된 이당류, 그 이상 결합된 다당류 등이 있다.

2 탄수화물의 종류

(1) 단당류

① 단당류란 탄수화물의 단위체로 다당류(녹말·셀룰로오스 등)를 산 또는 효소로 가수분해 했을 때 생기는 당류이다.

② 식품 중에 널리 분포되어 있으며, 신진대사되는 동시에 식품의 맛에도 영향을 준다.

③ 환원성이 있으며, 알데히드나 케톤기를 가지고 있고, 단맛이 있다.

④ 산·알칼리·효소 등에 의해 더 이상 가수분해되지 않는 간단한 구조를 가진 탄수화물로서 단당류 중 중요한 단당류는 6탄당이다.

   ⊙ 포도당(glucose)
- 체내 당 대사의 중심물질로서 생체계의 가장 기본적인 에너지 급원이다.
- 채소나 과일에 많고, 특히 포도의 액즙에 많이 함유되어 포도당이라고 한다.
- 혈당이 0.1%이고, 수용성이다.
- 당질이 소화되면서 장벽을 통과한다.
- 쓰고 남으면 지방조직으로 저장된다.
- 혈당유지는 뇌세포와 적혈구의 열량원 공급으로 중요하다.
- 간과 근육에 글리코겐의 형태로 에너지를 저장한다.
- 혈당유지를 위해 체단백질이 분해되는 것을 방지한다.

   ⓒ 과당(fructose)
- 과일과 꿀 속에 존재하며, 당 가운데 단맛이 가장 강하다.
- 설탕과 전화당의 구성단위이며, 간에서 포도당으로 전환된다(수용성).
- 가열하면 단맛이 적은 α형이 많아지고, 냉각하면 단맛이 강한 β형이 많아진다.

   ⓒ 갈락토오스(galactose)

- 자연계에 단독으로 존재하지 못하고, 포도당과 결합하여 유당(lactose)이라 불리는 이당류의 형태로 존재한다.
- 포도당보다 단맛은 약하고 물에 녹기 어렵다.
- 간에서 포도당으로 전환된다(수용성).
- 갈락토오스는 뇌신경조직의 당지질인 세레브로시드 등의 성분으로 작용하여 두뇌발달에 관여한다.
- 단당류 중에서 장내 흡수속도가 가장 빠르며, 혈액 내에서 인슐린 도움 없이 세포 내로 운반된다.

② 만노오스(mannose)
- 포도당과 결합하여 곤약 속에 존재한다.
- 체내에서는 단백질과 결합되어 있다.

(2) 이당류

① 가수분해 될 때 두 개의 구성단위로 분해되는 당류, 즉 두 개의 단당류를 형성하는 당류를 이당류라 한다.
② 이당류에는 설탕(sucrose = 자당), 맥아당(maltose), 유당(lactose) 등이 있다.

맥아당 (maltose)	• 보리에서 맥아가 발아할 때 생성됨 • 맥아당은 2분자의 포도당으로 구성됨 • 밥을 오래 씹으면 침 중의 효소 프티알린(ptyalin)에 의해 전분이 분해되어 맥아당이 생성되므로 단맛이 남 • 환원당, 수용성 • 엿기름 속에 들어 있으며 물에 녹기 쉬움
자당(설탕) (sucrose)	• 포도당과 과당이 결합한 당 • 채소나 과일의 액즙에 많고 특히 사탕수수, 사탕무 중에 많이 함유 • 비환원당, 수용성 • 산, 장액에 의하여 포도당과 과당이 같은 비율로 분해
유당 (lactose)	• 동물의 젖 속에 많으며 단맛이 적음 • 유당은 물에 잘 녹지 않고 소화도 느림 • 장내에서 유용한 세균의 발육을 왕성하게 하여 정장작용을 하며 칼슘의 흡수와 이용률을 향상시킴 • 포도당과 갈락토오스로 결합됨 • 락토오스에 의해 가수분해되고, 효모에 의해 발효되지 않음 • 가수분해되면 포도당과 갈락토오스가 생성됨 • 유산균에 의해 유산으로 분해됨 • 유당은 다른 이당류와 달리 포도당과 갈락토오스가 $\beta-1, 4$결합을 함으로써 만들어지므로 과량섭취 시나 분해효소가 부족하면 소화가 어려움

 Tip 당도(설탕)를 100으로 했을 때의 비교

과당 175 > 전화당 125 > 서당(설탕) 100 > 포도당 74 > 소르비톨 35 > 맥아당 32.5 > 갈락토오스 32 > 유당 16 순이다.

(3) 다당류

① 다당류는 에너지의 저장 형태이거나, 식물의 구조를 형성하는 물질로 가수분해 될 때 많은 수의 단당류가 형성되는 당류이다.

② 복합탄수화물로 불리우는 다당류는 소화성 다당류(녹말, 글리코겐 등)와 난소화성 다당류(식이섬유소)로 구분된다.

③ 소화성 다당류

전분(녹말) (starch)	• 대표적인 식물의 저장 탄수화물 • 식물이 성장하면서 포도당이 중합하여 형성되며, 결합형태에 따라 아밀로오스와 아밀로펙틴의 두 종류로 나뉘어짐 • 아밀라아제와 아밀로펙틴이 1:4 비율로 함유되어 있음 • 물보다 무거워 침전되며 산 분해되면 포도당과 맥아당이 생김 • 물에 잘 녹지 않고 단맛이 없으며 무색, 무미, 무취의 분말
글리코겐 (glycogen)	• 동물의 저장용 탄수화물로 근육조직과 간에 저장 • 포도당이 α결합으로 중합된 다당류 • 아밀로펙틴과 구조는 유사하나 가지가 훨씬 더 많음 • 요오드 반응에 적포도주 색깔로 변함 • 효소에 의해 포도당으로 가수분해
덱스트린	• 전분을 산, 효소, 열로 분해할 때 분해생성물을 총칭함 • 작은 단위의 덱스트린은 물에 녹음

 Tip 전분(starch)의 α형과 β형

• 전분이 가열로 인하여 α형으로 변화하고, 식으면 β형으로 된다.
• α형이 전분을 β형으로 되돌아오지 않게 하려면 급속히 탈수시킨다.
• 건빵, 비스킷 등은 α형의 원리에 의한 것이다.
• α형은 호화된 형태이고, β형은 생전분이므로 α형이 소화가 잘 된다.

④ 난소화성 다당류 : 식이섬유소

식이섬유의 의의	• 식품 중에서 채소 · 과일 · 해조류 등에 많이 들어 있는 섬유질 또는 셀룰로오스로 알려진 성분 • 사람의 소화효소로는 소화되지 않고 몸 밖으로 배출되는 고분자 탄수화물 • 1970년대 초 섬유질을 적게 섭취하는 사람에게 대장암을 비롯해서 심장병 · 당뇨병 등의 성인병이 많다는 학설이 발표되면서 섬유질에 대한 관심이 높아짐 • 사람은 체내에서 에너지를 생성하는 탄수화물 · 지방 · 단백질 등 영양소를 섭취해야 살 수 있음
기능	• 소화기관의 움직임 활성화 • 변의 용적 증대 및 변의 경도 정상화 • 장과 간에 순환하는 담즙산 감소 • 혈청 콜레스테롤의 저하

불용성
식이섬유소
	• 셀룰로오스
	  – 물에 녹지 않음
	  – 묽은 산, 알칼리에 녹지 않음
	  – 식물 세포막의 주성분임
	• 헤미셀룰로오스 : 식물세포 벽에 들어 있는 셀룰로오스 이외의 다당류의 혼합물로서 알칼리에 녹는 성분을 말함
	• 리그닌 : 목재, 대나무, 짚 등 목질화한 식물체 주성분의 하나임

수용성 식이섬유소	• 펙틴 : 식물의 과일, 줄기에 널리 분포되어 있고, 특히 과실이나 채소의 어린 조직에 많음 • 검질 : 물에 녹아서 점성을 나타내는 고분자화합물로서 아라비아 검과 구아 검으로 나뉨 • 해조 다당류 : 한천, 알긴산, 카라기난 등
1일 권장량	• 약 20~35g

 올리고당
• 올리고당은 단당류가 3~10개 결합된 당을 말한다.
• 현재 식품가공에 주로 이용되고 있는 올리고당으로는 프락토 올리고당, 말토 올리고당, 갈락토 올리고당 등이 있다.
• 난소화성으로 위에서 분해되지 않고 대장에서 비피더스균에 의해 acetate, propionate로 전환한다.
• 충치원인균인 streptococcus mutans의 발육에 거의 이용되지 않아 충치예방효과가 있다.
• 칼로리가 적다.
• 장내 유익한 비피더스균을 증식시켜 장을 튼튼하게 한다.

3 탄수화물의 대사

(1) 탄수화물 대사의 의의

① 탄수화물 대사는 해당과정과 TCA사이클로 나눌 수 있다.

② 해당이란 당질이 pyruvic acid 또는 lactic acid로 분해되는 것을 말한다.

③ TCA사이클은 pyruvic acid가 분해되어 CO_2, H 및 ATP(에너지)가 생성되는 것을 말한다.

(2) 탄수화물의 소화과정

① 소화는 타액 아밀라아제(프티알린)의 작용으로 시작된다.

② 위에서 분해효소가 없지만 소화가 소극적으로 진행된다.

③ 본격적인 소화는 소장 상부에서 시작되며 췌장 아밀라아제에 의해 전분 등의 탄수화물은 이 당류인 맥아당으로 분해된다.

④ 이당류는 소장점막세포에서 이당류 분해효소에 의해 맥아당은 두 분자의 포도당으로, 유당은 포도당과 갈락토오스로, 서당은 포도당과 과당으로 분해된다.

⑤ 대장에서는 특별한 소화과정은 없으며 소장에서 분해되지 않은 셀룰로오스 등이 세균에 의해 발효·부패된다.

⑥ 셀룰로오스는 셀룰라아제에 의하여 가수분해가 이루어지는데 초식동물의 위에는 존재하나 사람의 체내에는 존재하지 못하므로 가수분해가 일어나지 않는다. 그러나 셀룰로오스는 수분을 흡수하는 능력, 겔 형성 능력이 있어 변비예방, 혈장 콜레스테롤 저하, 내당 능력 개선효과, 유독성 유기물의 흡수 및 희석효과가 있다.

(3) 소화효소 분비장소

① **타액과 췌장** : 아밀라아제

② **위액과 담즙** : 소화효소가 없음

③ **소장액** : 서당, 유당, 맥아당 분해효소

(4) 탄수화물의 흡수

① 흡수속도는 당의 종류에 따라 다르다. 즉, 6탄당이 5탄당보다 빠르다.

② 포도당의 흡수속도를 100으로 하는 경우 갈락토오스는 110, 과당은 43, 만노오스는 19, 자일로오스는 15 정도이다.

③ 포도당과 갈락토오스는 Na^+ 펌프 기전에 의해 흡수되며 이 능동수송과정에서 서로 경쟁

한다.

④ 과당은 촉진확산에 의해 흡수된다.

⑤ 흡수된 단당류는 모세혈관을 통해 문맥으로 가서 간으로 운반된다.

(5) 해당과정과 해당작용

① 해당과정은 포도당이 피루브산으로 되는 과정으로 세포질에서 일어난다.

② 생성된 피루브산은 산소가 충분한 호기적 상태에서 아세틸 CoA로 되어 TCA회로에서 대사되며, 산소가 부족한 혐기적 조건에서는 TCA회로를 통한 대사가 원활하지 않아 젖산으로 환원된다.

③ 포도당 1분자로부터 6개 또는 8개의 ATP가 형성된다.

④ 해당작용은 격심한 운동의 폭발적 에너지를 공급하기 위한 비효율적인 에너지 생성 경로이며, 세포질에서 포도당이 피루브산까지 분해된다.

(6) 5탄당 인산경로를 통한 포도당의 대사

① 5탄당 인산경로는 주로 피하조직처럼 지방합성이 활발히 일어나는 곳에서 중요한 역할을 하며, 그 외 간, 부신피질, 적혈구, 고환, 유선조직 등에서 활발하다.

② 이 경로를 통해 포도당은 지방산과 스테로이드 호르몬의 합성에 필요한 NADPH를 생성하며 핵산합성에 필요한 리보오스를 합성한다.

③ 리보오스는 이 경로를 통하여 6탄당으로 되어 대사된다.

(7) 과당의 대사

① 과당은 간에서 포도당으로 전환되며, 세포 내로 이동하는 것은 인슐린 의존성이 아니다. 그러나 과당도 결국 포도당으로 전환되므로 과량을 섭취할 경우 혈당을 높일 수 있다.

② 과당은 해당과정에서 속도조절 단계를 거치지 않고 중간 단계인 디히드록시아세톤인산의 형태로 들어가므로 아세틸 CoA 전환속도가 증가되어 지방산 합성속도가 증가한다.

(8) 포도당의 대사

① 적혈구, 뇌, 신경세포 등은 포도당을 주요 에너지원으로 사용한다.

② 탄수화물의 섭취가 부족한 경우 당 이외의 물질, 즉 아미노산, 글리세롤, 피루브산, 젖산, 프로피온산 등으로부터 포도당이 합성된다. 이를 포도당 신생합성과정이라고 하며, 주로 간과 신장에서 일어난다.

③ 적혈구에서 포도당은 해당과정을 통하여 에너지를 내며 남은 피루브산은 산소가 없으므로

호기적 산화과정인 TCA회로를 통하지 못하고 젖산으로 되어 코리회로를 거쳐 간으로 이동하여 다시 포도당 신생합성과정에 들어간다.

④ 아미노산이나 글리세롤, 피루브산, 젖산, 프로피온산 등은 당 신생합성을 통하여 포도당을 합성할 수 있다. 다만 아미노산 중에서 루신과 리신은 당 신생합성의 급원으로 사용될 수 없다.

⑤ 간의 포도당 신생합성을 증가시키는 호르몬에는 글루카곤, 에피네프린, 글루코코르티코이드, 노르에피네르핀, 갑상샘호르몬 등이 있다.

⑥ 포도당 신생합성과정은 ATP가 소모되는 과정으로 말초조직에서 완전히 산화되지 못한 대사물질이 포도당 합성에 이용되는 것을 말하며, 몇 단계를 제외하면 해당과정과 같은 효소에 의해 촉매된다. 이는 주로 간에서 일어나며 신장에서도 일어난다.

⑦ 근육에서 에너지 생성에 쓰인 피루브산은 아미노산 대사에서 나온 아미노기와 함께 알라닌의 형태로 간으로 이동되어 다시 포도당 합성에 쓰이는데 이를 글루코오스-알라닌 회로라 한다.

⑧ 포도당 대사의 과정
  ㉠ 해당과정 : 격심한 운동의 폭발적 에너지 공급
  ㉡ 글루쿠론산 회로 : 독성물질의 해독과정
  ㉢ 펜토오스 인산경로 : 핵산합성에 필요한 리보오스 공급
  ㉣ 생분자 합성 : 비필수아미노산, 당지질, 유당 등

(9) 글리코겐 대사

① 글리코겐은 동물의 저장형 다당류로서 포도당이 α결합으로 중합된 다당류이다.
② 아밀로펙틴과 구조는 유사하나 가지가 훨씬 더 많다.
③ 필요 시 분해되어 에너지원으로 이용된다.
④ 글리코겐은 간과 근육에 저장된다(간보다 근육에 더 많이 저장).
⑤ 간의 글리코겐 공복 시 에너지원으로 사용된다.
⑥ 글리코겐의 합성과 분해는 서로 다른 대사과정으로 일어난다.
⑦ 인슐린은 글리코겐의 합성을 촉진한다.
⑧ 간의 글리코겐은 혈당으로 이용되고 근육의 글리코겐은 운동을 하면 소모된다.
⑨ 식후에 과잉된 포도당이 글리코겐으로 간과 근육에 저장된다.
⑩ 혈당은 조직의 에너지 생성에 쓰이고 유당, 당지질, 핵산 등의 합성에 쓰이며, 간이나 근육의 글리코겐으로 합성되어 저장되고 남으면 체지방으로 합성되어 저장된다.

(10) 혈당

① 공복 시의 혈당의 정상수준은 70~110mg/dl이다.

② 혈당이 170~180mg/dl 이상이면 소변으로 배설되기 시작하고 공복과 갈증을 느낀다(고혈당증).

③ 반대로 혈당이 40~50mg/dl 이하로 떨어지면 신경이 예민해지고 불안정해지며, 공복감과 두통을 느끼고 심하면 쇼크를 일으킨다(저혈당증).

④ 혈당이 저하된 경우 간에 저장된 글리코겐은 분해되어 포도당으로 되어 혈액에 의해 각 조직으로 운반되나 근육에 저장된 글리코겐은 분해된 그 장소에서 사용된다.

⑤ 혈당조절에 관여하는 호르몬은 인슐린과 글루카곤으로 췌장에서 분비된다.

⑥ 공복 시 혈당유지를 위해 간글리코겐의 분해가 먼저 일어나고 그 후 체단백 분해를 통한 당신생합성이 일어나게 된다.

⑦ 공복 시의 대사는 혈중 인슐린 분비감소와 직·간접으로 관련되며 글리코겐, 지방, 단백질 합성은 저하된다.

⑧ 혈당지수란 흰 빵이나 포도당의 형태로 탄수화물을 섭취하였을 때 혈액에 나타나는 총 포도당 양의 기준을 100으로 해서 특정식품을 섭취하였을 때 혈액에 나오는 포도당의 양으로 정한다. 혈당조절 효과가 좋은 식품에는 혈당지수가 낮은 식품과 식이섬유가 풍부한 식품이 있는데 이 중 가용성 식이섬유가 풍부한 콩류, 해조류가 매우 효과적이다.

(11) 당뇨병

① 인슐린의 분비량이 부족하거나 정상적인 기능이 이루어지지 않아 혈중 포도당 농도가 높아져 소변으로 포도당을 배출하는 질환이다.

② 이뇨작용의 조절을 담당하는 뇌하수체 후엽 및 간뇌의 장애로 인하여 체내에서 요구하는 양의 인슐린을 생성해내지 못하거나 생성된 인슐린이 세포에 제대로 작용하지 못해 체내로 들어온 당을 충분히 흡수하지 못하여 혈당치가 높아지는 질병으로 혈액 속의 당이 소변에 포함되어 체외로 배출되는 증상이 나타난다.

③ 대표적인 증상은 다뇨, 다음, 다식이다. 일반적인 1일 소변량은 1.5L이내이나, 당뇨병에 걸리면 3L를 넘게 되어 다뇨로 인한 탈수와 고혈당으로 인한 혈액의 삼투압 상승으로 인하여 물을 많이 마시게 된다. 또한 당의 이용률이 낮아지고 소변으로 당을 잃기 때문에 많이 먹게 되나, 에너지원으로 사용되어야 할 당이 세포 속으로 들어가지 못하여 충분한 에너지를 만들어내지 못한다. 때문에 체내의 단백질을 에너지원으로 사용하면서 피로를 느끼고 체중이 감소한다.

④ 인슐린의 생산유무에 따라 인슐린을 전혀 생산하지 못하는 '인슐린 의존형(제1형)'과 인슐린이 상대적으로 부족한 '인슐린 비의존형(제2형)'으로 나뉜다.

  ㉠ '소아당뇨'라고 불리기도 하는 '1형 당뇨'는 우리나라의 경우 전체 당뇨 환자의 3~5% 정도를 차지하고 있으며, 유전적인 요인이나 자가면역기전으로 인한 이자의 랑게르한스섬 β세포의 파괴로 인하여 발생한다.

  ㉡ '2형 당뇨'는 유전적인 요인 외에도 식생활의 서구화에 따른 고열량 · 고지방 · 고단백의 식단, 운동부족, 스트레스 등 환경적인 요인이 크게 작용하는 것으로 보인다.

⑤ 당뇨병 유형

인슐린 의존형	• 당뇨환자의 대부분이나 인슐린 비의존형 당뇨환자의 일부는 비만이 아님 • 설탕의 과다섭취가 당뇨병을 유발하지는 않으나 일단 당뇨병이 발병하면 설탕과 같은 단순당의 섭취를 제한하여야함
인슐린 비의존형	• 인슐린 비의존형 당뇨환자는 인슐린에 대한 저항성 때문에 인슐린의 농도가 약간 높아질 수 있음 • 어린아이에게 발병하였더라도 비만 때문에 당뇨병이 유발되었다면 성인 비만임

(12) 식이섬유

① 체내에서는 식이섬유 분해 효소계가 없어 소화효소에 의한 분해는 이루어지지 않지만 대장 내 미생물 발효에 의해 프로피온산, 아세트산, 부티르산이 되며 특히, 부티르산은 대장세포의 에너지원으로 이용된다.

② 식이섬유는 1g당 평균 3kcal의 열량을 낸다.

③ 가용성 식이섬유소와 불용성 식이섬유소

가용성 식이섬유	• 가용성 식이섬유는 혈당조절 효과가 있어 당뇨병 환자에 좋음 • 가용성 식이섬유로 펙틴, 검, 다당류가 있음 • 가용성 식이섬유소에 해당하는 펙틴, 검, 해조다당류, 헤미셀룰로오스 일부는 과일류, 콩, 감자, 보리, 해조류 등에 함유되어 있음 • 혈당 저하 및 혈청 콜레스테롤의 저하 효과가 있음 • 가용성 식이섬유소는 당뇨 및 고콜레스테롤혈증에 효과적이며, 대장에서 세균에 의해 분해되어 초산, 프로피온산 등의 단쇄지방을 합성함
불용성 식이섬유	• 불용성 식이섬유는 변비예방 효과가 있음 • 불용성 섬유소에 해당되는 셀룰로오스, 헤미셀룰로오스, 리그닌은 주로 채소류, 곡류, 밀, 현미, 보리 등에 함유되어 있음 • 분변의 장내통과 속도 증가에는 불용성 식이섬유소가 더 유효함 • 불용성 식이섬유소는 장 내용물의 대장 통과시간을 단축시키고 배변량을 증가시킴

(13) 유당불내증

① 유당불내증이란 락타아제 부족으로 유당이 포도당과 갈락토오스로 분해되지 못하고 소장 내 박테리아에 의해 이용되어 많은 양의 가스가 발생되고 삼투압의 증가로 인해 수분을 끌어들여 복부경련과 설사가 유발되는 증상이다.

② 주로 유색인종에 많으며 유전적인 요인 외에도 장기간 소량의 유당을 섭취하면 나타날 수 있다.

③ 증상이 심하지 않은 경우에는 소량의 우유를 따뜻하게 데워서 천천히 마시거나 제조과정에서 유당이 많이 분해된 요구르트와 치즈를 섭취할 수 있다.

2장 지질

1 지질 일반

(1) 지질의 정의

① 지질은 탄수화물과 같이 탄소, 수소, 산소로 이루어져 있으나 그 비율과 구조적 형태가 탄수화물과 다르다.

② 지질은 상온에서 고체상태로 있는 지방을 말하며, 기름은 액체상태로 있는 지방을 말한다.

③ 지질이란 지방산에스테르 및 이와 같은 에스테르의 구성성분 등의 천연 화합물의 총칭이다.

④ 물과 염류 용액에 녹지 않고 유기용매에 녹으며, 생체에 이용되는 물질을 말한다.

(2) 지방의 화학적 작용

① 구성 성분은 C, H, O이다.

② 에너지 급원으로 1g에 9kcal의 열량을 낸다.

③ 물에는 녹지 않으며 알코올, 에테르, 아세톤, 벤젠 등의 유기용매에 녹는다.

④ 고형지방과 액체지방이 있다.

⑤ 지방은 지방산과 글리세린이 결합된 에스테르이며, 체온유지 에너지원이 된다.

⑥ 과잉 섭취된 지방은 피하에 저장된다.

⑦ 지방은 연소될 때 당질이 부족하면 케톤체가 발생된다.

⑧ 권장량은 1일 총열량의 20% 정도로 한다.

⑨ 부족하면 체온유지가 안되고 체력소모, 발육부진이 된다.

(3) 지방의 기능

① 인지질은 세포의 구성성분으로 뇌와 신경조직을 구성한다.

② 체온조절과 내장기관을 보호한다.

③ 체내에서 산화될 때 탄수화물 산화 때보다 티아민(비타민 B_1)의 필요량이 적으므로 필요 에너지를 지방에서 많이 보충하면 비타민 B_1이 절약된다.

④ 위에서 머무는 시간이 길어 포만감을 주고, 장내에서 윤활제 역할을 하여 변비를 막아준다.

⑤ 지용성 비타민(비타민 A, D, E, K)의 운반과 흡수를 돕는다.

⑥ 소화 흡수율이 95%이다.

⑦ **지방과잉증** : 케토시스증, 비만증, 간경화증, 동맥경화증, 심장병 등이 발생한다.

2 지방의 분류

(1) 단순지방질(단순지질)

① 단순지질은 글리세롤과 지방산이 결합된 것이다. 식이와 체지방과 액체기름에 함유된 가장 흔한 지질로서 중성지방이 여기에 속한다.

② 중성지방은 3분자의 지방산이 1분자의 글리세롤과 결합한 것이다.

③ 중성지방 외에 다이글리세리드 및 밀랍(왁스)류가 이에 속한다.

④ 음식물로 섭취하는 지방질의 대부분이 단순지방질이다.

 Tip 단순지방의 구분

중성지방	• 3분자의 지방산과 1분자의 글리세롤로 결합된 것이다. • 상온에서 고체 또는 액체이다. • 주로 동물성 지방인 포화지방산과 불포화지방산이 있다. • 체내 지방산의 95%는 중성지질의 형태로 존재한다. • 물보다 비중이 낮다. • 중성지질의 융점은 구성 지방산의 종류에 따라 다르다. • 중성지질은 비극성 유기용매에 녹는다. • 중성지방의 소화산물은 대부분 모노글리세롤이다.
왁스(납)	지방산과 고급 알코올의 결합체로서 영양적 가치가 없다.

(2) 복합지질

① 복합지질은 글리세롤과 지방산 외에 비지질분자집단이 결합된 지질이다.

② 대개는 질소를 함유하며 인화합물 또는 유황화합물 등과 결합하고 있다.

③ 영양학적 측면에서 생체 내에서 생리적 작용과 생화학적 작용에 관여하므로 매우 중요하다.

④ 인지질, 당지질, 지단백과 황지질 등으로 대별할 수 있다.

Tip 복합지질의 구분

인지질	• 인지질은 지방산과 글리세롤과 인산이 결합된 물질이다. • 이에 속하는 지질로는 레시틴, 세파린과 스핑고미엘린이 있다. • 레시틴은 지방산, 글리세롤 외에 인산과 콜린이 결합되어 있다. • 뇌, 심장, 척추, 신경, 간에 들어 있다. • 식품 중에는 난황, 간, 콩에 많다. • 항산화제, 유화제로 쓰이고 지방대사에 관여한다. • 세파린도 인산과 에탄올이 함께 결합되어 뇌와 혈액 속에 들어 있다.

	• 혈액 응고에 관여한다. • 인지질은 구조적으로 소수성과 친수성의 양면성을 나타내며, 따라서 미셀을 형성하여 지방소화를 돕는 유화제 역할을 하고 세포막의 구성성분으로 작용한다.
당지질	• 당지질은 지방산, 글리세롤 결합 하에 단당류인 갈락토오스와 결합한 것이다. • 뇌, 신경조직에 존재한다.
지단백	• 단백질은 지방대사에 중요한 물질로서 중성지방, 단백질, 콜레스테롤과 인지질이 결합한 것으로 지방의 운반작용을 한다. • 지질이 혈액을 통해서 운반되려면 혈액 내에서 용해상태가 되어야 하는데 지질을 수용화하기 위하여 단백질과 기타 물질이 결합한다. • 지단백에는 구성물질에 따라서 카일로미크론, VLDL, LDL, HDL로 나뉜다. • 카일로미크론은 공복상태에서는 존재하지 않으며, 식이 내 중성지방을 간으로 운반한다. • DL은 좋은 콜레스테롤로서 밀도가 가장 높은 지단백이다. • DL은 CE가 가장 많은 지단백이며, LCAT 작용에 의해 HDL로부터 CE를 받아서 조직으로 운반하는 역할을 한다.

(3) 유도지방질

① 유도지방질은 단순지방질과 복합지방질에서 유도되어 생성된 물질, 즉 분해산물이며 이외에 지용성 용매에 용해되는 물질을 총칭한다.

② 유도지방질에 속하는 것으로는 지방산과 글리세롤, 스테롤계와 카로틴색소 등이 있다.

Tip 유도지방질의 구분

콜레스테롤	• 동물성 스테롤로 뇌, 골수, 신경계, 담즙, 혈액 등에 많다. • 지방대사, 해독, 보호, 조절 등의 중요한 생리작용을 한다. • 성 호르몬과 부신피질호르몬의 성분으로서 중요하다. • 자외선에 의해 비타민 D_3가 된다. • 식물성 기름과 함께 섭취하는 것이 좋다. • 콜레스테롤은 우리 몸에서 세포막을 구성하고, 담즙생성, 스테로이드계 호르몬의 전구체가 되며, 간, 세포, 뇌에 분포한다.
에르고스테롤	• 식물성 스테롤로 버섯, 효고, 간유 등에 함유되어 있다. • 자외선에 의해 비타민 D_2가 되어 비타민 D의 전구체 역할을 한다.

3 지방산

(1) 지방산의 의의

① 1개의 카르복시기(COOH)를 가지는 탄화수소 사슬의 카르복시산(carboxylic acid)을 말한다.

② 사슬 모양의 1가의 카르복시산을 말하며, 지방을 가수분해하면 생기기 때문에 이러한 이름이 붙었다.

③ 보통 생체 내에서는 글리세롤이나 고급 알코올과 결합하여 에스테르(ester)를 만들고 있으며, 유리된 지방산으로서 존재하는 양은 극히 적다. 글리세롤과 결합하여 만든 에스테르를 지방(fats)이라 하며, 하나의 글리세롤에 세 개의 지방산이 결합한다.

④ 지방산 분자는 탄화수소 사슬로 이루어져 있는데, 탄화수소는 탄소의 기본 골격에 곁가지로 수소가 연결되어 있고, 한쪽 끝에 카르복시기가 붙어있다.

⑤ 생체 내에서 지방산은 지방산회로에 의해서 분해되거나 합성되거나 한다. 이 회로는 탄소 2개씩의 단위로 지방산을 합성하거나 분해하므로, 자연계에 존재하는 지방산은 거의 대부분이 짝수인 탄소수로 되어 있다.

⑥ 자연계에서 지방산이 유리상태로 존재하는 경우는 거의 없으며, 대부분 에스테르 결합을 한다. 식품이나 체내 지방산의 95%는 중성지방의 형태로 존재한다.

(2) 지방산의 성질

① 지방산은 물에 잘 녹지 않으나 알칼리성 용액에서는 지방산의 카르복시기가 이온화되어 강한 극성을 띠므로 수용성이 된다.

② 지방산에 나트륨(Na)과 칼륨(K)염이 첨가되면 '비누'가 되며 물에 잘 녹는다. 따라서 기름과 수산화칼륨(potassium hydroxide) 또는 수산화나트륨(sodium hydroxide)을 쓰면 쉽게 비누를 만들 수 있다. 옛날 사람들은 나무를 태운 재로부터 얻은 수산화칼륨과 기름을 이용하여 비누를 만들었다.

③ 지방산에 칼슘(Ca)염이 만나면 물에 잘 녹지 않는데, 이는 비누가 경수(hard water)에서 풀리지 않고 덩어리를 이루는 것과 같은 현상이다. 욕조 둘레에 띠가 생기는 것이나 경수에 머리를 감으면 머리카락이 뻣뻣해지는 것 등이 그 예이다.

④ 지방산은 탄소의 수가 적을수록, 그리고 이중결합의 수가 많을수록 융점이 낮아져 실온에서 액체상태이다.

⑤ 어유는 n−3 지방산을 비롯한 다가불포화지방산의 함량이 높아 실온에서 액체이다.

(3) 포화지방산과 불포화지방산

① 지방산의 탄화수소 사슬을 이루는 탄소 골격은 주로 탄소−탄소 간의 단일결합(C−C−C−C 등)으로 이루어져 있다. 그러나 어떤 지방산은 탄소 간에 한 개 이상의 이중결합(C＝C−C−C−C＝C 등)을 가지므로 단일결합만으로 이루어진 경우에 비하여 수소의 수가 적다. 전자의 경우처럼 탄소 간의 이중결합이 없는 지방산을 포화지방산(saturated fatty acids)이라 하며 이 경우 지방산이 가지는 수소원자의 개수가 최대가 된다. '포화'라는 말은 수소를 더 받아들일 수 없음을 의미한다. 후자의 경우는 불포화지방산(unsaturated fatty acids)이라 하는데, 탄소−탄소 간 이중결합을 한 개 이상 가지며 이중결합이 파괴되는 경우 수소가 첨가될 수 있다.

② 고도로 포화된 지방은 상당히 높은 융점을 가지며(상온에서 고체), 불포화지방은 융점이 낮다.

③ 불포화지방산은 섭취해야 할 필수적인 물질이다. 이것은 체내에서 합성되는 물질들의 선구물질역할을 하며, 세포막은 다량의 불포화지방산으로 이루어져 있다.

④ 인간을 포함한 포유동물들은 지방산 사슬의 9번 탄소 이상의 탄소에는 이중결합을 형성하지 못하므로 식품을 통하여 소량의 불포화지방산을 섭취할 필요가 있다. 리놀레산(면실유)과 리놀렌산(대마유)은 대표적인 필수 지방산이다. 하지만 이들 지방산들은 음식물에 흔히 존재하므로 결핍의 염려는 거의 없다.

⑤ 포화지방산은 주로 동물성 식품 중에, 불포화지방산은 식물성 식품 중에 들어 있다. 그러나 식물성 기름 중 코코넛유와 팜유에는 포화지방산 함량이 많다.

⑥ 포화지방산과 불포화지방산의 비교

포화지방산	• 탄소와 탄소의 결합에 이중결합 없이 이루어진 지방산 • 물에 녹지 않고 융점이 높아 상온에서 고체 • 동물성 유지에 다량 함유 • 산화되기가 어려워 안정함 • 팔미트산, 스테아르산, 부티아르산 등
불포화지방산	• 탄소와 탄소의 결합에 이중결합이 1개 이상 있는 지방산 • 산화되기 쉽고 융점이 낮음 • 상온에서 액체이며, 식물성 유지에 다량 함유 • 리놀레산, 리놀렌산, 아라키돈산, 올레산 등

Tip 필수지방산

• 지방은 체내에서 주로 에너지원이 되므로 다른 것으로부터 칼로리를 취하면 지방은 필요없지 않은가 하는 의문이 생긴다. 그러나 음식 속에 지방이 전혀 없으면 동물의 성장이 정지하고 특유한 피부염이 생긴다. 이 증세는 리놀레산·리놀렌산·아라키돈산 중 어느 것을 함유하는 지방을 투여하면 치유된다. 그래서 이들 지방을 아미노산의 예에 따라 필수지방산이라고 한다.

- 성장촉진, 피부윤택, 혈액 내의 콜레스테롤양 감소, 동맥경화 예방, 고혈압을 예방해 준다.
- 식물성 유지(옥수수기름, 대두유, 면실유 등)에 들어 있다.
- 필수지방산은 체내에 꼭 필요하나 체내에서 합성되지 않거나 합성되는 양이 부족하여 식사를 통해 섭취되어야 하는 지방산으로 n-6의 지방산인 리놀레산, 아라키돈산, n-3계의 지방산인 리놀렌산 등이 있으며, 세포막의 트리엔/테트라엔 비율을 측정하면 필수지방산의 결핍 유무를 알 수 있다.
- **리놀레산**
  - 일반적인 유지에 널리 함유되어 있다.
  - 보통의 지방을 섭취하면 지방산이 결핍하는 일은 없다.
- **리놀렌산**
  - α부분은 카르복시기로부터 시작하고 탄소수가 18개이다.
  - 리놀렌산은 대표적인 불포화지방산으로 지방산의 말단에 있는 메틸기로부터 3번째 탄소에 이중결합을 갖고 있어 n-3 계 지방산으로 분류되며 3개의 이중결합을 갖는다.
  - 시스형 이성질체로 존재한다.
- **아라키돈산**
  - 체내에서 리놀레산으로부터 합성되지만 불충분한 양이 만들어지는데 비해, 체내 역할이 중요하므로 필수지방산으로 간주한다.
  - 태아와 영유아의 두뇌발달과 관련한 DHA 및 심장순환기계 지질환 예방과 관련한 EPA의 역할이 강조되고 있다.
- **n-3계 지방산** : 리놀렌산, EPA, DHA
- **n-6계 지방산** : 리놀레산, 아라키돈산

(4) 지방산의 구조

① 탄소수 10개로 이루어진 지방산은 중간 사슬지방산에 속한다.
② 메틸기로부터 6번째 탄소에서 처음 이중결합이 나타나는 불포화지방산을 n-6 지방산이라 한다.
③ 이중결합이 없는 지방산을 포화지방산이라고 한다.
④ 이중결합 전후의 두 수소가 같은 편에 위치한 지방산을 시스형이라 한다.
⑤ 이중결합의 수가 2개 이상인 경우를 다가불포화지방산이라 한다.
⑥ 단일불포화지방산은 1개의 이중결합을 가지며, 올레산은 단일불포화지방산이다.
⑦ 트랜스지방산은 이중결합을 이루는 탄소들이 각기 반대방향으로 배열되어 있다.
⑧ n-3계 지방산이 많은 기름은 들기름, 어유 등이다.

(5) 트랜스지방산

① 지방산의 골격이 똑바른 구조로 되어 있다.
② 마가린, 쇼트닝 및 튀김류에 함유되어 있다.
③ 과량섭취 시 심혈관 질환의 위험을 높인다.

④ 트랜스지방산은 포화지방산과 유사한 특성을 갖고 있다.

4 지질의 대사

(1) 지방의 소화흡수

① 대부분의 소화는 췌장 리파아제에 의해 이루어진다.
② 혼합 미셀을 형성하여 흡수된다.
③ 지방의 소화산물은 장세포 안에서 중성지방으로 합성된다.
④ 카일로미크론을 형성하여 림프관으로 들어간다.
⑤ 담즙은 거래 지방구의 유화를 돕는다.
⑥ 지질분해 효소는 리파아제의 기질에 대한 친화성을 증진시킨다.
⑦ 콜레시스토키닌은 췌장의 리파아제 분비를 촉진시킨다.
⑧ 소화와 흡수는 주로 소장에서 이루어진다.
⑨ 위에서의 지질소화는 주로 유아기에서 많이 일어나지만 성장하면서 점차 그 역할은 감소한다.

(2) 소화관호르몬과 그 작용

① 가스트린 : 위산분비 촉진
② 세크레틴 : 췌장액 분비 촉진
③ 콜레시스토키닌 : 담즙분비 촉진
④ 판크레오지민 : 췌장액 분비 촉진

(3) 각종 지질의 기능

① 인지질 : 유화작용
② 콜레스테롤 : 세포막 구성
③ 중성지질 : 지용성 비타민의 흡수촉진
④ 스핑고지질 : 뇌와 신경조직의 성분

(4) 체내 지방의 합성과 분해

① 지방세포에서는 지방산이 주로 중성지방의 형태로 저장된다.
② 저장된 중성지방은 끊임없이 분해와 재합성을 반복한다.
③ 공복 시 지방산은 아세틸 CoA로 산화되어 TCA회로에서 에너지를 발생한다.

④ 지질분해 산물인 글리세롤은 해당과정이나 포도당 신생과정에 참여한다.

⑤ 지방산의 산화는 미토콘드리아에서, 지방산의 합성은 세포질에서 일어난다.

⑥ 지방산 합성의 전구체는 아세틸 CoA이고, 합성에 필요한 환원력은 NADPH로부터 온다.

(5) 지단백의 합성

① **카일로미크론** : 소장에서 합성된다.

② VLDL : 간에서 잉여의 에너지원을 중성지방으로 합성하여 혈액으로 분비하는 형태이다.

③ HDL : 조직에서 간으로 콜레스테롤을 운반하는 항동맥경화성 지단백으로 간에서 합성된다.

④ LDL : 혈액의 VLDL로부터 전환되어 생성된다.

3장 단백질

1 단백질 일반

(1) 단백질의 의의

① 모든 생물의 몸을 구성하는 고분자 유기물로 수많은 아미노산(amino acid)의 연결체이다.

② 생물체의 몸의 구성성분으로서, 또 세포 내의 각종 화학반응의 촉매 물질로서 중요하다.

③ 단백질은 아미노산(amino acid)이라고 하는 비교적 단순한 분자들이 연결되어 만들어진 복잡한 분자로, 대체적으로 분자량이 매우 큰 편이다.

④ 단백질을 이루고 있는 아미노산에는 약 20종류가 있는데, 이 아미노산들이 화학결합을 통해 서로 연결되어 폴리펩티드를 만든다. 이때 아미노산들의 결합을 펩티드결합이라 하며, 이러한 펩티드결합이 여러(poly-)개 존재한다는 뜻에서 폴리펩티드라 부른다.

⑤ 단백질도 넓은 의미에서 폴리펩티드라 할 수 있지만, 일반적으로 분자량이 비교적 작으면 폴리펩티드라 하고, 분자량이 매우 크면 단백질이라고 한다.

(2) 단백질의 화학적 작용

① 구성성분은 C, H, O, N, S이며 이 외에 P, Fe, Cu, I, Zn 등의 유기화합물이다.

② 구성단위는 아미노산으로 COOH(카르복시기)와 NH_2(염기, 아미노기)가 결합되어 있다.

③ 1g당 4kcal의 열량을 발생한다.

④ 소화흡수율이 좋은 동물성 단백질 식품과 콩제품을 섭취한다.

 단백질의 질소계수

- 질소는 단백질만 가지고 있는 원소로 단백질에 질소의 함유가 16% 포함되어 있다. 그러므로 질소계수를 알면 단백질의 양을 알 수 있다.
- 질소계수 = 100/16 이므로 6.25이다.
- 질소의 양 = 단백질 양 × (16/100)이다.
- 단백질의 양 = 질소량 × 6.25이다.

---

(3) 단백질의 성질

① 응고성 : 가열, 무기염류에 응고된다.

② 용해성 : 염기에 녹는다.

③ **양성반응** : ﹣COOH와 NH_2를 동시에 가지고 있어 산으로도, 염기로도 작용하며 중화작용을 한다.

④ **점성과 교질성** : 점성이 크고 교질성이 있어 콜로이드를 나타내어 미끌미끌한 감을 준다.

(4) 단백질의 기능

① 근육, 피부, 머리카락 등 체조직을 구성한다.

② 체내에 에너지 공급이 부족하면 에너지 공급을 한다.

③ 체내 수분함량 조절, 조직 내 삼투압 조정, 체내에서 생성된 산성·염기성 물질을 중화하여 수소이온농도(pH)의 급격한 변동을 막는 완충작용을 한다.

(5) 단백질의 분류

① 단백질의 화학적 분류

단순단백질	• 아미노산으로 구성된 단백질 • **섬유상단백질** : 콜라겐, 엘라스틴, 케라틴 • **구상단백질** : 알부민, 글로불린, 글루테닌, 프롤라민, 히스톤, 프로타민
복합단백질	• 아미노산과 다른 물질이 결합된 단백질 • 카세인, 세포의 핵, 곡물의 배아, 혈액(헤모글로빈), 점액(뮤코이드) • **핵단백질** : 동물체의 가슴샘, 식물체의 배아 • **인단백질** : 카세인, 비텔린 • **색소단백질** : 헤모글로빈, 미오글로빈, 시토크롬, 클로로필 • **지단백질** : 리포비텔린 • **당단백질** : 뮤신, 뮤코이드 • **금속단백질** : 헤모글로빈, 헤모시아닌
유도단백질	• 단백질이 가열, 가수분해되어지는 과정에서 형성되는 단백질 • 프로테오스나펩톤, 젤라틴, 파라카세인, 피브린

② 단백질의 영양적 분류

완전단백질	• 생명유지, 성장 발육, 생식에 필요한 필수 아미노산을 고루 갖춘 단백질 • **달걀** : 오브알부민, 오브비텔린 • **콩** : 글리시닌 • **생선** : 미오겐 • **우유** : 카세인, 락트알부민 • **육류** : 미오신
부분적 완전단백질	• 생명유지는 가능하지만 성장 발육을 못 시키는 단백질 • **밀** : 글리아딘, 글루테닌 • **쌀** : 오리제닌

	• 보리 : 호르테인
불완전 단백질	• 생명유지나 성장 모두 관계하지 못하는 단백질 • 옥수수 : 제인 • 육류 : 젤라틴

(6) 단백질의 영양 평가방법

① 생물가(%)

　㉠ 체내에 보유된 질소량 ÷ 체내에 흡수된 질소량 × 100

　㉡ 체내의 단백질 이용률을 나타낸 것으로 생물가가 높을수록 체내 이용률이 높다.

　　예 우유 > 달걀 > 돼지고기 > 쇠고기 > 생선, 대두 > 밀가루

② 단백가(%) : 단백가가 클수록 영양가가 크다.

　　예 달걀 > 쇠고기 > 우유 > 대두 > 쌀 > 밀가루 > 옥수수

③ 단백질 상호보조 : 단백가가 낮은 식품을 필수 아미노산이 많은 다른 단백질 식품과 함께 섭취하면, 서로 상호 보완하여 영양가를 높일 수 있다.

　　예 쌀과 콩, 빵과 우유, 옥수수와 우유 등

(7) 단백질 대사

① 단백질이 결핍되면 혈액 중 단백질 양이 감소되어 조직에 부종이 나타난다.

② 단백질을 과잉 섭취하면 요를 통한 칼슘의 배설량이 많아진다.

③ 단백질은 에너지 권장량 15~20% 수준을 유지하는 것이 좋다.

④ 단백질을 과잉 섭취할 경우 칼슘 배설이 증가하고, 신장의 부담이 많아지므로 특히 신장질환자는 단백질 섭취에 주의해야 한다.

(8) 단백질 결핍증

① 페닐케뇨증 : 페닐알린 수산화 효소의 유전적 결함에 의해 발생한다(선천적 결함).

② 호모시스틴뇨증 : 메티오닌으로부터 시스테인을 합성하는 과정에 있는 시스타티오닌합성 효소에 유전적으로 결함이 있어 이 효소의 기질인 호모시스틴의 혈중농도를 높인다. 따라서 호모시스틴이 소변으로 많이 배설되는 유전적 대사질환이다(선천적 결함).

③ 단풍당뇨증 : 루신, 이소루신, 발린 대사의 선천적 장애에 의해 발생한다(선천적 결함).

④ 마라스무스 : 단백질 결핍으로 인한 질병이다.

2 아미노산

(1) 아미노산의 의의

① 단백질이 가수분해되면 최종적으로 생성되는 물질이다.

② 아미노산은 기본단위 분자가 펩티드 결합으로 결합된 고분자화합물로서 분자량은 1만~수십만이다.

③ 천연 단백질을 구성하고 있는 아미노산은 20개로서 주로 아미노산이고 L형이다.

(2) 아미노산의 특성

① 펩티드 결합으로 서로 연결된다.

② 탄소, 수소, 산소, 질소로 구성된다.

③ 단백질을 구성하는 아미노산은 모두 L형이다.

④ 아미노기와 카르복시기를 갖는다.

⑤ 필수아미노산과 비필수아미노산

필수아미노산(8종)	비필수아미노산(10종)
• 이소류신 (Isoleucine) • 류신 (Leucine) • 리신 (Lysine) • 페닐알라닌 (Phenylalanine) • 메티오닌 (Methionine) • 트레오닌 (Threonine) • 트립토판 (Trytophane) • 발린 (Valine) • 다만, 유아의 경우에는 히스티딘(Histidine)도 포함됨	• 알라닌 (Alanine) • 아르기닌 (Arginine) • 아스파라긴 (Asparagine) • 시스테인 (Cysteine) • 글루타민 (Glutamine) • 히스티딘 (Histidine) • 프롤린 (Proline) • 세린 (Serine) • 티로신 (Tyrosine) • 글리신 (Glycine)

(3) 아미노산 풀

① 단백질 합성과 체내 아미노산의 필요를 위한 아미노산의 단기 집합체이다.

② 간에 대부분 있으며 혈액, 근육, 체내 각 세포에 있다.

③ 아미노산이 과도하게 많으면 에너지 대사경로를 밟게 된다.

④ 과도하게 남는 아미노산은 지방의 형태로 저장되기도 한다.

⑤ 아미노산 풀로 들어오는 아미노산의 급원은 식사에서 섭취한 단백질과 체단백질의 분해에 의한 것이다.

⑥ 아미노산 풀의 크기는 단백질 섭취량, 체내 함량, 재활용 등에 의해 결정된다.

⑦ 아미노산 풀은 단백질 섭취가 부족하면 감소하며, 아미노산 풀이 감소하면 세포 내 단백질을 분해하여 사용한다.

⑧ 아미노산 풀은 세포마다 존재한다.

⑨ 아미노산 풀이 너무 크면 과잉 아미노산들이 에너지, 포도당, 지방형성에 사용된다.

4장 영양소의 소화흡수와 호르몬

1 소화 일반

(1) 소화의 의의

① 동물이 몸 밖에서 섭취한 먹이를 흡수할 수 있는 형태로 분해하는 과정을 말한다.

② 식물은 자신의 체구성과 생활활동에 필요한 모든 물질을 무기물과 태양의 빛에너지로부터 체내에서 직접 합성할 수 있다. 따라서 체외로부터 유기물을 섭취할 필요가 없고, 모든 무기물(물, 각종 무기염, 각종 무기질소화합물, 이산화탄소 등)을 뿌리와 잎에서 흡수하여 체내 각처에 이동시켜 사용한다. 그러므로 식물에는 소화라고 부르는 기능은 없다.

③ 동물은 자신이 필요로 하는 여러 가지 유기물(탄수화물 · 지질 · 아미노산 등)을 무기물로부터 직접 합성하는 능력이 없으므로 이들을 체외로부터 섭취하여야 한다. 그런데 몸 밖으로부터 음식물의 형태로 섭취하는 유기물 가운데는 분자량이 매우 작아서 그대로 흡수될 수 있는 것도 있으나, 대개는 분자량이 커서 그대로는 흡수될 수 없는 것이 많다.

④ 소화는 이와 같이 고분자 물질을 저분자 물질로 가수분해하는 과정이라고 말하지만, 몸의 구성물질로서 체내에 이미 존재하고 있는 고분자 물질이 필요에 따라 저분자 물질로 세포 내에서 분해되는 과정은 소화라고 부르지 않는다.

(2) 소화작용의 분류

① 물리적(기계적) 소화작용 : 기계적으로 씹어 잘게 부수는 일 및 위와 소장의 연동작용을 말한다(저작운동, 연동운동, 분절운동 등).

② 화학적 소화작용 : 침, 위액, 이자액, 장액에 의한 가수분해 작용을 말한다.

③ 발효작용 : 소장의 하부에서 대장에 이르는 곳까지 세균류가 분해되는 작용을 말한다.

2 소화작용

(1) 입에서의 소화

① 음식물을 잘게 부수는 기계적 소화작용을 한다.

② 음식물이 입 안으로 들어오면 침샘에서 침이 분비된다.

③ 침에 들어 있는 아밀라아제의 작용으로 녹말은 엿당(이당류)과 덱스트린(다당류)으로 분해된다.

43

(2) 위에서의 소화

① 위벽의 연동운동에 의해 위액과 음식물을 섞는 기계적 소화작용을 한다.
② 위액에 함유된 펩시노겐이 염산의 작용에 의해 펩신으로 활성화된 후 단백질을 폴리펩티드로 분해한다.

(3) 췌장에서의 소화

① 췌액이 아밀라아제에 의해 녹말을 맥아당으로 분해한다.
② 지방은 담즙에 의해 유화되고, 췌액의 스테압신에 의해 지방산과 글리세롤로 가수분해된다.
③ 췌액의 트립신은 폴리펩티드로 분해되고, 일부는 아미노산으로 분해된다.

(4) 소장에서의 소화

① 장액의 수크라아제는 자당을 포도당과 과당으로 분해한다.
② 락타아제는 젖당을 포도당과 갈락토오스로 분해한다.

(5) 대장의 작용

① 소화효소가 없으므로 소화작용은 일어나지 않는다.
② 장내 세균에 의하여 섬유소가 분해된다.
③ 수분이 흡수된다.

3 소화효소

(1) 효소의 특징

① 음식물의 소화를 돕는 작용을 한다.
② 소화액에 들어 있다.
③ 단백질의 일종이다.
④ 열에 약하고 최적 pH를 가진다.
⑤ 한 가지 효소는 한 가지 물질만을 분해한다.
⑥ 온도에 따라 작용 능력에 큰 차이가 있다(일반적으로 온도가 높아질수록 작용 능력이 커지지만 고온이 되면 능력이 없어짐).

(2) 소화효소의 종류

① 탄수화물 분해효소 : 아밀라아제, 수크라아제, 말타아제, 락타아제 등

② 단백질 분해효소 : 펩신, 트립신, 에렙신 등

③ 지방 분해효소 : 리파아제

(3) 주요 소화 효소

① 소화효소의 종류

펩신 (pepsin)	• 위액 속에 존재하는 단백질 분해효소 • 극도의 산성용액에서 분해가 잘 이루어짐
트립신 (trypsin)	• 췌장에서 효소 전구체 트립시노겐으로 생성됨 • 췌액의 한 성분으로 분비되고 십이지장에서 단백질을 가수분해하는 필수적인 물질
락타아제 (lactase)	• 보통 소장에서 분비됨 • 유당을 포도당과 갈락토오스로 분해하는 역할을 함
리파아제 (lipase)	• 지방 분해효소로 췌장에서 분비됨 • 단순 지질을 지방산과 글리세롤로 가수분해하는 역할을 함
말타아제 (maltase)	• 장에서 분비됨 • 엿당을 포도당으로 가수분해 함
수크라아제 (sucrase)	• 소장에서 분비됨 • 설탕을 포도당과 과당으로 분해하는 역할을 함
아밀롭신 (amylopsin)	• 췌장에서 분비되는 아밀라아제 • 전분, 글리코겐 등의 글루코오스 다당류를 말토오스, 말토트리오 등으로 가수분해하는 반응을 촉매하는 효소
프티알린 (ptyalin)	• 침 속에 들어 있는 아밀라아제로, 아밀라아제와 구별하기 위해 프티알린이라 함 • 녹말을 덱스트린과 엿당 등의 간단한 당류로 분해함

② 소화효소의 분비 및 작용

분비 부분	소화액	산도	효소·작용물질	작용
입	침	거의 중성	아밀라아제	• 녹말 → 엿당
위	위액	산성	펩신	• 단백질 → 펩톤 • 카세인 → 파라카세인
이자	이자액	염기성	리파아제 아밀라아제 트립신, 키모트립신 펩티디아제	• 지방 → 지방산 + 글리세롤 • 녹말 → 엿당 • 단백질 → 폴리펩티드 • 폴리펩티드 → 아미노산
소장	장액	염기성	말타아제 수크라아제	• 엿당 → 포도당 + 포도당 • 설탕 → 과당 + 포도당

			락타아제 펩티디아제	• 젖당 → 갈락토오스 + 포도당 • 펩티드 → 아미노산
간	쓸개즙	염기성	리파아제	• 지방을 유화시킴

4 흡수

(1) 흡수의 의의

① 수용성 양분은 모세혈관으로, 지용성 양분은 융털의 압축관으로 흡수되어 심장으로 이동한
후 온몸의 세포로 운반된다.

② 융털의 모세혈관과 림프관 사이에서의 양분 흡수는 에너지 소비에 따른 능동수송이다.

③ 모세혈관에서의 양분의 흡수 : 단당류, 아미노산, 수용성 비타민, 무기염류

④ 림프관에서의 양분의 흡수 : 지방산, 글리세롤, 지용성 비타민

(2) 영양소의 흡수와 이동경로

① 수용성 영양소 : 소장의 모세혈관 → 간문맥 → 간 → 간정맥 → 심장

② 지용성 영양소 : 소장의 림프관 → 가슴관 → 쇄골하정맥 → 심장

③ 영양소의 흡수원리 : 영양소는 노동 경사에 의한 흡수와 에너지가 사용되는 능동수송에 의한
흡수의 원리로 이루어진다.

④ 간에서 쓸개즙이 만들어져 십이지장으로 배출된다. 쓸개즙은 소장에서 지방분해효소가 잘
작용할 수 있도록 도와주는 역할을 한다(소화효소는 아님).

⑤ 소장은 융털구조라는 특수한 구조로 이루어져 효율적인 소화와 흡수가 되도록 한다.

(3) 흡수 부위별 구분

① **구강 · 식도** : 영양소의 흡수는 일어나지 않는다.

② **위**

㉠ 알코올은 쉽게 흡수되지만 물은 거의 흡수되지 않는다.

㉡ 일반적인 영양소는 흡수되지 않는다.

③ **소장**

㉠ 물 및 염류 : 소장에서 흡수된다.

㉡ 당질 : 단당류로 흡수되며, 흡수된 당은 모세혈관에서 문맥을 거쳐 간으로 이동한다.

㉢ 지질 : 담즙산에 의해 유화된 다음에 가수분해되며, 저분자 지방산은 문맥으로 들어가지

만, 분자가 큰 지방산은 에스테르화되어 림프관을 거쳐 흉관으로 이동한다.

　　㉣ 단백질 : 아미노산으로 흡수되며, 흡수된 아미노산은 문맥에서 간으로 이동한다.

　④ 대장

　　㉠ 수분을 흡수한다.

　　㉡ 일부 다당류는 장내 세균에 의해 분해된다.

5　호르몬

(1) 호르몬의 의의

① 호르몬이란 동물체 내의 특정한 선에서 형성되어 체액에 의하여 체내의 표적기관까지 운반되어 그 기관의 활동이나 생리적 과정에 특정한 영향을 미치는 화학물질을 말한다.

② 호르몬을 형성하는 선은 내분비선이라고 알려져 있었으나 최근에는 호르몬이 선조직뿐 아니라 몇몇 기관이나 신경조직에서도 분비된다는 사실이 밝혀졌다. 예를 들어, 성호르몬은 생식선뿐만 아니라 부신피질이나 태반에서도 만들어진다.

③ 호르몬 작용이 있는 물질이 신경조직에서 분비되는 경우는 신경분비라고 한다. 신경분비에 의한 물질을 신경분비물질이라고 하여 선에서 분비되는 선성인 호르몬과 구별한다.

④ 내분비선에서 생산되는 호르몬은 특별한 수송관 없이 직접 혈관이나 림프관을 통하여 전신의 표적기관으로 수송된다.

⑤ 중요한 내분비기관으로는 뇌하수체, 부신, 갑상샘, 부갑상샘, 이자(췌장) 및 성선 등이 있다.

⑥ 매우 적은 양으로 표적기관에 영향을 미치고 지속시간도 긴 편이다. 표적기관에서의 호르몬 농도가 높아지면 이것을 감지하여 호르몬 방출인자를 억제하고, 호르몬 농도가 낮으면 방출인자를 자극하여 적절한 양을 유지하는 되먹임 작용(feedback mechanism)에 의해 조절된다.

⑦ 호르몬분비가 과다하거나 부족한 경우를 각각 호르몬기능항진증, 호르몬기능저하증이라고 한다. 기능항진증의 원인은 종양으로 인한 것이 많으며 기능저하증은 염증, 종양 혹은 수술 등으로 인하여 내분비선이 파괴되었을 때 발생한다.

(2) 호르몬의 종류

① 주요 호르몬

　㉠ 갑상샘호르몬

　　• 탄수화물, 단백질, 지방대사 조절

　　• 모든 조직에 영향

    ⒫ 부갑상샘호르몬

     • 혈장 Ca 농도 조절

     • 뼈, 콩팥에 표적

    ⒬ 인슐린

     • 혈당 농도

     • 주로 간, 근육, 지방조직 표적

     • 지방, 단백질, 탄수화물 합성 촉진

    ⒭ 멜라토닌

     • 광선 조절

     • 신경기능을 내분비기능으로 전환

   ② 대사에 미치는 호르몬 영향

당질대사	• Glucose의 산화 촉진 : 티록신(갑상샘), 인슐린(췌장), 아드레날린(부신수질) • 글리코겐 합성 : 인슐린, 글루코코르티코이드, 성장호르몬 • 혈당 상승 : 티록신, 글루코코르티코이드, 아드레날린(부신수질), 성장호르몬
지질대사	• 지방산 합성 : 인슐린 • 지방산 분해 : 티록신, 글루코코르티코이드, 아드레날린(부신수질), 성장호르몬 • 케톤체 형성 촉진 : 티록신, 글루코코르티코이드, 아드레날린(부신수질), 성장호르몬
단백질대사	• 단백질 합성 : 티록신, 인슐린, 성장호르몬 • 질소 평형 : 티록신, 인슐린, 성장호르몬

5장 열량(에너지)대사

1 열량대사 일반

(1) 열량대사의 의의

① 열량대사는 인체에서 에너지를 생산하기 위해 일어나는 여러 가지 화학적 변화를 말한다.
② 열량대사가 높아질수록 비타민 B_1, B_2, 니아신 흡수가 증가한다.

(2) 식품의 영양가

① 식품의 영양가 : 탄수화물 4.1kcal/g, 지방 9.45kcal/g, 단백질 5.65kcal/g, 알코올 7.1kcal/g
② 소화흡수율 : 탄수화물 98%, 지방 95%, 단백질 92%, 알코올 100%
③ 단백질의 불완전 연소 : 1.25kcal/g
④ 알코올의 호흡으로 배설되는 양 : 0.1kcal/g

2 기초대사

(1) 기초대사의 의의

① 기초대사란 신체 내에서 단지 생명을 유지하기 위하여 무의식적으로 일어나는 여러 가지 대사작용을 말한다. 즉, 생명을 유지하기 위한 체내대사 및 작용으로 무의식적으로 일어나는 심장박동과 혈액순환, 호흡작용, 소변생성, 체온조절 등을 말한다.
② 측정은 체표면적 $1m^2$당 1시간에 소모하는 칼로리이다.
③ 호흡계수(RQ) = 생산된 탄산가스의 양/소모된 산소의 양
④ 호흡상 값은 당질을 1로 하였을 경우 지방은 0.7~0.71, 단백질은 0.80~0.82이다.

(2) 기초대사량의 특징(성질)

① 기초대사량은 체지방량에 비례한다.
② 월경 직전에는 증가하고 시작 후에는 감소한다.
③ 휴식 대사량과 큰 차이가 없으며 측정조건이 기초대사율보다 쉬워 기초대사율을 대신한다.
④ 임신 중에는 기초대사량이 25% 정도 상승한다.

(3) 기초대사량의 측정

① 표준화된 실험실 조건(온도 18~20℃)에서 측정한다.

② 마지막 식사 후 12~14시간이 지난 공복상태에서 측정한다.

③ 공복상태에서 침대에 누워 6~10분간 간접 열량측정법으로 측정한다.

④ 신장과 체중을 기초로 체표면적을 계산해 구할 수도 있다.

(4) 기초대사량에 영향을 미치는 요인

① 기초대사량은 일반적으로 체중에 비례한다.

② 기초대사량은 같은 체중이라도 마르고 키가 큰 사람이 더 높다.

③ 근육이 잘 발달된 운동선수는 일반인에 비해 기초대사량이 더 높다.

④ 1~2세에 단위 체중당 기초대사량이 가장 높다.

⑤ 기온이 낮으면 기초대사량이 증가하고, 기온이 높으면 기초대사량이 감소한다.

⑥ 기초대사량을 증가시키는 요인에는 근육량, 체표면적, 갑상샘호르몬, 성장(영유아), 임신, 기온하강, 발열, 화상, 스트레스 등이 있다.

⑦ 기초대사량을 감소시키는 요인에는 수면, 영양불량, 기온상승 등이 있다.

 활동별 에너지 소모량

활동 종류	에너지 소모량(휴식대사량의 배수)
수면	1.0
운전, 타이핑, 카드놀이	1.4
사무, 가벼운 조리, 설거지	1.7
간단한 청소	2.7
빨래, 청소, 페인트칠하기	3.4
수리, 목공, 정원일	5.0
농사, 광업, 격심한 운동	6.0

(5) 식품 이용을 위한 에너지 소모량(TEF)

① 지방 섭취량은 총 열량 섭취량의 20%가 적절하다.

② 탄수화물 섭취량은 총 열량 섭취량의 65%가 적절하다.

③ 섭취한 식품의 소화, 흡수, 대사에 필요한 에너지이다.

④ 주로 에너지가 열로 발산되므로 체온상승 효과를 가져온다.

⑤ 단백질 섭취 후 에너지 소모량은 섭취 열량의 15~30%로 가장 많다.

⑥ 탄수화물을 섭취한 후에는 10~15%, 지방섭취 후에는 3~4%의 대사율 상승을 보인다.

⑦ 혼합식의 섭취 시 식품 이용을 위한 에너지 소모량은 섭취 열량의 10%이다.

⑧ 다량의 식사를 한꺼번에 하는 경우가 소량의 식사를 나누어 하는 경우보다 크다.

⑨ 순수한 지방식사를 섭취한 경우 에너지 소모량이 가장 적다.

6장 무기질

1 영양과 무기질

(1) 무기질의 의의

① 무기질은 인체 내에서 에너지원은 되지 않으나 신체의 구성과 일부 신체기능을 조절하는 데 필수적 요소이다. 식품이나 생물체에 들어 있는 원소 가운데 탄소 · 수소 · 산소 · 질소를 제외한 다른 원소를 통틀어 무기질이라 하며, 이것은 유기물질이 연소하면 남게 되므로 회분(ash)이라고도 한다.

② 자연계에 존재하는 많은 무기질 가운데 영양적으로 인체에 필요한 것은 약 20종이 된다고 알려졌다. 무기질 중 체내에 가장 많은 것은 칼슘과 인으로서 이들은 골격과 치아의 주성분이다. 또, 칼슘은 혈액응고과정에 필수적인 물질이며 인은 핵산과 세포막을 구성하는 인지질의 성분이 되고 몇몇 효소나 조효소의 구성성분으로서 탄수화물 산화에 관여한다.

③ 소금은 나트륨과 염소가 결합된 화합물로서 칼륨과 함께 체내 수분과 산 · 염기 균형을 유지하고 삼투압을 조절한다. 염소는 염산으로서 위액의 구성성분이다.

④ 철분은 적혈구의 혈색소를 구성하며, 요오드는 갑상샘호르몬인 티록신의 성분으로서 각각 중요한 생리기능을 담당한다.

⑤ 이 밖에 마그네슘 · 황 · 구리 · 플루오르 · 아연 · 셀렌 · 망간 · 몰리브덴 · 코발트 · 크롬 등이 우리 몸에 필요한 성분으로 알려져 있으나, 보통 균형 잡힌 식사를 하고 칼슘 · 철분 · 요오드를 충분히 섭취하면 나머지는 부족되는 일이 거의 없으므로 신경을 쓰지 않아도 된다.

⑥ 다량무기질 : 일반적으로 하루에 100mg 이상을 필요로 하는 것으로 칼슘, 인, 소디움, 포카슘, 염소, 마그네슘, 황이 포함된다.

(2) 무기질의 화학적 성질

① 인체의 4~5%가 무기질로 구성되어 있다.

② 체내에서는 합성되지 않으므로 반드시 음식물로부터 공급되어야 한다.

③ Ca, Mg, K, Na, S, Fe, Cu, O, Mn 등을 무기질이라고 한다.

④ 무기질은 다른 영양소보다 요리할 때 손실이 크다.

(3) 무기질의 기능

① 조직구성

  ㉠ 경조직 구성(뼈, 치아) : Ca, P
  ㉡ 연조직 구성(근육, 신경) : S, P
  ㉢ 체내 기능물질 구성 : 티록신 호르몬(I), 비타민 B_{12}(Co), 인슐린 호르몬(Zn), 비타민 B_1(S), 헤모글로빈(Fe)

② 조절소 역할

  ㉠ 삼투압 조절 : Na, Cl, K
  ㉡ 체액 중성 유지 : Ca, Na, K, Mg
  ㉢ 심장의 규칙적 고동 : Ca, K
  ㉣ 혈액응고 : Ca
  ㉤ 신경안정 : Na, K, Mg
  ㉥ 샘 조직 분비 : 위액(Cl), 장액(Na)

(4) 무기질의 종류

① 칼슘(Ca), 인(P)

  ㉠ 뼈, 치아의 구성성분이다.
  ㉡ 혈액응고, 우유응고에 이용된다.
  ㉢ 근육 수축과 신경의 흥분을 안정시킨다.
  ㉣ 인산염은 산·염기의 평형 및 혈액, pH의 조절을 한다.
  ㉤ 칼슘은 우리 몸에 가장 많은 무기질이다.
  ㉥ 칼슘 흡수는 우유가 제일 좋으며 비타민 D와 젖당은 흡수를 돕는다.
  ㉦ 칼슘 하루 권장량은 700mg, 인도 700mg을 권장한다.

② 철분(Fe)

  ㉠ 산소의 운반과 세포의 호흡 등의 생리과정에 꼭 필요한 원소이다.
  ㉡ 헤모글로빈은 철을 주성분으로 한다.
  ㉢ 철분의 흡수율은 10% 이다.
  ㉣ 염산(위액)과 비타민 C가 흡수를 돕는다.
  ㉤ 피트산과 타닌은 흡수를 방해한다.
  ㉥ 철분 권장량은 성인 12mg, 청소년기 16mg, 임산부 +4~8mg, 수유부 +2mg이다.
  ㉦ 식품으로 보충할 수 없을 때는 철분 보충제로 보충해야 한다.

③ 요오드(I)

  ㉠ 갑상샘호르몬(티록신)의 구성성분이 된다.
  ㉡ 유즙 분비, 지능발달, 성장을 돕는다.
  ㉢ 체내에 25~50mg 존재한다(그 중 3/5이 갑상샘에 존재).

④ 나트륨(Na), 칼륨(K)

　㉠ 유기산염이나 단백질과 결합해서 존재한다.

　㉡ 혈액, 체액의 삼투압을 유지한다.

　㉢ 산, 염기의 평형을 유지한다.

　㉣ 칼륨을 많이 섭취하면 나트륨의 배설이 증가한다.

　㉤ 나트륨(Na)은 염소(Cl)와 결합하여 체액에 존재한다.

　㉥ 1일 권장 섭취량은 Na 2,000mg, NaCl인 경우 5g 이하 섭취를 권장한다.

(5) 무기질의 결핍증 및 과잉증과 급원식품

종류	결핍증	함유식품
칼슘(Ca)	골격 · 치아발육 불량, 골연화증, 구루병, 혈액응고 불량, 내출혈	생선, 우유 및 유제품, 난황, 해조류, 녹엽채소
인(P)	골격 · 치아 발육 불량, 성장 정지, 골연화증, 구루병	생선, 우유, 콩, 견과류, 계란, 육류, 야채류
마그네슘(Mg)	신경불안, 경련, 심장 · 간의 장애, 칼슘의 배설촉진, 골연화증	곡류, 두류, 푸른 잎 채소, 쇠고기, 해조류, 코코아, 감자류
칼륨(K)	근육의 이완, 발육 불량	곡류, 과실, 채소류
나트륨(Na)	소화불량, 식욕부진, 근육 경련, 부종, 저혈압	동 · 식물에 널리 분포
염소(Cl)	위액의 산도 저하, 식욕부진	NaCl로서 식물에 첨가
황(S)	빈혈, 두발 성장의 저해	육류, 어류, 우유, 달걀, 콩
철분(Fe)	빈혈, 신체 허약, 식욕 부진	야채류, 육류, 난황, 어패류, 두류
요오드(I)	갑상샘 부종, 성장과 지능 발달 부진	해산물(특히 해조류)

(6) 다량무기질과 미량무기질

① 다량무기질

　㉠ 칼슘(Ca)

　　• 칼슘의 흡수율은 20~40% 정도이다.

　　• 칼슘의 흡수를 증가시키는 요인에는 비타민 D, 유당, 단백질, 비타민 C, 칼슘 요구량 증가(성장기, 임신 등), 적절한 칼슘과 인의 비율(1:1), 장내의 산성환경 등이 있다.

　　• 칼슘의 흡수를 방해하는 요인에는 피틴산, 수산, 타닌산, 과잉의 유리지방산, 식이섬유, 노령(폐경), 소장의 알칼리성 환경 등이 있다.

　　• 부갑상샘호르몬과 칼시토닌은 칼슘농도를 정상 수준(10mg/dl)으로 조절한다.

- 칼슘은 체내 99% 이상이 골격에 존재하며 칼슘의 주된 기능은 골격과 치아를 형성하고 유지하는 것이다. 또한 칼슘은 혈액 응고과정에서 프로트롬빈을 트롬빈으로 전환시키는 데 관여하며, 신경자극을 전달하고, 근육의 수축과 이완과정에 관여한다. 그 외 칼슘은 세포 내에서 칼모둘린과 결합하여 세포대사를 조절한다.
- 칼슘은 대변으로 포화지방산의 배설을 증가시켜 혈청 LDL 수준을 낮출 수 있다.
- 칼슘은 우리나라 식생활에서 가장 결핍되기 쉬운 영양소 중의 하나이다.

ⓛ 인(P)

- 인은 골격과 치아를 구성하고 세포막이나 핵산의 구성성분이며 니아신, 티아민 등의 여러 비타민과 효소의 활성화에 관여한다.
- ATP 등의 고에너지 인산화합물을 형성하여 에너지의 저장 및 이용에 관여한다.
- 인산의 형태로서 산과 염기의 평형을 조절하는 완충작용을 한다.
- 인의 흡수율은 성인의 경우 50~70%로 높으며 주로 신장을 통해 소변으로 배설된다.

ⓒ 나트륨(Na)

- 나트륨은 체내 수분함량을 조절하는 중요한 물질로 작용한다.
- 고혈압과 관련되어 있어 적게 섭취할 것을 권장하며 주된 배설경로는 신장이다.
- 건강을 유지하는 데 필요한 성인의 1일 나트륨 최소 필요량은 500mg이며, 고혈압의 발병 위험을 낮추기 위하여 1일 2~3g의 나트륨을 섭취할 것을 권장한다.
- 혈액 중의 나트륨 농도는 알도스테론과 레닌에 의해 조절된다.
- 나트륨을 과잉으로 장기간 섭취하면 부종, 고혈압, 위암과 위궤양의 발병률을 증가시킨다.

ⓐ 칼륨(K)

- 칼륨은 세포내액의 주된 양이온으로 세포외액의 주된 양이온인 나트륨과 함께 삼투압과 수분평형 및 산, 염기 평형에 관여한다.
- 골격근과 심근의 수축 및 이완작용에 관여하며 당질대사에 관여하여 혈당이 글리코겐으로 생성될 때 칼륨을 저장한다.
- 칼륨은 단백질 합성에 관여하여 근육단백질과 세포단백질 내에 질소를 저장하는 과정에 필요하다.

ⓜ 염소(Cl)

- 염소는 위액의 성분이며, 체액의 삼투압을 유지하게 한다.
- 세포외액에 존재하며 산–염기의 평형에 관여한다.

ⓑ 마그네슘(Mg)

- 골격과 치아의 구성성분으로 근육을 이완시키고 신경을 안정시킨다.

ⓐ 황(S)
- 세포외액에 존재하며 산-염기 평형에 관여한다.
- 황의 대표적인 급원식품은 단백질 식품이다.

② 미량무기질

㉠ 철(Fe)
- 철은 주로 간과 골수, 비장에 페리틴과 헤모시데린 형태로 저장된다.
- 흡수된 철은 골수에서 적혈구 생성과정에 관여한다.
- 다량의 구리, 아연 섭취는 철분의 흡수를 저해한다.
- 위산의 산도가 높을수록, 즉 pH가 낮을수록 철의 용해도를 증가시켜 철의 흡수율을 높인다.
- 철의 흡수를 증진시키는 인자는 헴철, 비타민 C, 위산, 저장철 저하, 임신, 성장기 등이 있다.
- 철의 흡수를 방해하는 인자는 피틴산, 수산, 식이섬유, 타닌, 위장질환, 위산분비 저하, 다른 무기질(칼슘, 아연)·저장철의 증가 등이 있다.
- 성장기 아동에서의 철 결핍성은 신체성장 및 학습능력의 저하가 나타난다.
- 철의 가장 좋은 급원식품은 대부분 헴철을 함유하고 있어서 이용률이 높은 육류, 어패류, 가금류이며, 다음으로 좋은 급원은 곡류, 콩류, 진한 녹색채소 등이다.

㉡ 아연(Zn)
- 체내 여러 금속효소의 성분으로 작용하며 아동의 정상적인 성장을 돕는다.
- 생체막의 구조와 기능을 유지시킨다.
- 아연이 결핍되면 성장이나 근육발달이 지연되고 생식기 발달이 저하된다. 또한, 면역기능의 저하, 상처회복의 지연, 식욕부진 및 미각과 후각의 감퇴가 나타난다.
- 아연을 과다하게 섭취할 때 다른 무기질, 즉 철이나 구리의 흡수가 저해되며 이에 따라 빈혈증세가 나타날 수 있다.
- 아연의 주된 급원은 동물성 식품으로 쇠고기 등의 육류, 굴, 게, 새우, 간, 콩류, 전곡, 견과류 등이 좋다.

㉢ 구리(Cu)
- 구리는 철의 흡수와 이동을 돕고, 콜라겐과 엘라스틴이 결합하는 데 작용하는 효소의 일부로 작용하며 매우 다양한 효소들의 구성성분으로서 중요한 역할을 한다.
- 구리는 철의 흡수와 이동을 도움으로써 헤모글로빈 합성을 돕는다.

㉣ 요오드(I)
- 요오드는 체내 대사율을 조절하고 성장발달을 촉진하는 갑상샘호르몬의 구성성분이다.
- 요오드는 미역, 김 등의 해조류나 해산물에 풍부하다.

- 장기간 요오드 섭취가 부족하면 단순갑상샘종이 나타나며, 임신기간 중의 부족은 태아의 정신박약, 성장지연, 왜소증 등을 초래하는 크레틴병을 일으킨다.
- 요오드의 과잉섭취 시에는 바세도우씨병이 나타난다.

ⓜ 불소(F)

- 충치를 예방하고 억제하며, 골다공증의 발생을 낮춘다.
- 불소는 해조류, 고등어, 정어리 등의 어패류와 차에 들어 있다.

ⓗ 크롬(Cr)

- 크롬은 당내성 인자라고 하는 복합체의 성분으로 작용하여 인슐린의 작용을 강화하며, 세포 내 포도당 유입을 돕는다.
- 크롬의 체내 이동이나 보유에서 서로 경쟁하는 무기질은 철분이다.

⓼ 셀레늄(Se)

- 세포막의 손상방지, 산화적 손상으로부터 세포를 보호한다.
- 결핍되면 근육손실, 성장저하, 심근장애 등이 발생한다.

7장 비타민

1 비타민 일반

(1) 비타민의 의의

① 매우 적은 양으로 물질 대사나 생리 기능을 조절하는 필수적인 영양소이다.

② 비타민은 소량으로 신체기능을 조절한다는 점에서 호르몬과 비슷하지만 신체의 내분비기관에서 합성되는 호르몬과 달리 외부로부터 섭취되어야 한다. 비타민은 체내에서 전혀 합성되지 않거나, 합성되더라도 충분하지 못하기 때문이다. 이렇게 체내합성 여부에 따라 호르몬과 비타민이 구분되기 때문에 어떤 동물에게는 비타민인 물질이 다른 동물에게는 호르몬이 될 수 있다. 예를 들어 비타민 C는 사람에게는 비타민이지만 토끼나 쥐를 비롯한 대부분의 동물은 몸 속에서 스스로 합성할 수 있으므로 호르몬이다.

③ 비타민은 탄수화물, 지방, 단백질과는 달리 에너지를 생성하지 못하지만 몸의 여러 기능을 조절한다.

④ 대부분은 효소 또는 효소의 역할을 보조하는 조효소의 구성성분이 되어 탄수화물, 지방, 단백질, 무기질의 대사에 관여한다. 효소나 조효소는 화학반응에 직접 참여하지 않기 때문에 소모되는 물질이 아니다. 따라서 비타민의 필요량은 매우 적다. 하지만 생체 반응에 있어 효소의 기능이 매우 중요하기 때문에, 소량이라 할지라도 필요량이 공급되지 않으면 영양소의 대사가 제대로 이루어지지 못한다.

⑤ 일반적으로 비타민은 지용성과 수용성으로 분류된다. 지용성 비타민은 지방이나 지방을 녹이는 유기용매에 녹는 비타민으로서 비타민 A, D, E, F, K, U가 이에 속한다. 이들은 수용성 비타민보다 열에 강하여 식품의 조리가공 중에 비교적 덜 손실되며, 장 속에서 지방과 함께 흡수된다.

⑥ 수용성 비타민은 물에 녹는 비타민으로서 비타민 B복합체, 비타민 C, 비오틴, 폴산, 콜린, 이노시톨, 비타민 L, 비타민 P 등이 알려져 있다. 이 중에서 비타민 B 복합체들은 분자 내에 모두 질소를 함유하고 있으며, 동물의 간에 비교적 많이 존재한다.

(2) 비타민의 기능

① 호르몬의 주 구성요소이다.

② 신체 구성요소이다.

③ 체내에서 합성이 불가능해 반드시 음식물에서 섭취해야만 한다.

2 수용성 비타민

(1) 수용성 비타민의 성질

① 물에 용해된다.

② 필요량 이상은 배설된다(소변).

③ 결핍 증세가 비교적 빨리 나타난다.

④ 필요량을 매일 공급해야 한다.

⑤ 종류 : 비타민 B_1, 비타민 B_2, 비타민 B_6, 니아신, 비타민 B_{12}, 비타민 C

(2) 수용성 비타민의 종류와 기능

① 비타민 B_1

　㉠ 열, 산에는 안정, 중성, 염기성 용액에서는 파괴된다.

　㉡ 포도당 연소 시 필요한 조효소(TPP)의 구성성분이다.

② 비타민 B_2

　㉠ 산, 열, 산화에는 안정, 염기에는 매우 약하고 자외선에 파괴된다.

　㉡ 성장발육과 포도당의 연소과정을 돕고, 수소운반을 하며, 세포의 호흡작용에 관여하는 효소, 조효소의 구성요소이다.

③ 비타민 B_6

　㉠ 열과 산에 안정, 염기와 자외선에는 파괴된다.

　㉡ 아미노산 대사의 조효소로서 불필수 아미노산의 형성에 관여한다.

④ 비타민 B_{12}

　㉠ 열, 산, 염기에 안정, 자외선에는 약하다.

　㉡ 분자 중에 코발트를 함유한다.

　㉢ 정상적인 성장과 적혈구 생성에 중요하다.

　㉣ 주로 단백질과 결합되어 있으므로 동물성 식품에 존재한다. 따라서 극단적인 채식주의자들이 동물성 식품을 섭취하지 않는 경우에는 악성 빈혈증이 온다.

⑤ 니아신

　㉠ 산, 열, 염기 모두 안정하다.

　㉡ 포도당, 지방 아미노산의 연소과정에 필요한 조효소이다.

　㉢ 트립토판 60mg이 체내에서 1mg의 니아신으로 전환된다. 따라서 옥수수가 주식인 경우 트립토판이 적어 펠라그라병에 잘 걸린다.

⑥ 엽산(비타민 M)

⊙ 흡수된 후 환원되어 조효소로서 아미노산 대사 및 핵산 합성에 작용한다.

　　　　ⓛ 엽산이 결핍되면 단백질 합성이 손상되고, 적혈구 형성에 이상을 초래하게 된다(거래적 악성 빈혈).

　　⑦ 비타민 C

　　　　㉠ 산, 알칼리에 가장 불안정한 비타민이다.

　　　　㉡ 열, 염기, 자외선, 금속에 파괴되고, 공기 중에서 산화된다.

　　　　㉢ 산에는 안정하다(과일 화채에 산을 이용).

　　　　㉣ 탄수화물, 지방, 단백질 대사에 관여한다(자신의 산화, 환원 작용으로).

　　　　㉤ 칼슘과 철분 흡수를 돕는다.

　　　　㉥ 혈액을 재생, 모세혈관 벽을 튼튼히 한다.

　　　　㉦ 콜라겐 형성, 세포의 호흡작용에 관여한다.

　　　　㉧ 세균에 대한 저항력을 준다(감기예방).

　　　　㉨ 성장에 필수적이다.

(3) 수용성 비타민의 결핍증

종류	결핍증	함유식품
비타민 B_1	각기병, 다발성 신경염	녹색채소, 돼지고기, 육류 중의 간, 내장, 난황, 어류
비타민 B_2	피부염, 구순구각염, 설염, 아맹증	우유, 간, 육류, 푸른 잎 채소, 곡류, 난류, 배아, 효모, 난백
니아신	펠라그라(설사, 치매, 피부염, 사망)	육류, 어류, 가금류, 간, 효모, 우유, 땅콩, 곡류
비타민 B_6	피부염	쌀겨, 효모, 간, 난황, 육류, 녹황색 채소
비타민 B_{12}	악성 빈혈	살코기, 간, 내장
비타민 C	괴혈병, 간염	감귤류, 토마토, 양배추, 녹황색 채소, 콩나물

3 지용성 비타민

(1) 지용성 비타민의 성질

　　① 기름과 기름 용매에 녹는다.

　　② 필요량 이상 섭취하면 체내(간)에 저장되므로 결핍 증세가 서서히 나타난다.

③ 필요량 공급을 매일 하지 않아도 된다.

④ 지방의 흡수 및 대사와 관련이 있으며, 체내 저장이 가능하고 과잉증상이 발생할 수 있다.

⑤ 종류 : 비타민 A, 비타민 D, 비타민 E, 비타민 K, 비타민 F(필수지방산)

(2) 지용성 비타민의 종류와 기능

① 비타민 A

ㄱ 열, 산, 염기에 안정하여 조리 시 손실이 적다.

ㄴ 자외선과 공기 중의 산소에 의해 쉽게 파괴된다. 단, 비타민 C와 비타민 E 등 항산화제가 있으면 안정하다.

ㄷ 성장 촉진, 눈·상피세포의 건강유지, 질병에 대해 저항력을 높여준다.

ㄹ 당근을 섭취하면 비타민 A의 흡수율을 높여준다.

ㅁ 비타민 A는 시각과 관련한 암 적응기능, 상피세포 분화기능, 항암작용 및 항산화학용 등을 한다.

ㅂ 간에 저장되는 비타민 A의 형태는 주로 레티닐 팔미트산이다.

ㅅ 비타민 A는 레티날, 레티놀, 레티노익산 등으로 구성되어 있으며, 식물성 급원인 카로티노이드는 체내에서 비타민 A로 전환된다. 간상세포에서 레티날은 단백질인 옵신과 결합하여 로돕신 색소를 형성하며 로돕신은 어두운 곳에서의 시각기능에 관여한다.

ㅇ 비타민 A의 대사는 주로 간에서 이루어지며 주된 저장소도 간이다.

ㅈ 레티놀 당량이란 비타민 A 역할의 정도를 레티놀을 기준으로 나타내는 단위이다.

ㅊ 우리가 먹는 식품에는 비타민 A가 주로 레티닐 에스테르 형태로 존재하며 비타민 A의 흡수율은 80% 이상이다.

ㅋ 결핍 시에는 야맹증, 각막건조증, 비토반점, 각막연화증, 성장지연과 기타 포상각화증, 설사, 호흡기 염증 등이 발생한다.

ㅌ 비타민 A를 과량 섭취하면 다른 지용성 비타민들과 마찬가지로 독성이 나타난다. 임신기에 비타민 A의 섭취가 과다하면 기형아, 사산 등의 문제가 나타난다.

② 비타민 D

ㄱ 산, 연기, 열에 안정하여 조리 시 손실이 적다.

ㄴ 비타민 D_2(비타민 D의 전구체)는 에르고스테롤이 자외선을 받으면 생기고, 비타민 D_3는 콜레스테롤이 자외선을 받으면 생긴다.

ㄷ 대표적인 비타민 D에는 D_2와 D_3가 있다. 흡수 시 다른 지용성 비타민과 같이 지방과 담즙을 필요로 하며 카일로미크론의 형태로 림프계를 거쳐 운반된다. 체내 합성 및 음식으로 섭취된 비타민 D는 간에서 $25(OH)_2$-비타민 D로 된 후, 신장에서 $1,25(OH)_2$-비타민 D로 활성화되어 작용한다.

ⓔ 혈중 칼슘 함량이 감소했을 때 비타민 D를 신장에서 활성화시키는 호르몬은 부갑상샘호르몬(PTH)이다.

ⓜ 햇빛이나 인공적인 자외선에 노출될 경우에 합성된다.

ⓗ 장에서 칼슘의 흡수를 촉진하고 신장에서 요로의 칼슘배설을 감소시킨다.

ⓢ 간, 난황, 간유, 버터, 강화우유 등에 들어 있다.

ⓞ 피부에서 햇빛을 지나치게 많이 받으면 비타민 D가 루미스테롤과 같은 관련물질로 합성되었다가 시간이 지나면 비타민 D로 전환되므로 자외선 과다노출로 인한 비타민 D 독성으로부터 몸을 보호할 수 있다.

ⓩ 비타민 D는 식품에는 널리 분포되어 있지 않다. 효모나 버섯 등에는 전구체인 엘고스테롤의 형태로 들어 있으며, 자외선 조사에 의해 비타민 D_2를 합성하고, 비타민 D_3는 생선 간유에 많이 함유되어 있다.

ⓧ 비타민 D는 칼슘과 인의 소장흡수, 신장에서의 재흡수, 뼈로부터의 용해를 촉진하여 혈장 칼슘 농도를 높인다.

ⓚ 외출을 하지 않고 실내생활만 하는 노인이나 야간근무자, 지하에서 일을 하는 사람들은 일광에 의한 비타민 D 합성이 제한되어 결핍증에 걸릴 가능성이 있다.

ⓣ 비타민 D가 부족하면 뼈에 칼슘과 인이 축적되는 석회화가 적절하지 못하게 되어 뼈가 약해지고 압력을 받으면 뼈가 굽게 되는데 이러한 현상이 어린이에게 발생한 경우를 구루병이라고 한다.

③ 비타민 E

ⓖ 열, 산에 안정하고, 염기와 자외선에서는 파괴된다.

ⓛ 비타민 A, 카로틴, 아스코르브산, 불포화 지방산의 항산화작용을 한다.

ⓒ 동물의 정상적 생식 기능을 돕는다.

ⓔ 혈액 내의 지방이 과산화 지방으로 되는 것을 막아 노화를 방지한다.

ⓜ 비타민 E의 기능이 확실히 밝혀진 것은 항산화제로서의 기능이다. 그 외의 효과로는 식품 중의 불포화지방산이나 비타민 A와 같은 지용성 영양소의 이중결합을 보호하며, 적혈구막 보호, 노화지연, 면역반응 증진, 분변 내 돌연변이원 생성억제, 혈소판 응집감소, 신경과 근육의 기능유지 및 발달에 관여한다.

ⓗ 토코페롤과 토코트리에놀을 포함한 8개의 천연 화합물로 구성되어 있는데 가장 활성이 큰 비타민은 D-α 토코페롤이어서 이를 기준으로 식품의 함유량이나 권장섭취량을 설명한다. 토코페롤 당량이란 비타민 E역할을 하는 1mg의 α 토코페롤의 양을 말한다.

ⓢ 세포막에 존재하는 다가불포화지방산을 산화적 손상으로부터 보호하는 역할을 한다.

ⓞ 부족하면 적혈구의 막에 있는 다가불포화지방산이 산화되어 세포막이 파괴되면서 적혈구가 손실되는 용혈성 빈혈이 나타난다.

     ⓒ **급원식품** : 신선한 채소, 식물성 기름, 소맥, 배아, 우유지방, 육류, 간
④ 비타민 K
    ⊙ 열, 습기에 안정하고 염기와 자외선, 산에는 쉽게 파괴된다.
    ⓒ 간에서는 혈액 응고에 필요한 프로트롬빈의 형성을 돕고, 성인은 장내 세균에 의해 체내 합성이 된다. 그러나 신생아는 비타민 K를 합성할 시간적 여유가 없으므로 외상을 입으면 출혈되기 쉽다.
    ⓒ 간에서 혈액응고 인자의 합성에 관여한다.
    ⓔ 여러 식품에 분포되어 있으므로 결핍증은 거의 발생하지 않는다.
    ⓜ 장내 세균에 의하여 합성되므로 결핍증은 거의 발생하지 않는다.
    ⓗ 신생아나 흡수불량증 환자, 항생제 등을 장기간 복용하는 경우에는 결핍증이 발생할 수 있다.
    ⓢ 담낭 제거 환자에게서 담즙분비장애로 결핍증이 나타날 수 있다.
    ⓞ 비타민 K의 영양상태를 평가하기 위해서는 혈중 비타민, 프로트롬빈의 농도, 혈액응고시간을 측정한다.
    ⓩ 간, 녹색 채소, 브로콜리가 급원식품이다.

(3) 지용성 비타민의 결핍증

종류	결핍증	함유식품
비타민 A	야맹증, 안구건조증, 점막장해	간, 우유, 난황, 뱀장어
비타민 D	구루병, 골연화증	우유, 마가린, 생선간유, 버섯, 효모, 맥각
비타민 E	불임증, 근육위축증, 용혈작용	식물성 기름, 녹색채소, 곡물의 배아, 달걀
비타민 K	상처에 출혈	달걀, 간, 푸른 잎 채소
비타민 F	피부염, 성장정지, 기관지염	콩기름, 옥수수기름

 지용성 비타민과 수용성 비타민의 비교

구분	지용성 비타민	수용성 비타민
용매	기름과 유기용매	물에 용해
섭취량이 필요 이상인 경우	체내에 저장	소변으로 배출
결핍증세	서서히 나타난다	신속하게 나타남
공급	매일 공급할 필요 없음	매일 공급하여야 함
구성원소	탄소, 수소, 산소	탄소, 수소, 산소, 질소

8장 물, 체액, 산-염기 평형

1 물의 일반

(1) 물의 의의와 기능

① 물은 인체의 중요한 구성성분으로 체중의 2/3(60~65%)를 차지한다.

② 영양소의 용매, 삼투압 조절, 체내 화학 반응의 촉매역할을 한다.

③ 영양소와 노폐물 운반, 체온조절, 체내 분비액의 주성분이 된다.

④ 내장 기관을 보호한다.

⑤ 성인이 1일 체내에서 이용할 수 있는 수분량은 약 2,000ml이다.

⑥ 열량소의 산화과정에서 얻는 1일 수분량은 약 350ml이다.

대사수

식품은 약 100kcal의 열을 발생할 때 약 12~13g의 물을 생성하는데 이를 대사수라고 하며, 영양소별로 보면 단백질은 10.5g, 당질은 15g, 지방은 11.1g의 물을 각각 생성한다.

⑦ 수분균형을 위한 1일 수분 섭취량과 배설량은 같다.

⑧ 수분의 배설은 소변으로 1,000~1,500ml, 피부로 500~700ml, 폐로 250~300ml, 대변으로 100~200ml가 배설된다.

⑨ 근육조직의 70% 정도가 물로 이루어져 있는 반면 지방조직은 20~25%정도만 수분으로 이루어져 있다.

⑩ 수분은 신체조직을 구성하는 성분 중에서 가장 많은 양을 차지한다.

⑪ 남자는 피하지방이 적고 근육이 많으므로 체수분함량이 55~65%이며, 여자는 45~60%이다.

⑫ 나이가 어릴수록 체수분함량이 높고 나이를 먹음에 따라 감소한다.

⑬ 심한 출혈, 화상, 구토 시에는 필요량이 증가한다.

수분 필요량과 불감증설수

• 수분 필요량은 어릴수록 단위 체중당 체표면적이 넓어 증가하며, 고지방 식사는 수분 필요량을 감소시키고, 고단백 및 고염분 식사는 필요량을 증가시킨다. 심한 운동 및 더운 기후, 발열, 구토, 설사 등에서 필요량은 증가한다.

• 불감증설수란 피부와 폐를 통해 부지불식간에 배설되는 수분으로서 건강한 성인의 경우에 1일 약 900ml 정도이다.

(2) 수분의 특성

① 전해질을 잘 용해한다.

② 비점, 융점이 매우 높다.

③ 비열이 높다.

④ 물의 비중이 4℃에서 가장 높다.

⑤ 표면 장력이 크다.

⑥ 점성이 크다.

(3) 수분의 기능

① 신체 내 모든 기관이 작용하려면 수분이 반드시 필요하다.

② 체조직 구성성분으로서 체온을 조절하고 원활액으로 작용한다.

③ 변비를 방지하고 신진대사를 증진하며 갈증을 해소시킨다.

④ 체내 영양소의 공급과 노폐물의 체외방출을 담당한다.

⑤ 수분은 신진대사에서 생성된 노폐물을 운반하여 폐, 피부 및 신장을 통해 배설한다.

⑥ 혈액 및 림프액 등과 같은 체액조직을 통해 여러 영양소를 각 세포조직에 운반한다.

⑦ 소화액의 구성, 윤활작용 및 외부 충격으로부터의 보호작용을 한다.

(4) 수분의 필요량

① 평균 성인 에너지 섭취량 1kcal당 1ml가 필요하며 이것은 일반 성인에게 1.8~3.0L에 해당한다. 기온, 습도, 연령, 활동상태, 식사종류, 체질에 따라 다르기도 하다.

② 체내의 수분량이 10% 상실되면 의욕 상실이 와서 건강을 위협하고, 20% 상실하면 사망하는데, 어린이는 성인보다 더 빨리 탈수현상이 온다.

2 물의 존재상태

(1) 결합수

① 단백질, 탄수화물 등의 유기물과 밀접하게 결합되어 있는 상태이다.

② 용질에 대하여 용매로서 작용하지 않는다.

③ 100℃ 이상의 가열에서도 잘 제거되지 않는다.

④ 물보다 밀도가 크다.

⑤ 낮은 온도에서도 잘 얼지 않는다.

　　⑥ 조직에 큰 압력을 가하거나 압착해도 제거되지 않는다.

　　⑦ 미생물에 이용되지 않는다.

　　⑧ 18℃ 이하 온도에서도 액상으로 존재한다.

　　⑨ 결합수 함량은 그 식품의 빙점 이하로 내려감에 따라 감소한다.

(2) 유리수

　　① 자연수라고도 한다.

　　② 용매의 구실을 한다.

　　③ 건조시켜 분리제거가 가능하다.

　　④ 미생물 생육 번식이 가능하다.

　　⑤ 0℃ 이하에서도 쉽게 동결된다.

　　⑥ 비점과 융점이 높다.

　　⑦ 비열과 비중이 크다.

　　⑧ 표면장력과 점성이 크다.

(3) 수분활성도

　　① 수분활성도(Aw) = P(그 식품이 나타내는 수증기압) / Po(순수한 물의 최대 수증기압)

　　② 대기 중의 상대습도까지 고려하여 식품의 수분 함량을 %로 나타내기보다는 수분 활성도로 표시하는 경우가 많다.

　　③ P < Po관계가 이루어지므로 Aw는 1보다 작은 값을 가지며 물의 Aw＝1이 된다.

　　④ 수분활성 : 세균의 경우 0.93~0.99, 효모의 경우 0.88, 곰팡이의 경우 0.80이다.

3 체액 및 산 – 염기 평형

(1) 체액

　　① 세포외액에 가장 많이 존재하는 전해질은 Na^+과 Cl^-이며, 이 두 이온에 의해 나타나는 삼투압은 약 250mOsm/L로 체액 삼투압의 약 80%에 해당한다.

　　② 세포 내외의 삼투압 유지는 주로 나트륨(Na^+)과 칼륨(K^+)에 의해 조절된다.

　　③ 세포외액의 Na : K = 28 : 1, 세포내액의 Na : K = 1 : 10으로 유지될 때 체액의 삼투압은 300mOsm/L를 나타낸다.

　　④ 혈액 중의 단백질(아미노기, 카르복실기)은 양성물질로서 쉽게 수소이온을 내어주거나 받아들임으로써 혈액의 pH를 항상 일정한 수준으로 유지시키는 완충제 역할을 한다.

(2) 산 – 염기의 평형

① 체내에서 양이온을 형성하는 무기질은 나트륨, 칼륨, 마그네슘, 칼슘 등으로 알칼리성을 나타내며, 음이온을 형성하는 무기질은 염소, 황, 인 등으로 산성을 띤다.

② 산 – 염기 평형이상

　㉠ 이상원인

　　• 대사성 산성증 : 염기(HCO_3^-)가 다량 함유된 췌장액이나 장액이 다량 손실된 경우, 즉 염기부족
　　• 대사성 알칼리증 : 구토로 위산 다량 손실, 염기 과다섭취
　　• 호흡성 산성증 : CO_2 배출이 잘 안 될 때
　　• 호흡성 알칼리증 : CO_2 배출이 급격히 증가할 때

　㉡ 이상원인과 질환

　　• 대사성 산성증 : 당뇨병
　　• 대사성 알칼리증 : 구토
　　• 호흡성 산성증 : 폐실환
　　• 호흡성 알칼리증 : 저산소증

　㉢ 이상원인 내용

　　• 대사성 산성증 : 산의 과다섭취, 설사로 인한 중탄산이온의 손실증가 및 당뇨와 기아 시의 케톤체 형성 등으로 발생한다.
　　• 대사성 알칼리증 : 구토로 인한 위산손실, 제산제의 과다 복용, 결장에서의 중탄산이온의 재흡수 증가 등으로 발생한다.
　　• 호흡성 산성증 : 만성 폐질환이나 신경계 장애로 인해 폐에서 이산화탄소 배출이 잘 안 되는 경우 이산화탄소 분압이 높아져 발생한다.
　　• 호흡성 알칼리성 : 고산지대, 저산소증, 체온증가 등에서 호흡과다로 인해 이산화탄소 배출이 증가하여 발생한다.

③ 섭취된 후 체내에서 산성체액을 형성하는 물질로는 염소, 황, 인 등이 있다.

④ 산성식품에는 달걀, 고기, 생선, 곡류 등이 있으며, 알칼리성 식품에는 채소, 과일, 우유가 해당된다.

⑤ 체액의 pH를 조절하는 작용에는 화학적 완충계(중탄산, 인산, 단백질, 헤모글로빈), 호흡계의 조절작용 및 신장을 통한 배설조절작용 등이 있다.

9장 생활주기영양

1 모성영양과 태아영양

(1) 인체의 성장 발달의 원리

① 성장발달은 연속적으로 이루어지나 항상 균일하게 연속되는 현상은 아니다.

② 순서대로 진행된다.

③ 성장은 수직적이다.

④ 기관별 성장 발달의 결정적 시기가 다르다.

⑤ 개인차가 매우 크다.

(2) 인체조직의 성장을 위한 세포성장 기전

① 1단계 : 세포분열만 진행됨에 따라 세포의 수와 DNA량이 증가한다.

② 2단계 : 세포분열과 세포의 크기 증가가 동시에 일어난다.

③ 3단계 : 세포의 분열은 중지되고 세포의 크기만 커진다. 이 시기의 DNA의 양은 비교적 일정하다.

(3) 임신중의 모체변화

① **자궁에서의 변화** : 에스트로겐과 프로게스테론 분비로 비대해지면서 자궁 근육벽이 강해지고 탄력성이 있게 된다.

② **유선의 변화** : 에스트로겐과 프로게스테론의 영향으로 유방증대, 혈관확장, 유륜과 유두비대 및 갈색으로 착색된다.

③ **생리적 변화**

㉠ 나트륨과 수분 보유력의 증가로 혈장과 세포외액의 양이 증가한다.

㉡ 신혈류량과 사구체 여과율이 증가한다.

㉢ 심장 박동률과 수축기 혈류량이 증가하여 심박출량이 증가한다.

㉣ 평활근의 활동이 느려져 소량의 식사로도 포만감을 느낀다.

㉤ 적혈구의 양은 임신 초기부터 꾸준히 증가하나 적혈구 증가율이 혈장의 증가율에 미치지 못해 혈액희석 현상이 나타나고 헤모글로빈 농도와 헤마토크리트 수치가 임신 전에 비해 감소한다.

㉥ 혈청 내 중성지방, 유리지방산, 지용성 비타민, 콜레스테롤 등은 임신기간 동안 오히려 증

가하며, 무기질 함량은 큰 변화가 없다.

   ⓐ 임신기간 동안에는 태아와 모체의 대사산물인 크레아티닌, 요소 및 기타 다른 노폐물의 배설을 용이하게 하기 위하여 신장으로 흐르는 혈류량이 30% 이상 증가하며, 사구체 여과율도 50% 정도 증가한다. 따라서 영양소가 사구체를 통하여 다량 여과되나 세뇨관에서 이를 모두 흡수하지 못하고 소변으로 배설하게 된다.

④ 체중변화

   ㉠ 적당한 체중증가는 임신 중 영양관리의 중요한 지표이며, 대부분 충분한 식사를 하는 건강한 임산부의 경우 임신기간 동안 10~12kg 정도의 체중이 증가한다.

   ㉡ 임신기간을 제1기, 2기, 3기로 나누어 볼 때 제1기에는 약간의 체중증가가 있을 뿐이며, 이는 모체의 자궁과 혈액의 증가에 기인한다. 제2기에는 체중증가의 약 60%가 모체부분의 증가이며, 제3기부터 분만까지의 증가량은 대부분 태아의 성장에 기인한다. 임신 중 체중증가량은 개인마다 차이가 있으며 초산이고 나이가 어린 임산부는 임신 경험이 많고 나이가 많은 임산부에 비해 체중증가량이 많다. 비만한 임산부는 임신기간 동안 9kg 이하의 체중증가가 적당하다.

   ㉢ 임신 중 체중증가의 가장 큰 원인은 수분의 증가인데 총 수분증가량의 70~90%는 모체 세포외액의 증가에 기인한다. 체액증가량의 1/3은 임신 시 생성물의 증가 때문이고, 2/3는 모체조직과 체액의 증가가 차지한다. 또한 모체의 지방조직 축적량은 수유시의 에너지 필요량과 임신 후반기 에너지 보유를 위해 사용한다.

   ㉣ 권장량 범위 내의 체중증가는 향상된 모체와 태아의 출산, 특히 적당한 신생아 체중과 관계가 있다.

⑤ 호르몬의 변화

   ㉠ 태반 : 프로게스테론, 에스트로겐, 태반락토겐, 난막갑상샘호르몬

   ㉡ 뇌하수체 전엽 : 프롤락틴, 성장호르몬, 갑상샘자극호르몬

   ㉢ 뇌하수체 후엽 : 옥시토신

   ㉣ 부신피질 : 알도스테론, 코티손

   ㉤ 갑상샘 : 티록신

   ㉥ 부갑상샘 : 부갑상샘호르몬(PTH)

   ㉦ 췌장의 α-세포 : 글루카곤

   ㉧ 췌장의 β-세포 : 인슐린

   ㉨ 신장 : 레닌-안지오텐신

⑥ 소화기계의 변화(프로게스테론 영향)

   ㉠ 위장 근육긴장 저하

   ㉡ 위 운동의 감소

ⓒ 구토 유발

② 대량 수분흡수 증가로 변비유발

호르몬 관련 주요내용
- **에스트로겐** : 자궁내막의 선상피조직 증가, 자궁평활근 발육촉진, 뼈의 칼슘방출 저해, 자궁수축, 결합조직의 친수성 증가로 인한 부종초래 등의 역할을 한다.
- **프로게스테론** : 수정란의 착상을 돕고, 자궁근육을 이완시켜 임신의 유지에 관여하며, 위장근육도 이완시켜 변비 등을 유발한다. 그 외 체지방 합성 촉진 신장으로의 나트륨 배설 증가, 엽산의 흡수방해 등의 역할을 한다.
- **태반 락토겐** : 태아의 탄수화물 이용이 증가하는 임신 말기에 분비되어, 모체조직의 인슐린 저항성을 증가시키는 가장 주된 호르몬이다.

(4) 임신 중의 질병

① 입덧

ⓐ 임신 4주~8주부터 시작하여 오심, 구토, 식욕부진, 기호변화 등의 증상을 나타내나 임신 10주~12주가 되면 자연 소실된다.

ⓑ 입덧 시의 식사

- 입덧을 할 때에는 기호가 변하여 신 것을 선호하며 조리 시 냄새를 싫어하고 기름진 것보다 담백한 것을 선호한다.
- 기호를 존중한 식사를 하며, 공복상태에서 증상이 더 심하므로 소량씩 자주 식사하고, 식후에는 30분 정도 안정을 취한다.
- 대개 2~3개월이 지나면 입덧이 가시고 식욕이 왕성해지며, 입덧 치료는 비타민 B_6 투여가 효과적이다.

② 임신 오조

ⓐ 입덧 증상이 강해져 영양섭취가 불가능하므로, 영양실조 등의 영양장애를 일으키는 증상을 말한다.

ⓑ 임신 시 나타나는 영양과 관련된 질병들은 오조, 생리적 빈혈, 변비, 임신성 당뇨병, 임신성 고혈압 등이 있다.

③ 임신 당뇨

ⓐ 임신기간 동안 인슐린 저항성이 증가되고, 임산부의 췌장에서 인슐린 저항성에 대항할 만한 충분한 인슐린을 분비할 수 없을 때 임신당뇨가 나타난다.

ⓑ 임신당뇨 시에는 유산, 양수과다증, 임신중독증, 모체체중의 이상증가, 거대아, 기형아 등이 발생한다.

ⓒ 식사요법만으로 조절이 곤란한 경우에는 인슐린을 사용한다.

④ 임신 빈혈

    ㉠ 임신기간 동안 발생하는 빈혈 중에는 철 결핍성 빈혈이 가장 많으며 그 외 엽산결핍에 의한 거대아구성 빈혈이 발생한다.

    ㉡ 대개 충분한 철과 엽산을 보충함으로써 빈혈을 치료할 수 있으며, 조혈작용에 관여하는 단백질, 비타민 B_6, 비타민 B_{12}, 비타민 C의 섭취도 치료에 효과적이다.

⑤ 임신 중독증

    ㉠ 임신 중독증은 임신 20주부터 나타나며 고혈압, 부종, 단백뇨의 증상을 나타내고 분만 후에는 없어진다.

    ㉡ 식사요법으로는 저열량식, 저동물성 지방식, 충분한 단백질의 섭취, 나트륨 제한, 충분한 비타민과 무기질을 공급하는 것 등이 있다.

    ㉢ 임신 중독은 모체뿐만 아니라 태아에게도 영향을 준다.

⑥ **자간전증** : 임신 중·후반기에 현저한 체중증가, 혈압상승 단백뇨 및 부종을 나타내는 증상을 말한다.

(5) 임신기의 영양

① 임신초기에는 태아의 영양소 필요량이 적어서 쉽게 충족되지만 이 시기의 영양불량은 태아의 기관형성에 영향을 미쳐 선천적인 장애를 초래할 수 있다.

② 모체의 영양불량이 태아와 모체에 미치는 영향은 영양불량의 시작 시기와 정도에 따라 다르다. 단기간 동안의 심한 영양불량은 모체의 에스트로겐 농도 감소와 활성저하 및 배란장애가 나타나고 저체중아와 미숙아의 출산율이 높아지며 유산, 사산 및 신생아 사망률이 증가하게 된다.

③ 임신 후반기에 기초대사가 항진하는 이유는 태아의 성장, 모체조직의 증식발육 및 내분비선 기능, 특히 갑상샘 기능항진, 교감신경 항진, 기타 식품이용을 위한 에너지소모량(TEF) 증가 등이 있다.

④ 임신 전반기에 여분의 탄수화물은 모체 글리코겐이나 지방조직으로 저장된다.

⑤ 임신 전반기에 여분의 지방산은 중성지방으로 합성 저장된다.

⑥ 임신 후반기에 탄수화물은 태아의 포도당으로 공급된다.

⑦ 임신 후반기에 모체의 저장지방이 에너지원으로 사용된다.

⑧ 임신기간 동안 태아는 동화적 상태인 반면, 모체는 임신 전반기에는 동화적 상태이나 임신 후반기에는 이화적 상태로 변한다.

⑨ 임신이 계속 진행됨에 따라 에스트로겐, 프로게스테론, 태반락토겐의 분비량이 많아지는데 이들 호르몬의 작용은 인슐린의 동화작용과는 상반된다. 따라서 임신 후반기에 들어서면 점

차 인슐린에 의한 동화작용이 감소하면서 모체조직에 저장되었던 지방, 글리코겐 및 단백질이 분해되고 빠른 속도로 성장하는 태아와 태반에 이들 영양소를 공급한다.

⑩ 임신 시의 열량, 단백질의 만성적 부족은 태아의 발육저지, 형태적 발육장애, 기능저하를 초래하기 쉽다. 만성 임신중독증, 조산, 미숙아의 발생빈도가 높다.

⑪ 임신 시 철 요구량은 급격히 증가하므로 가임여성은 임신하기 전 체내에 충분한 철을 저장해야 한다. 또한 엽산은 아미노산 대사와 핵산합성에 필수적인 기능을 하므로 부족 시세포 성장과 분화에 문제가 발생한다.

⑫ 태아기에는 턱뼈, 유치뿐만 아니라 생후 성인 치아의 기본이 생기므로 충분한 단백질, 칼슘 등의 영양공급이 이루어져야 한다. 이 시기의 칼슘, 단백질 부족은 치아를 약하게 만들어 충치위험이 높고, 턱뼈가 적게 발달되어 성인 치아를 고르지 못하게 한다.

⑬ 임신 시 태아 체조직의 발육과 모체기관의 증대로 칼슘 필요량이 증대하며, 모체는 수유에 대비하여 여분의 칼슘을 골격에 저장하며, 임신 말기에는 대부분의 칼슘이 태아에 축적된다. 임신 중 칼슘 섭취가 낮으면 태아의 요구량을 충족시키기 위해 모체에 축적된 칼슘이 고갈되게 되므로 임신 수유기 동안 칼슘을 적게 섭취하는 경우나 잦은 임신을 할 때 골다공증이 나타나기 쉽다.

⑭ 임신 시에는 태아와 태반의 형성, 모체순환 혈액량의 증가가 나타나고, 태아는 주로 임신 말기 3개월 사이에 다량의 철을 간에 저장해야 하기 때문에 철의 필요량이 현저하게 증가한다. 분만 시의 출혈에도 대비해야 한다.

⑮ 임신기간 동안 발생하는 빈혈 중에는 철 결핍성이 가장 많으며 그 외 엽산 결핍에 의한 거대아구성 빈혈이 발생한다. 대개 충분한 철과 엽산을 보충함으로써 빈혈을 치료할 수 있으며, 조혈작용에 관여하는 단백질, 비타민 B_6, 비타민 B_{12}, 비타민 C의 섭취도 치료에 효과적이다.

(6) 임신기의 영양관리

① 임신 전반기

㉠ 임신초기에는 영양소의 필요량이 크게 증가하지 않으므로 과잉섭취를 피한다.

㉡ 음식의 기호가 변화하는 시기이므로 편식으로 인한 영양장애가 생기지 않도록 주의한다.

㉢ 구토증이 일어나는 시기에는 식사 횟수를 늘려 소량씩 섭취한다.

㉣ 변비를 막기 위하여 채소 및 과일류를 많이 섭취한다.

㉤ 메스꺼움과 구토는 임신 첫 주에 시작하여 3개월째에 최대가 되며 보통 임신 중기 동안에 사라지는데, 쉽게 소화할 수 있는 탄수화물 섭취를 늘리고 지질 섭취를 줄여야 한다. 특히 공복 시에 구토가 조장되므로 소량씩 식사 횟수를 늘리는 식습관이 도움이 될 수 있다.

② 임신 후반기

    ㉠ 식사에 의한 철 섭취가 부족할 때는 철 보충제를 사용한다.

    ㉡ 변비예방을 위해 채소와 과일을 충분히 섭취한다.

    ㉢ 소화가 잘 되는 음식을 소량씩 자주 섭취한다.

    ㉣ 부종, 고혈압 예방을 위해 짠 음식을 피한다.

    ㉤ 향신료는 적당량을 사용하면 식욕을 촉진시켜 좋으나 과량 이용시 자극이 너무 강해 몸에 좋지 않다.

(7) 모유 생성 및 조절 등

① 임신기간 동안에는 프로게스테론에 의해 유포의 수와 크기가 증가하며, 에스트로겐은 모유 분비와 관련된 관 계통의 발달을 자극한다. 또한 프로락틴과 태반락토겐도 유방의 크기를 증가시키는 역할을 한다.

② 영아의 흡유자극이 모체의 뇌하수체 전엽에 전달되어 프롤락틴이 분비된다.

③ 프롤락틴은 유포의 포상세포에 작용하여 모유생성을 촉진한다.

④ 영아의 흡유자극이 모체의 뇌하수체 후엽에 전달되어 옥시토신이 분비된다.

⑤ 옥시토신은 유포 주위에 있는 근육을 수축시켜 모유분비를 촉진시킨다.

⑥ 우리나라 수유부의 유즙분비량은 성숙유에서 약 700~800ml이며, 여러 요인의 영향을 받는다. 수유부의 식사는 유즙의 양과 질에 영향을 미치며, 초산부에서 경산부에 비해 분비량이 감소한다. 영아의 흡유력, 유즙요구량 등도 영향을 미친다. 수유부가 피곤하거나 흥분, 불안 및 공포가 있는 경우 모유분비가 저해된다.

⑦ 극심한 영양결핍으로 유즙생산량이 감소될 수 있으나 수유 중에 에너지를 많이 섭취해도 유즙분비량에 크게 영향을 주지 않는다.

⑧ 하루 필요량 이상으로 액체를 섭취한다고 해서 유즙분비량이 증가하지는 않는다.

⑨ 흡연은 에피네프린 방출을 자극하여 옥시토신의 방출을 억제하며, 알코올 섭취도 옥시토신의 분비를 억제하여 모유사출을 저해한다.

(8) 임신 중의 식이요법

① 비타민 C가 부족하면 임신 유지에 필요한 호르몬 분비가 저하되고 태아의 사망, 유산, 조산을 초래하기 쉽다.

② 임신기의 단백질 추가권장량은 안전율을 고려하여 15g으로 설정하며, 니아신의 부족 시 펠라그라병에 걸린다.

③ 임신 6개월 이후부터는 기초대사량이 증가하므로 350kcal 정도의 열량을 더 섭취하여야 한다.

④ 비만증이 있는 임신중독증 환자에게 고지방질 식이는 바람직하지 않다. 그러므로 임신중독증의 식이요법은 고단백, 저염식이가 바람직하다.

⑤ 비타민 C는 콜라겐 합성에 관여하여 뼈와 결체조직 형성에 중요하다. 특히 피부, 힘줄, 골기질, 단백질의 구조 형성에 중요하다.

⑥ 임산부는 칼슘대사를 위하여 비타민 D를 충분히 섭취하여야 한다.

⑦ 임신 중에 엽산이 부족하면 빈혈을 일으키기 쉬우며 핵산대사에 장애를 가져온다.

2 영아기 영양

(1) 영아의 영양소 필요량

① 에너지 요구량이 많은 영아기에는 지방이 좋은 에너지원이다.

② 단위체중당 단백질 필요량은 일생 중에서 생후 1년간이 가장 높다.

③ 골격 형성 및 최대골질량 형성을 위해 칼슘 필요량이 증가한다.

④ 출생 시 저장된 철은 생후 4~6개월이 지나면 고갈되므로 필요량이 증가한다.

⑤ 지방은 농축된 열량원으로 열량의 40~50%를 공급한다.

⑥ 비타민 D의 권장량과 관련하여 0~4개월의 영아들은 일광에 노출되는 시간이 제한되므로 모유 영아의 경우 $5\mu g$을 권장하며, 조제분유를 먹는 영아는 소화, 흡수율을 고려하여 $10\mu g$을 권장하고, 5~11개월의 영아는 $10\mu g$를 권장한다.

⑦ 영아의 열량 필요량이 높은 이유는 체격에 비해 단위체중당 체표면적이 크므로 열손실이 증가하고 성장을 위해 소비되는 에너지와 활동에 필요한 에너지가 높기 때문이다.

(2) 영아의 신체

① 출생 시의 신장은 약 50cm이며 생후 1년이 되면 출생 시의 1.5배, 4.5~5세에는 출생 시의 2배가 된다.

② 체중은 출생 시 3.3~3.4kg이며 생후 3개월에 2배, 만 1세에 3배, 2.5~3세에 4배, 10세에는 10배가 된다.

③ 흉위는 출생 시 약 33cm으로 두위 34cm보다 작으나 1세가 되면 두위와 거의 같아지며, 그 후부터 흉위가 더 크다. 사춘기 때 신장과 흉위는 급격히 커진다.

④ 뇌는 생후 6년 안에 약 90%가 성장하며 생식기관은 청소년기에 급성장을 한다.

⑤ 폐는 가장 서서히 발달하는 장기로서 사춘기에도 성인 폐의 1/2 정도 밖에 발달하지 않는다. 따라서 사춘기의 흡연은 폐 발달에 영향을 주고 폐결핵, 폐암 등의 발생 위험을 높이게 된다.

(3) 영아의 영양소

① 체내 총 수분함량은 생후 1년 동안 감소하며 주로 세포외액이 감소하고 세포내액과 혈장량은 오히려 증가한다. 단백질이 증가되면서 근육조직이 증대되며, 이때 남아가 여아보다 축적량이 많게 된다. 지질은 단백질보다 훨씬 많은 양이 축적되며 여아가 남아보다 더 많이 축적된다. 무기질의 변화는 생후 1년 동안 비교적 적게 일어난다.

② 유당은 에너지원으로 이용되는 외에도 케토시스 예방에 필요하며, 유즙의 독특한 맛과 향기를 제공한다. 또한 감미가 낮고 영아의 뇌신경조직의 구성성분이 되며, 장내 비피더스균의 번식을 촉진시키고 칼슘의 용해성을 증가시켜 칼슘흡수를 돕는다.

③ 비타민 K는 장내 세균에 의해 합성되지만 신생아의 장은 무균상태이고, 모유 내의 함량도 낮으므로 신생아의 출혈성 질환을 예방하기 위해 보충해 두어야 한다.

④ 영아의 단위체중당 에너지 섭취량은 성인에 비해 상당히 높으나 위의 용량이 작으므로 높은 밀도의 에너지를 가진 음식을 소량씩 자주 주는 것이 필요하다. 모유의 에너지 구성비율을 보면 지방으로부터 섭취되는 에너지 비율이 40~50% 정도이다.

(4) 모유

① 모유에는 아기의 성장발달에 필요한 영양소와 함께 면역성분이 함유되어 있어 질병에 대한 저항성을 높여준다. 면역성분으로 비피더스 요인, 면역글로불린, 리소자임, 락토페린, 락토페록시다제, 보체, 림프구 등이 있다.

ㄱ 비피더스 요인 : 비피더스균의 성장을 자극하고 장내 유해세균의 생존을 억제한다.

ㄴ 면역글로불린 : 점막과 내장의 세균침입을 막는다.

ㄷ 락토페린 : 철분과 결합하여 세균의 증식을 막는다.

ㄹ 리소자임 : 세포벽의 파괴를 통하여 박테리아를 용해한다.

ㅁ 대식세포 : 락토페린, 리소자임 등을 합성하고 식균작용을 수행한다.

② 초유는 출산 1~5일에 나오는 모유로서 분량이 적고 황색의 점성을 띠며, 독특한 향미를 가진다. 초유는 성숙유에 비해 단백질이 많고 유당이 적으며 효소, 면역체의 함량이 많다. 면역체는 영아의 장내 감염을 막는 중요한 역할을 한다.

③ 영아가 성장 발달하는 데 필요한 가장 알맞은 양과 조성의 영양소를 함유하고 있다.

ㄱ 필수지방산

• 리놀레산과 DHA가 많이 들어 있어 영아의 성장과 두뇌 발달에 도움을 준다.

• 콜레스테롤이 풍부하여 호르몬 합성이나 중추신경계 발달에 유효하게 이용된다.

ㄴ 불포화지방산 : 불포화지방산이 많이 들어 있어 지질 흡수율이 85~90%로 높다.

ㄷ 유당 : 유당은 포유류 유즙 중 가장 많이 들어 있는데 뇌의 발달을 돕고, 장내 비피더스균

의 성장을 촉진한다.

    ② 락토페린 : 유즙에서 철을 운반하는 철결합 단백질로서 체내 철분의 이용성을 증가시킨다.

④ 영아의 건강과 성장발달에 적합한 가장 이상적인 배합으로 된 영양 공급원이며, 우유는 어린 젖소를 키우는 공급원이다. 모유는 우유보다 유당, 시스틴, 필수지방산과 특히 리놀레산, 비타민 A, E, D, C 등의 함량이 많다. 모유의 단백질과 무기질 함량은 대개 우유의 1/3 정도 수준이지만, 흡수율이 훨씬 높아서 효과적으로 이용되고 있다.

⑤ 모유의 지방산 성분은 우유의 지방산 성분과 크게 차이가 있다. 모유에는 리놀레산의 함량이 우유보다 높으며 짧은 사슬의 포화지방산은 우유에 더 많이 함유되어 있다. 또한 두뇌발달 초기에 중요한 역할을 하는 것으로 알려진 x-3계열의 지방산인 DHA는 우유에서 발견되지 않고 모유에만 상당량 함유되어 있다.

⑥ 모유의 단백질 함량은 모든 수유동물과 같이, 수유 후 기간이 경과함에 따라 점차로 감소한다. 또한 초유에는 약 2%의 단백질이 함유되어 있으나 성숙유에는 0.8~1.0% 정도 함유되어 있다.

⑦ 모유의 장점

    ㉠ 모유 수유는 여러 가지 장점을 가지고 있지만 그 중에서도 복잡하고 다양한 항감염물질과 세포를 가지고 있어서 소화기와 호흡기 감염으로부터 영아를 보호할 수 있다는 것이 큰 장점이다.

    ㉡ 경제적이고 간편하며 영양적으로 영아에게 가장 적합하다.

    ㉢ 아기의 정서적 안정과 모자관계를 좋게 하고 오염의 우려가 없으며 위생적이다.

    ㉣ 모유는 영양소의 함량이나 조성으로 볼 때 영아의 초기 성장에 가장 이상적인 영양 공급원이다.

    ㉤ 인간의 두뇌발달과 밀접한 관련이 있는 것으로 알려진 타우린은 우유보다 모유에 더 많이 함유되어 있다.

    ㉥ 무기질은 우유에 더 많이 함유되어 있으나 모유 무기질의 체내 이용률이 더 높다.

⑧ 모유 수유를 중지시켜야 하는 경우

    ㉠ 수유부가 전염병이나 만성 소모성 질환에 걸렸을 때

    ㉡ 수유부가 유선염에 걸렸을 때

    ㉢ 수유부가 임신을 하였을 때

    ㉣ 수유부가 정신병이나 간질이 있을 때

(5) 조제분유

① 조제분유는 전지분유를 모유의 성분에 가깝게 만든 것이다.

② 우유에 적은 유당을 첨가하고 단백질은 카세인을 줄이고 대신 알부민, 글로불린을 증가시킨다. 지질은 우유의 포화지방산의 일부를 제거하고 불포화지방산으로 치환한다.

③ 우유에 과량 함유되어 있는 무기질이 영아의 신장기능에 부담을 주므로 칼슘, 인, 나트륨 등 과량의 무기질을 줄이고 철분, 아연, 구리 등의 미량 무기질을 강화한다.

④ 카세인을 가수분해하여 만든 조제분유는 카세인이 아미노산과 작은 펩타이드의 혼합물로 분해되어 있는데 천연 그대로의 단백질을 쉽게 소화시키지 못하거나 단백질에 알레르기가 있는 영아를 위하여 개발되었다.

⑤ 조제분유를 먹이는 것을 인공수유라 하며 이때 젖병, 젖꼭지의 재료와 젖병 소독, 젖꼭지의 크기, 1회의 양 등에 주의하고 조제 시 설명서에 있는 분량을 잘 지켜야 한다. 농도가 농축되면 영아에게 과잉영양과 소화기 부담의 문제가 발생한다. 조제온도는 체온과 같은 37℃ 정도가 좋다.

⑥ 조제분유의 조유농도를 지켜야 하는 이유
  ㉠ 너무 묽으면 성장이 지연된다.
  ㉡ 농도가 맞지 않으면 설사를 일으킨다.
  ㉢ 과잉농도는 비만을 일으킨다.
  ㉣ 모유의 농도와 크게 차이나지 않아야 한다.

⑦ 인공수유 시 주의사항
  ㉠ 모유 수유처럼 아기를 품에 안아서 심장소리와 체온을 느낄 수 있도록 한다.
  ㉡ 공기를 삼키지 않도록 젖병을 충분히 기울여 먹이고, 수유가 끝난 후에는 트림을 시켜 삼킨 공기를 내보낸다.
  ㉢ 젖병과 젖꼭지를 세제를 사용하여 솔과 수세미로 깨끗이 닦고, 물로 비눗기가 없을 때까지 헹군다.
  ㉣ 젖병은 15~20분간, 젖꼭지는 5분간 살균 소독한다.

(6) 미숙아

① 미숙아의 생리적 특징
  ㉠ 등과 사지의 안쪽에 솜털이 많다.
  ㉡ 피부는 성숙아보다 붉고 주름이 많다.
  ㉢ 초기 체중감소 비율은 성숙아보다 크다.
  ㉣ 생후 2개월이 지나면 성숙아보다 체중증가가 크다.
  ㉤ 정상아에 비해 출생 시 두부는 크고 사지는 짧다.

② 미숙아의 영양소 필요량

㉠ 비타민 C의 요구량이 정상아보다 높다.

    ㉡ 비타민 E의 요구량이 정상아보다 높다.

    ㉢ 카세인보다 유청단백질이 더 잘 소화된다.

    ㉣ 담즙산, 리파아제 분비가 나빠 지질의 흡수가 불충분하다.

③ 미숙아의 영양관리방법

    ㉠ 단백질 공급은 매우 중요하며 단위체중당 필요량이 상당히 높다.

    ㉡ 미숙아에게 과량의 단백질을 투여하면 신장에서 용질부하의 부담을 견디지 못해 오히려 해로울 수 있다.

    ㉢ 지방의 흡수능력이 낮으므로 중쇄지방산을 첨가하면 리파아제의 작용 없이도 흡수가 잘 된다.

    ㉣ 출생 시 미숙아의 철분 농도는 낮으나 이때는 철분을 투여해도 큰 효과가 없으며 오히려 과량의 철분 투여는 비타민 E의 대사를 방해한다.

(7) 이유기의 영양

① 이유의 필요성

    ㉠ 영양소의 보충

    ㉡ 저작능력의 확립

    ㉢ 바른 식습관의 확립

    ㉣ 정신발달

② 이유 시작시기

    ㉠ 일반적인 이유 시작시기는 생후 4~6개월 됐을 때인데 출생 시 체중의 약 2배에 가까워졌을 때, 즉 체중이 7kg 정도가 되었을 때이다.

    ㉡ 이유는 아기의 건강 상태가 양호할 때 시작해야 하고, 시작 전 수유 시각과 간격을 규칙적으로 맞추어 놓고 공복일 때 먹여야 하며, 하루에 한 가지 식품을 주어 거부 또는 알레르기 반응을 관찰해야 한다.

③ 이유식 준비방법

    ㉠ 식품 재료는 신선하고 좋은 것으로 선택한다.

    ㉡ 영양소의 손실을 최소화하기 위해 식품재료는 소량의 물로 씻는다.

    ㉢ 열에 민감한 영양소가 파괴되지 않도록 가능하면 소량의 물로 삶는다.

    ㉣ 영아가 만 1세가 될 때까지는 꿀을 사용하지 않는다.

④ 이유식 실시 시 주의할 점

    ㉠ 공복 시나 기분이 좋을 때 먼저 이유식을 준다.

ⓛ 자극성 있는 식품이나 향신료는 피한다.

ⓒ 조리법은 단순하게 한다.

ⓔ 이유식의 간은 싱겁게 한다.

ⓜ 이유식을 실시할 경우 새로운 식품은 반드시 1숟가락씩 증가시키고 급격히 증량하지 않도록 하며, 하루에 두 종류 이상의 새로운 식품을 주지 말아야 한다.

⑤ 이유 시작 지연 시 발생하는 문제점

ⓐ 이유 시작시기가 너무 늦으면 영아빈혈이나 성장지연, 지적·정서적 발달지연이 나타날 수 있다.

ⓒ 이유 시작시기가 너무 빠른 경우에는 비만이나 알레르기가 초래될 수 있다.

ⓔ 이유 완료시기는 생후 만 1년이다.

ⓔ 이유가 지연되면 면역체의 저하가 일어나며, 체중의 증가 정지, 빈혈증, 신경증 등의 영양장애가 일어난다.

ⓜ 고온다습한 여름은 피하고 아기가 건강할 때 한다.

3 유아 영양

(1) 유아기의 성장

① 유아기에는 성장이 지속되나 영아기에 비해 성장속도가 감소하며, 체중보다는 신장의 성장속도가 더 빠르다.

② 두뇌는 유아기에 급격히 성장하여 2세에는 성인의 50%, 4세에는 75%, 6~8세에는 거의 성인과 비슷한 수준으로 발달하게 된다.

③ 연령이 증가함에 따라 근육량이 증가하고 피하지방 및 수분이 차지하는 비율은 감소한다.

④ 골격이 계속적인 발육단계를 거친다.

(2) 유아기의 영양소

① 에너지의 필요량은 성이나 연령보다는 신체크기와 발육상태에 따라 달라진다.

② 조직의 유지 및 새로운 조직의 합성을 위해 단백질 필요량이 증가한다.

③ 단백질 합성과 정상적인 성장을 위해 충분한 아연을 섭취해야 한다.

④ 유아기에는 칼슘의 요구량이 높으므로 우유를 충분히 섭취하여야 한다.

⑤ 성장기 동안 철의 필요량은 매우 높으며, 철 결핍이 흔히 나타나지만 의사의 권유 없이 철 영양제를 복용하는 것은 권장하지 않는다.

⑥ 유아의 신체 크기와 활동량의 차이로 인하여 유아의 에너지 필요량을 일률적으로 평가하기

는 어렵다. 따라서 이 시기에는 연령이나 성별 보다는 신체크기와 발육상태에 따라 필요량을 결정하도록 한다.

⑦ 유아기의 지방 섭취 제한은 에너지뿐만 아니라 필수지방산 결핍과 지용성 비타민의 흡수저해를 초래할 수 있다.

⑧ 성장기에는 단백질뿐만 아니라 필수 아미노산의 필요량이 높아서 양질의 단백질을 필요로 한다. 충분히 필수 아미노산이 공급되지 않으면 성장과 기능 발달을 위하여 사용할 단백질의 합성이 제대로 되지 않기 때문이다.

(3) 유아기의 편식

① 편식의 의의 : 편식은 특정한 종류의 식품만을 좋아하고 다른 종류의 식품은 거부하는 경우이다. 편식과 식품기호의 경계는 명확하지 않으나 다음에 해당하는 경우를 편식으로 본다.

   ㉠ 설탕이 많이 든 음료나 과자에 대한 기호가 강하여 다량 섭취하는 것으로 인해 식사에 영향을 미치는 경우

   ㉡ 특정식품을 싫어하기보다는 식품군별로 먹지 않거나 싫어하는 경우

   ㉢ 식품 선호가 특정한 식품 종류에 편중되어 영양섭취의 불균형이 초래되는 경우

② 유아기 편식의 원인

   ㉠ 이유식의 지연

   ㉡ 이유식 식품 선택의 단조로움

   ㉢ 식재료의 제한

   ㉣ 일률적인 요리법

③ 유아의 편식교정 방법

   ㉠ 가족 전체의 편식 습관을 교정한다.

   ㉡ 식사준비에 참여시킨다.

   ㉢ 싫어하는 음식을 강제로 주지 않는다.

   ㉣ 유아가 싫어하는 음식은 조리법을 변화시킨다.

(4) 유아기의 식사관리 방법

① 음식을 소량씩 여러 번 나누어 주되 1회 분량은 식욕에 따라 조절하도록 하며 처음 주는 음식은 1티스푼부터 시작하여 점차 양을 늘려 간다.

② 유아기에는 성장속도가 둔화되지만 지속적인 골격성장을 위하여 5살까지의 유아는 최소한 매일 2컵의 우유를 마셔야 한다.

③ 유아는 향신료를 많이 넣은 음식, 맵거나 짠 음식은 좋아하지 않는다.

④ 씹을 수 있는 음식들을 식단에 포함시켜 부드러운 음식만 먹으려는 식습관을 가지지 않게 한다.

⑤ 활동이나 식욕을 고려한 식사계획으로 영양소 필요량을 충족하도록 한다.

⑥ 식욕감소에 따라 식사량이 저하되기 쉬우므로 영양밀도가 높은 식품을 공급한다.

⑦ 소화기능과 유치기능의 발달 정도에 따라 올바른 섭식기술의 지도가 필요하다.

⑧ 다양한 식품선택을 통해 소식, 식욕부진, 편식문제가 야기되지 않도록 한다.

(5) 유아기의 간식

① 간식 선택요령

㉠ 식사에서 부족한 영양소를 공급하는 식품으로 선택한다.

㉡ 영양밀도가 높은 것을 선택한다.

㉢ 맛이 있고 식욕을 돋을 수 있는 것을 선택한다.

㉣ 충치를 덜 일으키는 식품을 선택한다.

② 간식 계획 시 고려사항

㉠ 하루 필요열량의 10~15%를 공급한다.

㉡ 색채가 너무 진한 것이나 수분량이 많은 것은 피한다.

㉢ 손수 만든 음식이 좋다.

㉣ 설탕과 기름기가 너무 많은 것을 피한다.

㉤ 정규식사에 영향을 주지 않는 것으로, 적당한 양을 준다.

㉥ 시각, 미각을 배려하여 즐거움을 주는 시간이 되도록 한다.

㉦ 계절식품으로 신선미가 있는 것을 선택한다.

4 학동기 영양

(1) 학동기 신체발달

① 학동기의 신체성장은 완만하며 2차 성징은 여아의 경우 10세, 남아는 12세 경에 발달한다. 신장 발육은 여아의 경우 10~12세, 남아는 11~14세에 현저하고, 체중 증가도 여아는 11~12세에, 남아는 14~16세에 현저하여 여아가 빨리 성장한다.

② 내장기관이나 조직의 성장 발달속도는 각 기관마다 다양한 패턴을 나타낸다.

③ 두뇌성장은 10세 정도가 되면 거의 성인과 비슷하게 되며, 심장, 신장, 폐 등은 일반적인 S자형 성장 패턴을 이룬다. 반면 가슴샘, 림프절과 같은 림프조직의 경우는 학동기에서 성인의 2배 정도의 성장을 보이다가 그 후 성장속도가 점차 감소한다.

④ 학동기의 성장 호르몬은 단백질 합성으로 세포를 증식시키고 뼈의 성장을 촉진시킨다. 갑상 샘호르몬은 에너지 생산과 단백질 합성에 관여하고 인슐린도 단백질 합성을 증진시키며 단백질 분해를 억제한다.

⑤ 개인의 성장능력은 유전적으로 결정되지만 환경적인 요인, 특히 영양에 의해 영향을 받는다. 기타 호르몬, 운동, 기후, 문화적 자극, 스트레스 등이 영향을 미칠 수 있다.

⑥ 체지방은 2세 경부터 점차적으로 감소하여 대략 4~6세에서 최소가 된다. 그 후에 사춘기의 급성장을 준비하기 위하여 지방량이 점차 증가하며, 지방조직의 만회가 일어난다.

(2) 학동기 영양소

① 비타민 A는 성장을 촉진시키며 시각세포를 구성하고 상피세포와 치아를 튼튼하게 한다. 부족 시에는 야맹증, 성장지연, 결막건조증, 상피세포 약화, 포상각화증 등이 발생한다.

② 비타민 A는 간, 버터, 난황 등에 레티놀로 다량 함유되어 있고 녹황색 채소나 과일에는 카로틴(비타민 A의 전구체)이 많다.

③ 비타민 A의 권장 섭취량은 남자의 경우 $550\mu gRE$, 여자 $500\mu gRE$로 남자가 더 높다.

④ 철의 권장섭취량은 남녀가 학동 전기 9mg, 학동 후기 12mg으로 동일하다.

⑤ 비타민 B_2(리보플라빈)는 우리나라에서 부족하기 쉬운 비타민으로 결핍 시에는 발육장애나 구강염 등의 증상이 나타난다.

⑥ 어릴 때 비만은 세포 수의 증가로 성인 비만과 관련이 깊고 고혈압, 심장질환, 당뇨병 등을 초래하며 학동기 후반 여아의 경우 생리로 인해 빈혈이 나타날 수 있으므로 충분한 철분 공급이 중요하다. 또한 인공색소 및 향신료 등의 첨가로 인해 주의력 결핍이 나타날 수 있으며, 카페인 음료의 과잉섭취는 심리적 불안, 불면증 등을 일으킬 수 있다.

(3) 학동기 아동의 식행동

① 학동기 아동의 식행동은 부모와 가정의 가치관과 식사태도에 의해 크게 영향을 받으며 어머니의 편식, 식품기호, 영양지식, 식품금기 등이 영향을 미친다.

② 식품광고, TV시청, 같은 나이 또래들의 식품기호도 등도 아동의 식행동에 영향을 미친다.

③ 핵가족화는 자녀 위주의 식품 선호 경향을 형성시킨다.

(4) 학동기 학교급식의 중요성

① 학교급식의 중요성은 적절한 영양공급, 체력증강, 영양지식과 식사예절 습득, 올바른 식습관 형성, 공동체 의식과 사회성 증진, 정부의 식량정책의 실천 등이 있다.

② 체위 및 영양상태가 향상된다.

③ 올바른 식습관을 형성한다.

④ 식사예절과 영양지식을 습득한다.

⑤ 공동체 의식과 사회성을 기른다.

5 청소년기 영양

(1) 청소년기 신체적 성장 특징

① 영아기 이후로 가장 급속한 신체성장이 이루어진다.

② 근육량의 증가는 남자가 여자보다 지속적으로 증가한다.

③ 여자는 남자보다 지방축적이 증가한다.

④ 신장이 최대로 증가될 때 피하지방이 최소로 증가한다.

⑤ 여아는 남아보다 2년 정도 일찍 성장이 시작되며 일찍 완료된다.

⑥ 남자는 어깨발달과 근육량의 증가, 여자는 엉덩이 발달과 지방조직이 증가한다.

⑦ 사춘기의 2~3년 동안 성장은 최고에 달하고 청년기에는 성장속도가 감소한다.

⑧ 사춘기에는 신체적 성장이 두루 일어나나 일반적으로 두뇌조직의 성장은 일어나지 않고 체지방은 증가하나 표준체중 이상의 체중증가는 바람직하지 않다.

⑨ 청소년기에는 남녀 모두 성장이 왕성히 이루어지며 개인차가 상당히 크다.

⑩ 사춘기는 성호르몬의 증가로 2차 성징과 생식기능이 나타난다.

⑪ 사춘기에는 안드로겐, 테스토스테론(남성)과 에스트로겐, 프로게스테론(여성)에 의해 성장이 가속화된다.

⑫ 청소년기의 성 성숙은 대체로 순서에 따라 발생하지만 시작 시기는 다양하여 개인차가 있다. 영양상태와 사회적·심리적 요인 등이 관계되며, 성호르몬이 가장 중요한 요인으로 작용한다. 2차 성징의 출현으로 남성과 여성이 여러 면에서 외모 상으로 달라지게 된다.

(2) 청소년기의 영양소

① 에너지 공급은 주로 전분으로 이루어지며 단백질을 절약할 수 있다.

② 에너지 공급은 기초대사량, 활동대사량, 열생산작용에 쓰인다.

③ 활동이나 운동강도가 높으면 에너지 공급을 더 많이 해야 한다.

④ 청소년기 에너지 공급이 부족하면 성장과 성의 성숙이 지연된다.

⑤ 청소년기의 골격 성장을 위해 칼슘과 인의 권장섭취량은 전 청소년기에 걸쳐 남녀 모두 성인보다 높다.

⑥ 청소년기의 칼슘 권장섭취량은 남자 1,000mg, 여자 900mg으로 남자의 권장섭취량이 더

많다.

⑦ 청소년기에는 혈액량이 급격히 증가하는데 이는 새 적혈구의 생성이 많아진 것을 뜻하며 이로 인해 철분 필요량이 증가하는 것을 의미한다. 또한 각 장기의 급격한 성장에 맞추어 적혈구 생성이 증가한다.

⑧ 청소년기 남자는 근육량의 증가로, 여자는 월경에 따른 혈액 손실로 인해 철분의 요구량이 많아지며 권장량은 남녀 모두에서 16mg/d이다.

6 성인 영양

(1) 성인기의 생리적 특징

① 성인기는 다른 생활주기에 비해 거의 변화가 없는 시기로서 안정성을 가진다.

② 성인기 동안 신체기능은 약간 감소 및 퇴화하기 시작하나 그 변화의 정도는 개인마다 다르며 영양상태, 운동 및 노동정도도 영향을 미친다.

③ 성인기의 신체적 특징은 체중에서 차지하는 체지방 비율의 증가에 있으며 체지방 비율은 남성보다 여성에서 높다.

④ 성인기에는 특히 비타민 D의 섭취가 중요시되는데 그 이유는 비타민 D가 칼슘과 인의 대사 및 뼈의 석회질화와 관련되어 있기 때문이다.

(2) 갱년기 여성의 영양관리

① 갱년기 여성은 지질과 탄수화물의 섭취를 줄이고 콩, 두부, 생선 등 양질의 단백질을 자주 섭취하도록 한다.

② 과식하지 않고 소량씩 자주 먹는다.

③ 골다공증 예방을 위해 유제품 등의 고칼슘 식품을 섭취한다.

④ 항산화영양소를 충분히 섭취한다.

⑤ 이소플라본이 함유된 콩밥과 두부를 자주 섭취한다.

7 노인 영양

(1) 노인기의 생리적 변화

① 연령증가에 의해 활동세포 수의 감소로 기초대사량이 저하되며 동맥의 탄력성 저하와 동맥경화성 침착으로 혈압이 상승한다.

② 항이뇨호르몬의 조절이상으로 요 농축이 저하되며 소화액 분비가 감소하고 소장의 흡수력도 저하한다.

③ 노인기에는 체중의 증가는 나타나지 않는다고 할지라도 점차 체지방은 증가하며 근육량도 감소한다.

④ 지방조직에는 수분의 함량이 적기 때문에 결국 체내 수분량도 감소하게 된다.

⑤ 골질량은 30~35세에 정점을 이루다가 그 후 차츰 감소한다.

⑥ 노인기의 혈액 성분의 변화에는 조혈작용 감소로 적혈구의 양이 감소하고 혈구활성, 헤모글로빈 양 등이 감소하며 단백질, 지질 및 당질대사를 반영하는 요산 및 크레아틴의 양이 증가하고, 콜레스테롤을 비롯한 지질 농도의 증가로 관상동맥 장애가 오게 된다.

⑦ 노인기에는 동맥의 탄력성이 떨어지고 심장의 부담이 커지며 혈압이 증가한다.

⑧ 신장의 기능도 감소하여 네프론의 수, 신장 혈류량 및 사구체 여과율이 감소한다.

⑨ 폐기능의 감소로 최대 호흡능력이 저하되며, 포도당 내응력이 감소하여 당뇨병 위험이 증가한다.

⑩ 노화에 의해 뉴런이 20~40% 정도 감소한다.

(2) 노인기의 소화 · 흡수 기능

① 연령이 증가함에 따라 위액의 분비량이 감소하고 위산, 펩신, 내인적 인자 등의 분비도 감소한다. 따라서 단백질, 철, 칼슘, 구리, 아연, 비타민 B_{12}, 엽산 등의 소화와 흡수가 저해된다.

② 타액분비의 감소로 인해 프티알린 효소가 감소하나 당질의 소화는 별 지장을 받지 않는다. 그러나 장에서 분비되는 락타아제의 양과 활성이 감소하므로 유당을 함유한 지질의 흡수능력은 저하된다.

③ 소장점막 표면에 존재하는 소포의 수가 감소하고 세포막의 변화로 인해 영양소 흡수능력이 약해진다.

④ 노인은 골수에서의 조혈작용이 감소하여 빈혈을 초래하기 쉽다.

(3) 노인기의 영양소

① 노인의 경우 일의 효율이 저하되어 일정한 활동에 소모되는 에너지는 증가하나, 기초대사량과 신체활동량이 상당히 감소되어 에너지 필요량도 감소한다.

② 노인기의 기초대사량이 저하되는 요인은 활동세포 수의 감소 때문이다.

③ 탄수화물의 만성적 과잉섭취는 음식의 부피증가로 인해 위에 부담을 주고, 포도당 내구성이 저하되는 노인에게는 당뇨병 유발의 원인이 될 수 있으며, 혈중 중성지방 농도를 상승시킬 수 있으므로 지나치게 먹지 않도록 한다.

④ 노령에는 담즙 및 리파아제 분비가 저하되어 소화흡수가 지연될 수 있고 지질의 과잉섭취는 동맥경화, 뇌혈관질환, 심혈관질환의 위험을 높일 수 있으므로 과잉섭취하지 않도록 조심해야 한다.

⑤ 노인의 경우 담즙의 분비가 감소되어 지방의 소화능력이 떨어진다.

⑥ 노화되면 적혈구량이 감소되고 미뢰가 위축되어 미각이 감소한다.

⑦ 노인의 에너지 필요량은 기초대사량과 신체활동량 감소로 저하된다.

⑧ 노인의 소화기능에 가장 큰 영향을 주는 것은 치아의 상태이다.

(4) 노인기의 질병

① 위액분비의 감소로 빈혈이 나타난다.

② 위장관의 유동운동 감소로 만성 변비가 유발된다.

③ 포도당 내응력 저하로 당뇨병이 많이 발생한다.

④ 식염의 과잉섭취로 인해 고혈압이 발생되기도 한다.

⑤ 노인들에게서 많이 나타나는 빈혈은 철 결핍성 빈혈이다.

⑥ 노인성 치매

    ㉠ **알츠하이머병** : 뇌에 특정 독성 단백질 및 알루미늄의 축적, 신경전달물질인 아세틸콜린의 감소가 나타난다.

    ㉡ **다발성 경색증성 치매** : 뇌졸중에 이어 나타나며 사고 및 지적능력 상실, 손발마비 등의 증상이 나타난다.

⑦ 노인들은 미각의 둔화와 기호의 변화로 많은 양의 식염을 섭취하게 된다.

(5) 노인기의 영양관리

① 노인의 기호나 치아상태 등을 고려하여 식품의 종류, 조리법을 조절한다.

② 육류, 생선 등의 동물성 단백질에는 동물성 지방이 다량 함유되어 있어 심혈관계 질환의 원인이 될 수 있으므로 살코기나 흰살 생선, 두부, 삶은 콩 등을 섭취한다.

③ 변비 및 당뇨병 등의 예방을 위해 식이섬유, 복합당질을 충분히 섭취하며, 당질 특히 서당과 과당의 과잉섭취는 고중성지방혈증을 초래하므로 조심한다.

④ 충분한 지방섭취는 에너지 공급, 필수지방산 공급 등에 매우 중요하나 과잉섭취 시 순환기 질환의 원인이 되므로 포화지방산보다는 식물성 기름을 섭취하도록 한다.

⑤ 식염의 과잉섭취는 부종, 고혈압, 동맥경화 등을 유발할 위험이 크므로 제한한다.

8 운동 영양

(1) 운동의 에너지원

① 8초 이하의 강한 운동 : 근육 세포 내에 있던 ATP-CP 이용

② 10~90초 사이의 운동 : 젖산계(혐기적 해당과정의 젖산) 이용

③ 2~4분 정도의 운동 : 젖산계와 호기적 경로(포도당, 글리코겐) 이용

④ 4분 이상의 운동 : 호기적 경로(글리코겐, 지방산)로 에너지가 이용

(2) 운동선수의 시합 전 영양관리

① 경기 전 식사는 많은 양의 지방섭취를 피한다.

② 경기 전 마지막 식후에 커피를 피한다.

③ 섬유소가 많은 음식을 제한한다.

④ 수분과 전해질은 시합 3시간 전에 육즙의 상태로 공급한다.

⑤ 지구력을 요하는 경기 전의 당질 섭취는 글리코겐 저장량이 저하되었을 때 운동하는 근육에 포도당을 제공하기 때문에 좋다.

⑥ 탈수예방을 위하여 체내 수준 보유량을 최적상태로 유지하려면 경기 전의 수분섭취가 필요하다.

영양학

NUTRITIONIST

정답 및 해설 528p

01 다음 중 뇌세포와 적혈구의 주요 공급 열량 원은?

① 젖산
② 지방산
③ 포도당
④ 케톤체
⑤ 아미노산

02 다음 중 탄수화물에 대한 설명으로 틀린 것은?

① 항체를 형성한다.
② 글리코겐으로 간, 근육에 저장된다.
③ 과잉 섭취 시 배가 나오고 비만이 된다.
④ 권장량은 1일 총열량의 60~65% 정도이다.
⑤ 부족하면 체중이 감소하고 발육이 나빠진다.

03 다음 중 체내에 케톤체가 과잉으로 생성되는 원인이 아닌 것은?

① 고지방의 음식을 섭취한 경우
② 장기간 음식을 섭취하지 못한 경우
③ 지방의 불완전 연소가 이루어지는 경우
④ acetyl−CoA에 비해 옥살로아세트산이 상대적으로 부족한 경우
⑤ 고탄수화물의 섭취로 acetyl−CoA가 TCA 회로로 들어가지 못하는 경우

04 충치원인균인 streptococcus mutans의 발육에 거의 이용되지 않아 충치예방효과가 있는 당질은?

① 전분
② 팩틴
③ 덱스트린
④ 올리고당
⑤ 헤미셀룰로오스

05 세포 내로 유입 시 인슐린에 의존하지 않고, 아세틸 CoA로 전환되는 속도가 빨라 혈중 중성 지방의 농도를 높이는 것은?

① 과당
② 갈락토스
③ 자일로스
④ 올리고당
⑤ 아라비노스

06 다음 중 선천적으로 유당을 분해하지 못하는 사람에게 부족한 효소는?

① 펩신(Pepsin)
② 락타아제(Lactase)
③ 프로테아제(Protease)
④ 아밀라아제(Amylase)
⑤ 수크라아제(Sucrase)

07 다음 중 지방 섭취가 부족할 때 흡수하기 어려운 영양소는?

① 나트륨　　　　② 글루코스
③ 비타민 D　　　④ 페닐알라닌
⑤ 아스코르브산

08 다음 중 중성지방에 대한 설명으로 틀린 것은?

① 물보다 비중이 낮다.
② 주로 식물성 지방이다.
③ 상온에서 고체 또는 액체이다.
④ 중성지질은 비극성 유기용매에 녹는다.
⑤ 3분자의 지방산과 1분자의 글리세롤로 결합된 것이다.

09 다음 중 스테로이드계 호르몬의 전구체는?

① 레시틴　　　　② 알부민
③ 프롤라민　　　④ 글로텔린
⑤ 콜레스테롤

10 다음 중 카일로미크론이 합성되는 곳은?

① 간　　　　　　② 림프
③ 소장　　　　　④ 담낭
⑤ 이자

11 다음 중 췌장의 리파아제 분비를 촉진시키는 호르몬은?

① 가스트린
② 소마토스타틴
③ 엔테로가스트론
④ 콜레시스토키닌
⑤ 가스트린억제펩타이드

12 다음 중 간 이외의 조직에 있는 콜레스테롤을 간으로 운반하는 지단백질은?

① IDL　　　　　② LDL
③ HDL　　　　　④ VLDL
⑤ 카일로미크론

13 다음 중 단백질 오리제닌(oryzenin)이 함유된 식품은?

① 쌀　　　　　　② 밀
③ 콩　　　　　　④ 보리
⑤ 옥수수

14 다음 중 생명체의 성장과 유지에 필요한 필수아미노산을 충분히 함유하고 있는 단백질은?

① 유도단백질　　② 복합단백질
③ 완전단백질　　④ 불완전단백질
⑤ 부분적 완전단백질

15 다음 중 단백질을 과잉 섭취했을 때 나타나는 증상으로 옳은 것은?

① 근육단백질이 감소한다.
② 체내 지방량이 감소한다.
③ 에너지 필요량이 증가한다.
④ 케톤체의 합성이 증가한다.
⑤ 소변을 통해 칼슘의 배설량이 많아진다.

16 다음 중 필수아미노산에 속하지 않는 것은?

① 류신 (Leucine)
② 시스테인 (Cysteine)
③ 트레오닌 (Threonine)
④ 메티오닌 (Methionine)
⑤ 페닐알라닌 (Phenylalanine)

17 다음 중 영유아의 필수아미노산은?

① 리신 (Lysine)
② 발린 (Valine)
③ 히스티딘(Histidine)
④ 이소류신 (Isoleucine)
⑤ 트립토판 (Trytophane)

18 다음 중 탄수화물 분해효소가 아닌 것은?

① 리파아제   ② 락타아제
③ 말타아제   ④ 아밀라아제
⑤ 수크라아제

19 다음 중 소화효소와 그 생성장소가 옳게 연결된 것은?

① 펩신 – 위
② 트립신 – 구강
③ 락타아제 – 담낭
④ 리파아제 – 소장
⑤ 아밀라아제 – 췌장

20 다음의 소화작용에 관여하는 소화효소는?

> 젖당 → 갈락토오스 + 포도당

① 말타아제   ② 락타아제
③ 펩티디아제   ④ 수크라아제
⑤ 키모트립신

21 다음 중 모세혈관에서 흡수되는 영양소가 아닌 것은?

① 단당류   ② 아미노산
③ 글리세롤   ④ 무기염류
⑤ 수용성 비타민

22 영양소의 흡수에 대한 다음 설명 중 틀린 것은?

① 물 및 염류는 소장에서 흡수된다.
② 구강에서 영양소의 흡수는 일어나지 않는다.
③ 대장에서 일부 다당류는 장내 세균에 의해

분해된다.

④ 위에서 물은 쉽게 흡수되지만 알코올은 거의 흡수되지 않는다.

⑤ 단백질은 아미노산으로 흡수되며, 흡수된 아미노산은 문맥에서 간으로 이동한다.

23 다음 중 신경기능을 내분비기능으로 전환시키는 호르몬은?

① 프로락틴　　② 멜라토닌
③ 옥시토신　　④ 에스트로겐
⑤ 프로게스테론

24 다음 중 호흡계수(RQ)를 산출하는 공식으로 옳은 것은?

① 생산된 O_2의 양 / 소모된 CO_2의 양
② 생산된 CO_2의 양 / 소모된 O_2의 양
③ 생산된 O_2의 양 / 소모된 N_2의 양
④ 소모된 O_2의 양 / 생산된 CO_2의 양
⑤ 소모된 CO_2의 양 / 생산된 O_2의 양

25 다음 중 기초대사량에 대한 설명으로 틀린 것은?

① 기초대사량은 일반적으로 체중에 비례한다.

② 1~2세에 단위 체중당 기초대사량이 가장 높다.

③ 운동선수가 일반인에 비해 기초대사량이 더 높다.

④ 기초대사량은 같은 체중이라도 마르고 키가 큰 사람이 더 높다.

⑤ 기온이 낮으면 기초대사량이 감소하고, 기온이 높으면 기초대사량이 증가한다.

26 다음 중 기초대사량이 증가하는 경우는?

① 금연
② 체온 하강
③ 근육량 증가
④ 에너지 섭취 부족
⑤ 갑상샘 기능 저하증

27 다음 중 식품 섭취에 따른 에너지 소비량이 가장 큰 식품은?

① 버터　　　② 고구마
③ 쌀국수　　④ 닭가슴살
⑤ 아이스크림

28 다음 중 골격과 치아의 구성성분으로 근육을 이완시키고 신경을 안정시키는 무기질은?

① 염소　　　② 불소
③ 구리　　　④ 나트륨
⑤ 마그네슘

29 다음은 어떤 무기질의 부족으로 인한 증상을 설명한 것이다. 해당 무기질은?

> • 성장이나 근육발달이 지연되고 생식기 발달이 저하된다.
> • 면역기능의 저하, 상처회복의 지연, 식욕부진 및 미각과 후각의 감퇴가 나타난다.

① 철 　　　　　② 구리
③ 불소 　　　　④ 아연
⑤ 요오드

30 다음 중 체내 철분(Fe) 흡수를 방해하는 요인은?

① 위산
② 식이섬유
③ 비타민 C
④ 갑상샘호르몬
⑤ 피트산과 타닌

31 다음 중 콜라겐과 엘라스틴의 결합을 돕는 무기질은?

① 황(S) 　　　　② 인(P)
③ 불소(F) 　　　④ 구리(Cu)
⑤ 아연(Zn)

32 다음 중 인슐린의 작용을 보조하여 포도당 내성 요인으로서의 역할을 담당하는 무기질은?

① 철 　　　　　② 아연
③ 크롬 　　　　④ 칼슘
⑤ 나트륨

33 다음 설명에 해당하는 무기질은?

> • 세포막의 손상을 방지하고, 산화적 손상으로부터 세포를 보호한다.
> • 결핍되면 근육손실, 성장저하, 심근장애 등이 발생한다.

① 황 　　　　　② 크롬
③ 셀레늄 　　　④ 요오드
⑤ 마그네슘

34 결핍 시 적혈구 형성에 이상을 초래하고 심혈관질환 발생 위험이 증가하는 비타민은?

① 엽산 　　　　② 비오틴
③ 니아신 　　　④ 티아민
⑤ 리보플라빈

35 다음 중 식물성 기름에 풍부하게 포함되어 있으며 세포막의 손상을 억제하는 비타민은?

① 레티놀 　　　② 티아민
③ 필로퀴논 　　④ 토코페롤
⑤ 콜레칼시페롤

36 어두운 곳에서의 시각 기능에 관여하는 로돕신 색소의 생성에 필요한 비타민은?

① 비타민 A   ② 비타민 B_1

③ 비타민 C   ④ 비타민 D

⑤ 비타민 E

37 성인 여성이 니아신 15mg과 트립토판 240mg을 섭취했다면 몇 mg의 니아신을 섭취한 것과 같은가?

① 19mg   ② 21mg

③ 23mg   ④ 25mg

⑤ 27mg

38 다음 중 지용성 비타민에 대한 설명으로 틀린 것은?

① 기름과 기름 용매에 녹는다.

② 결핍 증세가 빠르게 나타난다.

③ 지방의 흡수 및 대사와 관련이 있다.

④ 필요량 공급을 매일 하지 않아도 된다.

⑤ 체내 저장이 가능하고 과잉증상이 발생할 수 있다.

39 다음 중 항생제를 장기 복용했을 경우 결핍증이 나타날 수 있는 비타민은?

① 비타민 A   ② 비타민 C

③ 비타민 D   ④ 비타민 E

⑤ 비타민 K

40 다음 중 체내에서의 수분의 기능이 아닌 것은?

① 체온 조절

② 신경자극 전달

③ 체조직 구성성분

④ 영양소와 노폐물의 운반

⑤ 외부로부터의 충격에 대한 보호

41 다음 중 체내에서 음이온을 형성하는 무기질은?

① 인   ② 칼슘

③ 칼륨   ④ 나트륨

⑤ 마그네슘

42 다음 중 대사성 산성증과 관련된 질환은?

① 구토   ② 당뇨병

③ 폐질환   ④ 각기병

⑤ 저산소증

43 다음 중 산성식품에 해당하지 않는 것은?

① 우유   ② 달걀

③ 고기   ④ 생선

⑤ 곡류

44 다음 중 이유식의 시작 시기가 너무 빠른 경우 발생할 수 있는 문제점은?

① 편식　　　　② 빈혈
③ 충치　　　　④ 알레르기
⑤ 성장지연

45 임신 중 프로게스테론(progesterone)의 기능으로 옳지 않은 것은?

① 변비를 유발한다.
② 엽산의 흡수를 돕는다.
③ 수정란의 착상을 돕는다.
④ 체지방 합성을 촉진시킨다.
⑤ 나트륨 배설을 증가시킨다.

46 영아의 흡유자극이 모체의 뇌하수체 후엽에 전달되어 분비되는 호르몬은?

① 옥시토신　　　② 프로락틴
③ 칼시토닌　　　④ 코르티솔
⑤ 태반락토겐

47 다음 중 우유보다 모유에 더 많이 함유되어 있는 영양성분은?

① 인　　　　② 칼슘
③ 카세인　　④ 리놀레산
⑤ 페닐알라닌

48 다음 중 입덧 치료에 가장 효과적인 비타민은?

① 비타민 A　　　② 비타민 B_6
③ 비타민 C　　　④ 비타민 D
⑤ 비타민 E

49 다음 중 신경과민, 불면증, 화끈거림, 우울감이 있는 갱년기 여성에게 도움이 되는 식품은?

① 커피　　　　② 미역
③ 두부　　　　④ 고구마
⑤ 소고기

50 다음 중 노인기의 생리적 변화로 틀린 것은?

① 체내 수분량이 감소한다.
② 요산 및 크레아틴 양이 감소한다.
③ 적혈구와 헤모글로빈 양이 감소한다.
④ 체지방은 증가하고 근육량은 감소한다.
⑤ 신장 혈류량 및 사구체 여과율이 감소한다.

NUTRITIONIST

1교시
2과목 생화학

1장 탄수화물 및 대사

1 탄수화물

(1) 단당류

① **단당류의 정의** : 당류 중 더 이상 가수분해되지 않는 당을 총칭한다.

② **단당류의 종류** : 글루코오스 · 만노오스 · 갈락토오스 · 리보오스 등이 있다.

③ 단맛을 내는 무색결정으로 물에 녹지만, 에탄올에 녹기 어렵고 에테르에는 녹지 않는다.

④ 유리형이나 올리고당류 · 다당류 · 글리코시드 등 구성당으로서 생물계에 널리 존재한다.

⑤ 천연물에서 추출하거나 올리고당류 · 다당류 등을 가수분해하거나 화학적 합성으로 얻는다.

⑥ 일반식은 C(HO)이며 C(탄소)의 수에 따라 트리오스(3탄당), 펜토오스(5탄당), 헥소오스(6탄당) 등으로 부르고, 카르보닐탄소가 알데히드기(–CHO)인지 케톤기(C＝O)인지의 여부에 따라 알도오스 또는 케토오스라고 한다.

⑦ C(탄소)수가 3 이상인 것부터 비대칭탄소 원자를 갖기 때문에 많은 입체이성질체가 존재하고 편광성을 나타내므로 D와 L의 2계열로 나뉜다(가장 간단한 알도오스인 글리세린알데히드의 우회전성(+)을 D체, 여기서 유도되는 당을 D계열이라 한다 ↔ 대칭체 L계열).

⑧ 카르보닐기는 보통 유리되지 않고 5각 또는 6각의 고리모양 구조를 만든다(푸라노오스 · 피라노오스). 고리가 형성될 때 카르보닐탄소에 생기는 히드록시기에 따라 α와 β의 두 이성질체가 생긴다(결정상태에서는 α와 β의 어느 한쪽을 취하지만 용액 중에서는 변광회전(mutarotation) 현상을 나타내고, 카르보닐탄소에 생긴 히드록시기가 글리코시드 결합에 의해 다른 단당류나 알코올 · 페놀성 물질, 인산 등과 결합한 상태는 α와 β중 어느 한쪽만을 취한다).

⑨ 단당류는 환원성의 카르보닐기가 있어 암모니아성 은용액과 펠링용액 등을 환원한다. 알칼리성용액 중에서 에피머화를 일으키고 적당한 산화에 의해 락톤을, 강한 산화에 의해 카르복시산을 환원하면 알코올을 생성한다.

⑩ 단당류는 다른 화합물을 환원시키는 성질을 가지고 있고, 여러 가지 중요한 단당류 유도체들도 있다.

⑪ 단당류에서 유도되는 글리코시드는 천연에 널리 퍼져 있으며, 특히 식물류에 풍부하다. 아미노당류(1~2개의 히드록시기가 아미노기(–NH₂)로 치환된 당)는 당지질과 절지동물의 키틴의 구성성분으로 알려져 있다.

　㉠ **3탄당** : 글리세르알데히드(glyceraldehyde), 디히드록시아세톤(dihydroxyacetone)

대사과정 중 인산화된 중간 산물이다.

   ⓛ 4탄당 : 에리스로오스(erythrose), 에리스룰로오스(erythrulose) 등 드물게 탄수화물 대사의 중간 산물이다.

   ⓒ 5탄당 : 대표적인 물질은 리보오스(ribose), 리불로오스(ribulose)이다.

      • 리보오스는 핵산(DNA, RNA 등), 뉴클레이티드(ATP, ADP, GTP 등 nucleotides), 조인자(Coenzyme A, NAD^+, $NADP^+$, FAD)의 주성분이 되는 물질이다.

      • 리불로오스는 식물의 광합성에서 이산화탄소가 포도당으로 전환되는 과정의 중간 대사 물이다.

   ⓔ 6탄당 : 우리에게 익숙한 포도당(glucose), 갈락토오스(galactose), 과당(fructose) 등이 있다.

      • 포도당은 식물의 열매(과일, 곡류) 및 잎에 많이 분포한다.

      • 동물의 혈액 중에 존재한다.

      • 식물에서는 광합성의 최종 산물로 생성된다.

      • 대부분의 생체 조직에서 세포 호흡을 통해 이산화탄소와 수분으로 분해될 때 많은 ATP를 생성하고 열을 발생한다.

      • 척추동물에서는 혈중 포도당량(혈당량)이 증가하면 인슐린(insulin)에 의해 간과 근육에서 글리코겐으로 저장되고 혈당량이 낮아지면 글루카곤(glucagon)에 의해 조직으로부터 포도당을 분리해 내어 혈당량이 조절된다.

      • 인슐린 분비가 곤란한 당뇨병 환자의 요중에는 다량의 포도당이 배설된다.

      • 갈락토오스는 해조류에 많이 분포되고 젖당(lactose)이나 동물 중추신경의 수초(myelin) 등의 주 구성물질이다.

      • 과당은 단맛을 내는 과일이나 곡류 그리고 벌꿀 속에 많이 들어있으며 설탕(sucrose)을 구성하는 주요 물질이다.

(2) 소당류

  ① **소당류의 정의** : 단당류가 2개에서 10개 정도까지 결합한 크기의 당류를 총칭(올리고당류라고도 함)한다.

  ② **소당류의 종류** : 구성단당류의 분자수에 따라 이당류 · 삼당류 · 사당류 등이 있다.

  ③ 천연에는 유리된 형태로 존재하며, 이밖에도 다당류를 화학적 또는 효소적으로 가수분해하여 얻을 수 있다.

  ④ 용해성 등의 화학적 성질은 대체로 단당류와 유사하고 다당류와는 다르다.

  ⑤ 동일한 단당류로 이루어진 호모 소당류와 두 종류 이상의 단당류로 이루어진 헤테로 소당류로 크게 나눌 수 있다.

⑥ 천연의 호모 소당류 : 트레할로오스 · 말토오스

⑦ 헤테로 소당류 : 수크로오스 · 락토오스 · 라피노오스 등

⑧ 다당류를 가수분해하면 여러 가지 크기와 조성의 소당류를 얻을 수 있다.

⑨ 결합 양식에서 유리환원기의 유무로 환원성 소당류와 비환원성 소당류로 나눌 수도 있고, 천연 소당류에는 비환원성인 것이 많다.

⑩ 당사슬 부분(당단백질과 당지질에 포함) : 소당류인 것이 많으며, 글루코오스 · 갈락토오스 외 만노오스 · 푸코오스 · 크실로오스 · 노이라민산 등(각종 단당류가 포함)

⑪ 2당류의 대표적인 것

맥아당 (maltose)	• 포도당(glucose) + 포도당(glucose) • α-1, 4 결합으로 연결된 2당류
젖당 (lactose)	• 포도당(glucose) + 갈락토오스(galactose) • β-1, 4 결합으로 연결된 2당류 • 동물계에만 존재
서당(설탕) (sucrose)	• 포도당과 프룩토오스의 카르보닐기가 서로 결합되어 비환원당에 속함 • 식물계에 널리 분포되어 있으며 사탕수수, 사탕무에는 함량이 높아서 설탕의 원료가 됨

(3) 다당류

① 다당류는 크기에 대한 유전정보의 제한 없이 효소촉매반응에 의해 합성되며, 다당류는 다당류를 이루고 있는 단당류의 종류에 따라 호모 다당류와 헤테로 다당류로 분리한다.

② 호모 다당류는 한 종류, 헤테로 다당류는 2종류 이상의 단당류로 이루어져 있다.

③ 호모 다당류의 종류

　㉠ 녹말의 성분으로 글루코오스가 연결된 직선구조의 아밀로오스 성분, 가지난 사슬을 갖는 아밀로펙틴

　㉡ 식물의 세포벽을 구성하는 셀룰로오스

　㉢ 곤충의 껍질을 구성하는 키틴 및 동물의 에너지 저장원인 글리코겐 등

④ 헤테로 다당류 : 2가지 종류의 단당류로 이루어진 것이 대부분이며, 당단백질 같이 지질 또는 단백질과 결합한 형태로 존재하여 그 구조를 밝혀내는 것은 매우 어렵다.

⑤ 헤테로 다당류의 기능

　㉠ 윤활기능 및 충격흡수기능이 있는 히알루론산 같이 결합조직에서 발견되는 것들로, 구조는 특정 동물의 기능과 관련이 있다.

　㉡ 물이나 금속 이온들과도 결합할 수 있어 항응고작용과 뼈를 만들기 전에 칼슘을 축적하는 등의 생리적 기능이 있다.

⑥ 다당류의 종류

    ㉠ 전분(starch)

- 녹색식물에 존재하는 다당류로 에너지를 저장하는 역할을 담당한다.
- 녹말을 구성하는 단당류는 글루코오스(포도당)이다.
- 고등동물에서도 탄수화물의 영양원으로서 중요한 역할을 한다.
- 흰색의 분말로 맛과 냄새가 없으며, 찬물에는 녹지 않는다.
- 비중은 1.65 정도로 물속에서는 침전하기 때문에 전분이라 부른다.
- 아밀로오스는 포도당 단위가 $\alpha-1$, 4 결합으로 연결된 긴 직쇄상의 구조이다.
- 아밀로펙틴은 포도당 단위가 $\alpha-1$, 4 결합으로 연결된 기본구조와 $\alpha-1$, 6 결합으로 연결된 측쇄가 붙어 있다.

    ㉡ 글리코겐

- D-글루코오스(포도당)의 중합체로서 주로 동물세포 중에 존재하는 저장다당류이다.
- 1857년 프랑스의 C. 베르나르가 저장 성분으로서 발견하였다.
- 사람의 간 중에는 그 건조 무게의 약 6% 정도, 근육 중에는 0.6~0.7% 정도 함유되어 있어 근육이 운동할 때에 소비된다(박테리아나 곰팡이 등에도 존재).
- 글리코겐의 특징
  - 백색 분말이다.
  - 무미무취이다.
  - 물에는 녹지만, 에탄올이나 아세톤에는 녹지 않는다.
  - 요오드를 첨가하면 갈색 또는 붉은 포도주와 같은 색이 된다.
- 간을 비벼서 으깨어 트리클로로아세트산으로 추출하고, 에탄올을 첨가하면 거친 글리코겐이 백색 침전물로서 얻어진다.
- 글리코겐의 구조는 글루코오스가 $\alpha-1$, 4 결합으로 10여 개 결합한 노르말사슬(직쇄)이 서로 $\alpha-1$, 6 결합으로 복잡하게 연결되어 있다.
- 주로 포유동물의 간과 근육 중에 저장되어 있다.

    ㉢ 섬유소(셀룰로오스)

- 화학식은 $C_6H_{10}O_5$이다.
- 식물 세포벽의 주요 구성성분으로 되어 있는 다당류로 섬유소라고도 한다.
- 자연계에 가장 많이 존재하는 유기화합물이며, 식물 속에서 이산화탄소와 물로부터 광합성에 의해 만들어진다.
- 미셀이란 셀룰로오스사슬($\alpha-1$, 4글루칸)이 40개 정도 모여 있는 단위이다.
- 마이크로피브릴(미세섬유)은 미셀이 여러 개 모여 있는 것이다.
- 사람의 소화액에 의하여 소화되지 않는다.

ㄹ 펙틴
- 수용성의 펙틴산, 펙틴질의 구성성분으로 다당의 일종이다.
- 잼이나 젤리의 원료로, 산성용액 중(pH 2.5~3.5)에 설탕이 존재하면 저온에서 겔 (gel)화하는 점을 이용하여 만든다.
- 구성
  - 펙틴질은 셀룰로오스섬유 등과 함께 식물의 세포벽을 구성한다.
  - 주성분은 D−갈락투론산이 α−1, 4와 결합한 고분자의 산성다당이다.
  - 프로토펙틴 · 펙티닌산 · 펙틴 · 펙트산 등으로 이루어진다.
- 프로토펙틴은 물에 녹지 않는 콜로이드상 물질이며 효소나 산, 알칼리의 작용으로 펙틴 이나 펙티닌산을 만든다.
- 펙티닌산은 펙트산의 카르복시기가 메틸에스테르로 된 것이며, 불용성 겔상으로 존재 한다.
- 수용성인 것이 펙틴, 펙틴은 무색 · 무미, 칼슘이온과 불용성 염을 만든다.
- 분자량은 일정값이 주어져 있지 않다.
- 펙트산은 펙틴의 가수분해로 얻어지며, 메틸에스테르기를 갖지 않고, 칼슘 · 마그네슘 등의 염으로서 존재한다.
- 칼슘이온으로 물에 불용성인 겔이 되며, 설탕과 산으로 겔화되지 않는 점이 펙틴과 다 르다.
- 펙틴질은 과실의 성장 · 성숙에 중요한 역할을 한다.

2 탄수화물의 대사

(1) 해당 및 해당경로
  ① 해당
  ㄱ 해당이란 글루코스(glucose)가 연속된 반응을 통하여 피루브산(pyruvate)으로 분해되 고 이 과정에서 ATP(아데노신3인산)를 생성하는 반응이다.
  ㄴ 식이로 섭취된 여러 가지 당질은 체내에서 최종적으로 글루코스로 전환된 후 해당경로 (EMP ; Embden−Meyerhof Pathway, Glycolysis)로 들어가 대사된다.
  ㄷ 호기적 조건에서 피루브산은 미토콘드리아에서 이산화탄소(CO_2)와 물(H_2O)로 산화되고 산소공급이 불충분할 때는 젖산이 최종산물이며 간장으로 운반된다. 또 효모는 혐기적 조 건에서 피루브산을 에탄올(ethanol)로 전환한다.
  ㄹ 해당과정은 혐기적 에너지 생성과정이다.

② 해당경로

  ㉠ 해당경로의 최초 단계는 인산화이다. 글루코스가 ATP의 존재 하에서 생체 내에 널리 분포하는 헥소키나아제(hexokinase) 또는 간에 존재하는 글루코키나아제(glucokinase)의 작용으로 글루코오스-6-인산(glucose-6-phosphate)로 된다.

  ㉡ 해당에 있어서 마지막 단계는 피루브산의 생성이다.

③ 혐기적 해당

  ㉠ 혐기적 분해는 효모에 의해 알코올과 CO_2로 분해되는 반응과 미생물에 의한 젖산, 구연산, 부타놀, 아세톤 등으로 분해되는 반응이 있다.

  ㉡ 혐기적 해당반응은 초기의 인산화 반응, 글리코겐의 합성, 3탄당으로의 변화 · 산화, 피루브산(pyruvic acid), 젖산의 생성 등 5단계로 볼 수 있다.

④ 호기적 해당 : 당의 산화로 해당으로 생성된 피루브산(pyruvic acid)이 H_2O와 CO_2로 산화된다.

(2) Pyruvate의 반응

① 젖산의 생성반응

  ㉠ 산소존재하에서 피루브산은 acetyl-CoA를 거쳐서 TCA 회로로 들어가고 NADH는 미토콘드리아 내의 전자전달계에서 재산화되어 NAD^+로 된다.

   • 혐기적 조건하에서는 미토콘드리아 내의 전자전달계를 이용할 수 없으므로 NADH는 젖산탈수소효소(LDH, lactate dehydrogenase)에 의해 재산화되고 피루브산은 젖산이 된다.

   • 생성된 젖산은 세포막을 통과할 수 있어 동물의 경우 간장으로 운반된다.

  ㉡ 근육 수축은 근육 중의 글리코겐이 해당작용에 의해 젖산으로 변화할 때 생기는 ATP가 액토미오신(actomyosin)에 작용하기 때문에 일어난다.

  ㉢ 근육 중에 생성된 젖산은 간장으로 신속하게 운반되어 피루브산으로 되고 말산염(malate), 옥살로아세테이트(oxaloacetate)를 거쳐서 포스포엔올피루브산(phosphoenolpyruvate)로 되어 해당계를 역행하여 글루코스가 된다.

② 알코올 발효 : 효모와 같은 미생물도 포유동물과 동일한 해당경로를 통해 글루코스를 피루브산으로 전환하며 혐기적 조건하에서는 피루브산이 탈탄산되어 젖산대신에 아세트알데히드(acetaldehyde)가 되고, 알코올탈수소효소(alcohol dehydrogenase)의 작용으로 NADH에 의해 환원되면 에탄올이 생성된다.

···

 TCA 회로
  • TCA 회로는 탄수화물, 지방, 단백질 같은 호흡 기질을 분해해서 얻은 아세틸-CoA를 CO_2로 산화시키는 과정에서

방출되는 에너지를 ATP에 일부 저장하고 나머지 에너지를 NADH +H$^+$, FADH$_2$에 저장하는 일련의 화학
반응이다.
- 생성된 NADH +H$^+$, FADH$_2$는 전자전달계로 전달되어 산화적 인산화로 ATP를 생성하는 데 사용된다.
- TCA 회로의 최초 반응은 아세틸−CoA와 옥살아세트산의 축합 반응에 의해 시트르산이 생성되는 것이다.
- TCA 회로 : 옥살로아세트산 + 아세틸−CoA → 시트르산 → 숙신산 → 푸마르산 → 밀산 → 옥살로아세트산

(3) 당신생

① 당신생의 의의

㉠ 당질이 아닌 여러 물질, 예를 들면 아미노산, 젖산, 피루브산(pyruvate), 프로피오네이
트(propionate), 글리세롤(glycerol) 등으로부터 글루코스를 새로 합성하는 것을 당신
생(gluconeogenesis)이라 한다.

㉡ 당신생은 식이로부터의 당질공급이 충분하지 않아 체내에서의 글루코스 요구량을 충당하
지 못할 때 일어난다.
- 글루코스를 주요 에너지원으로 하는 여러 조직, 특히 뇌나 적혈구에서 당신생의 계속적
인 공급은 필수적이다.
- 글루코스는 혐기적 조건하의 골격근에서 유일한 에너지원이며 각종 조직에서 TCA 회
로의 중간체를 유지하는 데 이용된다.
- 지방조직에서도 글루코스는 지방합성의 원료가 된다.

㉢ 포유동물에서 당신생은 주로 간과 신장에서 일어나지만 주된 장소는 간이다. 당신생은 각
조직에서의 대사물질을 간으로 운반하여 이것을 당신생 과정을 통해 글루코스로 재생하
고 다시 조직으로 공급하는 데 생리적 의의가 있다.
- 간과 다른 조직 사이에는 글루코스를 주고 그 대사생산물을 받는 회로가 존재한다. 예를
들면, 젖산은 적혈구와 근육에서(Cori 회로), 알라닌(alanine)은 근육에서(alanine 회
로), 글리세롤은 지방조직에서 간으로 운반된다.
- 당신생은 조직에서 혈액 중으로 계속 방출하는 여러 물질을 간이 회수하여 처리하는,
일종의 재활용작업이다.

② 당신생경로

㉠ 당신생은 해당경로에서 비가역적인 반응단계 일부를 제외하고는 거의 이 경로의 역행에
의해 일어나며 역행할 수 없는 과정은 다른 과정을 거친다.

㉡ 옥살로아세테이트(oxaloacetate)는 당신생(gluconeogenesis)의 출발물질이다.

㉢ 피루브산 카르복실라제(pyruvate carboxylase)는 비오틴(biotin) 단백질이며 부활
제로 acetyl−CoA를 필요로 한다.

Tip   탄수화물 대사의 경로 정리
- 탄수화물은 혈당으로서 혈액 중으로 흡수
- 글리코겐으로 합성되어 간에서 저장
- **산화반응** : 에너지로 전환
- **지방합성** : acetyl-CoA를 거쳐 지방산으로 변화
- 다른 당으로 이행
- 아미노산으로 변화

(4) 글리코겐 대사

① 당신생과정에서 전구체로 작용하는 물질은 피루브산, 젖산(lactate), 글리세롤이다.

② 글리코겐의 생합성을 위해서는 UDP-glucose가 필수적이다.

③ 글리코겐 생성과 분해를 조절하는 단백질 계통의 호르몬들은 이중의 지질막인 세포막을 통과할 수 없으므로 CAMP가 세포 안에서 2차적 메신저 역할을 수행한다.

④ 글리코겐의 합성은 간에서 일어난다.

⑤ 근육의 혐기적 해당작용의 결과 생성된 젖산(lactate)는 혈액을 통해(Cori 회로) 간으로 이동하여 당신생경로를 거쳐 포도당을 생성한다.

⑥ 글리코겐은 간과 근육에서 분해한다.

⑦ 동물은 acetyl-CoA를 직접 포도당으로 전환할 수 없다.

⑧ 뇌조직은 포도당을 에너지원으로 사용하므로 포도당 공급이 충분치 않을 때 비탄수화물 전구체인 피루브산, 젖산(lactate), 글리세롤 등으로부터 간에서 당신생 경로에 의해 포도당이 생성되어 혈당으로 공급된다.

⑨ 글리코겐은 간에 50g, 근육에 450g까지 저장된다.

2장 지방질 및 대사

1 지방질 일반

(1) 지방질의 의의

① 지방질이란 일반적으로 동식물의 조직으로부터 비극성 용매에 의하여 추출되는 생체성분을 말한다.

② 지방질의 기본구조는 지방산의 에스테르라 할 수 있다.

③ 지질은 비극성 유기용매에 녹고 포스포아실글리세롤은 생체막의 중요한 구성요소이며 트리아실글리세롤은 지방산의 주요한 저장형태이다.

(2) 지방질의 특성

① 융점 : 지방산에서 탄소의 수가 적고 불포화도가 높을수록 융점이 낮다.

② 용해도 : 물과의 친화력이 매우 약하다. 유기용매와 비극성 용매에 녹는다.

③ 비점 : 탄소수가 높을수록 높고, 불포화도가 높을수록 작다.

④ 체내지질 : 섭취 지질 외에 당질이나 단백질로부터 생합성되며, 주로 지방조직으로 저장된다.

⑤ 굴절률 : 지방산의 분자량이 클수록, 불포화도가 높을수록 가열 및 산화에 의하여 증가한다. 산도가 높아지면 굴절률은 저하된다.

(3) 지방질의 종류

① 단순지방질

   ㉠ 유지(중성지방)

- 단순지질 : 유지나 왁스류, 지방산과 글리세롤과의 에스테르인 글리세리드(glyceride) 형태이다. 글리세롤은 3가 알코올이므로 1분자의 글리세롤에 1~3분자의 지방산이 결합할 수 있으며 결합한 지방산 분자의 수에 따라서 모노글리세리드(monoglyceride), 디글리세리드(diglyceride), 트리글리세리드(triglyceride)로 구분된다.
- 단순 글리세리드 : 결합된 지방산 R_2, R_2, R_3 3개가 모두 동일한 지방산일 경우를 말한다.
- 혼합 글리세리드 : 대부분의 천연 유지와 같이 다른 종류의 지방산이 에스터 결합을 한 경우를 말한다.
- 천연유지 : 대부분 혼합 글리세리드의 형태이고 분자 내 극성을 가지고 있지 않아 중성 지방이라 한다. 상온에서는 액체(oil)나 고체(fat) 상태이다.

- 유지를 구성하고 있는 지방산의 수와 종류에 따라 구성 중성지방분자들의 혼합물의 이성체 수와 유지성상이 매우 다르다.
- 불포화지방산을 많이 함유하는 글리세리드는 포화지방산을 많이 함유하는 글리세리드에 비해 융점이 낮고 상온에서 액상을 나타낸다.
- 일반적으로 식물성 유지에는 액상의 것, 동물성 유지에는 고체의 것이 많다.

ⓒ 왁스류
- 고급 1가 알코올과 고급 지방산이 에스터 결합한 것을 말한다(식물의 줄기, 동물의 체표부, 뇌, 지방부, 골 등에 분포).
- 인체 내의 소화 효소로는 분해되지 않으므로 영양적 가치는 없다.
- **동물성 왁스** : 바닷속 깊숙이 사는 동물들의 주 구성성분(소수성이 강하고 밀도가 낮은 물리적 성질을 이용하여 부력을 유지하는 데 이용)
- **왁스의 종류**
  - **동물성** : 밀랍(bee wax), 경랍(supermolceti wax), 셸락납(Shellac wax) 등
  - **식물성** : 카나우바왁스(Carnauba wax), 칸델릴라왁스(Candelilla wax), 목랍(Japan wax) 등

② 복합지방질
ㄱ 인지질
- 글리세롤의 2개의 OH기가 지방산과 에스터 결합, 3번째의 OH기에 인산이 결합한 포스파티딘산(phophatidic acid)을 기본 구조로 한다.
- 포스파티딘산은 동·식물 조직 중에 K, Mg, Cu 등의 양이온과 결합하여 널리 분포하며, 이의 유도체인 포스파티딜 에스테르(phosphatidyl ester)로서도 자연계에 널리 존재한다.
- 모든 동·식물 및 미생물의 세포막이나 미토콘드리아막의 중요 성분이다.
- 대사기능이 왕성한 기관인 뇌, 심장, 신장, 난황 등에 많고, 식물 중에는 콩에 많이 함유되어 있다.

ⓒ 당지질 : 동물의 뇌 및 신경조직에서 발견되며, 당류를 함유하는 지방질이다.
ⓒ 황지질 : 세레브론(Cerebron)의 황산 에스터가 황지질(sulfolipid)이다.
ⓔ 단백지질
- 단백지질(proteolipid)은 지방질과 단백질이 주로 소수 결합에 의해 결합한 것이다.
- 지단백질(lipoprotein)이기도 하며 뇌단백, 심근, 신장, 간장, 세포핵 및 미토콘드리아 등에 존재한다.
- 단백지질을 구성한다.
  - 지방질 성분으로는 중성지방, 인지질, 콜레스테롤 또는 그 에스터가 있다.

− 단백질 성분은 비극성의 아미노산이 많이 분포한다.

③ 유도지방질

　㉠ 지방산

　　• 자연계에 존재하는 지방산은 탄소수가 4~30 사이에서 우수하다.

　　• **포화지방산** : 분자 내에 이중결합이 없는 것

　　• **불포화지방산** : 분자 내에 이중결합이 한 개 또는 두 개 이상이 있는 것

　　• **필수지방산** : 음식물에서 섭취해야 하는 지방산(동물의 세포는 리놀레산, 리놀렌산, 아라키돈산이 서로 변화시킬 수 있으나 합성할 수는 없으므로 음식물에서 섭취하여야 함)

　㉡ 스테롤

　　• 동 · 식물 조직 중에 존재하는 스테로이드(steroid) 핵을 가진 환상 알코올군이다.

　　• 지질 중 불검화성 천연지질의 대표적인 것이라 할 수 있다.

　　• 콜레스테롤의 분자식은 $C_{27}H_{46}OH$이다.

　　• 융점이 149℃인 백색의 고체이다.

　　• 대부분이 유리상태로 지방 중에 존재하나 그 중의 약 6% 정도가 지방산과 에스터 형태로 존재, 생체 조직에서는 유리상, 지방산 에스터상 또는 배당체로 존재한다.

　　• 스테롤류는 스테로이드 기본 구조의 3번 탄소에 OH기와 17번 탄소에 탄소수가 8~10개인 측쇄를 가진 특성을 가진다(출처에 따라 동물성 스테롤과 식물성 스테롤로 분류).

　㉢ 지용성 비타민인 비타민A, D, E, K는 지질에 속한다.

2　지방질의 대사

(1) 지방질과 생체막

① 생체막의 구조는 세포 안팎이 비대칭적으로 되어 있다.

② 생체막의 단백질은 지질과 공유결합으로 결합되어 있다.

③ 미생물 세포들은 세포막의 지질조성을 변화시킴으로써 온도가 변하여도 비슷한 정도의 유동성을 유지하려고 한다.

④ 유동성 정도는 지질의 조성에 의해 영향을 받는다.

⑤ 지질(lipid)의 2중 구조막으로 되어 있다.

⑥ 생체막의 구성성분은 단백질, 인지질, 콜레스테롤이다.

(2) 지방의 대사

① 지방산의 합성은 아세틸코에이(acetyl−CoA)로부터 시작된다.

② 글리세롤은 글리세롤 3-인산으로 전환되어 산화된다.

③ 지방산의 생합성의 첫 단계가 아세틸코에이 카르복실라아제(acetyl-CoA carboxylase)에 의하여 acetyl-CoA로부터 말로닐코에이(malonyl-CoA)의 형성이고, 이때 비오틴(biotin)이 필요하다.

④ 지방산의 β-산화는 FAD에 의한 탈수소화(산화), NAD에 의한 산화, CoA에 의한 티올(thiol) 분해의 연속된 반응이다. 즉, 지방산의 β-산화에는 조효소인 FAD, NAD, CoA 등이 관여한다.

⑤ 지방산 산화에 관여하는 조효소의 전구체는 니아신, 비타민 B_1이다.

⑥ 지방산의 β-산화는 동물 및 세균의 지방산 분해의 주경로로 지방산의 β 위치에서 분해 계열을 받아서 acetyl-CoA를 생성한다.

⑦ 지방산의 β-산화는 1회전할 때마다 5ATP를 얻는다.

(3) 지방산의 생합성

① 지방산의 생합성은 탄수화물이나 단백질로부터의 잉여에너지가 간에서 데 노보 신생합성(de novo fatty acid synthesis)를 통해 짝수지방산으로 합성되고, 중성지방으로 된 후 VLDL에 의해 지방조직으로 수송된다.

② 지방산 합성에서 말로닐코에이(malonyl-CoA)는 한 번 순환할 때마다 탄소를 2개씩 제공하며, NADPH를 조효소로 사용한다.

③ 콜레스테롤은 주로 간에서 acetyl-CoA로부터 HMG-CoA 형성 및 스쿠알렌(squalene)으로의 전환을 거쳐 합성된다.

④ 다량의 탄수화물 섭취 시 지방산 생합성에 아세틸코에이 카르복실라아제(acetyl-CoA carboxylase), 히드라타아제(hydratase), 케토아실 레둑타제(ketoacyl reductase), 트란스아실라제(transacylase) 등이 관여한다.

⑤ 인지질의 생합성에는 디아실글리세롤(diacylglycerol) 등이 관여한다.

3장 단백질 및 대사

1 아미노산

(1) 아미노산의 의의

① 한 분자 내에 아미노기와 카르복시기를 함께 가지는 유기화합물의 총칭으로 화학조미료의 글루탐산, 영양제 음료 속의 아르기닌·아스파라긴, 거의 모든 단백질의 성분인 리신 등은 모두 아미노산이다.

② 아미노산이 식품의 성분으로서 중요시되는 것은, 생물이 살아가는 데 필수 단백질을 구성하는 유기화합물이기 때문이다.

③ 음식물 속의 단백질은 소화효소에 의해 아미노산으로 분해된 후, 체내에 흡수된다. 흡수된 아미노산은 더욱 분해되어 에너지원이 되거나 유전정보에 따라서 연결되고 합해져서 여러 종류의 단백질이 만들어진다.

④ 새로 생긴 단백질은 생물체의 구성성분이 되거나 효소로서 생체의 중요한 기능을 담당하게 된다.

(2) 아미노산의 분해와 합성

① 아미노산은 생체 내에서 분해될 때, 처음 몇 단계의 반응에서 산화되어, 대응하는 케토산과 암모니아로 된다.

② 식물·미생물에서는 암모니아가 생합성되어 재이용되는 경우가 많지만 동물에서는 상당량이 배출된다.

③ 일반적으로 수생동물에서는 암모니아가 그대로 배출되지만 육생척추동물에서는 요소·요산으로 바뀐 뒤 배출된다.

④ 케토산은 피루브산, acetyl-CoA, 시트르산회로 중간물질을 거쳐서 시트르산회로에 들어가 이산화탄소로 분해된다.

⑤ 아미노산을 생합성하는 능력은 생물종에 따라 다르다. 사람은 단백질을 구성하는 아미노산 20종 가운데 10종(Arg, Ile, Trp, Thr, Val, His, Phe, Met, Lys, Leu)을 충분히 합성할 수 없기 때문에 음식물로써 섭취해야 한다.

⑥ 고등식물은 20종의 아미노산 전부를 합성하며, 미생물은 종에 따라 합성능력이 각각 다르다. 어떠한 경우라도 아미노산은 탄수화물대사, 즉 해당계, 펜토오스-인산경로, 시트르산회로의 중간물질에서 합성된다.

⑦ 아미노산을 재료 또는 재료의 일부로서 생합성하는 것으로 단백질 외에 핵산의 염기, 헴 등이 있다. 실험실에서의 아미노산 화학합성법으로는 슈트레커법이 유명하다. 이것은 알데히드에 시안화수소와 암모니아를 반응시킨 후, 가수분해하는 방법이다.

(3) 아미노산의 산화와 요소의 생성

① 산화적 탈아미노 반응에서 아미노산의 α-아미노기는 알파·키토글루타르산염(α-ketoglutarate)에 전이되어 글루타마템(glutamatem)으로 모아진다.

② 인체에서의 요소생성 작용은 간 세포의 세포질과 미토콘드리아에서 일어나며, 1분자의 요소 생성에 4개의 고에너지 인산결합이 소모된다. 요소는 이산화탄소, 암모니아, 아스파르트산염(aspartate)로부터 합성된다.

③ 요소회로에서 1mol의 요소를 합성하려면 4mol의 ATP가 필요하며 카르바모일 인산염(carbamoyl phosphate) 합성과 아르지니노숙신산염(argininosuccinate) 합성에 각각 2mol씩 필요하다.

④ 단백질 분해의 최종 배설형태는 사람의 경우 요소, 어류는 암모니아, 양서류와 조류는 요산이다.

⑤ 산화적 탈아미노 반응에서 아미노산의 α-아미노기는 비타민 B6가 전구체인 조효소 PLP를 전이시킨다.

⑥ 뇌조직에서 해로운 암모니아를 간으로 운반하는 아미노산은 세포막을 통과할 수 있는 중성의 아미노산인 글루타민(glutamine)이다.

⑦ 근육조직에서 해로운 암모니아를 간으로 운반하는 아미노산은 세포막을 통과할 수 있는 중성의 아미노산인 알라닌(alanine)이다.

(4) 아미노산과 뉴클레오티드의 생합성

① 생합성 경로에서 CH_3, $-CH_2$, $-CHO$, $-CH$ 등의 one carbon group을 운반하는 가장 중요한 물질은 엽산(폴산 ; folic acid)과 SAM(S-아데노실메티오닌 ; S-adenosylmethionine)이다.

② 퓨린 염기에는 아데닌, 구아닌, 잔친, 하이포잔친이 속하며, 피리미딘 염기에는 티민, 시토신, 우라실 등이 있다.

2 단백질의 합성

(1) 단백질 합성에 필요한 과정

① 아미노산의 활성화

② m-RNA의 DNA 복사

③ 리보솜 위에서 m-RNA와 t-RNA의 결합

④ 만들어진 펩티드 사슬의 카르복시 말단에서 새로운 아미노산이 연결

(2) 단백질 합성과 관련된 구체적 내용

① 단백질의 생합성에서 아미노산은 아미노실(aminoacyl)-tRNA 형태로 활성화된다.

② 단백질 생합성이 일어나는 세포 내 장소는 리보솜이다.

③ t-RNA의 역할 : mRNA 코돈(codon) 식별, 아미노산 운반 등이 있다.

④ 전사 : DNA 유전정보를 RNA 폴리메라아제(polymerase)가 RNA로 복사하는 과정을 말한다.

⑤ 번역 : m-RNA가 리보솜과 결합하여 복사된 RNA의 염기배열에 규정된 코돈(codon)에 따라 단백질을 합성하는 것을 말한다.

⑥ PCR : DNA 프라이어(primer)와 DNA 폴리메라아제를 이용하여 특정 유전자 영역의 증폭을 하는 것을 일컫는다.

⑦ 복제 : 싱글 스트랜드(single strand) DNA가 주형이 되어 그 염기 배열에 규정된 새로운 DNA 스트랜드(strand)가 합성되는 것을 말한다.

⑧ 수복 : 손상된 DNA 정보를 되돌리는 과정이다.

(3) 단백질의 구조

① 1차 구조 : 아미노산이 펩티드 결합으로 연결된 것이다.

② 2차 구조 : α-나선과 β-병풍구조의 공간적 배열이다.

③ 3차 구조 : 수소 결합, 전기적 결합, 소수성 결합, 반데르발스 결합을 통한 3차원적 배열이다.

4장 핵산

1 핵산 일반

(1) 핵산의 의의

① 염기·인산·당으로 이루어진 고분자유기화합물로 생명현상에서 고등동식물·바이러스 등의 유전·생존·번식에 중요한 물질이다(유전자의 본체로서 유전정보를 발현하여 단백질분자를 합성하는 데 중요한 역할을 함).

② F. 미셔가 1869년 세포핵 성분으로 발견하였다.

③ 핵산은 화학 구조상 DNA(디옥시리보핵산)와 RNA(리보핵산)로 나뉜다.

④ DNA는 진핵생물의 핵·엽록체·미토콘드리아와 원핵생물의 세포 및 수많은 바이러스 입자 속에 포함되어 생물학적으로 유전적 성질을 떠맡은 유전자의 본체이다.

⑤ RNA는 핵에도 소량 포함되었지만 주로 세포질에 있으며, DNA 위의 유전정보를 발현하는 과정에서 중요한 역할을 한다.

⑥ m-RNA · r-RNA · t-RNA 등 분자의 크기와 기능이 다른 분자종으로 구성된다.

⑦ **RNA** 바이러스 : 어떤 종의 바이러스는 입자 안에 DNA 없이 RNA만 있고, 이것이 유전자 본체가 되는 것이 있는데 이를 RNA 바이러스라고 한다.

⑧ 핵산의 기본단위는 뉴클레오티드(nucleotide)이고, 이를 가수분해하면 함질소염기, 당분, 인산이 된다.

(2) 핵산의 기본구조

① DNA와 RNA의 기본구조는 공통적이며, 핵산염기(핵산)와 오탄당(pentose)으로 구성된 단위가 인산과 결합하여 1차원적으로 이어져 있다.

② 뉴클레오시드(**nucleoside**) : 염기와 당으로 구성된 단위이다.

③ 뉴클레오티드(**nucleotide**) : 뉴클레오시드에 인산 기가 결합된 단위이다.

④ DNA의 당은 2-디옥시-D-리보오스이고, RNA의 당은 D-리보오스이다.

⑤ **DNA**의 염기 : 아데닌(A) · 구아닌(G) · 시토신(C) · 티민(T)

⑥ **RNA**의 염기 : 아데닌(A) · 구아닌(G) · 시토신(C) · 우라실(U)

⑦ DNA · RNA 둘 다 이들 4염기가 여러 순서로 배열된 거대분자이다.

⑧ DNA 사슬과 RNA 사슬의 화학구조에서 당과 인산 사이의 포스포디에스테르 결합에 착안하면 핵산의 사슬에 방향성이 있음을 알 수 있다. 이 방향성은 포스포디에스테르 결합에

관계되는 당의 탄소위치 번호가 기본으로 표시된다.

(3) 핵산의 기능

① 일반적으로 DNA는 2가닥 사슬이 서로 꼬인 이중나선구조로 사슬 방향은 서로 반대이며, 사슬 사이를 연결시키는 힘은 염기 사이에 작용하는 수소결합이다.

ⓐ **상보적 사슬** : 대합 규칙에 의해 결합된 2가닥 사슬(사슬은 상보적 염기배열이라고 함)을 말한다.

ⓒ 유전자의 복제 및 발현과정에서 대합 규칙은 중심적인 역할을 한다.

② 유전정보는 DNA 위에 염기배열로 기입되어 있다. DNA 분자 각개의 사슬을 주형으로 하여 상보적인 사슬을 합성함으로써 이중나선 DNA 분자 전체가 복제되어 유전정보가 다음 세대로 전해진다.

③ 각 단백질이 합성될 때는 그 유전자에 대응하는 DNA부위 한쪽 사슬을 주형으로, 보완적인 염기배열을 가진 m-RNA가 합성되면 유전정보는 먼저 RNA 분자에 전사된다 (m-RNA 염기배열의 지령을 토대로 리보솜 위에서 아미노산이 중합되어 최종적 유전정보가 단백질로서 발현됨).

④ 유전정보가 단백질로 발현되는 과정은 크게 DNA 복제, m-RNA로의 전사, t-RNA로의 전이 및 단백질 합성 순으로 진행된다.

2 DNA와 RNA의 대사

(1) DNA 대사

① DNA 복제과정은 초기, 시발, 연장, 종결 순으로 진행된다.

② DNA ligase(리가아제) 등은 자외선에 의해 손상된 DNA의 회복에 관여한다.

③ DNA는 이중의 나선구조를 지니고 있다.

④ DNA의 이중의 나선구조는 수소결합에 의해 형성된다.

⑤ DNA는 유전정보를 가지며, 핵에 있다.

⑥ DNA를 구성하는 염기조성은 종에 따라 다르다.

(2) RNA 대사

① RNA의 종류에는 m-RNA, r-RNA, t-RNA가 있다.

② 전구체 RNA는 유전자를 코딩(coding)하는 인트론(intron)과 엑손(exon) 부분을 모두 소유하므로 성숙된 m-RNA를 만들기 위해서는 스플라이싱(splicing) 과정에 의해 인트

론(intron)을 절제하게 된다.

③ 종류

m-RNA (전령 RNA)	• 전사과정을 통해 생성 • 핵 바깥쪽으로 유전정보를 전달 • 부분적으로 이중나선구조를 이루는 3차 구조 • 유전정보를 DNA로부터 리보솜으로 운반하는 역할
r-RNA (리보솜 RNA)	• 특정한 아미노산을 찾아서 m-RNA가 갖고 있는 메시지에 따라 단백질에 고 유한 아미노산결합 서열을 결정지음 • 단백질 합성의 연결자 역할
t-RNA (전달 RNA)	• 리보솜의 구조성분 • 단백질과 단단하고 복잡한 결합을 하고 있음 • 세포 내 RNA의 50~60%를 차지함

2과목

생화학 [교시]

5장 효소

1 효소 일반

(1) 효소의 의의

① 세포에서 합성되어 생체 반응을 촉매하는 단백질로 단세포생물인 미생물에서부터 고등동·식물, 인간에 이르기까지 모든 생체 속에서 생명의 유지에 필수적인 존재이다.

② 효소의 주성분인 단백질은 약 20종의 L-아미노산으로 구성된 폴리펩티드 사슬이 구성아미노산들 사이의 상호작용에 의해 3차원적 입체구조를 이루고 있다.

③ 효소단백질은 근육단백질이나 막단백질 등의 구조단백질과는 달리 분자 내에 활성 부위를 갖는다.

④ 효소의 활성·구조유지에는 단백질 이외에 특정한 유기화합물인 조효소, 금속이온 무기양이온·음이온 등의 비단백질성 분자나 이온이 요구되기도 한다.

(2) 효소의 구조

① 효소단백질의 분자량은 약 1만에서 수백만에 이르지만 모두 1개의 폴리펩티드를 서브유닛으로 하는 집합체이다.

② 생합성되는 효소단백질의 종류는 수천에서 수만이지만, 각 단백질의 구조와 성질의 차이는 우선적으로 폴리펩티드를 구성하는 아미노산의 조성과 배열의 차이에 기인한다.

③ 단백질의 1차구조 : DNA의 유전정보에 따라 다르며 여기에 다시 서브유닛의 조합이나 보결인자(cofactor)의 유무와 종류에 의해 영향을 받는다.
　ㄱ 아포효소 : 효소를 구성하는 단백질 부분
　ㄴ 홀로효소 : 아포효소에 보결인자가 결합한 것

④ 보결인자 중에는 비타민 B 등과 ATP와 같은 유기물질도 포함된다. 이러한 것들을 특히 조효소라고 한다. 이 밖에 K, Na, Cl, Ca 등의 이온을 요구하는 효소도 있다.

⑤ 유전정보에 따라 각종 아미노산이 효소에 의해 펩티드결합으로 폴리펩티드 사슬을 형성하면, 그 속의 각종 아미노산 잔기의 곁사슬이 상호작용 α-나선·β-병풍구조·랜덤코일 등의 2차 구조가 형성된다.

⑥ 2차 구조가 조합되는 방식에 따라 구상·간상·판상 등의 3차 구조가 형성된다.

(3) 효소의 특이성

  ① 효소는 다른 화학촉매와는 달리 작용하는 기질의 범위가 매우 좁다.

    ㉠ 염산에 의한 당의 가수분해는 전분을 비롯한 각종 다당류·올리고당에 적용된다.

    ㉡ 전분을 기질로 하는 아밀라아제는 글리코겐이나 크실란 등에는 작용하지 않는다.

    ㉢ L-알라닌을 기질로 하는 알라닌탈수소효소는 D-알라닌에는 작용하지 않는다. 이러한 특징을 효소의 기질특이성이라고 한다.

  ② 효소의 반응특이성 : 효소가 다르면 동일한 기질에 대한 작용이 다르다. 예를 들어 글루탐산을 기질로 하여 탈수소 반응을 촉매하는 효소와 아미노기 전이 반응을 촉매하는 효소는 다르다.

  ③ 효소의 특징

    ㉠ 효소 반응은 상온·상압·생리적 pH라고 하는 온건한 조건 밑에서도 효율적으로 일어난다.

    ㉡ 반응의 활성화에너지도 극히 작다.

2   효소 반응에 미치는 요인 및 효소의 분류

(1) 효소 반응에 미치는 요인

  ① 기질농도

  ② 효소농도

  ③ 온도

  ④ pH

(2) 효소의 분류

군	분류	촉매하는 화학 반응	예
1군	산화환원효소 (옥시도리덕타아제)	산화환원반응	알코올탈수소효소, 카달라아제, 글루코오스산화효소
2군	전이효소 (트랜스페라아제)	특정한 기를 다른 화합물로 전이시키는 반응	핵소키나아제, 트랜스아미나아제
3군	가수분해효소 (히드롤라이제)	가수분해반응	트립신, 우레아제, 리소자임
4군	이탈효소 (리아제)	특정 기의 이탈이나 이중결합으로의 첨가 반응	글루탐산, 탈탄산효소, 알돌라아제

5군	이성질화효소 (이소메라이제)	기질 분자 내의 분자식은 바꾸지 않고 원자배열을 변화시키는 이성질화 반응	젖산라세미아제, 에피메리아제
6군	합성효소 (리가아제)	ATP 등 피로인산결합의 가수분해로 유리되는 에너지를 이용하여 2개의 분자를 결합시키는 반응	아미노아실 CoA합성효소, 글루타티온합성효소

6장 비타민

1 비타민 일반

(1) 비타민의 의의

① 미량으로 생체 내의 물질대사를 지배 또는 조절하는 작용을 한다. 그 자체는 에너지원이나 생체구성성분이 되지 않으며, 생체 내에서는 생합성되지 않는 유기화합물이다. 따라서 비타민은 식사 등에 의해 외계로부터 섭취해야 하는 필수 영양소 중의 하나이며, 니코틴산처럼 간에서 일부 생합성되기는 하나 필요량에 이르지 못하는 것까지도 비타민에 포함된다.

② 동물에 따라 대사계에 차이가 있는데, 비타민 C(아스코르브산)와 같이 대부분의 동물에서는 포도당으로부터 체내에서 생합성되지만 사람이나 원숭이 등에서는 생합성 경로가 없기 때문에 생성되지 않는 것도 있다. 비타민 C는 대부분의 동물에서는 비타민이 아니지만, 사람이나 원숭이 등에서는 비타민이다.

③ 무기질(미네랄)은 비타민과 마찬가지로 미량영양소이지만 유기화합물이 아니고, 호르몬도 비타민과 마찬가지의 작용을 하지만 생체 내(내분비선)에서 생성되기 때문에 각각의 비타민과 구별된다.

④ 비타민은 지방, 탄수화물, 단백질, 무기질과 함께 5대영양소에 포함된다.

(2) 비타민의 종류

① 비타민은 일반적으로 지용성 비타민과 수용성 비타민으로 나눌 수 있다.
- ㉠ **지용성 비타민** : 비타민 A, D, E, K
- ㉡ **수용성 비타민** : 비타민 B군(비타민 B 복합체), 비타민 C

② **비타민 B군** : 비타민 $B_1 \cdot B_2 \cdot B_6 \cdot B_{12}$ 니코틴산(니코틴산아미드), 판토텐산, 비오틴, 폴산(엽산) 등이 있다.

③ **프로비타민** : 식품에 비타민의 모체(전단계물질)가 함유되어 있어 체내에서 비타민으로 전환되는 것이 있는데, 프로비타민 A(카로틴)와 프로비타민 D(에르고스테롤)가 있다.

(3) 흡수 및 배설

① 비타민은 보통 식품을 통해 섭취, 소화관에 들어가면 소장에서 흡수되어 혈액과 함께 체내의 세포에 도달한다. 효소 등의 작용물질이 되어 대사에 관여한 뒤 소변으로 배설되지만 지용성 비타민과 수용성 비타민에서는 큰 차이를 보인다.

② 지용성 비타민은 소화관에서 지방과 함께 흡수된다.

    ㉠ 일정량의 지방이 없으면 지용성 비타민의 흡수가 나빠지므로 동물성 식품 속의 비타민 A 등은 흡수, 식물성 식품에 함유되어 있는 프로비타민 A는 흡수가 매우 나쁘다(프로비타민 A의 경우는 유지를 사용한 조리 필요).

    ㉡ 지방의 흡수에는 이자액이나 쓸개즙이 필요하므로 이자질환이나 간질환(특히 폐색성 황달)의 경우, 지방흡수장애를 일으켜 지용성 비타민의 흡수가 나빠진다.

    ㉢ 흡수된 지용성 비타민은 간(비타민 A, D, K) 또는 지방조직(비타민 E)에 축적, 리포단백질 또는 특이한 결합단백질에 의해 이송되지만, 소변으로 배출되지 않고 쓸개즙으로 배설된다.

    ㉣ 체내에 축적되어 과다증을 일으키는 경우가 있다.

③ 수용성 비타민, 특히 비타민 B군의 흡수는 능동수송에 의한 것이 많고, 필요량 정도는 매우 좋은 효율로 흡수된다.

    ㉠ 약제에 의한 다량 경구투여의 경우, 능동수송능력을 초과하기 때문에 흡수율이 저하된다.

    ㉡ 흡수된 수용성 비타민은 효소가 되어 작용하는 것이 많고, 주사 등에 의해 일시에 다량 투여되어도 아포효소와 결합하는 이외의 비타민은 그대로 소변으로 배설되어 버린다.

    ㉢ 수용성 비타민은 매일 필요량 정도만을 섭취할 필요가 있는데, 과다섭취 시 비타민 B는 간에 축적된다.

2 비타민의 구체적 구분

(1) 지용성 비타민

① 비타민 A : 레티놀(retinol)과 데히드로레티놀(3-dehydroretinol) 및 유도체를 포함하고, 좁은 뜻으로는 레티놀을 가리킨다.

    ㉠ 산 · 공기 · 빛 등에 의해 쉽게 분해되지만, 염기성에서는 비교적 안정되어 있다.

    ㉡ 비타민 A는 상피세포의 형성과 유지에 관여하며, 비타민A 결핍 시 피부의 건조와 각화, 결막건조증이나 각막연화, 야맹증이 일어난다.

    ㉢ **야맹증의 원인** : 망막의 간상세포(간상체) 속에 있는 로돕신의 장애에 의한 것으로서, 로돕신은 비타민 A 알데히드(레티날)와 단백질이 결합한 것으로 비타민 A가 결핍되면 로돕신의 생성과 재생이 방해를 받기 때문에 야맹증이 된다.

    ㉣ 프로비타민 A(β-카로틴)는 소장점막에서 비타민 A가 되며, 간 속에 에스테르체로서 저장된다.

    ㉤ 비타민 A를 β-카로틴 형태로 섭취할 때에는 비타민 A 필요량의 3배를 필요로 한다.

ⓑ 과다증
- **급성중독** : 유아에게서 흔히 볼 수 있는 뇌압항진 증상
- **만성중독** : 장기간에 걸쳐서 섭취한 경우(매월에서 수개월)에 볼 수 있는 사지의 동통성 종창

② **비타민 D** : 동·식물계에 널리 분포하는 프로비타민 D인 에르고스테롤과 7-디히드로콜레스테롤에서 자외선에 의해 생긴다.

ㄱ 자외선을 쬠으로써, 식물에서는 에르고스테롤에서 에르고칼시페롤(비타민 D)이 생기고, 동물에서는 7-디히드로콜레스테롤에서 콜레칼시페롤(비타민 D)이 생긴다.

ㄴ 비타민 D의 활성화는 부갑상샘호르몬, 혈중인산농도, 비타민 D 자체의 농도의 영향을 받아 칼슘의 소장에서 흡수, 신장 및 뼈로부터의 재흡수를 촉진한다.

ㄷ **결핍증** : 구루병

ㄹ 과다증은 구루병의 예방 또는 치료를 위해 다량의 비타민 D를 장기간 투여했을 때 볼 수 있고, 신장장애를 중심으로 한 중증인 전신증상(고칼슘혈증)을 일으킨다.

③ **비타민 E** : 자연계에 존재하는 비타민 E 작용물질로는 토코페롤의 4종과 토코토리에놀의 4종의 합계 8종이 알려져 있으며, 생물활성은 α-토코페롤이 가장 강하다. 좁은 뜻으로 비타민 E는 α-토코페롤을 가리킨다.

ㄱ 항산화작용을 한다. 소화관에서 흡수되어 체내의 여러 기관과 지방 속에 축적, 불포화지방산의 산화를 막는다.

ㄴ 고도불포화지방산의 섭취량이 많아지면 비타민 E의 소모가 많아지기 때문에 보급이 필요해진다.

ㄷ **결핍증** : 쥐 등의 실험동물에는 결핍증이 많이 보고되어 있지만 사람에게서는 완전한 결핍증은 아직 보고되어 있지 않다.

④ **비타민 K** : 혈액응고를 촉진시키며, 작용물질로는 필로퀴논·메나퀴논·메나디온 등 모두 나프토퀴논 유도체이다.

ㄱ 혈액응고인자인 프로트롬빈 등의 생성을 촉진시켜서 혈액응고기능을 정상으로 유지하는 작용을 하여 항출혈성 비타민이라고 한다.

ㄴ 비타민 K는 식물계에 널리 존재한다.

ㄷ **결핍증** : 지방질흡수장애를 일으키거나 항생물질 등의 투여로 장내세균총에 이변이 생겼을 경우 나타난다.
- 비타민 K가 결핍되면 혈액응고 시간이 지연되어 출혈이 쉽게 멎지 않는다.
- 미숙아에게 다량의 비타민 K를 투여하면 용혈이 높아져서 핵황달이 발생한다.

(2) 수용성 비타민

① 비타민 B$_1$: 최초로 발견된 비타민으로서 티아민(유럽에서는 아노이린)이라고 한다.

  ㉠ 소량이지만 동·식물계에 널리 존재, 장에서 빠르게 흡수되어 체내에서 티아민포스포키나아제에 의해 활성화되어 티아민피로인산(티아민2인산)이 된다.

  ㉡ 조효소로서 주로 당대사, 즉 α−케토산 등의 산화적 탈탄산 반응이나 트랜스케토라아제 반응에 관여한다.

  ㉢ 음식물 속의 탄수화물량이 많을수록 티아민의 요구량은 증가한다.

  ㉣ 중노동자·임부·수유부·열성질환 환자 등에서도 요구량이 높아진다.

  ㉤ 굴이나 피조개를 제외한 패류(대합·바지락), 민물고기인 잉어·붕어 등, 식물 가운데 고사리나 고비 등에는 티아미나아제(아노이리나아제)라는 티아민을 분해하는 효소가 함유되어 있어 먹으면 체내의 티아민 효력이 없어진다.

  ㉥ 티올형 티아민유도체(아리티아민 등)는 체내에서 쉽게 티아민이 된다(티아민보다도 잘 흡수, 약제로서 널리 사용).

  ㉦ **결핍증** : 각기병

  ㉧ 비타민 B의 다량투여를 수개월 동안 계속해도 부작용이 없고, 독성도 없다.

② 비타민 B$_2$: 좁은 뜻으로는 리보플라빈을 가리키며, 넓은 뜻으로는 FMN(플라빈모노뉴클레오티드)이나 FAD(플라빈아데닌디뉴클레오티드)를 포함한다.

  ㉠ 비타민 B(리보플라빈)는 생체 내에서는 거의 FMN과 FAD의 형태로 존재, 플라빈효소의 조효소로서 생체 내의 산화·환원 반응에 관여하고 있다.

  ㉡ 모든 식물이나 대부분의 미생물에서 합성, 고등동물에서는 합성되지 않는다.

  ㉢ **결핍증** : 설염을 비롯, 구내염·지루성피부염, 각막주위의 혈관증생 등 점막·피부·눈에 증상이 나타난다.

  ㉣ 항생물질 등의 투여, 간질환이나 당뇨병일 때에도 때로는 2차성 결핍증이 나타난다.

  ㉤ 임신 중이거나 수유 시 다량의 비타민 B가 필요한데, 장기간 다량 투여해도 소변으로 배설되기 때문에 독성이 없다.

③ 비타민 B$_6$: 피리독신을 가리키지만 비타민 B는 그밖에 피리독살·피리독사민으로도 존재하며, 모두 조효소인 피리독살인산의 전구체이다.

  ㉠ **피리독살인산** : 아미노기전이와 탈탄산 반응의 조효소가 되고, 단백질 대사에 중요한 역할을 한다.

  ㉡ 비타민 B는 장에서 쉽게 흡수되어 4−피리독신산으로서 소변으로 배설된다.

  ㉢ **결핍증** : 사람의 경우 비타민 B 결핍증은 일어나지 않지만, 피리독신으로부터 피리독살인산으로 활성화되는 과정에서 장애가 있으면 결핍증을 일으킨다. 특유한 증상이 없고 구역질, 구토, 식욕부진, 구각염, 결막염, 지루성피부염, 설염, 다발성신경염, 비타민 B 의존

증 등의 증상을 나타낸다.

④ 비타민 B_{12}(콜리노이드) : 비타민 B는 공통적으로 포르피린과 비슷한 콜린핵을 가지며, 그 중심에 코발트이온이 있고, 콜리노이드라고 총칭한다.

   ㉠ 대표적 코발아민 종류 : 시아노코발아민, 히드록소코발아민, 아쿠아코발아민, 니트리토코 발아민, 아데노실코발아민, 메틸코발아민 등이 있다.

   ㉡ 비타민 B는 핵산이나 단백질의 합성을 비롯해서 지질이나 당질의 대사에도 관계하고 있다.

   ㉢ 결핍증 : 악성빈혈, 거대적아구성빈혈 등(식사에서 오는 결핍증은 일반적으로 드물고, 대 개는 흡수장애, 수송 및 대사 이상에 수반해서 생김).

⑤ 니코틴산 : 피리딘유도체로서 니아신이라고도 한다.

   ㉠ 식물 및 대부분의 동물에서는 트립토판으로부터 합성되며 이 과정에서 비타민 B에서 만 들어지는 조효소 피리독살인산을 필요로 한다.

   ㉡ 니코틴산은 체내에서 니코틴산아미드가 되고 산화 · 환원 반응의 조효소인 NAD(니코틴 아미드아데닌디뉴클레오티드)와 NADP(니코틴아미드아데닌디뉴클레오티드인산)의 성 분이 된다.

   ㉢ 결핍증 : 개의 흑설병과 사람의 펠라그라 등

   ㉣ 니코틴산을 다량 투여하면 피부홍조 · 가려움증 · 위장장애 등의 증상, 혈청콜레스테롤이 저하된다.

⑥ 판토텐산 : 판토인산과 β-알라닌으로 이루어진 아미드로서 동 · 식물계에 널리 존재하지만 개 · 쥐 · 닭 · 돼지 · 원숭이 · 생쥐 · 여우 등에서는 합성되지 않는다.

   ㉠ 판토텐산은 장에서 흡수되며 인산화되어 4-포스포판토텐산이 되고, 여기에 시스테인과 아데노신리보뉴클레오티드가 결합해서 조효소 A가 된다.

   ㉡ 조효소 A는 아세틸화 반응을 비롯해, 아실기의 활성화와 전이 반응에 관여하며 에너지 대사나 해독에도 중요한 역할을 한다.

   ㉢ 항판토텐산의 투여에 의한 실험적 결핍증에서는 동물의 결핍증과 마찬가지로 부신피질장 애나 사지의 작렬감 및 동통을 수반하는 말초신경장애 등이 다른 비타민 B군의 결핍과 함 께 나타난다.

⑦ 폴산 : 엽산이라고도 하며, 비타민 M · 비타민 B 등으로 불리던 것과 같은 것으로서, 2원자 고리인 프테리딘과 파라아미노벤조산으로부터 만들어지는 프테로인산에 글루탐산이 결합 한 것(프테로일글루탐산)이다.

   ㉠ 동물에서는 합성되지 않으며 식물에서는 7개의 글루탐산이 붙은 프테로헵타글루타메트로 서 존재한다.

   ㉡ 이것이 장내에서 6개의 글루탐산이 떨어져나가 흡수되어 환원형 니코틴아미드아데닌디뉴 클레오티드인산(NADPH)으로부터 수소를 받아들여서 디히드로폴산이 된다.

ⓒ **결핍증** : 거대적아구성빈혈, 설염, 이질 등

ⓔ 임부나 수유부의 경우, 소모량이 많으므로 다량의 폴산이 필요하다.

⑧ 비타민 C : 아스코르브산이라고도하는데, 6탄당과 비슷하지만 분자 속에는 엔디올기인
C(OH)＝C(OH)를 가지고 있다.

ⓐ 수용액은 산성을 나타내며, 염기에 의해 염을 만드는 것 외에 강한 환원작용을 나타낸다.

ⓑ 수용성 비타민 중에서는 가장 불안정하다.

ⓒ 결정은 건조상태에서는 안정하지만 흡습하면 산화되어 착색된다.

ⓓ 산소나 염소 등의 산화제에 의해 산화되어 디히드로아스코르브산이 되며, 황화수소나 글
루타티온 등의 환원제로 처리하면 아스코르브산으로 되돌아간다.

ⓔ 아스코르브산은 환원제로서 산소 · 질산이온 · 시토크롬 A · C, 크로토닐조효소 A · 메토
헤모글로빈을 환원한다.

ⓕ 동 · 식물계에 널리 존재하지만 영장류와 기니피그에서는 생합성되지 않기 때문에 결핍증
을 일으킨다.

ⓖ 생체 내에서는 부신피질에 가장 많이 함유되어 있다.

ⓗ 부신피질자극호르몬으로 부신피질을 자극하면 빠르게 없어지지만, 그 메커니즘은 알려져
있지 않다.

ⓘ **결핍증** : 괴혈병

정답 및 해설 532p

01 다음 중 대표적인 5탄당 물질은?

① fructose
② ribulose
③ galactose
④ erythrose
⑤ glyceraldehyde

02 다음 중 당질의 대사에 특히 많이 필요한 비타민은?

① 엽산
② 니아신
③ 티아민
④ 피리독신
⑤ 리보플라빈

03 다음은 인체의 혈당량 조정에 대한 설명이다. ㉠, ㉡, ㉢에 들어갈 말로 옳은 것은?

> 혈당량이 증가하면 (㉠)에 의해 간과 근육에서 (㉡)으로 저장되고 혈당량이 낮아지면 (㉢)에 의해 조직으로부터 포도당을 분리해 내어 혈당량이 조절된다.

	㉠	㉡	㉢
①	인슐린	글리코겐	글루카곤
②	인슐린	글루카곤	글리코겐
③	글리코겐	인슐린	글루카곤
④	글리코겐	글루카곤	인슐린
⑤	글루카곤	글리코겐	인슐린

04 다음 중 포도당과 프록토오스의 카르보닐기가 서로 결합되어 비환원당에 속하는 것은?

① maltose
② lactose
③ sucrose
④ galactose
⑤ erythrulose

05 다음 중 포도당 단위가 α-1, 4 결합으로 연결된 긴 직쇄상의 구조를 지닌 물질은?

① 펙틴
② 글리코겐
③ 락토오스
④ 아밀로오스
⑤ 셀룰로오스

06 TCA 회로에서 아세틸-CoA와 옥살아세트산이 합성하여 형성하는 물질은?

① 말산
② 푸마르산
③ 시트르산
④ 숙시닐 CoA
⑤ 알파-케토글루타르산

07 포도당이 해당경로로 들어가기 위한 최초 단계에서 인산화에 관여하는 효소는?

① enolase

② aldolse

③ hexokinase

④ phosphofructokinase

⑤ phosphoglucose isomerase

08 당신생경로에서 피루브산 카르복실라아제(pryuvate carboxylase)가 부활제로 필요로 하는 물질은?

① 말산   ② 숙신산

③ 푸마르산   ④ 아세틸−CoA

⑤ 이소시트르산

09 다음 중 글리코겐 분해 시 에피네프린의 2차적 메신저 역할을 하는 것은?

① CaM   ② GTP

③ FMN   ④ NAD$^+$

⑤ CAMP

10 다음 중 코리(Cori) 회로에 대한 설명으로 옳은 것은?

① 젖산으로부터 포도당을 합성한다.

② 암모니아로부터 요소를 합성한다.

③ 글리코겐을 포도당으로 분해한다.

④ 피루브산에서 알라닌으로 전환된다.

⑤ 아미노산으로부터 단백질을 합성한다.

11 다음 중 지방질의 특성으로 옳지 않은 것은?

① 물과의 친화력이 매우 약하다.

② 탄소수가 높을수록 비점이 높다.

③ 산도가 높아지면 굴절률은 저하된다.

④ 당질이나 단백질로부터 생합성 되지 않는다.

⑤ 지방산에서 탄소의 수가 적고 불포화도가 높을수록 융점이 낮다.

12 다음 중 세포막의 기본을 이루는 지질은?

① 왁스   ② 당지질

③ 인지질   ④ 중성지방

⑤ 글리세롤

13 다음 중 고급 알코올과 고급 지방산으로 이루어진 물질은?

① 왁스   ② 단백질

③ 인지질   ④ 당지질

⑤ 콜레스테롤

14 다음 중 콜레스테롤의 분자식으로 옳은 것은?

① $C_{23}H_{42}OH$

② $C_{24}H_{43}OH$

③ $C_{25}H_{44}OH$

④ $C_{26}H_{45}OH$

⑤ $C_{27}H_{46}OH$

15 생체막에 대한 다음 설명 중 틀린 것은?

① 지질의 2중막 구조로 되어 있다.

② 세포 안팎이 비대칭적으로 되어 있다.

③ 구성성분은 단백질, 인지질, 콜레스테롤이다.

④ 생체막의 단백질은 지질과 공유결합으로 결합되어 있다.

⑤ 유동성 정도는 지질의 조성에 의해 영향을 받지 않는다.

16 다음 중 지방산 생합성의 출발물질은?

① 아세틸-CoA

② 부티릴-CoA

③ 숙시닐-CoA

④ 메틸말로닐-CoA

⑤ 아세토아세틸-CoA

17 지방산의 생합성에서 acetyl-CoA로부터 malonyl-CoA이 형성될 때 필요한 것은?

① FAD

② 비오틴

③ 에르고스테롤

④ S-아실 리포산

⑤ 아미노기 전이효소

18 지방산의 β-산화는 1회전할 때마다 몇 개의 ATP를 얻는가?

① 1개   ② 2개

③ 3개   ④ 4개

⑤ 5개

19 다음 중 지방산 산화에 관여하는 조효소의 전구체는?

① 엽산   ② 비오틴

③ 니아신   ④ 티아민

⑤ 리보플라빈

20 다음 중 지방산의 생합성에 관여하는 조효소는?

① PLP   ② TPP

③ FMN   ④ FADH2

⑤ NADPH

21 다음 중 단백질 생합성이 일어나는 세포 내 장소는?

① 소포체   ② 골지체

③ 리보솜   ④ 세포질

⑤ 퍼옥시좀

22 다음 중 케토산이 이산화탄소로 분해되는 회로는?

① 요소회로

② 코리회로

③ TCA회로

④ 시트르산회로

⑤ 글루코스-알라닌 회로

23 뇌조직에서 해로운 암모니아를 간으로 운반하는 아미노산의 형태는?

① 알라닌　　　　② 아르기닌
③ 글루타민　　　④ 글루탐산
⑤ 아스파르트산

24 사람의 주된 단백질 대사에서 최종산물은?

① 요소　　　　② 요산
③ 글리신　　　④ 아미노산
⑤ 암모니아

25 아미노산의 아미노기 전이효소에 대한 조효소는?

① CoA(coenzyme A)
② THF(Tetrahydrofolate)
③ PLP(Pyridoxal Phosphate)
④ TPP(Thiamin Pyrophosphate)
⑤ NAD(Nicotinamide Adenosine Dinucleotide)

26 다음 중 퓨린 염기에 해당하지 않는 것은?

① 잔친　　　　② 아데닌
③ 구아닌　　　④ 시토신
⑤ 하이포잔친

27 다음 중 요소회로에서 카바모일산(carbamoyl phosphate)이 합성되는 곳은?

① 핵막　　　　② 골지체
③ 리보솜　　　④ 세포질
⑤ 미토콘드리아

28 단백질의 1차 구조를 이루게 하는 주요한 화학 결합은?

① 수소 결합
② 펩티드 결합
③ 전기적 결합
④ 소수성 결합
⑤ 반데르발스 결합

29 다음 중 핵산의 기본 단위가 되는 것은?

① CAMP
② histone
③ nucleotide
④ nucleoside
⑤ nucleosome

30 다음 중 RNA의 구성성분이 되는 화합물이 아닌 것은?

① 티민　　　　② 아데닌
③ 구아닌　　　④ 시토신
⑤ 우리실

31 다음 중 유전정보를 DNA로부터 리보솜으로 운반하는 역할을 하는 것은?

① DNA   ② NADP

③ m-RNA   ④ r-RNA

⑤ t-RNA

32 다음 중 핵산 r-RNA의 기능으로 옳은 것은?

① RNA를 절단 가공한다.

② 리보솜의 구조성분이다.

③ 아미노산을 리보솜으로 운반한다.

④ 단백질 합성의 연결자 역할을 한다.

⑤ DNA에서 주형을 전사하여 유전정보를 간직한다.

33 다음은 유전정보가 단백질로 발현되는 과정을 설명한 것이다. ㉠, ㉡, ㉢에 들어갈 말로 옳은 것은?

> 유전정보가 단백질로 발현되는 과정은 크게 DNA (㉠), m-RNA로의 (㉡), t-RNA로의 (㉢) 및 단백질 합성 순으로 진행된다.

	㉠	㉡	㉢
①	복제	전이	전사
②	복제	전사	전이
③	전이	복제	전사
④	전이	전사	복제
⑤	전사	전이	복제

34 DNA 대사에 대한 다음 설명 중 틀린 것은?

① DNA는 유전정보를 가지며, 핵에 존재한다.

② DNA를 구성하는 염기조성은 종에 따라 다르다.

③ DNA의 이중 나선구조는 펩티드 결합에 의해 형성된다.

④ DNA 복제과정은 초기, 시발, 연장, 종결 순으로 진행된다.

⑤ DNA ligase 등은 자외선에 의해 손상된 DNA의 회복에 관여한다.

35 다음 중 효소에 대한 설명으로 틀린 것은?

① 효소 자체는 반응 후에도 변화가 없다.

② 주 성분이 단백질이므로 열에 민감하다.

③ 세포에서 합성되어 생체 반응을 촉매한다.

④ 효소단백질은 분자 내에 활성 부위를 갖는다.

⑤ 효소의 활성 및 구조 유지에는 단백질만 요구된다.

36 효소의 구조에 관한 다음 설명 중 옳지 못한 것은?

① 효소는 모두 1개의 폴리펩티드를 서브유닛으로 하는 집합체이다.

② 아포효소는 효소를 구성하는 단백질 부분이다.

③ 홀로효소는 아포효소에 보결인자가 결합한 것이다.

④ ATP와 같은 유기물질은 보결인자에 포함되지 않는다.

⑤ 2차 구조가 조합되는 방식에 따라 구상·간상·판상 등의 3차 구조가 형성된다.

37 다음 중 효소의 촉매반응에 영향을 미치는 요인이 아닌 것은?

① pH
② 압력
③ 온도
④ 기질농도
⑤ 효소농도

38 다음 중 전이효소(transferase)에 속하는 효소는?

① 트립신
② 알돌라아제
③ 카달라아제
④ 에피메리아제
⑤ 핵소키나아제

39 다음 중 기질 분자 내의 분자식은 바꾸지 않고 원자배열을 변화시키는 효소는?

① 이탈효소
② 합성효소
③ 가수분해효소
④ 이성질화효소
⑤ 산화환원효소

40 다음 중 이탈효소(lyase)에 해당하는 것은?

① 우레아제
② 리소자임
③ 알돌라아제
④ 젖산라세미아제
⑤ 트랜스아미나아제

41 다음 중 비타민 B군에 속하지 않는 것은?

① 폴산
② 비오틴
③ 판토텐산
④ 니코틴산
⑤ 에르고스테롤

42 다음 중 β-카로틴이 비타민 A로 변환되는 곳은?

① 위장
② 소장
③ 췌장
④ 비장
⑤ 부신피질

43 다음 중 토코페롤의 작용으로 옳은 것은?

① 항산화 작용
② 산화촉진제
③ 항빈혈 인자
④ 결체조직의 성분
⑤ 아미노기 전이효소의 조효소

44 다음 중 자외선을 쬠으로써 생기는 비타민은?

① 비타민 A ② 비타민 B
③ 비타민 C ④ 비타민 D
⑤ 비타민 E

45 다음 중 니코틴산 부족으로 인한 결핍증은?

① 각기병 ② 괴혈병
③ 그루병 ④ 야맹증
⑤ 펠라그라병

46 다음 중 6탄당과 비슷하지만 분자 속에 엔디올기를 가지고 있는 비타민은?

① 폴산 ② 티아민
③ 니코틴산 ④ 판토텐산
⑤ 아스코르부산

47 다음 중 항출혈성 비타민에 해당하는 것은?

① 비타민 A ② 비타민 D
③ 비타민 E ④ 비타민 K
⑤ 비타민 M

48 다음 중 결핍 시 악성빈혈이 나타날 수 있는 비타민은?

① 니아신 ② 티아민
③ 니코틴산 ④ 리보플라빈
⑤ 콜리노이드

49 플라빈효소의 조효소로서 생체 내의 산화·환원 반응에 관여하는 비타민은?

① 폴산 ② 티아민
③ 니코틴산 ④ 리보플라빈
⑤ 아스코르부산

50 다음 중 β-알라닌과 관계된 비타민은?

① 니아신 ② 판토텐산
③ 니코틴산 ④ 리보플라빈
⑤ 콜리노이드

영양사 핵심요약+적중문제

[1교시]

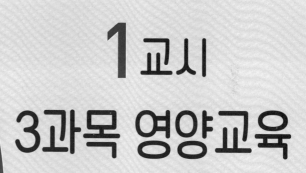

1교시
3과목 영양교육

NUTRITIONIST

1장 영양교육 일반

1 영양교육의 개념

(1) 영양교육의 의의

① 영양교육의 의의는 대상자의 영양개선, 건강의 증진, 질병의 예방, 국민건강을 위한 의료비용의 절감, 직업에의 의욕촉진과 쾌적한 생활유지, 국민의 체력향상과 국가경제의 안정 도모, 국민과 국가의 복지와 번영에의 기여 등이다.

② 영양교육의 목적은 포괄적이고 광범위하며, 그 중 식습관의 변화는 구체적이고 세부적인 하위단계의 목표수준이다.

③ 영양교육의 목표에는 영양지식의 이해, 식태도의 변화, 식행동의 변화가 포함되며, 이를 통해 궁극적으로 식습관의 변화를 가져온다.

④ 영양교육의 목표를 달성하려면 교육대상자를 목표수립과정에 참여시켜 실천 가능한 목표를 세워야 한다.

⑤ 영양교육은 사람들이 자기들의 의지로 행동하는 의욕을 갖도록 뒷받침해 준다.

⑥ 영양교육은 질병예방과 건강을 증진시키며, 체력향상에 목표를 두고 있다.

(2) 영양교육의 필요성

① 가족형태, 주거형태의 변화 및 식생활의 개인화 등 인구사회적인 변화가 있다.

② 식품이나 영양에 관련된 질병의 증가 등 현대인의 질병구조가 변화했다.

③ 가공식품, 편의식품, 건강보조식품, 국제화된 외식산업 등 식품산업이 발달했다.

④ 의료비 절감, 식품의 생산과 수립, 음식쓰레기 감소 등의 국가정책적인 측면에서 필요하다.

(3) 영양교육의 실시과정

① 영양교육 대상의 진단

㉠ 영양교육 대상자의 진단과정에서 대상자의 문제를 분석하고 교육요구도를 파악한다.

㉡ 대상자의 실태파악 방법으로는 대상자의 식품 및 영양소 섭취량을 분석하는 식품섭취실태 조사, 영양소의 결핍증과 과잉증을 알아보는 임상진단, 신장, 체중, 상완위, 체지방률 등을 측정하는 신체계측, 혈액이나 조직 및 요의 영양소나 대사산물의 농도를 분석하는 생화학적인 방법 등이 있다.

㉢ 주거상태, 소득, 학력, 사회적 유대관계 등 사회경제적 여건은 건강 및 영양상태에 영향을

미치므로 이들 항목을 조사하면 교육대상자의 실태 파악에 도움이 된다.

ⓡ 대상자의 요구를 만족시키는 데 현존의 영양서비스가 적절한지, 다른 영양서비스가 기존의 영양서비스와 중복되지 않는지, 다른 영양서비스와 연계, 협력할 수 있는지 등의 방법으로 검토해야 한다.

② 영양교육의 계획

ⓖ 대상집단의 영양문제들 가운데 가장 시급한 문제를 선정한다.

ⓛ 영양문제를 해결하기 위한 목적과 목표를 설정한다.

ⓒ 목적을 달성하기 위한 적절한 영양중재방법을 선택한다.

ⓡ 영양교육 활동을 설계하고 홍보 및 평가를 계획한다.

③ 영양교육의 실시

ⓖ 현재의 영양상태를 명확하게 판단하게 문제점을 발견한다.

ⓛ 영양교육은 계획적이고 조직적으로 실시하며, 반복지도가 필수적이다.

ⓒ 영양개선의 방법으로 실천방법을 모색해야 한다.

ⓡ 피교육자에게 실시한 교육방법이 맞는지 사용 후 반드시 효과판정을 해야 한다.

ⓜ 효과판정 시 효과를 얻지 못했을 때는 문제를 다시 진단해서 새로운 계획으로 실시하여 효과판정을 반복한다.

④ 영양교육의 평가

ⓖ 영양교육의 평가는 목표 및 목적의 달성여부를 확인하는 것으로, 영양교육 실시 전과 후 그리고 교육 후 일정한 기간이 지난 다음에 이루어진다.

ⓛ 교육 실시 전에 대상자의 지식, 태도, 행동 및 건강상태 수준을 파악한 다음, 교육 실시 후에 다시 수준을 조사하여 비교해 본다.

ⓒ 영양교육의 효과는 지식, 태도, 행동의 수준에서 교육 전후의 변화를 측정한다.

In addition

영양플러스사업

• **지원대상** : 만 6세 미만의 영유아, 임산부, 출산부, 수유부

• **소득수준** : 가구 규모별 최저생계비의 200% 미만

• **영양위험요인** : 빈혈, 저체중, 성장부진, 영양섭취불량 중 한 가지 이상 보유

• **지원내용**

  – 영양교육 및 상담(월 1회, 개별상담과 집단교육 병행)

  – 보충식품패키지 6종 제공(가구소득이 최저생계비 대비 120~200%인 경우 10% 자부담)

  – 정기적 영양평가(3개월에 1회 실시)

(4) 영양교육 실시상의 어려움

① 나이, 성별, 교육수준, 노동정도, 경제수준, 기호도, 식생활 및 식습관 등에 따라 차이가 많다.
② 영양교육은 효과가 나타나는 데 걸리는 시간이 장기적이고 완속적이며 비가시적이다.
③ 여러 가지 원인이 복합하여 어떤 변화로 나타나는 경우가 많아서 이러한 변화를 영양교육의 효과로 국한시켜 해석하기는 힘들다.

2 영양교육의 배경

(1) 시대별 식의(食醫)의 역할

① 고조선 : 건국신화와 관련하여 특정한 식품을 종교적 의미와 결부시켜 부족 구성원들을 대상으로 영양교육을 실시하였다.
② 고구려 : 밭농사를 관장하고 술이나 콩을 이용한 발효식품의 사용을 최초로 도입하였다.
③ 신라 : 왕과 귀족들의 식생활을 관리하고 특히 해산물의 조리가공 저장방법을 처음으로 개발하였다.
④ 고려 : 어찬을 바치는 상식국에 식의를 두었다는 기록이 처음 나오며, 식의는 식품위생학 및 의약학의 지식을 가지고 왕과 귀족의 위생 및 식사요법에 관계되는 일을 맡았고 전국에서 공물로 바친 식품에 대한 성질과 해독의 유무를 조사하고 질병에 대한 식사요법이 적합한지를 판정하는 중요한 임무를 맡았다.
⑤ 조선 : 의녀로서 빈민자 보호와 양육을 위한 양곡대여 및 급식 등의 구빈사업을 담당하였다.

(2) 우리나라 영양사 발전과정

① 1958년 : 국립중앙의료원에 최초로 영양과가 설치되어 영양사란 명칭을 사용하였다.
② 1961년 : 한국영양사양성연합회가 발족하였다.
③ 1962년 : 식품위생법의 제정과 더불어 영양사 면허제도가 명시되었다.
④ 1964년 : 영양사 면허증이 발급되었다.
⑤ 1967년 : 식품위생법상 집단급식소에 영양사 배치가 법제화되었다.
⑥ 1978년 : 영양사 시험이 국가시험제도로 바뀌었다.
⑦ 1981년 : 학교급식법 제정을 시작으로 의료법, 영유아보육법, 지역보건법에 의해 학교, 병원, 영유아보육시설 및 보건소에 영양사 배치가 명시화되었다.
⑧ 2000년 : 영양사 의무고용제가 폐지되어 자율고용으로 바뀐 단체급식소는 기업의 영양소

에 국한되며, 학교, 병원, 보건소, 영유아보육시설에는 영양사를 의무적으로 고용하게 되어 있다.

(3) 한국인 영양소 섭취기준(Dietary Reference Intakes Koreans, KDRIs)

① 목적 : 건강한 개인 및 집단을 대상으로 하여 국민의 건강을 유지·증진하고 식사와 관련된 만성질환의 위험을 감소시켜 궁극적으로 국민의 건강수명을 증진한다.

② 안전하고 충분한 영양을 확보하는 기준치

   ㉠ 평균필요량(EAR) : 건강한 사람들의 일일 영양소 필요량의 중앙값으로부터 산출한 수치

   ㉡ 권장섭취량(RNI) : 인구집단의 약 97~98%에 해당하는 사람들의 영양소 필요량을 충족시키는 섭취수준으로, 평균필요량에 표준편차 또는 변이계수의 2배를 더하여 산출

   ㉢ 충분섭취량(AI) : 영양소의 필요량을 추정하기 위한 과학적 근거가 부족할 경우 실험연구 또는 관찰연구에서 확인된 건강한 사람들의 영양소 섭취량 중앙값을 기준으로 설정

   ㉣ 상한섭취량(UL) : 인체에 유해한 영향이 나타나지 않는 최대 영양소 섭취 수준

③ 식사와 관련된 만성질환 위험가소를 고려한 기준치

   ㉠ 에너지적정비율(AMDR) : 영양소를 통해 섭취하는 에너지의 양이 전체 에너지 섭취량에서 차지하는 비율의 적정범위

   ㉡ 만성질환위험감소섭취량(CDRR) : 건강한 인구집단에서 만성질환의 위험을 감소시킬 수 있는 영양소의 최저 수준의 섭취량

In addition

영양권장량(RDA; Recommended Dietary Allowances)

• 기존의 영양지식을 참고하여 일반 건강한 대다수의 사람들이 충족할 수 있는 각 영양소의 섭취기준을 영양권장량이라 한다.

• 대다수의 건강한 사람이 영양소 필요량을 충족하기 위하여 기존의 영양지식을 참고하여 영양학자들이 권장하는 각 영양소의 섭취수준을 말한다.

• 어떤 특수한 개인의 영양소 필요량을 의미하는 것이 아니고 일정한 지역사회에 거주하는 대다수 사람들의 영양요구량을 만족시키기 위한 수준이므로 국가나 그 지역사회에 거주하는 인구집단의 영양 상태를 평가하는 데 필요한 기준이다.

• 영양권장량은 식사계획과 구매계획의 지침으로, 개인이나 집단이 소비한 식품의 영양소 섭취를 평가하는 도구로, 식사지도지침을 마련하는 기초자료로 이용된다.

---

(4) 영양개선의 중점적 추진과제

① 영양교육의 기동화

② 영·유아에 대한 영양 대책

③ 병원의 영양교육

④ 저소득층에 대한 영양교육

⑤ 집단급식지도의 강화

⑥ 성인병에 대한 영양교육

⑦ 특수영양식품의 보급 및 지도 등

2장 영양교육 이론 및 활용

1 영양교육 이론

(1) 건강신념모델(HBM; Health Belief Model)

① 건상 서비스의 채택과 관련하여 건강 관련 행동을 설명하고 예측하기 위해 개발된 사회적 심리적 건강 행동 변화 모델이다.

② 건강행동의 실천여부는 개인의 신념, 즉 여러 종류의 건강관련 인식에 따라 정해진다.

③ 건강을 증진시키는 행동을 유발하기 위해서는 자극, 즉 행동의 단서가 있어야 한다.

④ **구성요소**

ㄱ **인지된 민감성** : 특정 질병에 걸릴 가능성의 정도에 대한 인지

ㄴ **인지된 심각성** : 특정 질병과 그 질병이 가져올 수 있는 결과의 심각성에 대한 인지

ㄷ **인지된 이익** : 행동변화로 얻을 수 있는 이익에 대한 인지

ㄹ **인지된 장애** : 행동변화가 가져올 물질직, 심리적, 비용 등에 대한 인지

ㅁ **행위의 계기** : 변화를 촉발시키는 계기

ㅂ **자기효능감** : 행동을 실천할 수 있다는 스스로에 대한 자신감

(2) 합리적 행동이론(TRA; Theory of Reasoned Action)

① 인간은 합리적이며 인간의 행동은 행동의도에 의해 결정된다는 이론이다.

② 행동의도는 행동에 대한 태도와 주관적 규범에 의해 형성된다.

③ 개인의 행동에 대한 태도와 행동에 대한 성과를 둘러싼 주관적 규범이 행동의도에 영향을 미친다.

④ **구성요소**

ㄱ **행동의도** : 행동에 대한 동기유발이나 준비

ㄴ **행동에 대한 태도** : 행동에 대한 개인의 긍정적 또는 부정적 태도 정도

ㄷ **주관적 규범** : 주어진 행동을 수행하는 것에 대한 사회적 기대감을 개인이 지각하는 것

(3) 계획적 행동이론(TPB; Theory of Planned Behavior)

① 기존의 합리적 행동이론을 확장한 이론으로, 행동의도로 온전히 행동을 예측할 수 없다는 합리적 행동이론의 한계를 보완하였다.

② 행동에 대한 태도, 주관적 규범 외에 인지된 행동통제력을 추가해 태도와 행동의 관계를 좀

더 정교하게 예측하였다.

③ 인지된 행동통제력 : 자신이 대상 행동을 실제로 얼마나 잘 수행하고 통제할 수 있는지에 대한 주관적 평가이다.

(4) 사회인지론(SCT; Social Cognition Theory)

① 사회학습론에서 발전한 이론으로, 인간의 행동이 개인적 요인, 행동적 요인, 환경적 요인의 상호작용으로 결정된다는 이론이다.

② 구성요소

개인적 요인	결과기대	행동 후 기대하는 결과
	자아효능감	목표한 과업을 달성하기 위해 필요한 행동을 계획하고 수행할 수 있는 자신의 능력에 대한 자신감
행동적 요인	행동수행력	특정 목표를 달성하거나 수행하는 데 요구되는 지식과 기술
	자기조절	목표지향적인 행동에 대한 개인적 규제
환경적 요인	관찰학습	타인의 행동과 그 결과를 관찰하면서 그 행동을 습득
	강화	행동이 계속될 가능성을 높이거나 낮추는 것
	환경	개인에게 물리적인 외적 요인

(5) 행동변화단계모델(SCM; Stages of Change Model)

① 개인은 행동을 채택할 때 여러 단계를 거치며, 그러한 행동변화는 변화의 과정에서 발생한다는 이론이다.

② 행동의 변화단계

    ㉠ 고려 전 단계 : 문제에 대한 인식이 부족하고, 향후 6개월 이내에 행동변화를 실천할 예정이 없는 단계

    ㉡ 고려 단계 : 문제에 대한 인식을 하고, 향후 6개월 이내에 행동변화를 실천할 의도가 있는 단계

    ㉢ 준비 단계 : 향후 1개월 이내에 행동변화를 실천할 의도가 있으며, 변화를 계획하는 단계

    ㉣ 실행 단계 : 행동변화를 실천한 지 6개월 이내인 단계

    ㉤ 유지 단계 : 행동변화를 6개월 이상 지속하고 바람직한 행동을 지속적으로 강화하는 방법을 찾는 단계

(6) 개혁확산모델

① 지역사회 내에서 개혁적인 성향이 있는 구성원이 먼저 새로운 개념의 건강행위를 수용함으로써 다른 구성원이 그 효과를 확인한 후 따라서 행동하도록 유도하는 모델이다.

② 새롭다고 여겨지는 아이디어나 기술이 일정한 경로를 통하여 구성원에게 전달되는 과정을 의미한다.

③ 개혁을 받아들이고 실제로 행동에 옮겨 그 행동을 강화시킬 수 있는 요인을 찾았을 때 확인 과정을 거쳐 채택한다.

④ **확산의 속도와 정도를 결정하는 요인** : 적합성, 가치관, 상대적 이점, 편리성, 관찰 가능성 등

(7) 사회마케팅

① 대상자에게 필요한 정보를 제공하는 프로그램에 직접 참여하도록 하는 프로그램의 계획과정이다.

② 상업마케팅 기술을 적용하여 대상자에게 저지방 식사의 장점 등의 정도 또는 아이디어를 판매하는 것이다.

③ 사회마케팅을 이용하려는 영향력은 행동 변화에 대한 노력과 현재 행동을 유지하려는 노력이다.

④ **사회마케팅 실천의 기본** : 마케팅믹스 요소 4P(제품, 가격, 장소, 판촉)를 이해 · 평가 · 활용하는 것

(8) 프리시드-프로시드(PRECEDE-PROCEED) 모델

① 문제의 진단, 프로그램의 계획, 실행 및 평가에 이르는 모든 과정의 연속적인 단계를 제공하는 포괄적인 건강증진 계획에 관한 모형이다.

② 지역사회 영양프로그램의 기획자나 정책 결정자, 평가자들로 하여금 상황을 분석하고 효과적인 프로그램을 설계할 수 있도록 고안되었다.

③ 성과에 우선적인 관심을 갖게 하는 것이 목적이다.

④ PRECEDE(요구진단 단계) : 영향을 미치는 요인 등을 단계별로 파악하는 문제 진단 단계 (1~4단계)

⑤ PROCEDE(실행 및 평가단계) : 프로그램의 계획, 실행, 평가 단계(5~8단계)

	1단계 사회 진단	대상자의 삶의 질과 요구에 대한 지각을 확인하는 것
		• **역학적 진단** : 사회적 진단을 통해 규명된 건강문제를 파악하고 제한된 자원을 사용할 가치가 큰 순서대로 우선순위를 설정

PRECEDE 요구진단 단계	2단계 역학 · 행위 · 환경 진단	• 행위 및 환경적 진단 : 규명된 최우선의 건강문제와 원인적으로 연결된 건강행위와 환경요인을 규명하여 개인 및 조직의 바람직한 행동목표를 수립
	3단계 교육 · 생태 진단	개인이나 집단의 건강행위에 영향을 주는 성향요인, 촉진요인, 강화요인을 규명하는 것 • 성향요인(소인요인) : 개인의 건강문제에 대한 내재된 요인으로 지식, 태도, 신념, 가치, 자기효능, 의도 등 • 촉진요인(가능요인) : 건강행위 수행을 가능하도록 도와주는 요인으로 접근성, 시간적 여유, 개인의 기술, 개인 및 지역사회의 자원 등 • 강화요인 : 보상, 칭찬, 벌 등과 같이 건강행위가 지속되게 하거나 없어지게 하는 요인으로 사회적지지, 신체적 유익성, 충고, 친구의 영향 등
	4단계 행정 · 정책 진단	이전 단계에서 세워진 계획이 건강증진프로그램으로 전환되기 위한 행정적 및 정책적 사정이 이루어짐
PROCEDE 실행 및 평가 단계	5단계 수행	프로그램을 개발하고 시행방안으로 마련하여 시행
	6단계 과정평가	사업수행이 정책, 프로토콜에 따라 잘 이루어졌는지를 평가
	7단계 영향평가	프로그램을 투입한 결과로 대상자의 지식, 태도, 가치관, 기술, 행동에 일어난 변화를 평가
	8단계 결과평가	프로그램을 시행한 결과로 얻어진 건강 또는 사회적 요인의 개선점 등을 평가

1 역사회 영양사업

(1) 지역사회 영양학

① 의의 : 지역주민의 영양상태를 평가하고 변화를 관찰하여 바람직한 건강상태를 유지하도록 하기 위한 영양학의 한 분야이다.

② 목적 : 지역주민의 식생활 개선을 통해 궁극적으로 지역주민 전체의 건강 유지와 건강한 상태로의 수명을 연장시키고 이에 따라 주민의 삶을 향상시키기 위해서이다.

③ 목표 : 건강증진, 질병예방, 영양개선, 영양실천, 영영관리 능력 향상

(2) 지역사회 영양활동

① **종류** : 영양사업, 급식제공, 영양교육, 영양 관련 연구

② **방법** : 영양상담실 운영, 방문 및 순회, 자원활동, 집단지도, 매체활용, 영양지원, 급식지원

③ **과정** : 지역사회 영양요구 진단 → 지역사회 영양지침 및 기준 확인 → 사업의 우선순위 결정 → 목적 설정 → 목적 달성을 위한 방법 선택 → 집행계획 → 평가계획 → 사업집행 → 사업평가

④ 평가 종류

ㄱ **구조(자원)평가** : 교육에 투입되는 시간, 예산, 인력 등의 적절성 평가

ㄴ **과정평가** : 교육이 실행되는 과정의 평가로 일정 준수, 교육방법의 적절성, 대상자의 특성과 형평성, 교육참여도 등을 평가

ㄷ **효과(결과)평가** : 교육 후 목표 달성 여부 평가

3장 영양교육 방법 및 상담

1 영양교육 방법

(1) 개인지도

① 개인지도의 특징

  ㉠ 교육자와 대상자 간의 1:1의 긴밀한 상호작용을 통하여 이루어진다.

  ㉡ 교육하는 데 많은 시간과 노력 및 인원이 요구된다는 단점이 있다.

  ㉢ 교육자와 대상자가 얼굴을 맞대고 대화를 통하여 이루어지므로 효과적이다.

  ㉣ 대상자의 실태를 정확히 파악하여 특성과 능력에 맞는 적절한 교육이 이루어진다.

  ㉤ 개인지도는 교육자와 대상자 간의 1 : 1의 긴밀한 상호작용을 통하여 이루어지므로 영양 교육 후 경과를 관찰하여 교육효과를 확인할 수 있으며 사후지도가 가능하다.

  ㉥ 개인지도 과정에는 면접과 상담의 두 가지 단계가 있다.

  • **면접** : 대상자의 영양문제를 확인하기 위하여 정보를 수집하는 단계

  • **상담** : 발견된 영양문제를 해결하기 위한 실제 교육이 이루어지는 단계

  ㉦ 개인지도의 방법에는 가정방문, 임상방문, 상담소방문, 전화상담, 서신지도 등이 있다.

② 개인지도 방법

가정방문지도	• 가정방문은 대상자의 생활환경을 직접 파악하므로 개인 특성에 맞는 교육이 가능함 • 영양교육자가 교육대상자의 가정을 방문하여 개별적인 영양상담을 함 • 교육대상자의 생활환경을 직접 보고 파악할 수 있어서 개인의 특성에 따른 상담이 가능함 • 교육자의 시간, 경비, 노력이 많이 요구되므로 지역사회의 모든 가정을 방문할 수는 없음 • 영양중재 프로그램 등에 참여하도록 독려할 수 있음 • 가정지도는 가정방문을 통해 교육이 이루어지므로 방문가정의 생활환경 및 실태를 정확히 파악할 수 있다는 장점이 있어서 영양교육 효과가 큼
임상방문	• 환자나 대상자가 보건소나 병원을 방문하여 이루어지는 교육을 말함
전화상담	• 방문이 어려울 때 이용할 수 있어서 편리하지만 효과는 다소 떨어짐
서신지도	• 교육자의 인력부족으로 인하여 가정방문이 어렵거나 교통이 불편하고 주거지역이 먼 거리일 때 시간과 경비가 절약되는 장점이 있지만 전화상담과 같이 직접교육은 아니므로 효과는 적음

(2) 집단지도

① 집단지도의 특징

㉠ 개인지도에 비해 충분한 교육이 어렵고 교육효과도 다소 떨어진다.

㉡ 재정 및 인력이 부족할 때 많이 이용하는 방법이며, 시간적으로 능률적이다.

㉢ 공통문제에 대해 관심을 가지고 있는 다수를 대상으로 교육하는 방법이다.

㉣ 영양교육방법과 내용을 진행상황에 따라 변경할 수 있는 융통성이 있어야 한다.

㉤ 집단지도는 생활을 중심으로 하는 집단, 조직되어 있는 집단 및 임의, 임시집단 등을 대상으로 한다.

② 집단지도 유형

㉠ 강의형 : 강의, 강연

㉡ 토의형 : 강의식 토의, 강단식 토의, 좌담회, 배석식 토의, 공론식 토의, 6·6식 토의, 연구집회, 브레인스토밍, 시범교수법 등

㉢ 실험형 : 인형극, 그림극, 역할 연기법, 시뮬레이션, 견학, 동물 사육실험 등

㉣ 기타 : 캠페인 교육, 지역사회조사, 오리엔테이션 등

③ 집단지도 방법

강의형 집단지도	• 강의는 다수를 대상으로 지도가 이루어지므로 대상자들의 다양한 능력, 지식, 경험 등이 고려될 여지가 거의 없이 획일적이고 일률적인 교육이 되므로 대상자 개개인의 지식, 태도 및 행동의 변화 유도가 쉽지 않음 • 연사는 강의의 목적과 목표를 대상자에게 구체적으로 이해시킴 • 교육내용은 쉽고 간단한 것부터 복잡한 내용으로 구성함 • 교육자가 교육에 대해 열성을 가지고 있음을 보여야함 • 교육자는 강의 분위기를 밝고 명랑하게 유지함
토의형 집단지도	• 참가자들 간의 상호작용을 통하여 공통문제에 대해 깊이 있는 토의와 검토를 하여 문제를 이해함 • 참가자는 적극적으로 자신의 의견을 제시하고 다른 사람의 의견과 비교함으로써 협조와 이해도가 커짐 • 참가자의 생각과 가치관의 변화를 통해 태도의 변화를 가져오고 또 실천으로 이어져 강의보다 효과가 큼 • 교육자는 참가자들의 능동적인 참여를 유도하고 토의진행을 조절해야 하는 등 관리에 어려움이 있음
강단식 토의방법 (심포지엄)	• 4~5명의 전문가가 먼저 자신들의 의견을 발표한 후 일반 청중과 질의 응답하는 방법 • 강사는 같은 주제에 대하여 경험이 많은 전문가로서 입장과 체험이 서로 다른 사람으로 구성됨

	• 강단식 토의는 강사 상호간에 토론하지 않는 것을 원칙으로 하며 강사가 바뀌면서 강의의 내용에 변화가 있기 때문에 분위기가 산만해지며 질의토론 시간도 짧아져서 효과를 기대할 수 없음
원탁식 토의방법 (좌담회)	• 토의의 기본형식으로 교육이나 지식 수준 또는 토의주제나 내용에 대한 관심도가 비슷한 동격자들이 10∼20명 정도 모여서 토의주제와 관련된 각자의 체험이나 의견을 발표한 후 좌장이 전체 의견을 종합하는 방법임
배석식 토의방법 (panel discussion)	• 4∼8명의 전문가가 자유롭게 토의한 후 일반 청중들과 질의 토론하는 방법 • 강사 간의 대화가 중심이 되며 이를 토의내용의 소재로 하여 토론이 이루어짐 • 20∼30분 정도 강사들 간에 토의를 한 후, 10분 정도 청중들의 질의 토론을 반복 • 좌장의 역할이 중요하며 전체 토의시간은 1시간 30분에서 2시간 정도가 적당함
공론식 토의방법	• 공론식 토의는 한 가지 주제에 대하여 서로 다른 의견이 제시되는 공청회 형식임 • 2∼3명의 강사가 한 가지 주제에 대하여 서로 다른 의견을 발표하므로 일종의 공청회와 같은 토의형식임 • 강사들이 먼저 자기들의 의견을 발표한 다음 청중의 질문을 받고 이에 대해 다시 간추린 토의를 함 • 강사들의 의견제시는 충분히 들을 수 있으나 서로의 의견이 달라서 일정한 결론을 내리기 어려움
6 · 6식 토의방법	• 6 · 6식 토의는 교육에 참가하는 인원이 많고 다루고자 하는 문제가 크고 다양한 경우에 많이 이용하는 방법임 • 참가자가 많아서 제한된 시간에 전체의 의견을 통합하기 어려우므로 참가자들을 소집단 또는 분단으로 나누어서 각 분단들이 각각 다양한 작은 주제를 택하여 토의한 후 다시 분단대표가 주제발표과정을 거쳐 전체 토의를 함 • 보통 6∼8명씩 분단으로 나누고 한 사람이 1분씩 6분간 토의를 한다고 해서 6 · 6식이라고 하지만 꼭 6명씩 6분간으로 제한되어 있는 것은 아니며, 6∼8명 정도로 10분간 토의해도 상관없음
연구집회 (워크숍)	• 연구집회는 전문가들의 교육에 적합함 • 참석인원은 대개 30명 이하의 소규모인데 참가자들이 어떤 일을 수행하는 데 필요한 특별한 기준과 방법을 배우고 활동과 실천에 중점을 둠 • 공통적인 문제를 가진 사람들이 모여 서로 경험하고 연구하고 있는 것을 토의하는 것임
방법 시범교수법	• 방법 시범교수법은 단계적으로 천천히 정확하게 시범을 보이면서 교육하는 방법으로 일종의 시연임 • 참가자들이 실천하며 학습하므로 실천 가능성에 관한 확신을 갖게 되어 교육효과가 커짐 • 교육자는 참가자들의 이해도와 반응을 관찰해 가면서 진행속도를 조절함 • 제기된 문제를 해결해 나가는 과정을 단계적으로 천천히 정확하게 시범을 보이면서 교육하는 것임

결과 시범교수법	• 활동의 결과를 보여주면서 설명하는 것은 사례연구로 결과 시범교수법임 • 결과 시범교수법은 일종의 사례연구로서 성공한 활동에 대해서는 참가자들의 문제와 비교해 가면서 그 과정이나 방법 등을 배우고 실패한 결과에 대해서는 그 원인을 파악하여 단점을 보완함
두뇌충격법 (브레인스토밍)	• 참가자는 보통 10명 정도로 자유롭게 의견을 제시한 후 문제해결을 위한 가장 좋은 아이디어를 찾아내는 방법임 • 참가자들의 흥미유발, 적극적 참여, 활발한 발언, 사기고조 등의 특징이 있고 단시간에 새롭고 좋은 착상이나 해결방안을 끌어낼 수 있어서 실천의욕이 높아진다는 장점이 있음 • 집회의 종류나 문제의 복잡성에 따라 소요시간은 10~20분 정도이며 보통 2~3번 반복 실시하여 총 30분 정도 진행됨
역할연기법 (롤 플레잉)	• 같은 문제에 대하여 관심이 있는 사람들이 참가하여 그 중 몇 사람이 단상에서 연기를 하고 청중들이 연기자의 입장을 재평가하면서 그것을 토의 소재로 삼는 교육방법으로서 시뮬레이션의 일종임 • 이 방법은 연습우발극이라고도 함
기타	• **집단급식지도** : 학교, 병원, 사업장 등 단체급식에서 급식을 통하여영양지도를 함께 실시하는 것 • **지역사회조사** : 지역사회의 문제점 해결에 그 주민들을 참여시켜 조사·분석하는 방법 • **견학** : 참가자들로 하여금 직접 눈으로 보고 확인하게 하여 산 교육을 할 수 있는 영양교육 방법 • **동물사육실험** : 학교에서 학생들을 대상으로 실시하는 동물성장 실험으로, 동물의 성장과 건강증진에 있어서 식품의 중요성을 일깨움 • **조리실습** : 자신이 직접 만든 음식을 먹음으로서 식품에 대한 식습관을 바꾸며 영양의 개념을 터득함

In addition

좌장이 유의할 점
• 처음부터 결론적인 해설은 하지 않는다.
• 개회 시 논제에 대해 잘 설명하고 방향을 설정한다.
• 참가자들에게 토의의 목적과 내용을 간단히 소개한다.
• 토의 중간에 적당히 중간 결론을 내려가면서 진행한다.
• 참가자 전원이 발언할 수 있도록 하며 공평한 발언권을 준다.
• 토의내용에 대해 사전에 충분히 준비하여 미리 진행방법을 결정한다.

2 영양상담

(1) 영양상담 개요

① 의의

　㉠ 의사, 영양사, 보건원 등이 전문적 입장에서 대상자에게 개별적으로 영양과 식생활을 상담·지도하는 것이다.

　㉡ 당사자 스스로 영양관리를 할 수 있는 능력을 갖도록 개별화된 지도를 하는 과정이다.

　㉢ 현재 영양문제를 가지고 있거나 잠재적인 가능성이 있는 사람뿐만 아니라 건강한 사람도 영양상담의 대상이다.

② 효과적인 상담요건

　㉠ 비밀이 보장될 수 있는 적절한 환경을 조성한다.

　㉡ 언제나 객관성이 있어야 한다.

　㉢ 꼭 필요한 내용, 중요한 것을 질문하고, 내담자가 주체가 되는 느낌을 전달하여야 한다.

　㉣ 내담자에게 시선을 주고 주의 깊게 듣는다.

　㉤ 내담자가 하는 말이나 행동에 사려 깊게 반응하여 이해받고 있다는 인식을 준다.

　㉥ 내담자가 하는 말을 중간 중간 확인 및 정리한다.

(2) 영양상담 과정

① **친밀관계 형성** : 상담자와 내담자 간의 상관관계를 형성하는 과정이다.

② **자료수집** : 내담자와의 면접, 의무기록, 관찰 등으로 자료를 수집한다.

③ **영양판정** : 식사섭취조사, 신체계측, 생화학검사 결과를 수집 및 해석하는 과정이다.

④ **목표설정** : 내담자에게 영양관리의 필요성을 알려주고, 변화의 필요성을 인식하고 받아들이게 한다.

⑤ **실행** : 영양목표를 달성하기 위하여 학습경험을 하도록 한다.

⑥ **효과평가** : 영양상담 실시 후 목표를 어느 정도 이루었는지 내담자와 함께 결과를 분석·평가하고, 내담자 스스로 관리할 수 있을 때까지 추후관리를 계속한다.

In addition

영양상담 결과에 영향을 미치는 요인

• **상담자 요인** : 상담자의 경험과 숙련성, 성격, 지적능력, 내담자에 대한 호감도

• **내담자 요인** : 상담에 대한 기대, 영양문제의 심각성, 영양상담에 대한 동기, 내담자의 지능, 정서상태, 방어적 태도, 자아강도, 사회적 성취수준과 과거의 상담경험, 자발적인 참여도 등

• **내담자와 상담자 간의 상호작용** : 공동협력, 의사소통양식, 성격적인 측면

(3) 영양상담 기술

① **경청** : 내담자의 말을 잘 듣되 가로막지 않으면서 내담자의 말의 흐름을 잘 따라가며 듣는 것
② **수용** : 상대방이 이야기 한 것을 이해하고 받아들이고 있다는 상담자의 태도를 나타내는 것
③ **반영** : 내담자의 말과 행동에서 표현되는 기본적인 감정, 생각, 태도를 상담자가 다른 참신한 말로 부연하는 것
④ **명료화** : 내담자의 말 속에 내포되어 있는 것을 내담자에게 명확하게 해주는 것
⑤ **질문** : 내담자의 생각이나 감정을 보다 명확하게 탐색하도록 하는 질문의 기술
⑥ **요약** : 내담자가 진술하는 말의 흐름, 즉 여러 생각과 감정을 상담이 끝날 무렵 하나로 묶어서 정리하는 것
⑦ **조언** : 상담관계의 출발을 안정시키고 내담자의 정보 욕구를 충족시켜주는 것
⑧ **직면** : 내담자가 내면에 지닌 자신에 대한 그릇된 감정 등을 인지토록 하는 것
⑨ **해석** : 내담자가 직접 진술하지 않은 내용을 그의 과거 경험이나 진술을 토대로 추론해서 말함

(4) 영양상담 이론

① **내담자 중심요법**
 ㉠ 내담자를 중심으로 상담을 진행하는 접근법
 ㉡ 내담자 스스로 자신의 영양문제 인식, 목표 설정, 해결방안 탐구 등의 과정에 참여하고 상담자는 내담자에게 정보 제공, 정서적지지 등의 역할을 함
 ㉢ 내담자와 상담자 간에 친밀한 관계를 형성하는 것이 중요함
② **합리적 정서요법**
 ㉠ 인간이 합리적이고 올바른 사고를 하는 잠재력과 비합리성에 근거한 부정적 사고를 하는 가능성을 모두 가지고 있다고 전제함
 ㉡ 감정보다는 사고의 차원에 중점을 둠
 ㉢ 합리적인 사고방식을 학습시켜 비합리적인 생각들을 변화시키고 제거함
③ **행동요법**
 ㉠ 내담자의 부적절한 행동을 수정하고 바람직한 행동을 강화시키는 것이 목적임
 ㉡ 개인의 행동은 학습되는 것으로 환경이나 주위 사람들의 영향에 따라 달라진다고 봄
 ㉢ 상담의 목표를 명확히 설정하고 객관적으로 측정 가능한 치료목표와 치료방법을 서술함
 ㉣ 행동을 상담의 대상으로 삼기 때문에 상담의 성과를 객관적으로 평가할 수 있음
④ **현실요법**
 ㉠ 내담자의 현재 행동에 초점을 맞추어 상담하는 이론
 ㉡ 내담자 스스로가 현실을 직면하고 기본적인 목표를 달성하게 함

ⓒ 내담자가 각자의 행동결과를 수용해야 한다는 책임성을 강조함

⑤ **가족요법**

㉠ 내담자의 문제해결에 있어 가족의 참여가 중요함

㉡ 다양한 상황에서 가족 간의 친밀감을 조성하고 의사소통을 개선하여 문제점을 해결할 수 있다고 봄

㉢ 서로에게 영향을 미치는 문제들을 해결 또는 극복하기 위해 가족 간의 새로운 상호작용 방법을 배움

4장 영양관리과정

1 영양관리과정(NCP; Nutrition Care Process)

(1) 개념

① 영양관리 업무 수행 시 근거 중심의 합리적인 사고에 바탕을 둔 의사결정을 하도록 돕는 체계적인 문제해결 과정이다.

② 표준화된 용어와 틀을 사용해 영양관리를 제공함으로써 임상영양사가 수행하는 영양치료과정을 명확하고 구체적으로 설명하고, 분석가능한 양적 · 질적 데이터를 구축한다.

(2) 영양관리과정 단계

영양판정 → 영양진단 → 영양중재 → 영양모니터링 및 평가

① **영양판정** : 환자의 영양상태 및 영양요구량의 측정을 위한 정보수집 단계

② **영양진단** : 영양판정에서 발견된 영양문제의 원인 및 증상 등을 고려하여 환자의 문제점을 확인하고 위험요인을 도출하는 단계

③ **영양중재** : 영양진단에서 도출된 환자의 문제해결을 위하여 가장 적절하고 효과적인 영양치료 계획을 구체적으로 수립하는 단계

④ **영양모니터링 및 평가** : 영양치료의 정기적인 평가를 통하여 효과를 판정하고 계획하였던 목표와의 차이를 분석하는 단계

In addition

영양검색(영양스크리닝)

• 영양결핍이나 영양불량의 위험이 있는 환자를 신속하게 알아내기 위해 실시한다.

• 입원한 모든 환자를 대상으로 입원 후 24~72시간 내에 실시하는 것이 이상적이다.

• 영양검색 후 문제가 있는 환자에 대해서는 영양판정을 실시한다.

2 영양판정

(1) 식사조사법

① 의의

㉠ 섭취한 식품의 종류와 양을 조사하고 함유된 영양소량을 산출하여 영양소 섭취기준치와 비교함으로써 영양상태를 판정한다.

㉡ 영양교육상담에서 가장 많이 쓰이는 것은 개인별 식사조사이다.

② 분류

㉠ 양적 평가방법

식사 기록법	• 하루 동안 섭취하는 모든 음식의 종류와 양을 섭취할 때마다 스스로 기록하는 방법 • 실제로 섭취한 음식의 양을 측정할 수 있음 • 훈련된 조사원이 필요하고 대상자에게 심리적 부담을 줌 • 측정에 걸리는 시간과 비용이 많이 들어 장기간 섭취량 조사 시에는 어려움이 있음 • 기억 의존도가 낮아 식품섭취에 대한 정확한 양적 정보를 제공하며 많은 수의 조사자가 필요 없음
24시간 회상법	• 훈련이 잘된 면접원이 면접을 통해 대상자의 24시간 전, 혹은 하루 전 섭취한 음식종류와 양을 조사함 • 정확한 자료조사를 위해 식품모형, 사진, 계량기기 등을 사용함 • 조사기간은 1, 3, 5, 7일로 하고, 3일 이상이면 주중과 주말을 일정 비율 포함시킴 • 식사기록법에 비해 대상자의 부담이 적음 • 다양한 집단의 평균 식사섭취량 조사에 유용함 • 개인의 상태에 따라 정확도가 떨어질 수 있음
실측법	• 조리하기 직전의 식품을 실측하고 식품의 종류와 양을 집계하여 실체 섭취량을 구하는 방법 • 식사섭취량을 가장 정확하게 측정할 수 있음 • 시간과 비용이 많이 들고 대상자들이 번거로워함 • 일상생활에서 음식을 잴 수 있는 저울이 항상 준비되기가 어려움

㉡ 질적 평가방법

식사섭취 빈도조사법	• 100여 종류의 개개 식품을 정해 놓고 일정기간에 걸쳐 평상적으로 섭취하는 빈도를 조사하는 방법으로 국민건강양영조사에 사용함 • 식사기록법에 비해 비교적 쉽고 빠르게 할 수 있음 • 조리 상태, 레시피 등의 세부 정보를 구하기 어려움 • 일상적 식품섭취 패턴을 파악할 수 있음 • 절대적 섭취수준 평가보다는 조사 대상자의 집단 내 영양소 섭취 순위를 매기거나 위험집단을 분류하는 등 상대적 평가에 보다 적절함
식사력 조사법	• 개인의 장기간에 걸친 과거의 일상적 식이섭취 경향을 설문지를 통해 조사하는 방법 • 오랜 기간의 질적인 식품섭취를 조사할 수 있으며 상세한 자료조사가 가능함 • 시간과 경비가 많이 들고 대상자의 협력이 요구되며 숙달된 조사원이 필요함

③ 소집단 또는 지역사회집단의 식사조사

  ㉠ **식품열거법** : 일정기간에 소비한 식품의 종류와 양을 조리 담당자와 면접을 통해 조사한다.

  ㉡ **식품계정법** : 조사대상자가 일정기간에 구입 또는 생산하거나 얻은 식품의 종류와 양을 기록한다.

  ㉢ **식품수급표** : 생산 또는 수입에 따라 공급되는 식량이 최종소비에 도달하기까지의 총량, 가식부량, 수량, 영양성분이 계산된다.

  ㉣ **식품재고조사** : 조사기간 시작과 마지막에 식품잔고와 조사기간에 구입된 양을 조사하여 식품 소비량을 조사한다.

(2) 신체계측

① **의의** : 신장, 체중, 피하지방의 두께 등을 계측하여 이들로부터 산출된 여러 신체지수를 기준치와 비교하여 영양 상태를 평가하는 방법이다.

② **특징**

  ㉠ 측정비용이 저렴하여 경제적이다.

  ㉡ 연령에 따라 다른 신체 부위를 측정하기도 한다.

  ㉢ 과거의 장기간에 걸친 영양상태를 반영하는 정보이다.

  ㉣ 영양불량의 위험률이 높은 개인을 분류해 내는 간략한 검진방법으로 사용될 수 있다.

  ㉤ 개개 영양소의 섭취상태를 반영하는 데 있어서 민감성이 부족하다.

  ㉥ 국민건강영양조사에서 신체계측 항목은 체중, 신장, 허리둘레, 엉덩이둘레이다.

③ **분류**

성장 정도를 측정하는 신체계측법	• **체중** : 전 연령에 적용하며 현재의 영양상태 과부족을 알 수 있으나 체성분을 반영하지 못함 • **신장** : 2세 이상 아동과 성인, 장기적인 영양상태를 파악하나 유전적 요인도 작용하는 단점이 있음 • **누운 키** : 2세(24개월) 이하의 아동 • **두위** : 0~4세까지의 유아에게 적용하며 현재의 영양상태의 과부족을 파악 • **무릎길이** : 신장과 밀접한 관계가 있으며, 척추 손상이나 기타 질병으로 인해 서 있기 힘든 사람의 신장을 추정할 때 사용 • **골격 크기** : 손목 둘레, 팔꿈치 넓이 등 신체 골격의 크기를 알기 위한 것으로, 골격 크기는 체지방이나 근육량과 상관성이 있음	
체지방 측정	제지방조직 측정	
	• **피부두겹두께** : 캘리퍼로 삼두근, 복부, 견갑골 등을 측정 • **허리둘레** : 남자 90cm 이상, 여자 85cm 이상 시 복부비만	

신체 구성성분을 측정하는 신체계측법	체중/신장을 이용한 신체지수 평가	• 체질량지수(BMI; Body Mass Index) – 체중(kg) / 신장(m)² → 성인 비만 판정 – 대한비만학회 기준치 : 18.5(저체중), 18.5~22.9(정상), 23~24.9(비만 전 단계, 과체중), 25~29.9(1단계 비만), 30~34.9(2단계 비만), 35 이상(3단계 비만, 고도비만) • 체중변화율 – 평소체중 변화율 : 현재체중 / 평소체중 × 100 – 체중변화율 : 평소체중 – (현재체중 / 평소체중) × 100

(3) 생화학 조사

① 의의 : 다른 방법들에 비해 가장 객관적이고 정량적인 영양판정법이다.

② 분류

㉠ 성분검사 : 혈액, 소변 또는 조직 내 영양소와 그의 대사물 농도를 측정한다.

㉡ 기능검사 : 효소활성, 면역기능 등을 분석한다.

③ 판정방법

단백질 영양상태	• 알부민 : 측정이 쉽고 검사 비용이 저렴하다. • 프리알부민 : 단백질 결핍 상태를 민감하게 나타내지만 검사비용이 비싸다. • 트랜스페린 : 혈액 속에 철분을 운반하는 혈장 단백질로, 트랜스페린 검사는 간 기능을 모니터하고 개인의 영양 상태를 평가하는 데 도움이 된다.
철 영양상태	• 헤모글로빈 : 성인남자 13g/dL, 성인여자 12g/dL 이하인 경우는 빈혈로 진단한다. • 헤마토크리트 : 전체 혈액 중에 차지하는 적혈구 용적을 백분율(%)로 표시한다. • 트랜스페린의 포화 농도 : (측혈근 / TIBC) × 100 • 총철결합능력(TIBC) : 혈청 당백질과 결합할 수 있는 철의 양으로, 정상적인 TIBC 값은 240~450 µg/dL이다. • 적혈구 지수 : MCV(평균적혈구용적), MCH(평균적혈구혈색소량), MCHC(평균적혈구혈색소농도) • 혈청 페리틴 : 체내에서 철이 감소되는 첫 단계를 진단하는 데 사용되는 지표로, 빈혈 초기 진단에 가장 예민하게 사용한다.

(4) 임상조사

① 의의

㉠ 영양판정 방법 중 가장 예민하지 못한 방법이다.

㉡ 대상자의 영양 문제를 판정할 때 신체적 징후를 시각적으로 진단하는 주관적 평가 방법이다.

② 조사항목

　㉠ 혈중지질치(총콜레스테롤, 중성지방, HDL-콜레스테롤)

　㉡ 공복혈당

　㉢ 간기능 및 당대사 이상 검진항목

　㉣ 신장기능 이상항목

　㉤ 요 검진항목(요단백, 요당 등)

5장 영양교육 매체

1 매체의 개요

(1) 의의

① 교육자와 대상자 사이에서 시청각을 비롯한 인체의 감각기관을 동원하여 교육의 효과를 높이는 수단이다.

② 교육의 진행과정을 보다 재미있게 하므로 대상자들의 흥미를 유발시키고 주의를 집중시킬 수 있다.

③ 매체를 통하여 많은 양의 정보를 짧은 시간 안에 전달할 수 있어서 교육에 소요되는 시간이 절약된다.

④ 교육내용에 알맞은 교육활동이 가능하므로 교육의 목적을 달성할 수 있어서 교육의 질을 높여준다.

⑤ 영양교육의 매체는 교육대상자들의 연령, 성, 교육수준, 생활환경 등 다양한 특성을 파악하여 이에 적절한 매체를 선택하여 활용하여야만 효과가 커진다.

⑥ 영양교육 매체 제작을 위해 전화, 우편, 인터넷, 초점집단 면접, 면담 등을 이용해 대상자를 진단한다.

⑦ 영양교육매체를 선택할 때에는 매체의 적절성, 신빙성, 흥미성, 조직과 균형, 기술적인 질, 가격 등을 선택기준으로 삼는다.

⑧ 매체의 수준은 대상자의 학력을 고려해 전문적 지식을 왜곡하지 않는 범위에서 단순하고 확실한 정보를 제공해야 한다. 교육대상자를 제작과정에 포함시키면 어려운 내용과 용어가 무엇인지 파악할 수 있다.

(2) 영양교육매체의 종류

① **인쇄매체** : 팸플릿, 유인물, 광고지, 벽신문, 포스터, 달력, 카드 등

팸플릿	• 표지제목은 대상자의 관심을 모을 수 있도록 친밀감을 주도록 함 • 사진이나 그림, 도표 등을 설명과 함께 넣어 이해하기 쉽도록 만듦 • 내용은 대상자의 수준과 특성에 알맞게 제작되어야 이해도를 높일 수 있음 • 최신유행어나 전문용어의 사용은 가능한 삼가는 것이 좋음
리플릿	• 유인물이라고도 하는데 사진이나 그림을 넣어서 시선을 끌도록 고안하되 내용을 집약해서 꼭 알아야 하는 5~6개의 주안점을 간단히 설명하는 형태로 제작하여 요점을 기억하는 데 도움이 되도록 작성함

광고지	• 회람이나 신문 사이의 간지로서 또는 활동차에 의해 배포되는 것으로 한 장으로 된 간단한 광고문을 게재한 것임
벽신문	• 그림이 많지 않으며 일반신문과 같이 해설적이므로 읽는 데 다소 시간이 걸림
포스터	• 포스터의 크기는 38×50 ~ 50×70cm 정도로 하여 전달하고자 하는 목적을 한 가지로 뚜렷하게 갖도록 함 • 전달할 내용을 함축한 표어나 그림은 단순하면서 신선하고 강력하게 하여 많은 사람들이 오가는 곳에 부착함 • 글자와 그림의 배치에 유의하고 구도와 배색을 잘하여 강조하고자 하는 내용의 전달에 있어서 깊은 인상을 주도록 함 • 포스터의 전달내용은 단순하고 함축적이어서 다른 매체들에 비해 영양교육매체로서의 효과는 크게 기대할 수 없음

② **전시·게시매체** : 전시, 게시판, 괘도, 도표, 그림자료, 사진, 융판자료 등

게시판	• 대상자 개개인이 충분한 시간적 여유를 가지고 게시자료의 내용을 이해할 수 있어서 자발적인 활동임 • 게시자료의 디자인은 단순하게 하고 하나의 주제를 중심으로 통일되게 구성하여 산만한 인상을 주지 않도록 함 • 게시판은 다른 매체에 비해 제작이 쉽고 제작비가 저렴하므로 게시판을 제작할 때 대상자들 스스로 자료를 수집하는 등 직접 참여할 경우에는 창의력 개발과 협동심 고양에 큰 기대를 할 수 있어서 교육효과가 큼
융판그림	• 융이나 우단 또는 펠트 등의 털이 서로 엉기는 성질을 이용한 매체로서 미리 준비한 자료를 자유롭게 토의에 맞추어 이용함 • 교육자는 대상자의 반응에 따라 자료를 융통성 있게 제시하면서 교육하므로 교육의 진행속도를 임의로 조절할 수 있음 • 움직이는 자료이므로 전후의 변화과정을 쉽게 표현할 수 있고 여러 가지 주제를 필요에 따라 바꿀 수 있어서 다양한 내용에 활용할 수 있음 • 대상자의 주의집중에 효과적이고 주위에서 쉽게 구할 수 있는 자료를 이용하여 제작할 수 있어서 비용이 적게 듦
디오라마	• 전시자료의 일종으로 실제 장면과 사물을 축소하여 입체감 있게 제시한 것으로 실제 상황을 재현하므로 강한 현실감을 줄 수 있음 • 풍경이나 그림을 배경으로 두고 축소 모형을 설치해 역사적 사건이나 자연 풍경, 도시 경관 등 특정한 장면을 만들거나 배치함
도표	• 통계량이 연속적인 사항이 아닐 때는 막대도표가 적당함 • 파이도표는 원을 분할하여 전체에 대한 각 부분의 비율을 백분율로 나타내는 것으로 영양소의 열량 조성비를 표현할 때 적합함

③ 입체매체 : 실물, 표본, 모형, 인형 등

실물	• 실물은 계절적으로 구입에 제한이 있고 부서지기 쉬워 휴대가 불편하지만 가장 직접적이고 효과적인 시각자료임 • 실물을 이용한 직접적인 경험은 1회적인 성격을 띰
모형	• 모형은 실물이나 표본으로 경험하는 것이 어려울 때 원형 그대로 또는 알맞은 크기로 만들어 사용하는 것으로 나무, 금속, 진흙, 파라핀, 석고, 플라스틱 등을 이용하여 만듦 • 제작 비용이 많이 들지만 오랫동안 보관할 수 있음 • 모형을 이용한 영양교육은 시간에 구애 받지 않고 대상자가 완전히 익숙해질 때까지 반복할 수 있어서 효과적임 • 실물의 촉감이나 냄새, 맛을 느낄 수가 없는 단점이 있음
인형	• 어린이들에게 동화적인 세계를 다양하게 경험시키고 상상력을 풍부히 자극하는 등 교육적 가치가 매우 큼

④ 영사매체 : 슬라이드, 실물환등, 영화, OHP 등
⑤ 전자매체 : 라디오, VTR, TV, 컴퓨터, 팩시밀리 등

 대중매체의 영양교육 특성
대중매체인 신문, 영화, 라디오, TV 등은 신속성, 대량정보 전달성을 가지고 있지만 대상이 고르지 못해 교육효과를 확인 및 판정하는 데 어려움이 있다.

2 매스미디어를 활용한 영양교육

(1) 매스미디어 활용 이점

① 지속적인 정보의 제공으로 행동변화를 쉽게 유도할 수 있다.
② 시간적 · 공간적 문제를 초월하여 구체적인 사실까지 전달할 수 있다.
③ 신문이나 잡지의 경우 높은 경제성과 광범위한 파급효과를 가져올 수 있다.
④ 주의집중, 동기부여가 강하게 유발되어 다수인에게 다량의 정보를 신속하게 전달할 수 있다.

(2) 매스미디어의 종류와 특성

① TV
  ㉠ 수용자 범위 : 방송시간에 따라 잠재적 범위가 매우 넓다.
  ㉡ 전달경로 : 시청각 전달로 정서적이고 부담이 없다.

ⓒ 전달방법 : 뉴스, 쇼, 좌담회, 드라마 등을 통해 당양한 정보를 제공할 수 있다.

ⓔ 효과 : 호소력이 강하고 신뢰성이 높으며 행동시범이 용이하다.

ⓜ 정보의 활용 : 저소득층 시청자에게도 정보를 전달할 수 있다.

ⓗ 수용자의 자세 : 상업광고의 삽입으로 정보전달이 분명치 않을 수 있으며, 시청자는 수동적 수용자세를 취한다.

ⓢ 프로그램 제작과 전달과정 : 영양정보의 제작과 전달 비용이 많이 들고, 인기프로그램에 영양정보의 배치는 교재가 필요하며 시간 낭비일 수도 있다.

② 라디오

ⓐ 수용자 범위 : 방송의 다양한 형태로 TV보다 많은 수용자를 겨냥할 수 있으나, 실제로는 적을 수도 있다.

ⓑ 전달경로 : 음성전달로 청취자에게 부담이 없다.

ⓒ 전달방법 : 토크쇼, 전화연결을 통해 청취자를 직접 참여시킬 수 있다.

ⓔ 효과 : 청각적인 전달만 가능하므로 TV보다 효과가 적다.

ⓜ 정보의 활용 : 유료의 건강관리 프로그램을 이용하지 않는 청취자에게도 정보를 제공할 수 있다.

ⓗ 수용자의 자세 : 청취자의 자세가 대체로 수동적이나 참여 시에는 의견교환도 가능하다.

ⓢ 프로그램 제작과 전달과정 : 생방송은 매우 유동적이며 비용이 적게 드나 정보내용의 형식이 방송국의 양식과 같아야 한다.

③ 신문

ⓐ 수용자 범위 : 넓은 독자에게 빠르게 정보를 제공할 수 있다.

ⓑ 전달경로 : 문자전달로 문자를 이해할 정도의 교육수준이 요구된다.

ⓒ 전달방법 : 필요에 따라 영양관련 정보를 자세하게 전달할 수 있다.

ⓔ 효과 : 정보를 보다 사실적으로 자세하게 합리적으로 전달한다.

ⓜ 정보의 활용 : 주제의 심층취재에 독자가 쉽게 접근할 수 있다.

ⓗ 수용자의 자세 : 단일성으로 다시 읽거나 다른 사람과의 의견교환이 제한된다.

ⓢ 프로그램 제작과 전달과정 : 간지를 이용한 공공서비스 광고를 할 수 있다.

④ 인터넷

ⓐ 수용자 범위 : 전세계적이다.

ⓑ 전달경로 : 컴퓨터 사용법을 알아야 하며 수용자가 전달자의 역할도 할 수 있다.

ⓒ 전달방법 : 영양관련 뉴스, 정보 등을 신문 · 잡지보다 신속하게 전달할 수 있다.

ⓔ 효과 : 인쇄와 전자매체가 갖는 정보전달 효과를 동시에 얻을 수 있으며, 전파력이 뛰어나 교육효과를 최대화할 수 있다.

ⓜ **정보의 활용** : 정보의 수집, 보관, 재활용이 가능하며 수용자와 전달자, 수용자와 수용자의 즉각적인 상담이나 토론이 가능하다.

ⓗ **수용자의 자세** : 원하는 영양정보를 원하는 시간에 선택하므로 수용자의 집중력이 완전하며 적극적인 영양정보의 수용과 상담이 가능하나, 정보선택의 광범위함과 다양성으로 인해 수용자에게 혼란을 초래할 수 있다.

ⓢ **프로그램 제작과 전달과정** : 홈페이지 제작기술만 알면 정보의 제작과 전달이 가능하며 비용이 들지 않고 정보의 제공방법이 자유롭다.

6장 대상에 따른 영양교육

1 생애발달별 영양교육

(1) 유아기의 영양교육

① 유아의 식습관은 어머니의 영향이 가장 크다.

② 단위체중당 영양소 필요량이 가장 많은 시기는 영아기이다.

③ 유아교육기관의 영양교육 목표

    ㉠ 식품에 대한 긍정적인 태도를 갖게 한다.

    ㉡ 다양한 종류의 식품을 먹도록 유도한다.

    ㉢ 유아들로 하여금 식사준비에 참여하도록 한다.

    ㉣ 영양교육 교과과정 자료를 개발, 보급한다.

    ㉤ 건강에 이로운 식습관을 강조한다.

    ㉥ 영ㆍ유아의 식품 또는 식사 선택에 영향을 주는 부모나 보육자들의 영양지식을 증진시킨다.

(2) 아동의 영양교육

① 지도내용은 일관성이 있어야 한다.

② 아동의 정신발달 연령에 맞추어야 한다.

③ 음식을 먹는 방법도 주요 지도 내용 중 하나이다.

④ 신체적으로 저항력이 약하므로 건강유지를 위한 위생지도도 포함한다.

⑤ 잘못된 식습관을 고치는 데 많은 시간과 노력을 필요하다는 것을 교육한다.

⑥ 보호자와의 의견교환 및 빈번한 접촉이 필요하다.

⑦ 유치원 등의 집단생활에서의 단체급식을 통해 사회성과 인간관계를 터득하도록 한다.

(3) 청소년의 영양교육

① 체중은 열량섭취와 신체활동량으로 조절한다.

② 스트레스 감소를 위해 과일, 채소를 많이 섭취한다.

③ 성장과 성숙을 고려하여 영양이 풍부한 음식섭취를 권장한다.

④ 빠른 골격발달을 위해 칼슘 섭취를 권장한다.

⑤ 청소년기는 아직 신체의 성장 성숙이 활발한 시기이므로 저지방, 고섬유식을 굳이 권장할

필요는 없다.

(4) 성인기의 영양교육

① 올바른 식습관에 대한 교육이 필요하다.

② 식사구성안의 내용 및 식단구성 교육이 필요하다.

③ 동물성 지방과 콜레스테롤이 많은 음식의 섭취를 줄인다.

④ 고혈압은 심장병의 원인이 될 수 있으므로 짜게 먹지 않는다.

⑤ 비만이면 고지혈증이나 심장병이 생기기 쉬우므로 체중을 표준체중으로 유지한다.

(5) 노년기의 영양교육

① 노인의 식습관은 이미 고정되어 있으므로 평소 노인에게 익숙한 식품을 주로 선택한다.

② 과식은 피하며 취침 전에 저녁식사를 하지 않게 한다.

③ 소금 섭취량에 주의하며 음식의 간은 싱겁게 한다.

④ 지방이 적고 부드러운 부위의 육류와 흰 살코기 생선을 사용한다.

⑤ 두부, 우유, 치즈 등 소화가 잘 되는 단백질 식품을 섭취하게 한다.

In addition

노인의 영양소 섭취량

• **열량** : 기초대사와 신체활동 저하로 열량필요량이 감소한다.
  - 65세 이상 남자 : 2,000kcal/일
  - 65세 이상 여자 : 1,600kcal/일
• **단백질** : 체성분의 재생과 유지에 필요하며 결핍 시 노화가 촉진된다.
  - 65세 이상 남자 : 60g/일
  - 65세 이상 여자 : 50g/일
• **당질** : 당질은 총열량섭취량의 55~65%가 바람직하고, 케톤증을 막기 위해 적어도 100g/일은 공급해야 한다.
• **지질** : 동물성 지방의 다량 섭취는 혈중 콜레스테롤 수치를 높이고, 필수지방산 섭취는 혈중 콜레스테롤 수치를 저하시킨다.
• **총에너지 섭취비율** = 탄수화물(55~65) : 단백질(7~20) : 지방(15~30)
• **고혈압, 신장병, 당뇨병 등의 만성질환자** : 나트륨량, 수분량 및 열량 제한
• **비타민과 무기질** : 충분히 공급하도록 한다.

2 임산부의 영양교육

(1) 임산부의 영양지도

① 임산부의 전반기 열량섭취는 평소보다 300kcal가 더해져야 한다.

② 임신 중 채식 위주의 식사를 하여 변비를 방지하는 것이 좋다.

③ 임신 전, 혹은 임신 중의 체중변화는 태아의 체중에는 영향을 미치지 않는다.

④ 임신기는 빈혈이 빈번하므로 전반기부터 철분을 복용하는 것이 좋다.

⑤ 임신기의 경우 빈혈판정을 받은 경우 철 보충제 이용을 권하나 빈혈이 아닐 경우 반드시 섭취하여야 하는 것은 아니다.

(2) 임신 시 입덧의 영양지도

① 임산부는 아이스크림, 냉면, 주스 등의 시원한 음식을 선호한다.

② 먹고 싶은 것과 좋아하는 음식은 소량씩 나누어 여러 번 섭취한다.

③ 심신을 안정시키고 편식을 삼가며 식품을 조화시켜 균형식을 섭취한다.

④ 음식은 담백한 것을 먹고 냄새가 강한 것과 비린 냄새가 강한 것은 피한다.

⑤ 수분은 충분히 섭취하되 식사 후 바로 음료수를 마시지 말고 후에 소량씩 마신다.

⑥ 적당한 운동 후 신선한 과일 및 채소를 섭취한다.

(3) 임신중독증의 영양지도

① 에너지는 열량이 적은 것을 섭취한다.

② 자극성이 강한 향신료는 피한다.

③ 동물성 유지는 피하고 식물성 유지를 적당히 섭취한다.

④ 부종이 심하고 혈압이 높은 경우에는 소금 섭취를 제한한다.

⑤ 부종이 있으면 수분을 제한하고 심한 경우에는 전날 뇨량에 500mL의 수분을 더해서 섭취한다.

⑥ 비타민을 다량 공급하고, 철과 칼슘 공급도 보충해야 하므로 신선한 과일 및 녹황색 채소를 충분히 섭취한다.

⑦ 단백질을 너무 많이 제한하면 태아의 영양이 나빠지고 미숙아가 태어나기 쉬우므로 단백질을 충분히 섭취한다.

3과목

영양교육 [필기]

3 각종 성인병의 영양지도

(1) 당뇨병의 영양지도

① 당뇨병에서 에너지의 과잉섭취는 가장 위험하므로, 공복감을 느껴도 하루의 필요량을 꼭 지키도록 한다.

② 공복감을 해소하기 위해 소화가 잘 되는 무, 상추, 근대, 쑥갓, 애호박 같은 채소를 나물, 샐러드, 생식 등으로 풍부하게 섭취한다.

③ 함량을 확실히 알 수 없는 가공식품이나 외식은 고열량식 · 저섬유질의 우려가 있으므로 금한다.

④ 당질성 식품 중 소화속도가 빠른 설탕, 포도당, 과당 등은 혈당치를 상승시키므로 제한한다.

⑤ 기호품 중 알코올, 담배, 커피, 홍차 등은 제한하고 설탕 사용량은 거의 없도록 한다.

⑥ 버섯 및 해조류를 이용한 음식을 먹고 극심한 공복감을 느끼지 않도록 한다.

⑦ 인슐린 주사의 종류에 따라 지속성인 경우에는 취침 전에 간식을 가볍게 해서 새벽의 인슐린 쇼크를 예방한다.

⑧ 합병증으로 인한 동맥경화를 예방하기 위해 동물성 유지를 제한하고 식물성 유지를 권장한다.

⑨ 채소를 충분히 섭취하도록 하고, 과일과 우유를 간식으로 이용한다.

(2) 고혈압의 영양지도

① 간장, 된장, 고추장 등의 염분에 주의하며 찌개류를 피한다.

② 소금의 과잉섭취는 고혈압, 뇌졸중의 원인이 되므로 평상시 소금의 건강표준권장량을 지키도록 한다.

③ 소금 없이도 맛있게 먹을 수 있는 생강, 계피, 레몬즙 등의 향신료와 깻잎, 쑥갓, 고추 등의 방향성 채소를 활용한다.

④ 부종이 있을 경우 음식에서 나트륨을 완전히 배제한다.

⑤ 나트륨에 비해서 칼륨의 함량이 많은 콩, 감자, 채소류, 과실류를 적극적으로 선택한다.

⑥ 체내에서 나트륨이 배설될 때 함께 배설되는 비타민 K의 감소로 심근경색을 유발하므로 식사 시 비타민 K의 양을 증가시킨다.

⑦ 고혈압이면서 혈청 지질이 높으면 융상동맥경화, 허혈성 심질환의 발병을 촉진시킬 가능성이 있으므로 지질의 양을 제한하되 필수지방산을 충분히 공급한다.

(3) 심장병의 영양지도

① 저녁식사는 너무 늦지 않도록 하며 너무 차가운 음식은 피한다.

② 식사는 한 끼의 분량을 줄이고 여러 번 나누어 섭취함으로써 심장의 부담을 줄인다.

③ 심신의 안정이 중요하므로 심장에 부담을 주는 과식을 피하고 저에너지식을 한다.

④ 심근의 경화, 부종 발생을 억제하기 위하여 단백질이 부족하지 않도록 양질의 단백질을 다량 섭취하고 나트륨 식품을 피한다.

⑤ 장내에서 발효되기 쉬운 음식은 장내에 가스가 발생하여 헛배가 부르고 심장을 압박하므로 피한다.

⑥ 단백질은 생선, 육류, 탈지유, 두부, 순두부, 두유 등을 선택하여 소화가 잘 되는 조리법으로 조리한다.

⑦ 칼륨이 만성적으로 부족해지면 저칼륨증이 생겨 심근경색이 발생하기 쉬우므로 칼륨이 많은 식품과 과실류, 채소류, 감자 등의 부드러운 섬유질 식품을 섭취하여 변비에 걸리지 않도록 한다.

(4) 동맥경화 영양지도

① 동맥경화의 영양지도에 있어서 가장 중요한 점은 비만의 해소와 예방 및 당분섭취의 억제이다.

② 혈중 콜레스테롤의 증가는 동맥경화의 주 원인이 되므로, 하루에 200mg 이상을 섭취하지 않도록 한다.

③ 당분의 과잉섭취는 지방의 생성호르몬인 인슐린 분비를 자극하므로 당분과 설탕은 제외하며, 당질은 가능한 한 전분에서 섭취한다.

④ 식사를 중심으로 한 생활계획을 세우며 규칙적인 일상생활을 지키도록 한다.

⑤ 혈청 지질함량이 상승하므로, 저녁식사의 양을 줄이고 과식을 금한다.

⑥ 섬유소와 같은 불소화성 다당류가 많은 식품을 선택하여 콜레스테롤 배설을 촉진하고 변비를 예방한다.

⑦ 생선은 가능한 한 지방이 적은 것을 선택하며, 생선머리나 어란은 먹지 않도록 한다.

⑧ 육류는 지방이 적은 부위를 선택하고, 조리 시에는 식물성 기름을 사용하여 포화지방산과 불포화지방산의 비율(1 : 2)을 고려해야 한다.

(5) 통풍의 영양지도

① 통풍환자는 일반적으로 비만이 많으므로 표준체중이 되도록 총에너지량을 제한한다.

② 소금 등의 염분이 많은 음식이나 조미료의 사용이 지나치지 않도록 한다.

③ 특히 저녁식사를 과식하지 않도록 하며 알코올은 피한다.

④ 단백질을 과잉 섭취하면 요산의 생성이 촉진되고 신장에도 부담을 주게 되므로 체중 kg당 1g 정도를 섭취하도록 한다.

⑤ 지방을 과잉 섭취하면 혈청의 요산값이 상승하여 요산의 요중 배설장애가 나타나므로 지방을 제한한다.

⑥ 하루 2L 이상의 요가 배설되도록 요산배설량을 증가시키기 위해 수분을 충분히 공급한다.

⑦ 퓨린체 대사장애 때문에 혈청 요산값이 높아지므로 외인성 요산을 감소시키기 위해 퓨린채 함량이 많은 식품 섭취를 제한한다.

 퓨린체 함량이 많은 식품과 적은 식품
- **퓨린체 함량이 많은 식품** : 핵단백질, 간 및 신장 등의 장기에 많으며 육류 및 생선류, 곡류, 두류의 눈 등
- **퓨린체 함량이 적은 식품** : 감자류, 우유 및 유제품, 난류, 채소, 과실류, 해초류 등

4 학교 및 사업체 급식과 영양교육

(1) 학교급식

① 학교급식의 원칙
- ㉠ 합리적인 영양섭취
- ㉡ 올바른 식습관 형성
- ㉢ 식사예절의 함양
- ㉣ 지역사회의 식생활 개선에 기여
- ㉤ 급식을 통한 영양교육
- ㉥ 정부의 식량정책에 대한 이해도 함양

② 학교급식 영양교육의 중요성
- ㉠ 올바른 식습관의 형성과 성장발육에는 균형식이 필요하다.
- ㉡ 감수성이 예민해서 빨리 감화를 받아 곧 실행으로 옮길 수 있다.
- ㉢ 영양에 관한 지식을 빨리 알고 식생활 개선에 큰 도움을 줄 수 있다.
- ㉣ 최소한의 비용으로 큰 효과를 얻을 수 있고 반복교육이 쉬우며 파급효과가 크다.

③ 학교급식의 효과
- ㉠ 건강한 체격유지 및 건강증진에 이바지한다.
- ㉡ 좋은 식습관을 키우며, 편식을 빨리 고칠 수 있다.
- ㉢ 급식과정을 이해하며 식단준비에 협조하는 노력을 한다.

② 자신의 영양과 건강에 관심을 갖고 실천하고자 노력한다.

(2) 사업체 급식

① 사업체 급식의 중요성

㉠ 근로의욕을 증진시키며 직원 사이에 화목을 도모한다.

㉡ 근로자의 건강증진 및 식비의 경제적 부담을 감소시킨다.

㉢ 영양의 불균형 및 과식과 편식하는 식습관을 고칠 수 있다.

㉣ 영양은 질병과의 밀접한 관계로 인식하게 되며, 건강증진을 위한 식생활을 실행하게 하는 동기가 된다.

② 단체급식의 영양지도

㉠ 권장량에 맞고 기호와 경제를 고려한 식단을 작성한다.

㉡ 필요한 식단표에서 계절, 노동 종류에 따라 식단을 조절한다.

㉢ 정기적으로 영양에 대한 홍보책자를 제작하여 건강과 영양에 대한 지식을 지도한다.

㉣ 급식을 받은 대상자가 만족하는지 또는 적당량으로 골고루 급식이 되는지 확인하며 문제점을 보충한다.

3과목

영양교육 [필기]

7장 영양정책 · 행정 및 영양표시제

1 영양정책과 영양행정

(1) 영양정책

① **영양정책** : 국민의 영양상태 증진을 위한 영양개선사업에 관한 정책이다.

② **식품영양정책** : 국민이 최적의 영양 상태를 유지할 수 있도록 식품의 생산과 공급, 보건, 교육 등 다양한 분야를 연계 · 조정하는 복합조치로써 국민의 건강 확보와 국가 발전에 기여하는 것을 목적으로 한다.

In addition

양적 영양정책과 질적 영양정책

• **양적 영양정책** : 전체 인구집단이 충분한 식품을 섭취하여 영양부족에 걸리지 않도록 하는 정책으로, 일반적으로 영양부족이나 빈곤, 기아, 식품 수급 및 배분에 문제가 있는 경우에 적용한다.

• **질적 영양정책** : 잘못된 식생활로 인한 당뇨, 고혈압, 심혈관계 질환 등 만성질환과 관련하여 조기 사망 등을 예방하기 위한 정책이다.

---

(2) 영양행정

① 영양관계법규에 따라 국민 전체를 대상으로 사회복지, 사회보장 및 공중위생의 향상 및 식생활 개선을 위한 기본적인 업무를 행하는 것이다.

② 기본 업무

　㉠ 국민건강증진종합계획 수립

　㉡ 국민건강영양조사와 영양에 관한 지도

　㉢ 영양교육사업 및 영양개선사업 업무

　㉣ 국민식생활지침 및 영양섭취기준 마련

　㉤ 영양사, 영양조사원, 영양지도원 제도

Tip 영양관계법규

• 식품위생법
• 국민영양관리법
• 어린이 식생활안전관리 특별법
• 식생활교육지원법
• 국민건강증진법

(3) 영양행정기구

① 보건복지부

ㄱ 영양행정의 중앙기관으로, '한국인 영양소 섭취기준'을 제시한다.

ㄴ 건강정책국

- **건강정책과** : 국민건강증진사업에 관한 종합계획 수립 및 조정, 국민건강교육 · 홍보, 건강증진서비스 공급기반 조성을 위한 사항 등
- **건강증진과** : 국민영양관리 기본계획 수립 및 평가 등 국민 식생활 · 영양 정책 수립 및 총괄, 국민 식생활 건강 · 영양 관리사업 등

ㄷ **질병관리청** : 전문조사수행팀을 구성하여 국민건강영양조사 실시

ㄹ **한국보건산업진흥원** : 국민건강영양조사 결과에 근거한 국민건강통계 작성

ㅁ **국립보건연구원** : 비만대사 영양질환 연구

ㅂ **보건소** : 생애주기별 영양교육 및 상담, 임산부 · 영유아 대상 영양플러스 사업, 맞춤형 방문 건강관리사업, 대사증후군 관리, 영양상태 조사 및 평가 등

ㅅ **영양관련법규** : 국민영양관리법, 국민건강증진법

② **식품의약품안전처**

ㄱ 위생행정의 중앙기관으로, 식품 · 의약품 · 건강기능식품 · 마약류 · 화장품 · 의약외품 · 의료기기 등의 안전에 관한 사무를 관장하는 국무총리실 산하기관이다.

ㄴ **식품위생심의위원회** : 식품의약품안전처장의 자문기관, 국민의 영양개선에 대한 문제 토의 및 의견 교환, 영양분과위원회 구성

ㄷ **영양관련법규** : 식품위생법, 어린이 식생활안전관리 특별법, 건강기능식품에 관한 법률

③ **농림축산식품부**

ㄱ **식량정책과** : 식량수급계획 제시, 주곡 소비에 대한 식생활 개선, 혼식 · 분식에 관한 식생활문제

ㄴ **영양관련법규** : 식생활교육지원법, 식품산업진흥법

④ **교육부**

ㄱ 학교급식과 각 학교에서의 영양 및 식생활 교육내용에 대하여 연구 및 계획한다.

ㄴ **영양관련법규** : 학교급식법, 영유아교육법, 유아교육법, 초 · 중등교육법

⑤ **기타 영양행정기구**

ㄱ **국방부** : 육 · 해 · 공군의 급식정책 및 관리를 위해 '전군 급식정책심의위원회'를 운영한다.

ㄴ **법무부** : 교정국, 교도소, 소년원에 대한 급식문제를 연구 및 계획한다.

ㄷ **고용노동부** : 공장, 사업소, 기숙사 등의 영양을 연구한다.

ㄹ **기획재정부** : 영양교육 등에 관한 예산을 책정한다.

3과목 영양교육 [필기]

2 영양표시제

(1) 개념

① **영양표시** : 식품, 식품첨가물, 건강기능식품, 축산물에 들어있는 영양성분의 양 등 영양에 관한 정보를 표시하는 것을 말한다.

② **영양표시제도** : 가공식품의 영양적 특성을 일정한 기준과 방법에 따라 표현하여 영양에 대한 적절한 정보를 소비자에게 전달해주고 소비자들이 식품의 영양적 가치를 근거로 합리적인 식품선택을 할 수 있도록 돕는 제도이다.

③ 필요성

    ㉠ 가공식품의 이용이 증대되고 있다.

    ㉡ 식품산업의 기술발달로 영양성분을 통한 제품의 차별화가 강조되고 있다.

    ㉢ 정보의 범람으로 소비자가 제품을 제대로 이해하고 선택하는 데 도움이 되는 표준화된 품질표시 양식이 정착되어야 한다.

    ㉣ 국민영양의 불균형이 증가함에 따라 비만을 비롯한 만성 퇴행성질환의 이환율이 증가하므로 국민들이 쉽게 영양섭취 내용을 인식할 필요가 있다.

(2) 영양표시제의 내용

① 영양성분 표시

    ㉠ **표시 대상 영양성분** : 열량, 나트륨, 탄수화물, 당류, 지방, 트랜스지방, 포화지방, 콜레스테롤, 단백질

    ㉡ 영양표시나 영양강조표시를 하려는 경우에는 1일 영양성분 기준치에 명시된 영양성분을 표시한다.

    ㉢ 건강기능식품의 경우에는 트랜스지방, 포화지방, 콜레스테롤의 영양성분은 표시하지 않을 수 있다.

② 영양성분 강조 표시

    ㉠ **영양성분 함량강조표시** : '무○○', '저○○', '고○○', '○○함유' 등과 같은 표현으로 그 영양성분의 함량을 강조하여 표시하는 것

    ㉡ **영양성분 비교강조표시** : '덜', '더', '강화', '첨가' 등과 같은 표현으로 같은 유형의 제품과 비교하여 표시하는 것

③ **영양표시 대상 식품** : 레토르트식품, 과자류와 빵류 또는 떡류, 빙과류, 코코아 가공품류 또는 초콜릿류, 당류, 잼류, 두부류 또는 묵류, 식용유지류, 면류, 음료류, 특수영양식품, 특수의료용도식품, 장류, 조미식품, 절임류 또는 조림류, 농산가공식품류, 식육가공품, 알가공품

류, 유가공품, 수산가공식품류, 즉석식품류, 건강기능식품 등

(3) 국민건강영양조사

① 의의

    ㉠ 국민의 식품과 영양소 섭취실태 및 건강실태를 파악하는 것이다.

    ㉡ 국민영양개선을 위한 기초자료로 사용되어 국민건강 증진도모를 목표로 한다.

    ㉢ 건강면접조사, 보건의식행태조사, 검진 및 계측조사, 식품섭취조사 등을 한다.

② 실시 근거 : 국민건강영양조사는 국민건강증진법에 근거하여 국민의 건강 및 영양 상태를 파악하기 위해 실시한다.

③ 실시 기관 : 질병관리청장은 국민의 건강상태 · 식품섭취 · 식생활조사 등 국민의 건강과 영양에 관한 조사를 정기적으로 실시한다.

④ 실시 대상 : 매년 192개 지역의 25가구를 확률표본으로 추출하여 만 1세 이상 가구원 약 1만 명을 조사한다.

⑤ 실시 내용 : 대상자의 생애주기별 특성에 따라 소아(1~11세), 청소년(12~18세), 성인(19세 이상)으로 나누어 각기 특성에 맞는 조사항목을 적용한다.

In addition

우리나라 국민건강영양조사의 영양섭취상태의 결과

- 식품군별 영양소 섭취량
- 식품군별 에너지 섭취비율
- 영양권장량에 대한 영양소섭취 비율
- 영양권장량의 75% 미만
- 영양권장량의 125% 이상 섭취하는 비율

영양교육

NUTRITIONIST

정답 및 해설 536p

01 다음 중 영양교육의 최종 목표로 옳은 것은?

① 국민의 체력향상
② 국민의 건강증진
③ 국민의 식생활 변화
④ 합리적인 식량 배분
⑤ 식품낭비와 손실 방지

02 다음 중 영양교육 실시과정의 첫 단계는?

① 교육의 실시
② 교육의 목표와 목적 설정
③ 교육의 과정과 결과 평가
④ 영양중재 방법 선택 및 교육활동 설계
⑤ 대상자의 문제 분석 및 교육요구도 파악

03 다음에서 설명하는 영양사업은?

- 지원대상 : 만 6세 미만의 영유아, 임산부, 출산부, 수유부
- 소득수준 : 가구 규모별 최저생계비의 200% 미만
- 지원내용 : 영양교육 및 상담, 보충식품 패키지 6종 제공, 정기적 영양평가

① 아이돌봄서비스
② 영양플러스사업
③ 모자동실 프로그램
④ 건강프런티어전략
⑤ 푸드스탬프 프로그램

04 다음 중 영양교육 실시의 어려움으로 옳지 않은 것은?

① 조직체계를 이용하기 어렵다.
② 영양상의 변화가 복합적으로 나타난다.
③ 식생활 및 식습관 등에 따라 차이가 많다.
④ 영양교육의 효과가 비가시적으로 나타난다.
⑤ 영양교육의 효과가 나타나는 데 시간이 걸린다.

05 어찬을 바치는 상식국에 식의(食醫)를 둔 나라는?

① 고조선
② 고구려
③ 신라
④ 고려
⑤ 조선

06 다음 중 한국인 영양소 섭취기준(KDRIs)의 궁극적 목적으로 옳은 것은?

① 경제발전
② 인적자원 확보
③ 식량생산과 공급계획
④ 국민의 건강수명 증진
⑤ 식료품 판매점 및 시장에 대한 지도

07 다음의 한국인 영양소 섭취기준(KDRIs) 중 평균필요량에 표준편차 또는 변이계수의 2배를 더하여 산출한 것은?

① 상한섭취량(UL)
② 충분섭취량(AI)
③ 권장섭취량(RNI)
④ 에너지적정비율(AMDR)
⑤ 만성질환위험감소섭취량(CDRR)

08 한국인 영양소 섭취기준(KDRIs) 중 다음 설명에 해당하는 것은?

> 영양소의 필요량을 추정하기 위한 과학적 근거가 부족할 경우 실험연구 또는 관찰연구에서 확인된 건강한 사람들의 영양소 섭취량 중앙값을 기준으로 설정한다.

① 상한섭취량(UL)
② 충분섭취량(AI)
③ 권장섭취량(RNI)
④ 평균필요량(EAR)
⑤ 만성질환위험감소섭취량(CDRR)

09 다음의 영양교육에 적용된 이론으로 가장 적합한 것은?

> 50대 대상자에게 영양사가 고혈압의 위험성과 고혈압에 걸렸을 때 건강에 미치는 심각한 영향에 대해 교육을 하고, 고혈압 개선을 위한 식사요법으로 인한 이득을 교육하였다.

① 건강신념모델
② 합리적 행동이론
③ 사회인지론
④ 행동변화단계모델
⑤ 개혁확산모델

10 영양사가 건강신념모델을 이용하여 편식 아동에게 우유 섭취 시의 이점에 관해 교육을 했을 때 적용된 구성요소는?

① 자기효능감
② 인지된 이익
③ 행위의 계기
④ 인지된 민감성
⑤ 인지된 심각성

11 다음의 영양교육에 적용된 계획적 행동이론의 구성요소는?

> 채소 섭취가 적은 대학생에게 채소 섭취를 할 수 있는 손쉬운 방법에 관한 영양교육을 실시하였다. 그 결과 학생들은 '매일 채소를 충분히 섭취할 수 있는 자신감'을 가지게 되었다.

① 자아효능감
② 주관적 규범
③ 인지된 민감성
④ 인지된 심각성
⑤ 인지된 행동통제력

③ 준비 단계
④ 실행 단계
⑤ 유지 단계

12 비만 초등학생에게 다음의 영양교육을 실시하였다. 적용된 영양교육 이론은?

개인적 요인	건강 체중과 1일 섭취 에너지 인식 교육
행동적 요인	긍정적 행동에 대한 보상 제공
환경적 요인	학교급식 시 단맛을 줄인 조리법 사용

① 건강신념모델
② 사회인지론
③ 사회마케팅
④ 개혁확산모델
⑤ 합리적 행동이론

13 영양교육 이론 중 행동변화단계모델을 적용할 때 다음 설명에 해당하는 행동변화 단계는?

> 대사증후군을 진단받은 김 씨는 여러 방법을 알아보던 중 보건소를 방문하여 2주일 후에 시작하는 대사증후군 교실에 등록하였다.

① 고려 전 단계
② 고려 단계

14 다음의 내용에 따라 영양교육을 실시했을 때 적용된 영양교육 이론은?

> • 대상집단의 요구진단 결과 : 평균 체질량지수(BMI)가 $27kg/m^2$이며 고열량 섭취의 식습관을 갖고 있는 대상집단이 체중감량에는 자신이 있지만 영양지식은 부족하여 이에 관한 교육을 원한다.
> • 실행 및 평가 : 진단내용에 따라 영양교육을 실시한 후 교육 중 과정평가와 영양지식점수, 체질량지수 및 삶의 질을 측정하여 효과 및 결과평가를 했다.

① 건강신념모델
② 합리적 행동이론
③ 행동변화단계모델
④ 개혁확산모델
⑤ 프리시드-프로시드 모델

15 다음 중 지역사회 영양활동 과정 중 첫 번째 단계는?

① 목적 설정
② 사업의 우선순위 결정
③ 지역사회 영양요구 진단
④ 목적 달성을 위한 방법 선택
⑤ 지역사회 영양지침 및 기준 확인

16 다음 중 지역사회 영양사업에서 영양교육이 계획대로 진행되었는지를 확인하는 평가는?

① 구조평가　　② 자원평가
③ 효과평가　　④ 과정평가
⑤ 결과평가

17 다음 중 영양교육 효과가 가장 큰 개인지도 방법은?

① 가정지도　　② 임상방문
③ 전화상담　　④ 서신지도
⑤ 상담소방문

18 다음 중 한 가지 주제에 의견이 다른 2~3명의 강사가 상대방의 의견을 논리적으로 반박하며 토의하는 영양교육 방법은?

① 강의식 토의　　② 강단식 토의
③ 원탁식 토의　　④ 배석식 토의
⑤ 공론식 토의

19 다음 설명에 해당하는 토의 형식은?

'당뇨환자의 관리'란 주제를 가지고 교육을 시행하고자 한다. 청중을 대상으로 당뇨병 전문의는 당뇨의 원인과 대사 변화에 대해, 영양사는 당뇨병의 식사요법에 대해, 간호사는 인슐린 주사법에 대해, 환자가족 대표는 가정에서의 환자간호법에 대해 의견을 발표하였다.

① 좌담회　　② 워크숍
③ 심포지엄　　④ 롤 플레잉
⑤ 브레인스토밍

20 참가자 모두가 영양문제를 개선하기 위해 자유롭게 의견을 제시하고, 그 과정에서 좋은 아이디어를 찾아내는 방법은?

① 워크숍
② 심포지엄
③ 롤 플레잉
④ 브레인스토밍
⑤ 패널 디스커션

21 다음 중 연구집회(워크숍)에 대한 설명으로 틀린 것은?

① 전문가들의 교육에 적합하다.
② 장기간에 걸쳐 실시하는 방법이다.
③ 참석인원은 대개 30명 이하로 소규모이다.
④ 같은 직업과 동일 체험을 가진 사람으로 구성한다.
⑤ 공통문제에 관하여 자주적으로 해결하는 집회이다.

22 다음 중 배석식 토의법(panel discussion)에 대한 설명으로 틀린 것은?

① 강사진은 4~8명의 전문가가 참석한다.
② 강사들 간에 20~30분 정도 토의를 한다.
③ 청중이 100명 이상으로 비교적 많다.
④ 청중들의 질의 토론을 10분 정도 반복한다.
⑤ 전체 토의시간은 1시간 30분에서 2시간 정도가 적당하다.

23 다음 중 좌담회에서 좌장이 회의를 진행할 때 유의할 점으로 틀린 것은?

① 처음부터 결론적인 해설은 하지 않는다.
② 개회 시 논제에 대해 잘 설명하고 방향을 설정한다.
③ 토의 중간에 결론을 내리지 않고 계속해서 진행한다.
④ 참가자 전원이 발언할 수 있도록 하며 공평한 발언권을 준다.
⑤ 토의내용에 대해 사전에 충분히 준비하여 미리 진행방법을 결정한다.

24 다음은 초등학생(A)과 영양사(B) 간의 영양 상담 내용이다. 영양사가 사용한 상담기술은?

> A : 선생님, 어제 친구가 저보고 살이 많이 쪘다며 돼지라고 놀려서 속상해서 친구랑 싸웠어요.
> B : 살이 많이 쪘다고 놀리다니 친구가 많이 미웠겠네요.

① 경청
② 수용
③ 반영
④ 조언
⑤ 명료화

25 다음 설명에 해당하는 영양상담 이론은?

> 내담자 스스로 자신의 영양문제 인식, 목표 설정, 해결방안 탐구 등의 과정에 참여하고 상담자는 내담자에게 정보 제공, 정서적 지지 등의 역할을 한다.

① 내담자 중심요법
② 합리적 정서요법
③ 행동요법
④ 현실요법
⑤ 가족요법

26 다음 중 영양치료를 위해 시행하는 영양관리 과정(NCP)의 단계별 순서가 옳은 것은?

① 영양판정 → 영양중재 → 영양진단 → 영양모니터링 및 평가
② 영양판정 → 영양진단 → 영양중재 → 영양모니터링 및 평가
③ 영양진단 → 영양판정 → 영양중재 → 영양모니터링 및 평가
④ 영양진단 → 영양중재 → 영양판정 → 영양모니터링 및 평가
⑤ 영양중재 → 영양진단 → 영양모니터링 및 평가 → 영양판정

27 다음의 영양관리과정(NCP) 중 영양중재에 해당하는 것은?

① 설탕 대신 대체감미료를 사용하도록 한다.
② 입원 당시 체중이 평균 체중의 70% 수준이다.
③ 간식의 과다 섭취로 인한 에너지 과다가 문제다.
④ 한 달 전보다 총에너지 섭취가 10% 감소하였다.
⑤ 가족력으로 당뇨병이 있고, 고혈압약을 복용 중이다.

28 다음 중 영양불량의 위험이 있는 입원 환자를 간단하고 신속하게 가려내는 데 사용하는 방법은?

① 임상조사 　② 신체계측
③ 식사조사법 　④ 생화학 조사
⑤ 영양스크리닝

29 영양판정의 식사조사법 중 24시간 회상법에 대한 설명으로 틀린 것은?

① 대상자의 24시간 전, 혹은 하루 전 섭취한 음식종류와 양을 조사한다.
② 정확한 자료조사를 위해 식품모형, 사진, 계량기기 등을 사용한다.
③ 조사기간이 3일 이상이더라도 주말은 포함시키지 않는다.
④ 다양한 집단의 평균 식사섭취량 조사에 유용하다.
⑤ 개인의 상태에 따라 정확도가 떨어질 수 있다.

30 영양판정 방법 중 가장 객관적이고 정량적인 판정 방법은?

① 식사조사법
② 식사섭취 빈도조사법
③ 신체계측법
④ 생화학 조사
⑤ 임상조사

31 다음 중 체내 철 결핍의 진단에서 첫 단계로 사용되는 지표는?

① 헤모글로빈
② 혈청 페리틴
③ 헤마토크리트
④ 트랜스페린 포화도
⑤ 총철결합능력(TIBC)

32 다음 중 영양 문제를 진단할 때 신체적 징후를 시각적으로 진단하는 영양판정 방법은?

① 식사조사법
② 영양스크리닝
③ 신체계측
④ 생화학 조사
⑤ 임상조사

33 다음 중 1회성 성격의 영양교육 매체는?

① 영화 　② 모형
③ 실물 　④ 슬라이드
⑤ 융판그림

34 다음 중 팸플릿을 제작하려고 할 때 고려할 점이 아닌 것은?

① 표지 제목은 친밀감을 주도록 한다.
② 사진이나 그림, 도표 등을 활용한다.
③ 내용은 대상자의 수준에 알맞도록 한다.
④ 대상자의 특성을 고려하여 제작한다.
⑤ 이해도를 높이기 위해 전문용어를 사용한다.

35 다음에서 설명하는 영양교육 매체는?

> 전시자료의 일종으로 실제 장면과 사물을 축소하여 입체감 있게 제시한 것이다.

① 모형   ② 리플릿
③ 슬라이드   ④ 융판그림
⑤ 디오라마

36 전기가 없는 농촌 마을에서 적은 수의 어머니를 대상으로 영양교육을 하려 할 때 가장 적합한 보조자료는?

① 영화   ② 모형
③ 유인물   ④ 슬라이드
⑤ 융판그림

37 다음 중 영양에 관한 정보를 대중에게 일시에 전달할 수 있으나 **교육효과를 확인할 수 없는** 교육매체는?

① TV   ② 리플릿
③ 게시판   ④ 융판그림
⑤ 디오라마

38 영양교육 매체 중 모형이 갖는 장점으로 보기 어려운 것은?

① 제작비용이 많이 든다.
② 오랫동안 보관할 수 있다.
③ 시간에 구애 받지 않고 교육이 가능하다.
④ 실물의 촉감이나 냄새, 맛을 느낄 수 있다.
⑤ 대상자가 익숙해질 때까지 반복할 수 있다.

39 영양교육 매체 중 전시·게시 매체에 속하지 않는 것은?

① 괘도   ② 사진
③ 도표   ④ 포스터
⑤ 융판그림

40 다음 중 영양소의 열량 조성비를 표현할 때 가장 적합한 도표는?

① 분포도   ② 띠도표
③ 대수도표   ④ 막대도표
⑤ 파이도표

41 다음 설명에 해당하는 영양지도 대상은?

> • 부종의 원인과 식사요법에 대해 지도한다.
> • 엽산 섭취의 필요성과 엽산 함유식품에 대해 지도한다.
> • 철 부족 시 나타나는 증상과 철 함유식품에 대해 설명한다.

① 임산부　　② 암환자
③ 노인기 여성　　④ 고혈압 환자
⑤ 청소년기 여학생

③ 부종이 있을 경우 음식에서 나트륨을 완전히 배제한다.
④ 식사 시 비타민 K의 양을 증가시킨다.
⑤ 지질의 양을 제한하되 필수지방산을 충분히 공급한다.

42 다음 중 임신중독증의 영양지도에 대한 설명으로 틀린 것은?

① 자극성이 강한 향신료는 피한다.
② 에너지는 열량이 적은 것을 섭취한다.
③ 부종이 있으면 수분을 충분히 공급한다.
④ 비타민을 다량 공급하고 철과 칼슘도 보충한다.
⑤ 동물성 유지는 피하고 식물성 유지를 적당히 섭취한다.

45 다음 중 학교급식의 원칙에 해당하지 않는 것은?

① 합리적인 영양섭취
② 올바른 식습관 형성
③ 식사예절의 함양
④ 진단에 따른 식사처방
⑤ 급식을 통한 영양교육

43 다음의 영양지도 설명에 해당하는 성인병은?

에너지의 과잉섭취는 가장 위험하므로 공복감을 느껴도 하루의 필요량을 꼭 지키도록 한다.

① 당뇨병　　② 고혈압
③ 심장병　　④ 동맥경화
⑤ 통풍

46 다음 중 한국인 영양소 섭취 기준을 제정하는 곳은?

① 시 · 도지사
② 질병관리청
③ 보건복지부
④ 농림축산식품부
⑤ 식품의약품안전처

44 다음 중 고혈압의 영양지도에 대한 설명으로 틀린 것은?

① 평상시 소금의 건강표준권장량을 지키도록 한다.
② 생강, 계피, 레몬즙 등의 향신료 사용을 금한다.

47 다음 중 국민의 영양 및 건강 증진을 도모하고 삶의 질 향상에 이바지하지 위한 국민영양관리법을 소관하는 부처는?

① 시 · 도지사
② 질병관리청
③ 보건복지부
④ 농림축산식품부
⑤ 식품의약품안전처

48 다음 중 보건소의 영양관련 업무가 아닌 것은?

① 대사증후군 관리
② 국민건강영양조사 실시
③ 맞춤형 방문 건강관리사업
④ 생애주기별 영양교육 및 상담
⑤ 임산부 · 영유아 대상 영양플러스 사업

49 다음 중 식품의약품안전처에서 관장하는 영양관련 업무는?

① 국민건강영양조사의 실시
② 국민영양관리기본계획의 수립
③ 학교급식에 관한 계획의 수립
④ 식품산업진흥 기본계획의 수립
⑤ 어린이 식생활 안전관리종합계획의 수립

50 국민건강영양조사에 대한 다음 설명 중 틀린 것은?

① 실시 기관은 질병관리청이다.
② 국민영양관리법에 근거하여 실시한다.
③ 만 1세 이상 가구원 약 1만 명을 조사한다.
④ 매년 192개 지역의 25가구를 확률표본으로 추출한다.
⑤ 건강면접조사, 보건의식행태조사, 검진 및 계측조사, 식품섭취조사 등을 한다.

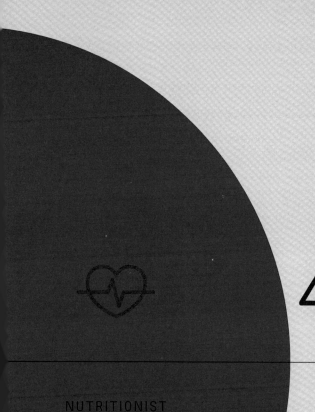

NUTRITIONIST

1교시
4과목 식사요법

1장 식사요법과 병원식

1 식사요법

(1) 식사요법의 의의
① 치료의 목적을 달성하는 데 이용되는 식사과정을 말한다.
② 목적을 달성하기 위하여 다른 치료방법에 우선할 수도 있다.
③ 식생활에 의한 질환이나 식사와 관계가 있는 질환 등의 치료 또는 치료 후 재발방지를 위하여 식사요법은 필요하다.
④ 의사의 적절한 진단에 의한 물리화학적 요법, 간호, 영양교육 등과의 조화가 요구된다.

(2) 식사요법의 목적
① 질병을 예방한다.
② 질병의 치료를 위해 중심적 또는 보조적 역할을 한다.
③ 질병의 재발을 방지한다.
④ 영양상태를 증진시킨다.

2 병원식

(1) 일반식
① 종류로는 상식, 보통식, 표준식 등이 있다.
② 질병의 치료상 특별한 식사조절이나 소화에 아무런 제한이 필요하지 않는 환자를 대상으로 한다.
③ 상식은 적절한 영양공급으로 환자의 영양상태를 유지시키는 데 목적이 있다.
④ 병실이라는 좁고 한정된 공간 속에서 입원환자가 생활하게 되므로, 활동량이 적어진다는 사실에 유의해야 한다. 이로 인해 환자는 기초대사의 저하 및 열량 필요량 감소, 소화 능력의 저하, 식욕 감퇴 등을 경험하게 되고, 이는 재원일수가 길어지면서 더 심각해질 수 있다.
⑤ 영양소의 질과 양을 제한하지 않고 하루에 필요한 영양소로 구성한 식사로서 환자의 영양상태를 균형 있게 해주기 위한 목적으로 공급한다.
⑥ 특정한 식품이나 질감상의 조정이 필요치 않은 환자에게 적용되며 영양적 측면과 함께 균형식에 대한 효과를 거둘 수 있도록 한다.

(2) 연식

① 죽 정도의 부드러운 식사형태로서 유동식에서 정상식사의 중간 단계이다.

② 수술 후 회복기 환자, 소화기능이 저하된 환자, 구강 장애, 급성감염 환자에게 제공된다.

③ 종류로는 유동식, 반유동식이 있다.

④ 소화가 쉽고, 부드러운 식품으로 섬유소가 적은 채소, 결체조직이 적은 식품, 강한 향신료 사용 제한, 튀김 조리법은 제한한다.

⑤ 채소는 삶거나 찌고 과일은 퓨레나 과일 주스를 이용한다.

⑥ 환자가 적절한 양을 섭취할 경우 영양적으로는 부족하지 않지만, 필요하면 양을 늘린다.

(3) 경식

① 회복식(convalescent diet)이라고도 부르는 경식은 연식단계에 있는 환자의 병세가 회복됨에 따라 일반식으로 옮겨지기 직전에 섭취하는 식사로서, 연식과 일반식의 중간식을 말한다.

② 식품 구성 내용은 일반식과 비슷하지만 보다 소화하기 쉽고 위장에 부담을 주지 않는 식품을 선택한다.

③ 기름에 튀기거나 양념을 많이 사용하는 조리법은 피하고, 섬유소가 많은 생채소와 과일, 지방이 많은 육류와 생선도 피하는 것이 좋다.

④ 잘 익은 과일이나 지방과 결체조직이 적어서 맛이 담백하고 연한 부위의 육류, 흰살 생선 등을 이용하는 것이 좋다.

⑤ 병원 및 담당 영양사의 방침에 따라서는 회복식을 거치지 않고 바로 일반식으로 이행되는 경우도 많다.

(4) 유동식

① 씹지 않고 삼킬 수 있는 음식을 말한다.

② 소화하기 쉬워 흔히 환자용으로 쓰이며, 우유·요구르트·아이스크림·두유·수프·과즙·죽·미음 등과 같은 음식물을 말한다.

③ 심한 위장질환, 특히 급성위염, 위궤양, 소화기관 수술 후의 환자나 이유기 유아의 식단으로 쓰인다. 수술 후 회복기 환자, 고형식품을 섭취할 수 없는 환자, 급성기의 고열성 질환자도 그 대상이다.

④ 수분이 많고 영양분이 적어서 병상기간이 짧은 경우에는 지장이 없으나, 병상기간이 긴 경우, 유동식만으로는 영양이 부족하므로 회복기에는 상황에 따라 영양을 강화할 필요가 있다.

⑤ 전유동식은 상온에서 액체 또는 반액체 상태의 식품을 말하며, 맑은 유동식은 상온에서 맑

은 액체 음료를 말한다.

㉠ 전유동식
- 전유동식사는 모든 영양소가 충분하도록 배합하여야 한다.
- 단백질, 철분, 비타민 B 복합체가 부족되지 않도록 해야 한다.

㉡ 맑은 유동식
- 수술 후의 1단계 식사로 많이 이용된다.
- 조직의 수분공급과 환자의 갈증을 막기 위하여 짧은 기간 동안 공급된다.
- 가스를 발생시키지 않는 식품으로 구성된다.
- 끓여서 식힌 물이나 얼음, 콩나물 국물, 연한 홍차 등이 바람직하다.

(5) 영양지원

① 질병이나 수술 등으로 인하여 일반식사로 적절한 영양소를 공급할 수 없거나 구강으로 섭취가 불가능한 환자들을 대상으로 한다.

② 체단백질 손실과 체지방 감소를 최소화하기 위해 관(tube)이나 카테터(catheter)를 통하여 에너지와 각종 영양소를 공급하는 것으로서 환자의 질병 또는 건강 상태에 따라서 결정한다.

③ 종류

경구급식	• 입을 통하여 영양을 공급하는 방법
경관급식	• 구강으로 음식을 섭취할 수 없는 의식불명 환자, 구강내 수술환자, 위장관 수술환자, 연하곤란 환자, 식욕결핍 환자, 식도장애 환자 등 • 유동성이 있고 영양소의 배합이 균형적인 것 • 충분한 무기질 및 비타민을 함유하고 주입하기 용이하며 변질하지 않고 보존이 가능하여야 함 • 당질원으로 포도당과 덱스트린 사용 • 비타민의 필요량은 충당될 수 있음 • 지방원은 소량의 필수지방산과 중쇄 중성지방으로 구성 • 단백질원으로는 단쇄 펩타이드 또는 L형 유리아미노산으로 구성 • 무기질은 종류에 따라 필요량보다 모자란 것이 있으므로 특정 무기질은 보충을 해주어야 함 • 장기적으로 경관급식을 하는 환자의 경우 매일 체중, 수분섭취량과 배설량, 위장관 기능을 검사하여야 하며, 혈청 전해질, 혈청 알부민, 간기능검사 등은 2개월마다 실시
정맥영양	• 구강이나 위장관으로 영양공급이 어려울 때 정맥을 통해 영양요구량을 공급하는 방법 • 탄수화물은 덱스트로즈 모노하이드레이트로 공급 • 질소공급원으로는 합성된 결정 아미노산을 이용 • 지방은 난황 인지질이 함유된 유화액을 사용 • 비타민 K는 주 1회 근육 주사나 피하지방 주사를 함

(6) 치료식사

① 열량조절식

　㉠ 체중조절식

- 과체중이나 비만 환자들의 체중조절을 위해 계획된 식사이다.
- 하루 3끼 규칙적인 식사를 하도록 하고, 간식은 1~2회로 제한하여 계획적으로 섭취한다.
- 설탕이 많이 함유된 음식을 피한다.
- 섬유소가 많은 음식을 충분히 먹는다.
- 동물성 지방 및 콜레스테롤이 많은 음식을 적게 먹는다.
- 되도록 싱겁게 조리하여 먹고, 가공식품의 이용은 피한다.
- 식사는 천천히 하고, 저녁 식사 후의 간식은 삼간다.
- 튀김, 볶음 등의 기름 사용이 많은 조리법 대신 굽거나 찌거나 삶는 방법을 택한다.
- 규칙적인 운동을 한다.

　㉡ 당뇨식

- 적절한 열량섭취를 한다.
- 균형 있게 영양소를 섭취한다.
- 규칙적인 식사를 한다.

② 단백질 조절식

　㉠ **고단백질** : 간질환자, 화상환자의 경우

　㉡ **저단백질** : 간성혼수, 급성장염, 급성췌장염의 경우

③ 당질조절식

　㉠ 당뇨병

- 적절한 열량섭취를 한다.
- 균형 있는 영양소를 섭취한다.
- 규칙적인 식사를 한다.

　㉡ 덤핑증상

- 덤핑 증후군(dumping syndrome)이란 위절제수술 후 생기는 문제로, 위의 크기가 작아지고 위의 운동이 저하되어 위 내용물이 정상적인 십이지장의 소화과정을 경유하지 않고 소장으로 덩어리째 급속히 내려감으로써 나타나는 증상이다. 위 절제환자의 10~20%에서 발생한다.
- 수술 직후에는 물을 조금씩 씹듯이 삼키며 적응도에 따라 점차 물의 양을 늘린다. 그 후에 액체음식(우유, 과일주스, 과일즙, 미음)이나 푸딩, 연식(통조림 과일, 익힌 채소와 과일, 진밥 등), 고체 음식으로 바꿔간다.

④ **지방조절식** : 비만, 지방변증, 췌장염, 담낭염, 고지혈증, 낭포성 섬유질의 경우

⑤ **염분조절식** : 복수, 부종, 심장질환, 고혈압, 만성 신부전증, 통풍의 경우

⑥ **신장결석식** : 신장결석이란 신장의 내부에 생긴 결석인데, 일반적으로 신결석이라고 할 때는 요관에 있는 결석(요관결석)도 포함된다.

⑦ **위장질환식**

　　㉠ **위장병의 식이요법 원칙**

- 상해된 위장을 자극하지 않고 떨어진 소화흡수능력을 감안하여 최대한의 영양과 체력을 증강할 수 있는 식사를 공급하는 일이다.

- **식단 작성 때 고려해야 할 것**
  - 허용된 범위 내에서 가급적 영양가가 많은 식사를 제공한다. 특히 단백질 · 비타민류를 충분히 공급한다.
  - 소화되기 쉬운 형태로 공급한다.
  - 양이 적고 영양가가 풍부한 농축식품이 좋다.
  - 향신료나 조미료는 소량을 공급한다.

　　㉡ **소화불량증**

- 간단한 소화불량은 깨끗하고 정성어린 음식을 준비하여 마음의 긴장이나 불쾌감이 없이 안정된 분위기 속에서 식욕을 돋구는 정상인의 식사를 할 수 있도록 노력하면 된다.

- 증세가 호전되지 않으면 유동식 · 연식 · 블랜드 음식(bland diet : 부드러운 식사, 저섬유소 식사)을 사용하여 점차로 정상 식사로 돌리도록 한다.

- 주의할 점은 지나친 조미료의 사용과 섬유질의 함량을 줄여야 한다는 것이다.

⑧ 기타 암치료식, 알러지식, 수술전후 식사 등이 있다.

(7) 검사식

① **지방변 검사식** : 위장관내의 소화불량이나 흡수불량 확인

② **레닌 검사식** : 고혈압 환자의 레닌활성도 평가

③ **5-HIAA 검사식** : 소변내 5-HIAA 함량 검사로 악성종양 진단

④ **당 내응력 검사식** : 인슐린 분비기능, 혈당 조절능력을 조사하기 위한 고당질 식사

⑤ **400mg 칼슘 검사식** : 고칼슘 식사 후 고칼슘뇨증 여부를 조사하여 신결석 여부를 진단

3 식품교환표

(1) 식품교환표의 의의

① 식품교환표란 우리가 일상생활에서 섭취하고 있는 식품들을 영양소의 구성이 비슷한 것끼리 6가지 식품군으로 나누어 묶은 표이다.

② 1950년 미국 ADA에서 고안하여 우리나라에서는 1958년 처음 병원 당뇨병 환자식단을 작성하여 사용하였다.

③ 1981년 대한영양사회에서는 ADA식품 교환표를 수정 및 개정하여 환자 및 건강식 식단 작성에 사용하고 있다.

④ 같은 식품군 내에서는 영양소가 비슷하므로 열량이 동일하면 서로 바꾸어 먹을 수 있다. 같은 열량을 내는 식품의 무게를 정해 놓은 것이 교환단위이다.

⑤ 식품교환표를 이용하여 식품을 교환할 경우에는 같은 군끼리 같은 교환 단위량으로 바꾸어 먹는다.

(2) 6가지 식품군과 식품의 예

식품군		식품군별 1교환량	당질	단백질	지방	칼로리
곡류군		밥 1/3공기(70g), 식빵 1쪽(35g), 국수 반공기(90g), 떡 3쪽(50g), 고구마 반개(100g), 감자 1개(130g)	23	2	0	100
어육류군	저지방	생선 1도막(50g), 멸치 1/4컵(15g), (기름기 없는)쇠고기, 돼지고기	0	8	2	50
	중지방	생선 1도막(50g), 닭고기(40g), 쇠고기(등심, 안심 : 40g), 계란 1개(55g)	0	8	5	75
	고지방	소갈비 1도막(30g), 치즈 1.5장(30g), 생선통조림 1/3컵(50g)	0	8	8	100
채소군		익힌 채소 1/3컵(70g)	3	2	0	20
지방군		기름류 1작은술(5g), 땅콩 10개(10g), 잣 1큰술(8g), 마요네즈 1.5작은술(7g)	0	0	5	45
우유군		우유 1컵(200ml), 두유 1컵(200ml)	11	6	6	125
과일군		사과 1/3개(100g), 귤 1개(100g) 수박 1쪽(250g), 토마토 1개(250g)	12	0	0	50

4 약물과 영양대사

(1) 약물과 영양소의 상호작용

① 약물치료의 효과는 음식물에 의해 영향을 받을 수 있다.

② 약물은 영양소의 흡수불량과 결핍증을 일으킬 수 있다.

③ 영양불량은 약물의 부작용을 심화시킬 수 있다.

④ 약물은 대부분의 경우 영양소의 흡수를 억제하지만 향, 정신약 등 영양소의 흡수를 항진시키는 약물도 있다.

⑤ 약물은 영양소의 소화, 흡수, 대사과정, 식욕 등에 영향을 줄 수 있다.

⑥ 약물은 종류에 따라 식품섭취, 영양소 흡수 및 영양소 대사와 배설에 영향을 준다.

⑦ 식욕의 변화를 일으켜 식품의 섭취를 증가 또는 감소시킨다.

⑧ 장 점막을 손상시켜 영양소의 흡수에 장애를 준다.

⑨ 영양소 대사 효소를 불활성화시켜 대사를 방해한다.

⑩ 신장에서 재흡수를 방해하여 영양소의 요중 배설을 증가시킨다.

(2) 약물과 영양소 대사

① 해열제를 장기간 사용하면 위나 소장조직에 궤양을 일으켜 혈액을 손실하므로 철 결핍성빈혈을 초래하기 쉽다.

② 제산제는 식욕부진, 불쾌감과 함께 인의 체내 결핍증을 초래한다.

③ 고지혈증 치료제는 비타민 A, D, K와 엽산의 흡수를 저해한다.

④ 하제는 지용성 비타민과 칼슘, 칼륨의 손실을 초래한다.

⑤ 알코올과 해열진통제를 함께 섭취하면 간의 약물대사 효소계의 부담을 증가시켜 간 기능에 손상을 줄 수 있다.

⑥ 경구 피임약의 복용은 혈청 엽산 수준을 낮추게 된다.

⑦ 타닌산을 함유한 식품의 섭취는 약물의 흡수를 저하시킨다.

⑧ 우유 및 유제품의 칼슘은 항생제인 테트라사이클린과 불용성 화합물을 생성하여 체내 흡수를 감소시킨다.

⑨ 암치료제인 MTX(메토트렉세이트)는 엽산과 구조가 비슷하여 엽산대사를 방해하고 DNA의 합성을 저하시킨다. 이 약제의 대표적인 부작용은 설사, 구토, 탈모 등이며 이는 엽산결핍 시에 나타나는 증상들이다.

⑩ 알코올은 위와 췌장, 소장에 염증을 일으켜 티아민, 비타민 B_{12}, 엽산, 비타민 C와 같은 영양소의 흡수를 저해하여 영양불량을 일으킨다.

⑪ 고섬유질 식이와 타닌산을 함유한 식품의 섭취는 약물의 흡수를 저하 또는 지연시켜며 알코올과 카페인도 약물의 대사속도에 관여하여 독성 및 부작용을 일으킬 수 있다.

⑫ 소염제인 설파살라진(sulfasalazine)은 엽산의 흡수를 저해할 수 있으므로 엽산이 풍부한 식품을 섭취하도록 관리한다.

2장 소화기계 질환

1 위

(1) 위 일반

① 위로는 식도, 아래로는 십이지장과 연결돼 있는 위는 음식물이 일시적으로 저장되고 약간의 화학적 분해가 일어나는 장소로서 배 한가운데, 즉 명치에 자리하고 있다. 모양은 큰 자루와 같고 크기는 자신의 신발 사이즈와 비슷하다.

② 현미경을 이용해 위벽을 자세히 들여다보면 위 안쪽에 1~2mm 두께의 점막층이 있는 것을 발견할 수 있다. 이 밑에는 세 개의 근육층이 있는데 각 층은 가로와 사선, 세로 방향으로 근육이 분포돼 위로 들어온 음식물을 잘 섞어 1mm 이하로 잘게 갈아주는 역할을 한다. 하루 2.5L 정도 분비되는 위산은 음식물을 부드럽게 만들어 십이지장으로 내려보낸다. 위벽세포에서 위산이 분비되는 순간의 산도는 0.78로 염산이나 황산보다 독하지만 방패막 구실을 하는 점막 덕분에 위벽은 상처를 입지 않는다.

③ 평생 음식물을 소화시켜야 하는 힘든 직업을 가진 위가 가장 무서워하는 것은 스트레스이다. '뱃속의 두뇌'라는 별명이 있을 정도로 위는 미주신경이라든지 뇌가 가지고 있는 호르몬을 거의 다 갖고 있어 스트레스나 정신적 충격이 쌓이면 탈이 나기 쉽다.

④ 위는 소화관의 일부이며, 식도와 소장 사이에 있는 주머니처럼 부푼 부분으로 대개의 경우 갈고리 모양을 하고 있다. 속이 비었을 때의 위나 해부했을 때의 위는 수축한 상태가 많으며, 때로는 가운데가 잘록해져서 모래시계 같은 모양을 나타낸다. 위의 용량은 약 1500cc이며, 우리나라 성인의 평균용량은 남자가 1407cc, 여자가 1275cc이다.

⑤ 위 안에 들어온 음식물은 우선 삼킨 차례로 층을 이루면서 저장되어 20~26초에 1회의 비율로 일어나는 연동에 의해서 차차 유문부에 이르고, 여기서 일어나는 강력한 교반운동에 의해서 위액과 충분히 섞인다. 이리하여 염산의 작용으로 음식물이 산성이 되면 침의 녹말 당화작용이 정지하고 위액에 의한 소화가 시작된다.

⑥ 펩시노겐에서 만들어진 펩신은 산성일 때만 잘 작용하나, 장에서 분비된 소화액에 있는 효소는 모두 알칼리성이 아니면 작용하지 않는다. 음식물의 단백질은 펩신의 작용에 의해서 펩톤으로 분해되어 음식물은 죽처럼 된다. 이것을 미죽이라고 하며, 산성을 띤다. 유문은 때때로 개구하여 미죽을 조금씩 십이지장으로 내보낸다. 위는 음식물을 3~5시간 걸려서 소화하여 십이지장으로 보내며 흡수는 거의 하지 않지만 위에서는 여러 원인들로 인해 다양한 질병들이 발병하는데 먼저 위액 속의 유리 염산이 많아지면 종종 위산과다증을 일으키며, 속이 쓰리거나 위통을 호소한다. 이것은 과식이나 자극성 기호품의 남용 등에 의해서 일어

나며, 때로는 위궤양을 유발하기도 한다. 한국 사람은 식사습관으로 인해서 위에 큰 부담을 주기 쉬워서 위암을 비롯하여 위염·위궤양 환자가 많으며, 이것을 3대 위장병이라고 한다. 이밖에 위하수, 위확장, 위신경증 등이 있다.

(2) 위의 구조

① 위의 구성 : 분문, 위저부, 위체부, 유문부의 4부위로 나뉜다.

② 위점막 : 위선, 유문선, 부문선이 있다.

③ 위액 : 1일 분비량은 1~1.5L정도이다.

　㉠ 펩신 : 주세포에서 분비된다.

　㉡ 염산(HCl)

　　• 벽세포에서 분비된다.

　　• 강산성이므로 음식물, 타액, 분비물이 혼합되어 미즙 상태가 된다.

　　• 살균력이 있다.

　　• Fe^{3+} 를 Fe^{2+} 로 환원시켜 철분의 흡수를 촉진시킨다.

　㉢ 가스트린

　　• 유문선에서 분비되는 소화관 호르몬이다.

　　• 염산과 펩시노겐의 분비를 촉진한다.

(3) 위염

① 급성위염

　㉠ 의의 : 폭음, 폭식, 부패, 오염된 식품의 섭취, 술, 담배, 커피, 지나치게 차거나 뜨거운 음식의 섭취 또는 아스피린과 같은 약제복용과 방사선 치료, 화상, 수술, 스트레스, 너무 강한 양념을 한 음식의 섭취 그리고 세균성 식중독 등에 의해 발생하는 위염으로 위팽만감, 구역질, 식욕부진, 상복부통증, 피로감, 설사, 발열이 나고 중증이 되면 토물에 혈액이나 담즙이 섞이는 경우가 있다.

　㉡ 식사요법

　　• 위에 자극을 주지 않게 하기 위하여 1~2일 정도 금식하는 것이 좋으며 금식할 때에도 비경구적인 방법으로 수분을 공급한다.

　　• 증세가 가라앉고 식욕이 생기면 급성위염의 영양소 기준에 따라 유동식을 시작한다.

　　• 유동식의 형태로는 당질을 주로한 미음이나 육즙 또는 우유를 주기도 한다.

　　• 유동식에 잘 적응하면 연식으로 이행하고 증세의 호전에 따라 정상식으로 회복하는데 이 때에는 위 점막의 염증을 자극하지 않고 위의 산도를 높이지 않게 하기 위하여 무자극성식을 섭취하고, 위 점막을 보수하기 위해 양질의 단백질과 비타민 C를 공급한다.

② 만성위염

　㉠ 의의 : 불규칙적인 생활습관, 폭음, 폭식, 자극성 식품의 장기복용, 노령화 등으로 발생하며 식욕감퇴, 상복부 팽만감 및 통증, 하품, 구토, 소화불량 등이 나타나며 위액의 산 농도에 따라 과산성과 저산성으로 구분하여 관리한다.

　㉡ 과산성 위염

　　• 연식을 기준으로 위액 분비를 촉진시키는 음식을 제한하고, 너무 뜨겁거나 찬 음식, 알코올 또는 탄산 음료, 향신료, 커피, 담배 등을 피한다.

　　• 식사시간을 규칙적으로 하며 천천히 자주 식사한다.

　　• 식사의 내용은 위에 부담이 적은 당질을 주로 해서 열량을 충분히 섭취하고, 위벽보호, 재생을 위해 양질의 단백질과 유화지방을 허용량만큼 섭취한다.

　㉢ 저산성 위염

　　• 위선이 위축되어 위액의 분비장애가 일어나 식욕부진, 식후 위 중압감, 통증이 나타나므로 위점막의 보호와 위선의 위축 억제 및 위액분비 촉진을 위한 식사를 처방한다.

　　• 식품선택 시에는 식욕향상을 위해 고기 수프, 과일, 과즙, 향신료 등을 적당히 사용하며 영양공급과 체력증가를 위하여 계란, 우유, 치즈, 소화가 쉬운 흰살 생선, 지방을 제거한 육류를 섭취하도록 한다.

　　• 비타민 결핍에 주의하고 소화가 쉬운 조리방법을 선택한다.

(4) 위궤양

① 위벽이 내측에서 깎여 조직결손을 일으킨 상태이다. 위벽의 결손이 표면의 점막에 머물러 있는 것을 미란이라 하고 점막하층보다 깊은 조직결손을 궤양이라고 하여 구별하는 경우가 많다.

② 대부분의 궤양은 어떤 원인에 의해 위 조직이 위액인 산이나 펩신에 소화되어 생기는 것으로, 소화성궤양이라고도 한다. 이것과는 달리 암·결핵·매독 등의 병변이 위에 뚜렷한 원인으로 작용해 생기는 것을 특수위궤양이라 하여 소화성궤양과는 구별한다.

③ 위궤양의 발병빈도는 시대에 따라 다소 다르지만 생애 발병률은 약 20%이다. 즉, 5명 중 1명은 생애의 어느 시기에 위궤양이 생긴다는 것을 의미한다.

④ 연령과 함께 발병률은 증가하지만 남녀의 차이는 없다. 그러나 여성의 궤양은 치유되기 쉬우므로 남자의 유병률이 약간 높다.

⑤ 위궤양은 지름 1cm 정도의 원형인 것이 많다. 발생 부위는 유문전정부의 소만이나 위각이 대부분인데, 나이가 증가함에 따라 위의 상부에 발생하는 빈도가 높아진다.

⑥ 증상이 일어나는 방법, 치유에 이르는 경과 등에 따라서 급성과 만성으로 나뉜다.

⑦ 급성위궤양은 스트레스궤양이나 뚜렷한 혈류장애를 일으키는 혈관성궤양을 포함하며, 참을 수 없는 심한 상복부통이나 구역·구토 등을 수반하여 발증하고, 출혈도 일으키기 쉽지만 비교적 빨리 치유된다.

⑧ 위 X선검사는 X선을 통과시키지 않는 황산바륨을 복용하고 X선으로 투시하여 위벽결손이나 주변의 성상, 위의 활동 등을 관찰하여 위궤양 진단을 한다.

⑨ 위 내시경검사는 위 속에 위 카메라나 위 파이버스코프를 삽입하여 위의 내벽을 직접 관찰하거나 사진을 촬영하여 진단한다.

⑩ 위액검사법도 위궤양의 병태를 파악하고 치료할 때 필요한 방법인데, 공복 시에 가느다란 튜브를 위 속에 삽입하여 위액을 직접 채취하고 위궤양의 원인이 되는 위산이나 펩신의 분비량을 측정한다.

⑪ 위궤양이나 십이지장궤양에서는 위액의 산도가 높은 경우가 많다. 변의 잠혈 반응도 위궤양에서의 출혈 유무를 알아내는 데 도움이 된다.

(5) 위하수증

① 위하수란 위가 정상인보다 아래로 처져 있는 상태를 말하는데, 대개 체격이 가냘프고, 무력성 체질인 사람에게서 흔히 볼 수 있다.

② 위의 긴장도가 낮고, 위의 운동 및 위 분비기능이 약해서 먹는 것이 잘 내려가지 않고 아랫배가 늘 묵직하게 아프다.

③ 소화불량, 식욕부진, 두통, 빈혈 등이 오고, 때로는 메스껍고 구토를 하기도 하며, 배를 움켜잡고 흔들면 위 속에서 출렁출렁 물소리가 나기도 한다.

④ 위하수증은 남자보다 여성에게 많이 나타나며, 젊고 마른 여성일수록 많다.

⑤ 자주 소화불량이 되어 거북하고 혈액순환이 잘 안되어서 변비를 초래할 수도 있다.

(6) 덤핑증후군

① 복부팽만, 복통, 오심, 구토, 빈맥, 어지러움, 발한 등이 나타날 수 있다. 이것을 의학용어로 덤핑증후군이라고 한다. 식사 후 심장박동이 빨라지고, 어지러우며 땀을 많이 흘리는 증상이며 누워있거나 앉아 있다가 일어나면 혈압이 떨어지는 경우도 있다.

② 덤핑증후군은 식사 후 약 30분에서 1시간에 나타나는 조기 덤핑증후군과 식사 후 90분에서 3시간 사이에 나타나는 후기 덤핑증후군이 있는데 일반적으로 후기 덤핑증후군이 대부분이다. 이러한 증상은 탄수화물이 많은 식사가 소장으로 들어와서 갑자기 혈당을 높이고 인슐린 분비가 많아지기 때문에 나타난다.

③ 일반적으로 고당질식이나 과식에 의해 쉽게 일어나므로 고단백, 고지방, 저당질식으로 소량

씩 자주 준다.

④ 설탕, 젤리, 잼, 설탕을 넣은 과일이나 음료는 혈당을 높일 우려가 있으므로 피하고 복합당질이 풍부한 빵, 쌀, 채소류 등을 적당량 공급한다. 특히 위 배출속도를 늦추는 수용성 섬유소의 섭취를 늘린다.

⑤ 식사는 하루 6~8회로 나누어 천천히 하고, 수분은 식후 30~40분 후나 식사 1시간 전에 규칙적으로 마신다. 찬 음식이나 음료는 위의 운동을 항진시키므로 피한다.

⑥ 식후 30분~1시간 정도 안정하고 누워있음으로써 증상이 경감될 수 있다.

⑦ 정상체중을 유지하고 영양의 균형을 위하여 다양한 음식을 골고루 섭취하도록 한다.

2 소장 및 대장

(1) 소장

① 위의 유문에서 시작되어 대장의 맹장에 이르는 길이 약 7m의 가늘고 긴 소화관이다.

② 복강 중앙부에서 아랫부분에 걸쳐 있으며, 양측과 위쪽은 액자처럼 대장에 의해 둘러싸여 있다.

③ 위쪽에서부터 십이지장 · 공장 · 회장의 3부분으로 구분된다.

④ 십이지장이라는 이름은 그 길이가 손가락 12개를 평행으로 놓은 길이와 맞먹기 때문에 붙여진 것이며, 약 25~30cm이다.

⑤ 소장점막에는 분비샘이 있어서 점액 등을 분비하고, 또 점막에 있는 세포에는 많은 소화효소가 함유되어 있는데, 이 세포가 파괴되면 효소가 장 안으로 나온다. 십이지장에는 쓸개즙과 이자액이 분비된다.

⑥ 쓸개즙에는 지방의 흡수를 돕는 쓸개즙산염이 함유되어 있고, 이자액에는 탄수화물 · 단백질 · 지질의 분해효소가 함유되어 있다. 이 쓸개즙, 이자액 및 소장 내의 효소에 의하여 탄수화물은 포도당 · 갈락토오스 · 과당으로, 단백질은 아미노산으로, 지방은 지방산 · 글리세롤로 분해된다.

⑦ 소장점막에는 많은 주름이 있고, 하나하나의 주름에는 융털이 나 있다. 융털의 상피세포에는 높이 1μm, 지름 $0.1\mu m^2$의 미세융털이 돌출해 있기 때문에 소장의 흡수넓이는 약 $200m^2$에 이른다.

⑧ 탄수화물은 포도당 · 갈락토오스 · 과당이 되고, 단백질은 아미노산이 되어 흡수된다.

⑨ 지방은 글리세롤과 지방산으로 분해되어 비로소 흡수되며, 세포 속에서 트리글리세롤로 합성되어 작은 지방구가 되어 림프관에 들어간다. 영양소는 모두 소장에서 흡수된다고 해도 과언이 아니다.

⑩ 탄수화물은 십이지장 아랫부분에서, 비타민은 수용성·지용성 모두 공장 윗부분에서, 단백질·지방은 공장에서, 비타민 B와 쓸개즙산염은 공장 아랫부분과 회장에서 주로 흡수된다.

⑪ **소화흡수작용**

    ㉠ **담즙** : 십이지장에 들어와서 지방을 유화시킴, 소화효소는 없음

    ㉡ **췌액** : 트립신(단백질 분해효소), 스테압신(지방 분해효소), 아밀롭신(탄수화물 분해효소)

    ㉢ **장액** : 젖당·엿당·서당(이당류를 단당류로 분해), 펩티다아제(단백질 분해), 리파아제(지방 분해)

(2) 대장

① 척추동물의 소화관에서 소장으로 이어진 부분 전체를 말한다. 즉, 맹장 이하 부분으로, 소장보다 굵고 짧다. 사람의 대장은 150~160cm이며, 맹장·결장·직장의 세 부분으로 나뉜다.

    ㉠ **맹장** : 소장의 회장이 열리는 대장의 첫 부분이며, 끝이 막혀 있어 맹장이라 불린다. 사람의 맹장은 길이 5~6cm 밖에 안 되는 퇴화기관으로, 오른편 장골와에 있다. 회장이 맹장에 열리는 회맹부에는 회맹판이 있는데, 이는 대장의 내용물이 소장으로 역류하지 못하게 막는다.

    ㉡ **결장** : 대장의 중간 부위로, 맹장의 위 끝에 이어져 있다.

    ㉢ **직장** : 대장의 마지막 부분으로, 길이는 약 20cm이며, 대체로 천골의 앞면에서 정중선을 따라 내려가 항문에서 끝난다.

② 대장의 운동도 본질적으로는 소장의 운동과 마찬가지로 내용물을 항문 쪽으로 옮겨가게 하는 '연동운동'과 내용물 및 분비물을 섞이게 하는 '분절운동'으로 나뉜다.

③ 대장 점막의 배세포에서 분비하는 점액은 소화효소를 함유하고 있지 않으므로 화학적 소화에는 관여하지 않지만, 대장 내용물과 분괴의 이동·배출을 쉽게 하고, 대장·항문의 내벽에 대한 마찰 장해를 막는 역할을 한다.

④ 대장의 운동·분비 등 기능은 자율신경계에 의해 지배된다. 즉, 부교감신경의 촉진작용과 교감신경의 억제작용에 의해 길항적으로 자동 조절된다.

⑤ 사람의 대장 안에서는 분괴 등 내용물과 더불어 약 1000종의 장내세균이 살고 있는데, 분괴 1g에는 수천억 개의 장내세균이 있으므로 분괴 부피의 약 1/3은 세균이라 할 수 있다.

⑥ 대장 안에서는 장내세균들의 발효로 장내가스, 유독성 물질이 생기지만, 여러 가지 비타민도 생성되어 영양상 도움이 된다.

(3) 장염

① 급성장염

㉠ 원인과 증상 : 그 원인에 따라 감염성 장염과 단순성 장염이 있다. 감염성 장염은 여러 가지 세균이나 바이러스의 감염에 의하여 급성장염을 일으킨 것이다. 그리고 단순성 장염은 너무 차거나 매운 음식을 많이 먹거나, 식품 혹은 약물에 대한 알레르기 등으로 장염을 일으킨 것이다. 어느 쪽이든지 대표적인 증상은 복통, 설사, 구토, 발열 등이다. 설사가 심하면 탈수 증상이 나타나고 쇼크 상태에 빠질 수도 있다.

㉡ 진단과 치료 : 대변검사, 대변 배양, 장 내시경검사 등으로 진단은 비교적 쉽다. 감염성 장염은 항생제나 항균제를 투여하고 단순성 장염은 그 원인이 되는 음식물을 제거하는 것이 중요하다. 어느 쪽이든지 급성장염의 진단이 내려지면 죽이나 미음과 같은 유동성 음식만을 투여하든지, 아예 한두 끼니 정도는 절식시키는 것이 치료에 도움이 된다. 설사가 심하여 탈수나 전해질의 소실이 심하면 경정맥 수액요법으로 전해질과 당분, 수분을 공급하고, 장운동을 억제시키는 항콜린제, 장내세균총을 정상화시키는 유산균제제, 음식물의 소화를 돕고 장내 가스를 제거하는 조화효소제 등을 사용한다.

② 만성장염

㉠ 원인 : 급성장염이 완전히 치료되지 않고 만성화해서 일어나는 경우가 많고 그밖에 식사의 섭생이 고르지 못하거나 기온, 계절의 변화, 지나친 음주 등으로 유발되는 수도 있다.

㉡ 증상

• 만성장염의 증상은 주로 복부의 불쾌감, 아랫배가 항상 묵직한 느낌, 복통이나 설사 따위이다.

• 설사와 변비가 교대로 일어나는 경우도 있다.

• 대변에 끈적끈적한 점액이 많이 섞이고 달걀 썩은 냄새 또는 시큼한 냄새가 풍기기도 한다.

• 항상 뱃속이 부글부글 끓고 두통, 현기증, 권태감, 식욕부진, 빈혈, 신경과민 증상까지 일어난다.

(4) 췌장염

① 췌장염(pancreatitis)이란 췌장에 생긴 염증을 말한다.

② 급성췌장염과 만성췌장염

㉠ 급성췌장염

• 급성췌장염(acute pancreatitis)은 췌액의 소화효소나 담석증으로 인해 담즙이 췌장 내로 역류하여 췌장조직을 자가 소화하여 염증이 발생하는 질환으로 폭음, 폭식이나 지방식 또는 음주 후에 발생하기 쉽고 뚱뚱한 사람에게 많이 생긴다.

• 상복부의 격통이 특징이며, 왼쪽 어깨, 가슴, 등 쪽으로 퍼져 나간다. 증상이 심해지면 복통, 구토 등이 나타나고, 발열, 식은 땀 등의 증세도 정도에 따라 나타난다. 장마비,

쇼크에 이르기도 하며 복수, 급성 신부전증, 호흡부전 등의 합병증을 일으키기도 하여 심하면 사망할 수도 있다.

- 주로 알코올 과다, 담석증, 복부외상, 혹은 약제 등에 의해 발생하나 20~30%는 원인 미상이다.
- 급성췌장염의 치료는 발병 후 2~3일은 금식한 후 식이요법을 하는 것이 중요하다. 진통제나 소화액 분비를 억제하는 약을 사용하는 약물요법을 시행하고 알코올 섭취를 중단한다.

ⓛ 만성췌장염

- 만성췌장염(chronic pancreatitis)은 지속적으로 술을 마시는 사람에게 나타나며 급성췌장염을 되풀이하다가 만성췌장염이 되는 경우와, 처음부터 만성형으로 발병하는 경우가 있다.
- 상복부에 지속적인 통증이 특징이며, 만성 염증으로 인해 췌장 기능이 저하되어 소화액, 소화효소가 부족하기 때문에 지방이 소화되지 않은 채 대변으로 나오는 지방성 설사를 하거나, 식욕부진, 체중감소가 현저하다.
- 대부분 술을 수 년 이상 과도하게 마실 때 생기지만 유전성 인자, 대사성 인자, 담석증 등도 발병 원인이 된다.

③ 급성췌장염의 경우 알코올의 섭취남용, 바이러스성 간염, 유행성 이하선염, 소화성 궤양, 신경성 식욕불량, 췌장 파열을 야기하는 외상, 내시경 역행성 담낭 췌장 조영술 또는 약물과 밀접한 관계에 있다. 만성췌장염은 만성알코올중독, 단백질 영양실조 등이 가장 흔한 원인이다.

④ 담석으로 인한 췌장염은 수술로 담석을 제거해야 하며 췌장조직이 썩어 생긴 괴사성 췌장염이나 출혈성 췌장염 등 심한 경우를 제외하고는 수술보다 안정요법을 쓴다. 주로 진통제로 통증을 다스리며 금식기간 동안은 충분한 수분공급이 중요하다. 식사는 기름진 음식을 피해야 하며 췌장효소를 외부에서 복용해 소화를 도와야 한다.

⑤ 급성췌장염의 경우는 칼로 저미는 듯한 통증이 좌측 상복부 또는 상복부 위로 느껴지며 구역과 구토가 동반되기도 한다. 만성췌장염의 경우도 급성과 같이 무딘 통증이, 심한 통증과 구토, 발열, 황달 등과 교대로 나타난다.

(5) 설사

① 수분이 많이 함유된 대변을 배출하고 배변의 횟수가 많아지는 것을 말한다.

② 대장을 통과하는 유미즙의 속도가 빨라져 수분과 전해질을 대장에서 재흡수하는 시간이 짧아지게 된다.

③ 경련성 복통이 동반되거나 어떤 경우에는 혈액과 과다한 점액이 대변과 함께 나오며 오심,

구토까지 일으킬 수 있다.

④ 설사의 원인

ㄱ 심리적 불안, 스트레스(장운동이 항진되고 점액 분비가 증가)

ㄴ 음식물의 알레르기(음식물의 소화 감소)

ㄷ 기름진 음식, 커피, 알코올, 양념이 많은 음식섭취(장운동 항진, 장내 점액분비 증가)

ㄹ 약물 철분제제(장 점막의 자극)

ㅁ 완화제(장 점막의 자극)

ㅂ 장질환(비흡수성 증후군, 수분흡수의 감소)

ㅅ 위 또는 장의 절제술

ㅇ 항생제 복용(정상균을 파괴하여 장내 세균의 불균형 초래)

(6) 변비

① 의학적으로는 배변습관이 감소한 상태나 배변의 수분량이 감소할 때를 말하며 객관적인 정의는 어렵다. 건강인 1일 분변량은 평균 150g이지만 개인차가 심하고 배변횟수가 1일에 1회이지만, 일반적으로는 1주일에 3회까지는 정상범위이다.

② 이완성 변비 : 직장의 예민성 부족이나 활동의 느림으로 생기는 변비이다. 즉, 배변을 하기 위한 장의 운동이 부족하여 연동작용이 약해지고 변이 천천히 이동한다. 부적당한 음식의 섭취, 불규칙한 식사, 불충분한 액체의 섭취와 배변을 할 규칙적인 시간을 갖지 못하는 것이 주요 원인이다. 그래서 매일 정상의 장운동을 위해 과일, 채소 및 덜 정제된 곡물 등을 통해 섬유소를 공급해야 한다. 또 물은 매일 8~10컵을 마신다. 아니면 변비를 방지하는 역할을 하는 요구르트나 우유를 마신다. 저영양 상태의 환자의 경우 고지방식이도 필요하다. 그러나 너무 많으면 설사를 일으키기도 한다.

③ 경련성 변비 : 이완성 변비 형태와 반대이다. 장의 불규칙한 수축으로 인해 장의 신경 말단이 지나치게 수축하여 발생한다. 발생 원인은 매우 거친 음식의 섭취, 많은 양의 커피, 홍차, 알코올의 과음, 다량의 하제 복용, 지나친 흡연 습관 등이다. 혹은 긴장이나 정서적인 혼란, 전에 앓았던 위장병, 항생적인 치료, 장의 감염과 나쁜 환경 등이 원인이 되기도 한다. 환자는 장의 팽창에 대해 불쾌감을 가지며 속이 쓰리고 배가 불룩 나오고 심한 경련을 일으킨다. 이들 환자에게는 흔히 체중 미달과 신경질적 증세가 나타난다. 경련성 변비는 저섬유소 식사를 하면 좋다.

④ 장애성 변비 : 장내용물의 이동이 방해되거나 막히는 것을 말한다. 암, 종양, 장의 점착 등은 이러한 장애를 일으킴으로 수술 치료가 필요하다. 장애성 변비는 보통 수술을 요하며 식이요법으로는 치료될 수 없다. 하지만 환자에게 기본 영양은 공급할 수 있다. 변을 만드는 물

질이 최소가 되도록 식사 구성을 해야 하며, 심할 경우 유동식으로 공급한다.

(7) 유당불내증

① 유당(Lactose, Milk sugar)은 동물의 젖 성분(우유)에 함유되어 있는 당 성분을 말하며, 유당불내증은 선천적으로나 후천적으로 몸에서 유당을 분해하는 효소가 분비되지 않아 대장으로 유당이 그대로 내려가 설사를 일으키는 증상을 말한다.

② 원인은 유당분해효소가 없거나 부족하기 때문인데, 이 효소가 없으면 우유 속의 당이 체액을 흡수해서 설사를 일으키게 된다.

③ 유당을 과다 섭취하면 어린이의 경우에는 기저귀 발진이 일어나고, 거품이 섞인 설사를 하며, 구토·체중증가 및 성장발달이 느린 증세가 나타난다.

④ 성인의 경우에는 뱃속에서 꾸르륵거리는 소리가 나고, 복부경련이나 설사 등이 나타나며, 가스가 차고 배가 부르며 메스꺼움을 느끼게 된다. 이러한 증세는 소장에서 흡수되지 않은 유당이 대장에 도달하여 생기거나, 대장 내 세균에 의해 발효·생성된 가스 때문에 생기는 것이다.

(8) 게실염

① 장의 안쪽 벽이 작은 주머니 모양으로 부풀어 오른 상태를 게실이라 한다.

② 원래 게실이 생겨도 증세는 없으나 게실 내에 장의 내용물이 괴어 염증이 일어난 것을 게실염이라 한다.

③ 게실염은 전염성은 없고 암으로 발전하지도 않는다.

④ 게실증이 생기는 가장 중요한 인자는 대장내의 압력증가이다.

(9) 크론병

① 크론병(국소성 회장염)이란 소화관의 어느 부위에나 발생하는 만성 염증성 질병으로 국한성 장염이라고도 한다. 구강에서 항문까지 소화관의 어느 부위에나 발생하는데, 특히 회장의 말단 부위에 잘 생기는 만성적인 염증성 장 질병이다.

② 장기간 지속되는 복통, 설사, 장출혈을 주요 증세로 하며 이로 인해 빈혈·비타민결핍증·탈수·식욕부진·발열·체중감소·저단백혈증·흡수불량증후군 등 영양불량 상태를 초래한다. 혈변·점액변 등의 증세가 나타나기도 하며, 그 합병증으로 강직성척추염·결정성홍반·홍체염·관절염·피부점막질병 등이 발생한다. 어린이가 크론병에 걸리면 성장발육에 많은 장애가 생긴다.

③ 현재까지 정확한 원인 및 치료법은 없으며, 감염과 면역기능이상, 유전적·환경적·정신적 요소 등에 의한 것으로 추정되고 있을 뿐이다.

④ 일반적으로는 약물치료를 먼저 시행하지만 부분적으로만 반응하므로 보통은 수술을 필요로 하는 합병증이 많이 생긴다. 소장에서 발생한 경우에는 난치성으로 그 치료가 매우 어렵지만 대장에서만 발생한 경우에는 전 대장절제술을 시행해서 80% 정도는 완치가 될 수도 있다.

(10) 과민성대장증후군

① 정서적 긴장이나 스트레스로 인해 장관의 긴장, 운동 및 분비 등의 기능장애를 일으키는 심신증 질환이며 과민성장관증후군이라고도 한다.
② 증상은 일정하지 않은 복통, 복부팽만감, 설사, 변비, 또는 설사·변비를 되풀이하는 변통이상, 점액 배출, 장내가스에 의한 가스 배출 등이며, 머리가 무겁고 쉽게 피로해지는 등 자율신경실조증이나 정신신경증상을 호소하는 경우도 있다.
③ 보통 검사에서는 기질적 병변을 알아차리지 못해 종합적으로 진단한다.
④ 신경질적인 성격과 자율신경계의 불안정한 소지가 있는 사람에게 식사 인자, 신체적 인자, 정서적 인자가 작용하여 일어난다.
⑤ 소화기 질환 중에서 가장 빈도가 높은 것으로, 위장병 환자의 50~70%를 차지한다.
⑥ 치료는 생활지도·식이요법·진경제·진정제·정신안정제 등의 대증요법에 의한다.

(11) 치질

① 항문 및 그 주위 조직에 생기는 병변을 총칭한다.
② 여러 가지 질환이 있는데 이 가운데 치핵·치루·치열이 가장 많다.
③ 좁은 뜻으로서 치질은 치핵을 말하며, 넓은 뜻에서 항문주위염, 항문농양, 탈항 등도 포함된다.
④ 정맥압이 항상 항진되어 있기 때문에 생기며 변비나 설사·배변습관과도 관계가 깊다.
⑤ 변비를 막기 위해서는 충분한 수분섭취가 필요한데 변기에 오래 앉아 있으면 중력에 의해 치질이 악화된다.

3 소화기계의 주요호르몬

호르몬	분비기관	분비조절자극	주요기능
콜레시토키닌	십이지장	십이지장에서 지방산과 아미노산 자극	• 담낭 수축 자극 • 췌장효소 분비 자극
엔테로가스트론	십이지장	십이지장에서 산이나 펩타이드 자극	• 위산 분비 억제 • 십이지장 운동 억제

가스트린	위의 유문부	위 확장과 위 내용물 중 단백질	• 위산 분비 촉진 • 펩시노겐 분비 촉진 • 위 운동 촉진
세크레틴	십이지장	십이지장에서 산이나 펩타이드 자극	• 췌장에서 중탄산염 분비 자극 • 위산 분비 억제

4 소화효소의 작용

소화관	분비기관	소화효소	적용대상 영양소
구강	타액선	프티알린	탄수화물(전분)
위	위점막세포	펩신	단백질
		리피아제	지방
소장	췌장선	아밀롭신	전분, 덱스트린, 맥아당
		트립신	폴리펩티드
		카이모트립신	폴리펩티드
		스테압신(리피아제)	지방
	장선	이당류분해효소 (말타아제, 수크라아제, 락타아제)	이당류
		에렙신	디펩티드
		리피아제	지방, 디글리세라이드

3장 간장과 담낭, 췌장 질환

1 간의 구조와 기능

(1) 장기로서의 간

① 복강 내 우상부에 위치하는 간은 무게가 1,200~1,600g으로 인체에서 가장 큰 장기이다. 해부학적으로 간은 좌엽과 우엽으로 구분되며, 좌엽의 크기는 우엽의 1/6 정도이다.

② 간세포는 간문맥으로부터 간정맥 쪽으로 판상 배열을 하고 있으며, 혈류에 직접 노출되지 않고 혈관내피세포에 의해서 감싸여 보호된다. 혈관내피세포에서 형성되는 누공에 의해서 혈류와 간세포 사이에 교류가 조절된다.

③ 간 혈류량의 80% 정도는 간문맥혈관을 통해서 유입되며, 20%는 간동맥을 통해서 유입된다. 간동맥은 산소공급을 담당하며 간문맥은 장에서 흡수된 영양분을 간으로 공급한다. 담도는 간의 소화기능을 담당하는 역할을 하며, 간세포에서 생산된 담즙이 소장으로 유입되는 통로이다.

④ 간세포는 파괴되어도 파괴되는 형태에 따라 구조상 완전하게 정상형태로 재생되어 회복되기도 하고, 때로는 구조상의 변화를 일으키는 만성간염의 형태로 재생을 일으키게 된다.

⑤ 개개의 간세포는 이렇게 강력한 재생능력을 갖고 있으면서도 인체에 필요한 영양소를 저장하기도, 생성하기도 하며 여러 종류의 효소, 호르몬 등을 분비하고, 인체의 독소를 제거하는 등 다양하고 복잡한 미세구조를 갖고 있어 아직도 인공간 장기를 개발시키지 못하고 있는 실정이다.

⑥ 간은 인체에 매우 중요한 각종 대사작용을 총괄하기 때문에 '인체의 화학공장'이라는 별칭을 가지고 있다. 간은 혈액 저류가 풍부하여 혈류량의 생리적 변화에 대응하여 스폰지처럼 소위 '쿠션' 역할을 수행하기 때문에, 제2의 심장으로 불리기도 한다. 간에는 쿠퍼세포(Kupffer cells)로 불리는 탐식세포가 분포하여 소위 세망내피계의 일부로서 중요한 면역기능을 담당한다.

(2) 간의 특징

① 영양소의 대사, 유해물질 해독, 담즙을 형성한다.

② 간세포의 기능에서 가장 중요한 것은 효소의 존재이다. 효소는 간세포의 대사와 해독작업을 돕는다.

③ 가장 일반적인 효소 GOT(글루타민산옥살로초산트랜스아미나아제), GPT(글루타민나파

루민산트랜스펩티다아제), ALP(알카리포스타파아제)이다. 간세포에 이상이 생기면 간세포에 함유되어 있는 효소가 혈액 속으로 유출된다.

④ 간은 재생력이 높고 통증이 없는 침묵의 장기이다. 절반이 절단되어도 원상태로 복원 가능하며 지각신경은 없다.

(3) 간의 대사기능

① 간은 식품의 영양분을 가공처리하여 내보낸다. 문맥을 통해 간으로 들어온 영양분은 간세포에 의해 몸의 각 부분에 필요한 물질로 전환하는데 이를 대사라고 한다.

② 당질의 대사

    ㉠ 흡수된 당질은 일단 간으로 가서 글리코겐으로 합성하여 에너지로 활용하거나 간 내에 저장한다.

    ㉡ 혈당이 저하되었을 때 포도당의 형태로 전환 후 혈액 속으로 방출한다.

    ㉢ 주요 역할은 에너지 공급 및 혈액 내의 혈당 조절이다.

③ 단백질의 대사

    ㉠ 아미노산을 간에서 각종의 단백질로 전환한다. 즉, 알부민, 프로트롬빈, 피브리노겐 등을 만들어 낸다.

    ㉡ 흡수된 단백질이나 저장단백질을 분해하여 당분(에너지원)으로 전환시킨다.

④ 지질의 대사

    ㉠ 콜레스테롤, 인지질, 지단백, 담즙산을 합성한다.

    ㉡ 지방산의 합성 및 분해 작용을 한다.

⑤ 비타민의 대사

    ㉠ 베타카로틴을 비타민 A로 전환하여 저장한다.

    ㉡ 비타민 K는 프로비타민 합성, 비타민 A, D, B_1, B_2, 엽산, B_{12} 등의 저장과 활성화 작용을 한다.

⑥ 무기질의 대사

    ㉠ 구리를 저장한다.

    ㉡ 철분이 간에서 페리틴(ferritin)으로 저장된다.

⑦ **해독작용** : 유독물질을 독성이 적은 물질로 바꾸어 소변이나 담즙같이 배설하기 쉬운 수용성 물질로 만든다.

⑧ **담즙의 형성**

    ㉠ 담즙은 소화, 흡수에 필수적인 소화액이다(지용성 비타민 흡수).

    ㉡ 불필요한 물질의 배설도 담즙의 역할이다.

ⓒ 간에 장애가 생기면 혈액 속의 빌리루빈이 증가한다(담즙의 황색 빛깔은 빌리루빈색소 때문임).

ⓔ 담즙 성분 : 빌리루빈, 담즙산, 콜레스테롤, 지방, 요산, 레시틴, 염류

2 간 및 담낭 질환

(1) 간질환

① 급성간염

ⓐ 원인

- 급성간염을 일으키는 간염 바이러스는 A, B형 및 non A non B형 등 세 가지로 구분되는데, 이 중에서도 우리나라에서 가장 중요한 원인은 B형 간염 바이러스이다.
- B형 간염은 혈청을 통해 감염되므로 혈청간염으로도 불린다.
- B형과 C형은 만성화되기 쉽다.

ⓑ 증상 : 급성간염은 주로 황달, 식욕부진, 체중감소, 피로와 권태, 발열과 오한, 두통 등 전신증상이 나타난다.

ⓒ 치료

- 급성간염 치료의 기본은 안정과 식이요법이다.
- 균형 있는 고열량 음식이 좋다.
- 알코올은 급성간염이 회복될 때까지는 절대로 피해야 하며 간염이 완전히 회복되더라도 지나친 음주는 간염을 다시 재발시킬 우려가 있으므로 조심해야 한다.
- 지방식이를 제한하고 소량의 유화지방으로 공급하며 술을 제한한다.
- 영양관리가 약물치료보다 중요하다.
- 발병 초기에는 식욕부진을 극복하기 위해 유동식으로 음식을 공급한다.
- 손상된 간세포의 재생을 도모하기 위해 영양보충에 힘써야 한다.
- 고열량식을 주되 비만이나 지방간이 되지 않게 조절한다.
- 간 단백질이 소모되지 않게 고당질식을 한다.
- 유화지방 형태의 지방이 소화가 잘 된다.

② 만성간염

ⓐ 개념 : 만성간염이란 대개 6개월 이상 경과하여도 임상적이나 생화학적으로 회복되지 않는 간염을 말하며, 흔히 수년간 지속된다. 임상병리학적으로는 그 경과가 비교적 가벼우며 결국은 완전히 회복되는 만성 지속성 간염과, 계속적인 간세포의 파괴로 인하여 지속적인 염증과 섬유화를 동반하는 만성 활동성 간염으로 구분된다.

ⓛ 원인

- 만성간염의 원인은 매우 다양하지만, 바이러스성, 약물 및 면역반응이상 등 세 가지로 구분할 수 있다.
- 우리나라에서는 B형 간염 바이러스 감염이 가장 중요한 원인이며, HCV도 작용한다.
- 만성간염을 일으키는 것으로 알려진 약제로는 INH, 알파–메틸도파(α–methyldopa), 옥시페니스틴 또는 랙서티브(oxyphenistin 또는 laxative) 및 아스피린(aspirin) 등이 있다. 이는 바이러스에 의한 경우와 대조적으로, 약제를 끊으면 완전히 회복된다.
- 간혹 혈청 내에 자가 항체가 발견되는데, 우리나라에서는 만성간염의 원인으로 볼 수 있는 경우가 극히 드물다.

ⓒ 식사요법

- 단백질은 양질의 단백질로 1.5g/kg을 공급한다.
- 지나친 열량을 공급하면 비만이나 지방간을 유발하므로 적정 열량을 준다.
- 복수가 있을 때 나트륨을 제한한다.
- 지방은 소화하기 쉬운 유화지방을 준다.

③ 간경변증

㉠ 개념 : 간의 크기가 감소되고, 재생결절과 섬유화로 인해 순환장애가 나타나며 간세포 기능이 저하되는 질환이다. 식도정맥류 출혈, 복수, 간성혼수 및 간부전증 등 다양한 임상 소견이 복합적으로 발생하는 하나의 증후군이라고 할 수 있다.

㉡ 발병원인

- 간경변증을 유발하는 원인은 다양한데, 만성 B형 간염, 만성 C형 간염, 알코올성 간염, 일차성 및 이차성 경화성 담도염, 자가면역성 간염, 윌슨(Wilson)씨 병 등이 간경변증을 유발한다. 이 중 만성 B형, C형 간염과 알코올성 간염에 의한 것이 대부분이며, 나머지는 드물게 나타난다. 알코올에 의한 간경변증은 하루 평균 80g의 알코올을 20년(여자는 10년) 이상 음주하였을 경우, 약 30%의 발생률을 보인다.
- 간경화는 주로 B형 간염이 만성으로 진행될 경우 생기며 그 외 만성 알코올중독, 약물 복용, 선천성 대사이상, 만성영양불량 등 여러 가지 원인에서 생긴다.

㉢ 증상 : 간경변증의 상태에 따라 다양하게 나타난다. 일반적인 증상으로 쇠약감, 피로감, 식욕부진, 소화불량 등이 있으며 간경변증이 심해지면 복수, 간성혼수, 식도정맥류 파열 등이 초래될 수 있다. 비장이 커져서 좌측 상복부에서 만져질 수도 있다.

㉣ 진단

- 거미상 혈관종이 가슴 및 팔 등에 나타나고 복수가 있으며 비장종대가 발견되면, 간경변증을 의심할 수 있다. 혈소판, 백혈구가 현저히 감소되며 혈색소도 감소된다. 혈액화학검사(간기능검사)상 알부민치가 정상 이하로 감소되고, 프로트롬빈 시간(PT)이 연장

4과목

[식사요법]

되며, 빌리루빈(bilirubin) 수치가 상승된다.
- 간초음파로 간경변증 여부를 진단할 수 있다. 검사상 복수가 있고 간 크기가 감소되며 간 표면에 요철이 발견되면 간경변증으로 진단될 수 있다.

ⓜ 식사요법
- 열량섭취는 체중당 약 35kcal 정도의 고열량식을 제공한다.
- 단백질은 영양불량을 치료하고 간 재생을 위해 충분히 공급한다.
- 복수나 부종이 있을 경우 나트륨을 100mg/day 이하로 제한한다.
- 간 손상 회복과 강화를 위하여 결핍되기 쉬운 엽산, 티아민 등 비타민 B 복합체들이 보충되어야 한다.
- 간경화 환자의 경우 필수지방산의 결핍을 방지할 정도로 소량 공급하며, 긴 사슬지방보다 중간 사슬지방을 공급하는 것이 좋다.

ⓗ 영양치료방법
- 간의 결체조직과 지방세포의 침착을 막는다.
- 조직을 재생시키며 단백질 분해효소 작용을 막는다.
- 체지방 및 근육소모를 최소화한다.
- 복수·부종을 예방 또는 치료한다.
- 잔여 간기능을 보존한다.
- 영양소의 결핍증을 예방한다.

④ 지방간
ㄱ 개념
- 지방간이란 전체 간소엽의 1/3 이상이 지방으로 점유되고, 그 외에 현저한 형태학적 변화가 인정되지 않는 것을 말한다. 이 경우 침착해 있는 것은 주로 중성 지방이다.
- 비만한 사람에게서 대부분 나타난다.
- 과량의 알코올 섭취가 원인이 될 수 있다.
- 메티오닌(methionine)이나 콜린(choline) 등의 부족이 지방간을 초래할 수 있다.
- 지방간은 간에 중성지방의 축적이 증가한 상태이다.
ㄴ 원인 : 지방간은 비만, 과도한 음주, 영양불균형, 당뇨, 지질섭취 과다 등에 의해서 발생한다.
ㄷ 식사요법
- 식사를 거르지 말고 규칙적으로 한다.
- 정상체중을 유지하도록 한다.
- 밥, 빵, 국수, 감자 등의 당질식품은 너무 많이 먹지 않도록 한다.
- 과일은 적당량 먹는 것이 좋다(1일 중간크기 과일 1개 정도).
- 단 음식(사탕, 초콜릿, 꿀, 아이스크림, 탄산음료)은 당분과 열량이 많으므로 자주 먹지

않도록 한다.

- 술을 피한다. 과량의 알코올 섭취는 지방간을 악화시키며 영양불량을 초래하게 된다.
- 조리 시에는 튀김, 전 보다는 구이, 조림, 찜 등의 방법을 이용하는 것이 좋다.
- 비타민과 무기질을 섭취할 수 있도록 신선한 채소를 충분히 먹도록 한다.

⑤ 간성뇌증(혼수)

ㄱ 개념 : 간성혼수는 혈중 상승된 암모니아가 뇌조직으로 들어가 중추신경계에 이상을 일으
켜 혼수상태가 되는 것을 말한다.

ㄴ 식사요법

- 단백질을 제한한다.
- 체단백의 분해를 막기 위해 열량을 충분히 공급한다.

ㄷ 영양치료목표

- 간조직의 재생을 촉진한다.
- 수분 및 전해질 균형을 예방하거나 치료한다.
- 체조직의 이화를 방지하고 영양결핍을 예방한다.
- 출혈 및 장내 혈액손실을 예방하거나 치료한다.

(2) 담낭염과 담석증

① 담낭염

ㄱ 개념 : 담낭염이란 담낭(쓸개)의 세균 감염에 의한 염증으로, 대부분 담석증을 볼 수 있다.

ㄴ 증상 : 담석증과 마찬가지로 우상복부 통증, 발열, 구역질과 구토를 하며 이외에 약 40%
에서 황달이 나타난다. 염증이 심해지면 오한을 수반한 고열이 나고 동통도 심해지며 복
벽의 긴장이 현저해진다. 특히 심호흡 시에 우측 상복부에서 압통을 느낀다. 대부분의 환
자는 과거에 가슴앓이 같은 병력을 가지고 있다.

ㄷ 원인 : 90% 이상에서 담석이 동반되며, 그 외 외상, 선천성 기형, 당뇨병, 기생충 등과 관
계가 있다. 담낭결석이 담낭에서 나오는 담낭관 입구를 막으면 담즙이 정체되고, 세균이
감염되어 염증을 일으킨다. 원인이 되는 세균 중에서 가장 많은 것이 대장균이고, 포도상
구균, 연쇄구균, 폐렴간균이 그 다음으로 많다.

ㄹ 식이요법

- 발작이 일어나는 동안에는 오심, 구토 때문에 정맥주사가 필요하다.
- 양념을 많이 한 음식, 짜고 자극성이 강한 음식, 가스를 형성하는 음식(콩, 양배추 등)을
제한한다.
- 많이 먹으면 담즙이 분비되므로 좋지 않다. 급성 초기에는 금식을 하고 증세가 회복되
면 1,200~1,300kcal의 연식(통조림 과일, 익힌 채소과일, 진밥 등)을 하며, 안정되면

소화가 잘 되는 정상 식사를 한다.
- 지방은 담즙의 분비를 자극시키므로 포화지방산이 많은 동물성 지방을 피한다. 회복에 따라 지방량을 늘리되 50g 이내로 제한한다.
- 단백질은 적당히, 탄수화물은 많이 섭취한다.
- 지용성 비타민 보충이 필요하다.
- 저지방식, 저열량식을 한다.

② 담석증

㉠ 개념 : 담석증이란 간에서 만들어진 담즙이 여러 가지 원인에 의해 돌처럼 단단하게 응고되면서 형성된 결석을 일컫는데, 흔히 담석증이라 하면 담즙 배출 경로에 형성된 모든 결석을 총괄하여 말한다.

㉡ 증상 : 담즙성분의 응집이나 증식에 의해 형성되고 담낭이나 십이지장으로 연결되는 담관에 생기기 쉬우며 담낭의 압력이 상승되면 통증이 동반되고 염증이 생긴다. 동통과 황달은 가장 흔한 증상이며 오한과 열이 있을 수도 있다.

㉢ 원인
- 당뇨병, 다 임신, 담낭치 운동력을 감소시키는 미주신경 절단술, 장기간의 비경구적 영양공급, 간경변증, 담즙색소를 증가시키는 만성용혈성 질환 등이 있을 때 빈번히 발생되는 것으로 알려져 있다.
- 서구화된 식생활은 콜레스테롤 결석의 발병을 증가시킨다.
- 담석이 총담관에 있으면 황달이 된다.

㉣ 식사요법
- 담낭 수축을 자극하는 지방의 섭취는 제한한다.
- 맵고 짠 자극성 식품이나 가스발생식품을 피한다.
- 동물성 식품의 섭취를 제한하고 물을 많이 섭취한다.
- 대변색이 보통이면 소화가 잘되는 지방을 조금씩 서서히 공급한다.
- 단백질도 담즙분비를 어느 정도 촉진하므로 다량 섭취한다.

4장 비만증과 체중부족

1 비만

(1) 비만의 의의

① 비만이란 체지방량이 표준체중보다 비정상적으로 증가한 상태를 말한다.

② 체지방이 20% 이상인 경우를 말한다.

③ 체중이 많더라도 근육이 많고, 체지방이 적다면 그 사람은 비만이라고 말하지 않는다.

(2) 비만의 원인

① 과식, 식습관과 식사행동, 사회적환경 인자로 인한 단순성 비만이 가장 많은 비율을 차지한다.

② 유전(체질)이나 운동부족도 그 원인이 된다.

③ 갑상샘 기능저하증, 부신피질호르몬 분비증가, 생식기제거수술, 갱년기 후, 인슐린 분비부족 등의 이유도 비만을 초래할 수 있다. 또 정신적, 심리적 인자도 포함된다.

(3) 체중으로 알아보는 비만도

① BMI(Body Bass Index) : 성인의 비만 판정에 가장 기본이 되는 지표로 간편해서 가장 많이 사용되고 있다. 20~25를 정상으로 보고, 25가 넘으면 과체중, 30이 넘으면 비만으로 판정한다.

② 카우프지수 : 영유아에게 많이 적용되는 지표이다.

③ 뢰러지수 : 학교에서 어린이의 비만판정에 이용되는 지표이다.

(4) 체지방 정도로 알아보는 비만도

① 피하지방 두께 측정 : 피하지방을 측정하기 위해 고안된 칼리퍼(caliper)라는 기구를 이용하여, 팔과 어깨뼈 아래, 종아리, 복부 등을 측정한다. 그러나 이 방법은 전문가가 측정하지 않으면 오차가 커서, 많이 이용하지는 않는다.

② 수중체중법 : 옷을 벗어 물속에 몸을 완전히 담그고, 수중의 체중과 물 밖에서의 체중을 측정하고 그 차이를 이용하여 측정하는 방법이다. 가장 정확한 방법이긴 하지만, 측정법이 어려워 학술적인 목적이 아닌 일반적인 상황에서는 이용이 어렵다.

③ 임피던스법 : 기계로 측정하는 체지방 측정 방법이 바로 임피던스법이다. 신체에 미량의 전류를 흘려보내서 체지방을 측정하는데 방법이 간단하여 많이 이용된다.

4과목

[식사요법]

(5) 식이요법

① 지방을 줄이고 섬유질의 섭취를 늘린다.

② 열량은 줄이되 단백질은 충분히 섭취한다.

③ 영양은 줄이되 무기질과 비타민의 섭취는 충분히 한다.

④ 동일한 열량의 식사를 할 때 주식은 줄이고 부식의 양은 늘린다.

2 체중부족

(1) 체중부족의 의의

① 정상체중의 90% 미만에 해당하는 경우를 일반적으로 말한다.

② 정상체중보다 대략적으로 10% 이상 적은 경우를 말하며, 20% 이상 적을 경우 수척하다고 한다.

(2) 체중부족의 원인

① 섭취량에 비해 소비량이 많은 경우

② 스트레스로 인한 식욕저하의 경우

③ 과도한 다이어트에 의한 경우

(3) 치료방법

① 영양적으로 우수하고 소화가 잘되는 음식을 선택한다.

② 적절한 운동으로 음식의 소화 및 식욕을 높이고, 충분한 수면을 취해 건강을 유지한다.

③ 원인이 소모성 질환이라면 우선 병을 치료해야 한다.

3 대사증후군

(1) 대사증후군의 의의

① 생활습관병이다.

② 심근경색이나 뇌졸중의 위험인자인 비만, 당뇨, 고혈압, 고지혈증, 복부비만 등의 질환이 한 사람에게 한꺼번에 나타나는 것을 말한다.

(2) 대사증후군의 원인

① 비만과 연관된 인슐린 저항성이 가장 중요한 인자이다.

② 인슐린 저항성은 인슐린이 분비됨에도 불구하고 인슐린의 작용이 감소된 상태를 말한다.

(3) 진단기준

다음 중 3개 이상 해당하면 대사증후군으로 진단된다.

① 허리둘레 : 남자 90cm 이상, 여자 85cm 이상

② 혈압 : 130/85mmHg 이상

③ 공복혈당 : 100mg/dL 이상 또는 당뇨병 과거력, 약물복용

④ 중성지방(TG) : 150mg/dL 이상

⑤ HDL-콜레스테롤 : 남자 40mg/dL 이하, 여자 50mg/dL 이하

(4) 식사요법

① 저에너지식과 저염식

② 채소, 불포화지방산, 복합당

③ 등푸른생선 섭취

5장 심장순환계통 질환

1 심장의 구조와 기능

(1) 심장의 구조

① 심장은 가슴의 왼쪽에 자리잡고 근육질로 둘러싸여 혈액을 들이고 보내는 역할을 하는 인체 기관이다.

② 심장은 자기의 주먹만한 크기이다.

③ 가슴 한가운데 흉골을 기준으로 왼쪽에 2/3, 오른쪽으로 1/3이 위치한다.

④ 심장은 인체에 퍼져 있는 총 80,000km(성인을 기준) 이상이나 되는 혈관으로 매일같이 쉬지 않고 혈액을 순환시킴으로써 신진대사를 비롯하여 인체가 살아있도록 하는 데 결정적인 역할을 담당하고 있다.

⑤ 심장은 내막, 중막, 외막으로 이루어져 있다.

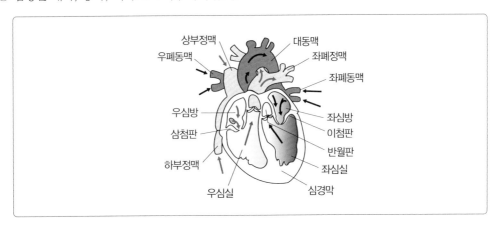

(2) 심장의 기능

① 혈액순환의 중심으로, 끊임없는 펌프작용을 통해 혈액을 방출해 온몸의 조직으로 보내는 역할을 한다.

② 자동성을 보유한다.

③ 심장에 관상동맥이 있어 산소 및 영양소 대사물 등이 운반된다.

④ **소순환계** : 우심실 → 폐동맥 → 폐 → 폐정맥 → 좌심방

⑤ **대순환계** : 좌심실 → 대동맥 → 전신 → 대정맥 → 우심방

2 심장질환

(1) 부정맥

① 심장이 불규칙하게 뛰는 현상으로, 맥박이 떨어지고 숨이 가빠지며 비정상적으로 느리거나 아주 불규칙하게 뛴다. 정상적인 심장은 우심방이 위치한 동방결절에서 전기 신호가 형성되어 심장의 윗방(심방)에서 아랫방(심실) 쪽으로 전기가 파급된다. 그러나 부정맥은 동방결절이 아닌 다른 곳에서 전기신호가 만들어지거나 전기 흐름이 불규칙한 상태로 여러 곳에서 다발적으로 전기 신호가 형성되고 전기 흐름이 느리게 내려가는 수도 있다.

② 빠른 빈맥으로 전기가 윗방에서 생기는 것을 '상심실성 빈맥'이라 하고, 아랫방에서 생긴 것은 '심실성 빈맥'이라하고, 아주 불규칙한 것은 '심방세동'이라 한다. 느린 것을 '서맥'이라 하고, 정상이면서도 느린 것을 '동서맥'이라 하며, 정상이면서도 한 박자씩 빠른 경우 '조기박동'이라 한다.

③ 부정동맥의 발병 원인은 심장에 전기이상이 생겼을 때 심근경색이나 판막질환, 고혈압 등 심장질환의 후유증, 과로, 흡연, 음주, 스트레스, 유전적 요인으로 생긴다.

④ 맥박이 너무 빠르거나(1분당 180회 이상) 맥박이 너무 느릴 때(1분당 40회 이하) 정신을 잃고 쓰러질 때가 있다. 이는 심장의 혈액 박출량이 줄어들어 생긴다. 이 증상은 심장박동이 갑자기 변할 때 주로 생기는데 노환이나 기질적 심장질환에서 비정상적인 심장박동에 대하여 적응 못할 때 생긴다. 환자의 뇌 손상만 없다면 빠른 시간 내에 정상으로 돌아온다.

(2) 심장판막증

① 심장의 판막 또는 판막장치에 기질적인 변화가 생겨 혈액순환 장애를 일으키는 것을 말한다.

② 류마티스성 심내막염에 의하여 생기며 세균성 심내막염, 동맥경화증, 외상 등에 인해 생기기도 한다.

③ 주로 선천성보다는 후천성이 많으며 장애 중 제일 많은 것은 승모판 폐쇄부전증 또는 승모판 협착증이다.

④ 증상으로는 가슴이 두근거리고, 심장 부위 불쾌감, 답답함 등이 나타나며 병이 악화되면 입술과 손발 끝이 파래지고 숨이 가쁘며 손과 발, 전신이 붓는다.

⑤ 음식은 많이 먹거나 짜게 먹지 말고 소화가 잘 되는 연한 음식을 먹는다. 술과 담배는 금하는 것이 좋다.

(3) 심근경색증

① 심장에 영양을 공급하는 혈관, 즉 관상동맥이 막혀서 혈액 공급이 원활하지 못하고, 심장근

육이 죽어가는 질환이다.

② 갑자기 가슴이 오므라들고, 극심한 통증이 있고, 구역질, 구토, 식은땀 등을 유발하여 마치 쇼크 때의 증상과 흡사하다.

③ 가슴 한복판이나 상복부에 심하게 쥐어짜는 듯, 으깨는 듯한 통증이 나타난다. 정신을 잃고 쓰러질 때가 있다.

④ 30%는 팔을 통해 전파되지만 배, 등, 아래턱, 목으로 통증이 전파되기도 한다.

⑤ 아침에 많이 나타나며 휴식 시에도 나타나며 운동 시에 증상이 나타났다면 휴식을 취해도 가라앉지 않는다. 15~20%의 환자에서는 통증이 없는 심근경색증이 나타날 수 있다.

⑥ 동물성 유지나 콜레스테롤이 많이 함유된 식품의 섭취를 삼가고, 식사는 온도가 너무 차거나 뜨겁지 않게 소량씩 자주 공급한다.

(4) 고혈압

① 수축기 혈압 140mmHg 이상, 이완기 혈압 90mmHg 이상의 혈압을 말한다. 고혈압은 진단하기도 쉽고 치료법도 간단하지만 별로 증상이 없어서 그대로 방치하는 경우 치명적인 합병증을 일으킬 수 있다.

② 전 세계적으로 50세 이상 성인들 사이에서 매우 흔하게 발생하는 일종의 퇴행성 질환으로 전체 환자 중 70%가 급성 및 만성 합병증으로 진전된다.

③ 순환계의 혈압이 정상범위보다 지속적으로 높은 상태를 가리킨다. 따라서 고혈압은 병명이라기보다 하나의 증세라고 보아야 할 것이다.

④ 종류로는 본태성 고혈압과 속발성 고혈압이 있다.

⑤ 본태성 고혈압은 유전적 소인이 많이 관여하고 나이를 먹음에 따라 혈압이 올라가며 여러 가지 의학적 검사로도 원인이 분명하지 않은 고혈압을 말한다.

⑥ 속발성 고혈압은 젊은 사람에게 많고 신장, 혈관, 내분비 장애 등으로 생기는 고혈압을 말한다.

⑦ 혈관에 걸리는 과도한 압력에 의해 혈관이 손상되어 합병증의 원인이 된다. 또한 동맥경화를 일으키는 중요한 원인이 되기도 한다.

⑧ 원인 : 유전, 정신적 스트레스, 나트륨의 섭취과다, 비만 및 운동부족 등을 들 수 있다.

⑨ 치료 : 고혈압이 경미한 정도라면 우선 운동, 체중조절, 금연이 선행되어야 한다. 여기에 반응하지 않거나 경미한 고혈압의 정도를 넘어선다면 약물치료를 시작하며, 안정제와 수면제만으로도 조절이 되는 경우가 있으나 그 외에는 이뇨제, 혈관 확장제, 자율신경에 작용하여 혈관을 확장시키는 약물치료 등이 쓰인다.

In addition

DASH(Dietary Approaches to Stop Hypertension) 식이요법

- 소금은 1일 6g 이하로 줄인다.
- 전곡류를 통하여 식이섬유 섭취를 늘린다.
- 과일, 채소, 저지방 유제품 섭취를 늘린다.
- 단 간식 및 설탕 함유 식품의 섭취를 줄인다.
- 포화지방산 및 콜레스테롤, 지방 등의 총량을 줄인다.

(5) 고지혈증

① 중성지방, 콜레스테롤, 인지질, 유리 지방산 등의 혈중 지질이 증가된 상태를 말한다.

② 특별한 증상이 나타나는 것은 아니지만 이런 혈중 콜레스테롤이나 중성지방의 증가가 동맥 경화, 고혈압, 심혈관계 질환 등의 위험요인이 되기 때문에 문제가 되는 것이다.

③ 유전적 소인이 있는가 하면 갑상샘 기능 저하증, 황달, 신증후군, 당뇨병 등의 2차성 요인도 있다.

④ 철저한 식이요법과 약물요법을 병행해야 치료할 수 있다.

In addition

분류	원인	증상	치료
제1형 고킬로미크론혈증	LPL의 활성 저하 및 결핍으로 고지방식에 의해 발생	급성 복증, 췌장염, 황색종 등	저지방식을 하고 알코올 금지
제2형 a 고LDL혈증	간조직의 LDL 수용체 이상, 간의 콜레스테롤 합성 증가로 인한 LDL 생성률 증가, 혈중 콜레스테롤 농도 상승 등이 원인	허혈성 심장질환, 황색종, 대사증후군 등	포화지방산 섭취를 제한하고 다가불포화지방산을 섭취하며, 콜레스테롤을 제한
제2형 b 고LDL, 고VLDL혈증	LDL 수용체 이상, VLDL과 LDL 합성 증가로 중성지방과 콜레스테롤이 높아짐	허혈성 심장질환, 황색종, 대사증후군 등	열량, 당질, 포화지방산, 콜레스테롤을 제한하고 다가불포화지방산을 증가
제3형 고IDL혈증	VLDL이 LDL로 대사되는 과정에서 아포단백 E의 이상으로 IDL의 농도가 상승하며, 콜레스테롤과 중성지방이 모두 증가	황색종, 말초동맥경화증 등	체중 감소, 콜레스테롤·농축 당질·전분·지방은 제한하고 고단백식이
제4형 고VLDL혈증	VLDL 합성 증가와 VLDL 처리 장애로 발생. 당질 섭취가 많은 사람에게 흔히 발생	허혈성 심장병, 저 HDL혈증 등	정상체중 유지, 중정도의 콜레스테롤을 공급하며 열량, 당질 등을 제한

제5형 고킬로미크론혈증, 고VLDL혈증	킬로미크론(chylomicron)과 VLDL의 처리 장애와 VLDL의 합성 항진으로 발생	급성 복증, 췌장염, 황색종, 허혈성 심장 질환 등	정상체중 유지, 불포화지방산 섭취 증가, 고단백식, 중정도 콜레스테롤 유지하며 열량, 지방, 당질 등을 제한

(6) 동맥경화증

① 동맥이 여러 이유로 그 내면에 지방질이 끼기 시작하고 점차 그 양이 많아지며, 동맥 내벽 역시 비정상적으로 계속 두꺼워져 동맥의 내경이 좁아지고, 탄력성을 잃는 증상을 말한다.

② 어느 정도 동맥경화가 진행되어도 별다른 증상은 없다. 동맥 내경의 약 70% 이상이 막혀야 비로소 증상이 나타나게 된다. 증상은 병이 생긴 동맥과 관련되는 장기에 따라 증상이 나타나게 되는데, 대동맥에서는 동맥류, 뇌에서는 뇌혈전, 뇌동맥경화증, 뇌출혈이 생길 수 있으며, 심장에서는 협심증과 심근경색이 생길 수 있다. 또 신장에서는 신장경화증이 발생할 수 있고 이 밖에 동맥경화증 등의 질환을 유발할 수 있다.

③ 정상적인 노화 현상, 지질대사 이상이나 호르몬대사 이상, 유전적 요인, 식생활, 운동 부족 등 여러 가지 요인에 의해 발생하는데, 보통 한 가지만의 원인이 아니라 여러 원인이 서로 겹쳐서 발생되는 것으로 알려져 있다. 구체적인 요인으로 고혈압, 고지혈증, 당뇨병, 흡연, 비만 스트레스 등이 동맥경화의 원인이 될 수 있다.

④ 총지질량의 변화, 인지질 증가, LDL 증가, HDL 감소, 콜레스테롤 증가, 중성지방 증가, 유리지방산 증가 등 혈중 지질대사가 변화한다.

⑤ 저콜레스테롤 식이요법, 금연, 체중감소, 스트레스의 해소, 원인질병(고혈압, 빈혈, 갑상샘 기능항진증, 당뇨, 대동맥판막 질환) 등의 치료, 정기적인 신체검사, 운동요법 등이 예방에 도움을 주며, 약물이나 호르몬으로 치료하고 필요시 수술하기도 한다.

(7) 협심증

① 심장병이 있는 사람이 운동을 하거나 정서적으로 흥분하거나 과식한 경우, 심근대사에 필요한 혈류가 부족하여 가슴(대개 흉골 밑부분)에 통증이 생기는 질환을 말한다. 일정기간 안정하면 심근허혈이 회복되어 증세가 없어진다.

② 심근의 혈액필요량은 신체의 컨디션으로 많고 작고가 결정되는데 관상동맥에 협착이나 폐쇄가 있을 때는 심장 쪽으로 피가 제대로 흘러 들어가지 않는다.

③ 발작 시의 아픔은 앞가슴 부위 쪽에서 왼쪽 어깨와 왼쪽 팔로 방산되며, 목, 턱에 이르기까지 통증이 미치기도 한다. 통증의 발작은 수초에 걸친 것도 있으며 보통 2~3분간 지속되는

데 15분 이상 지속되면 협심증이 아니라 심근경색으로 보게 된다.

④ 협심증 발작의 3대 요인을 3E라고 하는데, 이는 운동(Effort), 흥분(Emotion), 과식
(Eating)이고 임상적 증후군이다.

In addition

심장질환의 구분

구분	종류	식사요법
울혈성 심부전	심장판막증, 심근질환, 신내막염, 부정맥, 관상 동맥질환 등	• 신체 생리기능을 유지할 정도의 저열량식(1,000~1,200kcal) 섭취 • 정상 기능을 유지하기 위한 양질의 단백질 공급 • 지방은 제한하되 불포화지방산은 증가 • 부종이 생기기 쉬우므로 나트륨 섭취 제한 • 부종이 있는 경우 1일 소변량에 따라 수분 섭취 제한 • 수용성 비타민 보충
허혈성 심장병	협심증, 심근경색 등	• 처음 2~3일 동안은 500~800kcal의 유동식 제공 • 당질 중심으로 저열량, 저지방, 저염식, 고단백으로 소량씩 자주 공급 • 회복기에는 동맥경화증 환자의 식사에 준하고, 포화지방산과 콜레스 테롤 섭취를 줄임 • 불포화지방산이 많은 등푸른생선과 들기름, 콩기름 등을 많이 섭취

6장 빈혈

1 혈액

(1) 혈액의 의의 및 특징

① 혈액은 혈관 속을 흐르는 액체 성분이며, 우리 몸에서 중요한 역할을 한다. 보통 피라고 부른다.

② 인간의 피가 붉은 색을 띄는 이유는 적혈구 때문이다.

③ 체온보다 높은 섭씨 38도이며, 혈액 속에 녹아 있는 단백질 때문에 물보다 5배 점성이 높다.

④ pH는 약한 알칼리성으로 7.35와 7.45 사이에 위치하며 평균적으로 7.4이다.

(2) 혈액의 일반적 기능

① 운반기능

   ㉠ **영양소의 운반** : 소화관에서 흡수된 영양소나 대사산물을 혈액의 순환에 따라 온몸에 운반한다.

   ㉡ **가스의 운반** : 폐에서 산소를, 말초에서 이산화탄소를 받아 운반을 한다.

   ㉢ **호르몬의 운반** : 내분비는 신체 각 부위의 활성에 필요한 호르몬을 합성하며, 혈액은 합성된 호르몬을 표적기관으로 운반한다.

② 조절기능

   ㉠ **산-염기의 조절** : 폐에서는 이산화탄소를, 신장에서는 산과 알칼리를 배출하는 동시에 혈액이 갖는 완충 작용에 의해 pH를 7.35~7.45로 조절한다.

   ㉡ **체액의 조절** : 혈장은 간질액보다 단백질 함량이 많기 때문에 혈장의 삼투압은 간질액의 삼투압보다 조금 높다. 혈액과 간질액 간의 체액분포는 혈액으로부터 간질액 쪽으로 체액을 보내려는 혈압과 간질액으로부터 혈액으로 체액을 끌어들이려는 혈장삼투압 간의 평형에 따라 이뤄진다.

   ㉢ **체온의 조절** : 혈액은 체내의 열발생기에서 열을 받아들여, 온몸을 돌면서 체표면의 혈관에서 열을 발산시킨다.

③ **면역기능** : 혈장 중에는 여러 가지 면역물질이 포함되어 있으며, 백혈구의 식균작용 등에 의해 항상 세균 등의 감염으로부터 몸을 보호한다. 혈장 중 감마-글로블린(γ-globulin)에 함유되어 있는 항체로 면역기능을 하여 독소(toxin), 박테리아(bacteria), 바이러스(virus) 등으로부터 생체를 방어한다.

④ 지혈기능 : 일반적으로 출혈이 있으면 혈액 중에는 여러 가지 혈액응고인자가 있어서 많은 화학반응이 일어나 혈전을 형성하여 파열된 혈관을 막음으로써 지혈이 이루어진다.

⑤ 배출기능 : 이산화탄소, 대사산물, 요소, 요산, 크레아티닌 등을 폐나 신장으로 보내어 배출시킨다.

(3) 혈액의 성분

① 혈장

　㉠ 혈장(plasma)은 혈액에서 유형성분(백혈구, 적혈구 등)을 제외한 액체성분으로, 물 90%와 혈장 단백질 9%, 무기염류 1%로 구성되어 있다.

　㉡ 영양소, 호르몬, 항체 및 노폐물 운반, 혈액상태 유지, 체온유지 역할을 한다.

② 혈구

　㉠ 적혈구

　　• 원반 형태를 하고 붉은 색을 띠는 혈액의 구성 성분이다.

　　• 산소 운반을 위해 특화된 세포로, 세포핵이 없는 대신 산소 운반을 위해서 헤모글로빈이라는 단백질을 갖고 있다.

　　• 혈액의 혈구세포 중 가장 많으며 $1mm^3$당 남자는 약 500만 개, 여자는 450만 개 가량 들어 있다. 직경은 7.2~8.4μm, 두께는 가장 두꺼운 부분이 2~3μm, 중심부위는 1μm이며 포유류에서의 모양은 양면이 오목한 쌍요면체이어서 좁은 모세혈관을 통과할 수 있다. 헤모글로빈은 적혈구 건조 중량의 95%를 차지하며, 포도당을 에너지원으로 사용한다. 혈액형은 적혈구 세포막의 탄수화물에 의해 결정된다.

　㉡ 백혈구

　　• 백혈구는 혈액에서 적혈구와 대응되는 말로, 혈액 내의 혈구세포 중 하나이다.

　　• 백혈구의 종류에는 크게 중성백혈구, 염기성 백혈구, 산성백혈구, 단핵구와 대식세포, 림프구가 있다. 이중에서도 세포성 면역의 주도적 역할을 하는 T세포와 체액성 면역의 주도적 역할을 하는 B세포를 림프세포라고 한다.

　㉢ 혈소판

　　• 혈소판은 혈액을 응고시키는 고형 성분의 하나이다. 단골, 편평골에서 만들어진다.

　　• 지라는 120일된 노화 적혈구를 파괴시키며, 혈소판은 수명이 10일이다.

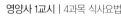

2 빈혈

(1) 빈혈 일반

① 빈혈(anemia)이란 단위 부피의 혈액 속에 적혈구 수, 혈색소 무게(Hb), 혈색소량(Hct)이 정상보다 낮은 상태를 말하며, 조직으로 산소를 운반해 주는 혈색소의 수가 불충분할 때 발생하게 된다.

② 빈혈의 증상으로는 외견상 안색이 나쁘고 특히 얼굴, 입술 잇몸, 눈의 결막, 손톱바닥이 창백한 것 등이 있다. 두통, 현기증, 이명이 있거나 계단을 오를 때 가슴이 두근거리며 숨이 차기도 한다. 또 전신 권태감을 느끼고 손가락이 저릴 수가 있다. 심하면 어지러워서 서있을 수 없게 된다. 심장이 두근거리고, 호흡곤란, 수족냉증 등이 있다. 그 밖에 철분이 부족하여 빈혈이 생기면 입술이 트거나 손톱이 세로로 갈라지고 머리가 빠지는 경우도 있다.

(2) 악성 빈혈

① 정의 : 악성 빈혈(pernicious anemia)이란 적혈구의 생성과 발달에 필수적인 비타민 B_{12} 의 부족으로 오는 빈혈이다.

② 증상 : 적혈구 크기가 비정상적으로 크고 빈혈 증상과 점막이상에 따른 소화관 증상, 척수병변에 의한 신경 증상, 설염 등의 증상을 보인다.

③ 원인 : 갑상샘 기능 항진증, 임신, 암 등은 비타민의 요구량을 증가시켜 비타민의 결핍상태를 초래한다.

④ 치료 : 비타민 B_{12}의 정맥 내 투여로 빈혈은 치료되지만 위점막 위축과 내인자 분비 소실은 불가역적이므로 위암 발생률이 높다. 비타민 B_{12}를 평생 투여받아야 생명 유지가 가능하다.

⑤ 식이요법

㉠ 비타민 B_{12}나 엽산 외에도 충분한 열량, 고단백질, 철분, 다른 비타민의 섭취 증가도 필요하며 이들 영양소를 함유한 균형 잡힌 식사가 권장된다. 비타민 B_{12}는 동물성·식물성 식품 특히 간, 유제품, 육류, 어패류 등에 함유량이 높고, 엽산은 간, 녹색채소, 바나나, 계란 등에 많이 함유되어 있다.

㉡ 비타민 B_{12}는 조리 시에 파괴될 비율은 낮으나 엽산은 많은 물과 높은 열을 사용해서 조리할 때 손실이 크므로 조리할 때에는 주의를 필요로 한다.

(3) 용혈성 빈혈

① 정의 : 용혈성 빈혈(hemolytic anemia)이란 적혈구가 혈액순환 도중에 비정상적으로 용해되어 파괴되므로 생겨나는 빈혈이다. 즉, 골수의 조혈능력은 정상이지만 적혈구 파괴 속

도가 증가하여 발생하는 것이다.

② **증상** : 식욕감퇴, 허약, 현기증, 구토 등 빈혈의 일반증상과, 황달이 나타나고, 간이나 지라 (비장)가 비대해지기도 한다.

③ **원인** : 적혈구 모양의 이상이나 적혈구 내 효소의 이상, 혈색소의 이상으로 나타나거나, 적 혈구는 정상적으로 생성되더라도 혈액 내에서 면역학적, 물리적 또는 화학적 변화에 의해 그 수명이 단축되어 발생하기도 한다.

④ **치료** : 적혈구 모양의 이상으로 인한 경우에는 비장 적출술을 사용하며, 약물 등이 원인인 경우에는 대증요법을 이용한 치료를 한다.

(4) 재생불량성 빈혈

① **정의** : 재생불량성 빈혈(aplastic anemia)이란 골수부전에 의한 빈혈로 전체 혈구 감소증 을 주증상으로 하는 빈혈을 말한다.

② **증상** : 얼굴이 창백해지고, 두통과 어지러움, 전신쇠약 증세가 나타나고 숨이 차며 심장박동 수가 빠르다. 주 증상은 전신피로감이다. 백혈구의 감소로 인하여 세균의 감염에 대한 저항 력이 약해지므로 폐렴, 요로감염, 발열, 구강 내 궤양 또는 피부감염이 잘 생긴다. 혈소판의 감소로 인하여 잇몸에서 출혈을 잘 일으키고, 코피를 잘 흘린다. 부딪히면 쉽게 멍이 생기 고, 혈뇨, 월경과다, 질출혈 또는 뇌출혈을 일으킬 수 있다. 사망 원인은 대부분 세균 감염이 나 출혈, 특히 뇌출혈 때문이다.

③ **원인** : 원인이 불분명한 경우와 자가면역에 의한 경우가 많다. 약품, 약제, 방사선, 바이러스 성 간염 등의 감염증에 의한 골수 장애가 원인일 때도 많다.

④ **치료** : 일반적으로 만성 경과를 거치지만 발병 후 1~2년 내의 사망률도 높은 편이다. 호르 몬제와 남성호르몬제 등이 사용되고, 심한 경우 골수이식을 하게 된다. 대부분 예후가 불량 하다.

(5) 철결핍성 빈혈

① **정의** : 철결핍성 빈혈(iron deficiency anemia)이란 체내에 저장된 철이 정상 적혈구 생 성에 필요한 양보다 감소되었을 때 발생된다. 만성적이면서 적혈구의 크기가 작고 혈색소 수치가 정상보다 낮은 특성을 나타낸다. 빈혈 중에서 가장 흔하며 월경이 있는 여자들과 성 장률이 높은 어린이에게서 잘 발생한다.

② **증상** : 기운이 없고, 피로감을 느끼고, 어지럽고, 얼굴이 창백하고, 피부의 탄력이 소실되는 등의 일반 빈혈증상이 나타난다. 손톱에 광택이 없어지고, 부서지기 쉬우며 스푼모양처럼 오목하게 변형된다. 모발도 얇아지고 잘 부스러진다.

③ **원인** : 식사에서의 철분 섭취량 부족, 임신이나 월경 등으로 인한 체내 철분 요구량 증가 등 원인은 다양하다.

④ **치료** : 빈혈을 초래한 원인을 밝혀 부족한 체내의 철을 충족시켜 준다.

⑤ **식이요법**

　㉠ **고열량 고단백식** : 필수아미노산을 충분히 가지고 있는 동물성 단백질은 헤모글로빈의 생성에 중요하므로 총 단백질의 1/2은 동물성 단백질이 좋다.

　㉡ **고철분식** : 철분 함량이 높은 식품은 동물의 간, 콩팥, 육류, 난황, 생선, 조개류, 강낭콩, 말린 과일(건포도, 대추), 견과류, 녹황색 채소, 당밀, 흑설탕 등이다.

　㉢ **고비타민식** : 철이 흡수될 때 비타민 C 및 기타 비타민류도 중요한 역할을 하므로 신선한 채소, 과실 등을 충분히 섭취해야 한다.

　㉣ 철분 흡수를 저해하는 식품으로는 홍차, 녹차, 커피 등이 있는데 차와 커피에 들어있는 타닌이 철 흡수를 저해한다. 홍차, 녹차, 커피는 식사 후 바로 마시는 것보다 식간에 마시도록 한다. 특히, 철분제를 복용할 때는 이러한 점을 유의한다.

7장 비뇨기계통 질환

1 신장 일반

(1) 신장의 구조

① **신장의 모양과 위치** : 사람의 신장은 길이가 10cm, 폭이 4cm 정도인 강낭콩 모양의 암적색 기관으로, 횡격막 바로 아래 척추의 좌우에 1쌍이 있으며, 무게는 100g정도이다.

② **신장의 구조** : 신장은 피질, 수질, 신우의 세 부분으로 되어 있다.

ㄱ 피질

- 신장의 겉부분으로, 수많은 말피기소체가 있다. 말피기소체는 사구체와 보먼주머니로 되어 있으며, 이 곳에서 오줌이 걸러진다.
- **사구체** : 신동맥에서 갈라져 나온 모세혈관이 실꾸러미처럼 서로 엉켜 덩어리를 이루고 있는 것이다. 혈압이 다른 모세혈관의 2배가 되고, 보먼주머니의 압력보다 높아지면 이 압력 차에 의하여 오줌이 보먼주머니로 걸러진다.
- **보먼주머니** : 사구체를 둘러싸고 있는 주머니로서, 사구체에서 걸러진 오줌을 받아들여 세뇨관으로 보낸다.

ㄴ **수질** : 신장의 안쪽 부분으로, 보먼주머니에서 나온 세뇨관들이 모여 있으며, 세뇨관들이 여러 개 모여 신우로 연결된다. 세뇨관은 모세혈관으로 둘러싸여 있으며, 세뇨관과 모세혈관 사이에서 재흡수와 분비가 일어난다.

ㄷ **신우** : 신장의 가장 안쪽에 위치한 빈 곳으로, 집합관에서 온 오줌이 잠시 동안 머무는 곳이다.

(2) 오줌의 생성과 배출

① 신장의 말피기소체에서 걸러진 오줌은 세뇨관, 신우, 수뇨관을 거쳐 방광에 모였다가 요도를 통하여 배출된다.

② 오줌배출 과정

ㄱ **말피기소체에서의 여과** : 신동맥 속의 혈액이 말피기소체의 사구체를 지날 때, 요소 등의 노폐물과 물, 일부의 영양소가 보먼주머니에서 걸러지는데, 이를 여과라고 하며 여과된 액체를 원뇨라고 한다.

ㄴ 세뇨관에서의 재흡수와 분비

- 말피기소체에서 여과된 원뇨가 세뇨관을 지날 때, 모세혈관과의 사이에서 재흡수와 분

비가 일어난다.

- **재흡수** : 원뇨 속의 포도당, 아미노산, 비타민 등의 유용한 물질이 세뇨관에서 모세혈관으로 흡수되고, 물과 무기염류는 혈액의 농도에 따라 필요한 양만큼 흡수된다.
- **분비** : 모세혈관 속에 남아 있는 요소 등의 노폐물이 세뇨관으로 분비된다.

ⓒ **오줌의 배출** : 세뇨관을 지난 오줌은 신우를 거쳐 수뇨관을 통해 방광에 모였다가 요도를 통하여 몸 밖으로 배출된다.

ⓔ **배출과정** : 신동맥 → 말피기소체(사구체 → 보먼주머니) → 세뇨관 → 신우 → 수뇨관 → 방광 → 요도 → 몸 밖

(3) 신장의 기능

① 수분, 산, 염기, 전해질 균형을 담당한다.
② 신장 기능의 감소로 부종과 고혈압이 생기고, 포타슘 배설의 감소로 심장, 근육, 신경계의 기능 이상이 초래된다.
③ 각종 노폐물, 전해질, 수분 등을 포함한 요를 생산하여 배출하는 동시에 수소이온, 나트륨, 칼륨, 인산이온 농도 등을 조절하며 내분비와 외분비의 기능에 관여하기도 한다.
④ 칼슘, 인 등의 각종 무기물질을 일정한 수준으로 유지시켜 비타민 D를 활성화시켜 골 대사에 결정적인 역할을 한다.
⑤ 조혈호르몬을 분비하여 골수에서 적혈구의 촉진을 생성시켜 빈혈을 방지한다.

(4) 혈액 투석

① **정의** : 혈액 투석(hemodialysis)이란 인공신장기를 이용하여 체외에서 혈액을 정화시키는 방법이다. 동맥혈관에서 나오는 혈액을 인공 신장기의 반투막으로 통과시켜 정화시킨 후, 정화된 혈액을 환자의 정맥혈관을 통해 다시 환자에게 되돌려주는 방법을 말한다.
② **용도** : 주로 신부전이나 중독 시에 사용되는 방법이다.
③ **식사요법**
  ㉠ 충분한 열량과 양질의 단백질을 공급한다.
  ㉡ 나트륨, 수분, 칼륨, 인을 제한한다.
  ㉢ 수용성 비타민과 무기질의 보충이 필요하다.

(5) 복막 투석

① **정의** : 복막 투석(peritoneal dialysis)이란 살균한 투석액을 복강 내에 주입하여 환자의 체내에서 과잉의 물과 단백질 대사의 결과로 생긴 질소를 함유한 노폐물을 복막을 통해 제

거하고 혈장의 산-염기평형과 전해질 농도를 개선시키는 치료법을 말한다.

② **용도** : 요독증, 말기 신부전증 치료에 사용된다.

③ **종류** : 지속성 외래 복막 투석은 다른 투석과 달리 기계를 필요로 하지 않는 자기 투석 방법으로서, 기계로부터 자유로워질 수 있으며 엄격한 식사제한에서 벗어날 수 있는 장점이 있는 반면 입원을 필요로 하고 복막염이 발생할 수 있는 단점이 있다. 지속성 주기적 복막 투석은 야간에 자동적으로 투석액이 교환될 수 있도록 고안된 투석방법으로 복막염의 발생률이 적은 이점이 있다.

④ **식사요법**

　㉠ 고단백, 고열량식이(단, 섭취칼로리는 투석액의 칼로리를 빼고 계산)

　㉡ 칼륨, 수분은 제한하지 않음(부종이 있으면 나트륨, 수분 제한)

　㉢ 나트륨은 1일 2~3g, 칼슘은 1,000~1,500mg, 콜레스테롤은 200mg 이하로 공급

2 신장질환

(1) 신부전

① 말 그대로 신장 기능이 제대로 이루어지지 않아 몸 안에 노폐물이 쌓여서 신체의 여러 가지 기능이 제대로 수행되지 않는 상태를 말한다. 신장기능이 감소하는 속도에 따라 수일 간에 발생하는 급성 신부전과 3개월 이상에 걸쳐 서서히 진행하는 만성 신부전으로 크게 나눌 수 있으며, 만성 신부전 중 잔여 신장 기능이 10% 미만이어서 투석이나 신장 이식과 같은 신대체요법을 시행하지 않으면 생명 연장이 어려운 말기 신부전이 있다.

② 급성 신부전은 실질적인 순환 혈류량의 감소로 생기는 신전성, 신장 자체의 내인성 손상에 의한 내인성, 신장 하부의 요로계 폐쇄로 인한 신후성으로 나눠진다. 신전성은 급성 신부전의 가장 흔한 형태인데, 신장으로 가는 혈류량을 감소시킬 수 있는 다양한 경우 모두 이에 해당된다. 내인성의 대부분은 허혈성과 약제 같은 신독성 물질에 의한 경우이며, 신후성은 전체 급성 신부전 원인의 5% 미만을 차지하지만 노령층에서는 급성 신부전의 흔한 원인이 될 수 있다.

③ 만성 신부전의 원인질환으로는, 빈도순으로 당뇨병, 고혈압, 사구체 질환, 원인 불명, 다낭성 신질환 등이 있다. 노령층에서는 원인질환이 신장 경화증, 당뇨병, 세뇨관 간질성 신염, 폐쇄성 요로병증, 사구체 질환, 다낭성 질환의 순으로 약간 바뀐다. 만성 신부전의 증상은 두통, 피로감, 불면증, 요독성 악취, 딸꾹질, 소양증, 오심, 구토, 식욕 부진, 부종, 소변량의 감소, 근육 경련, 근력 약화 등으로 나타나며, 검사에서 전해질 이상, 고혈압, 폐부종, 빈혈 등이 발견될 수 있다.

④ 만성 신부전 환자의 경우 사구체여과율이 저하되고 소변량이 감소하면 칼륨이 배설되지 않아 고칼륨혈증이 발생할 수 있으므로 칼륨의 섭취를 제한한다.

(2) 신증후군

① 여러 가지 원인(흔한 원인은 사구체 신염, 당뇨병, 홍반성 낭창 등의 전신적 장애와 알레르기 반응, 신정맥 혈전증, 매독, 말라리아, 자간전증, 임파종, 간경변증 등)으로 인한 신장 이상으로, 사구체에서 단백질을 거르지 못하고 세뇨관에서 단백질이 과도하게 여과되어 뇨중에 배출되게 되는 것을 말한다.

② 혈중 단백질의 감소로 인한 부종, 단백뇨, 저알부민혈증, 고지질혈증, 감염 감수성의 증가, 고혈압 등이 나타난다.

③ 신장의 사구체 이상에 의한 단백질 손실이 주원인이다.

④ 치료와 예후는 신증후군을 나타내는 원인에 따라서 다르고 성인은 치료가 어렵지만 소아의 경우 스테로이드제와 면역 억제제 등에 의한 치료 효과가 높다.

⑤ 신증후군의 주요 임상증상은 부종, 단백뇨, 고지혈증으로, 이들의 예방과 관리를 위해 나트륨의 제한, 포화지방과 콜레스테롤 공급의 감소, 양질의 단백질을 충분히 공급하는 것이 필요하다. 또한 체단백 분해를 막는 단백질 절약작용을 얻기 위해 열량을 충분하게 공급해야 한다. 그러나 사구체 여과율이 떨어지면 요 단백질을 고려하여 단백질을 제한한다.

(3) 신장결석

① 수산칼슘결석

　㉠ 소화기질환 시 1일 4g 이상의 비타민 C를 복용하거나, 비타민 B_6 결핍 시 소변 속에 수산염 배설이 증가되어 결석을 형성한다.

　㉡ 칼슘과 수산 함량이 높은 식품과 비타민 C를 제한하고 비타민 B_6는 보충한다.

　㉢ **수산 함량이 높은 식품** : 아스파라거스, 시금치, 무화과, 자두, 코코아, 초콜릿, 커피, 부추, 차 등

② 인산칼슘결석

　㉠ 인산칼슘이 다량 배설된 경우 발생한다.

　㉡ 칼슘과 인 함량이 적은 식사를 한다.

　㉢ **인산 함량이 높은 식품** : 현미, 잡곡, 오트밀, 유제품, 말린 과일, 간, 뇌, 난황, 초콜릿, 견과류 등

③ 요산결석

　㉠ 요산의 전구체인 퓨린의 함량이 높은 음식을 섭취하면 요산이 생성되어 결석이 된다.

　　ⓛ 고수분식 및 알칼리성 식품을 공급하고, 퓨린이 많은 육류, 두류, 전곡류 등의 섭취를 제한한다.

　④ 시스틴결석

　　㉠ 선천적 아미노산 대사 장애로 시스틴이 체내에서 분해되지 않아 발생한다.

　　ⓛ 저단백식을 하며, 알칼리성과 황 함유 식품의 섭취를 제한한다.

　　ⓒ 아미노산이 적은 식사를 하며 수분을 충분히 공급한다.

(4) 급성 사구체신염

　① 생체의 항원 · 항체 반응의 증세로 인후염, 폐렴, 편도선염, 감기, 중이염 등을 앓고 난 후 연쇄상구균이나 포도상구균, 바이러스 등에 감염 후 발생되는 경우가 많다.

　② 부종(얼굴, 눈주위, 하지 등), 결뇨, 단백뇨, 혈뇨, 고혈압, 질소화합물(요소, 크레아티닌, 암모니아) 증가 등의 증상을 보인다.

　③ 식사요법

　　㉠ 당질을 위주로 충분히 공급한다.

　　ⓛ 단백질은 초기에는 제한하고, 신장기능이 회복됨에 따라 증가시킨다.

　　ⓒ 부종과 고혈압 여부에 따라 나트륨을 제한한다.

　　ⓔ 수분은 일반적으로 제한하지 않으나, 부종 · 핍뇨 시 전일 소변량에 500mL를 더해 제공한다.

　　ⓜ 신부전, 인공투석, 결뇨 시 칼륨 제거율이 손상되어 고칼륨혈증(갑작스러운 심장마비 초래)이 생기므로 칼륨이 높은 식품은 피한다.

8장 감염 및 호흡기 질환

1 감염과 면역

(1) 감염

① 병원미생물, 기생생물 등 병원체가 사람·동물·식물 등의 몸에 정착하거나 몸 안(특히 조직·체액)에 침입하여 증식하는 상태가 되는 것을 말한다.

② 몸에 정착·침입했더라도 곧 죽거나 몸 밖으로 나가면 감염이라 할 수 없다.

③ 감염 결과, 생물체 전체 또는 일부에서 이상이 생기면 이를 '발병'이라 한다.

④ 감염 결과 발병하면 '현성감염'이라 하고, 발병하지 않고 건강이 유지되면 '불현성 감염'이라 한다.

⑤ 어느 병원체의 현성감염(발병)의 결과가 원인이 되어 다른 병원체가 감염하게 되면, 이를 '2차 감염'이라 한다.

(2) 면역

① 어떤 특정의 병원체 또는 독소에 대해 개체가 강한 저항성을 갖는 상태를 말한다.

② 생체의 내부환경이 외래성 및 내인성의 이물질에 의해 교란되는 것을 막아 생체의 개체성과 항상성을 유지하기 위한 메커니즘이다.

③ 원래의 면역이란 어떠한 의무에서 자유롭게 된다는 말이었다. 근세에 이 말이 의학 영역에 받아들여져 전염병으로부터 피하는 뜻의 '면역'이 되고, 다시 세균·바이러스 등의 감염에서 벗어나거나 예방하는 뜻으로 사용되었다. 오늘날 생명과학의 관점에서는 생체방어 메커니즘의 중요한 인자로서 자리가 정해지고 있다.

④ 면역 현상을 해명하기 위한 학문을 면역학이라고 한다.

⑤ 세포성 면역과 체액성 면역

　㉠ 세포성 면역 : 골수(Bone marrow)에서 생성된 후 가슴샘(thymus)에서 성숙되는 T림프구가 관여한다. T림프구는 B림프구의 분화를 촉진하여 항체 생성을 조절하며 자신은 직접 항원을 공격하여 파괴시키거나 활동을 정지시킨다. 킬러 T림프구는 직접 세균을 제거, 보조 T림프구는 B림프구의 활동을 촉진하며, 억제 T림프구는 B림프구의 활동을 억제한다.

　㉡ 체액성 면역 : 골수에서 성숙되는 B림프구에서 생성된 항체는 혈액이나 림프로 분비되어 순환하면서 항원과 특이적으로 반응하여 몸을 방어한다. B림프구의 일부는 기억세포로

남아 있어 2차 감염 시 급속히 분열하여 다량항체를 형성하여 항원을 무력화시킨다.

2 감염성 질병

(1) 급성 감염성 질병

① 폐렴

ㄱ 정의 : 폐렴(pneumonia)이란 폐 조직에 생기는 염증성 질환을 말하며, 그 범위는 폐 조직만이 아니고 기관지와 주변의 가느다란 세 기관지도 포함된다.

ㄴ 증상 : 폐 조직이 경화(consolidation)되고 이로 인해 호흡곤란을 야기하며 발열 등의 전신 증상을 동반한다.

ㄷ 원인 : 대부분의 폐렴은 감염에 의해서 일어나지만 유독성 가스와 같은 화학적 자극에 의해서도 일어난다.

ㄹ 치료

• 항생제 치료 및 안정과 휴식을 취하고 필요 시 산소요법을 실시한다.

• 열을 내리고 수분, 염분 등을 공급하기 위해 맑은 물, 주스, 아이스크림 등을 주도록 한다.

② 장티푸스

ㄱ 정의 : 장티푸스는 경구로 전염되는 대표적인 수인성 전염병이다.

ㄴ 증상 : 장에 궤양이 생기며 설사를 하며 가끔 혈변을 본다.

ㄷ 식이요법

• 열이 심할 때 유동식을 하며, 수분의 공급을 위해 과즙, 주스 등을 준다.

• 고열로 신진대사율과 단백질 분해가 증가하므로 고열량 고단백 식이를 한다.

③ 류마티스열

ㄱ 정의 : 류마티스열은 상기도의 연쇄상구균 감염에 속발하는 조직 과민반응의 일종이라고 생각된다.

ㄴ 발병요인 : 가정의 사회, 경제적인 상태가 질병을 일으키는데 가장 중요한 요인이다. 인구가 밀집한 환경에서 가장 많이 나타나고, 특히 빈곤하고 위생 상태가 좋지 않으며 영양실조가 많은 환경에서 흔히 볼 수 있다. 또한 류마티스열은 비교적 가족력이 있어 유전적 소인이 있는 것으로 인식되고 있다.

ㄷ 증상 : 갑작스럽게 생명을 위협하는 심한 증상을 나타내기도 한다. 류마티스열의 증상은 주증상과 부증상으로 나눌 수 있는데, 주증상으로는 다발성 관절염, 심염, 무도병, 그리고 피하결절을 들 수 있으며, 부증상으로는 발열, 근육통, 복통, 비출혈, 유연성 홍반 등이 나타난다.

영양사 1교시 | 4과목 식사요법

ⓔ 식사요법
- 나트륨 식사를 제한한다.
- 에너지를 충분히 공급한다.
- 충분한 수분을 공급한다.
- 비타민 C 섭취를 증가시킨다.

④ 회백수염(소아마비)

㉠ 의의 : 소아마비는 급성 회백수염이라고도 하며 폴리오−바이러스(Polio−Virus)균이 음식과 함께 입으로 들어가 척수전각세포를 파괴하여 상지나 하지에 이완성 마비를 일으키는 감염성 질환으로 감각에는 이상이 없는 것이 특징이다.

㉡ 경과
- 소아마비는 병의 결과에 따라 급성기, 회복기, 잔유기로 구분되는데 각 시기에 따라 증세가 달라진다.
- 급성기는 대체로 고열로 시작되며 구토와 두통 그리고 근육통을 호소한다.
- 회복기는 열이 떨어진 후 2주부터 시작하여 약 2년까지의 기간을 말한다.
- 잔유기는 회복기 이후, 즉 발병한지 2년이 경과한 경우를 말하며 이 시기의 환자를 소아마비 후유증 환자라고 한다.

㉢ 치료
- 소아마비 치료는 시기에 따라 그 내용이 다소 다른데, 급성기에는 심신의 안정이 필요하므로 내과적 일반치료를 주로 하고, 회복기가 되면 관절운동, 근력보강운동 등의 물리치료가 주가 된다.
- 잔유기가 되어 걸을 수 있게 되면 보조기를 착용하거나 지팡이 또는 목발을 사용하여 보행훈련을 실시하게 되는데, 변형이 발생하지 않도록 항상 염두에 두어야 한다.

ⓔ 식사요법
- 열이 심할 때는 유동식 및 연식을 공급한다.
- 빠른 조직파괴를 보충하기 위해 고단백질, 고열량, 고비타민식을 공급한다.
- 언어장애를 가진 연수 회백수염 환자의 식사문제가 심각하다.

⑤ 콜레라

㉠ 정의 : 콜레라는 동남아시아와 아프리카 지역에서 특히 유행하는 풍토병의 하나로서 수시간 내에 급속하게 진행되어 탈수 등으로 사망에 이르는 질병이다.

㉡ 원인: '비브리오콜레라'라는 세균이 원인이며 환자의 배설물을 통해 전염되며, 콜레라 유행지역으로부터 입국하는 환자에 의하여 유입된다.

㉢ 증상
- 세균의 독소(toxin)에 의하여 소장점막의 상피세포에서 수분이 무한정 분비되어 대량

의 설사를 일으킨다. 설사의 양상은 쌀뜨물 같은 설사가 마치 수도꼭지나 주전자에서 물이 쏟아지듯이 나오면서 24시간 내에 약 15~20 리터를 배설한다.

- 심한 탈수증으로 인하여 눈은 움푹 들어가고, 갈증이 심하며, 피부는 탄력성을 잃고, 혈압이 떨어져 쇼크 상태에 빠지고, 설사로 알칼리성 체액이 배설되므로 산−염기 평형장애로서 산혈증을 일으킨다. 혈압이 쇼크 상태에 빠지면 소변량도 점차 감소되고, 급성 신부전증을 일으킨다. 보통 고열은 나타나지 않으며, 복통이나 후중기도 별로 없다. 잠복기는 약 12시간~6일이다.

  ⓔ **치료** : 치료는 탈수증으로 인한 수분과 전해질을 빨리 공급하기 위하여 생리식염수(normal saline)와 유산나트륨액(sodium lactate)을 사용한 점적정맥주사로 한다. 이때 수분의 배설량을 측정하여 수분의 양을 공급한다. 항생제로서는 테트라씨클린(tetracycline)을 사용한다.

(2) 만성 감염성 질병(폐결핵)

① 폐결핵은 마이코박테리아(mycobacteria)에 감염된 상태를 말하는 것으로 전염성, 급성 또는 만성 질환이다. 결핵은 혈류나 림프관을 따라 몸의 어느 기관에나 전파될 수 있는데 폐에 가장 잘 침범한다.

② 결핵균(MTB ; mycobacterium tuberculosis)이 원인균이다. MTB 호미니스(hominis)가 인체에서 가장 감염을 잘 일으키는 균종이다.

③ 밀집된 환경에 사는 가난한 도시인, 특히 영양상태가 좋지 않고 사회경제적으로 낮은 집단에 속하고, 환기가 잘 안되는 집에 사는 사람에게서 많이 발생한다. 남자가 여자보다 약 2배 정도 더 발생한다. 재해가 일어났을 때 성행하고, 정신적, 육체적인 긴장, 피로, 영양불량 상태에서는 결핵이 더욱 진행된다. 노출된 결핵균의 양과 병원성에 따라 발생률이 달라지며 활동성 결핵을 앓는 사람과 접촉하는 경우 더 잘 발생한다.

④ 흡입, 섭식 또는 피부나 점막의 상처를 통한 직접 감염을 통해 발생한다. tubercle bacilli (폐결핵을 주로 일으키는 세균)는 감염된 환자의 기침, 재채기, 객담에 의해 공기 중에 존재한다. 결핵균이 몸에 들어왔을 때 인체의 방어기전은 세균을 죽이거나 격리시키기 시작하여 식균작용이 일어나고 상피세포와 섬유성 조직은 감염된 부위와 세균을 둘러싸 결절을 만든다.

(3) 회기성 질병

① 말라리아

  ㉠ 감염

- 감염된 모기(학질모기)가 사람을 물면 모기의 침샘에 있던 말라리아 원충이 혈액 내로 들어간다.
- 이렇게 들어간 원충은 사람의 간으로 들어가서 성숙한 후 다시 혈액으로 나와서 사람의 적혈구에서 다시 자라서 암수 생식모체라는 것이 만들어지는데 이 때 말라리아 매개모기인 중국 얼룩날개모기가 사람의 피를 흡혈하면 이들이 다시 모기를 감염시킴으로써 점차로 전파가 확산된다.

ⓛ 증상 : 일반적 증상으로 열, 오한, 두통, 전신적인 통증, 어지럼증, 기침, 오심, 복통, 설사, 수면장애, 피로감, 식욕부진, 심계항진 등이 나타날 수 있으나 간혹 요통과 같은 국소증상만 호소해도 가끔 혈중에 말라리아(malaria) 기생충이 발견되기도 한다.

ⓒ 식이요법 : 고열량, 고단백질, 고당질, 중등지방이 추천되고 있다.

② 기종

　ㄱ 증상

- 숨이 차고 씹고 삼키는 것이 어려울 때 식품섭취가 곤란하다.
- 체중감소, 조직소모, 복부의 통증, 위궤양 등의 증세가 있다.

　ㄴ 식사요법

- 농축된 식품을 소량으로 자주 주도록 한다.
- 열량이 높은 연식을 공급한다.

9장 선천성 대사장애 질환과 당뇨병

1 대사장애 질환

(1) 페닐케톤뇨증(PKU)

① 페닐알라닌(phenylalanine)을 타이로신(tyrosine)으로 전환시키는 효소인 페닐알라닌 수산화효소의 활성이 선천적으로 저하되어 있기 때문에 혈액 및 조직 중에 페닐알라닌과 그 대사 산물이 축적되고, 뇨중에 다량의 페닐파이러빈산을 배설하는 질환이다. 만일 치료되지 않으면 대부분은 지능장애와 담갈색 모발, 흰 피부색 등의 멜라닌 색소결핍증이 나타난다.

② 신생아 매스스크리닝(mass screeming, 생후 몇 개월 동안 선천성 질환을 조기발견하기 위한 집단검사)이 실시되기 이전에 발견된 PKU 환자의 증상은 대부분 지능 발달이 늦고, 담갈색 모발, 혹은 금발, 흰 피부색 등이고, 백인의 경우는 파란 눈동자이다.

③ 심한 지능 장애를 가진 환자의 2/3에서 나타나며 불안정한 보행, 근긴장항진, 건반사항진, 손의 진전, 손가락이나 신체의 상동운동의 증상을 보인다. 앉기, 뒤집기, 걷기, 언어 등의 정신운동발달이 지연된다.

④ 간에서 페닐알라닌을 타이로신으로 전환시키도록 활성화시키는 페닐알라닌 수산화효소가 결핍되면 페닐알라닌이 뇌조직에 축적되어 지능발육부전이나 자폐아의 증상이 나타나고 경련을 일으키는 수도 있다. 타이로신이 결핍되면 피부 · 모발 및 홍채의 색소가 감소되어 피부가 다른 형제들보다 희어지고, 머리는 담갈색, 혹은 금발이 되며 자주 습진이 생긴다.

⑤ 페닐케톤뇨증은 페닐알라닌이 혈액 · 조직 중에 축적되어 지능 장애가 나타나므로 PKU의 치료원칙은 페닐알라닌의 섭취량을 제한하여 페닐알라닌과 그 대사물질을 제한하여 페닐알라닌과 그 대사물질이 체내에 축적되지 않도록 하는 것이다.

(2) 갈락토오스혈증

① 아주 드문 유전질환으로서 인체 내의 중요한 효소 대사의 결핍으로 체내에 갈락토오스(유당)와 그 대사산물이 축적되어 생후 즉시 발육부전, 구토, 황달, 설사증상 등이 나타나고 치료하지 않으면 백내장, 정신지체 등을 보이다가 결국은 간경변으로 사망하게 되는 질환이다.

② 갈락토오스가 포도당으로 전환되지 못하는 질환이다.

③ 식사요법으로 갈락토오스를 제한, 즉 우유 · 탈지유 · 카세인 · 유장 · 유장제품 등을 제한한다.

(3) 과당불내증

① 비정상적인 과당대사와 관련이 있으며, 본태성 과당뇨증, 유전성 과당불내증, 과당-1 (fructose-1)와 6-이인산분해효소(6-diphosphatase) 결핍증 등 3종류로 나뉜다.

② 본태성 과당뇨증은 극히 드물며 유전성 과당불내증은 심한 구토, 간종, 심한 저혈당증, 세뇨관 이상, 저혈색소성 빈혈, 황달 등의 증상이 나타나며 결국은 아미노산 대사에 이상을 초래하여 산독증이 발생한다.

③ 치료법은 과당과 설탕, 솔비톨(sorbitol), 전화당, 과당 등을 전혀 함유하지 않는 식사를 제공하는 것이며, 과일을 섭취하지 못하는 데서 기인하는 비타민 C 결핍증을 막기 위하여 비타민 C의 보충을 해야 한다.

④ 조제분유 급식아는 급식 시 설탕을 첨가하므로 모유아보다 더 심함 과당불내증을 일으킬 위험이 있으므로 주의해야 한다.

⑤ 과당과 설탕의 섭취를 제한한다.

⑥ 비타민 C를 보충한다.

(4) 통풍

① 피 속에 요산이 높은 상태가 오래 지속되어 형성된 요산의 결정체가 여러 가지 조직에 침착하여 여러 가지 증상을 유발하는 대사성 질환이다.

② 통풍 환자의 경우 요산이 모든 장기에 결정의 형태로 쌓이며, 질병의 단계와 침범된 장기에 따라 고뇨산혈증, 통풍성 관절염, 통풍성 신질환, 통풍성 신결석증 등으로 구분할 수 있다.

③ 그 발병 기전과 치료법이 비교적 잘 밝혀져 있으므로 조기에 적절한 조치를 취한다면 충분히 조절 가능한 질환이다.

④ 퓨린 생성이 증가되거나 퓨린 분해물의 증가, 혹은 퓨린이 요산으로 바뀌는 요산 생성이 증가되거나 요산의 배설기능 감소로 인하여 요산염이 관절에 쌓이면서 일어난다.

⑤ 통풍 환자에게는 청어, 고등어, 연어 및 멸치 등 고퓨린 함유식품의 섭취를 제한한다.

⑥ 통풍 환자는 표준체중을 유지하며, 퓨린 함량이 많은 식품과 술을 제한하고 충분한 수분섭취와 지방섭취를 제한하여 비만과 혈관질환을 예방한다.

(5) 단풍당뇨증

① 류신, 이소류신, 발린과 같은 분자아미노산(BCAA)의 산화적 탈탄산화를 촉진시키는 단일효소가 유전적으로 결핍되어 발생한다.

② 출생 시에는 정상으로 보이나 4~5일이 지나면 포유곤란, 식욕감퇴, 구토, 주기적인 고장성 같은 증상들이 나타난다.

③ 출생 후 일주일쯤 되면 뇨와 땀, 타액에서 특유의 단풍시럽 냄새가 난다.

④ 산독증과 감염, 중추신경계의 손상, 발작, 혼수에 이르러 결국 사망하게 된다.

⑤ 식사요법으로 분지아미노산을 제한한 조제식을 공급한다.

⑥ 혈액의 분지아미노산(특히 류신)의 농도와 어린이의 성장, 일반적인 영양요구량을 고려하여 조정한다.

2 당뇨병

(1) 당뇨병의 의의

① 이자에서 분비되는 호르몬인 인슐린이 부족하여 일어나는 대사 이상에 근거한 질환이다.

② 발병에는 유전적 요인이 강하고, 발증이 급격하게 진행되는 것도 있으나 대부분은 서서히 오랜 경과를 거쳐서 악화된다. 치료하지 않고 방치하면 당뇨병성 혼수에 빠져 사망한다.

③ 식이요법을 기초로 적절한 치료를 하면 정상상태로 호전될 수도 있으나, 방치하면 각종 합병증을 일으켜 생명에 위험을 초래한다.

④ 유전은 그다지 관계되지 않고 바이러스의 감염에 의해서 이자의 기능이 쇠퇴하여 일어나는 유형과, 유전을 근거로 해서 발병하는 유형으로 나눌 수 있다. 첫 번째 유형은 치료법에 인슐린을 필요로 하기 때문에 인슐린 의존성 당뇨병이라고도 하는데 당뇨병 환자의 약 10%를 차지한다. 두 번째 유형은 40세 이상의 사람에게 많이 나타나는 것으로 당뇨병 환자의 약 90%를 차지하며 식이요법이나 내복약으로 치료가 이루어지기 때문에 인슐린비의존성 당뇨병이라고도 한다. 비만·과로·스트레스·수술 또는 기타 질환의 발증, 임신 등이 이 유형의 발병 원인이 된다.

(2) 당뇨병의 유형

구분	인슐린 의존형 당뇨병	인슐린 비의존형 당뇨병
형태	제1형	제2형
발생시기	주로 소아기에 발병	주로 성인기에 발병
발병원인	• 인슐린의 생성부족 • 면역반응 저하 • 바이러스 감염	• 인슐린 저항성 증가 • 고인슐린혈증 • 비만
케톤증 발생	가능	별로 없음

In addition

임신 당뇨병

- 원래 당뇨병이 없던 사람이 임신 후반기에 인슐린 저항성이 생겨 발병한다.
- 모체는 고혈압 등이 발생하고 심하면 유산 가능성이 있다.
- 태아에게 포도당보다 지방을 에너지로 공급하여 선천적 기형, 거대아, 심한 저혈당 등이 발생한다.
- 장기적으로 다음번 임신에서 임신 당뇨병이 재발할 가능성이 높다.
- 임신기간 중 조절을 잘 하면 출산 후 정상으로 되돌아간다.
- 임신성 당뇨병 병력이 있는 여성은 이후에 제2형 당뇨병이 발생할 가능성이 더 높다.

(3) 당뇨병 환자의 대사

당뇨병 환자의 지방 대사	• 중성지방의 합성이 감소되어 체지방이 감소 • 지방의 분해와 산화가 촉진되어 지방이 주요 에너지원이 됨 • 다량으로 생산된 아세틸 CoA로 인해 케톤체가 생산 • 간 콜레스테롤 합성이 증가되어 동맥경화 발생위험이 큼
당뇨병 환자의 단백질 대사	• 체단백질 합성이 증가 • 근육조직으로 아미노산의 유입이 촉진 • 요소합성작용의 감소로 간성혼수를 일으킴 • 아미노산의 포도당 신생작용이 감소

(4) 당뇨병 환자의 식사요법

① **열량** : 저에너지식

　㉠ 육체활동이 거의 없는 경우 : 표준체중 × 25~30kcal

　㉡ 보통 활동인 경우 : 표준체중 × 30~35kcal

　㉢ 심한 육체활동인 경우 : 표준체중 × 35~40kcal

② **당질** : 1일 에너지 필요량의 50~60%, 1일에 300g 이상은 피함

　㉠ 당질은 제한해도 혈당 조절에 변화가 없으며 복합당질을 공급한다.

　㉡ 단순당인 꿀, 설탕, 사탕 등은 제한하고, 대용품으로 인공감미료를 소량 사용한다.

　㉢ 혈당지수(GI)가 낮은 식품을 이용한다.

　㉣ 수용성 식이섬유는 음식물을 위장에 오래 머물게 해 혈당을 상승시키며, 인슐린이 한꺼번에 분비되는 것을 방지한다.

③ **단백질** : 권장섭취량은 1일 에너지 필요량의 10~20%이며, 체중 kg당 0.8g이다.

④ **지방** : 1일 에너지 필요량의 20~25% 섭취를 권장한다.

㉠ 포화지방산은 총 열량의 7% 이내

㉡ 콜레스테롤은 1일 200mg 미만

㉢ 트랜스지방산의 섭취는 최소화

⑤ 무기질 : 인슐린 합성을 위해 아연과 내당성을 위해 크롬 등의 섭취를 권장한다.

⑥ 알코올 : 고혈당이나 저혈당이 초래되므로 제한한다.

In addition

당뇨병의 운동요법

• 매일 일정량의 운동으로 30~60분 정도 한다.

• 운동을 하면 말초조직의 포도당에 대한 세포의 감수성이 높아져 포도당 사용이 증가한다.

• 제1형 당뇨병은 심한 운동은 삼가고, 제2형은 체중 감소가 되어 효과가 높다.

• 저혈당이 되지 않도록 주의해야 하고 중증의 심장 및 신장질환자, 만성 합병증이 있는 환자는 운동을 금한다.

(5) 당뇨병의 합병증

① 저혈당증

ㄱ) 원인

- 인슐린 쇼크에 기인
- 인슐린 주사를 맞고 식사를 하지 않았을 때
- 심한 운동을 했을 때 포도당이 35~50mg/100mL 정도면 혼수 발생
- 경구혈당강하제의 과다복용 등으로 혈당이 50mg/dL 이하로 저하되었을 때
- 구토, 설사 등으로 혈당이 저하되었을 때

ㄴ) **증상** : 두통, 공복감, 발한, 현기증, 의식장애, 경련, 불안, 심약함, 가슴 두근거림 등

ㄷ) **치료** : 꿀, 설탕, 사탕, 젤리, 포도당 등 단순당을 공급한다.

② 당뇨병성 혼수(고혈당증)

ㄱ) 원인

- 당질식품을 과잉 섭취했을 때
- 인슐린 주사를 정해진 시간에 맞지 않거나 중단했을 때 케톤증 발생

ㄴ) **증상** : 구토, 호흡 곤란, 현기증, 갈증, 안면홍조, 탈수, 산독증, 혼수 등

ㄷ) **치료** : 즉시 인슐린 요법(속효성)을 실시하고 수분과 전해질 공급을 위해 정맥주사

③ 당뇨병성 신증

ㄱ) **원인** : 당뇨병이 장기간 지속되어 신장의 혈관이 손상되면 혈액 여과를 담당하는 사구체가 손상되면서 단백뇨가 나타나고 이로 인해 신장 기능이 저하됨

  ⓛ **증상** : 단백질이 소변에 나타나며, 손상이 지속되면 신장기능이 감소함

  ⓒ **치료** : 단백질 섭취 제한, 저하된 단백질 섭취량만큼 열량섭취량 증가, 신장기능에 따라 칼륨·인 섭취 제한, 혈당 조절, 혈압 조절 등

 ④ **기타** : 동맥경화, 신경장애, 신장질환, 심장혈관질환, 소르비톨 장해, 망막증(당뇨병 발생 5~6년 경과 후) 등의 합병증을 초래한다.

(6) 혈당조절에 관여하는 호르몬

 ① **혈당감소** : 인슐린은 췌장에서 분비, 글리코겐 합성 증가, 포도당 신생합성 억제, 근육과 피하조직으로 혈당의 유입을 증가시킨다.

 ② **혈당증가**

  ㉠ **글루카곤** : 췌장에서 분비, 간의 글리코겐을 분해시켜 혈당방출 증가, 간의 포도당 신생합성이 증가된다.

  ㉡ **에피네프린** : 부신수질에서 분비된다.

  ㉢ **노르에피네프린** : 교감신경 말단에서 분비된다.

  ㉣ **글루코코르티코이드** : 부신피질에서 분비, 간의 포도당 신생합성 증가, 근육에서의 당의 사용을 억제한다.

  ㉤ **성장호르몬** : 뇌하수체 전엽에서 분비, 간의 당 방출증가, 근육으로 당 유입억제, 지방의 이동과 사용을 증가시킨다.

  ㉥ **갑상샘호르몬** : 갑상샘에서 분비, 간의 포도당 신생합성 글리코겐 분해과정 증가, 소장의 당 흡수를 촉진한다.

10장 수술 · 화상 · 알레르기 · 골다공증

1 수술

(1) 수술 시의 영양

① 체내 단백질의 이용을 위해 열량을 충분히 공급한다.

② 수분은 충분히 섭취하도록 한다.

③ 비타민은 상처회복과 지혈에 관계되는 비타민 A, K, C 등을 충분히 섭취하도록 한다.

④ 수술 전 장내 내용물을 적게 하기 위해 우유, 육류의 결체조직, 섬유소를 적게 함유한 저잔사식을 제공한다.

(2) 수술 환자의 회복기 증상

① 양의 질소 균형이 나타난다.

② 장 기능이 정상으로 회복된다.

③ 나트륨과 수분의 배설이 증가한다.

④ 칼륨이 보유된다.

(3) 수술 후의 환자식사

① 상처의 빠른 회복을 위해 열량, 단백질 등을 충분히 공급한다.

② 상처회복과 지혈에 관계되는 비타민 A, K, C 등을 충분히 섭취한다.

③ 수술 후에는 체조직의 합성이 필요하며, 탄수화물과 같은 에너지원이 부족하면 단백질이 체조직 재생에 쓰이지 못하고 에너지원으로 사용되므로 이를 막기 위해 충분한 양의 탄수화물을 공급해 준다.

④ 수술 후에는 상처치료를 위하여 새로운 체조직의 합성이 증가하게 된다. 따라서 체단백 합성에 필요한 필수 아미노산을 고루 함유한 양질의 단백질을 공급해야 한다.

(4) 수술부위별 식사요법

① 편도선 수술 : 뜨거운 음식을 제한한다.

② 위 절제수술 : 덤핑증후군 증상을 완화한다.

③ 담낭 절제수술 : 지방을 제한한다.

④ 장 절제수술 : 소장을 절제한 경우에 단백질과 당질의 흡수는 비교적 잘 유지되나 지방흡수

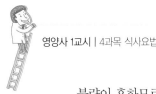
불량이 흔하므로 고에너지, 고단백질, 고비타민, 고무기질로 정상체중을 유지한다.

⑤ **직장 수술** : 저잔사식을 한다.

2 화상

(1) 화상 시의 주의점

① 합병증과 감염 예방이 우선이다.

② 많은 전해질이 유출액을 통하여 손실되므로 이에 대처하여야 한다.

③ 노인과 어린이가 특히 위험하다.

④ 식사 사이에 고단백질과 열량을 가진 보충음료수를 자주 공급한다.

(2) 화상 환자의 식이요법

① 화상 환자의 열량 요구량은 화상 크기에 따라 다르다.

② 경구섭취가 가능할 경우 고단백, 고열량식을 제공한다.

③ 화상부위가 20% 이상이면 경장 영양을 제공하는 것이 좋다.

④ 심한 화상 환자일 경우 수분과 전해질의 공급이 가장 중요하다.

⑤ 오메가-3의 지방산이 높은 지방을 투여하여 면역기능을 높인다.

⑥ 조직의 콜라겐 합성을 위해 비타민 C를 충분히 공급한다.

⑦ 단백질이 열량으로 사용되지 않게 하고, 고혈당과 간기능 저하 우려가 있으므로 당질은 열량의 60~65%로 공급한다.

⑧ 가장 강조하여야 할 식이요법으로 양질의 단백질과 비타민 C 및 칼로리를 많이 섭취하여 야 한다.

3 알레르기

(1) 식품 알레르기

① 겨자, 고추, 향신료는 신경성 알레르기를 잘 일으킨다.

② 히스타민(histamine)과 콜린(choline)이 함유된 식품이 알레르기를 잘 일으킨다.

③ 오래된 생선은 트리메틸아민(trimethylamine) 함량이 높아 알레르기를 잘 일으킨다.

④ 식사요법으로 원인이 되는 식품을 먹지 않는 것이 최선책이다.

⑤ 알레르기 체질은 다분히 유전적 소질이 있으며 발병 연도도 낮아 영유아기에 잘 걸린다.

(2) 알레르기 관련 식품선택 제한

① 우유 알레르기 환자 : 치즈, 아이스크림, 요구르트, 크림수프, 버터

② 계란 알레르기 환자 : 푸딩, 마요네즈, 커스터드, 기타 계란이 함유된 식품

③ 밀 알레르기 환자 : 밀가루로 만든 식품, 크래커, 마카로니, 스파게티, 국수 등

④ 두류 알레르기 환자 : 콩가루, 두유, 채실유, 콩소스, 콩 버터

⑤ 옥수수 알레르기 환자 : 팝콘, 콘시럽

⑥ 초콜릿 알레르기 환자 : 캔디, 코코아

⑦ 쇠고기 알레르기 환자 : 쇠고기 수프, 쇠고기 소스

⑧ 돼지고기 알레르기 환자 : 베이컨, 소시지, 핫도그, 돼지고기로 만든 소스 등

4 골다공증

(1) 골다공증 일반

① 골다공증은 뼈의 기질과 무기질이 손실되나 남은 뼈의 무기질화는 정상이다.

② 여성이 남성보다 최대골질량이 낮고 칼슘 섭취량이 적으며 폐경으로 인해 빨리 골손실이 일어나기 때문에 골다공증의 위험이 커진다.

③ 난소를 절제하여 여성 호르몬 분비가 안 되는 조기 폐경과 동시에 체지방이 적은 마른 여자일 경우 골다공증의 위험이 가장 크다.

④ 비만한 여성은 지방세포에 의한 에스트로겐 합성이 더 많이 생겨 마른 여성보다는 골다공증 위험이 낮다.

⑤ 뼈가 최대 골질량에 도달하는 나이는 30~35세이다.

⑥ 비타민 C는 뼈의 콜라겐 기질 형성에 필요하고 칼슘은 인과 함께 콜라겐 기질에 하이드록시 애퍼타이트(hydroxy apatite) 형태로 뼈에 축적된다.

⑦ 뼈에서 뼈의 생성을 맡고 있는 것이 골아세포이다.

⑧ 골다공증 발병에 영향을 미치는 위험인자는 폐경, 난소절제, 비타민 D의 섭취부족, 운동부족 등이다.

(2) 골다공증 관련 물질의 작용

① 부갑상샘호르몬과 코티솔은 뼈로부터 유리해 내는 것을 도우며, 에스트로겐과 칼시토닌은 뼈에 칼슘이 침착되는 것을 돕는다.

② 칼시토닌은 뼈에서 칼슘의 용출을 억제, 비타민 D의 활성화 억제, 신장에서 칼슘의 재흡수 저해, 소장에서 칼슘의 흡수 저해 등의 역할을 한다.

③ 비타민 D의 작용은 소장에서 칼슘의 흡수촉진, 뼈에서 칼슘의 용출증가, 신장에서 칼슘의 재흡수 증가, 혈중 칼슘의 농도증가 등의 역할을 한다.

④ 비타민 D_3는 간에서 1차 활성화되고, 신장에서 2차 활성화된다.

(3) 골다공증 예방방법

① 젊은 시절부터 우유를 꾸준히 섭취한다.

② 폐경기 이후에는 운동을 더욱 열심히 한다.

③ 지나치게 커피를 섭취하지 않고 금연을 한다.

④ 중년 이후 동물성 단백질의 섭취를 줄인다.

(4) 골다공증 예방을 위한 식사요법

① 동물성 단백질의 섭취는 칼슘의 뇨중 배설을 증가시키며 인과 칼슘의 섭취는 1:1이 바람직하다.

② 비타민 D는 칼슘의 흡수를 증가시키지만 골 용해를 증가시키기도 하므로 과량 섭취가 되지 않도록 하여야 한다.

③ 이소플라빈은 약한 에스트로겐 작용을 하여 폐경 후 골다공증의 예방과 치료에 효과적이다.

11장 암

1 암 일반

(1) 암의 의의

① 일반적으로 암이란 악성종양을 말한다.

② 정확한 암의 발생원인은 아직 밝혀지지 않았으나 유전인자, 방사선, 대기오염, 흡연, 음주, 식이 등이 발암의 원인으로 알려져 있다.

③ 내적 요인으로는 유전인자, 면역학적 요인을 들 수 있고 외적 요인으로는 화학물질, 방사선, 바이러스 등을 들 수 있다.

(2) 암의 특징

① 암의 일반적인 성질은 우선 암세포는 정상세포와 다른 이상구조를 가지고 있으며 세포들끼리 부착하는 성질이 적어서 주위조직이나 먼 곳으로 잘 퍼져나간다.

② 암세포가 주위조직으로 퍼지는 것을 침윤이라고 하고 먼 곳으로 이동하여 성장하는 것을 전이라고 한다.

③ 암세포의 이동은 림프관이나 혈관을 따라서 할 수도 있고 직접적인 접촉으로 장기 벽을 뚫고 이동하기도 한다.

④ 암세포는 어느 정도 자란 후 세포분열과 성장을 멈추는 정상세포와 달리 무제한적으로 자라고 성장속도가 매우 빠르다.

⑤ 우리나라 사람에 있어 발생빈도가 가장 높은 종류의 암은 위암이다.

In addition

악액질(Cachexia)

• **의의** : 악성종양에서 볼 수 있는 고도의 전신쇠약 증세

• **증상** : 체력 저하, 체중 감소, 빈혈, 소화불량, 면역기능 저하, 대사와 호르몬 이상, 무기력, 식욕부진으로 인한 영양불량, 피부건조, 피부색소 침착, 부종, 저단백혈증 등

• **대사 변화** : 기초대사량 증가, 에너지 소비량 증가, 당신생 증가, 인슐린 민감도 감소, 고혈당증, 근육단백질 합성 감소, 지방 분해 증가, 수분과 전해질 불균형

2 암의 방어인자와 식사요법

(1) 암의 방어인자

① 아스코르빈산 : 독성을 예방, 둔화, 회복시킨다.

② 비타민 A : 암세포의 발전을 둔화시키나 치료효과는 거의 없다.

③ 셀레늄 : 발암과정을 환원시키는 효과가 있다.

④ 식생활 조절

　㉠ 규칙적이고 균형된 식생활을 한다.

　㉡ 지방섭취를 적게 하고 섬유소를 충분히 공급한다.

　㉢ 짜고 자극성 있는 식품을 적게 공급한다.

　㉣ 탄 음식을 피하고 혼합곡을 먹으며 알코올과 흡연을 줄인다.

　㉤ 적당한 운동이 필요하다.

Tip　니트로소아민
- 단백질 식품에 존재하는 아민이나 아미드가 질소화합물 등과 반응하여 제조과정 중 생성되는 발암물질이다.
- 훈연가공육에 첨가되는 아질산나트륨은 단백질 속의 아민과 결합하여 니트로소아민을 생성한다.

(2) 식사요법

① 암 환자의 구토증상을 줄이기 위해 할 수 있는 방법은 식사를 천천히 공급하며, 소량씩 자주 공급하고, 상온 이하의 상태로 공급한다.

② 암 종류별 원인식품

　㉠ 위암 : 자극성 식품

　㉡ 폐암 : 흡연

　㉢ 간암 : 알코올

　㉣ 대장암 : 저섬유소식

③ 위암환자의 식사요법

　㉠ 식욕을 촉진시킬 수 있는 식단을 작성한다.

　㉡ 위액분비를 촉진하기 위해 향신료와 포도당을 소량 준다.

　㉢ 음식은 담백하게 한다.

　㉣ 환자의 기호를 충분히 고려한다.

In addition

항암치료 환자의 부작용에 따른 식사요법
• **식욕부진** : 소량씩 자주 섭취, 영양보충음료 활용
• **연하곤란** : 부드러운 음식 제공
• **구강건조** : 촉촉하고 부드러운 음식, 상온 상태로 제공
• **메스꺼움 토로** : 차고 시원한 음료와 냄새가 거의 없는 식품 제공, 기름진 음식 · 단 음식 · 향이 강하고 뜨거운 음식 제한, 증상이 심할 경우 금식
• **후각과 미각 변화** : 입안을 자주 헹굼, 향신료 적절히 사용, 신 음식 제공, 금속 맛을 잘 느껴 금속 식기보다는 플라스틱 식기를 사용하고 통조림 식품은 피함

(3) 암환자들의 영양소 대사변화

① 기초대사량이 증가하고 열량소모가 증가한다.
② 단백질의 합성이 감소하고 혈청 알부민(albumin) 농도가 떨어진다.
③ 체액과 전해질 불균형으로 설사와 구토가 심하다.
④ 코리사이클에 의한 당 신생합성이 증가한다.

(4) 암예방을 위한 식사방안

① 녹황색 채소 섭취를 늘린다.
② 버섯의 섭취를 늘린다.
③ 등푸른 생선의 섭취를 늘린다.
④ 탄 음식의 섭취를 피한다.
⑤ 콩 및 된장, 해조류, 마늘 및 양파 등의 섭취를 늘린다.

01 다음 중 경관급식을 제한하는 환자는?

① 장폐색 환자
② 식욕결핍 환자
③ 의식불명 환자
④ 식도장애 환자
⑤ 연하곤란 환자

02 다음 중 위장관 기능의 이상으로 장기간의 금식이 필요한 환자에게 가장 적합한 영양지원 방법은?

① 연식   ② 유동식
③ 정맥영양   ④ 경관급식
⑤ 경구급식

03 식품교환표에서 1교환단위당 열량(kcal)이 가장 높은 식품군은?

① 곡류군   ② 어육류군
③ 지방군   ④ 우유군
⑤ 과일군

04 식품교환표에서 쌀밥 1공기(210g)와 사과 1개(300g)의 열량은?

① 300kcal   ② 350kcal
③ 400kcal   ④ 450kcal
⑤ 500kcal

05 다음 중 덤핑 증후군(dumping syndrome)이 발생할 확률이 높은 환자는?

① 암 환자
② 당뇨병 환자
③ 위절제술 환자
④ 심장병수술 환자
⑤ 간이식수술 환자

06 다음 증상에 해당하는 소화기계 질환은?

> • 위의 긴장도가 낮고, 위의 운동 및 위 분비기능이 약해서 먹는 것이 잘 내려가지 않고 아랫배가 늘 묵직하게 아프다.
> • 소화불량, 식욕부진, 두통, 빈혈 등이 오고, 때로는 메스껍고 구토를 하기도 하며, 배를 움켜잡고 흔들면 위 속에서 출렁출렁 물소리가 나기도 한다.

① 크론병   ② 게실염
③ 위궤양   ④ 급성위염
⑤ 위하수증

07 다음의 증상을 유발하는 우유 성분은?

> 우유 섭취 후 더부룩함, 복부팽만, 설사, 복통이 발생하며, 섭취를 중단하면 증상이 호전된다.

① 유당
② 아비딘
③ 맥아당
④ 알부민
⑤ 카세인

08 다음 중 급성위염의 식사요법으로 틀린 것은?

① 위에 자극을 주지 않게 하기 위하여 1~2일 정도 금식하는 것이 좋다.
② 위산과다를 막기 위해 금식할 때에는 수분 섭취를 줄인다.
③ 유동식의 형태는 당질을 주로 한 미음이나 육즙 또는 우유를 섭취한다.
④ 위 점막의 염증을 자극하지 않고 위의 산도를 높이지 않게 하기 위해 무자극성식을 섭취한다.
⑤ 위 점막을 보수하기 위해 양질의 단백질과 비타민 C를 공급한다.

09 다음 중 게실염이 생기는 가장 중요한 요인은?

① 항생제 남용
② 알코올 과다섭취
③ 필수아미노산 과다
④ 대장내의 압력증가
⑤ 헬리코박터파일로리 감염

10 다음 중 크론병으로 인해 초래되는 영양불량 상태가 아닌 것은?

① 빈혈
② 식욕부진
③ 고단백혈증
④ 비타민결핍증
⑤ 흡수불량증후군

11 다음 중 급성췌장염 환자의 식사요법으로 가장 옳은 것은?

① 저에너지식을 제공한다.
② 발병 후 2~3일은 금식한다.
③ 무기질, 비타민 보충제를 다량 제공한다.
④ 저혈당 예방을 위해 단순당을 충분히 공급한다.
⑤ 단백질 섭취를 위해 기름기가 많은 고기를 직화구이로 제공한다.

12 다음 중 부족하면 지방간 생성을 초래할 수 있는 영양소는?

① 철분
② 구리
③ 아연
④ 칼슘
⑤ 콜린

13 다음 중 간경변증 환자의 식사요법으로 틀린 것은?

① 열량섭취를 줄이기 위해 저열량식을 제공한다.
② 단백질은 간 재생을 위해 충분히 공급한다.

③ 복수나 부종이 있을 경우 나트륨 섭취를 제한한다.

④ 엽산, 티아민 등 비타민 B 복합체들을 보충한다.

⑤ 긴 사슬지방보다 중간 사슬지방을 공급한다.

14 다음 중 간성혼수 환자에게 제한해야 하는 영양소는?

① 지방   ② 칼슘

③ 철분   ④ 단백질

⑤ 비타민

15 다음 중 담석증 환자의 식사요법으로 가장 옳은 것은?

① 고열량 식사를 한다.

② 당질이 적은 식사를 한다.

③ 지방이 적은 식사를 한다.

④ 섬유소가 적은 식사를 한다.

⑤ 단백질이 적은 식사를 한다.

16 다음 중 비만이 될 수 있는 요건으로 옳은 것은?

① 과도한 운동량

② 느린 식사 속도

③ 갑상샘 기능항진증

④ 부신피질호르몬 분비 감소

⑤ 활동량 대비 에너지 섭취 과다

17 다음 중 BMI(체질량지수)에 대한 설명으로 옳은 것은?

① 어린이의 비만판정에 이용된다.

② 피하지방의 양을 측정할 수 있다.

③ 체지방량과 신장을 이용하여 계산한다.

④ BMI가 $25kg/m^2$이면 비만으로 판정한다.

⑤ BMI가 정상 이상이면 만성질환의 발생 위험이 높다.

18 비만 환자를 위한 식이요법에 대한 설명으로 틀린 것은?

① 지방을 줄인다.

② 섬유질의 섭취를 늘린다.

③ 단백질은 충분히 섭취한다.

④ 무기질과 비타민의 섭취는 충분히 한다.

⑤ 주식은 늘리고 부식의 양은 줄인다.

19 신장이 170cm이고 체중이 70kg인 사람의 체질량 지수(BMI)는 얼마인가(반올림하여 소수점 이하 첫째 자리까지 나타낼 것)?

① 23.2   ② 23.3

③ 24.2   ④ 24.3

⑤ 25.2

20 다음 중 대사증후군 진단기준으로 틀리게 짝지어진 것은?

① 허리둘레 – 남자 90cm 이상, 여자 85cm 이상

② 혈압 – 130/85mmHg 이상

③ 공복혈당 – 100mg/dL 이상 또는 당뇨병 과거력, 약물복용

④ 중성지방(TG) – 120mg/dL 이상

⑤ HDL-콜레스테롤 – 남자 40mg/dL 이하, 여자 50mg/dL 이하

21 다음 중 심근경색 환자에 대한 식사요법으로 가장 적절한 것은?

① 식염의 섭취를 늘린다.
② 고열량식이를 제공한다.
③ 식사는 소량씩 자주 공급한다.
④ 차거나 뜨거운 음식으로 제공한다.
⑤ 콜레스테롤이 많이 함유된 식품을 제공한다.

22 다음 중 DASH 식이요법에서 권장하는 식품은?

① 통곡물   ② 소시지
③ 요구르트   ④ 페이스트리
⑤ 붉은색 육류

23 다음 중 고탄수화물 식이를 하는 사람에게 흔히 나타나는 고지혈증 유형은?

① 제1형(킬로미크론혈증)
② 제2형a(고LDL혈증)
③ 제3형(고IDL혈증)
④ 제4형(고VLDL혈증)
⑤ 제5형(고킬로미크론혈증, 고VLDL혈증)

24 다음 중 동맥경화증의 혈중 지질대사의 변화로 옳은 것은?

① HDL 증가   ② LDL 증가
③ 인지질 감소   ④ 중성지방 감소
⑤ 유리지방산 감소

25 다음 중 울혈성 심부전 환자의 식사요법으로 옳은 것은?

① 단백질 섭취를 제한한다.
② 수분을 충분히 섭취한다.
③ 충분한 열량을 섭취한다.
④ 나트륨 섭취를 제한한다.
⑤ 수용성 비타민 섭취를 제한한다.

26 다음 중 비타민 B_{12}의 결핍으로 발생하는 빈혈은?

① 악성 빈혈
② 용혈성 빈혈
③ 낫세포 빈혈
④ 철결핍성 빈혈
⑤ 재생불량성 빈혈

27 다음 중 용혈성 빈혈과 관련이 있는 것은?

① 철분   ② 엽산
③ 적혈구   ④ 백혈구
⑤ 혈소판

28 다음 중 혈액 투석 시 제한해야 하는 영양소가 아닌 것은?

① 인 ② 수분
③ 칼륨 ④ 나트륨
⑤ 단백질

29 다음 중 만성 신부전 환자가 핍뇨 증상을 보일 때 제한해야 하는 영양소는?

① 수분 ② 칼륨
③ 칼슘 ④ 철분
⑤ 염소

30 다음 중 수산칼슘결석에 대한 설명으로 옳은 것은?

① 비타민 B_6를 보충한다.
② 비타민 C를 공급한다.
③ 칼슘과 수산 함량이 높은 식품을 섭취한다.
④ 아스파라거스, 시금치 등의 섭취를 늘린다.
⑤ 퓨린의 함량이 높은 음식을 섭취한다.

31 다음 중 감기를 심하게 앓고 난 후 단백뇨, 혈뇨, 부종 등의 증상이 나타났을 때 의심되는 질환은?

① 신증후군
② 신장결석
③ 급성 신부전
④ 만성 신부전
⑤ 급성 사구체신염

32 다음 중 급성 사구체신염 환자의 식이요법으로 틀린 것은?

① 당질을 위주로 충분히 공급한다.
② 칼륨이 충분한 식품을 제공한다.
③ 부종과 고혈압 여부에 따라 나트륨을 제한한다.
④ 수분은 핍뇨 시 전일 소변량에 500mL를 더해 제공한다.
⑤ 단백질은 초기에는 제한하고, 신장기능이 회복됨에 따라 증가시킨다.

33 다음 중 장티푸스의 식이요법으로 옳지 않은 것은?

① 고열량식을 준다.
② 저당질식을 준다.
③ 고단백식을 준다.
④ 수분을 충분히 공급한다.
⑤ 열이 심할 때 유동식을 준다.

34 다음 중 류마티스열의 식사요법으로 옳지 않은 것은?

① 고열량식
② 고단백식
③ 고비타민식
④ 수분 제한식
⑤ 나트륨 제한식

35 다음 중 대사장애 질환에 해당하지 않는 것은?

① 통풍
② 회백수염
③ 과당불내증
④ 페닐케톤뇨증
⑤ 갈락토오스혈증

36 다음 중 페닐케톤뇨증 환자의 혈액과 소변에서 증가하는 것은?

① 티로신
② 메티오닌
③ 갈락토스
④ 호모시스틴
⑤ 페닐알라닌

37 다음 중 갈락토오스혈증 환자에게 공급할 수 있는 식품은?

① 우유
② 버터
③ 치즈
④ 두유
⑤ 카세인

38 다음 중 통풍 환자에게 적합한 음식으로 구성된 것은?

① 치즈, 우유, 달걀프라이
② 양송이스프, 비프스테이크
③ 쌀밥, 홍합탕, 연어구이
④ 잡곡밥, 멸치볶음, 소고기뭇국
⑤ 콩자반, 조갯국, 고등어찜

39 다음 중 류신, 이소류신, 발린의 대사장애로 나타나는 선천성 질환은?

① 통풍
② 과당불내증
③ 단풍당뇨증
④ 페닐케톤뇨증
⑤ 갈락토오스혈증

40 다음 중 제1형 당뇨병의 원인으로 옳은 것은?

① 정신적 스트레스
② 근육 활동의 부족
③ 인슐린 저항성 증가
④ 내인성 인슐린 생성부족
⑤ 열량의 과다섭취로 인한 비만

41 임신 당뇨병에 대한 다음 설명 중 틀린 것은?

① 당뇨병 환자가 임신한 경우를 의미한다.
② 선천적 기형, 거대아 등의 출생을 유발한다.
③ 다음번 임신에서 임신 당뇨병의 재발 가능성이 높다.
④ 임신기간 중 조절을 잘 하면 출산 후 정상으로 되돌아간다.
⑤ 임신성 당뇨병 경력이 있는 경우 제2형 당뇨병의 발생 가능성이 더 높다.

42 다음 중 당뇨병 환자의 식사요법으로 옳은 것은?

① 고단백식을 한다.
② 인공감미료를 섭취할 수 없다.
③ 수용성 식이섬유를 충분히 섭취한다.
④ 복합당질 대신 단순당질 섭취를 권장한다.
⑤ 지방은 1일 에너지 필요량의 35% 이상을 섭취한다.

43 다음 중 당뇨병 신증 환자에게 적합한 식사요법은?

① 인 섭취를 늘린다.
② 열량 섭취를 줄인다.
③ 칼륨 섭취를 늘린다.
④ 지방 섭취를 줄인다.
⑤ 단백질 섭취를 제한한다.

44 혈당조절에 관여하는 호르몬 중 교감신경 말단에서 분비되는 호르몬은?

① 글루카곤
② 에피네프린
③ 성장호르몬
④ 노르에피네프린
⑤ 글루코코르티코이드

45 다음 중 수술부위별 식사요법에 대한 설명으로 틀린 것은?

① 편도선 수술 환자에게는 뜨거운 음식을 제한한다.

② 위절제수술 환자는 덤핑증후군 증상을 완화하는 식사요법을 택한다.
③ 담낭 절제수술 환자에게는 단백질을 제한한다.
④ 장 절제수술 환자는 고에너지, 고단백질, 고비타민, 고무기질로 정상체중을 유지한다.
⑤ 직장 수술 환자는 저잔사식을 한다.

46 화상 환자의 피부 조직에 콜라겐 합성을 위해 공급해야 하는 비타민은?

① 비타민 A   ② 비타민 B_{12}
③ 비타민 C   ④ 비타민 D
⑤ 비타민 E

47 다음 중 계란 알레르기 환자가 피해야 할 음식은?

① 치즈   ② 소시지
③ 베이컨   ④ 커스터드
⑤ 요구르트

48 다음 중 악액질이 있는 암환자의 체내 대사 변화로 틀린 것은?

① 기초대사량이 증가한다.
② 당신생이 감소한다.
③ 인슐린 민감도가 감소한다.
④ 지방 분해가 증가한다.
⑤ 근육단백질 합성이 감소한다.

49 햄, 베이컨 등의 훈연가공육에 함유된 발암 물질은?

① 셀레늄   ② 멜라민
③ 히스타민   ④ 아스코르빈산
⑤ 니트로소아민

50 항암치료 환자의 부작용에 대처하기 위한 식 사요법으로 틀린 것은?

① 소량씩 자주 섭취한다.
② 영양보충음료를 활용한다.
③ 촉촉하고 부드러운 음식을 제공한다.
④ 차고 시원한 음료를 제공한다.
⑤ 통조림 식품을 제공한다.

영양사 핵심요약+적중문제

[1교시]

1교시
5과목 생리학

NUTRITIONIST

1장 생리학 일반

1 세포

(1) 세포의 의의

① 세포란 생물체를 구성하는 기본단위이고 생명현상을 나타내는 기능상의 최소 단위이기도 하다.

② 세균·하등조류·원생동물 등의 단세포생물은 하나의 생명 그 자체이고, 다세포생물의 몸은 여러 가지로 분화한 세포집단이 통제·조화된 유기체이다.

③ 모든 유기체의 기본 구조 및 활동 단위이다. 박테리아 등의 일부 유기체는 단지 세포 하나로 이루어진 단세포 생물이다. 반면, 인간을 포함한 다른 유기체는 다세포이며, 인간의 경우 대략 100조개 이상의 세포로 구성되어 있다.

④ 세포 이론은 1839년 마티아스 슐라이덴과 테오도르 슈반에 의해 확립되었다. 이 이론은 모든 유기체가 하나 이상의 세포로 구성되어 있으며, 모든 세포는 스스로의 기능을 정의하고 다음 세대로 정보를 넘겨주기 위해 어떠한 방식으로든 유전 정보를 가지고 있을 것이라고 설명하였다.

⑤ 세포란 용어는 작은 방을 의미하는 라틴어의 Cella에서 유래하였는데 1665년 로버트 훅이 관찰하였던 코르크 세포를 수도승이 살던 작은 방에 비유한데서 시작됐다.

⑥ 각 세포는 적어도 그 자체로 완전하며, 스스로 활동 가능하다. 즉, 영양소를 받아들여서 에너지로 전환하고, 고유한 기능을 수행하며, 필요에 의해 번식할 수도 있는 것이다. 각 세포는 이러한 여러 활동을 수행하기 위한 각각의 소기관을 지니고 있다.

(2) 세포의 특징

① 세포분열을 통한 번식을 하고 세포대사를 통해 흡수된 영양소로부터 세포 구성물을 형성한다. 또한 에너지, 분자를 만들어내며, 부산물을 내버린다.

② 세포의 기능은 화학 에너지를 추출해서 사용하는 방식에 의해 결정된다. 이러한 에너지는 대사경로에서 추출된다.

③ 단백질 합성 과정을 통해 단백질을 합성한다. 일반적인 유방 세포는 서로 다른 만 개 정도의 단백질도 가질 수 있다.

④ 외부 혹은 내부의 자극에 대해 신호전달 체계를 가진다. 즉 자극에 따라 세포의 온도, pH, 영양소 수준이 변한다.

⑤ 소포를 운반하는 역할을 한다.

(3) 세포소기관

① **세포핵 – 세포의 정보 창구** : 세포핵은 진핵세포에서 가장 두드러진 기관이다. 유전체를 가지고 있으며, DNA 복제 및 RNA 합성이 이루어지는 곳이다. 세포핵은 둥근 모양을 가지고 있으며, 핵막으로 불리는 이중 세포막에 의해 세포질과 구분된다.

② **리보솜 – 단백질 합성기** : 리보솜은 진핵세포와 원핵세포 모두에 존재한다. 리보솜은 RNA와 단백질을 포함한 복잡한 구조이며, mRNA가 나타내는 유전 명령어를 분석하는 일을 한다. 단백질 합성은 모든 세포에 있어 중요하며, 하나의 세포에서도 수백, 수천 개의 리보솜이 존재하기도 한다.

③ **미토콘드리아와 엽록체 – 세포 내 발전기**

ㄱ) **미토콘드리아** : 모든 진핵세포의 세포질에 다양한 수, 모양, 크기로 존재하는 자기 복제기관이다. 원래 세포의 유전 물질과는 달리 스스로의 유전체를 가지고 있다. 또한 진핵세포에서 에너지 생산을 담당하며, 호흡효소를 함유하여 ATP를 생성한다.

ㄴ) **엽록체** : 미토콘드리아보다도 크며, 광합성을 통해 태양 에너지를 화학 에너지로 바꾼다. 그리고 미토콘드리아와 마찬가지로 스스로의 유전체를 가지고 있다. 엽록체는 식물이나 해조류와 같은 광합성을 하는 진핵세포에만 있는데 다양한 종류의 변형 엽록체들도 있다. 이는 일반적으로 색소체라고 불리며, 저장에 관련한다.

④ **소포체와 골지장치 – 거대 분자 관리자**

ㄱ) **소포체** : 분자를 특정한 목적지로 수송하는 망의 역할을 담당한다. 주된 소포체에는 두 종류가 있는데, 리보솜을 표면에 지닌 조면소포체와 지니지 않는 활면소포체이다. 소포체에 있거나 세포 밖으로 나갈 단백질에 대한 mRNA의 번역은 조면소포체에 붙은 리보솜에서 이루어진다. 활면소포체는 지방 합성, 해독, 칼슘 보관에 중요한 역할을 한다. 이외에도 근육에서 칼슘 보관에 주로 사용되는 근소포체가 있다.

ㄴ) **골지장치** : 골지체로도 불리는 골지장치는 세포의 중추 전달 체계이며, 단백질 처리, 전송 등을 담당한다.

⑤ **리소좀과 과산화소체 – 세포 소화계** : 리소좀과 과산화소체는 세포의 쓰레기 처리 시스템이라고도 불린다. 두 기관은 둥글게 생겼으며, 단층의 세포막으로 구성되며, 화학 반응을 촉진시키는 많은 양의 소화 효소를 지닌다. 예를 들어, 리소좀은 단백질, 핵산, 다당류 등을 분해하는 30개 이상의 효소를 지니고 있다. 여기서 진핵세포의 세포막에 의한 구분의 중요성을 알 수 있다. 세포막이 없이는 이러한 파괴적인 효소를 지닌 채 세포가 존재할 수 없기 때문이다.

⑥ **중심소체** : 세포분열을 도와준다. 동물 세포의 경우 두 개의 중심소체를 지니고 있으며, 일부 균류 및 해조류에서도 발견되기도 한다.

⑦ **액포** : 영양분 및 노폐물을 저장한다. 일부 액포는 추가 수분을 저장하기도 한다. 액포는 종종 액체로 채워진 공간을 의미하기도 하며, 세포막으로 둘러싸여 있다.

(4) 세포의 성분과 종류

① 세포의 구성성분

㉠ 물 : 70~85%

㉡ 단백질 : 10~20%

㉢ 지질 : 2~3%

㉣ 무기질 : 1%

㉤ 당질 : 1%

② 세포의 종류

㉠ 신경세포 : 흥분파의 전도

㉡ 근세포 : 근육의 수축, 이완

㉢ 선세포 : 호르몬, 소화액의 합성, 분비

㉣ 간·지방세포 : 포도당, 지방 저장

㉤ 상피세포 : 신체보호

㉥ 소화관점막, 세뇨관세포 : 물질을 일정한 방향으로 운반

㉦ 감수기세포 : 빛, 소리, 냄새, 화학적 농도 등에 반응

 Tip 원핵세포와 진핵세포

[원핵세포]

① 의의

- 원핵세포는 세포핵을 둘러싸는 세포막이 없다는 점에서 진핵세포와 큰 차이를 지닌다. 또한 진핵세포의 특징인 세포간의 소기관 및 구조물을 가지고 있지 않다.
- 중요한 예외는 리보솜으로, 진핵세포와 원핵세포에 모두 존재한다. 미토콘드리아, 골지장치, 엽록체와 같은 세포 소기관의 대부분의 기능은 세포막이 담당한다.
- 원핵세포는 3개의 영역을 지닌다. 편모와 필리(세포 표면에 붙어 있는 단백질)라고 불리는 부속 기관 영역과 피막, 세포벽, 세포막으로 구성된 세포외막(Cell Envelope) 영역, 마지막으로 유전체(DNA)와 리보솜 및 여러 가지 세포 물질을 포함한 세포질 영역이다.

② 기능

- 세포막(인지질 이중층)은 세포 내부와 외부를 구분지으며 필터 및 통신의 역할을 담당한다.
- 대부분의 원핵세포는 세포벽을 지니고 있다. 세포벽은 세균에서는 펩타이드글리칸으로 구성되며, 외부 힘에 대해 추가적인 벽으로 작용한다. 또한 세포벽은 저장성 환경에 대한 삼투압의 영향으로 세포가 파열되는 것을 막아준다.

세포벽은 균류 등의 진핵세포에도 존재하지만, 화학 구성이 다르다.

- 원핵세포의 염색체는 일반적으로 순환구조이다. 유전물질을 감싸주는 세포핵이라는 막이 실제로는 없음에도 DNA는 핵양체에 모여 있다. 원핵세포는 플라스미드라는 추가염색체 DNA를 가지기도 하며, 이 역시 순환구조이다. 플라스미드는 추가적인 기능을 하는데, 항생물질에 대한 저항과 같은 것이다.

[진핵세포]

① 의의

- 세포에는 진핵세포와 원핵세포 두 종류가 있다. 원핵세포가 일반적으로 그 스스로 생명체인 것에 비해 진핵세포는 일반적으로 다세포 유기체에서 발견된다. 진핵세포는 일반적인 원핵세포에 비해 10배 가량 크고, 부피로 따지면 1000배나 크다. 원핵세포와 진핵세포의 가장 큰 차이는 진핵세포의 경우 특정 세포대사를 하는 세포의 일부분이 세포막에 둘러 싸여 있다는 것이다.
- 가장 중요한 부분은 세포핵이며 진핵세포의 DNA를 가지고 있는 부분을 세포막으로서 경계 짓고 있다. 진핵세포의 진핵이라는 이름 역시 '진실된 세포핵'이 있다는 의미이다.

② 특징

- 세포막은 원핵세포의 세포막과 기능면에서는 유사하나 구성에서 약간 차이가 있다. 세포벽이 있을 수도, 없을 수도 있다.
- 진핵세포의 DNA는 염색체라고 불리는 하나 혹은 그 이상의 직선 분자 구조로 되어 있다. 매우 압축되어 있으며, 히스톤 주위로 접혀 있다. 모든 DNA는 세포질과 분리되어 세포핵에 존재한다. 일부 세포소기관은 소량의 DNA를 가지기도 한다.
- 진핵세포는 섬모나 편모를 이용하여 움직인다. 편모라고 해도 원핵세포의 편모에 비해서 더욱 복잡하다.

2 세포 내외의 물질이동

(1) 세포막

① 모든 세포가 가지고 있는 구성요소이며, 세포 내부와 외부를 서로 구분지어 준다. 인지질 및 단백질 분자로 구성된 얇고 구조적인 지방 이중층으로 되어 있으며, 선택적인 투과성을 지닌다. 세포 표면막은 수용체 단백질과 세포부착 단백질을 지니고 있기도 한다. 또한 세포막에는 다른 기능을 수행하는 단백질 역시 존재하며, 이러한 단백질은 세포 기능 및 조직 구성을 항시 일정하게 유지하는 데 매우 중요한 역할을 담당한다.

② 동물 세포에서 세포막은 이러한 역할을 홀로 수행하는 반면, 효모, 세균, 식물에서는 세포벽이 최외곽 경계를 형성하며, 물리적인 방호력을 제공한다. 세포막의 또 다른 중요한 역할은 세포전위를 유지하는 것이다. 세포막은 대략 10나노미터 두께이며, 투과 전자 현미경으로 희미하게 구분할 수 있다.

③ **세포막의 기능**

㉠ 여러 종류의 물질 운반계를 함유하고 있다.

ⓒ 동종의 세포를 인지하는 기능이 있다.

ⓒ 다양한 효소체계를 함유하여 반응을 수행한다.

ⓔ 특정물질에 대한 수용체를 가지고 있다.

ⓜ 세포막의 지질층은 주로 인지질과 콜레스테롤로 구성되어 있으며 소량의 당지질이 존재한다.

ⓗ 인지질의 지방층은 지방용해성 물질의 확산을 가능하도록 한다.

ⓢ 막단백질은 큰 분자의 출입을 가능하도록 하는 통로이다.

ⓞ 막을 이루는 인지질 이중층은 세포 외부와 내부 방향에 따라 조성 차이가 있다.

(2) 물질이동

① **능동수송** : 능동수송 과정에서 분자는 일반적으로 농도 기울기에 반해서 수송되며, 이는 엔트로피 법칙에 어긋나는 것이다. 이러한 농도 경사에 역행해서 이동이 일어나려면 아데노신 삼인산(ATP)의 가수분해에 의한 에너지가 필요하다.

ⓐ **1차 능동수송** : 운반체가 직접 ATP를 가수분해하며 이때 발생하는 에너지를 이용하여 수송하는 방법이다.

ⓑ **2차 능동수송** : 다른 분자(주로 소듐 펌프)가 ATP를 가수분해할 때 나온 에너지를 이용하는 방법이다. 소듐펌프는 ATP 분해 에너지를 이용하여 소듐은 세포 밖으로 퍼내고 포타슘은 세포 안으로 이동시킨다. 그러면 2차 능동수송 막단백질들은 세포막을 경계로 형성된 소듐의 농도 기울기라는 화학적 에너지를 이용하여 각자의 분자나 이온들을 농도 기울기에 역행해서 이동시킨다. 이 두 분자의 이동 방향은 같은 방향일 수도 있고 다른 방향일 수도 있다.

> • 에너지를 이용하고 운반체가 있다.
> • 운반체의 특이성을 가진다.
> • 포화현상이 있다(체내의 영양소 운반).

② **수동수송** : 수동수송은 물질이 세포막을 통과할 때 아데노신 삼인산 등의 화학 에너지를 소모하지 않는 수송이다. 소수성(비극성) 혹은 작은 극성 분자, 그리고 가스는 막단백질의 매개가 필요 없는 확산을 통해 운반되며, 극성을 띠거나 전하를 띤 작은 분자들 그리고 이온들은 각각에 대한 막단백질이 매개하는 촉진확산의 방식으로 운반된다. 물분자는 확산의 형태로도 세포막을 통과하지만 대부분 아쿠아포린이라는 막단백질을 통해 삼투의 형태로 운반된다. 농도 기울기를 따라서 이동의 방향이 결정된다(엄밀하게 말하면 양쪽 방향으로 이동이 일어나지만 총체적으로 농도가 높은 쪽에서 낮은 쪽으로 이동이 일어난다). 이온이나 전

하를 띤 분자의 이동 방향은 단순한 농도 기울기뿐만 아니라 세포막을 중심으로 형성된 세포 안과 밖의 전위차에 의해서도 영향을 받는다.

Tip 수동적 운반의 구분

단순확산	• 농도의 차이에 의해 농도가 높은 곳에서 낮은 곳으로 운반된다. • 에너지나 운반체가 필요 없다. • 부피의 변화가 없다.
촉진확산	• 에너지가 필요 없다. • 특별한 운반체가 필요하다. • 과당의 흡수기전이 촉진확산에 속한다. • 농도가 높은 곳에서 낮은 곳으로 운반된다. • 폐포 안팎의 가스 교환 시에 이루어진다.
여과	• 압력의 차이에 의해 압력이 큰 곳에서 작은 곳으로 운반하는 것이다. • 신장 사구체에서의 여과작용이 그 예이다.
삼투	• 삼투압의 차이에 의해 농도가 낮은 곳의 물분자가 높은 곳으로 운반하는 것이다. • 저장액 속 적혈구 용혈현상이 그 예이다.

③ **음세포 작용(식균 작용)** : 생체막을 통한 물질이동 중 모체에서 태아에게로 면역체 등의 이동에 이용되는 물질운반 기전이다. 면역체 등 단백질의 거대분자는 음세포 작용이나 토세포 작용에 의하여 세포막을 출입한다.

2장 신경과 근육생리

1 신경생리

(1) 신경계 일반

① 개념

ㄱ 신경조직에 의해서 구성되는 기관계이다.

ㄴ 생체가 갖는 특징 중의 하나는 자극에 대해서 반응하는 일이다. 이것은 1개의 세포에 대해서도 적용되는 것으로, 예를 들면 아메바와 같은 단세포생물을 바늘로 찔러 자극하면 자극을 받은 부분과는 반대 방향으로 위족을 뻗어 자극을 피하려고 한다.

ㄷ 다세포생물은 세포의 역할분담이 분명하게 되어 몇 종류의 세포군에 의한 분업적이고 협조적인 작용으로 생체의 기능이 완수된다. 예를 들면 정보 수용에만 관계하는 세포(감각세포), 그 정보에 따라 생체반응의 발현에 직접 관계하는 세포(근세포 · 선세포), 이 양자 사이에서 정보의 전달 · 처리 · 저장(기억)에 관계하는 세포, 즉 뉴런(신경세포)으로 분화되어 있다. 이러한 뉴런의 집합이 신경계이다.

② 신경세포

ㄱ 신경세포의 임펄스(impulse)는 수상돌기나 세포체로부터 받아서 축삭으로 전달된다.

ㄴ 축삭을 둘러싸고 있는 수초는 전달속도를 빠르게 하는데 수초 사이에 노출된 란비어 마디를 통하여 빠른 도약전도가 가능하다.

ㄷ 수초를 이루는 세포는 슈반세포이다.

ㄹ 신경전달물질은 아세틸콜린, 엔도르핀, 도파민, 글루타민산 등이다.

ㅁ 신경의 흥분전도 속도는 신경섬유의 굵기에 비례한다.

ㅂ 산소가 부족할 경우 신경흥분 전도가 차단된다.

③ 뉴런(Neuron)

ㄱ 신경계의 실질세포, 즉 뉴런의 기능은 흥분을 전도하는 일이다.

ㄴ 뉴런의 구성은 핵을 둘러싸는 신경세포체(Soma), 흥분을 신경세포체로 전하는 수상돌기(Dendrites), 흥분을 신경세포체로부터 내보내는 한 가닥의 축색돌기(Axon)로 되어 있다.

ㄷ 뉴런과 뉴런의 접속 부분을 시냅스라고 한다.

(2) 신경의 흥분과 전도

① 안정막 전압

    ㉠ 신경세포막은 안정 시 안쪽이 −로, 바깥쪽이 ＋로 대전되어 있다.

    ㉡ 전압차는 −70 ~ −90mv이다.

    ㉢ 안정막 전압은 K^+의 평형전압으로 세포막의 이온 투과성이 결정한다.

② 활동전압

    ㉠ 자극에 의해 안정막 전압보다 크게 분극되었다가 다시 제자리로 돌아가는 세포 내외의 전압 변동이다(탈분극 → 재분극).

    ㉡ 탈분극 : 휴지상태의 세포막에 자극을 가하면 안정막 상태의 전압은 증가하고, 세포막의 Na^+ 이온통로가 먼저 열림으로써 세포외액의 Na^+이 세포 내로 들어와 세포막 안쪽이 양성을 띤다. 이때 전압은 역치를 지니면서 급히 상승하여 가시전압에 이른다.

    ㉢ 재분극 : 가시전압이 최고에 이르게 되면 Na^+의 이온통로가 닫히고 K^+의 이온통로가 열리면서 K^+ 이온은 세포외액으로 방출, 전압은 본래의 안정막 전압으로 급히 회복한다.

In addition

활동전압의 발생

- **역치** : 활동전압을 유발시킬 수 있는 최소 단위의 자극 강도
- **역치자극** : 신경을 흥분시킬 수 있는 최소한의 자극
- **역하자극** : 자극의 강도가 적기 때문에 신경섬유가 흥분하지 않고 전기적 변동만 일어나는 자극
- **실무율** : 역치자극보다 큰 자극에 대해서는 항상 최대의 반응을 일으키고, 역하자극에 대해서는 전혀 반응하지 않는 성질
- **불응기** : 신경섬유가 활동전압 발생기간 중일 때에는 새로운 자극에 대해 다시 활동전압을 발생시키지 않는 기간

---

(3) 중추신경계

구성	• 중추신경계는 뇌(Brain)와 척수(Spinal Cord)의 두 부분으로 구성되어 있음 • 뇌와 척수는 서로 분리되어 있는 독립된 장기가 아니라 하나로 연속되어 있는 부분이지만, 기술상의 편의에 의해 두개강(Cranial Cavity) 내에 있는 중추신경계를 뇌라고 하고, 척주관(Vertebral Canal) 내에 있는 중추신경계를 척수라고 부름
구분	• **뇌** : 대뇌, 소뇌, 간뇌, 중뇌, 뇌교, 연수 • 척수

① **대뇌** : 뇌에서 가장 큰 부분을 차지(약 80%)하며, 좌반구와 우반구로 나뉘어 있다. 각 반구는 반대쪽의 몸으로부터 정보를 받아들이고 근육을 조절한다.

In addition

대뇌피질의 구성

• **전두엽** : 자발적인 행동, 동기 유발, 공격성과 기분 좌우
• **두정엽** : 통증의 인지, 온도와 촉각, 맛의 인지
• **측두엽** : 후각 · 미각 · 청각의 정보에 대한 평가, 추상적인 생각인 판단
• **후두엽** : 시각정보의 인지 · 통합
• **변연엽** : 정서반응 및 기억에 관여

② **뇌량** : 대뇌의 좌반구와 우반구를 서로 연결시켜 준다.

③ **간뇌** : 시상, 시상하부, 시상후부, 시상부 등 4부로 구분되어 있다. 시상하부에는 자율신경 중추(항상성 유지), 호르몬 분비조절 중추, 음식물 섭취조절 중추, 체온조절 중추, 기본욕망 중추, 정서반응 관련 중추, 음수중수(수분평형)가 있다.

④ **뇌교** : 척수와 뇌를 이어주는 뇌간의 한 부분으로 연수와 함께 호흡 중추를 이루어 호흡 운동을 조절한다(호흡조절중추).

⑤ **소뇌** : 움푹 접혀 들어간 두 개의 반구로 몸의 운동과 균형을 유지시켜 준다(소뇌의 손상은 신체 움직임의 부조화를 가져옴).

⑥ **척수** : 신경조직으로 된 기둥으로 길이는 약 45cm이며, 손가락 굵기 정도이고 등뼈(척추)에 의해 보호된다. 31쌍의 척수신경이 척수에서 퍼져나가 말초신경계를 이룬다.

⑦ **연수** : 뇌의 가장 아래쪽 부분으로 척수 가까이에 있으며, 이 곳에서 신경섬유가 서로 엇갈리게 되어 뇌의 각 반구는 몸의 반대편에서 오는 정보를 받아들이게 된다. 연수에는 호흡중추, 심장중추, 혈관운동중추, 연하중추, 구토중추, 발한중추, 타액 및 위액분비중추 등이 있다.

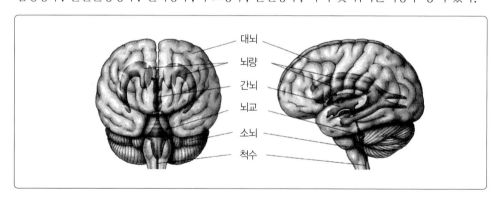

(4) 말초신경계

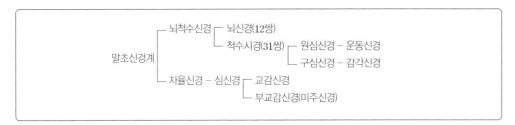

① 뇌척수신경

　㉠ 뇌신경

　　• 대뇌와 연수 사이에 12쌍으로 구성되어 있다.

　　• 운동성 · 감각성 · 혼합성 신경으로 작용이 각각 다르다.

　㉡ 척수신경

　　• 31쌍의 말초신경인 경신경(8쌍), 흉신경(12쌍), 요신경(5쌍), 천골신경(5쌍), 미골신경
　　(1쌍)으로 구성되어 있다.

　　• 운동성과 감각성 섬유가 혼합된 혼합신경으로 전근은 운동, 후근은 감각에 관여한다.

② 자율신경

　㉠ 교감신경

　　• 절전섬유가 척수의 흉수와 요수에서 시작되는 자율신경으로, 절전신경의 길이가 짧고
　　절후 신경의 길이가 길다.

　　• 절전신경 말단에서 아세틸콜린(Ach)이 분비되고, 절후신경 말단에서 노르아드레날린
　　(NA)이 분비된다.

　㉡ 부교감신경

　　• 절전섬유가 뇌간과 척수의 천수에서 시작되는 신경으로 절전신경의 길이가 길고 절후
　　신경의 길이가 짧다.

　　• 절전신경 말단과 절후신경 말단에서 아세틸콜린(Ach)이 분비된다.

In addition

자율신경의 장기 지배

장기	교감신경	부교감신경
심장	촉진(혈압 상승)	억제(혈압 하강)
혈관	수축(혈압 상승)	이완(혈압 하강)
기관지	이완(확장)	수축(호흡 곤란)

5과목

생리학 [필기]

소화관	억제	촉진
동공	산대(산동)	축소(축동)
입모근	수축	무관

In addition

근육수축의 종류

- **연축** : 근수축의 기본형으로 1회의 짧은 자극을 주었을 때 나타나는 수축
- **강축** : 다소 긴 시간간격을 두고 일정한 빈도로 자극을 되풀이할 때 연축이 융합되어 나타나는 지속적인 수축
- **긴장** : 부분적인 자극으로 근육의 부분적인 수축이 지속되는 것으로, 각성 시의 근육상태이며 극히 적은 양의 에너지만을 사용하므로 피로하지 않음
- **마비** : 뇌 속의 운동중추로부터 말초의 근육섬유 사이에 문제가 발생하여 사지 또는 개개의 근육의 자동적 수의운동에 장애가 있는 상태
- **강직** : 사후강직처럼 병적 상태에서 활동전압 없이도 수축하는 상태

3장 체액과 혈액생리

1 체액일반

(1) 체액의 종류

① 혈액

ㄱ 의의 : 혈액은 혈관 속을 흐르는 액체 성분이며, 우리 몸에서 중요한 역할을 한다. 보통 피라고 부른다. 인간의 피가 붉은 색을 띄는 이유는 적혈구 때문이다.

ㄴ 일반적 특징

- 체온보다 높은 섭씨 38도이며, 혈액 속에 녹아 있는 단백질 때문에 물보다 점성이 5배 높다.
- pH는 약한 알칼리성으로 7.35와 7.45 사이에 위치하며 평균적으로 7.4이다.
- 혈액형이 있다.

ㄷ 구성성분

- 액체성분 : 46~63%
- 혈장 : 혈액에서 유형성분(적혈구, 백혈구 등)을 제외한 액체성분으로 물 90%와 혈장단백질 9%, 무기염류 1%로 구성
- 혈구 : 적혈구, 백혈구, 혈소판
- 각 혈액성분은 원심분리로 분리할 수 있다.

ㄹ 주요기능

- 기체, 영양물질, 호르몬, 노폐물을 운반한다.
- pH와 이온농도를 조절한다.
- 상처 부위에서의 액체 손실을 막는다.
- 병원체에 대한 방어기전 역할을 한다.
- 체온의 안정화를 담당한다.

② 기타체액

ㄱ 림프계

- 림프계는 연결된 림프 기관들로 이루어져 있는 순환계이다.
- 림프액은 조직액의 일부가 정맥으로 되돌아가지 않고 림프관 속을 흐르는 것을 말한다. 성분은 일반적으로 혈장과 유사하나 약간의 차이가 있다.

ㄴ 소변

- 소변 또는 오줌은 신장을 거쳐 방광에 저장되었다가 나오는 액체이다.
- 오줌의 생성은 신체 내 무기염류와 기타 물질의 균형을 유지하도록 도와준다. 예를 들어 과다한 칼슘은 오줌을 통해서 배출된다. 오줌은 또한 축적될 경우 신체에 해로운 암모니아를 배출해낸다. 에탄올이나 인공 감미료 역시 오줌을 통해 신체 밖으로 제거된다. 또한 오줌은 신체의 적정한 수분량을 유지시키는 기작의 결과이다.
  © 정액 : 정액은 수컷이나 자웅 동체인 동물의 생식선(Gonad) 및 기타 성기에서 분비되는 체액으로, 대체로 정자를 포함하고 있다. 정액을 체외로 분출하는 일을 사정이라고 하며, 이 액체는 암컷의 난자를 수정시킬 수 있다.

(2) 체액의 생리

① 세포 내에 가장 많이 존재하는 전해질은 칼륨이다.
② 혈장의 단백질량이 감소하면 부종이 일어날 수 있다.
③ 당뇨병 환자는 체액의 산도가 건강인에 비해 높은 경우가 많다.
④ 중탄산염(HCO_3)은 체액의 산도를 조절하는 주요 전해질이다.
⑤ 체액의 산도유지에 주요 역할을 하는 장기는 신장과 폐이다.

2 혈액

(1) 혈액의 의의

① 혈액이란 동물 혈관 안을 순환하는 체액이다.
② 흐름의 속도는 안정 시에도 1분 동안 온몸을 한 바퀴 순환할 정도이며, 운동 시에는 그 몇 배에 이른다.
③ 혈액을 시험관에 넣어 빛에 비춰보면 적혈구·백혈구·혈소판 등에 빛이 산란되어 불투명하고 탁해 보인다.
④ 적혈구·백혈구·혈소판 등의 유형성분을 제외한 것을 혈장이라 하며, 이 둘을 합쳐 전혈이라 한다.
⑤ 전혈에 대한 유형성분의 백분율인 헤마토크릿(Hematocrit)은 남자 45%, 여자 42% 정도이다. 이 차이는 적혈구 차이에 의한다. 적혈구와 혈장의 비중은 1.1과 1.03, 전혈은 1.06 정도이다. 혈액량은 몸무게의 8% 정도이다.

(2) 혈액의 기능

① 폐에서 받아들인 산소를 조직세포에 운반하고, 조직으로부터 이산화탄소를 폐로 운반하여

밖으로 방출시킨다.

② 소화관에서 흡수된 영양소를 간으로 운반하고, 조직 세포로 운반한다.

③ 조직의 분해 산물로서 생체에 불필요한 물질을 신장으로 운반하여 몸 밖으로 배출시킨다.

④ 내분비선에서 분비된 호르몬을 작용기관·조직까지 운반한다.

⑤ 체열을 균등하게 분산시켜 체온을 일정하게 유지한다. 그밖에 생체에 침입한 세균·이물질 등을 파괴·무독화시키는 등의 생체 방어작용도 한다.

(3) 혈장

① 혈구 이외의 혈액 성분을 혈장이라 하며, 그 중 91% 정도가 수분이다.

② 주요 무기성분으로는 나트륨·칼륨·칼슘·염소·인산·탄산수소이온 등이 있다. 이들 농도는 혈액의 삼투압을 조절하는 데 중요하다.

③ 유기성분으로는 포도당이 혈장 100ml당 70~90mg 함유되어 있다. 포도당은 세포의 가장 중요한 에너지원이며 혈당의 농도는 인슐린·글루카곤·성장호르몬·카테콜아민 등 여러 호르몬의 균형으로 조절된다. 다음으로 중요한 유기성분은 알부민·글로불린 등의 혈장단백질이며, 혈장 중에 6.5~8.0% 함유된다. 혈장단백질은 영양소와 여러 가지 기능성 단백질 운반, 삼투압에 의한 혈액·조직액의 양적 균형 유지 외에 완충작용으로 혈액 pH의 항상성을 유지하고, 혈액응고에 필요한 단백질을 공급하며, 면역글로불린을 포함하여 생체 방어작용에 참여하는 등의 중요한 역할을 한다.

④ 혈청은 혈액 응고가 완료된 뒤 남은 투명한 노란색 액체를 말하며, 그 성분은 혈장성분 중 피브리노겐을 제외한 것이다.

(4) 적혈구

① 사람의 적혈구는 가운데가 오목한 원판모양이며 핵이 없다. 지름은 약 $8\mu m$, 두께는 가운데 약 $1\mu m$, 가장자리 약 $2\mu m$ 정도이다.

② 동물의 종류에 따라 다르며, 조류·파충류·양서류·어류 등의 적혈구에는 핵이 있다. 사람의 적혈구 형태는 되도록 많은 헤모글로빈을 함유하여, 산소 출입에 편리하도록 진화한 것으로 생각된다.

③ 적혈구 수는 혈액 1mm^{3}당 성인남자는 500만 개, 여자는 450만 개 정도이다. 따라서 몸 전체의 적혈구 수는 25조 개이다. 1개의 적혈구 표면적은 약 $100\mu m^2$이므로 모두 합하면 3000m^2(체표면적의 약 1700배)쯤 된다.

④ 적혈구의 넓은 표면적은 산소와 이산화탄소의 끊임없는 출입과 운반을 가능하게 한다.

⑤ 태아 초기에 간과 지라에서 생성되고, 후반부터는 골수에서 생성된다. 출생 뒤에는 처음에

온몸의 골수에서 생성되지만, 성인이 되면서 차츰 짧은 뼈와 편평한 뼈의 골수에서만 생성된다.

⑥ 조혈을 촉진하는 호르몬으로 에리트로포이에틴이 있다. 적혈구는 오래되면 주로 지라와 간에 있는 대식세포(Macrophage)에 의해 파괴된다. 방출된 헤모글로빈은 간에서 담즙색소로 되어 십이지장으로 배출된다.

⑦ 평균수명은 120일로, 매일 전체 적혈구의 0.8%가 파괴되며 그 양은 매초 200만 개 이상이다. 생체는 파괴된 만큼의 적혈구를 끊임없이 생성하여 전체 적혈구 수는 일정하게 유지된다.

(5) 헤모글로빈

① 적혈구의 약 35%를 차지하는 색소 단백질로, 혈색소라고도 한다.

② 철을 포함한 포르피린 화합물인 헴과 단백질인 글로빈으로 이루어져 있다.

③ 1개의 헤모글로빈 분자는 α와 β사슬을 2개씩 포함하고 각 사슬은 각각 1개의 산소 분자와 결합하므로, 헤모글로빈 1분자는 4분자의 산소를 운반한다.

④ 복잡한 입체구조를 가지며, α사슬과 β사슬이 조합된 구조는 산소·이산화탄소의 출입과 운반에 편리하도록 작용하고 있다.

⑤ 산소와의 결합·방출에 따라 선홍색에서 암적색으로 변화한다.

⑥ 혈액 1L에 의하여 운반 가능한 산소량은 약 0.21L이다.

(6) 백혈구

① 혈액 $1mm^3$당 6000~8000개 있으며, 종류가 풍부하여 과립백혈구인 중성백혈구·산성백혈구·염기성백혈구 외에 림프구·단핵구 등이 있다. 이러한 백혈구 가운데 중요한 종류는 전체의 60%를 차지하는 중성백혈구와 30%를 차지하는 림프구이다.

② 생체 방어작용을 하며, 외부에서 침입한 세균·이물질 등을 직접 포식한다.

③ 목적하는 장소까지 아메바 운동으로 움직이는데, 이 성질을 유주성이라 하며 특히 중성백혈구에 잘 발달되어 있다. 따라서 급성 감염되면 이 백혈구가 가장 먼저 증가한다. 한편 단핵구는 유주성은 낮으나 식균작용력이 중성백혈구의 10배나 되어 만성 감염증에는 이 백혈구가 증가한다.

④ 림프구는 T림프구와 B림프구의 2종류가 있다. T림프구는 킬러세포로 직접·간접적으로 대식세포를 끌어당겨 외부에서 침입한 세균·이물질을 공격한다. 한편 B림프구는 면역글로불린(Ig)을 만들어 세균·독소 등을 무력화시킨다. 또한 알레르기·과민증 등에도 관여한다. 백혈구 수가 $1mm^3$당 5000개 이하이면 백혈구 감소증이라 하며 위험한 상태이다. 특히 과립 백혈구 감소증의 경우, 그 수가 2000개 이하이면 신체 저항력이 극도로 감쇠하여 사망

률이 매우 높아진다.

⑤ 백혈구는 적혈구처럼 혈관에만 머물러 있지 않고 조직이나 림프 속으로 나가기 때문에 그 수명을 정확히 측정하기 어렵지만, 일반적으로 과립백혈구 수명은 10일, 림프구 대부분 100 ~200일, 일부는 3~4일이다.

(7) 혈액가스

① 혈액에 의하여 운반되는 산소·이산화탄소, 그것들에 의하여 결정되는 혈액 pH의 총칭이다.

② 생체는 안정 시에도 세포의 대사활동을 위하여 매분 약 250ml의 산소를 필요로 한다. 그러나 혈액에 의하여 운반 가능한 산소 용량은 최대 약 1L에 불과하므로 몇 분 동안만 혈액의 흐름이 멈추어도 생체는 곧 산소결핍에 빠지게 된다.

③ 이산화탄소는 물과 반응하여 탄산이 되어 산으로서 작용한다. 그 양은 하루 1노르말 농도의 산으로 쳐서 십여 L에 이르므로 혈액에 의하여 운반되어 폐로부터 방출되지 않으면 혈액의 pH가 낮아져 심한 산독증이 된다.

(8) 혈소판

① 골수의 다형핵거대세포의 지름 35~160μm의 세포원형질에서 만들어져, 이 세포 붕괴와 함께 혈액 속으로 방출된다.

② 무색이며 지름 2~4μm의 공·달걀·막대 모양 등 여러 가지 형태가 있고, 핵이 없다.

③ 전자현미경으로 관찰하면 미토콘드리아·리보솜 등이 있고, 그밖에 지름 0.2~0.3μ의 과립이 가득 차 있다. 이 과립에는 세로토닌과 아데노신2인산(ADP)을 포함하는 것과, 가수분해효소와 칼슘을 함유하는 것이 있다.

④ 혈액 1mm³ 속에 25만~35만 개 정도 함유되어 있다.

⑤ 혈관이 손상된 곳에 노출된 교원섬유에 점착한다.

⑥ 세로토닌은 손상된 혈관을 수축시키고, ADP는 다른 혈소판을 모아 혈소판 덩어리(백색혈전)를 만드는 데 이용된다.

⑦ 혈소판 중 제3인자는 혈액응고에 작용하는 트롬보플라스틴 형성에 이용되어 출혈을 막는데 중요한 구실을 한다.

(9) 혈액응고

① 혈관 밖으로 나온 피가 엉기어 굳어지는 현상 또는 혈관에서 조직으로 출혈한 혈액이 몇 분 뒤 엉기어 굳어지는 현상을 말한다. 생물체가 혈액손실을 최소화하기 위한 지혈기능이다. 혈액응고 메커니즘의 이상으로 지혈이 되지 않을 경우 혈우병이 발생한다.

② 혈액응고에 관여하는 물질 : 트롬빈, 섬유소, 트롬보플라스틴(Thromboplastin), CA^{++}

(10) 혈액형

① A형 : 응집원 A를 가지며 응집소 β를 가진다.

② B형 : 응집원 B를 가지며 응집소 α를 가진다.

③ O형 : 응집원이 없고 응집소는 α와 β이다.

④ AB형 : 응집원이 A와 B이고, 응집소는 없다.

4장 심장과 순환

1 심장의 구조와 기능

(1) 심장의 구조

① 심장은 주먹만한 크기의 근육 주머니로 왼쪽 가슴에 위치하며 규칙적인 수축과 이완운동을 하여 혈액을 순환시키는 원동력이 된다.

② 심장의 구조는 2개의 심방과 2개의 심실로 되어 있다.

③ 심방 : 심장으로 들어오는 혈액을 받아들이는 곳으로 우심방과 좌심방이 있다. 심장의 위쪽에 위치하며 심실에 비해 크기가 작고 근육도 가늘다.

　㉠ 우심방 : 대정맥과 연결되어 있으며, 온몸을 돌고 온 혈액을 받아서 우심실로 보낸다.

　㉡ 좌심방 : 폐정맥과 연결되어 있으며, 폐에서 산소를 받아온 혈액을 좌심실로 보낸다.

④ 심실 : 심장에서 혈액을 내보내는 작용을 하는 곳으로 우심실과 좌심실이 있다. 심실의 근육은 심방에 비해 훨씬 두껍고 크기도 크다. 가장 두꺼운 근육을 가진 곳은 온몸으로 혈액을 밀어내는 좌심실이다.

　㉠ 우심실 : 폐동맥과 연결되어 있으며, 우심방에서 혈액을 받아 폐로 보낸다.

　㉡ 좌심실 : 대동맥과 연결되어 있으며, 좌심방에서 혈액을 받아 온몸으로 보낸다.

⑤ 판막 : 심장에는 4개의 판막이 있다. 판막은 펌프의 밸브와 같은 역할을 하여 혈액이 거꾸로 흐르는 것을 막아 준다. 심방과 심실 사이, 심실과 동맥 사이에 있다.

　㉠ 우심방과 우심실 사이(삼첨판), 우심실과 폐동맥 사이(반월판)의 판막 때문에 혈액은 우심방 → 우심실 → 폐동맥의 방향으로 흐른다.

　㉡ 좌심방과 좌심실 사이(이첨판), 좌심실과 대동맥 사이(반월판)의 판막 때문에 혈액은 좌심방 → 좌심실 → 대동맥의 방향으로 흐른다.

(2) 심장의 기능

① 심근에 대한 산소공급

② 판막의 상태 조절

③ 흥분전도의 양식 조절

④ 신경지배의 양식 조절

⑤ 심근수축성 등을 조절

(3) 심박 수

① 심박 수는 체온, 신경, 호르몬, 화학물질 등에 의해 좌우된다.

② 심장의 1회 박동량은 60ml, 최고 150~200ml이다.

③ 교감신경 흥분 시에는 심장근의 수축력이 증대되어 박동량이 증가하고, 부교감신경 흥분 시에는 심장근 수축력이 감소하여 박동량이 감소한다.

④ 안정상태에서는 70회~180회까지 증대된다.

⑤ 스탈링(Starling)의 심근법칙

   ㉠ 심근의 길이는 정맥 환류량에 비례

   ㉡ 심근의 길이가 길수록 수축력 증가

   ㉢ 심근의 길이가 길수록 동맥혈의 박출량 증가

2 혈액순환

(1) 혈관

① 혈관에 따라 구조가 모두 다르며 지름도 모두 다르다.

② 동맥과 정맥은 3층 구조를 다 가지고 있으며, 세동맥은 내피층과 근층으로, 세정맥은 결합조직으로, 모세혈관은 내피세포의 한 층으로만 되어 있다.

③ 혈류량은 혈압에 비례하고 혈류저항에 반비례한다.

④ 혈류저항은 점성과 혈관의 길이에 비례하고 내경의 4승에 반비례한다.

⑤ 혈류 속도에 영향을 주는 인자는 혈관의 길이, 안지름, 혈액의 점성, 혈류양단의 압력차이 등이다.

⑥ 혈관운동의 중추는 연수에 있다.

(2) 혈관의 구조

① 대동맥 : 지름이 2.5cm, 혈관벽 두께 2mm, 탄력성이 좋고 고압혈관이다(내막, 중막, 외막으로 구성).

② 동맥 : 지름이 0.4cm, 벽두께는 1mm이다(내막, 중막, 외막으로 구성).

③ 소동맥 : 지름 $30\mu m$, 벽두께 $20\mu m$, 내막, 근육, 외막으로 구성되나 내피세포와 외막은 얇다.

④ 모세혈관 : 지름 $6\mu m$, 벽두께 $1\mu m$, 한 층의 내피세포로 되어 있어 혈관 내외로 물질교환이 쉽게 이루어진다.

⑤ 정맥 : 지름 3cm~20μm, 두께 1.5mm, 내피세포, 근섬유, 근섬유층으로 이루어진다.

 Tip 혈관에 따른 혈압의 크기
대동맥 > 소동맥 > 모세혈관 > 소정맥 > 대정맥

(3) 혈압

① 혈관의 위치에 따라 다르며 정신적 흥분, 운동, 연령에 따라 차이가 있다.

② 동맥의 탄력성 및 대동맥 판막에 의하여 영향을 받는다.

③ 말초저항이 증가하면 혈액이 말초로 흐르지 못하고 대동맥이나 동맥계에 혈액이 수용되므로 혈압이 전반적으로 상승한다.

④ 혈압이 낮아지면 신장에서 레닌이 분비되어 간에서 생산된 안지오텐시노겐을 안지오텐신 I 으로 전환시키고, 이 물질은 순환기계에 존재하는 기타 효소에 의해 안지오텐신 II 로 전환된다. 안지오텐신 II 는 강력한 혈관수축인자로 작용한다.

⑤ 소동맥의 모습은 얇은 내피세포와 평활근이 그 둘레를 둘둘 말고 있어 근섬유의 수축과 이완에 따라 혈관의 내경이 변화한다.

⑥ 혈압은 심박출량, 혈액 점성, 혈관 수축력, 혈관 저항에 비례하고 혈관 직경에는 반비례한다.

In addition

호르몬에 의한 혈압 조절

• 레닌 : 신장으로 유입되는 혈관의 혈압이 떨어져 신장의 혈류공급이 적어질 때 분비한다.

• 안지오텐신II : 혈액으로 분비된 레닌은 안지오텐시노겐을 안지오텐신I으로 활성화시키고, 안지오텐신I은 다시 안지오텐신 II로 되면서 혈압이 상승한다.

• 알도스테론 : 부신피질에서 분비되는 호르몬으로 신장에서 배설되는 Na^+의 재흡수를 촉진시킨다. Na^+의 재흡수 증가는 삼투압의 농도를 증가시키고 소변량을 감소시켜 혈액량을 증가시키므로 혈압을 상승시킨다.

• 에피네프린 : 부신수질에서 분비되는 아드레날린 호르몬으로, 교감신경의 말단에서 분비되어 심장의 박동을 빠르게 하고 모세혈관을 수축시키므로 혈압이 상승한다.

(4) 림프계

① 림프장

㉠ 혈장과 비슷하지만 단백질 함량이 훨씬 적다.

㉡ 조직세포 사이의 틈을 채우고 있으면서 세포와 세포 사이, 세포와 모세혈관 사이의 물질 교환의 중계역할을 한다.

② 림프구

   ⊙ 백혈구의 일종이지만 백혈구보다 작고 골수, 지라(비장), 림프절에서 생성된다.

   ⓛ 백혈구처럼 식세포작용을 하는 한편, 일부는 항체를 생산하여 몸을 보호한다.

③ 림프관

   ⊙ 림프가 흐르는 관으로 모세혈관처럼 온몸에 퍼져 있다.

   ⓛ 림프관은 맹관이며 판막이 있어 림프액의 흐름을 돕는다.

   ⓒ 심장의 흡입력이 없기 때문에 정맥혈류보다 속도가 느리다.

   ⓔ 림프와 소장에서 흡수한 지방의 운반통로가 된다.

   ⓜ 림프관계는 왼쪽이 오른쪽보다 발달되어 있다.

④ 림프절

   ⊙ 림프관의 곳곳에 있는 작은 알갱이 모양의 구조이다.

   ⓛ 많은 림프구가 모여 있어 림프 속으로 들어온 세균이 이 속에서 제거되어 몸 전체에 퍼지는 것을 막는다.

   ⓒ 새로운 림프구를 만들기도 한다.

   ⓔ 지라(비장)

- 가장 큰 림프선으로 새로운 림프구를 생성한다.
- 오래된 적혈구를 파괴한다.
- 혈액을 저장하여 체내에 흐르는 혈액량을 일정하게 조절한다.
- 림프구에 의해 항체가 생성되거나 식세포작용이 일어난다.

5장 호흡생리

1 호흡 일반

(1) 호흡의 의의

① 숨의 내쉼과 들이마심을 말한다. 생물 생존에 필요한 산소를 외계로부터 흡입하고, 불필요한 이산화탄소(탄산가스)를 배출하는 기체교환현상이라 할 수 있다.

② 세포 내에서는 산소와 반응한 영양소에서 에너지가 방출되어 이산화탄소가 생성된다(이것을 물질대사라 함).

③ 물질대사가 이루어지는 조직세포에서 일어나며 그 가스를 주고 받는 혈액을 통하여 폐에서도 이루어진다. 앞의 것을 내호흡(조직호흡), 뒤의 것을 외호흡(폐호흡)이라 한다.

④ 내호흡은 주로 생화학 연구대상이고, 외호흡은 주로 생리학에서 다루는 경우가 많다. 산소와 이산화탄소의 출입량이 안정상태인 것은, 성인의 경우 1분에 산소가 250ml, 이산화탄소가 200ml 정도이다. 격렬한 운동을 한 경우에는 이것의 몇 배가 된다. 게다가 체내의 산소저장량은 1L남짓밖에 되지 않으므로 호흡에 의한 산소의 흡입은 잠시도 쉴 수 없는 중요한 신체활동이라 할 수 있다.

(2) 호흡기의 구조

① 호흡기는 비강에서 인두 · 후두를 거쳐 기관에 이른다.

② 기관은 다시 좌우의 기관지로 갈라지고, 폐 안에서 수많은 분기를 되풀이하면서 그 수가 증가한다.

③ 분기는 최종적으로 얇은 주머니 모양의 폐포에서 끝난다.

④ 가스교환은 주로 이 폐포에서 이루어진다.

⑤ 하나하나의 폐포는 좌우의 폐를 합하면 약 3억 개나 된다. 따라서 가스교환을 위한 표면적은 약 60m^{2}에 이른다.

⑥ 폐의 용적과 용량

　㉠ 폐용적

　　• 호흡용적 : 1회의 흡식이나 호식으로 폐에 출입할 수 있는 기체량(450~500ml)

　　• 흡식 예비용적 : 1회 호흡량을 흡식 후 최대로 더 흡입할 수 있는 기체량(2,800~3,000ml)

　　• 호식 예비용적 : 1회 호흡량을 호식 후 최대로 더 배출할 수 있는 기체량(1,200ml)

　　• 잔기용적 : 최대로 호식한 후 허파 내에 남아 있는 공기량(1,200ml)

ⓛ 폐용량
- **폐활량** : 최대로 흡입한 후에 최대로 배출할 수 있는 공기량(4,000~4,800ml)
  (호흡용적 + 흡식 예비용적 + 호식 예비용적)
- **흡식용량** : 정상 호식 후에 최대로 흡입할 수 있는 공기량
  (호흡용적 + 흡식 예비용적)
- **기능적 잔기용량** : 정상 호식 후에 폐 내에 남아 있는 공기량
  (잔기용적 + 호식 예비용적)
- **총 폐용량** : 최대의 흡입으로 폐 내에 수용할 수 있는 공기량
  (폐활량 + 잔기용적)

(3) 호흡중추

① 호흡운동은 뇌의 연수에 있는 호흡중추에 의하여 반사적으로 조절된다.
② 호흡중추는 연수에 있는 흡식 · 호식중추, 교뇌 하부의 애프뉴시스중추 · 교뇌 상부의 호흡조절중추 등의 호흡중추군으로 이루어진다.
③ 호흡의 리듬은 몇 개의 신경세포로 이루어진 뉴런으로 만들어진다.
④ 보통의 호흡에서는 폐의 흡식에 의한 팽창이 폐 미주신경 말단의 신전수용기를 자극하여 그 정보가 호흡중추에 전해져 호흡리듬을 조정하는 작용이 이루어진다. 이것을 '헤링-브로이어의 반사'라 한다.

2 호흡운동

(1) 호흡운동

① 늑골과 횡격막의 운동에 의해 이루어지는데, 늑골은 그 안팎에 붙은 내 · 외늑간조에 의해 조절된다.
② 폐를 둘러싸는 흉벽과 횡격막은 숨을 들이쉴 때, 외기와 통하고 있는 기도내압에서 폐 주위 흉막강 내압으로의 압력구배가 커져 폐가 팽창한다.
③ 흉부를 움직이는 것은 외늑간근인데, 늑골 사이에 비스듬히 뻗어 있다. 이 근육의 수축에 의하여 늑골은 척추를 지점으로 위쪽으로 추어올려지므로 흉부가 전후좌우로 확대된다.
④ 횡격막은 강력한 근육조직으로 볼록한 돔(Dome) 모양을 하고 있다. 횡격막은 수축에 의하여 면적이 축소되므로 폐는 아래쪽으로 밀려 내려간다. 들이쉬는 숨이 끝나면 흉벽과 횡격막은 자체의 탄성에 의하여 원위치로 돌아가고, 흉막강 내압도 처음의 내압으로 돌아가므로 폐는 압박되어 수동적으로 숨을 내쉬는 모양이 된다.

⑤ 호흡운동이 아주 심해지면 내늑간극 등의 호흡근이 작용해서 적극적인 호흡이 이루어진다.

(2) 폐에서의 가스교환

① 폐포의 둘레는 폐모세관이 둘러싸고 있는데, 그 표면적은 폐포표면적과 거의 같은 약 $60m^3$ 이다. 그러나 이 부위에 있는 혈액량은 약 70ml 밖에 되지 않으므로 폐포 내의 가스는 폐포와 폐모세혈관막이 박막(1μ 이하)을 통하여 아주 얇은 혈액의 층과 접하게 된다. 따라서 혈액이 폐모세혈관 내를 통과하는 약 1초 동안에 폐포가스와 폐모세혈관 내의 가스는 완전한 평형상태를 이룬다. 이 경우의 가스 이동은 확산에 의한다.

② 확산이란 기체나 액체와 같은 유동물질의 농도가 장소에 따라 다를 때, 물질이 이동하여 농도의 균일화가 일어나는 현상을 말한다.

③ 폐에서의 가스교환의 결과 폐포 내의 공기는 외계의 공기보다 산소농도가 낮아지고 이산화탄소의 농도는 높아진다.

④ 폐포가스는 기능적 잔기량인 가스에 대하여 끊임없이 외계로부터 호흡에 의한 공기가 출입하기 때문에 일정하게 유지되고 있다.

⑤ 산소와 이산화탄소의 농도는 가스의 분압에서 잘 나타난다. 폐포 내의 산소와 이산화탄소의 분압은 100㎜Hg와 40㎜Hg이다. 이것과 평형을 이루는 동맥혈에서도 산소와 이산화탄소의 분압은 100㎜Hg와 40㎜Hg가 된다. 정맥혈에서는 조직에서의 가스교환으로 산소는 40㎜Hg로 저하되고 이산화탄소는 46㎜Hg로 상승한다.

⑥ 내호흡이란 가스교환(외호흡)에 의하여 흡입된 산소가 체내의 세포나 조직에 운반되고 소비되어서 이산화탄소를 방출하는 현상이다. 세포호흡, 또는 조직호흡이라고도 한다.

(3) 호흡운동의 조절

① 호흡운동의 조절중추는 뇌교에 있다.

② 호흡가스의 분압은 연수에서도 감지한다.

③ 호흡반사의 구심신경은 미주신경 내에 있으며 대동맥의 화학감수기는 H^+의 농도에 대해 가장 예민하게 반응한다.

In addition

헤모글로빈의 산소화와 해리
- 산소화 반응(정반응)은 폐에서, 해리반응(역반응)은 조직세포에서 일어난다.
- 산소화 반응 및 해리반응은 산소압뿐만 아니라 이산화탄소분압, 온도, pH 등의 영향을 받는다.
- **산소화 반응 촉진요인** : O_2 분압 증가, CO_2 분압 감소, pH 값 증가(중성에 가까울 때), 온도 하락
- **해리반응 촉진요인** : O_2 분압 감소, CO_2 분압 증가, pH 값 감소(중성에 가까울 때), 온도 상승

5과목

생리학 [교시]

3 일산화탄소 중독 및 호흡운동 이상

(1) 일산화탄소 중독

① 일산화탄소를 흡입함으로써 일어나는 중독증상을 말한다.

② 일산화탄소는 유기물이나 탄소가 불완전연소할 때 발생하고, 또 탄산가스(이산화탄소)가 벌겋게 단 금속이나 탄소와 접촉할 때에도 발생한다. 따라서 일산화탄소 중독은 산업현장 외에 천연가스를 사용하지 않는 곳, 즉 도시가스 · 프로판가스 · 석유 · 숯 · 연탄 등을 사용하는 장소에서 많이 발생한다.

③ 일산화탄소는 그 자체에 독성이 있는 것이 아니라, 폐에서 적혈구 내의 헤모글로빈과 결합하여 체내의 산소공급능력을 방해하고 체내 조직세포의 산소결핍을 초래하여 중독증상이 나타난다고 알려져 있다.

④ 일산화탄소의 헤모글로빈과의 결합력은 산소보다 약 300배나 강하기 때문에 호흡하는 공기 중에 일산화탄소가 0.07% 있으면 혈액 속의 헤모글로빈의 50%가 일산화탄소와 결합하여 체내로의 산소공급량이 반감된다. 그러나 일산화탄소와 헤모글로빈의 결합은 가역적이며, 일산화탄소를 포함하지 않은 공기 중에서는 혈액 중의 일산화탄소가 날숨 속에 배출되므로 헤모글로빈은 원래처럼 산소와 결합하게 된다.

⑤ 혈액 중의 일산화탄소헤모글로빈(HbCO ; Carboxy Hemoglobin)의 양이 10%를 초과하면 생체에는 산소부족에 따른 영향이 나타난다.

(2) 호흡운동 이상

① **무호흡** : 호흡운동이 정지된 것을 말한다.

② **호흡곤란** : 호흡운동이 정상적으로 되지 않는 것을 말한다.

③ **체인스톡(Cheyne–Stokes) 호흡** : 무호흡과 호흡곤란이 교대로 일어나는 것을 말한다.

6장 신장생리

1 신장 일반

(1) 노폐물

① 동물의 중요한 노폐물은 이산화탄소와 암모니아이다. 이 중 이산화탄소는 호흡기관을 통해 몸 밖으로 버려지지만 암모니아는 몸 안에서 독성이 없는 다른 물질로 전환되어 오줌에 섞여 몸 밖으로 배설된다.

② 노폐물의 형성

- 탄수화물(C,H,O) → CO_2 + H_2O
- 지방(C,H,O) → CO_2 + H_2O
- 단백질(C,H,O,N) → CO_2 + H_2O + NH_3

③ 질소를 함유하는 노폐물

암모니아	물에 용해되며 독성이 있다.	수생무척추동물, 경골어류
요소 $CO_2(NH_2)_2$	암모니아를 체내에서 독성이 거의 없는 요소로 전환시켜서 배설한다. 요소는 물에 용해되고 독성이 없다.	연골어류, 양서류, 포유류
젖당	암모니아를 독성이 적은 요산으로 바꾸어 일시 저장하였다가 배설한다. 요산은 물에 용해되지 않으며 독성이 없다.	곤충류, 조류, 파충류

(2) 신장의 구조

① 외부구조

㉠ 신장은 1쌍의 암적색의 강낭콩 모양의 실질성기관으로 무게는 약 130g 정도이나(길이 10cm, 폭은 5cm, 두께 4cm), 왼신장이 오른신장보다 약간 무겁다.

㉡ 신장은 척추의 좌우측에 있는 후복벽의 윗부분에 위치하며, 제12흉추골에서 제3요추골의 높이까지 걸쳐있다.

㉢ 오른신장은 복강 내에서 간의 밑면에 눌려 있기 때문에, 보통 왼신장보다 조금 낮은 부위에 위치하고 있다. 양쪽 신장의 위 끝에는 내분비기관인 부신이 위치하고 있고, 부신은 신장과 함께 지방피막에 의해 싸여져 있으며, 주위조직과 느슨하게 결합하고 있다.

② 네프론 구조

  ㉠ 피질 : 말피기소체(사구체와 보먼주머니), 세뇨관, 모세혈관으로 구성되어 있다.

  ㉡ 수질 : 많은 세뇨관이 모여 집합관을 이룬다.

  ㉢ 신우 : 오줌을 일시 저장하는 곳이다.

(3) 신장의 기능

① 여과 : 사구체에서 보먼주머니로 혈구와 단백질을 제외한 대부분의 혈액 성분이 빠져 나온다.

② 재흡수 : 원뇨의 성분 중 몸에 필요한 물질은 다시 세뇨관에서 모세혈관으로 흡수된다(능동수송).

③ 분비 : 모세혈관에 남아 있는 요소가 세뇨관으로 빠져 나온다(능동수송).

④ 오줌 형성 : 약간의 물과 요소만이 걸러져 신우로 흘러간다.

⑤ 오줌의 이동 통로 : 사구체 → 보먼주머니 → 세뇨관 → 신우 → 수뇨관 → 방광 → 요도

(4) 요소의 생성

① 사람의 주된 질소 배설물은 요소이다. 요소는 암모니아와 이산화탄소가 결합하는 오르니틴 회로(요소 회로)에 의해 간에서 합성된다.

② 암모니아는 매우 독성이 큰 물질이나, 다행히 간은 이 암모니아를 재빨리 요소로 합성할 수 있는 체제를 갖추고 있어서 그 독성의 피해를 막을 수 있다.

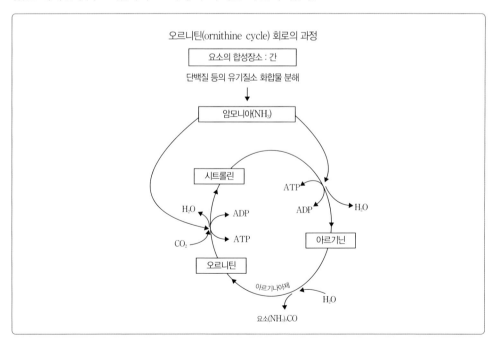

2 신장의 기능

(1) 일반적 기능

① 사람의 신장은 지상에서의 생활에 적응할 수 있도록 진화되었다. 그래서 수분과 염분이 잘 보존되고 노폐물은 농축된 상태로 배설되며 혈액과 조직액의 부피, 화학조성 및 삼투압의 조절이 원활하게 되어 있다.

② 동맥혈압에 의해 혈액이 사구체의 모세혈관을 거쳐서 네프론 속에서 걸러지게 된다. 이어서 몸에 필요한 물질들은 혈액으로 재흡수되고, 그 나머지가 소변이 된다.

③ 신장은 외부환경의 큰 변화에도 불구하고 내부환경이 일정하게 유지되도록 만드는 역할을 한다.

(2) 조절기능

① 신장은 3가지의 필수적이며 상호 연관성이 있는 특성을 조절한다. 즉, 수분의 양과 산염기 균형, 삼투압을 조절하여 수분과 전해질의 균형이 유지되도록 한다.

② 신장을 모두 제거한다면 즉시 소변성분들이 혈액에 축적되는 요독증에 걸리게 되며 치료받지 않으면 2~3주 내로 사망한다.

③ 혈액에 비정상적인 물질이 존재하거나, 정상적인 물질이라도 과량 존재하면 신장은 이를 배설하여 정상화시킨다.

④ 신장은 단백질 대사산물을 배설하는 유일한 기관이며 약과 독성물질도 제거해준다.

⑤ 신장은 몸에 유용한 물질은 빠져나가지 않도록 잡아두는 역할도 한다.

(3) 산염기의 균형 유지 기능

① 신장은 정상적인 대사과정에서 생기는 과량의 수소 이온을 배설하기 위해 암모니아를 만들어 암모니아염의 형태로 수소 이온을 배설시킨다. 이러한 기능을 수행해야 하기 때문에 신장에는 많은 양의 혈액이 통과한다.

② 하루에 1,800L의 혈액이 통과하는데 이는 총혈액량의 약 400배에 해당되고, 1일 심장박동량의 1/4에 해당된다. 매일 170L의 물이 혈액으로부터 신장세관으로 들어가는데 거의 대부분이 신장세관의 내피세포에 의해서 재흡수된다.

③ 실제 소변량은 하루에 1.5L쯤 된다.

(4) 배설 이외의 기능

① 레닌이라는 물질로 혈압상승을 유발한다.

② 적혈구 형성촉진제인 에리트로포이에틴(Erythropoietin)으로 혈색소와 적혈구 형성에 매우 중요한 역할을 한다.

③ 비타민 D를 활성화시켜 칼슘의 흡수를 돕는다.

7장 소화생리

1 소화일반

(1) 소화의 의의

① 소화란 음식물 속의 영양소를 흡수할 수 있는 형태로 분해하는 과정을 말한다.

② 소화 방법에는 물리적 소화와 화학적 소화가 있는데, 물리적 소화는 소화관의 운동이고 화학적 소화는 소화액의 분비와 그 소화작용이다.

③ 소화에 관여하는 여러 기관을 소화기계라고 한다.

④ 소화기계는 구강·인두·식도·위·소장·대장의 차례로 이어져 있는 소화관과 소화액을 분비하는 소화샘으로 이루어져 있다.

(2) 소화과정

① **구강에서의 소화** : 입으로 들어간 음식물은 아래턱의 운동 및 혀·볼·입술 등의 작용으로 아래 위의 치열 사이로 운반되어 씹혀져서 잘게 부서진다. 구강 내에서 분비되는 침은 음식물을 입에 넣기 전부터, 즉 음식물을 생각하거나 보는 것만으로도 분비가 시작되며 씹을 때에 음식물과 섞여 맛을 느끼게 하고 음식물을 삼키기 쉬운 형태로 만든다. 침 속에는 아밀라아제라는 효소가 있어 탄수화물을 분해한다. 음식물이 삼키기 쉬운 상태가 되면 연하운동이 시작된다. 구강점막에서도 어느 정도 물질을 흡수하지만 극히 적은 부분이다.

② **위에서의 소화** : 위벽은 종주근·윤주근·사주근의 3가지 근육층으로 이루어져 있고, 내면은 주름이 많은 점막으로 덮여 있다. 위가 비어 있을 때는 전·후의 벽이 맞붙어 있어 빈틈이 없다. 그러나 위에 음식물이 들어오면, 음식물은 들어온 순서에 따라 위체부에 층층으로 쌓인다. 음식물이 들어오면 분문부 부근부터 연동이 시작되고 이 연동은 유문부를 향해 이동한다. 이것을 연동파라고 한다. 연동은 위체부에서는 약하게 일어나지만 유문부 가까이에서는 크고 강하게 일어난다. 음식물이 분문부에서 유문부까지 이동되는 데는 약 10~40초 걸린다. 유문부에서는 윤주근이 특히 비대하여 유문괄약부를 형성하고 있으며, 유문부에 음식물이 이르면 이 괄약부의 작용으로 대부분의 내용물이 위체 쪽으로 역류한다. 이 일을 되풀이하는 동안 내용물은 위액과 충분히 섞여 죽처럼 된다. 이렇게 된 음식물은 조금씩 십이지장 쪽으로 이동하는데, 보통 2~3시간이면 음식물의 80%가 위에서 배출된다. 이와 같은 위의 운동은 미주신경에 의해 왕성해지고 교감신경에 의해 억제되는데 위와 소장의 점막에서 분비되는 화학물질에 의해서도 조절된다. 또한 감정의 움직임에 따라서도 위액분비는 크

게 영향을 받는다.

③ **소장에서의 소화** : 소장에서는 죽처럼 되어 위에서 보내온 음식물을 소장운동과 소화액에 의하여 다시 분해하고 양분을 흡수한다. 소장운동을 조절하는 것이 신경과 호르몬이다. 신경에 의한 조절은 자율신경에 의해 이루어지며, 주로 교감신경은 운동을 억제하고 미주신경은 촉진한다. 이 작용은 교감신경말단에서 분비되는 노르아드레날린, 미주신경 말단에서 분비되는 아세틸콜린이라는 화학물질을 통하여 이루어진다.

④ **대장에서의 소화** : 소장의 내용물은 회장을 거쳐 대체로 30초마다 대장으로 보내진다. 음식물이 입으로 들어와서 대장에 이르기까지는 음식물의 종류에 따라 다르지만 약 4~15시간 걸린다. 대장에서도 분절운동 · 연동 · 역연동이 일어나며, 내용물은 완만한 왕복운동을 되풀이하면서 항문 쪽으로 이동한다. 대장에서는 주로 수분을 흡수한다. 또한 위에 음식물이 들어가면 위~대장 촉진반사가 일어나고 총연동이라고 하는 강한 수축이 2~4분마다 생겨 대장 속의 내용물을 한꺼번에 S상결장 및 직장까지 보내게 된다. 대장운동도 자율신경의 지배를 받는데 교감신경은 억제적으로, 부교감신경은 촉진적으로 작용한다.

(3) 소장의 운동

① **연동운동** : 소장벽의 환상근이 수축하여 수축환을 만들고 미즙을 항문을 향하여 이동시킨다.

② **분절운동** : 소장의 윤상근이 수축하여 소장 내의 음식물을 몇 토막으로 나누고 소화액과 잘 혼합한다.

③ **응모운동** : 음식물과 소화액 혼합을 촉진하여 소화작용에 도움을 주며, 음식물을 흡수한다.

④ 소장운동은 자율신경의 지배를 받는다.

　㉠ **교감신경** : 아드레날린 분비로 소장운동을 억제한다.

　㉡ **부교감신경** : 콜린 분비로 소장운동을 촉진한다.

2 소화액

(1) 타액의 분비

① 침 속에는 아밀라아제라는 효소가 있어 탄수화물을 분해한다.

② 1일 1,000~1,500ml 정도를 분비하며 pH는 6~7 정도이다.

③ 부교감신경에 의하여 주로 분비된다.

(2) 위액의 분비

① 위점막에는 많은 분비샘이 있어서 염산 · 펩시노겐이라고 하는 효소나 점액 등을 분비한다.

이것들을 합쳐서 위액이라고 한다.

② 염산은 펩시노겐을 활성화하여 펩신으로 바꾸고, 펩신은 단백질을 폴리펩티드로 분해한다. 또 염산은 단백질을 부풀려 효소가 작용하기 쉽도록 하여 단백질 소화에 중요한 역할을 하고, 음식물과 함께 들어온 산에 약한 세균을 죽이는 작용도 한다.

③ 점액은 위점막을 보호하고 산을 중화하는 작용을 한다. 위액에는 응유효소와 지방분해효소도 함유되어 있다. 이와 같은 작용을 하는 위액은 음식물을 생각하거나 보거나 냄새를 맡는 자극만으로도 분비되며, 음식물이 위 속으로 들어왔을 때 가장 많이 분비된다.

④ 분비는 미주신경에 의하여 촉진되고, 소화관에서 분비되는 가스트린이나 위억제 폴리펩티드 등에 의하여 조절된다.

⑤ 뮤신은 위벽 자체의 단백질이 펩신에 의해 소화되는 것을 막아준다.

⑥ 감정의 움직임에 따라서도 위액분비는 크게 영향을 받는다.

(3) 췌액의 분비

① 위장 내의 음식물이 십이지장으로 내려오면 분비된다.

② 탄수화물, 단백질, 지방 분해효소가 들어 있다.

③ 소화액 중 가장 중요한 역할을 한다.

④ 췌장액은 중탄산염을 함유하고 있어 위산을 중화하여 위에서 십이지장으로 운반된 유미죽 상의 음식물을 알칼리로 바꾸어 여러 소화효소 > 탄수화물분해효소 > 지질분해효소 > 단백질 분해효소들이 체계적으로 활용할 수 있도록 한다.

⑤ 아밀라아제, 말타아제, 트립신, 리파아제를 분비하여 십이지장으로 보내주는 외분비샘이 있다.

(4) 장액의 분비

① 소장액은 소장벽의 분비세포에서 분비되는 소화액이며, 중탄산염을 함유하고 있어 약한 알칼리성이다.

② 소장액엔 탄수화물 분해효소와 단백질 분해효소로 아미노펩티다이제, 폴리펩티드와 트립시노겐 및 핵산분해효소로 뉴클레오티드, 뉴클레오시드 등이 있다.

③ 소장에서 1일 3,000ml의 장액이 분비되며, 신경, 액성물질, 음식물의 기계적 자극으로 장액분비를 조절한다.

(5) 담즙의 분비

① 담즙은 간에서 만들어지고 담낭에 저장 농축되어 십이지장으로 분비되며 소화효소는 함유

되어 있지 않다.

② 담즙의 주 기능은 지질을 유화시켜 지질분해효소인 리파아제의 작용을 쉽게 받도록 한다.

③ 담즙은 미주신경 및 세크레틴에 의하여 합성이 증가된다.

(6) 소화액의 작용

① 타액의 소화작용

ㄱ 아밀라아제를 함유한 프티알린을 함유한다.

ㄴ 전분의 일부를 말타아제까지 분해한다.

ㄷ pH는 5.6~6.5 정도이다.

② 위액의 소화작용

ㄱ 펩신과 염산이 주성분이다.

ㄴ 펩시노겐으로 분비되었다가 펩신으로 되어 단백질을 분해시켜 펩티드로 만들게 된다.

ㄷ 최적 pH는 1.8~2.0이다.

③ 췌액의 소화작용

ㄱ 알칼리성이다.

ㄴ 아밀라아제 : 전분을 이당류로 가수분해한다.

ㄷ 트립신 : 단백질(Protein)을 폴리펩티드(Poly Peptide)로 절단한다.

ㄹ 리파아제 : 지방을 지방산과 글리세롤로 분해한다.

④ 장액의 소화작용

ㄱ 맥아당, 젖당, 서당의 단당류로 분해한다.

ㄴ 아미노산으로 분해한다.

ㄷ 리파아제에 의해 지방산과 글리세롤로 분해한다.

⑤ 담즙의 소화작용

ㄱ 지질을 유화시킨다.

ㄴ 장의 연동운동을 촉진한다.

ㄷ 간에서 하루에 500~800ml 정도 생산된다.

ㄹ 부패를 방지한다.

8장 내분비생리

1 내분비 일반

(1) 개념

① 의의

ㄱ 분비선의 세포가 도관을 지나지 않고 직접 혈액이나 림프에 분비물을 방출하는 현상을 말한다.

ㄴ 1859년 프랑스 생리학자 C.베르나르가 간정맥은 간동맥보다 혈당값이 높다는 것에 착안하여 간이 포도당을 혈액에 직접 방출하는 내분비라는 개념을 제창했다.

ㄷ 내분비라는 말은 현재 주로 '내분비선'에 대하여 사용되며, 이 내분비선에서 방출되는 분비물에 대해서는 호르몬이라는 용어를 사용하고 있다.

ㄹ 최근 신경말단에서 방출되는 내분비물이 많이 발견되며, 이 내분비 현상을 특히 '신경분비'라고 한다.

ㅁ 호르몬이란 생체의 특정한 세포에서 만들어져 분비되는 물질의 일종으로, 세포에서 만들어진 호르몬은 혈액을 따라 이동하여 표적세포(Target Cell)의 생화학적인 효과를 나타내는데 관여하는 물질을 말하며, 내분비계(호르몬계)란 생체의 항상성, 생식, 발생, 행동 등에 관여하는 각종 호르몬을 생산, 방출하는 기관으로서 선(Gland), 호르몬(Hormones), 표적세포(Target Cell) 등 3가지 부분으로 나뉜다.

ㅂ 내분비선으로부터 생산된 화학적 신호인 호르몬은 마치 통신네트워크와 같이 혈액을 통해 체내를 순환하며 표적이 되는 각 세포, 조직에 정보 및 지령을 전달하며, 하나의 표적장기에만 작용하기도 하고(갑상샘자극호르몬 : 갑상샘에만 작용), 여러 세포들에 작용을 일으키기도 하며(인슐린이나 갑상샘호르몬 : 간, 뇌, 피부 등에 작용), 신체내부의 호르몬은 특정 장기에 선택적으로 독특하게 결합하여 생화학적 효과를 일으킨다.

ㅅ 세포가 나타내는 반응은 그 특정세포의 유전적 프로그램에 따르기 때문에 동일한 호르몬이 다른 조직에서 다른 효과를 나타내는 경우도 있다.

② 내분비선 관련 내용

ㄱ 신경전달물질은 신경세포 간의 유선적 연결로 인해 확산과 수송에 시간이 걸리지 않지만 호르몬은 무선적 연결로서 혈액을 통하여 운반되는 데 시간이 소요된다.

ㄴ 호르몬마다 적합한 수용체가 달리 있어 여성호르몬의 경우 유선세포에 작용하여 유선조

직이 성숙하고, 뇌하수체의 갑상샘호르몬은 갑상샘세포에 수용체가 있어 갑상샘에서만 작용한다.

ⓒ 호르몬은 내분비 물질로 분비선에서 혈액으로 분비되며, 표적기관으로 운반되어 작용한다.

ⓔ 신경계에 비하여 반응속도가 느리나 반응범위는 넓다.

ⓜ 내분비선은 분비관이 없이 혈액으로 분비하고, 외분비선은 분비를 위한 관이 있다.

(2) 호르몬의 특성 및 조절작용

① 호르몬의 특성

ⓐ 내분비선에서 합성되어 혈액에 의해 운반된다.

ⓑ 미량으로도 체내의 생리작용을 조절하는데, 즉효적이고 특정 표적기관에만 작용한다.

ⓒ 주사해도 항원이 되지 않는다.

ⓔ 부족하면 결핍증, 지나치게 분비되면 과잉증이 나타난다.

ⓜ 합성하는 곳과 작용하는 곳이 다르다.

ⓗ 스테로이드와 같은 성호르몬 이외의 호르몬은 경구투여 시 효과가 없다.

ⓢ 배설은 요를 통해 이루어진다.

ⓞ 척추동물에서 같은 종류의 호르몬은 화학구조가 비슷하여 다른 동물에서도 같은 작용을 나타낸다.

② 호르몬의 조절작용

ⓐ 혈당량 조절 : 호르몬과 자율신경에 의해 혈액 중의 포도당(혈당)의 농도가 0.1% 정도로 유지된다.

- 고혈당일 때 남는 포도당이 인슐린에 의해 글리코겐으로 합성되거나 산화됨으로써 조절된다.
- 저혈당일 때 아드레날린이나 글루카곤에 의해 글리코겐이 포도당으로 전환되거나 당질 코르티코이드에 의해 단백질 또는 지방이 포도당으로 전환됨으로써 부족한 포도당을 보충한다.

ⓑ 항상성 : 호르몬과 자율신경에 의해 체내의 pH, 삼투압, 체온, 화학적 성분(포도당, 무기염류 등)의 농도가 언제나 일정하게 유지된다.

ⓒ 체내 수분량의 조절

- 수분 부족 → 체액의 삼투압 증가 → 간뇌 → 뇌하수체 후엽 → 바소프레신 분비 증가 → 세뇨관에서의 수분 재흡수 촉진 → 오줌량 감소
- 물을 많이 섭취하면 체액의 삼투압이 낮아지면서 반대 기작으로 오줌량을 증가시킨다.

ⓔ 체내 무기염류의 조절 : 혈액 중의 무기염류량 조절은 체액의 삼투압과 pH의 유지에 중요

한데, 주로 파라토르몬과 무기질 코르티코이드에 의해 조절된다.

- **칼슘, 인의 조절** : 부갑상샘호르몬인 파라토르몬에 의해 조절된다.
- **나트륨, 염소, 칼륨의 조절** : 부신피질호르몬인 무기질 코르티코이드에 의해 조절된다.

 ⓜ **성주기의 조절** : 뇌하수체 전엽과 생식선 사이의 피드백에 의해 성주기와 생식활동이 조절 된다.

 ⓗ **피드백에 의한 호르몬의 상호조절** : 뇌하수체 전엽과 갑상샘, 부신피질, 생식선 등의 내분 비선에서 분비되는 호르몬은 피드백에 의해 언제나 알맞게 분비되도록 상호 조절한다.

In addition

호르몬의 조절작용과 종류

- 에너지 생산의 조절 : 갑상샘호르몬, 성장호르몬, 인슐린, 글루카곤, 에피네프린, 코르티솔 등
- 체액의 양 및 조성의 조절 : 항이뇨호르몬(수분), 알도스테론(Na^+), 칼시토닌(Ca^{2+}), PTH(Ca^{2+}), 코르티솔 등
- 주위 환경에의 적응 : 뇌하수체, 부신, 갑상샘호르몬 등
- 성장과 발달 : 성장호르몬, 갑상샘호르몬 등
- 생식 : 성호르몬 등

---

2 호르몬의 종류

(1) 뇌하수체호르몬

 ① 개요

  ㉠ 간뇌의 시상 하부 끝에 달린 지름 1cm 정도의 내분비선으로 전엽, 중엽, 후엽으로 구분 된다.

  ㉡ 간뇌에서 방출인자가 분비되면 혈액을 따라 전엽에 도달되어 전엽호르몬의 분비를 촉진 하고, 방출인자가 분비되지 않으면 전엽호르몬의 분비도 정지된다.

  ㉢ 후엽은 직접 호르몬을 합성·분비하는 것이 아니라 시상 하부의 신경 말단에서 분비한 물 질을 저장했다가 혈액 속으로 방출한다.

 ② 뇌하수체전엽호르몬

  ㉠ 성장호르몬(GH)

- 191개의 아미노산으로 구성된 단백질호르몬으로, 인체의 모든 조직이 표적기관이며 일 생 동안 분비된다.
- 뼈·근육·내장기관의 생장, 단백질 합성 촉진, 혈당의 증가, 지방 분해 촉진효과를 갖 는다.

- 과잉증 : 거인증(성장기), 말단비대증(성장 완료 후)
- 결핍증 : 난쟁이(성장기), 시몬드병(성장 완료 후)

 시몬드병
뇌하수체 위축으로 인한 극도의 쇠약, 소모 및 정신장해를 유발하고 조로, 탈모, 성욕 감퇴, BMR(기초대사율) 저하 등을 특징으로 하는 질병으로 주로 여성에게 자주 발생한다.

    ⓛ 갑상샘자극호르몬(TSH)
- 당단백질호르몬이다.
- 갑상샘의 티록신 분비를 촉진한다.

    ⓒ 부신피질자극호르몬(ACTH)
- 39개의 아미노산으로 구성된 펩타이드호르몬이다.
- 부신피질의 글루코코르티코이드(glucocorticoid) 분비를 촉진한다.
- 결핍증 : 애딘슨병

 애딘슨병
부신에 결핵, 매독, 종양 등이 전이되어 파괴되거나 원인 불명의 위축 등을 일으켜 부신에서 당질 코르티코이드를 생성하지 못하거나 부신피질호르몬이 부족해지는 병이다.

    ⓔ 난포자극호르몬(FSH) : 여성호르몬인 에스트로겐(estrogen)의 분비 촉진 및 남성의 정자 성숙(배아상피 자극)을 촉진한다.

    ⓜ 황체형성호르몬(LH) 또는 간질세포자극호르몬(ICSH)
- 배란과 생식시관의 발달을 촉진시킨다.
- 여성 : 배란 후 난포를 황체로 변화시켜 프로게스테론을 분비시킨다.
- 남성 : 고환을 자극시켜 테스토스테론의 분비를 촉진시키며, 이러한 이유로 남성에서는 간질세포자극호르몬이라고 부른다.

    ⓗ 황체자극호르몬(LTH, 프로락틴)
- 젖샘의 젖 분비를 자극하고 황체호르몬의 분비를 촉진한다.
- 임신 중에는 에스트로겐과 프로게스테론의 분비에 의해 작용이 억제된다.
- 고프로락틴혈증일 경우 생리불순, 불임, 유산이 발생한다.

③ 뇌하수체후엽호르몬
    ㉠ 옥시토신(자궁수축호르몬)
- 9개의 아미노산으로 구성된 펩타이드호르몬으로, 분만 후 자궁을 수축시켜 출혈을 방지한다.

- 자궁, 소화관의 민무늬근 수축에 관여하여 분만을 촉진한다.
- 프로락틴의 분비를 자극하여 유즙의 배출을 촉진한다.

ⓒ 바소프레신(ADH, 항이뇨호르몬)

- 9개의 아미노산으로 구성된 펩타이드호르몬으로, 모세혈관 수축에 의하여 혈압이 상승하고 세뇨관에서 수분의 재흡수를 촉진한다.
- **과잉증** : 혈관 평활근의 수축으로 혈압이 상승하므로 고혈압을 유발할 수 있다.
- **결핍증** : 소변량이 증가하는 요붕증이 나타난다.

(2) 갑상샘호르몬과 부갑상샘호르몬

① 갑상샘호르몬

㉠ 구조

- 후두 하부에 나비 모양의 좌 · 우엽과 협부로 구성되어 있다.
- 중량은 15~20g 정도이다.

ⓒ 분비되는 호르몬

- 분자 중에 요오드를 포함하는 티로글로불린이라는 당단백질이 갑상샘자극호르몬에 의하여 분해 촉진되어 생성된다.
- 여포세포에서는 갑상샘호르몬인 티록신을, 여포낭세포에서는 칼시토닌을 분비한다.

 Tip 칼시토닌
- 32개의 아미노산으로 구성. 표적기관은 골조직이다.
- 혈액 중 Ca^{2+} 농도가 상승하면 분비가 자극되어 혈액에서 Ca^{2+}을 뼈로 이동 · 저장시킨다.
- 칼슘이 뼈로 침착되는데 관여한다.

ⓒ 기능

- 기초대사율과 혈당을 상승시킨다.
- 체단백질의 합성 및 탄수화물, 지방대사를 촉진한다.

㉣ 기능 이상

- **과잉증** : 그레이브스병 또는 바제도병, 안구돌출성 갑상샘종, 심박동 증가, 감정불안(신경질적), 식욕이 왕성하나 이화작용이 촉진되어 체중감소(BMR), 혈당 상승
- **결핍증** : 심장박동 저하, 피부 건조, 무감동적(정신적 둔감), 점액수종(전신이 부어 있는 증상), 크레틴병(물질대사의 저하로 피부에 윤기가 없어지고 무기력해지며 생장이 정지됨)

 Tip 그레이브스병 또는 바제도병
물질대사가 비정상으로 높아져 체중 감소, 안구 돌출, 정신적 흥분 등의 증세가 나타난다.

In addition

갑상샘호르몬 합성 · 분비기전
- 합성기전 : 단백질분자 속의 티로신에 요오드 4개가 결합하여 합성된다.
- 분비기전 : 시상 하부의 갑상샘자극호르몬을 방출시키는 호르몬(TRH)과 뇌하수체 전엽의 갑상샘자극호르몬(TSH)의 분비 조절을 통해 이루어진다.

② 부갑상샘호르몬
  ㉠ 갑상샘에 붙어있는 부갑상샘에서 분비되는 호르몬인 파라토르몬(PTH)이 혈중의 칼슘농도를 증가시킨다.
  ㉡ 부갑상샘을 제거한 동물은 혈중 칼슘농도가 저하되어 신경의 흥분성이 높아지므로 테타니 발작을 일으켜 질식사하는 일이 많다.
  ㉢ 기능 이상
    • 과잉증 : 골연화증, 신결석
    • 결핍증 : 테타니

(3) 부신호르몬
  ① 부신은 발생학적으로 서로 다른 2개의 부분으로 이루어져 있는데, 하나는 중배엽 기원의 부신피질이며 다른 하나는 외배엽 기원이고 교감신경절과 상동인 부신수질이다.
  ② 부신피질호르몬
    ㉠ 당류 코르티코이드(코르티솔) : 단백질과 지방을 포도당으로 신생시켜 혈당량 증가와 염증 억제로 부종, 통각 등을 멈추게 한다.
    ㉡ 기능 이상
      • 과잉증 : 쿠싱증후군
      • 결핍증 : 애디슨병

 Tip 쿠싱증후군
부신피질에서 당질 코르티코이드가 만성적으로 과다하게 분비되어 일어나는 질환으로, 얼굴이 달덩이처럼 둥글고 목 뒤에 비정상적으로 지방이 축적된다.

③ 부신수질호르몬

    ㉠ 에피네프린(아드레날린)과 노르에피네프린(노르아드레날린)이 분비된다.

    ㉡ 아드레날린은 심장에 작용하여 혈액의 박출량을 증가시키고 혈압과 혈당치를 높인다.

(4) 췌장호르몬

① 췌장에는 내분비선인 랑게르한스섬이 있고 섬의 주를 이루는 β세포는 인슐린을 분비한다.

② 인슐린은 분자량 약 6,000의 단백질로서 전구체인 프로인슐린으로 합성된다.

③ 인슐린은 혈당을 간이나 근육에서 글리코겐으로 저장되도록 하고 조직의 혈당 이용을 촉진하여 혈당을 감소시킨다.

④ 랑게르한스섬의 α세포에서 분비되는 글루카곤은 인슐린과 길항적으로 작용하여 혈당을 증가시킨다.

⑤ 글루카곤은 지방세포에 작용하여 지방산을 유리하고, 케톤체의 생성을 촉진한다.

(5) 성호르몬

① 정소와 난소는 생식세포를 만드는 일이 본래의 기능이지만 내분비 기관이기도 하여 스테로이드 호르몬을 분비한다. 생식선의 스테로이드 호르몬은 남성호르몬·발정호르몬·황체호르몬으로 나누어진다.

② **남성호르몬** : 정소가 분비하는 주요 호르몬이며, 테스토스테론과 안드로스테론이 있다. 테스토스테론은 대표적인 남성호르몬으로서 조직에서 5α-디히드로테스토스테론의 형태로 수컷의 생식기관을 발달시키고, 2차 성징(닭볏, 사람의 수염 등)을 발현시킨다.

③ **발정호르몬** : 주로 난소의 여포에서 분비되어 수란관·자궁·질을 발달시키고 그것들의 기능을 유지하는 것 외에 여성의 2차 성징을 발현케 한다. 발정호르몬에는 에스트라디올, 에스트로겐, 에스트리올이 알려져 있으며, 에스트라디올의 활성이 가장 강하다.

④ **황체호르몬** : 주로 난소의 황체에서 분비되며 자궁에 작용하여 수정란의 착상을 준비하고 임신을 유지한다. 황체호르몬의 거의 대부분은 프로게스테론이다. 발정호르몬과 황체호르몬을 합쳐서 여성호르몬이라 부른다. 난소는 여성호르몬뿐 아니라 남성호르몬도 분비하고 사람의 정소는 발정호르몬을 분비하고 있다.

9장 감각생리와 생식생리

1 감각생리

(1) 개요

① 감각의 의의

ㄱ 빛이나 소리와 같은 생체 외의 현상 또는 생체조직의 이상이나 체내 화학물질과 같은 생체 내의 현상에 의해 직접 일으키게 되는 의식과정을 말한다.

ㄴ 감각을 소재로 하고 기억이나 추리 등 고차신경작용을 가하여 대상물에 관한 표상이 구성되는 것을 지각이라 하며, 지각으로부터 자극원이나 대상물이 무엇인지 알게 되는 것을 인지라고 한다.

② 감각의 구성

ㄱ 감각수용기 : 감각자극을 받아들이는 수용기로 물리적 · 화학적 에너지의 자극을 감각신경의 활동전위인 감각신호로 전환하는 기관이며, 일종의 에너지변환기라고 말할 수 있다.

ㄴ 감각신경 : 수용기에 가해진 계량성 감각자극은 수용기에서 계수화되어 신경임펄스로 전환된다. 이 감각신호는 감각신경 속에서 여러 수식을 받으면서 구심성으로 전달된다.

ㄷ 대뇌피질감각령 : 감각신경 임펄스가 감각으로 전환되는 곳이다. 그러나 그 전환구조는 아직까지 밝혀지지 않고 있다.

(2) 미각

> 액체상태의 화학물질 → 혀의 유두 → 미뢰 → 미각세포 → 미각신경 → 대뇌

① 맛의 감각에는 신맛 · 단맛 · 쓴맛 · 짠맛의 4가지 기본형이 있다.

② 4가지 기본 맛에 특이하게 반응하는 수용기는 없다.

③ 설유두의 종류

ㄱ 사상유두 : 수가 가장 많은 유두로, 설배 전체에 밀생하며 표면이 실처럼 몇 가닥으로 나뉘어져 있다.

ㄴ 용상유두 : 혀끝이나 혀 가장자리에 있으며, 둥글고 붉은 버섯 모양으로 육안으로도 잘 보인다.

ㄷ 유곽유두 : 가장 큰 유두로, 설배의 뒤쪽에 있는 분계구 앞에 줄지어 있으며 미뢰 함유가

가장 많다.

  ⓔ **엽상유두** : 혀의 측면 가장자리 뒤에 위치한다.

(3) 청각

소리 → 고막 → 청소골 → 난원창 → 전정계 → 고실계 → 기저막 → 코르티기관
(막 진동)　(증폭)　(막 진동)　(림프의 진동)　(막 진동)　(세포 흥분)

① **외이** : 소리를 모아 고막으로 보내는 부분으로, 귓바퀴와 외이도가 여기에 속한다.

② **중이**

  ㉠ **고막** : 소리 자극에 의해서 최초로 진동하는 부분이다.

  ㉡ **청소골** : 고막의 진동을 증폭시켜 달팽이관에 전달하는 3개의 뼈로, 망치뼈 → 모루뼈 → 등자뼈 순서로 진동한다.

  ㉢ **유스타키오관** : 중이와 비강을 연결하는 관으로, 중이 내부의 압력을 외부의 압력과 같게 유지시켜 고막이 정상적으로 진동하도록 해준다.

③ **내이**

  ㉠ **난원창** : 달팽이관의 입구가 되는 타원형의 막이며, 청소골의 진동을 달팽이관 속의 림프액에 전달한다.

  ㉡ **달팽이관** : 달팽이처럼 말려 있는 관으로, 상하 2 장의 막(전정막, 기저막)에 의해 3개의 방(전정계, 달팽이세관, 고실계)으로 구분되고 림프액이 차 있다.

(4) 후각

기체상태의 화학물질 → 콧속의 후각상피(냄새 느낌) → 후각세포 → 후각신경 → 대뇌

① 냄새감각은 비강점막의 냄새수용세포에서 받아들인 후, 대뇌의 전두엽후각령까지 보내져서 생긴다.

② 후각은 다른 감각에 비해 쉽게 피로한다.

③ 대뇌피질의 특수감각 중 순응능력이 가장 빠르다.

(5) 시각

① 시각정보에 의한 감각은 시세포·쌍극세포·수평세포·아마크린세포 등 망막 속에 복잡하게 얽힌 세포군에서 연락된 후, 시신경절세포를 거쳐 시신경교차 후에 외측슬상체로 간다.

② 구조

　㉠ 각막 : 안구 앞쪽에 있는 투명한 막이다(검은자위 부분).

　㉡ 공막 : 안구 맨 겉을 싸서 보호하는 백색의 막으로, 눈의 형태를 유지 및 보호한다(흰자위 부분).

　㉢ 맥락막 : 공막과 망막 사이의 중간층을 이루는 막으로, 멜라닌 색소와 혈관이 풍부하게 분되어 있으며 빛을 차단하여 암실작용을 한다.

　㉣ 홍채 : 안구 앞쪽의 색깔을 띤 근육질 부분으로, 동공의 크기를 조절하여 빛의 입사량을 조절한다.

　㉤ 수정체 : 볼록렌즈 모양의 투명한 부분으로, 빛을 알맞게 굴절시켜 망막에 상이 맺도록 한다.

　㉥ 모양체 : 수정체의 두께를 변화시켜 원근을 조절한다.

　㉦ 유리체 : 안구 내부를 채우고 있는 반유동성의 투명한 물질로, 안구의 모양을 유지한다.

　㉧ 망막 : 안구의 맨 앞쪽을 싸고 있는 막으로, 빛의 자극을 신경의 흥분으로 바꾸는 수많은 시세포와 대뇌에 연결된 시신경이 퍼져 있다.

③ 근시 · 원시 · 난시

　㉠ 근시 : 수정체와 망막 사이의 거리가 길거나 수정체가 두꺼워 멀리 있는 물체의 상이 망막 앞에 맺혀 잘 보이지 않는 눈 → 오목렌즈로 교정

　㉡ 원시 : 수정체와 망막 사이의 거리가 짧거나 수정체의 탄력이 약해져 충분히 두꺼워지지 못해서 가까이 있는 물체의 상이 망막 뒤에 맺히는 눈 → 볼록렌즈로 교정

　㉢ 난시 : 각막의 표면이 균일하지 않아서 빛의 굴절이 불규칙하여 망막에 맺히는 상이 뚜렷하지 않은 눈 → 특수한 렌즈로 교정

(6) 피부감각

① 촉각, 압각, 통각, 온각, 냉각 등을 느끼는 감각세포들이 피부에 분포하며, 이 중 통각이 가장 많이 분포한다.

② 피부감각은 각각의 감각수용기에서 따로 감각을 느낀다.

③ 피부감각수용기는 감각의 종류에 따라 신경 말단에 특수하게 분화되어 감각소체를 이룬다.

　㉠ 촉점 : 마이너스 소체

　㉡ 압점 : 파치니 소체

　㉢ 온점 : 루피니 소체

　㉣ 냉점 : 크라우제 소체

(7) 평형감각

① 전정기관

ⓐ 몸의 위치감각을 맡고 있는 기관이다.

ⓑ 섬모를 가진 감각세포 위에 탄산칼슘($CaCO_3$)으로 된 이석(청사)이 놓여 있다.

ⓒ 몸이 기울면 중력에 의해 이석에 대한 압력의 방향이 바뀌고, 감각세포의 섬모가 움직여 흥분을 일으킨다.

② 반고리관

ⓐ 몸의 회전감각을 맡고 있는 기관이다.

ⓑ 3개의 반원형인 관이 서로 직각으로 연결된 구조로, 각 관의 끝은 볼록하고 그 속에 섬모를 가진 감각세포가 있고 림프액이 차 있다.

ⓒ 몸이 회전할 때 림프액의 관성 때문에 감각세포의 섬모가 움직이게 되고, 이 움직임이 감각세포를 흥분시켜 회전을 느낀다.

2 생식생리

(1) 남성

① 성인 남성은 정소(Testes)라고 하는 1쌍의 생식선을 가진다. 이것은 여성의 난소에 해당하는 1차 생식기관이다. 정소는 정자와 남성 호르몬을 생산하는데, 이 호르몬은 남성의 생식 능력을 조절한다. 정소는 2차 성징으로 발달하나, 성징이 생식에 직접적인 역할을 하는 것은 아니며, 남성화(Maleness)와 연관된다. 2차 성징의 예는 체지방, 체모, 골격근 등의 발달이다.

② 남성으로 결정되는 배아 시기에 1쌍의 정소는 복강벽에서 형성된다. 출생 전, 정소는 복강에서 골반 아래 매달린 음낭으로 하강한다. 출생 시, 정소는 성인 기관의 작은 형태를 하고 있고, 성적 성숙기인 사춘기에 호르몬의 영향으로 정자를 생산하기 시작한다. 남자아이의 경우 대개 12~16세 사이에 사춘기에 들어선다.

③ 정세포가 완전히 발달하려면, 음낭의 온도는 휴식 시 사람의 중심 체온보다 몇 도 낮은 상태를 유지해야 한다. 온도 조절기작은 음낭벽 근육의 수축을 자극하여 작동되는데, 음낭 내 온도가 95°F를 넘지 않도록 한다. 기온이 낮아지면 음낭이 수축하여 따뜻한 몸 쪽으로 가깝게 당겨지고, 기온이 따뜻해지면 근육이 이완되어 음낭이 더욱 내려가게 된다. 속에 싸여진 각 정소는 세정관(Seminiferous Tubules)이라는 고도로 감겨진 많은 수의 작은 관들로 구성된다.

④ 모든 포유류의 정자는 각 정소에서 요도로 이어진 관을 따라 이동한다. 정자가 첫 번째 관인 부정소(Epididymis)에 들어갈 때는 아직 성숙되지 않은 상태이다. 길고 감겨진 부정소의 관 벽의 분비세포에서의 분비로 정자의 성숙이 완료된다. 완전히 성숙된 정자는 몸으로부터 사정될 때까지 부정소의 마지막 뻗어진 부분에 저장된다.

⑤ 남성이 성적으로 흥분되면, 생식기관 벽의 근육이 수축하여 성숙된 정자를 두꺼운 벽으로 된 1쌍의 정관 속으로 방출시키고, 정관의 수축으로 1쌍의 사정관(Ejaculatory Duct)을 통해 요도까지 방출하게 된다. 마지막으로 음경 내부를 통해서 그 끝 부위에 도달한다. 요도는 오줌을 분비하는 관이기도 하다.

⑥ 분비선의 분비물은 요도를 지나면서 정자와 섞인다. 이것이 정액(Semen)이며, 많은 액이 성적 활동 시 음경으로부터 방출된다. 정액 생성 초기에는 1쌍의 정낭(Seminal Vesicles)이 과당을 분비한다. 과당은 정자의 에너지원으로 이용된다. 정낭은 또한 프로스탄딘(prostalandins)을 분비하는데 이것은 근육수축을 일으킨다. 이 신호물질이 성적활동동안 효과를 나타내어, 여성의 생식관 내에서 수축을 유도하며 정자운동을 돕는다.

⑦ 전립선(Prostate Gland) 분비물은 여성 생식관 내의 산성환경을 중화시키는 것을 돕는다(질액의 pH는 3.5~4.0인데, 정자는 pH 6에서 더욱 효과적으로 운동함). 2개의 요도구선(Bulbourethral Glands)의 망울요도샘(Couper's Gland)은 남성이 성적 흥분 시 점액이 풍부한 액을 요도로 조금 분비한다.

⑧ LH, FSH, 테스토스테론의 분비로 남성의 생식 기능이 조절된다. 라히디히 세포(Leydig Cell)는 정소의 엽들 사이에 위치하며, 테스토스테론을 분비한다. 테스토스테론은 스테로이드 호르몬으로 남성 생식관의 성장, 형성, 기능 조절을 돕는다. 정자를 생성하는 주된 역할 외에도 성적 행동, 공격적 행동을 자극하고, 사춘기 때 남성의 2차 성징의 발달을 증진시킨다.

⑨ LH와 FSH는 뇌하수체 전엽에서 분비된다. LH는 황체호르몬(Luteinizing Hormone), FSH는 여포자극호르몬(Follicle-Stimulating Hormone)을 줄인 말이다. 후에 LH와 FSH의 분자구조가 남성이나 여성에서 동일함이 밝혀졌다.

⑩ 전뇌에 일부인 시상하부는 LH, FSH와 테스토스테론의 분비를 조절함으로써 정자형성을 조절한다. 혈중 낮은 농도의 테스토스테론과 기타요인에 반응하여 시상하부는 GnRH를 분비한다. 이 호르몬은 뇌하수체 전엽에서 정소가 목표물인 LH와 FSH를 방출하도록 자극한다.

(2) 여성

① 여성의 제1생식기관인 난소는 난자를 생산하고 성호르몬을 분비한다. 미성숙 난자는 난모세포(Oocytes)라고 부른다. 각 난모세포가 난소에서 방출된 후, 인접 난관의 입구를 통해 지

나간다. 여성은 한 쌍의 난관을 가지는데, 각각은 배(embryo)가 자라고 발달하는 자궁으로 가는 통로이다.

② 두꺼운 층의 평활근이 자궁벽의 대부분을 구성한다. 벽의 안쪽라인은 자궁내막(Endometrium)이라 하는데, 배 발달의 중심이 된다. 이것은 결합조직과 선, 혈관으로 구성된다. 자궁의 좁게 내려오는 부분은 경부(Cervix)라고 하는데 근육성 관인 질(Vagina)은 경부로부터 몸체의 표면으로 뻗어있다. 질은 정자를 받아들이고 출산 통로 일부로서의 역할을 한다.

③ 몸체 표면에 외부생식기(Vulva)가 있는데, 성적자극을 위한 기관을 포함한다. 바깥쪽 대부분은 외음순(Labia Majora)의 쌍이다. 외음순은 고도로 혈관이 발달되고 지방조직이 없는 소음순(Labia Minora)의 쌍을 싸고 있다. 소음순은 부분적으로 자극에 예민한 성적 기관인 음핵(Clitoris)를 싸고 있다. 몸체 표면에서 요도의 개구는 음핵과 질 개구의 중간에 위치한다.

④ 생리주기

  ㉠ 월경주기 동안 난모세포가 성숙하고 난소에서 방출된다. 또한 매 주기 동안 자궁 내막은 정자가 난모세포를 뚫고 수정이 일어난다면, 태어날 배아를 수용하고, 양분을 공급하기에 최적화된다. 그러나 난모세포가 수정되지 않는다면, 혈액이 포함된 4~6 테이블스푼 정도의 액이 자궁으로부터 질 도관으로 흘러나오게 된다. 그러한 혈액의 흐름을 월경(Menstruation)이라 부른다. 이것은 착상된 수정란이 없다는 것을 의미하고, 새로운 주기의 첫 날을 나타낸다. 자궁의 보금자리는 허물어져 내리고 또다시 지어지기 시작한다.

  ㉡ 여포기(Follicular Phase)에서 주기가 시작한다. 이 시기는 월경이 일어나는 때로, 자궁내막이 허물어져 내리고, 다시 지어진다. 다음은 난소에서 난모세포가 방출되는 시기인데 이를 배란(Ovulation)이라 한다. 황체기(Luteal phase)에는, 내분비선의 구조물(황체)이 형성되고, 자궁내막은 임신하기에 최적화된다.

  ㉢ 3주기 모두 난소에서 시상하부, 뇌하수체까지의 피드백 루프를 통해 지배된다. FSH와 LH는 난소에서 주기의 변화를 진행시킨다. FSH와 LH는 난소가 성호르몬(에스트로겐, 프로게스테론)을 분비하여 자궁내막에서 주기적 변화를 진행하도록 자극한다.

  ㉣ 여성의 월경주기는 10~16세 사이에 시작한다. 각 주기는 약 28일 정도 지속되지만, 이것은 평균에 지나지 않는다. 어떤 여성은 그보다 더 오래, 다른 여성은 더 짧게 걸린다. 월경주기는 난자의 공급이 점점 감소하고, 호르몬 분비가 줄어드는 40세 말 또는 50세 초반 때까지 계속된다. 이것이 생식적 능력의 말기인 폐경기(Menopause)이다.

  ㉤ 월경주기 초기에 방출된 에스트로겐은 자궁내막과 선들의 성숙을 자극한다. LH 상승기 바로 전에 여포세포가 프로게스테론과 에스트로겐을 분비하기 시작한다. 혈관은 급속히

발달해 자궁내막을 두껍게 한다. 배란 시, 에스트로겐이 자궁경부 주변조직에 작용하여 경부에서 다량의 맑은 점액이 분비되도록 하여 정자가 헤엄치기 좋은 상태를 만든다. LH의 상승으로 난소 내 황체가 형성되게 된다.

10장 운동생리

1 운동과 호흡

(1) 운동과 호흡 일반

① 심한 신체운동으로 인해 부족하게 된 산소의 양을 산소부채라고 한다.

② 호흡은 운동 시 가장 기본적으로 요구되는 산소공급과 이산화탄소 배출을 위한 과정으로 심폐기능 수행의 중요한 과정에 포함된다. 호흡은 폐포와 모세혈관 사이의 외호흡, 조직과 모세혈관 사이의 내호흡으로 이루어진다. 호기와 흡기는 주로 횡경막, 늑간근 및 복부의 근육에 의해서 수행된다.

③ 폐기능과 관련된 호흡량은 1회 호흡량, 폐활량, 기도저항 등이 포함된다.

④ 조직, 혈액 및 폐포 사이의 가스교환은 각 부분 가스간의 분압차에 의해서 수행되는데, 각 조직 간의 가스분압이 크게 되면 보다 신속하게 가스 이동이 일어난다. 안정 시는 물론 높은 강도의 운동 중에도 동맥혈은 산소로 거의 충분하게 포화된다(98%).

⑤ 호흡의 빈도와 크기는 신경조절, 체온조절 및 화학적 요인들의 복합적인 기능에 의해서 조절된다. 안정 시에 혈액의 수소이온과 이산화탄소 농도는 호흡조절을 위해서 중요한 기전이 된다.

⑥ 호흡계는 이산화탄소의 제거에 의해서 혈액과 조직간의 pH 균형을 유지하게 된다. 이러한 조직이 pH의 좁은 범위 내에서 제 기능을 발휘할 수 있기 때문에 수소이온 제거를 위한 체내 완충능력은 세포의 기능 및 수명을 결정하는 중요한 요인이다.

⑦ 높은 강도의 무산소성 운동 중에 젖산이 완충된다 하더라도 변화된 혈액과 근육의 pH가 안정 시 수준으로 회복되는 데는 30~120분의 시간이 요구된다. 이러한 과정은 회복기의 혈중 중탄산염 농도와 신체활동의 수준에 의해서 영향을 받게 된다.

(2) 운동과 순환계

① 순환계는 물질의 흡수와 운반을 담당하는 체내 운송계통이라고 할 수 있다. 이는 운반작용에 의하여 영양소의 공급, 노폐물의 배출, 체온조절 및 산−염기 평형의 조절, 질병에 대한 저항력 촉진 등 생존에 필수적인 기능을 수행한다. 순환계는 펌프 역할을 하는 심장, 혈액의 통로가 되는 혈관, 물질을 실어 나르는 혈액의 세 가지 요소로 구성되어 있다.

② 인체의 순환은 체순환과 폐순환으로 이루어지며 심장은 이 두 가지 순환의 중심으로서 순환의 중추적 역할을 담당하고 있다. 심장은 좌심장과 우심장으로 구성되어 있으며 이들 각각

은 심방과 심실로 구성되어 있다. 심장은 수축활동을 통하여 혈액을 순환시키는 펌프 역할을 한다.

③ 혈액순환량은 심박출량에 의하여 결정되며 심박출량은 심박 수와 1회 박출량에 의하여 결정된다. 운동이 증가하면 이에 비례하여 심박출량이 증가하며 이는 심박 수와 1회 박출량의 증가에 의하여 이루어진다.

④ 혈관계는 동맥계, 모세혈관, 정맥계로 이루어져 있다. 동맥계는 혈관의 내경을 조절함으로써 혈압과 혈류의 조절에 기여하며 모세혈관은 혈액과 조직 사이의 물질교환을 가능하게 하고 정맥계는 특유의 밸브에 의해 혈액을 심장으로 환류시키는 역할과 혈액을 저장하는 저장고의 역할을 수행한다.

⑤ 혈액은 산소와 각종 물질을 운반하는 운반체 역할을 수행하며, 특히 헤모글로빈을 포함하고 있는 적혈구는 산소운반에 중요한 역할을 한다. 적혈구 수의 부족이나 헤모글로빈 함량의 부족 등 산소운반능력이 비정상적으로 저하된 상태를 빈혈이라 한다.

⑥ 장기간의 지구력 트레이닝은 심실의 용적을 증가시킴으로써 1회 박출량을 증가시킬 뿐만 아니라 적혈구와 근 모세혈관의 밀도를 증가시키는 등 산소운반능력을 향상시킨다. 이는 결과적으로 최대산소섭취량과 유산소 운동능력을 향상시킨다.

2 운동 시의 생리

(1) 운동 시 내분비계호르몬의 작용

① 호르몬은 화학적으로 특별한 전달기능을 갖고 있다. 또한 어떠한 운동자극에 반응하여 내분비선 세포에 의해 분비된 후, 혈액을 통해 세포활동이 인체 내의 관련표적 기관으로 운반됨으로써 각 표적기관은 주어진 운동자극에 대하여 적절한 반응을 하게 된다. 이러한 호르몬은 인체에서 신경계 다음으로 중요한 의사전달 기능을 지니고 있기 때문에 인체의 많은 기능을 조절하고 통합하는 임무를 맡고 있으며 신경계와 함께 외부자극에 대하여 신속하게 반응하기 때문에 운동상황에서 중요한 역할을 담당한다.

② 인체의 호르몬 종류는 화학적 구조에 따라 단백질펩타이드호르몬, 스테로이드호르몬, 아미노산유도체호르몬으로 분류하고, 호르몬이 분비되는 기관에 따라 시상하부호르몬, 뇌하수체호르몬, 부신호르몬, 췌장호르몬 등으로 구분하기도 한다.

③ 뇌하수체 전엽에서 분비되는 엔돌핀은 통증완화, 기분 전환, 우울증 개선에 작용하고, 부신수질에서 분비되는 카테콜아민은 심박 수 및 혈압조절에 작용하며, 췌장에서 분비되는 인슐린은 글루코스 이용률 및 지방합성에 관여한다.

④ 갑상샘에서 분비되는 칼시토닌은 부갑상샘호르몬과 함께 혈중 칼슘과 인의 수준을 조절하

10장 운동생리

고, 췌장에서 분비되는 인슐린은 여러 조직세포의 세포막을 통해 포도당이 세포 내로 유입되도록 하여 혈당수준을 낮춘다.

⑤ 운동 시 호르몬 분비반응은 상당부분 증가하는 경향을 보이나 일부는 증가하지 않거나 아직 불명확하다는 연구결과가 지배적이다.

(2) 신경계와 운동

① 신경계는 근육수축을 위한 자극을 내보냄으로써 운동의 시작을 조절하는 기능을 가진다. 또한 신경계는 인체 내에서 매우 복잡한 구조를 가지며, 대뇌로부터 척수에 이르는 과정의 중추신경계와 이로부터 분지되어 각 부위의 움직임과 감각기능을 조절하는 말초신경계로 나누어진다. 신경계의 기본적인 구성단위는 뉴런이며 뉴런 사이의 연접에 의해서 서로 연결되어 있다. 연접부는 전기적 속성과 화학적 속성을 함께 가지면서 자극전달이 효율적으로 일어날 수 있도록 해준다.

② 뉴런은 크게 세포체, 수상돌기 및 축색의 세 부분으로 나누어진다. 신경자극이 전달되면 탈분극 과정을 통해서 활동성 전위가 형성된다. 연접은 신경세포간의 연결을 위한 접촉부로서 자극의 전달 및 정보의 통합이 이루어지는 부위이다.

③ 운동은 감각기능의 구심성 계통과 운동기능의 원심성 계통을 포함하는 말초신경계의 상호 조절작용에 의해서 조절된다.

④ 자율신경계는 불수의적인 조절기능을 담당하며 심장 및 혈관 운동조절, 호르몬 분비, 내장 운동 등을 조절한다.

⑤ 중추신경계는 대뇌와 척수로 구성되며, 신체의 각 부위로부터 대뇌로 전달되는 정보는 말초신경계의 구심성 혹은 감각계를 통해서 전달된다. 전달된 정보를 비교, 통합하여 체내 각 기관들의 기능을 조절한다.

(3) 근수축과 에너지대사

① 근육기능은 신체활동을 포함한 운동 시 가장 핵심적인 바탕을 이루는 것으로서, 신경계에 의한 자극의 전달, 골격계에 의한 구조적 지원, 호흡순환계에 의한 산소의 운반 등을 바탕으로 근수축을 수행하게 된다. 따라서 근육의 미세구조, 수축기전, 운동 시나 트레이닝 과정에서 나타나는 근육계의 변화 등을 이해해야 한다.

② 근육은 근섬유로 불리는 세포로 구성되며, 근섬유는 다시 여러 개의 긴 실과 같은 근원섬유로 구성되어 있다. 근원섬유는 다시 수축성 단백질인 액틴(Actin)과 미오신(Myosin)이라는 단백질 필라멘트로 구성되어 있다.

③ 근수축은 신경섬유를 통해서 자극이 전달되면 칼슘이온의 결합에 의해 근세사섬유를 구성

하는 액틴과 미오신이 결합하여 당기는 과정으로 이루어진다.

④ 근섬유는 속근과 지근섬유로 나누어지며 속근섬유는 수축속도가 빠르고 무산소 에너지 대사를 주로 하기 때문에 쉽게 피로해지는 특성을 가진 반면, 지근섬유는 수축속도가 느리고 유산소 에너지 대사를 주로 하기 때문에 피로에 강한 특성을 가지고 있다.

⑤ 근수축의 유형은 등장성, 등척성, 등속성 및 신전성 등으로 나누어진다.

⑥ 근육의 기능은 정적인 상태에서의 힘 발휘능력인 근력, 힘을 반복적으로 또는 지속적으로 발휘하는 능력인 근지구력, 빠른 스피드로 큰 힘을 발휘하는 능력인 순발력(근파워) 등으로 구분된다.

⑦ 근육은 유산소성 트레이닝에 의하여 유산소 능력과 관련된 근기능의 향상이 유발되고 무산소성 트레이닝에 의하여 무산소성 능력과 관련된 근기능의 향상이 유발된다.

(4) 운동과 에너지대사

① 인간이 활동을 하기 위해서는 계속적인 에너지 공급이 필요하다. 자동차가 움직이려면 휘발유가 필요하듯이 인체가 운동을 하기 위해서는 반드시 ATP라는 에너지원이 필요하다. 인체가 필요로 하는 에너지원은 단시간이든 장시간이든 ATP이다.

② 선수에게 종목의 특성에 따라 짧은 시간에 폭발적인 파워를 발휘할 수 있도록 하는 훈련이나 장시간에 걸쳐 지속적인 힘을 발휘할 수 있도록 하는 훈련을 시킬 때, 어떠한 에너지 동원 체계를 주로 강화시켜야 하는지를 이해하는 것이 중요하다. 인체에 필요한 에너지원은 무엇이며 어떻게 만들어지는지 그리고 단거리 선수와 장거리 선수의 훈련방법은 어떻게 다르게 수립되어야 하는가를 이해해야 한다.

③ 인체의 직접적인 에너지원은 ATP라는 화학물질이다. 운동은 근육 속에 비축된 ATP가 분해되면서 생성되는 에너지에 의해 근육이 수축함으로써 이루어진다. 근수축작용은 음식물 섭취에 의해 전환되는 화학적 에너지가 기계적 에너지로 전환된 것이다.

④ ATP를 공급하는 방법에는 ATP-PC 시스템, 젖산 시스템, 산소 시스템이 있으며 이중 ATP를 가장 오랜 시간 동안 많이 만들어내는 방법은 산소 시스템이다. 산소 시스템은 유산소성 해당작용, 크렙스 사이클, 전자전달계의 3단계로 구분된다.

생리학

NUTRITIONIST

정답 및 해설 545p

01 다음 중 세포질에 대한 설명으로 옳은 것은?

① 핵은 단일막으로 구성되어 있다.

② 미토콘드리아는 RNA로 이루어진 과립이다.

③ 리보솜은 호흡효소계가 있어 ATP를 생산한다.

④ 활성소포체는 골지체로 가는 단백질을 합성한다.

⑤ 핵의 주성분은 DNA로 유전정보를 함유하고 있다.

02 세포막의 기능에 대한 다음 설명 중 틀린 것은?

① 동종의 세포를 인지하는 기능이 있다.

② 다양한 효소체계를 함유하여 반응을 수행한다.

③ 특정물질에 대한 수용체를 가지고 있지 않다.

④ 막단백질은 큰 분자의 출입을 가능하도록 하는 통로이다.

⑤ 인지질의 지방층은 지방용해성 물질의 확산을 가능하도록 한다.

03 소장 점막에서 영양소가 에너지나 운반체를 사용하지 않고 농도의 차이에 의해 흡수되는 기전은?

① 여과

② 단순확산

③ 촉진확산

④ 능동수송

⑤ 음세포 작용

04 다음 중 촉진확산에 대한 설명으로 틀린 것은?

① 에너지가 필요 없다.

② 특별한 운반체가 필요하다.

③ 과당의 흡수기전이 촉진확산에 속한다.

④ 농도가 낮은 곳에서 높은 곳으로 운반된다.

⑤ 폐포 안팎의 가스 교환 시에 이루어진다.

05 다음 중 적혈구의 용혈현상에 적용된 물질이동 방식은?

① 여과

② 삼투

③ 능동수송

④ 단순확산

⑤ 촉진확산

06 다음 중 신경전달물질이 아닌 것은?

① 히스티딘　　　② 아세틸콜린

③ 엔도르핀　　　④ 도파민

⑤ 글루타민산

07 다음 설명의 빈칸에 들어갈 말로 적절한 것은?

> 휴지상태의 세포막에 자극을 가하면 안정막 상태의 전압은 증가하고, 세포외액의 (㉠)이/가 세포 내로 들어와 세포막 안쪽이 (㉡)을/를 띤다.

	㉠	㉡
①	K^+	양성
②	Na^+	양성
③	K^+	음성
④	Na^+	음성
⑤	Ca^+	중성

08 다음에 해당하는 뇌의 부위는?

> 척수와 뇌를 이어주는 뇌간의 한 부분으로, 연수와 함께 호흡 중추를 이루어 호흡 운동을 조절한다.

① 대뇌　　　② 뇌량

③ 간뇌　　　④ 뇌교

⑤ 소뇌

09 다음 중 시상하부에 존재하는 중추가 아닌 것은?

① 심장 중추

② 자율신경 중추

③ 체온조절 중추

④ 음식물 섭취조절 중추

⑤ 호르몬 분비조절 중추

10 다음 중 자율신경과 그 기능이 잘못 연결된 것은?

① 교감신경 - 혈압 상승

② 교감신경 - 기관지 이완

③ 부교감신경 - 혈관 이완

④ 부교감신경 - 소화관 억제

⑤ 부교감신경 - 동공 축소

11 다음 중 근육의 수축과 이완에 관여하는 이온은?

① 칼슘　　　② 칼륨

③ 수소　　　④ 나트륨

⑤ 마그네슘

12 다음 중 평활근에 대한 설명으로 틀린 것은?

① 주로 내장근을 구성한다.

② 자극에 대하여 느린 반응을 한다.

③ 골격근에 비하여 안정막 전압이 낮다.

④ 휴식기에는 안정막 전압이 변화하지 않는다.

⑤ 평활근의 긴장은 에너지보다 원형질의 변화로 된다.

13 다음 중 병적 상태에서 활동전압 없이도 근육이 수축하는 상태는?

① 연축   ② 강축
③ 긴장   ④ 마비
⑤ 강직

14 다음 중 체액에 대한 설명으로 틀린 것은?

① 세포 내에 가장 많이 존재하는 전해질은 칼륨이다.
② 혈장의 단백질량이 감소하면 부종이 일어날 수 있다.
③ 당뇨병 환자는 체액의 산도가 건강인에 비해 낮다.
④ HCO_3는 체액의 산도를 조절하는 주요 전해질이다.
⑤ 체액의 산도유지에 주요 역할을 하는 장기는 신장과 폐이다.

15 다음 중 체내에서 면역 기능을 담당하는 혈장단백질은?

① 알부민   ② 글로불린
③ 히스타민   ④ 피브리노겐
⑤ 아세틸콜린

16 킬러세포로 직·간접적으로 대식세포를 끌어당겨 외부에서 침입한 세균과 이물질을 공격하는 것은?

① 호중구   ② 호산구
③ 호염기구   ④ B-림프구
⑤ T-림프구

17 다음 중 조혈을 촉진하는 호르몬은?

① 코르티솔
② 바소프레신
③ 에피네프린
④ 프로스타글란딘
⑤ 에리트로포이에틴

18 전혈에 대한 유형성분의 백분율인 헤마토크릿(Hematocrit)의 수치는 남자와 여자가 다르다. 이 차이를 만드는 것은?

① 혈장   ② 적혈구
③ 백혈구   ④ 혈소판
⑤ 헤모글로빈

19 다음 중 스탈링(Staring)의 심근법칙과 가장 관련이 있는 것은?

① 대정맥 축압
② 대동맥 산소분압
③ 혈액의 심장박출량
④ 모세혈관의 투과성
⑤ 심장수축기와 이완기의 압력 차이

20 다음 중 혈관에 따른 혈압의 크기를 바르게 나타낸 것은?

① 소동맥 > 대동맥 > 모세혈관 > 소정맥 > 대정맥
② 소동맥 > 대동맥 > 소정맥 > 대정맥 > 모세혈관
③ 대동맥 > 소동맥 > 모세혈관 > 소정맥 > 대정맥

④ 대동맥 > 소동맥 > 소정맥 > 대정맥
   > 모세혈관

⑤ 소정맥 > 대정맥 > 모세혈관 > 소동맥
   > 대동맥

21 다음 중 혈압이 낮아지면 신장에서 분비되는 호르몬은?

① 레닌

② 알도스테론

③ 에피네프린

④ 브라디키닌

⑤ 프로스타글란딘

22 림프관에 대한 다음 설명 중 틀린 것은?

① 림프가 흐르는 관으로 모세혈관처럼 온몸에 퍼져 있다.

② 림프관은 맹관이며 판막이 있어 림프액의 흐름을 돕는다.

③ 심장의 흡입력이 있기 때문에 정맥혈류보다 속도가 빠르다.

④ 림프와 소장에서 흡수한 지방의 운반통로가 된다.

⑤ 림프관계는 왼쪽이 오른쪽보다 발달되어 있다.

23 혈액순환에 대한 다음 설명 중 틀린 것은?

① 혈압은 심박출량에 비례한다.

② 혈압은 혈관 직경에 비례한다.

③ 혈압은 혈액 점성에 비례한다.

④ 혈류저항은 점성과 혈관의 길이에 비례한다.

⑤ 혈류량은 혈압에 비례하고 혈류저항에 반비례한다.

24 다음 중 기능적 잔기용량으로 옳은 것은?

① 잔기용적

② 폐활량 + 잔기용적

③ 잔기용적 + 호식 예비용적

④ 호흡용적 + 흡식 예비용적

⑤ 호흡용적 + 흡식 예비용적 + 호식 예비용적

25 폐포 내에서 O_2와 CO_2가 교환되는 기전은?

① 기도의 섬모작용에 의해 교환된다.

② 폐포의 기계적 자극에 의해 교환된다.

③ 기관지의 수축에 의하여 CO_2가 혈액 속으로 유입된다.

④ 폐 내 모세혈관의 수축작용에 의해 CO_2가 추출된다.

⑤ O_2와 CO_2의 분압차에 의해 확산이 일어나서 교환된다.

26 다음 중 폐포 내의 산소와 이산화탄소의 분압으로 옳은 것은?

	산소	이산화탄소
①	20mmHg	80mmHg
②	40mmHg	70mmHg
③	60mmHg	60mmHg
④	80mmHg	50mmHg
⑤	100mmHg	40mmHg

27 헤모글로빈의 산소화와 해리반응에 대한 설명으로 옳은 것은?

① pH 값이 증가할 때 산소화 반응이 촉진된다.

② O_2 분압이 증가할 때 해리반응이 촉진된다.

③ O_2 분압이 감소할 때 산소화 반응이 촉진된다.

④ CO_2 분압이 증가할 때 산소화 반응이 촉진된다.

⑤ CO_2 분압이 감소할 때 해리반응이 촉진된다.

28 신장의 구조에 대한 다음 설명 중 틀린 것은?

① 왼신장이 오른신장보다 약간 무겁다.

② 신장의 위 끝에는 내분비기관인 부신이 위치하고 있다.

③ 사구체, 보먼주머니, 세뇨관으로 구성된 네프론 구조이다.

④ 왼신장은 오른신장보다 조금 낮은 부위에 위치하고 있다.

⑤ 신우는 오줌을 일시 저장하는 곳이다.

29 다음 중 혈액의 산·염기 평형을 유지하는 기관은?

① 심장　　　　　② 신장

③ 소장　　　　　④ 췌장

⑤ 담낭

30 다음 중 신우와 방광을 연결하는 부위는?

① 사구체　　　　② 세뇨관

③ 수뇨관　　　　④ 요도

⑤ 보먼주머니

31 다음 중 요소 생성과 관련된 회로는?

① 코리 회로

② TCA 회로

③ 오르니틴 회로

④ 시트르산 회로

⑤ 글루코스-알라닌 회로

32 다음 중 신장에 대한 설명으로 틀린 것은?

① 실제 소변량은 하루에 1.5L쯤 된다.

② 신장에는 많은 양의 혈액이 통과한다.

③ 신장에서 분비되는 레닌은 혈압상승을 유발한다.

④ 신장은 단백질 대사산물을 배설하는 유일한 기관이다.

⑤ 사구체에서 신체에 필요한 대부분의 혈액성분이 재흡수된다.

33 소장 운동에 대한 다음 설명 중 틀린 것은?

① 소장운동은 자율신경의 지배를 받는다.

② 교감신경은 아드레날린을 분비하여 소장운동을 촉진한다.

③ 융모운동으로 음식물과 소화액의 혼합을 촉진하고 음식물을 흡수한다.

④ 연동운동으로 소장벽의 환상근이 수축하여 미즙을 항문 쪽으로 이동시킨다.

⑤ 분절운동으로 소장의 윤상근이 수축하여 소장 내 음식물을 몇 토막으로 나눈다.

34 다음 중 전분을 분해하는 프티알린이라는 효소가 함유되어 있는 소화액은?

① 타액　　　　② 위액
③ 췌액　　　　④ 장액
⑤ 담즙

35 다음 중 위산 분비와 위 운동을 촉진시키는 호르몬은?

① 글루카곤　　② 세크레틴
③ 가스트린　　④ 콜레시스토키닌
⑤ 엔테로가스트론

36 다음 중 위벽 자체의 단백질이 펩신에 의해 소화되는 것을 막아주는 것은?

① 펩신　　　　② 뮤신
③ 트립신　　　④ 리파아제
⑤ 아밀라아제

37 소화액에 대한 다음 설명 중 틀린 것은?

① 췌액은 알칼리성이다.
② 담즙은 지방을 분해한다.
③ 위액은 펩신과 염산이 주성분이다.
④ 타액은 전분의 일부를 말타아제까지 분해한다.
⑤ 리파아제는 지방을 지방산과 글리세롤로 분해한다.

38 다음 중 호르몬의 특성에 대한 설명으로 틀린 것은?

① 내분비선에서 합성되어 혈액에 의해 운반된다.
② 미량으로도 체내의 생리작용을 조절한다.
③ 주사해도 항원이 되지 않는다.
④ 일반적으로 호르몬이 합성되는 곳에서 작용한다.
⑤ 성호르몬 이외의 호르몬은 경구투여 시 효과가 없다.

39 다음 중 출산 후 유즙 분비를 촉진하는 호르몬은?

① 안드로겐　　② 옥시토신
③ 바소프레신　④ 에스트로겐
⑤ 테스토스테론

40 다음 중 결핍 시 소변량이 증가하는 요붕증을 유발하는 호르몬은?

① 안드로겐　　② 프로락틴
③ 바소프레신　④ 에스트로겐
⑤ 노르에피네프린

41 다음 중 갑상샘호르몬의 과잉으로 인한 신체 변화로 틀린 것은?

① 혈당이 상승한다.
② 체중이 증가한다.
③ 심박동이 증가한다.
④ 기초대사율이 증가한다.
⑤ 감정이 불안하고 신경질적이다.

42 다음 중 부신피질에서 당질 코르티코이드가 만성적으로 과다하게 분비될 때 나타나는 질환은?

① 테타니 　　② 애디슨병
③ 바제도병 　　④ 크레틴병
⑤ 쿠싱증후군

43 랑게르한스섬의 α세포에서 분비되어 인슐린과 길항적으로 작용하는 호르몬은?

① 글루카곤 　　② 프로락틴
③ 옥시토신 　　④ 칼시토닌
⑤ 안드로겐

44 중이와 비강을 연결하는 관으로, 중이 내부의 압력을 외부의 압력과 같게 유지시켜 주는 기관은?

① 고막 　　② 청소골
③ 난원창 　　④ 달팽이관
⑤ 유스타키오관

45 사람의 감각 중 순응능력이 가장 빠른 감각은?

① 시각 　　② 청각
③ 미각 　　④ 후각
⑤ 촉각

46 멜라닌 색소와 혈관이 풍부하게 분되어 있으며 빛을 차단하여 암실작용을 하는 시각 기관은?

① 각막 　　② 공막
③ 망막 　　④ 홍채
⑤ 맥락막

47 다음 중 인체의 감각기관에 대한 설명으로 틀린 것은?

① 근시는 오목렌즈로 교정한다.
② 압점의 감각소체는 파치니 소체이다.
③ 후각은 다른 감각에 비해 쉽게 피로한다.
④ 미뢰 함유가 가장 많은 유두는 유곽유두이다.
⑤ 몸의 회전감각을 맡고 있는 기관은 전정기관이다.

48 다음 중 사춘기 때 남성의 2차 성징의 발달을 증진시키는 호르몬은?

① 멜라토닌 　　② 에피네프린
③ 에스트로겐 　　④ 테스토스테론
⑤ 프로게스테론

49 부갑상샘호르몬과 함께 혈중 칼슘과 인의 수준을 조절하는 호르몬은?

① 칼시토닌 　　② 프로락틴
③ 세크레틴 　　④ 바소프레신
⑤ 콜레시스토키닌

50 다음 중 근수축이 일어나는 순간에 분해되어
소모되는 물질은?

① ADP   ② ATP

③ 젖산   ④ 엔돌핀

⑤ 글리코겐

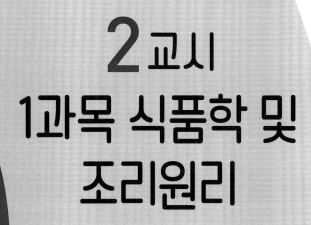

2교시
1과목 식품학 및
조리원리

NUTRITIONIST

1장 식품학

1 식품학 일반

(1) 식품학의 의의

① **식품의 기본요소(조건)** : 영양성, 위생성, 기호성, 경제성

② **기호식품** : 영양소는 거의 없으나 색, 맛, 향을 내고, 식욕을 촉진시키는 것(술, 커피, 차, 조미료 등)

③ **5가지 기초식품군** : 단백질군, 칼슘군, 무기질 및 비타민군, 당질군, 지질군

(2) 식품의 구성요소

① 수분

　㉠ 수분 일반

　　• 육류는 50~60%, 채소 및 과실류는 90% 이상 함유한다.

　　• 곡류에는 8~15% 정도 함유되어 있다.

　㉡ 유리수(자유수)

　　• 건조하면 쉽게 증발하고 압력을 가하면 제거된다.

　　• 0℃에서는 얼고 끓는점과 녹는점이 매우 높다.

　　• 수용성 성분을 녹인다(용질에 대해 용매로 작용).

　　• 미생물의 번식에 이용되며, 식품의 변질에 영향을 준다.

　㉢ 결합수

　　• 탄수화물이나 단백질 등의 유기물과 결합되어 있는 수분을 말한다.

　　• 압력을 가하고 압착하여도 쉽게 제거되지 않는다.

　　• 0℃ 이하에서도 동결되지 않으며, 보통의 물보다 밀도가 크다.

　　• 용질에 대해서 용매로 작용하지 못한다.

　　• 미생물의 번식에 이용되지 못한다.

　㉣ **수분활성도** : 식품 중의 수분을 정적인 것으로 보지 않고 동적인 것으로 취급하여 대기 중의 상대습도까지 고려하여 수분함량을 표시하는 것을 말한다.

② 탄수화물

　㉠ 동물체의 에너지원으로 사용되며, 탄소, 수소, 산소로 구성된다.

　㉡ 단당류

- 탄수화물의 가장 간단한 구성단위이다.
- **포도당** : 포유동물의 혈액 속에 0.1% 함유되어 있으며 동물체 내에서 글리코겐의 형태로 저장되어 있다.
- **과당** : 과실, 꽃 등에 유리 상태로 존재한다.
- **갈락토오스** : 유리 상태로는 존재하지 않으며, 포도당과 결합하여 유당을 만들고, 동물체 내에서 단백질 또는 지방과 결합하여 주로 신경조직 및 점질물을 만든다.

ⓒ 소당류(이당류 포함)
- 가수분해에 의하여 2~8분자의 단당류를 생성하는 당류이다.
- **맥아당** : 식물의 잎이나 발아종자에 분포한다(엿의 주성분으로 엿당이라고도 함).
- **설탕** : 식물계에 광범위하게 분포된다(사탕무와 사탕수수에 많이 함유).
- **유당** : 포유동물의 젖 중에 존재하여 젖당이라고 한다.

ⓓ 다당류
- 가수분해되어 수많은 단당류를 형성한다.
- **전분** : 물에 잘 녹지 않고, 다수의 포도당으로 구성되며, 식물의 뿌리, 씨, 열매 등에 에너지원으로 저장된다.
- **글리코겐** : 동물체의 저장 탄수화물로 간, 근육, 조개류에 많이 함유되어 있으며 균류, 효모 등에도 들어 있다.
- **섬유소** : 다수의 포도당으로 구성, 식물 세포막의 주성분이다.
- **한천** : 우뭇가사리와 같은 홍조류의 세포성분으로, 영양적 가치는 없으나 장을 자극하여 변통을 좋게 하며 양갱이나 젤리 등에 이용한다.

③ 지질(지방, 굳기름)
ⓐ 동식물계에 널리 분포되어 있는 유기화합물로 탄소, 수소, 산소로 구성된다.
ⓑ 지질의 분류
- **단순지질** : 지방산과 글리세롤이 에스테르로 결합된 것이다(유지, 왁스).
- **복합지질** : 단순지질에 다른 성분이 결합된 것이다(인지질, 당지질 등).
- **유도지질** : 각 지질의 분해물 및 유도체를 말한다(지방산, 고급알코올, 탄화수소 등).
ⓒ 유지
- 유지는 지방산과 글리세롤이 에스테르 형태로 결합한 것이다.
- 일반적으로 상온에서 액체인 것을 유(油), 고체인 것을 지(脂)라고 한다.
- **용해성** : 물과 알코올에 잘 녹지 않고 에테르, 석유에테르, 벤젠, 클로로포름 등에 잘 녹는다.
- **비중** : 유지의 비중은 15℃에서 0.92~0.94로 물보다 가벼우며 불포화도가 높을수록 비중이 증가한다.

- **융점** : 포화지방산이 많을수록, 고급지방산이 많을수록 융점이 높아진다.
- **가수분해** : 유지에 지방분해효소나 산을 작용시키면 글리세롤과 지방산으로 가수분해된다.
- **발연점** : 유리지방산의 함량이 많을수록, 노출된 유지의 표면적이 클수록, 외부에서 혼입된 이물질이 많을수록 유지의 발연점이 낮아진다.
- **검화가(비누화가)** : 유지 1g을 완전히 비누화 하는데 필요한 수산화칼륨(KOH)의 mg 수를 검화가라고 하며, 이러한 검화가가 높을수록 저급 지방산이 많이 들어 있는 유지이다.
- **요오드가** : 유지 100g에 흡수되는 요오드의 g수를 말하며, 요오드가가 클수록 불포화지방산이 많이 들어 있다.

건성유	요오드가 130 이상, 공기 중에 방치하면 쉽게 건조(아마인유, 잣기름, 호두기름, 들깨유 등)
반건성유	요오드가 100~130(대두유, 유채유, 해바라기씨유, 참기름, 면실유 등)
불건성유	요오드가 100 이하로 공기 중에 방치해도 쉽게 건조되지 않음(올리브유, 낙화생유, 피마자유 등)

- **유화** : 유지는 본래 물에 잘 녹지 않는데 단백질, 레시틴, 스테롤 등과 같이 한 분자 내에 친수기와 소수기를 함께 가진 화합물을 넣고 교반하면 이들이 유지와 물 사이에 교량구실을 하여 유지가 물에 분산된다.

수중유적형(O/W)	우유, 아이스크림, 마요네즈
유중수적형(W/O)	버터, 마가린

- **경화** : 불포화지방산에 니켈 또는 백금을 촉매로 수소가스를 통하면 불포화지방산의 이중결합에 수소가 첨가되어 포화지방산으로 된다(마가린).
- **유지의 산패** : 유지가 공기 중의 산소에 의해 산화되어 나쁜 냄새와 맛을 갖는 현상이다.

산가	유지 1g 중에 함유된 유리지방산을 중화하는 데 필요한 수산화칼륨(KOH)의 mg 수를 말하는데, 산가가 높으면 변질되었음을 나타내며 식용유지의 산가는 1.0 이하임
과산화물가	유지가 산패하면 과산화물이 생성되며 과산화물가가 10 이하이면 신선함

ⓔ **지방산**
- 유지의 중요한 구성성분으로 지질의 가수분해로 생성된다.
- **포화지방산** : 분자 중에 이중결합이 없는 것으로 일반적으로 고체유지이며, 천연유지에 가장 많이 존재한다(스테아린산, 팔미탄산).
- **불포화지방산** : 분자 중에 이중결합이 있는 것으로 일반적으로 액체유지이다(올레인산, 리놀레산, 리놀렌산, 아라키돈산).

- 필수지방산 : 비타민 F라고도 하며 정상적인 성장과 건강을 유지하기 위하여 반드시 필요한 지방산으로 체내에서 합성되지 않으므로 음식물로 섭취 공급해야 한다(불포화지방산인 리놀레산, 리놀렌산, 아라키돈산).

④ 단백질

㉠ 단백질 일반
- 단백질의 구성 성분으로는 탄소, 수소, 산소 외에 질소, 황, 인, 철, 구리 등도 함유된다.
- 질소의 경우 평균 16% 함유된다.
- 질소계수 : 단백질을 함유하고 있는 질소의 양에 6.25를 곱하면 단백질의 양을 알 수 있는데, 이 6.25를 질소계수라 한다.

㉡ 단백질의 분류

단순단백질	아미노산 만으로 구성된 단백질(알부민, 글로불린, 프롤라민)
복합단백질	단순단백질에 비단백성 물질이 결합된 것(인단백질, 핵단백질, 당단백질, 색소단백질, 금속단백질, 지단백질 등)
유도단백질	천연에 존재하는 단백질이 물리적 또는 화학적 변화를 받은 것(젤라틴)

㉢ 단백질의 성질
- 아미노산이 결합된 유기화합물로 단백질 용액은 콜로이드 용액이다.
- 등전점 pH에서 가장 불안정하다(용해도, 삼투압, 점도 등이 가장 적고 흡착성과 기포력이 큼).
- 열, 압력, 자외선 등의 물리적 원인이나 산, 알칼리, 중금속 등의 화학적 작용으로 변화를 일으킨다(변성).
- 열, 산, 알칼리에 의해 응고된다.

 등전점
양전하와 음전하를 동시에 지닐 수 있는 분자가 포함하는 양전하 수와 음전하 수가 같아져서 전체 전하의 합이 0이 되는 pH이다.

㉣ 아미노산
- 단백질의 구성단위이다.
- 물, 묽은 산, 알칼리 및 염류용액에 녹으며, 알코올에는 잘 녹지 않는다.
- 산 또는 알칼리로 작용하는 양성물질을 가지고 있다.
- 일반적으로 단백질은 맛이 없으나 아미노산은 식품의 맛과 깊은 관계가 있다.
- 필수아미노산(8) : 로이신, 이소로이신, 리신, 메티오닌, 페니알라닌, 트레오닌, 트립토

판, 발린

- 추가필수아미노산(2) : 어린이와 병후 회복기의 어른에 필요(아르기닌, 히스티딘)

In addition

아미노산의 종류

- 중성 아미노산 : 글리신(glycine), 알라닌(alanine), 발린(valine), 류신(leucine), 이소류신(isoleucine)
- 방향족 아미노산 : 페닐알라닌(phenylalanine), 티로신(tyrosine)
- 함황 아미노산 : 메티오닌(methionine), 시스테인(cysteine), 시스틴(cystine)
- 산성 아미노산 : 아스파트산(aspartic acid), 글루탐산(glutamic acid)
- 염기성 아미노산 : 히스티딘(histidine), 아르기닌(arginine), 라이신(lysine)
- 헤테로고리 아미노산 : 프롤린(proline), 하이드록시프롤린(hydroxy proline), 히스티딘(histidine), 트립토판 (tryptophan)
- 하이드록시 아미노산 : 세린(serine), 트레오닌(treonine)

⑤ 무기질

  ㉠ 무기질 일반

  - 식품 및 인체의 구성성분으로 존재한다.
  - 중요한 생리적 기능을 한다.
  - 인체의 약 4%를 차지한다.

  ㉡ 무기질의 기능

  - 체액의 수소이온농도(pH)를 조절한다.
  - 삼투압 조절작용을 한다.
  - 뼈와 치아의 중요한 구성부분으로 골격조직을 이룬다.
  - 생체효소의 작용을 촉진한다.

  ㉢ 산성식품과 알칼리성식품

  - 산성식품 : 인, 황, 염 등의 무기원소를 함유한 식품이다(곡류, 알류, 육류, 어류, 콩류 등).
  - 알칼리성식품 : 칼슘, 칼륨, 나트륨, 마그네슘 등의 무기원소를 많이 함유한 식품이다(채소 및 과일류, 해조류, 감자, 당근, 우유 등).

  ㉣ 무기질의 종류

  - 대량무기질 : 칼슘, 인, 나트륨, 염, 칼륨, 마그네슘, 황
  - 미량무기질 : 철, 망간, 구리, 아연, 코발트, 불소, 요오드

⑥ 비타민

  ㉠ 비타민의 성질

  - 다른 영양소와 달리 미량으로 생리작용과 성장에 관여하는 유기화합물이다.

- 체내에서 합성되지 않아 반드시 체외에서 음식물로 섭취할 필요가 있다.
  - ⓒ 비타민의 종류
    - 수용성 비타민 : 비타민 C, 비타민 B_1, 비타민 B_2, 비타민 B_6, 비타민 B_{12}, 나이아신, 폴린산, 판토텐산, 비오틴(비타민 H)
    - 지용성 비타민 : 비타민 A, 비타민 D, 비타민 E, 비타민 K
  - ⓒ 비타민의 기능
    - 성장촉진작용
    - 소화기관의 정상적인 작용
    - 신경의 안정성 유지
    - 조효소로서 체내 대사작용 조절
    - 전염성 질병에 대한 저항성

(3) 식품의 분류

① 영양학적 입장에 의한 분류
  - ㉠ 열량의 공급원이 되는 것 : 곡류, 서류, 녹말류, 설탕류, 유지류, 견과류, 수조육류, 두류 등
  - ㉡ 단백질의 공급원이 되는 것 : 두류, 어패류, 수조육류, 난류, 유류 등
  - ㉢ 비타민과 무기질의 공급원이 되는 것 : 녹황채소, 감귤류와 토마토, 기타 채소류, 해초류, 과일류
  - ㉣ 기호식품 : 조미료, 소금, 주류, 과자, 차, 커피, 청량음료 등

② 성질에 의한 분류
  - ㉠ 알칼리성 식품
    - 일반적으로 식물성 식품과 과일, 야채 등이 이에 속한다.
    - 나트륨, 칼슘, 마그네슘, 칼륨, 철 등 양이온이 함유되고 체내에서 탄산염을 생성한다.
  - ㉡ 산성 식품
    - 일반적으로 동물성 식품, 곡류에 많다.
    - 염소, 황, 인, 요오드 등 음이온을 함유하고 체내에서 염산, 황산, 인산 등을 형성한다.

(4) 식품의 맛

① 맛의 분류
  - ㉠ 기본적인 맛 : 단맛, 신맛, 짠맛, 쓴맛
  - ㉡ 보조적인 맛 : 매운맛, 맛난맛, 떫은맛, 아린맛, 금속맛 등

② 맛의 효과

   ㉠ 맛의 대비 : 서로 다른 맛이 혼합되었을 때 강한 맛이 느껴지는 현상이다.

   ㉡ 맛의 억제 : 서로 다른 맛이 혼합되었을 경우 주된 맛이 약화되는 현상이다.

   ㉢ 맛의 상쇄 : 두 종류의 맛이 혼합되었을 때 각각의 맛은 느끼지 않고 조화된 맛으로 느껴지는 현상이다.

   ㉣ 맛의 상승 : 같은 종류의 맛을 가지는 두 종류의 정미물질을 서로 섞어 주면 각각이 가지고 있는 맛보다 훨씬 세게 느껴지는 현상이다.

   ㉤ 맛의 피로 : 같은 맛을 계속 봤을 때 미각이 둔해지거나 그 맛이 변하는 현상이다.

   ㉥ 맛의 변조 : 한 가지 정미성분을 맛본 직후 다른 종류의 정미성분을 맛보면 정상적인 미각이 일어나지 않고 다른 종류의 맛이 느껴지는 현상이다.

   ㉦ 맛의 상실(미맹) : PTC는 대부분의 사람에게 쓴맛을 주지만 어떤 사람들은 그 맛을 인식할 수 없어서 무미하게 느껴지는 현상이다.

③ 맛과 온도

   ㉠ 일반적으로 혀의 미각은 10~40℃에서 잘 느껴진다.

   ㉡ 특히 30℃ 정도에서 가장 예민해지며 온도가 낮아질수록 미각은 둔해진다.

   ㉢ 일반적으로 온도가 상승하면 단맛은 증가하고 짠맛과 신맛은 감소된다.

   ㉣ 일반적으로 온도가 낮아지면 쓴맛이 강해진다.

④ 미각의 분포도

   ㉠ 단맛 : 혀의 앞(끝)

   ㉡ 짠맛 : 혀의 옆부분

   ㉢ 신맛 : 혀의 둘레

   ㉣ 쓴맛 : 혀의 안쪽부분

⑤ 맛의 종류

감미 (단맛)	• 상대적 감미도 : 감미도를 비교하기 위한 기준에 의거 정도 비교 • 10%의 설탕용액의 단맛을 100으로 기준 • 감미도 순서 : 페릴라틴 > 사카린 > 과당 > 설탕 > 포도당 > 맥아당 > 갈락토오스 > 유당 • 감미성분 : 당류, 아미노산, 방향족화합물, 황화합물(무, 양파, 마늘), 인공감미료(사카린, 둘신 등)
신맛	• 미각과 식욕증진 • 일반적으로 신맛은 수소이온의 맛으로 그 강도는 수소이온농도에 비례 • 신맛성분 : 무기산, 유기산(식초), 젖산(김치, 요구르트, 젖산음료), 호박산(청주, 조개류), 구연산(감귤류), 낙산(김치산패), 아스코르빈산(신선한 채소, 감귤류)

짠맛	• 조리에 있어서 가장 기본이 되는 맛 • 소금의 농도가 1%일 때 가장 기분 좋은 짠맛 • 단맛에 0.1%의 식염이 있으면 단맛이 강화됨 • 짠맛 속에 유기산이 섞이면 짠맛이 강화됨 • 가장 대표적인 짠맛이 소금
쓴맛	• 다른 맛에 비해 예민하게 감지됨 • 커피의 카페인, 차의 테인, 코코아의 테오브로민, 케톤, 오이꼭지의 쓴맛 등
매운맛	• 미각이기보다는 일종의 생리적 통각 • 향기를 동반하는 경우가 대부분 • 식욕을 촉진시키고 건위, 살균, 살충작용 • 고추-캡사이신, 생강-진저론, 쇼가올, 진저올, 후추-캬비신, 마늘-알리신, 겨자-시니그린
떫은맛	• 혀의 점막단백질이 일시적으로 변성 응고되어 미각신경이 마비되어 일어나는 수렴성의 불쾌한 맛 • 감이나 차의 타닌 성분
감칠맛	• 여러 가지 정미물질이 혼합되어 일어나는 조화된 맛 • 대표적인 물질 : 글루타민산소다, 이노신산산소다, 호박산, 아미노산

(5) 식품의 향

① 헤닝의 냄새 분류

㉠ **꽃향기** : 백합, 장미, 매화

㉡ **과일 향기** : 밀감, 사과, 레몬

㉢ **향신료 향기** : 정향, 계피, 생강, 마늘

㉣ **수지 냄새** : 발삼

㉤ **탄 냄새** : 커피, 캐러멜

㉥ **썩은 냄새** : 부패육, 부패란

② 자연식품의 냄새

㉠ **채소류의 향** : 알데히드, 케톤, 산, 에스테르와 채소에 함유된 휘발성 유황화합물 및 이들의 분해산물에 의한 것이다.

㉡ **과실류의 향** : 방향족 알코올류나 지방산 에스테르 및 테르펜류의 향기이다.

㉢ **향신료의 향** : 테르펜, 알코올, 알데히드, 케톤류 및 함황화합물에 의한 것이다.

㉣ **육류의 냄새**

• 신선한 쇠고기의 냄새는 아세트알데히드가 주체를 이룬다.

• 불쾌한 냄새는 아미노산이나 단백질이 자기소화나 부패균의 작용에 의하여 생성된 암모니아, 인돌, 스카톨, 아민류, 황화수소 및 기타 유화물에 의한 것이다.

ⓜ 어류의 냄새
- 어류의 비린내는 암모니아 및 아민류의 혼합취이다.
- 어류의 신선도가 저하되면 트리메틸아민에 의하여 비린내가 심하다.
- 담수어가 해수어보다 비린내가 강하다.

ⓗ 우유 및 유제품의 향 : 저급 지방산과 아세톤이 주체를 이룬다.

(6) 식품의 색과 갈변

① 식물성 색소

카로티노이드계 색소	• 황색, 등색, 적색의 빛깔을 가짐 • 물에 녹지 않고 기름에 녹음 • 열과 알칼리에 강함 • 당근, 고구마, 호박, 녹색채소, 난황, 토마토, 수박, 감 등
엽록소 (클로로필)	• 녹색 야채에 있고 지용성임 • 가열, 산, 효소에 변색이 쉽고, 알칼리에 강함 • 녹색채소를 삶을 때는 뚜껑을 열고 유기산을 날려 보내면서 삶아야 갈변 방지를 할 수 있음 • 블랜칭으로 효소를 파괴시키면 색소는 선명하게 됨
플라보노이드계 색소	• 식물계에 널리 존재하는 수용성의 황색색소 • 일반적으로 산에 대해서는 안정하나 알칼리와 산화에는 불안정함 • 감자, 양파, 양배추, 고구마 등을 삶으면 황색이 선명하게 나타남
안토시안계 색소	• 과실, 꽃, 채소류에 존재하는 빨간색, 자색, 청색의 색소로 과실이나 꽃 등의 아름다운 색소는 대부분 안토시안계 색소임 • 산성에서는 적색, 중성에서는 보라색, 알칼리성에서는 청색을 띰

② 동물성 색소

육색소	• 미오글로빈(근육색소) • 신선한 생육은 적자색을 띠고 있으나 공기에 닿으면 선명한 적색으로 변함 • 가열에 의하여 갈색이나 회색이 됨
혈색소	• 헤모글로빈 • 미오글로빈의 변화와 유사
동물성 카로티노이드	• 새우나 게 등의 갑각류에서 볼 수 있는 청록색은 카로티노이드계 색소의 일종인 아스타산친이 단백질과 결합한 것 • 가열하면 단백질이 분리되고 이것이 산화되어 적색의 아스타신으로 변화

③ 식품의 갈변

ㄱ 비효소적 갈변반응

- 아미노카보닐 반응 : 메일라드 반응으로 아미노산, 아민, 단백질 등이 당류와 반응하여 갈색물질을 생성하고 간장, 된장 등에서 볼 수 있다.
- 캐러멜화 반응: 주로 당류의 가열에 의한 산화 및 분해산물에 의한 갈색화 반응으로 간 장이나 소스, 청량음료, 약식 등에 많이 이용된다.
- 아스코르빈산의 산화반응 : 일단 산화되면 갈색화 반응에 참여하며 감귤류 및 기타 과실 쥬스나 농축물 등에서 볼 수 있다.

ⓛ 효소에 의한 갈변

- 감자, 사과, 바나나 등과 같은 과실류나 채소류에서 생긴다.
- 상처받은 조직이 공기 중에 노출되면 페놀화합물이 갈색효소인 멜라닌으로 전환되기 때문에 일어난다.

ⓒ 효소에 의한 갈변 억제 : 열처리, 산의 이용, 산소의 제고, 염류나 당의 첨가

2 식품가공 및 저장

(1) 식품가공 및 저장 일반

① 건조법

일광건조법	• 농산물과 해산물의 건조에 많이 이용 • 조작이 간단하고 특별한 설비가 필요 없음 • 착색, 퇴색, 산화 등의 화학변화와 자체 효소에 의한 분해 등이 일어나기 쉬움
열풍건조법	• 인공적으로 가열한 공기를 보내 식품을 건조 • 육류, 달걀류 등의 건조에 많이 이용
고온건조법	• 식품을 90℃ 이상의 고온에서 건조하는 방법 • 전분질 식품의 건조에 많이 이용
배건법	• 직접 불에 대어 식품을 건조하는 방법 • 커피 등의 제조에 많이 이용
감압건조법	• 저온에서 감압하여 식품을 건조하는 방법 • 건조채소, 건조달걀 등의 제조에 이용 • 식품 성분의 변화가 적음
냉동건조법	• 식품을 동결 상태에서 수분을 제거하는 방법 • 식품의 신선도를 안전하게 보존 • 당면, 건조두부, 한천 등의 제조에 많이 이용
분무건조법	• 액체식품을 분무하여 열풍으로 건조하는 방법 • 우유를 건조하여 분유를 제조할 때 많이 이용

② 훈연법

냉훈법	• 저장을 주 목적으로 함 • 15~23℃의 비교적 저온에서 훈연하는 방법
온훈법	• 풍미향상을 주 목적으로 함 • 55~70℃의 비교적 고온에서 건조하는 방법
열훈법	• 120~140℃의 높은 온도에서 짧은 시간에 훈연하는 방법 • 저장성이 낮음
속훈법	• **훈연액법** : 훈연실의 응축수, 목재잔류에서 생긴 목착액 등의 액에 의한 가공 • **전훈법** : 높은 전압에서 코로나 방전을 하여 시간을 1/20 정도로 단축 • **액훈법** : 연기의 성분을 갖는 액체에 고기를 담가 유효성분을 침투시키는 방법

③ 냉장 및 냉동법

냉장법	• 식품을 0~10℃로 저장하는 방법 • 오래 저장이 어려움

냉동법	• −15℃ 이하로 급속히 동결하는 방법 • 급속히 동결하면 얼음결정이 미세하고, 완만동결하면 얼음결정이 큼 • 얼음결정이 크면 해동 시 드립이 많이 발생하여 식품의 품질을 저하시킴

④ 가열살균법

저온살균법	• 62~65℃에서 30분간 가열살균하는 방법 • 결핵균과 병원균은 사멸되지만 대장균은 완전히 사멸시키지 못함 • 주로 우유, 술, 주스, 맥주 등의 살균
고온살균법	• 120~130℃에서 수분간 가열살균하는 방법
고온순간살균법 (HIST)	• 71.1℃에서 15초간 가열살균하는 방법 • 우유 및 과즙 등의 살균에 이용
초고온살균법 (UHT)	• 130~150℃에서 0.75~2초간 가열살균하는 방법 • 내열성 균의 포자를 완전히 사멸 • 우유나 과즙 등의 살균에 이용
고온장시간 살균법	• 95~120℃에서 30~60분간 가열살균하는 방법 • 주로 통조림 살균에 이용

⑤ 통조림과 병조림 : 금속관이나 유리병에 식품을 담고 탈기, 밀봉, 살균한 것이다.

　㉠ 통조림의 제조과정

　　• 탈기 : 금속관에 식품을 넣고 공기를 제거하여 진공으로 하는 과정으로 파손 방지, 산화 방지, 통의 부식방지, 호기성세균의 발육 억제, 관의 상하를 오목하게 하여 불량품 식별에 편리하도록 한다.

　　• 밀봉 : 용기 안의 진공도를 유지시켜 식품의 변질을 방지한다.

　　• 살균 : 밀봉이 끝나면 내용물에 붙어 있는 해로운 미생물이 사멸한다.

　　• 냉각 : 살균이 끝나면 곧 40℃ 정도로 급냉한다.

　㉡ 통조림의 검사 : 외관검사, 타관검사, 가온검사(저장성에 대한 검사법), 진공검사, 개관검사

　㉢ 통조림의 변질

　　• 외관상의 변질 : 팽창(스웰), 스프링거, 플리퍼, 리커(새기)

　　• 내용물의 변질 : 플랫사워, 곰팡이 발생, 변색 등

⑥ 기타

　㉠ 움저장

　　• 약 10℃의 움 속에 저장하는 방법이다.

　　• 고구마, 감자, 무, 과일 등을 저장한다.

　㉡ 염장법

　　• 소금의 삼투작용에 의해 식품을 저장하는 방법이다.

- **염수법(물간법)** : 소금물에 식품을 담그는 방법이다.
- **건염법** : 식품에 직접 소금을 뿌리는 방법이다.
ⓒ 당장법
- 설탕에 식품을 절이는 방법으로 삼투압을 이용한다.
- 미생물은 당 농도가 50% 이상이면 발육이 억제된다.
- 대표적인 예로는 잼이 있다.
ⓔ 산저장
- pH가 낮은 초산이나 젖산 등을 이용하여 식품을 저장하는 방법이다.
- 오이, 마늘 등의 채소류 저장에 많이 이용한다.
ⓜ 가스 저장법(CA 저장)
- 이산화탄소, 질소 등의 불활성 기체를 이용하여 호흡작용을 억제하여 저장하는 방법이다.
- 채소 및 과일, 달걀 등을 저장한다.
ⓑ 방부제 첨가
- 인체에 미치는 영향을 고려해야 한다.
- 그 종류와 사용기준을 식품위생법에서 규정하고 있다.
ⓢ 방사선 저장
- 식품에 방사선을 조사하여 식품 중의 미생물을 살균하는 방법이다.
- 식품저장에 주로 사용되는 방사선은 γ선과 β선이다.
ⓞ 레토르트 파우치
- 플라스틱 주머니에 식품을 넣고 밀봉하여 가열 살균한 저장성을 가진 것이다.
- 살균시간의 단축, 색, 조직, 풍미, 영양가의 손실이 적고, 냉장 및 냉동, 방부제가 불필요하며 가열 가온시 시간이 절약된다.

(2) 농산물 가공 및 저장

① 곡류

쌀	쌀의 성분	• 지방, 단백질, 비타민 B_1이 많이 들어 있음
	쌀의 도정	• 도정은 현미의 겨층을 제거하는 것으로 정미, 정백이라고도 함
	쌀의 도정도	• 보통 쌀은 90~92% 정도로 쌀겨층, 배아를 벗기는 정도 • 일반적으로 7분도미가 식용으로 가장 합리적 • 주식으로 대부분 이용되고 일부가 된장, 주류, 과자, 떡 등의 가공원료로 사용
		• 주로 부족되기 쉬운 비타민 B_1을 강화 • **파보일드 라이스** : 벼를 물에 불려서 찐 다음 건조시켜 도정하는 것으로 인도 등 동남아시아 지역에서 많이 이용

	강화미	• **콘버트 라이스** : 미국에서 개량한 쌀의 영양 강화법 • **프리믹스 라이스** : 비타민 B_1, B_2, 니코틴산, 무기질 등을 강화 • **인조미** : 고구마전분, 밀가루, 외쇄미를 5 : 4 : 1의 비율로 혼합하여 비타민 B_1을 첨가하여 쌀과 같은 알맹이로 성형한 것
	보리	• 보리를 도정하면 정맥을 얻는데 보통 10분도로 하여 사용 • 쌀보다 섬유질이 많아 소화 흡수는 떨어짐 • **압맥** : 보리를 적당한 처리를 한 뒤 두 개의 로울러 사이를 통과시켜 보리의 단단한 조직을 파괴하여 소화되기 쉽게 만듦 • **할맥** : 보리의 배 부분의 골을 쪼개어 섬유질을 제거한 것으로 조리하기가 간편
제분	밀가루의 구성	• 주로 글리아딘과 글루테닌으로 구성
	제분과정	• **정선** : 협잡물을 제거하는 공정 • **조질** : 밀에 물을 첨가하는 것 • **분쇄 및 사별** : 질이 좋은 밀가루를 얻으려면 100~120매시 정도의 체를 사용하여 가루와 밀기울을 분리 • **숙성 및 품질개량** : 제분 직후에는 불안정하므로 약 30~40일간 저장하여 숙성시킴
	밀가루의 종류	• **강력분(경질밀)** : 건글루테닌 함량이 13% 이상으로 식빵, 마카로니 등에 이용 • **중력분** : 건글루테닌 함량이 10~13%로 면류 등에 이용 • **박력분** : 건글루테닌 함량이 10% 이하로 과자, 튀김, 케이크 등에 이용
	밀가루 가공성적시험	• **파리노그래프** : 밀가루의 반죽형성능력과 형성된 반죽의 물리적 성질을 측정하는 장치 • **아밀로그래프** : 점도변화를 측정하는 장치 • **엑스텐소그래프** : 반죽의 신장 및 인장력을 측정하는 장치
	제면	• 밀가루 단백질인 글루텐의 점탄성을 이용한 것 • **선절면** : 넓게 면대를 만들어 가늘게 절단한 것 • **신연면** : 반죽을 만들어 길게 빼서 만든 것(소면, 우동 등) • **압출면** : 반죽을 작은 구멍으로 압출하여 만든 것(마카로니 및 당면)
	제빵	• 밀가루 단백질인 글루텐의 점탄성을 이용한 제품 • 발효빵과 무발효빵

② 서류의 가공

㉠ 가공품

• **1차 가공품** : 감자, 고구마 등의 서류를 가공하여 전분을 만든다.
• **2차 가공품** : 가공품과 전분을 원료로 물엿, 포도당을 만든다.

㉡ 전분제조

• 식물의 종자 및 뿌리 등에 많이 있다.
• **전분 분리법** : 침전법, 원심분리법, 테이블법 등

ⓒ 전분가공품
- 고구마 및 감자 등을 이용한다.
- 전분을 산이나 효소로 가수분해하면 분해조건에 따라 조성이 다른 여러 가지 중간 생성의 혼합물을 얻을 수 있다.

③ 두류의 가공

두부	• 콩의 수용성 단백질인 글리세롤을 더운 물로 추출하여 여과하고 응고제를 가하여 단백질을 응고시킨 것 • 응고제 : 염화마그네슘, 황산칼슘, 염화칼슘 등 • 두부가공품 : 전두부, 튀김두부(유부), 건조두부(얼린두부)
간장	• 재래식 간장 : 가을철에 콩을 쑤어 메주덩어리를 만들고 띄워 발효간장을 담금 • 개량식 간장 : 증자한 콩과 볶은 밀로 간장코지를 만들고 이것에 소금물을 부어 간장을 만듦 • 아미노산 간장 : 아미노산에 소금, 착색제, 감미료 등을 첨가하여 만듦 • 간장의 염분농도는 약 19~20% 정도
된장	• 재래식 된장 : 간장을 만들고 난 찌꺼기에 소금을 넣어서 만듦 • 개량식 된장 : 된장 코지(누룩)와 삶은 콩을 섞어서 만듦 • 된장의 소금함량 : 10~12%
청국장 (납두)	• 청국장은 콩을 삶아 납두균을 번식시켜 납두를 만든 다음 파, 마늘, 고춧가루, 소금 등을 가미한 것 • 납두균은 내열성이 강한 호기성균으로 최적 온도는 40~42℃임

④ 유지의 가공

대두유(콩기름)	• 콩의 기름 함량은 16~25% 정도이며 보통 19% 정도 함유
유채유	• 유채종자는 37~44% 정도의 유지 함유 • 주로 제주도 등 남부지방에서 많이 재배
참기름	• 참깨에서 짜낸 기름 • 유지함량은 45~55% 정도 함유
면실유	• 목화의 종자에서 얻어냄 • 유지의 함유량은 15~25% 정도
미강유	• 현미를 도정할 때 생기는 쌀겨에서 얻음 • 쌀겨에는 지방 분해효소인 리파아제가 함유

⑤ 원예가공(과실, 채소)

과실의 가공	• 과실주스 • 젤리, 잼, 마멀레이드
	• 침채류 : 채소를 소금, 고추장, 간장, 된장, 식초, 술지게미 또는 왕겨 등을 섞어

채소의 가공	담근 것(김치, 단무지) • 사람에 필요한 염분 공급 및 비타민 공급원
원예가공시 주의할 점	• 비타민 C와 무기질의 손실 방지 • 향기성분의 손실 방지 • 풍미와 색소의 변화 등에 주의 • 가공기구에 의한 풍미와 색의 손실에 주의

(3) 축산물 가공 및 저장

① 육류의 가공

도살과 숙성	• 사후강직 : 도살 후 근육이 굳어지는 현상으로, 동물을 도살하면 근육 중의 글리코겐이 분해되어 젖산이 생기므로 육류의 pH가 6.5 이하가 되면서 산성물질이 활성화되어 발생함 • 숙성 : 경직 기간이 지나면 자체의 효소에 의하여 자체의 성분이 분해되어 자기소화가 일어나며, 이에 의해 고기가 연해지고 미묘한 맛이 생기는 것을 말함
육류 가공품	• 햄 : 보통 돼지 뒷다리살로 식염, 설탕, 질산염, 아질산염, 향신료 등을 섞어 훈제 포장한 것 • 베이컨 : 삼겹살 부분을 훈제한 것 • 소시지 : 보통 암퇘지 고기에 향신료를 배합하여 만든 것에서 유래됨

② 우유의 가공과 저장

성질	• 우유는 천연에서 생산되는 단일식품으로는 가장 완전에 가까움 • 비중 : 15℃에서 1.028∼1.034 정도 • 우유의 산도 : pH 6.5∼6.6의 약산성
우유 검사법	• 관능검사 : 원유의 외관, 냄새, 맛 등을 검사 • 알코올검사 : 에틸알코올을 가하여 우유의 응고상태 검사, 오래된 우유나 상한 우유는 응고량이 많아짐 • 비중검사 : 비중계를 이용하여 검사. 15℃에서 1.028∼1.034가 안되면 불량 • 산도검사 : 신선한 우유의 산도는 0.16% 이하이고 1등급은 0.18% 이하, 0.21% 이상이면 변질하기 시작함 • 지방검사 : 젖소의 능력과 원유가격 결정의 기초자료 • 빙점검사 : 주로 유당과 염류의 함량에 관계 • 항생물질검사 : 유방염 치료에 쓰이는 항생물질이 우유에 섞여 있으며 젖산균의 성장이 억제
우유 가공법	• 크림 : 우유에서 유지방을 분리하여 만든 것으로 지방이 18% 이상 함유 • 버터 : 우유에서 유지방이 주성분인 크림을 분리하여 천천히 교동시켜 지방을 물에 분산시켜 유화상태로 만든 것 • 치즈 : 발효에 의하여 젖산이나 효소로 우유 중의 단백질을 응고시킨 것을 세균, 곰팡이 등을 이용하여 만든 것

> • **연유** : 우유 중의 수분을 증발시켜 고형분 함량이 많게 농축한 것
> • **분유** : 우유에 들어 있는 수분을 제거하여 가루로 만든 것
> • **발효유** : 우유를 미생물로 발효하여 만든 제품(요구르트, 칼피스 등)

③ 알의 가공

㉠ 알의 일반

• 식용의 알에는 일반적으로 달걀과 오리알 등이 있다.

• 달걀의 흰자와 노른자의 비율은 약 13 : 7이다.

• 알의 크기가 작을수록 노른자위의 비율이 크다.

㉡ 달걀의 가공품

• 달걀가루 : 난액의 수분을 증발 건조시켜 만든 것이다.

• 마요네즈 : 달걀 노른자에 샐러드유와 식초를 기본으로 하여 조미료와 향신료 등을 첨가시켜 유화시켜 만든 조미제품이다.

• 피단 : 소금 및 알칼리염류 용액에 알을 넣고 3~6개월간 저온에서 저장하여 발효시켜 만든 것으로 강알칼리에 의한 계란의 응고성을 이용한 식품이다.

(4) 수산물 가공 및 저장

① 건조가공

㉠ 소건품 : 날 것 그대로 건조한 것이다(오징어, 마른명태 등).

㉡ 자건품 : 날 것 그대로 또는 소금물에 절인 것을 삶아서 말린 것이다(마른멸치, 마른전복 등).

㉢ 염건품 : 소금물에 절여서 또는 소름을 뿌려 건조한 것이다(굴비 등).

㉣ 훈건품

• 날 것 또는 삶은 후 훈연하여 건조시킨 것이다.

• 냉훈품 : 저장을 목적으로 하며 연어, 방어, 고래고기 등이 있다.

• 온훈품 : 조미를 목적으로 하며 오징어, 청어, 연어, 고등어 등이 있다.

㉤ 배건품 : 어패류를 직접 불에 쬐어 건조한 것이다.

㉥ 동건품 : 원료를 얼렸다가 해동하는 것을 반복하여 만든 제품이다(명태, 한천 등).

㉦ 조미건제품 : 어패류를 조미하여 건조한 것이다(조미오징어포 등).

② 염장가공

㉠ 의의

• 소금을 침투시켜 저장하는 방법이다.

• 소금의 삼투압에 의해 수분이 탈수되어 미생물이 원형질 분리를 일으켜 사멸한다.

- 산소의 용해도를 적게 하여 호기성균의 발육을 억제한다.
- 염소이온이 미생물에 직접 작용하여 생육을 억제한다.
- 단백질 분해효소의 작용을 억제한다.

ⓛ 방법

- **물간법(염수법)** : 적당한 농도의 소금물을 만들어 어육을 침지시켜 어육의 조직 중에 소금을 침투시켜 저장하는 방법이다.
- **마른간법(건염법)** : 소금을 직접 뿌려 저장하는 방법이다.

③ 해조류 가공

㉠ 김

- 해조류 중 비타민 A가 다량 함유되어 있다.
- 마른 김이 저장 중에 색소가 변하는 것은 피코시아닌이 피코에리트린으로 되기 때문이다.

ⓛ 한천 : 우뭇가사리 등의 홍조류를 삶아서 그 즙액을 냉각시켜 젤리모양으로 응고 동결시킨 다음 수분을 용출시켜 건조한 것이다.

ⓒ 알긴산 : 갈조류에 비교적 많이 들어 있는 점조성의 다당류 물질로 식품품질 개량제로 식품첨가물로서 널리 이용된다.

2장 식품미생물학

1 미생물 일반

(1) 미생물

① 곰팡이 : 균사류를 발육하는 기관으로 진균류를 총칭하여 사상균 또는 곰팡이라고 한다.

누룩곰팡이 (아스퍼질러스)	• 전분 당화력과 단백질 분해력이 강함 • 알코올 발효, 유기산 발효 또는 각종 효소의 생산에 많이 이용
푸른곰팡이 (페니실리움)	• 식품에서 흔히 볼 수 있는 곰팡이 • 과실이나 치즈 등을 변질시킴
털곰팡이 (뮤코아)	• 식품의 변질에도 관계하며 식품제조에 많이 이용됨
거미줄곰팡이 (리조푸스)	• 딸기, 밀감, 채소의 변패 원인 • 빵에 잘 번식하므로 빵 곰팡이라고도 부름

② 세균류 : 단세포의 미생물로 분열증식을 한다.

구균	단구균, 쌍구균, 연쇄상 구균, 포도상 구균 등
간균	막대형으로 단간균, 쌍간균, 연쇄간균 등
나선균	콤마상 나선균, 일반 나선균

③ 효모 : 곰팡이와 세균의 중간 크기로 출아법으로 번식한다.

④ 리케차 : 세균과 바이러스의 중간에 속하는 미생물로 벼룩, 이, 진드기 등과 같은 절족동물에 기생하고 이것을 매개체로 하여 사람에게 병을 옮기며, 살아있는 세포 내에서만 증식한다.

⑤ 바이러스 : 미생물 가운데 가장 크기가 작아 전자현미경을 통해서만 관찰이 가능하고, 형태와 크기가 일정하지 않으며, 세포에만 증식하고, 세균여과기를 통과하기 때문에 여과성 미생물이라고도 한다.

⑥ 스피로헤타 : 매독의 병원체로 단세포식물과 다세포식물의 중간형 미생물로 가느다란 원충 모양의 세균으로서 운동성이 있다.

(2) 미생물 발육에 필요한 조건

① 영양소 : 미생물의 발육과 증식에 필요한 영양소로 탄소원, 질소원, 무기염류, 발육소 등을 필요로 한다.

② 수분 : 미생물의 균체는 75~85% 정도의 수분을 함유하고 있으며, 생리기능을 조절하는 매체로서 반드시 필요하다.

③ 온도 : 미생물의 통상적인 생육온도는 0~75¾이다.

구분	발육가능온도	발육최적온도	세균의 종류
저온균	0~25℃	15~20℃	수중 세균
중온균	15~55℃	25~37℃	곰팡이, 효모
고온균	40~75℃	55~60℃	유황세균, 젖산균

④ 산소 : 곰팡이와 효모는 일반적으로 증식을 위해 산소를 필요로 하지만, 세균류는 산소를 필요로 하는 것과 산소가 있으면 발육에 장애를 받는 것이 있다.

⑤ 삼투압 : 미생물의 세포는 외부보다 약간 높은 삼투압을 유지하고 있는데 외부의 삼투압이 더 높아지면 생육에 저해를 받고 세포는 탈수되어 원형질 분리를 일으킨다.

⑥ 수소이온농도(pH)

곰팡이, 효모	pH 4~6의 약산성 상태에서 가장 발육이 잘 됨
세균	pH 6.5~7.5의 중성 또는 약알칼리성 상태에서 가장 발육이 잘 됨

2 미생물의 발달사와 세포구성 물질

(1) 미생물의 발달사

① Antony van Leeuwenhoek : 미생물을 최초로 관찰

② Louis Pasteur : 미생물의 발효현상 발견, 자연발생설 부정

③ Robert Koch : 평판배양과 순수분리에 성공

④ Lindner : 소적배양법으로 효모의 단세포 분리 성공

⑤ E.C. Hansen : 맥주의 효모의 순수배양 성공

⑥ S.A. Waksman : 항생물질인 스트렙토마이신(Streptomycin) 발견

(2) 세포구성물질

① 세포막 : 세포물질의 출입 조절, 세포 형태를 유지한다.

② 핵

㉠ DNA : 유전형질 발현의 주도적 역할을 한다.

㉡ RNA : 핵내 단백질을 합성한다.

③ 미토콘드리아 : 산소호흡과정 중 TCA회로, 전자전달계를 가지고 있어 호흡에 의한 에너지를 생산한다.

④ 리보솜 : 단백질을 합성한다.

⑤ 리소좀 : 가수분해 효소가 있어 상처받거나 죽은 세포물질을 새로운 대사에 쓰일 재료로 전환한다.

⑥ 메소좀 : 세포막의 일부가 함입된 관, 주머니 모양으로 호흡능력이 집중된다.

(3) 원시핵세포와 진핵세포

① 원시핵세포는 $0.3 \sim 2\mu$ 이하로 염색체 수는 1개이며, 원핵세포를 갖는 미생물에는 세균류, 남조류가 있다.

② 진핵세포를 갖는 미생물에는 곰팡이, 버섯, 효모, 점균류, 조류(남조류 제외) 등이 있으며 이를 고등 미생물이라고 한다.

3 미생물의 분류

(1) 곰팡이

① 곰팡이는 분류학상 진균류에 속하며 포자에 의해서 증식한다.

② 진핵세포를 갖는 고등 미생물이다.

③ 균사체는 영양기관이고 자실체는 번식기관이다.

④ 아플라톡신(Aflatoxin)이라는 발암물질을 분비한다.

(2) 효모

① 진균류로서 출아로 증식한다.

② 진핵세포를 갖는 고등 미생물로 핵막, 인, 미토콘드리아를 갖는다.

③ 알코올 발효능이 강하다.

④ 증식방법으로 출아법, 분열법, 출아분열법 등이 있다.

(3) 세균

① 형태 : 미세한 단세포 생활체로, 형태는 고정된 것이 아니라 배양조건과 해양 상태에 따라 달라진다. 세균의 기본 형태는 일반적으로 적당한 배지에서 20~24시간 배양한 것을 관찰하는 것이 보통이다.

② 종류

구균	<ul><li>종류에 따라 특이하게 배열함</li><li>배열상태에 따른 분류 – 세포가 흩어지는 단구균 – 세포가 2개씩 연결되는 쌍구균 – 한쪽 방향으로만 분열하여 길게 연결되는 연쇄상구균 – 2방향으로 연결되는 4연구균 – 3방향으로 연결되는 8연구균 – 분열방향이 불규칙하여 포도송이처럼 되는 포도상구균</li></ul>
간균	<ul><li>간균이 쌍을 이루거나 연쇄상으로 배열하는 경우가 있는데, 이것을 연쇄상간균이라 함</li><li>편의상 길이가 폭의 2배 이상인 장간균과 2배 이하인 단간균으로 구별함</li><li>포자를 형성하는 세균 중에서 포자때문에 세포의 일부가 팽대하여 중앙이 방추형처럼 두터워진 것을 클로스트리듐(Clostridium), 끝이 팽대하여 곤봉처럼 된 것을 플렉트리듐(Plectridium)이라고 함</li></ul>
나선균	<ul><li>개개의 세포가 흐트러져 있고 배열하는 경우는 거의 없음</li><li>나선의 정도가 불완전한데, 마치 짧은 콤마처럼 생긴 호균과 일반적인 나선균으로 구분함</li></ul>

③ 세균의 외부 구조

편모	<ul><li>편모의 유무, 수, 위치는 세균의 분류학상 중요한 기준이 됨</li><li>편모는 위치에 따라 극모와 주모로 대별되며, 극모는 다시 단극모 · 양극모 · 극속모로 나뉨</li></ul>
선모	<ul><li>형태적으로 편모와는 명확하게 구분되는 균체의 조직으로서, 그람음성세균에서 많이 발견됨</li><li>웅성세포로부터 자성세포로 DNA가 이동하는 통로역할과 다른 종류의 선모는 다른 물체에 들러붙는 부착기관으로서의 역할을 함</li></ul>
세포벽	<ul><li>세균 세포의 세포막, 즉 원형질막을 둘러싸고 있는 단단한 막으로, 세포를 보호하고 형태를 유지하는 역할을 함</li><li>세포벽의 화학적 조성은 보통 무코펩티드(mucopeptide)로 이루어져 세균 세포벽의 견고성을 유지해 줌</li><li>그람양성균은 그람음성균보다 많은 양의 무코펩티드를 함유함</li><li>그람음성균의 세포벽은 무코펩티드로 된 내층과 리포다당류(lipopolysaccharide)와 리포단백질(lipoprotein)로 된 외층으로 구성되어 있음</li></ul>
협막	<ul><li>대부분의 세균 세포벽은 점성물질로 둘러싸여 있는데, 이것을 협막 또는 점질층이라고 함</li><li>화학적 성분은 다당류이지만 폴리펩티드(polypeptide)의 중합체로 구성되어 있음</li><li>협막의 형성이나 양은, 세균 세포의 유전적 조성이나 환경에 의하여 지배되고, 돌연변이나 환경에 따라서 달라질 수 있음</li></ul>

④ 세균의 내부 구조

세포막	• 세포벽 바로 밑에서 원형질을 둘러싸고 있는 얇은 막을 원형질막 또는 세포막이라고 함 • 세포막의 화학적 조성은 주로 단백질과 지질로 구성되어 있으며, 산소호흡에 관여하는 효소계와 물질의 능동수송에 관여하는 퍼미아제(permease)라고 하는 담체단백이 함유됨 • 그람양성균인 간균이나 나선균 또는 방선균 등에서는 메소솜이라고 하는 원형질막성 기관을 찾아볼 수 있는데, 이곳은 세포의 호흡능이 집중되어 있는 부위일 것으로 추정됨
리보솜	• 약 60%의 RNA와 40%의 단백질로 구성된 분자량 2.7×106 정도의 작은 과립으로, 진핵세포에서처럼 단백질을 합성하는 기관임
색소포	• 광합성 세균의 세포질에는 리보솜 속에 색소포가 산재해 있음 • 주요한 화학적 조성은 단백질과 지질이고, 광합성 색소인 엽록소와 카로티노이드 및 광화학적 전자전달계에 관여하는 효소계를 포함함
핵	• 원시핵세포는 핵막을 가지지 않으므로 진핵세포의 핵과는 구분하여 염색질체 또는 핵부위, 세균염색체 등으로 불림 • 세균 세포의 핵은 DNA로 이루어져 있으며, 유리상태인 단 하나의 DNA가 복잡하게 겹쳐져서 원시핵세포의 유전담체를 형성하고 있음 • 세균 세포의 DNA는 자기복제를 하지만, 세포분열은 유사분열에 의하지 않음

(4) 방선균

① 사상세균으로 곰팡이와 세균의 중간 형상으로 토양 및 퇴비에 존재한다.

② 흙냄새의 주요 원인이다.

③ 항생물질인 스트렙토마이신(streptomycin), 비타민 B_{12} 및 프로테아제(protease)를 생산하는 것도 있다.

(5) 박테리오파지(Bacteriophage)

① 세균 여과막을 통과하는 작은 미생물로, 핵산과 단백질로 구성되어 있다.

② 유전자로 DNA와 RNA 중 어느 하나만 가지며, 숙주에 대한 특이성이 있다.

③ 독자적인 대사기능을 할 수 없으며, 반드시 생세포에서만 생육이 가능하다.

④ 세포 내에서만 증식하므로 생물과 무생물의 중간적인 존재라 할 수 있다.

4 미생물의 생리 및 대사

(1) 미생물의 증식

① 미생물 증식도의 측정

미생물량 측정	• 건조균체량, 균체질소량, 원심침전법, 비탁법
총균수 측정	• 효모 : Thoma의 혈구계수기(Haematometer) • 세균 : 페트로프–하우저(Petroff–Hauser) • 곰팡이 : 생육속도관
생균수	• 측정평판배양법

② 미생물의 증식 일반

㉠ 세포를 구성하는 모든 화학 성분의 증가로 정의할 수 있다.

㉡ 미생물의 주위환경에 존재하는 영양성분을 이용한다.

㉢ 세포기관 및 원형질 성분 등을 합성하는 전과정을 말한다.

㉣ 미생물이 성장하기 위해서는 미생물의 원형질을 합성하고 유지해야 한다.

㉤ 필수적인 물질, 에너지원, 그리고 적절한 환경조건이 갖추어져야만 한다.

㉥ 다양한 종류의 생명체군이다.

㉦ 간단한 무기물질에서부터 복잡한 유기물질에 걸쳐 매우 다양한 종류의 영양원을 이용한다.

㉧ 온도, 산소분압 등의 조건이 지극히 좋지 않은 생태계에서도 증식이 가능한 적응력이 높은 미생물의 종류가 많다.

㉨ 증식 동안 영양소, 산소(pH), 배양온도, 통기, 염분농도 및 배지의 이온강도가 유지되어야 한다.

③ 미생물 증식곡선(생육곡선)

유도기	• 이전 배양 말기에 획득한 불리한 조건들의 결과임 • 대사물질과 효소들이 결핍된 기간임 • 새로운 환경에 적응하는 시기임 • 세균 증식이 재개할 수 있는 농도까지 각종 효소와 중간물질이 생성되고 축적됨 • RNA 함량의 증가, 새로운 환경에 대한 적응효소의 생성, 대사활동 활발, 호흡기능 활발, 세포투과성 증가
대수기	• 일정한 팽창 상태를 유지함 • 새로운 세균물질이 일정한 속도로 합성됨 • 체적은 대수적으로 증가함 • 배지 내의 영양분이 소진되거나 독성 대사산물이 축적됨 • 독성 대사산물의 축적은 증식을 억제할 때까지 지속됨 • 세포질의 합성속도와 분열속도가 거의 비례하며, 세대기간이 가장 짧고 일정함

	• 세포질 증대가 최대가 되고, 대사물질이 세포질 합성에 가장 잘 이용되며, 배양균을 접종할 가장 좋은 시기임
정상기	• 영양소의 소진 또는 독성산물의 축적으로 증식이 완전 중지됨 • 완만한 사멸에 의한 손실이 증식과 분열을 통한 새로운 세균의 형성에 의해 지속적인 세균교환이 일어남 • 생균 수는 일정하게 유지되지만 총 세균 수는 완만하게 증가함 • 포자형성, 영양분을 소비하여 배지 자체의 pH 변화, 유해대사물이 생성되는 시기임
사멸기	• 일정기간의 극대정상기를 지나면 사멸속도가 가속되기 시작함 • 사멸속도가 일정 수준까지 도달하게 됨 • 대다수의 세포가 사멸한 후에 사멸속도가 저하됨 • 소수의 미생물은 배양기 내에서 수개월 또는 수년간 생존하는 경우도 있음 • DNA, RNA의 분해, 단백질 분해, 세포벽 분해, 효소단백질 변성 등이 일어나는 시기임

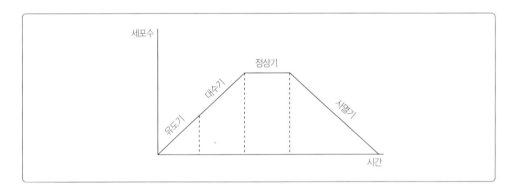

(2) 식품의 부패

① 쌀밥 : Bacillus속

② 빵

    ㉠ 빵 곰팡이 : Rhizopus, Mucor, Aspergillus, Monilia

    ㉡ 점질화(Ropiness) 원인균 : Bacillus mesentericus

    ㉢ 붉은빵 원인균 : Serratia marcescens

③ 청과물

    ㉠ 감자, 양파 등의 연부병 원인균 : Erwinia(펙틴의 분해세균), Rhizopus

    ㉡ 사과, 귤의 푸른곰팡이병 : Penicillium expansum

    ㉢ 복숭아, 배 등의 검은곰팡이병 : Rhizopus

④ 잼류 : Torulopsis Bacillaris가 부패 원인균이다.

⑤ 어패류 : 저온균인 Micrococcus, Flavobacterium, Achromobacter, Pseudomonas

이다.

⑥ 통조림

    ㉠ 황화수소(H_2S)를 생성하여 검게 하는 균 : 고온균인 Clostridium nigrificans

    ㉡ 팽창부패균 : 당류분해성이며 고온균으로 Clostridium thermosaccharolyticum

    ㉢ 플랫사워(Flat Sour) 원인균 : Bacillus coagulans, Bacillus thermoacidurans

⑦ 육류

    ㉠ 호기성

      • 고기의 색소 변화 : Lactobacillus, Leuconostoc

      • 유지의 산패 : Pseudomonas, Achromobacter

      • 표면의 착색 및 반점 생성 : Serratia(적색), Flavobacterium(황색)

      • 산취 : 젖산균, 효모

      • 흙냄새 : Actinomycetes

    ㉡ 혐기성

      • 부패 : Clostridium, Pseudomonas, Achromobacter, Proteus

      • 산패 : Clostridium

⑧ 우유

    ㉠ 혐기성 : Clostridium Lentoputrecens

    ㉡ 통성혐기성 : E. Coli

    ㉢ 호기성 : Bacterium Lactis(적색 변화)

    ㉣ 통성호기성

5 미생물 실험법

(1) 살균 및 소독법

① 살균법

화염살균	• 분젠버너(Busen burner) 또는 알코올램프의 화염을 이용하여 살균하는 방법 • 대상 : 백금선류, 핀셋, 시험관 또는 삼각플라스크와 같은 용기의 입구
건열살균	• 드라이 오븐(dry oven)에서 150~160℃의 고열로 30~60분 동안 살균함 • 시험관, 플라스크, 페트리디쉬 등과 같은 유리기구의 살균에 사용함 • 건열을 이용하기 때문에 살균 후에도 기구가 젖지 않음
습열살균 (고압증기살균)	• 오토클레이브(autoclave)를 이용하여 121℃에서 약 15분 동안 실시함 • 고압의 수증기를 이용하기 때문에 살균 효과가 높아 세균의 포자까지 사멸할 수 있음 • 미생물 실험에서 가장 일반적으로 사용하는 살균법임

	• 멸균이 끝나면 젖은 상태가 되지만, 최근에는 멸균 후에 건조를 시킬 수 있는 기능을 갖는 제품도 있어 사용이 편리함
제균법	• 병원성 세균 배양에 사용되는 혈청 배지와 같이 열에 약한 배지의 살균에 사용 • 멸균된 미세한 막을 이용하여 세균을 제거 • 멤브레인 필터(Membrane filter) 장치를 많이 이용함

② 소독법

자외선 소독	• 260nm의 자외선은 DNA를 파괴하는 작용을 하기 때문에 소독에 사용됨 • 공기나 물, 용기의 표면 소독에 사용되며, 무균실이나 무균상자가 주된 대상임 • 눈에 직접 접촉하면 안 됨
에탄올	• 70% 에탄올은 미생물 세포의 세포막을 용해시킬 수 있어 살균력이 있음 • 피부, 무균실, 조작 장소 등의 소독에 많이 사용됨
포르말린 액	• 0.1~0.2%의 포르말린 액으로 실내 소독의 목적으로 사용됨

(2) 실험법

① 순수분리법

㉠ 여러 가지 미생물들이 섞여 있는 재료로부터 한 종류의 미생물을 분리하는 방법이다.

㉡ 종류로는 도말평판법(streak plate method), 주입평판법(pour plate method)이 있다.

㉢ 증균배지를 순수분리하고자 하는 미생물의 개체수를 다른 잡균의 수보다 월등하게 많아지도록 증식시키거나, 병원균의 숙주에 대한 특이성을 이용하여 병원균을 동물에 접종 증식시킴으로써 잡균을 제거하거나 재료를 80℃에서 15분간 열처리하여 내생포자만을 살아남게 하여 이들을 순수분리한다.

② 순수배양법

㉠ 분리배양하거나 순수배양하여 얻어진 균을 더욱 증식하여 하나의 균에서 증식된 균집락을 이용하기 위한 배양방법이다.

㉡ 종류

• 획선배양(streak culture)은 사면배지에 배양하기 위한 기술로 화염멸균 후 식은 백금루프에 균을 따서 사면 아래쪽 응고수에 접촉시키고 한 선을 긋고 지그재그로 그어 도말하고 배양한다.

• 천자배양법은 고층한천에 배양하는 경우, 백금선 끝에 균을 따서 배지중앙에서 수직으로 천자한다.

• 액체배양법은 액체배지에서 배양할 때 관벽을 이용하여 소량의 균을 배지중에 넣는다.

표면배양의 경우는 균막을 액면에 띄우게 된다.

- 희석법(dilution method)은 액체배지에서 가장 간단한 분리법으로, 접종원은 멸균한 배지로 연속적으로 희석되며, 배지를 함유한 많은 수의 시험관에는 동량의 현속된 희석액을 접종한다.

(3) 균주보존법

① 계대보존배양법 : 솜 마개(면전) 시험관 내에 미생물을 한천고형배지 또는 액체배지에 배양하여 정기적으로 계대배양하여 보존한다.

배양	• 배지 : 균의 생육이 양호하여 균의 증식을 제한하는 노폐물의 집적을 최소화할 수 있는 배지를 선택함 • 배양온도 : 사상균은 적온보다 낮은 온도 즉 18~22℃에서 배양할 필요가 있지만 소수의 사상균은 저온에서 생활기능이 약해짐 • 빛 : 사상균에서는 Ascomycetes, 흑색 Hyphomycetes 등의 자실체 형성에 빛의 영향을 주며, 암소배양이 자실체 형성에 나쁘면 산란광하에서 배양하거나 종류에 따라서는 짧은 시간 일광하에서 배양함
보존	• 보존온도 : 실온 또는 2~10℃의 저온에서 보존(Blakeslea, Choanephora 등의 저온에서 사멸되기 쉬운 것은 20℃ 정도에서 보존) • 습도 : 보존시 다습한 곳은 피하고, 습도가 높으면 푸른곰팡이 등이 습기를 흡수한 솜 마개에서 발육시험관 내부로 침입하여 다수의 균주가 오염되는 경우가 있음

② 대사속도 저하에 의한 보존방법

반고체 한천	• 고층으로 굳힌 반고체 한천(soft agar)배지에 천척배양하여 솜 마개 대신에 파라핀을 흡수시킨 코르크마개 또는 네오프렌마개 등으로 밀봉하여 5℃~실온에서 보존한다. • 대장균군, 슈도모나스(pseudomonas), 바실루수(bacillus) 등의 보존에 이용되며 1~수년간 보존할 수 있음
유동파라핀 중층법	• 한천사면배양 또는 천척배양에서 유동파라핀으로 중층하여 보존 • 유동파라핀에 의한 중층은 배지의 건조를 방지하며 산소공급을 차단하여 대사속도를 저하함 • 고순도 백색 유동파라핀(중성, 비중 0.8~0.9)을 121℃에서 60~120분 증기멸균한 후 110~170℃에서 1~2시간 건조하여 증기멸균시 흡수된 수분을 제거함 • 저온 또는 실온에서 수년간 보존이 가능하며, 이식배양 할 때는 시험관 기벽으로 균체를 흘려 떨어뜨려 적당한 배지에 이식하여 증식한 다음 새로 조제된 배지에 재이식 배양하여 파라핀을 제거함 • 사상균, 효모, 세균, 방선균에 적용되며, 동결건조가 곤란한 선상균, 배지 상에서 포자를 형성하는 선상균(담자균의 배양 등)의 간이보존법으로 적당함
	• 증류수 : 선상균, 효모, 방선균의 한천사면배양에 6~7ml의 증류수를 가해서 세포,

유기성분이 없는 액체의 보존법	포자, 균사를 잘 현탁하여 다른 시험관에 현탁액을 옮겨 밀봉한 후 실온에서 보존 (1~6년 보존 가능) • 식염수 : 한천사면에 배양된 세균균체를 증류수로 1회 세정하여 1% 식염수에 현탁한 후 밀봉하여 실온에 보존(14~36개월 보존 가능) • 희박한천법 : 방선균의 한천사면배양에 1/10,000 농도의 트리톤(Triton) x-100 용액(보온제)을 가해서 포자현탁액을 만들고, 가온용해된 한천액을 가해 최종 한천 농도를 1.25g/L로 하여 밀봉한 후 5℃에서 보존(3년간 보존가능)

③ 동결보존법 : 세포를 동결, 대사활동을 정지시켜 세포를 휴지상태로 하여 장기간 보존하는 방법이다.

한천사면배양 동결배양법	• 선상균, 효모, 방선균을 한천사면에 배양 후 −20℃의 저온에서 보존하며 분산매는 사용하지 않음 • 알루미늄 마개 배양튜브(2.5~7.5cm)내의 한천사면(배지량 3ml)에 균을 배양하여 포자형성 균주는 포자형성이 시작하는 시기, 또는 포자를 형성하지 않는 균주는 균선의 생육이 왕성한 시기에 배양튜브를 단단히 밀봉한 후 보존함 • 배양이 오래되거나 배지가 부적당하면 보존능이 낮아지고, 2년마다 계대배양을 하면 거의 전 균주를 보존할 수 있음
세포현탁액 동결보존	• 정상기에 달한 배양세포를 적당한 분산매에 현탁하여 밀봉한 다음 −20℃에서 동결보존함 • 세균에 많이 이용함
액체질소에 의한 동결건조	• 세포를 분산매에 현탁하거나, 한천배양 그대로 액체동결하여 질소(−196℃) 중이나, 그 외의 기체상에서 보존함 • 동결건조나 그밖의 건조처리를 수반하는 보존법의 적용이 곤란한 미생물, 예를 들어 일부세균(Mycoplasma, Leptospira, 수표세균, 해양세균), 배지상에서 포자(단단하고 작은 포자)를 형성하는 선상균, 미세조류, 원생동물, 박테리오 파지의 장기보존법, 또는 직접 바이오어세이(Bioassay)에 사용하기 위한 접종균의 보존에 이용함

④ 건조보존법 : 건조에 의한 보존법이란 세포 내 수분의 대부분을 점하는 자유수를 건조하여 대사기능이 되는 액상을 제거하여 세포를 휴지 상태로 하여 보존한다.

동결건조법	• 미리 세포를 동결하여 수분의 이동을 억제하여 진공하에서 대부분의 수분을 승화시킨 후 나머지 얼지 않은 수분을 증발시켜 수분을 제거하는 방법 • 세포는 휴지상태에 도달할 때까지 저온, 탈수 등의 과정을 거치게 되어 일부가 사멸하거나 종류에 따라 장애를 받게 됨 → 적당한 보호물질을 첨가하여 실시
L-건조법	• 소량의 세포현탁액을 진공하에서 수분을 급속히 증발시키는 보존법 • 수분의 증발을 촉진하기 위해 다공질의 담체에 가해서 증발표면적을 넓혀 하기도 함. 장치는 동결건조장치를 사용하며 조작방법도 동결건조법에 준하여 실시함 • 동결건조법과 동일한 특징인 장기보존법으로 이용되고 있지만 이 건조법은 동결건조가 곤란한 미생물에도 사용할 수 있음

토양보존법	• 세포를 토양과 혼합하여 토양을 배지로써 생육시킨 후 상압 또는 감압하에서 건조 보존함 • 주로 포자형성 사상균, 방선균, 유포자세포, 라이조비움(Rhizobium)에 적용되지만 특히 사상균 및 방선균은 포자형성능이 유지되어 퇴화, 변이가 적은 보존법으로 이용됨
사배양법	• 깨끗한 바다모래를 알칼리, 산, 물로 번갈아 세정하여 시험관 또는 앰플에 2~3㎝의 두께로 넣고 증기멸균함 • 클로스트리듐(Clostridium)의 배양액(포자형성을 확인) 1ml를 첨가하여 모래와 혼합하고 진공데시케이터 내에서 건조하며, 건조 후 상압하에서 용봉하여 보존함
자제 Bread 이용 건조법	• 스크류 캡(Screw cap) 시험관(15~150㎜)에 실리카겔을 절반 정도 넣고 그 위에 유리솜 및 자제 비드(bead)를 1다스 정도 넣어 건열멸균하고, 방냉 후 세균현탁액을 수 방울 가하고 밀봉하여 실온에 방치함 • 실험시에는 비드 1개를 취하여 배지 속에 넣고 배양하며 사상균 포자, 각종 세균 및 라이조비움에 사용됨

6 발효식품의 제조

(1) 주류

① 청주

㉠ 관련 미생물 : Aspergillus oryzse(코지 곰팡이, 당화), Saccharomyces sake(발효), 젖산균, Hansenula anomala(방향성)

㉡ 변패균 : Lactobacillus heterohiochii(화락균 : 백탁 및 산패의 원인균)

② 맥주

맥아 → 부원료 → 당화 → 홉 첨가 → 맥아즙 → 효모 접종 → 발효

㉠ 상면발효 효모 : Saccharomyces cerevisiae

㉡ 하면발효 효모 : Saccharomyces pastorianus(carlsbergensis)

㉢ 변패균 : Pediococcus cerevisiae

③ 포도주

㉠ 관련 미생물 : Saccharomyces ellipsoideus

㉡ 아황산 첨가 : 200~300ppm, 유해균의 사멸 또는 증식 방지, 백포도주에서의 산화효소에 의한 갈변 방지

(2) 발효콩 식품

① 된장
  ㉠ 코지 곰팡이(당화) : Aspergillus oryzae
  ㉡ 내염성 효모(풍미 증진) : Saccaromyces, Zygosaccharomyces, Pichia, Hansenula, Debaryomyces, Torulopsis
  ㉢ 내염성 세균(젖산 생성) : Pediococcus sojae
  ㉣ 산 생성 세균(단백질 분해) : Bacillus subtilis, Mesentericus

② 간장
  ㉠ 코지 곰팡이 : Aspergillus oryzae, Aspergillus sojae
  ㉡ 간장국은 균사가 짧고 protease의 효소활성이 강해야 하며, glutamine의 생성능력이 강한 곰팡이를 이용한다.
  ㉢ 숙성 중 내삼투효모인 Zygosaccharomyces major, Zygo.sojae와 단백질 분해력이 있는 Bacillus subtilis, Pediococcus sojae와 젖산을 생성하는 Pediococcus halophilus 등의 세균이 관여한다.

③ 청국장 : Bacillus subtilis, Bacillus natto 등의 납두균을 사용한다.

(3) 유제품

① 치즈
  ㉠ 에멘탈치즈 : Propionibacterium shemanii(치즈의 고유한 맛과 눈을 형성)
  ㉡ 로크포르치즈 : Penicillium roqueforti로 숙성
  ㉢ 카망베르치즈 : Penicillium camemberti로 숙성
  ㉣ 림버거 치즈 : Micrococcus, Brevibacterium linens로 숙성

② 버터
  ㉠ 발효크림 : Streptococcus lactis, S.cremoris
  ㉡ 발효버터 : Streptococcus lactis, Subsp.diactylactis
  ㉢ 발효버터밀크 : Streptococcus lactis, S.cremoris

In addition

화학물질 발효

- 유기산 발효 : citric acid(Aspergillus niger), acetic acid(Acetobacter aceti – 식초 제조), lactic acid(Lactobacillus delbrueckii)
- 아미노산 발효 : glutamic acid, alanine, lysine(Corynebacterium, Brevibacterium), 당이나 합성초산에 NH$_3$ 또는 (NH$_4$)$_2$CO를 가한 액으로부터 생산한다.
- 비타민 발효 : 비타민 B$_2$(Eremothecium, Ashbya gossypii), 비타민 B$_{12}$(Propionib acterium, Bacillus, Streptomyces, Pseudomonas)
- 항생물질 발효 : 페니실린(Penicillium chrysogenum), 대부분 Streptomyces속에 의한 항생물질 발효가 많다

3장 조리원리

1 조리과학

(1) 조리학의 의의 및 목적

① 의의 : 식품이라는 소재를 먹을 수 있는 음식물로 만드는 최종 단계의 작업이며, 식품에 물리적 · 화학적 조작을 가하여 합리적인 음식물로 만드는 과정이다.

② 목적

　㉠ 기호성 : 향미와 외관 등을 좋게 하여 식욕을 돋운다.

　㉡ 영양성 : 단백질, 당질 등의 흡수를 도와 영양효율을 높인다.

　㉢ 안전성 : 유독성분 등의 위해물을 제거하여 위생상 안전하게 한다.

　㉣ 저장성 : 식품의 저장성을 높인다.

　㉤ 소화성 : 재료를 자르거나 익혀서 소화가 용이하도록 한다.

(2) 조리방법과 조작

① 조리방법

　㉠ 기계적 조리 : 계량하기, 씻기, 썰기, 갈기, 섞기, 다지기, 치대기, 무치기 등

　㉡ 가열적 조리

　　• 습열에 의한 조리 : 끓이기, 찌기, 삶기, 조리기

　　• 건열에 의한 조리 : 굽기, 튀기기, 볶기

　㉢ 화학적 조리

　　• 효소에 의한 분해작용

　　• 알칼리에 의한 연화, 표백작용

　　• 알코올에 의한 탈취, 방부작용

　　• 금속염에 의한 응고작용 등

In addition

계량단위(mL＝cc)

• 1작은술(ts; tea spoon) ＝ 5mL	• 1큰술(Ts; table spoon) ＝ 15mL ＝ 3작은술
• 1온스(ounce, OZ) ＝ 30mL	• 1컵(cup) ＝ 200mL(국제단위 240mL)
• 1파인트(pint) ＝ 16온스	• 1쿼터(quart) ＝ 32온스
• 1갤런(gallon) ＝ 128온스	• 1국자 ＝ 100mL

> • 1되 = 1.8L = 1,800mL   • 1L = 1,000mL
>
> • 쌀 1되 = 1.6kg

② 조리조작

　㉠ 계량

　　• 정확한 식품 및 조미료의 양을 측정한다.

　　• 조리의 온도와 시간을 파악한다.

　㉡ 음식의 적온 : 대개의 음식 온도는 체온을 중심으로 해서 25~30℃가 적온이다.

　㉢ 씻기

　　• 곡류 : 백미의 경우 물에 너무 오래 담가두거나 여러 번 으깨어 씻으면 비타민 B_1이 손실될 우려가 있다.

　　• 엽채류 : 중성세제 0.2% 용액으로 씻은 다음 흐르는 물에 5회 정도 씻는다.

　　• 근채류 : 무, 당근, 감자 등은 솔 또는 수세미로 씻고 양파, 마늘 등은 껍질을 벗겨 씻는다.

　　• 건조채소 : 물에 담가 불린 후 사용한다.

　　• 생선류 : 머리와 내장을 제거한 뒤 물로 씻는다.

　　• 육류 : 썬 다음 씻으면 성분이 유실될 우려가 있다.

　㉣ 썰기

　　• 채소류 : 섬유질이 많은 채소는 결 반대로 썰면 부드럽고 모양유지에 좋다.

　　• 생선류 : 생선의 비늘을 긁고 지느러미, 꼬리, 머리, 내장 등을 정리한 뒤 씻는다.

　　• 육류 : 섬유의 결을 직각으로 썰면 연해지고 쉽게 조리된다.

(3) 구체적(식품별) 조리방법

① 쌀의 조리

쌀 일반	• 쌀은 15% 정도의 수분을 함유, 밥을 지으면 약 65% 정도의 수분 함유 • 벼에서 왕겨층을 제거하면 현미이고, 다시 외피와 배아를 제거하면 백미가 됨 • 도정률이 높을수록 소화율은 높아지는 반면 영양가는 떨어짐, 5분도(96%), 7분도(94%), 9분도(92%) • 맵쌀 : 점성이 없는 아밀로오스가 17%, 점성이 있는 아밀로펙틴이 83% • 찹쌀 : 점성이 있는 아밀로펙틴만으로 구성
밥짓기	• 밥을 짓는데 필요한 주요 3요인 : 물, 화력, 시간 • 쌀이 밥으로 되면 중량은 처음 쌀 중량의 2.5배에 달함 • 백미의 경우 밥지을 때의 물의 분량 : 쌀 용량의 1.2배, 쌀 중량의 1.5배 • pH 7~8(중성 부근)의 물은 밥맛이나 외관을 좋게 하고 pH가 산성일수록 맛이 나빠짐 • 0.03% 정도의 소금을 넣으면 밥맛이 좋아짐

가열에 의한 전분의 변화	• **전분의 호화(알파화)** : 전분에 물을 넣고 가열하면 전분입자는 물을 흡수하여 팽윤 하며 콜로이드 상태가 되는데 이러한 변화를 호화라 함. 전분의 호화는 전분의 종류, 전분의 농도, 가열온도, 젓는 속도와 양, 수소이온농도 등이 영향을 주며 설탕, 소금, 달걀, 지방, 분유 등은 전분의 호화를 방해함 • **전분의 노화** : 호화된 전분을 실온에 방치하면 베타 전분으로 되돌아가는데 이러한 현상을 노화라고 하며, 노화 속도는 아밀로오스와 아밀로펙틴의 비율에 따라 다르 고, 아밀로펙틴의 비율이 높을수록 노화는 늦게 일어남(온도, 수분함량, 수소이온농 도, 전분의 종류, 전분분자의 종류 등이 노화 속도에 영향을 미침) • **전분의 호정화** : 전분에 물을 넣지 않고 160~170℃로 가열하면 가용성 전분을 거 쳐 호정(덱스트린)으로 되는 현상으로, 호정화된 전분은 물에 녹기 쉽고 오랫동안 보 존할 수 있으며 캐러멜화하여 점성이 없음 • **전분의 당화** : 전분을 산이나 당화효소로 이용하여 가수분해함. 식혜와 군고구마는 베타아밀라아제에 의해 가수분해 하면 맥아당이 됨. 엿은 전분을 완전 당화시킨 조 청을 농축한 것임. 그 외 콘시럽, 고추장 등

In addition

보리의 조리
• 주단백질은 호르데인이다.
• 식이섬유인 베타글루칸은 점성이 높아 혈중 콜레스테롤을 낮춘다.
• 엿기름(식혜)의 원료로 사용된다.

② 밀가루의 조리
  ㉠ 밀가루 일반
   • 밀가루 단백질의 75%가 글루테닌과 글리아딘으로, 물을 넣어 반죽하면 글루텐을 형성
     한다.
   • 반죽을 오래 치대거나 반죽한 것을 비닐에 싸두면 점성과 탄성이 강한 글루텐을 더 많
     이 형성한다.
  ㉡ 밀가루의 종류
   • **강력분** : 글루텐의 함량이 13% 이상으로 식빵, 마카로니 등에 사용한다.
   • **중력분** : 글루텐의 함량이 10~13%로 다목적 밀가루, 면류 등에 사용한다.
   • **박력분** : 글루텐의 함량이 10% 이하로 과자, 튀김, 케이크 등에 사용한다.
  ㉢ 빵 반죽
   • **지방** : 반죽에 켜를 생기게 하고 연화 · 갈변작용을 한다.
   • **설탕** : 단백질 연화작용이 있으나 지나치면 글루텐을 형성한다.
   • **팽창제** : 탄산가스(이스트, 베이킹파우더, 중조), 공기, 수증기 등이 있다.
     – 이스트(효모)는 밀가루의 1~3%가 적량이며 최적 온도는 30℃이다.

– 베이킹파우더는 밀가루의 1큰술에 1티스푼이 적당하다.

– 중조(중탄산나트륨)는 제품에 갈색과 좋지 못한 냄새를 주고, 비타민 B_1, B_2의 손실을 가져온다.

③ 두류제품의 조리

두류의 성분	• 콩의 주 단백질은 글리세롤
두류의 가열변화	• 날콩 속에는 트립신의 흡수를 방해하는 안티트립신이 있어 소화를 방해하지만 익힌 콩은 단백질의 이용률(70~80%)을 높임 • **물의 흡수 속도** : 백대두 > 흑대두 > 흰강낭콩 > 얼룩강낭콩 > 팥(햇것) > 팥(묵은 것) • 콩을 빨리 연화시키려면 1%의 식염수에 담가 두었다가 가열하는 방법과 0.3%의 중탄산나트륨을 가하여 가열하는 방법이 있으나 중탄산나트륨을 가하면 비타민 B_1의 손실이 큼 • 검정콩을 삶을 때 철냄비를 사용하면 검정콩의 안토시안계 색소가 철이온과 결합하여 아름다운 흑색이 됨

④ 채소 및 과일의 조리

채소 및 과일 일반	• 80~90% 정도의 수분 함유 • 비타민이나 무기질의 급원으로 중요 • 채소 및 과일류의 섬유소는 장을 자극하여 변통을 원활하게 함
채소류	• **엽채류** : 수분과 섬유소가 많고 카로틴, 비타민 C, B_2가 많음(시금치, 배추, 아욱, 근대, 상추 등) • **과채류** : 식용으로 하는 채소(토마토, 참외, 오이, 고추, 호박, 가지 등) • **근채류** : 당질 함량이 채소 중 가장 많고 섬유소 함량은 적음(당근, 연근, 우엉, 무, 감자, 고구마 등) • **종실류** : 열매를 사용하는 채소(옥수수, 콩, 수수 등) • **경채류** : 줄기를 식용으로 하는 채소(아스파라거스, 샐러리, 죽순 등) • 당근은 비타민 C를 파괴하는 효소인 아스코르비나제가 있어 무와 함께 갈면 무의 비타민 C의 손실이 많아짐
조리에 의한 변화	• 열, 산, 알칼리에 대하여 매우 약하므로 생으로 먹는 것이 가장 좋음 • 엽록소의 변화
채소, 과일의 갈변현상	• 산, 가열에 의한 갈변 • **효소에 의한 갈변** : 페놀라제나 폴리페놀라제는 사과, 배, 복숭아, 우엉 등의 갈변효소, 티로시나제는 감자의 갈변효소
갈변방지 요령	• **열처리(데치기)** : 효소의 활성화 방지 • **산소와의 접촉 방지** : 탈기하거나 설탕액이나 소금물에 담금 • **환원제의 이용** : 아스코르빈산, 시스테인 등을 이용 • **타닌 제거** : 과즙 등에 젤라틴 같은 단백질을 넣어줌

⑤ 육류의 조리

육류의 조리	• 육류의 단백질은 열, 산, 염에 의해 응고 • 고기를 가열하면 결합조직인 콜라겐이 젤라틴으로 변하면서 고기가 연해짐 • 냉동육을 해동하려면 냉장고 내에서 천천히 해동하는 것이 좋음 • 고기의 붉은색은 미오글로빈 색소에 의함
사후 강직과 숙성	• 사후강직 : 동물이 도살된 후 시간이 지나면 근육이 굳어지는 현상으로 글리코겐의 분해에 의해 젖산이 생성되며 근육의 미오신과 액틴이 결합하여 액토미오신을 만들어 수축됨 • 숙성 : 사후강직 후 근육 내의 단백질 분해효소에 의해 자기소화가 일어나는 것을 말함. 육류는 숙성에 의해 연해지고 맛이 좋아지는데 저온에서보다 고온에서 빨리 이루어짐
육류의 연화	• 기계적인 방법, 냉동법, 숙성, 가열법, 효소첨가제법 • 파파야의 파파인, 파인애플의 브로멜린, 키위의 액티니딘, 무화과의 피신, 배즙의 프로테아제 등의 단백질 분해효소로 처리하여 고기를 연화시킴
조리요령	• 육류의 섬유질의 반대 방향으로 썰어야 연함 • 상강육 : 육류의 절단면에 얼룩지방이 균등하게 분포되어 있는 것으로, 조리 특성과 직접 관련되어 양질의 맛을 갖게 하는데 어린송아지에는 나타나지 않으며 2~3세의 쇠고기나 12~18개월의 양고기에 잘 나타남 • 습열조리 : 편육, 장조림, 탕, 찜 등 • 건열조리 : 구이, 튀김 등

Tip 쇠고기와 돼지고기의 부위별 특징

쇠고기	• 쇠머리 : 편육, 찜 • 장정육 : 구이, 전골, 편육, 조림 • 양지육 : 구이, 전골, 조림, 편육, 탕 • 등심 : 전골, 구이, 볶음 • 갈비 : 찜, 구이, 탕 • 쇠악지 : 조림, 탕 • 채끝살 : 구이, 조리, 찜, 찌개, 전골 • 안심 : 전골, 구이, 볶음 • 업진육 : 편육, 탕, 조림, 포, 육수용 • 홍두깨살 : 장조림, 탕 • 대접살 : 구이, 조림, 육회, 육포, 산적 • 우둔살 : 조림, 포, 구이, 산적, 육회, 육전 • 중치살 : 조림, 탕 • 꼬리 : 탕 • 사태 : 탕, 조림, 편육, 찜 • 족 : 족편, 탕

돼지고기	• **갈비** : 지방층이 두껍고 육질이 연하여 맛이 가장 좋음 • **된살** : 육질 속에 지방이 많아 구이, 찜에 좋음 • **삼겹살** : 지방층과 육질이 교대로 있어 편육, 베이컨 등에 이용 • **볼기살** : 지방이 적어 조림, 찜, 햄 등에 이용

⑥ 어류의 조리

  ㉠ 어류 일반

    • 어류는 담수어와 해수어가 있으며 지방분이 많은 어류가 맛이 좋다.

    • 생선의 복부에는 지방이 많아 이 부분이 가장 맛이 좋다.

    • 어류는 산란 직전이 가장 맛있다.

    • 적색어류는 백색어류보다 자가소화가 빨리 일어나며, 담수어는 해수어보다 자가소화가 빨리 일어난다.

  ㉡ 신선한 어류

    • 사후강직 중의 생선은 탄력이 있어 꼬리가 약간 올라가 있고 시간이 경과함에 따라 감소한다.

    • 신선한 생선은 비늘이 광택이 있으며 밀착되어 있다.

    • 신선한 생선의 근육은 뼈에 밀착되어 있어 쉽게 분리되지 않는다.

    • 생선이 부패하면 암모니아와 아민이 많이 생기므로 휘발성 염기질소의 양이 $30 \sim 40mg\%$이면 초기 부패이다.

    • 생선의 비린 냄새의 주성분은 트리메틸아민(TMA)이다.

  ㉢ 비린내 제거

    • 물에 씻는다.

    • 식초 · 과즙 등의 산을 첨가한다.

    • 생강, 파, 마늘, 무, 겨자, 술 등의 향신료를 강하게 사용한다.

    • 가열조리 시 처음 수분간 뚜껑을 열어 비린내를 휘발시킨 후 조리한다.

⑦ 달걀의 조리

달걀의
구조
	• 달걀은 껍질(11%), 난백(58%), 난황(31%)으로 구성
	• **난백(흰자)** : 90%가 수분이고 나머지의 대부분은 단백질
	  – **오브알부민** : 주요 단백질(60%)
	  – **콘알부민** : 열에 불안정하며 금속이온과 결합하면 열안정이 커짐
	  – **오보뮤코이드** : 열에 대한 응고성이 없고 트립신 작용을 저해
	  – **오보글로불린** : 기포성이 큼
	  – **라이소자임** : 용균작용
	  – **오보뮤신** : 거품의 안정화에 기여

	– 아비딘 : 비오틴 흡수 방해 • 난황(노른자) : 약 50%가 고형분이고 단백질 이외에 다량의 지방을 함유하고 인과 철이 들어 있음
달걀의 열 응고성	• 난백은 60℃에서 응고되기 시작하여 65℃에서 완전 응고 • 난황은 65℃에서 응고되기 시작하여 70℃에서 완전 응고
달걀의 기포성	• 난백을 저어주면 기포가 형성 • 스펀지케이크나 엔젤케이크의 팽창제로 사용 및 메링게 등에도 난백의 기포성 이용 • 냉장온도보다 실내온도에서 쉽게 거품이 발생 • 신선한 계란보다 오래된 계란이 쉽게 거품이 일어나지만 안정성이 떨어짐 • 소량의 산은 기포력을 도와줌 • 우유, 기름은 기포력을 저해함 • 소금 및 설탕은 기포력을 약화시킴
달걀의 유화성	• 난황의 레시틴은 기름이 유화되는 것을 촉진함 • **유화성을 이용한 대표적인 음식 : 마요네즈** • 마요네즈는 난황에 식초와 기름을 넣고 만들며 그 외 소금이나 설탕 등의 조미료를 넣음
달걀의 녹변현상	• 달걀을 높은 온도로 15분 이상 삶으면 난백과 난황의 경계면이 녹색으로 변하는 현상 • 가열온도가 높을수록 반응속도가 빠름 • 가열시간이 길수록 녹변현상이 잘 일어남 • 오래된 달걀이 신선한 달걀보다 녹변현상이 잘 일어남 • 삶은 후 즉시 찬물에 담가 식히면 녹변현상을 방지할 수 있음

In addition

신선한 달걀
• 달걀을 깨뜨렸을 때 난황이 봉긋하게 솟아있다.
• 난백은 투명하고 점도가 있다.
• 11%의 식염수에 넣으면 가라앉는다.
• 보관기관이 길수록 pH가 상승한다.
• 오래된 달걀일수록 비중이 작아진다.

⑧ 우유의 조리

㉠ 우유 일반

• 우유의 주성분은 칼슘과 단백질이다.

• 우유의 주 단백질인 카세인은 산이나 레닌에 의해 응고되는데 이 응고성을 이용하여 치즈를 만든다.

㉡ 조리

• 우유의 당질인 유당은 열에 약하여 갈변반응을 쉽게 일으킨다.

- 케이크, 빵, 과자류의 표면이 갈색이 되도록 하는데 이용되며 설탕의 캐러멜화와 함께 일어나는 반응이다.
- 우유를 60~65℃로 가열하면 유청 단백질인 락트알부민과 락토글로불린이 열에 의하여 변성되어 표면에 엷은 피막이 생긴다.
- 우유를 74℃ 이상으로 가열하면 황화수소가 주성분인 독특한 익은 향 냄새가 난다.
- 생선의 비린내를 제거하는 데 사용한다.
- 우유와 달걀을 섞어 푸딩을 만들기도 한다.
- 버터는 우유에서 유지방을 모아 만든 것으로 버터가 저장 중에 변질되는 것은 버터지방의 산화 및 분해 때문이다.
- 우유의 균질화는 큰 지방구의 크림층 형성을 방지하는 방법으로 성분이 균일하게 되고 맛도 좋아지고 소화되기도 쉬운 반면, 지방구의 표면적이 커지면 우유가 산패되기 쉽다.

⑨ 유지의 조리

유지의 성분	• **액체인 기름** : 대두유, 면실유, 참기름 등 • **고체인 지방** : 쇠기름, 돼지기름, 버터 등
유지의 발연점	• 기름을 가열하면 일정한 온도에 열분해를 일으켜 지방산과 글리세롤로 분리되어 연기가 나기 시작하는데 이때의 온도를 발연점 또는 열분해 온도라고 함 • 열분해시 발생하는 푸른 연기는 아크로레인을 생성하여 점막을 해치고 이것을 받아들이면 식욕이 떨어짐 • 발연점이 높은 식물성 기름이 튀김에 적당하며 한 번 사용한 기름은 발연점이 떨어짐
발연점에 영향을 주는 요인	• 유리지방산의 함량이 높을수록 낮아짐 • 그릇의 표면적이 넓을수록 낮아짐 • 기름 이외의 이물질이 많을수록 낮아짐 • 여러 번 반복사용 할수록 낮아짐 • **유지의 발연점** : 면실유(230℃) > 버터(208℃) > 라아드(190℃) > 올리브유(175℃) > 낙화생유(160℃)
유지산패에 영향을 주는 인자	• 공기 중의 산소 • 자외선 • 수분 • 금속이온 등
유화성 이용	• 기름과 물은 그 자체로서는 서로 섞여지지 않으나 매개체인 유화제가 있으면 하나로 섞여 유화액이 됨 • 유화액의 형태 　– **수중유적형(O/W)** : 마요네즈, 우유 등 　– **유중수적형(W/O)** : 버터, 마가린 등

쇼트닝성의 이용	• 유지가 반죽의 표면을 둘러싸서 글루텐 망상구조를 형성하지 못하게 함으로써 조직감을 바삭하고 부드럽게 하는 성질 • 쿠키, 페이스트리
요리에 대한 효과	• 기름의 첨가시 유지미가 더해짐 • 연화작용 및 부드러운 맛을 줌 • 식품의 표면에 도포하여 윤기를 주고 피막제 역할

⑩ 냉동식품류

냉동식품	• 냉동은 식품을 0℃ 이하로 동결시켜 저장하는 것을 말함 • 냉동품의 저장은 −15℃ 이하의 저온으로 하고 가급적 온도 변화를 작게 하는 것이 좋음 • 미생물은 10℃ 이하면 생육이 억제되고 0℃ 이하에서는 거의 작용을 하지 못함
해동방법	• 공기해동 : 실온에 방치하여 자연적으로 해동하는 방법으로 냉동품의 해동은 냉장고에서 천천히 하는 것이 제품의 복원성이 가장 좋음 • 수중해동 : 물은 공기보다 열전도가 빠르므로 해동이 급할 때에는 흐르는 물에서 해동함 • 전자레인지 해동 : 냉동야채 및 냉동빵 등 작은 부피의 식품에 적합 • 가열해동 : 해동과 가열을 동시에 행하는데 조리제품 및 반조리 제품의 해동에 적합
해동요령	• 채소류 : 조리시 지나치게 가열하지 말고 동결된 채로 단시간에 조리 • 과실류 : 먹기 직전에 포장된 채로 냉장고 또는 흐르는 물에서 해동함 • 육류 : 포장된 채로 저온에서 장시간 방치하여 완전히 해동하며 즉시 조리함 • 튀김류 : 빵가루로 겉을 싼 것은 동결된 채로 다소 높은 온도의 기름에서 튀김 • 빵, 케이크류 : 실내 온도로 자연히 해동해서 먹거나 오븐에 덥힘

⑪ 향신료와 조미료

　㉠ 향신료
　　• 생강의 매운맛 성분은 쇼가올, 진저롤, 진저론으로 육류의 누린내 및 생선의 비린내를 제거한다.
　　• 겨자의 매운맛 성분은 시니그린으로, 여름철 냉채요리 및 생선요리에 이용한다.
　　• 고추의 매운맛은 캡사이신으로 소화의 촉진제 역할을 한다.
　　• 후추의 매운맛은 캬비신으로, 육류 및 어류에 사용하며 살균작용이 있다.
　　• 파는 황화아릴에 의한 강한 향이 있으며 자극성의 향을 낸다.
　　• 마늘의 매운맛은 알리신으로, 강한 살균력이 있으며 양파와 같이 비타민 B_1 결합체를 가지고 있어 체내에서 비타민 B_1의 흡수를 돕는다.
　㉡ 조미료 : 된장, 간장, 고추장, 식초, 화학조미료

⑫ 한천과 젤라틴

⑦ 한천

- 우뭇가사리 등의 홍조류를 삶아 그 즙액을 냉각시켜 응고 동결한 다음, 수분 용출 건조 시킨 것이다.
- 주성분은 아가로즈와 아가로펙틴이다.
- 체내에서 소화되지 않으나 물을 흡수하여 팽창함으로써 장을 자극하여 변비를 막는다.
- 과자, 아이스크림, 양갱 제조 등에 널리 쓰인다.
- 한천에 설탕을 첨가하면 점성과 탄성이 증가하고 투명감도 증가한다.

ⓛ 젤라틴

- 동물의 뼈, 가죽을 원료로 콜라겐을 가수분해하여 얻을 수 있다.
- 콜라겐은 결체조직, 연골, 동물의 껍질, 생선껍질 등에 포함되어 있는 경단백질이다.
- 젤라틴은 젤리, 샐러드, 족편 등의 응고제로 쓰인다.
- 마시멜로, 아이스크림 및 기타 얼린 후식 등에 유화제로 이용한다.

2 조리의 기본법

① 생식품의 조리

⑦ 의의

- 식품 자체의 감촉과 맛을 느끼기 위한 것으로 열을 사용하지 않는다(회, 생채, 냉국, 쌈, 샐러드 등).
- 식물성 식품의 경우 비타민 및 무기질이 파괴, 감소된다.

ⓛ 특징

- 식품의 조직과 섬유가 부드러운 것이어야 한다.
- 불미성분이나 맛없는 성분이 없는 것이어야 한다.
- 신선한 재료를 사용하여야 하며 위생적으로 조리해야 한다.

② 가열조리

의의	• 식품을 가열하여 위생적으로 안전하게 함 • 소화, 흡수를 용이하게 함 • 끓이기, 찌기, 볶기, 튀기기, 굽기 등
특징	• 살균, 살충처리를 하여 위생적으로 안전한 식품 • 식품의 조직과 성분의 변화 일으킴 • 맛의 증가, 식품 감촉의 변화, 불미 성분의 제거, 조미료와 향신료의 침투 등 • 소화흡수를 도와 영양효율 증가

종류	끓이기	어떤 열원이라도 가능하고 한 번에 많은 음식을 처리할 수 있으며 조미하는데 편리하고 식품을 부드럽게 할 수 있으나, 다량의 국물에 수용성 영양성분이 녹아 나오며 다량의 경우 윗 것에 눌려 모양이 망가짐
	삶기와 데치기	맛이 없는 성분을 제거하고 식품조직의 연화, 탈수, 색의 조화, 단백질 응고, 소독을 위한 조리방법
	찌기	수증기의 잠열을 이용하여 식품을 가열하는 방법으로 모양이 흩어지지 않고, 수용성 물질의 용출이 끓이는 것보다 적고 식품이 탈 염려가 없음
	조림	조림 조리의 주목적은 식품 자체의 맛이 잘 배도록 하는 것이 중요함
	볶기	구이와 튀김의 중간 조리법으로 적당량의 기름을 충분히 가열하여 강한 불에서 뒤적이면서 타지 않도록 볶음
	튀기기	일반적으로 160~180℃의 기름온도에서 식품을 가열하는 방법
	굽기	구이는 가장 오래된 조리 방법으로 다른 조리에 비하여 열효율이 나쁘고 온도조절이 어려움
	무침	채소나 말린 생선, 해초 따위에 갖은 양념을 하여 무치는 방법
	전자오븐	식품을 용기에 담아 가열할 때 금속제품이 아닌 내열성 유리그릇이나 사기, 플라스틱, 종이그릇 등을 사용

In addition

전자레인지(극초단파)의 특징
- 조리시간 단축
- 식품의 중량 감소
- 갈변현상이 일어나지 않음
- 조리실의 온도가 오르지 않음
- 편리하지만 다량의 식품을 조리할 수 없음
- 재료의 종류, 크기에 따라 조리시간이 다름
- 조리시간이 짧기 때문에 영양분의 파괴 또는 유출이 적음

1 과목

식품학 및 조리원리 NUTRITIONIST

정답 및 해설 552p

01 다음 중 식품에 존재하는 결합수의 성질로 틀린 것은?

① 미생물의 번식에 이용된다.
② 보통의 물보다 밀도가 크다.
③ 0℃ 이하에서도 동결되지 않는다.
④ 압력을 가하고 압착하여도 쉽게 제거되지 않는다.
⑤ 탄수화물이나 단백질 등의 유기물과 결합되어 있다.

02 다음 중 동물성 식품에 함유된 저장 탄수화물은?

① 글루칸(glucan)
② 갈락탄(galactan)
③ 글루코스(glucose)
④ 글리코겐(glycogen)
⑤ 글루타티온(glutathione)

03 다음 중 불포화지방산이 아닌 것은?

① 팔미탄산
② 리놀레산
③ 리놀렌산
④ 올레인산
⑤ 아라키돈산

04 다음 중 유지의 산패도 측정 기준으로 사용되는 것은?

① 검화가
② TBA가
③ 요오드가
④ 과산화물가
⑤ 카르보닐가

05 다음 중 단백질의 함양을 구하기 위해 필요한 계수는?

① 인
② 탄소
③ 수소
④ 산소
⑤ 질소

06 다음 중 아미노산의 양전하 수와 음전하 수의 전체 합이 0이 될 때의 pH를 의미하는 것은?

① 등전점
② 응고점
③ 어는점
④ 비등점
⑤ 임계점

07 다음 중 아미노산의 종류가 잘못 짝지어진 것은?

① 티로신 – 함황 아미노산
② 글루탐산 – 산성 아미노산
③ 아르기닌 – 염기성 아미노산
④ 프롤린 – 헤테로고리 아미노산
⑤ 트레오닌 – 하이드록시 아미노산

08 다음 설명에 해당하는 맛의 효과는?

> 한 가지 정미성분을 맛본 직후 다른 종류의 정미성분을 맛보면 정상적인 미각이 일어나지 않고 다른 종류의 맛이 느껴지는 현상이다.

① 맛의 억제　② 맛의 상쇄
③ 맛의 피로　④ 맛의 변조
⑤ 맛의 상실

09 다음 중 감을 먹었을 때 떫은맛을 느끼게 하는 성분은?

① 타닌　② 나린진
③ 멜라닌　④ 잔토필
⑤ 베타레인

10 어류의 신선도가 떨어질 때 비린내를 심하게 유발하는 물질은?

① 휴물론　② 에스테르
③ 미오글로빈　④ 트리메탈아민
⑤ 아세트알데히드

11 다음 중 새우가 게 등의 갑각류를 가열하면 생기는 빨간 색소는?

① 멜라닌　② 플라빈
③ 아스타신　④ 크립토잔틴
⑤ 안토시아닌

12 다음 중 사과의 껍질을 깎았을 때 갈변을 일으키는 색소는?

① 잔토필　② 캐러멜
③ 멜라닌　④ 퀘르세틴
⑤ 티로시나제

13 직접 불에 대어 식품을 건조하는 방법으로, 커피 등의 제조에 많이 이용하는 건조법은?

① 일광건조법　② 열풍건조법
③ 고온건조법　④ 배건법
⑤ 분무건조법

14 높은 전압에서 코로나 방전을 이용한 훈연법은?

① 온훈법　② 열훈법
③ 전훈법　④ 액훈법
⑤ 훈연액법

15 다음 중 통조림의 외관상 변질 형태가 아닌 것은?

① 스웰   ② 리커
③ 플리퍼   ④ 플랫사워
⑤ 스프링거

16 다음 중 식품의 저장에 대한 설명으로 틀린 것은?

① 방부제는 그 종류와 사용기준이 식품위생법에 규정되어 있다.
② 염장법은 소금의 삼투작용에 의해 식품을 저장하는 방법이다.
③ 미생물은 당 농도가 50% 이상이면 발육이 억제된다.
④ 오이, 마늘은 pH가 낮은 초산이나 젖산 등을 이용하여 저장한다.
⑤ 가스 저장법은 산소 등의 활성 기체를 이용한다.

17 강화미는 백미에 어떤 비타민을 강화한 것인가?

① 비타민 A   ② 비타민 B_1
③ 비타민 C   ④ 비타민 D
⑤ 비타민 E

18 두부를 만들 때 이용되는 콩의 단백질 성분은?

① 제인   ② 알부민
③ 글루테닌   ④ 글리세롤
⑤ 호르데인

19 주로 유당과 염류의 함량에 관계된 우유 검사법은?

① 관능검사   ② 비중검사
③ 산도검사   ④ 지방검사
⑤ 빙점검사

20 다음 중 염건품에 해당하는 수산물은?

① 오징어   ② 명태
③ 굴비   ④ 마른멸치
⑤ 마른전복

21 미역 등의 갈조류에 비교적 많이 들어 있는 점조성 다당류는?

① 이눌린   ② 알긴산
③ 구아검   ④ 잔탄검
⑤ 카라기난

22 다음 중 효모에 대한 설명으로 틀린 것은?

① 알코올 발효능이 강하다.
② 진균류로서 출아로 증식한다.
③ 핵막, 인, 미토콘드리아가 존재한다.
④ 아플라톡신(Aflatoxin)이라는 발암물질을 분비한다.
⑤ 증식방법으로 출아법, 분열법, 출아분열법 등이 있다.

23 세균과 바이러스의 중간에 속하며 벼룩, 이, 진드기 등과 같은 절족동물에 기생하는 미생물은?

① 곰팡이   ② 효모
③ 리케차   ④ 바이러스
⑤ 스피로헤타

24 다음 중 진핵세포를 갖는 미생물이 아닌 것은?

① 곰팡이   ② 버섯
③ 효모   ④ 점균류
⑤ 세균류

25 다음 중 토양에 존재하여 흙냄새의 주요 원인이 되는 미생물은?

① 곰팡이   ② 방선균
③ 리케차   ④ 스피로헤타
⑤ 박테리오파지

26 다음 중 박테리오파지(Bacteriophage)에 대한 설명으로 틀린 것은?

① 세균 여과막을 통과하는 작은 미생물이다.
② 핵산과 단백질로 구성되어 있다.
③ 유전자로 DNA와 RNA를 모두 갖는다.
④ 독자적인 대사기능을 할 수 없다.
⑤ 생물과 무생물의 중간적인 존재이다.

27 미생물의 증식곡선에서 대수기에 대한 설명으로 틀린 것은?

① 새로운 세균물질이 일정한 속도로 합성된다.
② 세포질의 세대기간이 가장 길고 일정하다.
③ 세포질 증대가 최대가 된다.
④ 대사물질이 세포질 합성에 가장 잘 이용된다.
⑤ 배양균을 접종할 가장 좋은 시기이다.

28 다음 중 감자, 양파 등의 연부병 원인균은?

① Erwinia
② Clostridium
③ Leuconostoc
④ Pseudomonas
⑤ Actinomycetes

29 다음 중 통조림의 플랫사워(Flat Sour) 원인균은?

① Escherichia coli
② Bacillus coagulans
③ Salmonella typhosa
④ Morganella morganii
⑤ Pseudomonas flurorescens

30 다음 중 세균의 포자를 멸균하는 가장 좋은 방법은?

① 화염살균   ② 건열살균
③ 습열살균   ④ 제균법
⑤ 자외선 소독

31 다음의 미생물 실험법 중 순수분리법에 해당하는 것은?

> ㄱ. 희석법　　　ㄴ. 도말평판법
> ㄷ. 주입평판법　　ㄹ. 계대보존배양법
> ㅁ. 유동파라핀중층법

① ㄱ, ㄴ　　　　② ㄴ, ㄷ
③ ㄷ, ㄹ　　　　④ ㄱ, ㄴ, ㄹ
⑤ ㄴ, ㄷ, ㅁ

32 소량의 세포현탁액을 진공하에서 수분을 급속히 증발시키는 건조보존법은?

① 동결건조법
② L－건조법
③ 토양보존법
④ 사배양법
⑤ 자제 Bred 이용 건조법

33 다음 중 청국장 발효 시 중요한 역할을 하는 미생물은?

① Bacillus
② Aspergillus
③ Clostridium
④ Leuconostoc
⑤ Lactobacillus

34 다음 중 포도주 제조에 사용되는 미생물은?

① Candida utilis
② Aspergillus oryzae
③ Lactobacillus delbrueckii
④ Penicillium chrysogenum
⑤ Saccharomyces ellipsoideus

35 다음 중 간장, 된장 등에 사용되는 누룩을 만드는 곰팡이는?

① Aspergillus niger
② Aspergillus oryzae
③ Aspergillus flavus
④ Penicillium citrinium
⑤ Penicillium expansum

36 다음 중 식초 제조에 사용되는 발효균은?

① Bacillus subtilis
② Acetobacter aceti
③ Streptococcus lactis
④ Penicillium roqueforti
⑤ Leuconostoc mesenteroides

37 식초 45mL는 몇 큰술(Ts; table spoon)인가?

① 3큰술　　　　② 4큰술
③ 5큰술　　　　④ 6큰술
⑤ 7큰술

38 다음 중 전분의 호화에 영향을 미치는 요인이 아닌 것은?

① 가열온도
② 전분의 농도
③ 수소이온동도
④ 조섬유의 성질
⑤ 젓는 속도와 양

39 보리에 함유된 대표적인 식이섬유는?

① 제인
② 호르데인
③ 글리아딘
④ 오리제닌
⑤ 베타글루칸

40 다음 중 밀가루의 종류와 용도가 바르게 연결된 것은?

① 강력분 ― 튀김
② 강력분 ― 케이크
③ 중력분 ― 국수면
④ 박력분 ― 식빵
⑤ 박력분 ― 마카로니

41 다음 중 감자의 갈변에 관여하는 주된 반응은?

① 마이야르 반응
② 캐러멜화 반응
③ 티로시아나제 산화반응
④ 아스코르브산 산화반응
⑤ 폴리페놀산화효소 산화반응

42 다음 중 소고기로 장조림을 만들 때 가장 적당한 부위는?

① 등심
② 안심
③ 채끝살
④ 뒷다리살
⑤ 홍두깨살

43 다음 중 육류의 사후경직 시 나타나는 현상으로 옳은 것은?

① pH가 올라간다.
② ATP를 합성한다.
③ 젖산이 생성된다.
④ 보수력이 상승한다.
⑤ 알칼리성으로 변한다.

44 다음 중 생선의 비린내를 제거하는 방법으로 옳지 못한 것은?

① 물에 씻는다.
② 술의 알코올 성분을 이용한다.
③ 식초 · 과즙 등의 산을 첨가한다.
④ 가열조리 시 뚜껑을 닫고 조리한다.
⑤ 생강, 파, 마늘 등의 향신료를 사용한다.

45 다음 중 마요네즈는 달걀의 어떤 성질을 이용하여 만든 것인가?

① 산화
② 유화
③ 흡수
④ 중화
⑤ 연화

46 다음 중 유지의 발연점이 가장 높은 것은?

① 버터　　　　　② 면실유

③ 라아드　　　　④ 올리브유

⑤ 낙화생유

47 쿠키나 페이스트리를 만들 때 이용하는 유지의 성질은?

① 유화성　　　　② 용해성

③ 결정성　　　　④ 가소성

⑤ 쇼트닝성

48 다음 중 향신료와 매운맛 성분이 잘못 연결된 것은?

① 생강 ─ 쇼가올

② 겨자 ─ 황화아릴

③ 고추 ─ 캡사이신

④ 후추 ─ 캬비신

⑤ 마늘 ─ 알라신

49 다음 중 한천의 원료로 사용되는 해조류는?

① 톳　　　　　　② 미역

③ 매생이　　　　④ 우뭇가사리

⑤ 트리코데스뮴

50 다음 중 젤라틴(gelatin)을 이용한 식품은?

① 엿

② 마시멜로

③ 브라우니

④ 도토리묵

⑤ 스펀지케이크

영양사 핵심요약+적중문제

[2교시]

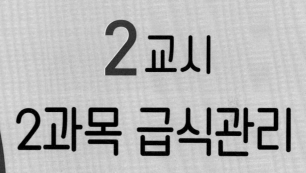

2교시
2과목 급식관리

NUTRITIONIST

1장 급식관리 일반

1 단체조리

(1) 단체급식

① 단체급식 일반

　㉠ 단체급식의 의의 : 식품위생법상의 단체급식은 학교, 병원, 기숙사 기타 후생기관 등의 급식시설에서 특정 다수인에게 영리를 목적으로 하지 않고, 계속적으로 음식물을 공급한다.

　㉡ 단체급식의 목적
　　• 영양 개선을 기하기 위해 영양관리가 필요하다.
　　• 급식대상자의 영양 확보로 건강 증진을 도모한다.
　　• 도덕성, 사회성의 함양과 대인관계를 원만하게 한다.
　　• 피급식자의 가정, 지역사회에 대한 영양개선에 관한 지식을 보급한다.
　　• 식비에 대한 부담을 경감시킨다.

　㉢ 단체급식의 분류
　　• 학교급식 : 바람직한 식습관과 사회성을 길러주며, 합리적인 식생활과 영양개선 및 건강 증진, 식량의 증산 · 배분 · 소비에 대한 이해를 돕는다.
　　• 산업체급식 : 영양 개선의 효과를 높이고 행복과 건강을 증진시켜 원만한 인간관계를 형성한다.
　　• 병원급식 : 환자에 따라 적절한 식사를 제공하고, 질병 치유 또는 건강의 회복 촉진을 도모한다.

　㉣ 단체급식시의 고려할 사항
　　• 급식대상자의 영양량을 산출한다.
　　• 지역적인 식습관을 고려하고 새로운 식단을 개발한다.
　　• 피급식자의 생활시간 조사에 따른 3식의 영양량을 배분한다.
　　• 영양적이고 위생적으로 처리한다.
　　• 가정과 같은 분위기가 되도록 한다.

② 단체급식의 식품구입

　㉠ 식품구입의 의의 : 좋은 식품을 싸게 구입하기 위해서는 가식부가 많으며, 연하고 맛있는 식품을 택하여 구입하고, 구입한 식품은 잘 보관하여 손실되는 양이 없도록 해야 한다.

　㉡ 식품구입시 주의사항

- 경제적인 식단을 위해 계절식품을 선택한다.
- 지역 실정에 맞는 쉬운 식품을 선택한다.
- 식품 자체의 품질이 우수한 것을 선택한다.
- 가식부율이 높고 기호성이 우수한 식품을 선택한다.
- 대치식품표와 우량식품군을 활용한다.

ⓒ **식품구입 방법**

- 대량 구입 또는 공동 구입으로 염가로 구입한다.
- 구입 계획사 식품가격과 출회표 고려한다.
- 식단표에 의해 1주~10일 단위로 구입한다.
- 구입량이 많은 것은 전문업자에게 구하고 소량은 가까운 곳에서 구입한다.

(2) 식품의 폐기율과 가식부율

① 식품의 폐기율

ⓐ 우리의 식습관 중에서 버리는 부분의 중량을 전체 식품량으로 나누어 100을 곱한 것을 말한다.

$$폐기율(\%) = \frac{폐기량}{전체\ 중량} \times 100$$

ⓑ 폐기율은 식품의 종류에 따라 다르지만 일반적으로 어류는 높고 채소류는 낮다.

② **식품의 가식부율** : 가식부율이란 가식부의 중량을 전체 중량으로 나누어서 100을 곱한 것으로 100에서 폐기율을 뺀 나머지와 같다.

$$가식부율 = 100 - 폐기율(\%)$$

(3) 단체급식제도

전통적 급식제도	• 음식의 준비가 한 주방에서 이루어져서 같은 장소에서 소비되는 제도 • 장점 : 피급식자에 대한 쉬운 만족, 식단 작성의 탄력성, 음식의 개성유지, 배달비용의 감소 • 단점 : 음식의 수요 과다시 대응불가, 분업화가 작아 노동비용이 높아지며, 숙련된 조리원이 장시간 동안 조리해야 함
중앙공급식 급식제도	• 생산과 소비가 시간·공간적으로 분리됨 • 중앙의 공동조리장에서 음식을 대량 생산해서 각 단위급식소로 운반된 후 배식이 이루어지는 형태

	• **장점** : 식재료의 대량구입에 따른 식재료비의 절감, 시설과 노동력의 절감, 최소의 공간에서 급식이 가능, 음식의 질과 맛을 통일화시킬 수 있음 • **단점** : 중앙에 투자비용이 많이 들고, 운송시설에 투자가 필요함	
예비저장식 급식제도	• 식품을 조리한 직후 냉동해서 얼마 동안 저장한 후 급식하는 것으로 급식 전 다시 데워서 피급식자에게 줄 수 있음 • **장점** : 대량의 식재료 구입에 따른 식재료비의 절약, 노동력의 집중현상이 없음 • **단점** : 냉장고, 냉동고, 재가열기기의 설치와 운영이 필요하며, 철저한 품질관리가 필요함	
조합 급식제도	• 소규모의 급식인 경우에 많이 이용된 것으로 식품제조업체나 가공업체로부터 완전 조리된 음식을 구입하여 제공하는 형태임 • **장점** : 노동력과 시간절약, 시설비 및 설비비, 관리비가 적게 소요되며 음식의 분량 통제가 잘됨 • **단점** : 상품화된 것을 구입하다 보면 비용이 많이 들 수 있음	

(4) 단체급식의 배식방법

① 셀프 서비스

　㉠ **카페테리아(cafeteria)** : 음식을 다양한 종류로 진열하고 안내인이 음식 선택에 도움을 주는 방법으로, 선택 음식별로 금액을 지불하는 가장 바람직한 급식 서비스 형태이다.

　㉡ **뷔페** : 큰 서빙테이블에 음식을 나열함으로써 피급식자가 음식을 선택하도록 하는 형태이다.

　㉢ **자동판매기** : 조리시설이 없는 곳에서도 음식 제공이 가능하다.

② 트레이 서비스

　㉠ 병원환자식, 기내식, 호텔 룸서비스 등에서 이용되는 배식 서비스이다.

　㉡ **분류**

　　• **중앙집중식** : 각 병동이나 각 층마다 주방을 두지 않고 한 주방에서 음식을 준비, 개인용 그릇에 담아 카트에 실어 복도나 승강기를 거쳐 운반하는 방법이다.

　　• **분산식** : 냉동차나 보온차로 각 병동으로 음식을 옮기고 간이 주방에서 쟁반에 담아 환자에게 배식하는 형태로, 급식을 감독하는 영양사가 각 주방마다 배치된다.

③ 배식원 서비스

　㉠ **카운터 서비스** : 급식 요구자가 필요한 음식을 바로 배식하거나 조리사가 카운터 앞의 손님에게 식사를 제공하는 형태

　㉡ **테이블 서비스** : 식탁에 편히 앉아 정식으로 음식을 먹을 수 있도록 서비스를 받는 형태

　㉢ **드라이브인 서비스** : 주차된 차 내에서 주문하고 종업원이 서빙하는 형태

④ 이동식사

　㉠ **홈 딜리버리(home delivery)** : 거주지로 직접 음식을 배달하는 방법(노인, 만성환자)

　㉡ **모바일 카트(mobile carts)** : 모바일 카트를 설치하여 작업 장소까지 음식을 배달하는

방법(공장, 사무실)

In addition

검식과 보존식
- **검식** : 배식하기 전에 1인분량을 상차림하여 음식의 맛, 질감, 조리상태, 조리완성 후 음식온도, 위생 등을 종합적으로 평가하는 것으로, 검식내용은 검식일지에 기록하여 향후 식단 개선자료로 활용한다.
- **보존식** : 식중독 사고에 대비하여 그 원인을 규명할 수 있도록 검사용으로 음식을 남겨두는 것으로, 매회 1인분 분량을 섭씨 영하 18도 이하에서 144시간(6일) 이상 보관한다.

(5) 단체급식시설

① 학교급식
- ㉠ 합리적인 영양섭취로 편식교정 및 올바른 식습관을 형성한다.
- ㉡ 도덕 교육의 실습장 및 지역사회의 식생활 개선에 기여한다.
- ㉢ 급식을 통한 영양교육에 기여한다.
- ㉣ 농산물 소비 증진 등 정부의 식량정책에 기여한다.

② 병원급식
- ㉠ 환자에게 영양적 필요량에 맞는 식사 공급으로 환자의 건강을 빨리 회복시킴으로써 개인과 사회에 기여한다.
- ㉡ 계획된 예산범위 내에서 급식업무를 정확하게 수행해야 한다.
- ㉢ 재료구입 시나 관리 면에서 효율적인 순환식단제를 적용한다.

 순환식단
순환식단
월별 또는 계절에 따라 메뉴가 반복되는 식단으로, 메뉴개발과 발주서 작성 등에 소요되는 시간을 절약할 수 있다.

㉣ 배식방법

중앙배선 방식	• 중앙취사실에서 상을 완전히 차려 운반차로 환자에게 공급 · 반송되는 방법이다. • 영양사가 각 병동의 환자를 통제할 수 있어 감독이 용이하다. • 주방면적이 커야 한다. • 식품비의 낭비를 막을 수 있고 인건비도 절약할 수 있다.
병동배선 방식	• 중앙취사실에서 병동단위로 보온고에 넣어 음식을 배분하여 병동취사실에서 상차림하여 환자에게 공급하는 방법이다. • 취사실의 크기가 크지 않아도 된다. • 음식의 적온급식이 중앙배선보다 효율적이다. • 정확한 급식이 어렵고 비용의 낭비가 있다.

③ 산업체 급식
　㉠ 목적
　　• 적절한 영양 공급으로 근로자의 영양관리 및 건가유지
　　• 적절한 영양교육을 통한 질병의 예방
　　• 합리적인 식품소비 유도 및 국가 식량정책과 식생활 개선에 기여
　　• 급식을 통해 작업의 능률과 생산성을 향상시켜 기업의 이윤증대에 기여
　　• 같은 장소에서 같은 식사를 함으로써 동료 · 상급자와의 원만한 인간관계 유지
　㉡ 경영 형태
　　• 직영 : 단체의 조직체가 직접 급식경영을 실시하는 가장 이상적인 방식
　　• 위탁 : 급식경영 전문업체에게 위탁하는 방식
　　• 조합(준위탁) : 경영체의 계열회사의 급식부가 경영하는 경우, 급식시설의 이용자가 협력하여 조합을 결성하는 경우
　㉢ 위탁경영의 장 · 단점

장점	• 대량구매와 경영합리화로 운영비 절감 및 자본투자 유치 • 문제발생 시 전문가의 의견과 조언으로 문제를 쉽게 해결 • 소수 인원이 교육과 훈련을 받아 관리하므로 전문관리층의 임금지출이 적어짐 • 인건비가 절감되고 노사문제로부터 해방됨
단점	• 급식의 질에 일관성이 결여될 수 있음 • 만기 전 계약파기의 경우가 발생할 수 있음 • 위탁경영자를 잘못 선택하면 원가상승의 결과를 가져옴 • 영양관리와 영양교육 및 급식서비스에 문제가 생길 수 있음 • 개개 급식소에서 발생하는 사소한 문제를 소홀히 다루는 경우가 있음

2 식단작성

(1) 식단작성의 의의와 목적
① 식단작성의 의의 : 식단이란 각 가정이나 집단의 식사계획으로서 식단을 작성할 때에는 영양에 대한 기초지식, 조리법, 식품위생 등의 지식을 바탕으로 영양적 · 위생적 · 합리적으로 운영되어야 한다.
② 식단작성의 목적 : 식품비를 조절, 절약할 수 있고, 영양과 기호의 충족, 좋은 식습관을 형성할 수 있다.

(2) 식단작성의 기초지식

① 영양소의 구분

구성소	• 몸의 근육, 혈액, 뼈, 피부, 장기, 모발 등을 만드는 영양소 • 단백질, 무기질
조절소	• 몸의 생리 기능을 조절하고 질병을 예방하는 영양소 • 무기질과 비타민
열량소	• 기초대사와 노동하는 힘, 열량을 내는 영양소 • 탄수화물, 지방, 단백질

② 식단작성 순서 및 유의점

식단작성 순서	• 영양기준량 산출　　　　　• 식품섭취량 산출 • 3식의 음식수 결정　　　　• 식단작성주기 결정 • 식단표의 작성
식단작성시의 유의점	• 한국인 영양권장량을 기준으로 급식대상자의 연령, 성별, 신체활동의 정도에 따라 영양소요량을 정함 • 5가지 기초식품군(단백질군, 칼슘군, 무기질 및 비타민군, 당질군, 지방군)을 골고루 배합하여 영양적으로 균형적인 식사가 되도록 함 • 산성 식품 및 알칼리성 식품의 균형을 이루도록 함 • 지역적인 식습관의 특성 고려와 가급적이면 가식부가 많은 식품을 선택함 • 계절적인 식품을 이용하여 계절에 맞는 요리를 함
한국인의 영양권장량	• FAO 한국협회　　　　　• 국민보건과 체위 향상 • 식량 생산과 공급계획　　• 국민의 식생활 개선

 Tip

식단표
- 급식업무에서 가장 중심적인 기능을 담당하는 급식사무의 기본 계획표로 급식담당자에 의해 작성된다.
- 관리자의 승인을 받으면 관리자의 급식지시서로 쓰이고, 급식작업이 끝나면 급식업무의 실시보고서로 보존된다.
- 집단급식소에서 기본적인 통제수단이며, 외부적으로는 영양교육의 도구로 활용 가능하다.

In addition

표준레시피
- 메뉴명, 식재료명, 재료량, 조리방법, 총생산량, 1인 분량, 생산 식수, 조리기구, 배식방법 등을 기재한다.
- 적정구매량, 배식량을 결정하는 기준일 될 뿐만 아니라 조리작업을 효율화 하고 음식의 품질을 유지하는 데 매우 중요하다.

③ 식품 구성의 기준

  ㉠ 열량 : 총열량 권장량 → 당질(65%), 지방(20%), 단백질(15%)

  ㉡ 단백질 : 단백질 1일 권장량 70g 중 1/3 이상을 양질의 동물성 단백질 및 콩, 콩제품에서 얻도록 한다.

  ㉢ 무기질과 비타민

    • 칼슘의 급원으로는 우유 및 유제품, 뼈째로 먹는 생선 등을 섭취한다.

    • 비타민과 무기질의 공급을 위하여 녹황색채소, 과일, 기타 채소 및 잡곡을 섭취한다.

④ 반상과 첩수

반상	• 반상은 밥을 주식으로 하는 정식 상차림 • 밥, 국, 김치, 찌개, 종지에 담아내는 조미료를 제외한 반찬의 수에 따라 반상의 종류(첩수)가 정해짐
첩수	• 찬의 수를 말하며, 첩수에 따라 3첩, 5첩, 7첩, 9첩, 12첩 반상 등의 이름이 붙여짐 • 5첩 이상의 반상을 품상이라 하여 손님 접대용의 요리상임 • 7첩 이상의 반상에는 곁상과 반주, 반과 등이 따름 • 12첩 이상은 수라상으로 이용됨

(3) 식품의 열량계산 및 대치식품량의 계산

① 식품의 열량가 계산 : 탄수화물 1g당 4kcal, 단백질 1g당 4kcal, 지방1g당 9kcal

> **사례** 우유 100g 속에 당질 10g, 단백질 5g, 지방질 20g이 함유되어 있다면 우유 100g에서 얻을 수 있는 열량은?
>
> **풀이** 열량 = (10g×4kcal) + (5g×4kcal) + (20g×9kcal) = 240kcal

② 대치식품량 계산 : 대치식품량 = 원래 식품의 양 × (원래 식품의 해당성분 / 대치식품의 해당성분)

> **사례** 감자 150g을 고구마로 대치하려면 고구마 몇 g이 필요한가(단, 식품분석표상의 감자의 당질의 함량은 10g, 고구마의 당질 함량은 20g이다)?
>
> **풀이** 대치식품량 = 150g×(10/20) = 75g

In addition

메뉴엔지니어링(Menu engineering)

마케팅적 접근에 의해 메뉴의 인기도와 수익성을 평가하는 방법으로, 각 메뉴의 판매된 비율과 공헌마진을 근거로 메뉴를 결정한다.

- **Stars** : 인기도와 수익성 모두 높은 품목(유지)
- **Plowhorses** : 인기도는 높지만 수익성이 낮은 품목(세트메뉴 개발, 1인 제공량 줄이기)
- **Puzzles** : 수익성은 높지만 인기도는 낮은 품목(가격 인하, 품목명 변경, 메뉴 게시위치 변경)
- **Dogs** : 인기도와 수익성 모두 낮은 품목(메뉴 삭제)

3 조리설비

(1) 조리장의 기본조건

① 조리장을 신축 또는 개축할 때에는 위생, 능률, 경제의 3요소를 기본으로 한다.

② 양호한 조리장이란 위생적이고 능률적이며 경제적으로 되어 있는 시설을 말한다.

(2) 조리장의 위치

① 통풍 · 채광 및 급수와 배수가 용이하고 소음, 악취, 가스, 분진 등에 오염되지 않는 곳이어야 한다.

② 변소 및 오물처리장 등에서 오염될 염려가 없을 정도의 거리에 떨어져 있는 곳이 좋다.

③ 물건 구입 및 반출이 용이하고, 종업원의 출입이 편리한 곳이어야 한다.

④ 작업에 불편하지 않는 곳이어야 한다.

(3) 조리장의 건물

① 조리장은 손님이 이용하는 장소에서 그 내부를 볼 수 있는 구조로 되어 있어야 한다.

② 조리장의 바닥에 배수구가 있는 경우 덮개를 설치하여야 한다.

③ 조리장 내에는 음식을 위생적으로 조리하기 위하여 필요한 조리시설, 세척시설, 폐기물용기, 종업원의 손 씻는 시설을 갖춰야 하고 폐기물 용기는 내수성 자재로 된 것으로 뚜껑이 있고 악취 등이 누출되지 않도록 설비해야 한다.

④ 조리장에는 식기류의 살균소독기나 열탕소독시설을 설비해야 한다.

⑤ 냉장설비를 갖추어야 한다.

(4) 조리장과 식당의 면적

① 조리장의 면적은 일반적으로 식당 넓이의 1/3이 기준으로 되어 있다. 일반 급식소의 경우 1식당 $0.1m^2$가 일반적인 기준으로, 주방의 평면형은 폭 1.0, 길이 2.0~2.5의 비율이 사용하기에 편리하며, 정방형에 가깝게 하면 동선의 교체가 증가된다.

② 식당의 면적은 취식자 1인당 $1.0m^2$를 필요로 하며, 식기회수에 필요한 공간을 대체로 10% 더한다.

(5) 조리장의 설비

① **가열기기** : 조리에 사용하는 열원의 열효율은 전력 50~65%, 가스 40~45%, 연탄 30~40%, 장작 25~45% 정도로, 열효율을 높이기 위해서는 최소량의 공기로 완전 연소시키는 것이 중요하다.

② **급수설비** : 수돗물 또는 공공기관에서 음용수로서 적당하다고 인정하는 것이어야 한다. 단, 시·도지사가 인정하는 지역에 있어서는 통상 사용하는 우물물을 사용할 수 있으며, 지하수를 사용하는 경우 오염원으로부터 20m 이상 떨어져야 한다. 주방에서 사용하는 물의 양은 조리의 양과 종류, 조리방법에 따라 다르며, 일반적으로 1식당 6~10L으로 되어 있다.

③ **배수설비** : 배수관의 형태는 여러 가지이며 찌꺼기를 직접 내보내지 않도록 하기 위해 직선형보다는 수조형과 곡선형이 바람직하다.

④ **환기시설** : 조리실에서 발생하는 증기, 냄새, 습기 등을 뽑아내기 위하여 환기장치를 하는데 창에 팬을 다는 방법과 후드를 설치하여 환기를 하는 방법이 있다. 후드의 모양은 환기속도와 주방의 위치에 따라 달라지며, 4개 개방형이 효율적이다.

⑤ **조명시설** : 식품위생법상 기준조명은 객석 30Lux(유흥음식점은 10Lux), 단란주점은 30Lux, 조리실은 50Lux 이상이어야 하며, 객실에는 어떠한 종류의 촉광조절장치도 설치할 수 없다.

⑥ **방충·방서 시설** : 창문, 조리장, 출입구, 화장실, 배수구에는 쥐 또는 해충의 침입을 방지할 수 있는 설비를 해야 하며, 조리장의 방충망은 30매시 이상이어야 한다. 여기서 매시(mesh)란 가로, 세로 1인치 크기의 구멍수로 30매시란 가로, 세로 1인치 크기에 구멍이 30개인 것을 말한다.

⑦ **음식물 및 원재료 보관시설** : 원재료 및 조리와 손님에게 내는 식기류를 위생적으로 보관할 수 있는 시설과 냉장장치를 설치해야 한다. 식품저장은 온도분포에 따라 냉동실, 냉장실, 저온실, 무건조실로 구분되어 있으므로 이에 맞춰 분류하여 보관한다.

(6) 조리기구

① 선정조건 : 위생성, 능률성, 경제성

② 조리기기의 종류

　㉠ **필러** : 감자, 무, 당근, 토란 등의 껍질을 벗기는 기계이다.

　㉡ **믹서** : 액체를 교반하여 동일한 성질로 만드는 브랜더와 여러 가지 재료를 혼합하는 믹서가 있다.

　㉢ **식품절단기** : 육류를 저며내는 슬라이서, 식품을 다져내는 푸드초퍼, 채소를 여러 가지 형태로 썰어주는 베지터블 커터 등이 있다.

　㉣ **프라이어** : 튀김기를 말한다.

　㉤ **레인지** : 가열기기를 말한다.

　㉥ **브로일러** : 굽는 기기이다.

　㉦ **온장고** : 조리한 후 음식이 식지 않도록 보관하는 기기로, 온장고의 내부 온도는 항상 65℃가 되도록 유지하여야 한다.

　㉧ **배상차** : 주방에서 급식장소까지 음식을 운반하는 데 사용한다.

　㉨ **세척기** : 그릇을 씻는 기계이다.

　㉩ **로스터** : 뜨거운 공기로 음식물을 조리하는 기기이다.

　㉪ **스팀컨백션 오븐** : 가스나 전기를 열원으로 하여 오븐 내의 환풍기로 공기를 순환·대류시켜 식품을 가열하는 조리기구로 다량조리, 공간절약의 이점이 있으며 튀김, 구이, 찜, 볶음, 데침 등의 각종 조리가 가능하다.

2장 급식의 구체적 관리

1 경영관리

(1) 경영관리의 기능 및 기법

① 경영관리 기능

계획 → 조직 → 지휘 → 조정 → 통제

- ㉠ 계획(planning) : 기업의 목적달성을 위한 준비활동으로 앞으로의 경영활동의 목표와 방침, 절차 등을 세우는 기능으로, 조직구성원들로 하여금 임무수행과 통제의 근거가 되며 경영활동의 출발점이 된다.
- ㉡ 조직(organizing) : 직무를 분담시키고 이를 수행할 수 있는 권한과 책임을 명확히 하여 직무 상호 간의 관계를 합리적으로 편성하는 등의 공동목표 달성을 위한 협동체계의 구성이다.
- ㉢ 지휘(directing) : 각 업무의 담당자가 책임감을 가지고 적극적으로 업무를 수행하도록 지시·감독하는 기능으로, 구성원 쓰로 창의력을 발휘하여 일할 수 있는 분위기를 조성하며 동기유발을 중시한다.
- ㉣ 조정(coordinating) : 업무수행 중 일어나는 수직적·수평적 상호 간의 이해관계, 의견대립 등을 조정하여 조화를 이루도록 하는 기능이다.
- ㉤ 통제(controlling) : 계획 기능과 더불어 가장 기본적인 기능으로, 모든 활동이 처음에 계획한 대로 진행되고 있는가의 여부를 검토하고, 대비 평가하여 만일 차이가 있으면 처음의 계획에 접근하도록 개선책을 마련하는 최종 단계의 관리 기능이다.

② 경영관리 기법

- ㉠ 벤치마킹 : 조직의 업적 향상을 위해 최고수준에 있는 다른 조직의 제품, 서비스, 업무방식 등을 서로 비교하여 상대의 강점을 파악하고 새로운 아이디어를 얻어 경쟁력을 확보해 나가는 체계적이고 지속적인 경영혁식 기법이다.
- ㉡ 스왓(SWOT) 분석 : Strengths(강점), Weaknesses(약점), Opportunities(기회), Threats(위협)의 약자로, 조직이 처해 있는 환경을 분석하기 위한 기법이다. 장점과 기회를 규명하고 강조하고 약점과 위협이 되는 요소는 축소함으로써 유리한 전략계획을 수립하기 위한 방법이다.
- ㉢ 아웃소싱 : 핵심능력이 없는 부품이나 부가가치활동은 기업 자체 내에서 조달하는 것보다

외부 전문업체에 주문하여 더 좋은 품질의 부품이나 서비스를 더 값싸게 생산 또는 제공
받는 기법이다.

  ② 다운사이징 : 조직의 효율성을 향상시키기 위해 의도적으로 조직 내의 인력, 계층, 작업,
    직무, 부서 등의 규모를 축소시키는 기법이다.

(2) 경영조직

① 민츠버그의 경영자 역할
  ㉠ 대인간 역할 : 연결자, 대표자, 지도자
  ㉡ 정보 역할 : 정보전달자, 정보탐색자, 대변인
  ㉢ 의사결정 역할 : 기업가, 협상자, 혼란중재자, 자원분배자

② 카츠의 경영자에게 필요한 기술
  ㉠ 전문적 기술 : 실무적인 기술로 일선관리자에게 필요(하위관리자)
  ㉡ 대인적 기술 : 업무를 지휘 · 통솔하는 능력(중간관리자)
  ㉢ 개념적 기술 : 조직을 전체로 보고 각 부문 간의 상호관계를 통찰하는 능력(최고경영진)

③ 종합적품질경영(TQM; Total Quality Management)
  ㉠ 경영자가 소비자 지향적인 품질방향을 세워 최고경영진은 물론 전 종업원이 전사적으로
    참여하여 품질향상을 꾀하는 활동이다.
  ㉡ 제품이나 서비스의 품질뿐만 아니라 경영과 업무, 직장환경, 조직 구성원의 자질까지도
    품질개념에 넣어 관리해야 한다.
  ㉢ 경영활동 전반에 걸쳐 경쟁적 우위를 갖추도록 모든 구성원이 참여하는 종합적 · 전사적
    경영관리체계이다.
  ㉣ 고객지향의 제품개발 및 품질보증체계(ISO-9000 등)의 확보, 품질관리를 포함한 기업전
    반의 경영관리를 전략적으로 행하는 것이다.
  ㉤ 고객중심, 공정개선, 전원참가를 원칙으로 한다.

(3) 조직화의 기본원칙

① 조직화의 목적과 근거에 대한 원칙
  ㉠ 목표단일성의 원칙 : 목표는 조직의 활동을 집중시킬 수 있는 단일성을 가지고 있어야 한다.
  ㉡ 능률성의 원칙 : 조직은 비용을 최소한으로 하여 조직의 목표 달성에 공헌할 때에만 조직
    의 유효성이 높고 능률적이라고 할 수 있다.
  ㉢ 관리범위의 원칙(감독한계 적정화의 원칙) : 한 사람의 관리자가 효과적이고 능률적으로 통
    제할 수 있는 부하의 수를 의미하는데, 이러한 관리범위는 일반적으로 조직의 상위계층에

서는 4~8명, 하위계층에서는 8~15명이다.

② 조직구조와 권한에 대한 원칙

    ㉠ 계층의 원칙 : 기업은 통상 최고경영자로부터 최하위 감독자와 작업원에 이르기까지 상호 관계의 직위로 계층을 이루고 있는데 이렇게 구성된 계층은 가급적 단축시켜야 한다는 측면에서 계층단축화의 원칙이라고도 한다.

    ㉡ 권한위임의 원칙 : 권한을 보유하고 행사해야 할 조직계층의 상위자가 하위자에게 직무를 위임할 경우 그 직무수행에 있어 요구되는 일정한 권한도 이양하는 원칙이다.

    ㉢ 권한과 책임의 균형원칙 : 모든 지위에 있어서 직무수행을 위한 권한에 대응하는 책임이 있어야 한다는 원칙이다.

    ㉣ 명령일원화의 원칙 : 한 사람의 부하는 어떠한 직무수행에 대해서든지 한 사람의 상사로부터 명령, 지시를 받아야 한다는 원칙이다.

③ 업무활동의 부문화에 대한 원칙

    ㉠ 분업의 원칙 : 분업이란 거대한 과업을 보다 작은 단일의 직무로 분할하는 것을 의미하며, 수평적 분업과 수직적 분업으로 구분되는데 수평적 분업은 지역별, 기능별, 제품별 등의 기준에 따라 업무를 분화하는 부문화의 방법이고, 수직적 분업은 경영자의 기능, 중간관리자의 기능, 현장감독 기능별로 업무를 계층화하는 방법이다.

    ㉡ 전문화의 원칙 : 조직 개개의 구성원이 가능한 한 단일의 전문화된 업무활동만을 담당한다.

    ㉢ 통합과 조정의 원칙 : 조직의 목적을 달성하기 위해서 직무를 분할하고 전문화된 하위부문의 활동과 노력을 조정·통합한다.

④ 조직화의 수정원칙(견인이론)

    ㉠ 조직통합의 원칙 : 분화보다는 통합을 우선시한다.

    ㉡ 행동자유의 원칙 : 구성원의 활동을 최대한 자유롭게 보장한다.

    ㉢ 창의성의 원칙 : 창의성을 중요시한다.

    ㉣ 업무흐름의 원칙 : 업무 흐름에 따라 조직을 편성한다.

(4) 조직의 유형

① 직계(line)조직

의의	• 경영자의 의사명령이 상부에서 하부로 직선적으로 전달되는 조직형태로서 라인조직이라고도 함 • 라인조직은 명령계통이 명확하지만 각 관리자는 부하에 대하여 전면적인 책임과 지휘를 함 • 소규모 기업에 유리한 조직구조 형태

장점	• 명령계통이 단순하고 책임, 권한의 구분이 명확함 • 신속한 의사결정 및 집행 • 상급자의 통솔력, 권한이 강해짐 • 하급자의 훈련 및 직무평가 용이
단점	• 경영관리자의 독단 가능성 • 조직구성원의 의욕과 창의력 저하 • 부문간 협조의 어려움 • 총괄경영자 양성의 어려움

② 직계 · 참모(line & staff)조직

의의	• 권한은 조직 전체의 입장에서 어떻게 배분되었는가에 따라 조직의 형태는 달라지게 되는데 조직에 있어서의 기본적인 권한의 배분구조로서 라인과 스탭이 있음 • 라인과 스탭조직은 전문적 기능을 살리고 명령계통을 확실하게 하는 것으로, 스탭이란 현재 대부분의 기업조직에 받아들여지고 있는 것으로 집행할 권한은 갖지 못하나 라인에 전문적 입장에서 조언이나 협력을 하는 것을 말함
장점	• 스탭의 전문적 지식과 경험 활용 • 스탭의 도움으로 라인관리자 부담 경감 • 스탭의 활용에 따른 비용의 증대
단점	• 라인과 스탭의 갈등 발생 가능성 • 라인의 스탭의존에 따른 의사결정 지연

③ 기능조직

의의	• Taylor의 기능별 직장제도, 관료제의 기능적 전문화에 근거한 조직구조의 형태 • 과학적 관리법의 창안자 F.W. 테일러가 라인 조직의 결함을 시정하기 위해 제창한 조직 • 관리자가 담당하는 일을 전문화하고, 분야마다 다른 관리자를 두어 작업자를 전문적으로 지휘 · 감독함 • 개별 경영활동 기능(생산, 마케팅, 연구개발, 재무, 조달 등)이 부문화의 기준
장점	• 전문화로 개별 기능의 효율성 증대 • 관리자의 관리 · 감독이 용이 • 기능분야의 전문가 양성 용이
단점	• 기능부문 간의 갈등 • 전체조직보다는 직능의 목표를 중시 • 성과에 대한 책임 한계가 불명확

④ 사업부제조직

의의	• 독립적이며 자기 충족적으로 운영될 수 있는 수익부서(profit center)를 중심으로 조직을 부문화 • 전통적 집권적 기능조직을 탈피한 분권적 조직 • 성장 기업에서 나타나는 전형적인 조직구조의 형태, 즉 사업부간 경쟁을 통한 조직 성장이 가능하게 하는 조직구조 형태 • 대체적으로 제품 혹은 지역에 따른 사업부제 채택
장점	• 고객 혹은 시장욕구에 대한 관심 제고 • 통제와 평가가 용이 • 사업부간 경쟁에 따른 단기적 성과 제고 • 목표달성에 초점을 둔 책임경영 체제 • 조직구성원의 동기 부여와 관리자의 능력개발 용이
단점	• 사업부간 자원의 중복에 따른 능률저하 • 사업부간 과당경쟁 → 조직전체의 목표달성 저해 • 최고 경영자의 권한 약화 • 단기 업적 위주

⑤ 매트릭스조직

의의	• 기능식 조직과 프로젝트 조직을 병합한 조직으로, 행렬 조직이라고도 한다. • 명령계통의 이원화로 명령일원화의 원칙에 위배된다. • 기능적 부문화에서의 장점과 분권 조직에서의 장점을 동시에 취하려는 조직이다. • 특정제품이나 브랜드마다 제품계획, 시장조사, 광고, 촉진활동 등 각 항목별로 경영 관리를 책임지는 책임자를 선정하는 방법이다.
장점	• 환경 변화에 신속한 대응(유연성) • 부서간, 계층간 불협화음의 제거 • 문제해결 지향적이며, 문제해결을 위한 다양한 전문지식 활용 • 개별 구성원의 창의력과 사기 제고
단점	• 권한과 책임의 중복에 따른 무질서 • 구성원 각자의 심리적 압박과 스트레스 • 또다른 사업부로의 변질가능성

⑥ 기타 조직 유형
  ㉠ 위원회 조직 : 부문 상호 간의 의사소통과 의견의 불일치를 극복하기 위해 기본조직 외에 위원회를 두어 집단토의를 통해 합리적인 의사결정을 하도록 한 조직이다.
  ㉡ 프로젝트 조직 : 기업의 경영활동을 과제별로 조직한 동태적 조직이자 한정된 목표를 달성 하기 위한 수평적 조직으로 목표가 달성되면 해산한다.
  ㉢ 팀형 조직 : 기존의 부서나 과 위주의 조직을 팀으로 구성하여 명령의 단일화 및 단축화를 꾀한 평탄구조의 조직으로, 인간과 일이 중시된다.

ⓔ 네트워크 조직 : 업무의 핵심부문만 남기고 그 외의 부분은 아웃소싱과 제휴로 운영하는
조직으로, 환경변화에 유연하게 대처할 수 있다.

(5) 마케팅 전략

① STP 전략

ⓐ 시장세분화(Segmentation) : 전체시장을 공통적인 수요와 구매행동을 가진 집단으로
나누는 과정이다.

ⓑ 표적시장 선정(Targeting) : 시장세분화를 통하여 기업에게 가장 유리한 조건을 갖춘 주
고객 집단을 선정하는 과정이다.

• **차별적 마케팅** : 세분시장마다 차별적 마케팅활동 수행
• **비차별적 마케팅** : 세분시장의 차이를 무시하고 단일 마케팅활동으로 전체시장 공략
• **집중적 마케팅** : 여러 세분시장 중 가장 목표에 적합한 세분시장에 마케팅활동 집중

ⓒ 포지셔닝(Positioning) : 고객에게 인식되고자 하는 이상향으로 기업의 제품과 이미지가
인식되도록 설계하는 과정이다.

② 마케팅 믹스

ⓐ 마케팅의 4요소 : 제품(Product), 촉진(Promotion), 유통(Place), 가격(Price)

ⓑ 여러 가지 형태의 마케팅 수단들을 경영자가 적절하게 결합 내지 조화해서 사용하는 전략
이다.

ⓒ **확장된 마케팅 믹스** : 마케팅 믹스 4P + 과정(Process) + 물리적 근거(Physical evidence)
+ 사람(People)

③ 관계마케팅 : 기업의 거래 당사자인 고객과 지속적으로 유대관계를 형성·유지하고 대화하
면서 관계를 강화하고 상호 간의 이익을 극대화할 수 있는 다양한 마케팅활동이다.

In addition

서비스의 특성

• **무형성** : 보거나 만질 수 없다.
• **비일관성** : 품질이 일정하지 않다.
• **동시성** : 생산과 소비가 분리되지 않는다.
• **소멸성** : 남은 용량의 서비스는 저장되지 않는다.

(6) 원가계산

① 원가계산 일반

    ㉠ 원가의 의의 : 원가란 제품을 생산하는 데 소비한 경제가치를 화폐액수로 표시한 것으로 특정한 제품의 제조, 판매, 서비스의 제공을 위하여 소비된 경제가치를 말한다.

    ㉡ 원가계산의 목적 : 가격결정의 목적, 원가관리의 목적, 예산편성의 목적, 재무제표 작성의 목적

    ㉢ 원가계산의 원칙 : 진실성의 원칙, 발생기준의 원칙, 계산경제성의 원칙, 확실성의 원칙, 정상성의 원칙, 비교성의 원칙, 상호관리의 원칙

② 원가의 3요소

    ㉠ 재료비 : 제품의 제조를 위하여 소비된 물품의 가치로서 단체급식시설에서는 급식재료비를 말한다.

    ㉡ 노무비 : 제품의 제조를 위하여 소비된 노동의 가치를 말하며 임금, 급료, 잡급, 상여금 등으로 구분된다.

    ㉢ 경비 : 원가요소에서 재료비와 노무비를 제외한 것으로 수도비, 광열비, 전력비, 보험료, 통신비, 감가상각비 등이 있다.

③ 원가계산의 3단계

    ㉠ 요소별원가계산

      • 제품의 원가를 재료비, 노무비, 경비의 3가지 요소별로 분류하여 계산하는 제1단계의 원가계산으로 비목별 원가계산이라고도 한다.

      • 제조직접비 : 직접재료비, 직접노무비, 직접경비

      • 제조간접비 : 간접재료비, 간접노무비, 간접경비

    ㉡ 부문별 원가계산 : 전 단계에서 파악된 원가요소를 원가 부문별로 파악하여 분류 집계하는 제2단계 원가계산을 말한다.

    ㉢ 제품별 원가계산 : 각 부문별로 집계한 원가를 제품별로 배분하여 최종적으로 각 제품의 제조원가를 계산하는 제3단계 원가계산을 말한다.

④ 원가의 종류

    ㉠ 직접원가

      • 특정제품에 직접 부담시킬 수 있는 원가이다.

      • 직접재료비, 직접노무비, 직접경비로 나눈다.

    ㉡ 제조원가 : 직접원가 + 제조간접비

    ㉢ 총원가 : 제조원가 + 판매관리비

    ㉣ 판매원가 : 총원가 + 판매이익

ⓜ 실제원가
- 제품을 제조한 후에 실제로 소비된 재화 및 용역의 소비량에 대하여 계산된 원가를 말한다.
- 보통 원가라고 하면 실제원가를 의미한다.
- 확정원가, 현실원가라고도 한다.

ⓑ 예정원가 : 제품의 제조 이전에 제조에 소비될 것으로 예상되는 원가를 산출한 사전원가로 추정원가라고도 한다.

ⓐ 표준원가 : 제품을 제조하기 전에 재화 및 용역의 소비량을 과학적으로 예측하여 계산한 미래원가로 실제원가를 통제하는 기능을 가진다.

⑤ 비용
ⓐ 목적비용 : 비용이 동시에 원가가 되는 비용
ⓑ 기초원가 : 원가인 동시에 비용이 되는 원가
ⓒ 중성비용 : 비용에는 있지만 원가에는 없는 비용
ⓓ 부가원가 : 원가에는 있지만 비용에는 없는 원가

⑥ 재료비의 계산

재료비의 개념	• 제품의 제조과정에서 실제로 소비되는 재료의 가치를 화폐액수로 표시한 금액 • 재료비 = 재료소비량 × 재료소비가격
재료소비량 계산	• 계속기록법 : 이 방법은 재료를 동일한 종류별로 분류하고 들어오고 나갈 때마다 수입·지출 및 재고량을 계속하여 기록함으로써 재료소비량을 파악하는 방법 • 재고조사법 : 이 방법은 원가계산 기말이나 또는 일정시간에 재료의 실제재고량을 조사하고 기말재고량을 파악하고 전기이월량과 당기구입량의 합계에서 기말재고량을 차감함으로써 재료소비량을 산출하는 방법 • 당기소비량 = (전기이월량 + 당기구입량) − 기말재고량 • 역계산법 : 이 방법은 일정단위를 생산하는 데 소요되는 재료의 표준소비량을 정하고 그것에다 제품의 수량을 곱하여 전체의 재료소비량을 산출하는 방법 즉, 제품단위당 표준소비량 × 생산량 = 재료소비량
재료소비가격 계산	• 개별법 : 재료에다 구입단가별 가격표를 붙여서 보관하여 출고할 때 그 가격표에 표시된 구입단가를 재료의 소비가격으로 하는 방법 • 선입선출법 : 재료의 순서에 따라 먼저 구입한 재료를 먼저 소비한다는 가정 아래 재료의 소비가격을 계산하는 방법 • 후입선출법 : 선입선출법과 반대로 최근에 구입된 재료부터 먼저 사용한다는 가정 아래 재료의 소비가격을 계산하는 방법 • 단순평균법 : 일정기간 동안의 구입단가를 구입횟수로 나눈 구입단가의 평균을 재료소비단가로 하는 방법 • 이동평균법 : 구입단가가 다른 재료를 구입할 때마다 재고량과의 가중평균가를 산출하여 이를 소비재료의 가격으로 하는 방법 • 총평균법 : 원가계산 기간 중의 총구입수량으로 나누어 총평균단가를 구하고 그 단가로 계산하는 방법

⑦ 감가상각

　㉠ 감가상각의 의의 : 기업의 자산 중에 고정자산의 감가를 일정한 내용연수에 일정한 비율로 할당하여 비용으로 계산하는 것으로 이때 감가된 비용을 말한다.

　㉠ 감가상각 계산요소 : 기초가격, 내용연수, 잔존가격

　㉠ 감가상각 계산방법

　　• 정액법 : 고정자산의 감가총액을 내용연수에 균등하게 할당하는 방법이다.

$$매년의 감가상각액 = (기초가격 - 잔존가격) / 내용연수$$

　　• 정률법 : 기초가격에서 감가상각비 누계를 차감한 미상각액에 대하여 매년 일정한 비율을 곱하여 산출한 금액을 상각하는 방법으로 초년도의 상각액이 가장 크며, 연수가 경과함에 따라 상각액이 점점 줄어든다.

⑧ 손익분기점

　㉠ 의의

　　• 총비용과 매출액이 일치하는 점

　　• 판매액과 생산액이 일치하는 점

　　• 이익과 손실이 0이 되는 점

　　• 매출액이 손익분기점을 상회할 때 이익 발생

　　• 총비용이 총판매액을 상회할 때 손실 발생

　㉠ 손익분기점 판매량

　　• 손익분기점 판매량 = 고정비 / 단위당 공헌마진

　　• 공헌마진 = 매출액 - 변동비

　㉠ 손익분기점 매출액

　　• 손익분기점 매출액 = 고정비 / 공헌마진율

　　• 공헌마진율 = 1- 변동비율

2 인사관리

(1) 인사관리 일반

① 인사관리 : 조직에서 일하는 사람을 다루는 제도적 체계이며 사람이 사람을 다루는 제도로서 관리의 대상과 주체 모두가 인간이다.

② 인사관리의 특성

ㄱ 관리의 대상이 인간이며, 아울러 관리의 주체도 인간이다.

ㄴ 주체와 대상이 모두 인간이라는 점에서 볼 때 인간상호작용의 관계로 볼 수 있으며, 이때 이들이 공통적으로 영향을 받고 있는 사회, 문화적 환경과 전통의 영향을 배경으로 하고 있음을 벗어날 수 없다.

ㄷ 사람이 가지고 있는 능력이나 성향을 활용하는 데 그치지 않고 그 능력이나 성향을 바꾸는 것이 더 중요시될 때도 있다.

③ **인사관리의 분야** : 인사관리의 구체적 내용은 채용, 배치, 교육훈련, 승진, 퇴직, 임금, 안전, 위생, 근로시간 등이다.

④ **인사관리의 분야별 내용**

ㄱ **채용** : 어떤 노동을 시키기 위하여 사람이 필요한가를 분명히 하는 인원계획을 기초로 한다.

ㄴ **모집방법** : 모집방법(공모 · 연고 등) · 대상 · 시험방법(학과 · 면접 · 적성검사 · 집단토의 등) 등은 채용목적에 맞춰서 선택해야 한다.

ㄷ **배치** : 채용된 사람이 일정한 직장에 배치될 때 필요한 수의 사람을 확보하는 양적 배치와, 자격요건에 따라 적정히 이루어지는 질적 배치가 모두 갖추어져야 한다. 잉여인원의 배치전환에 따른 고용확보도 근로의욕이라는 점에서 중요하다.

ㄹ **교육훈련** : 채용된 사람이 모두 기대한 자질을 구비하고 있다고 단정할 수는 없고, 끊임없는 기술혁신 등의 환경변화는 기존의 자질을 진부화시킨다. 이를 타개하기 위해서는 신입사원 교육 및 재교육을 포함한 체계적인 교육훈련이 필요하다.

ㅁ **승진** : 각 사람의 업적은 객관성이 있는 공정한 인사고과에 따라 평가되고, 그것에 기초하여 승진 · 승급 · 상여가 이루어져야 한다. 이를 위하여 합리적인 승진제도나 자격제도가 필요하고, 그러한 제도의 적정한 운용은 각 사람에게 장래의 희망을 준다는 점에서 매우 중요하다. 승진은 주로 비물질적 기회이고, 사회적 승인의 욕구를 충족시키는 유인이 된다.

ㅂ **임금** : 공헌에 대한 유인의 대표적인 보상이다. 종래에는 연공서열형승진과 임금제도가 중심이 되어왔으나 내외환경의 변화는 이러한 것들의 유효성을 저하시켜서, 능력 위주의 승진과 직무 · 업적에 따른 임금의 필요성을 증대시켜 가고 있다. 이러한 방향으로 진행하는 데는 기초적으로 직무분석과 직무평가를 철저히 하고, 직무를 중심으로 하여 능력개발 · 배치 · 업적평가 및 급여를 정할 필요가 있다.

ㅅ **근로시간** : 인적 자원의 장기효율적 이용에 있어서 근로시간 문제는 매우 중요하다. 근로시간은 단축되는 방향으로 대세가 흐르고 있어 주휴 2일제를 채택하는 회사들이 점차 증가하고 있다. 인적자원의 효율적인 이용을 위하여, 주체적 조건의 정비뿐만 아니라, 작업조건과 함께 작업환경 개선에도 힘을 기울일 필요가 있다.

⑤ 인사관리의 목적

    ㉠ 기업의 경영목적의 효율적인 달성에 기여하는 데 있으며, 성과는 이익 · 업적 · 생산성 · 비용 · 품질 · 결근율 · 이직률 등에 나타난다.

    ㉡ 종업원 각자의 욕구를 충족시켜줌으로써 기업의 협동적 의욕을 높이는 것으로, 성과는 사기조사(morale survey) 등을 통해 측정할 수 있다.

    ㉢ 신체장애자의 고용, 정실주의의 배제, 성별 · 학력별 차별의 폐지, 지역사회의 복지향상과 같은 사회적 책임의 수행과도 관련을 갖는다.

(2) 직무분석

① 직무분석의 의의

    ㉠ 직무에 포함되는 일의 성질이나 직무를 수행하기 위하여 종업원에게 요구되는 적성에 대한 정보를 수집 · 분석하는 것을 말한다.

    ㉡ 한 사람의 종업원이 수행하는 일의 전체를 직무라고 하며, 인사관리나 조직관리의 기초를 세우기 위하여 직무의 내용을 분석하는 일을 직무분석이라고 한다.

    ㉢ 직무분석의 결과는 직무기술서나 직무명세서로 종합 · 정리되어, 채용 · 승진 · 배치전환 · 교육훈련 · 임금 · 안전위생 등 인사관리나 직무분담 · 부서편성 · 지휘감독 등의 조직관리에 자료를 제공한다.

② 직무분석방법

    ㉠ 면접법(interview method) : 직무분석자가 직무수행자에게 면접을 실시하여 직접 정보를 얻는 방법으로, 준비된 질문항목으로 직무를 수행하는 작업자나 직무수행자의 감독자를 면접하는데 특히 직무수행 기간이 긴 경우에는 직무수행자가 이를 요약하여 설명해 줄 수 있으며, 직무수행자의 정신적 · 육체적 활동을 모두 파악할 수 있는 장점이 있다. 그러나 직무분석자와 직무수행자 간에 친밀한 관계를 유지해야 하고, 직무수행자들이 직무분석 과정을 호의적이고 유용한 것으로 이해할 수 있어야 한다.

    ㉡ 관찰법(observation method) : 직무분석자가 직무수행자인 작업자 옆에서 직무수행을 관찰 · 기술하는 방법으로, 생산조립라인 직무 등과 같이 직무수행 기간이 짧은 경우, 면접이나 질문지를 작성할 상황이 못 되는 경우에 이용된다. 이 방법은 실시하기가 간편하다는 장점이 있지만, 객관적인 정보를 얻기 위해서는 작업수행자의 작업이 관찰자에 의하여 영향을 받지 않아야 하며, 정신적인 작업의 경우에는 관찰이 불가능하고, 작업시간이 길거나 직무의 성격이 반복적이지 않은 경우에는 관찰에 많은 시간이 걸린다는 단점이 있으므로 고급숙련도를 요구하지 않는 현장작업에 적합하다.

    ㉢ 질문지법(questionnaire method) : 직무에 대한 설문지를 작성하여 작업자가 이에 응답하도록 하여 직무분석에 필요한 자료를 수집하는 방법이다. 설문지에는 직무의 내용,

직무수행의 방법·목적·과정 등에 대한 질문이 포함되며 면접담당자가 필요하지 않고 시간과 노력이 절약된다는 장점이 있으나 설문지의 유형과 작업자의 정확한 정보제공이 중요하다.

  ㉣ **중요사건기록법(critical incident method)** : 직무수행에 결정적인 역할을 한 사건이나 사례를 중심으로 직무를 분석하는 방법이다. 직무성과를 효과적으로 수행한 행동양식을 추출하여 분류하는 방식으로서 직무행동과 직무성과 간의 관계를 직접적으로 파악할 수 있는 반면 수집된 직무행동을 분류·평가하는 데 많은 시간과 노력이 필요하고 직무분석에서 필요로 하는 포괄적인 정보를 획득하는 데에는 한계가 있다.

  ㉤ **작업기록법(employee recording method)** : 직무수행자가 작성하는 작업일지나 메모사항을 참고하여 정보를 수집하는 방법으로서 장기간 작성된 작업일지는 내용에 대한 신뢰도를 충분히 확보할 수 있으므로 엔지니어나 고급관리자가 수행하는 직무 등과 같이 관찰하기 어려운 직무인 경우에 많이 이용된다.

  ㉥ **경험법(experiential method)** : 직무분석자가 직무를 직접수행해보는 방법으로, 기술발전과 지식의 증가로 실질적인 수행에 의하여 연구될 수 있는 직무는 많지 않다.

③ **직무기술서**

  ㉠ 직무분석의 결과 직무의 능률적인 수행을 위하여 직무의 성격, 요구되는 개인의 자질 등 중요한 사항을 기록한 문서이다.

  ㉡ 인사관리의 기초가 되는 것으로 직무의 분류, 직무평가와 함께 직무분석에 중요한 자료이다. 일반적으로 직무명칭, 소속직군 및 직종, 직무의 내용, 직무수행에 필요한 원재료·설비·작업도구, 직무수행 방법 및 절차, 작업조건 등이 기록되며, 직무의 목적과 표준성과를 제시해줌으로써 직무에서 기대되는 결과와 직무수행 방법을 간단하게 설명해 준다.

  ㉢ 사무직, 기술직, 관리직에 모두 적용되어 직무평가와 승진인사의 결정기준으로 사용되며, 경영간부육성의 기준이 되는 기능도 갖고 있으므로 이 경우에는 특히 직위기술서라고도 한다.

  ㉣ 직무기술의 양식은 개별직무기술서와 연합직무기술서로 나눌 수 있으며, 직무의 특성이 강조된다는 점에서 인적 요건을 중점적으로 다루는 직무명세서와 차이가 있다.

  ㉤ 영국경영학회(British Institute of Management)에서 발표한 직무기술서에는 직무확인사항·직무개요·직무내용·직무요건 등으로 구성되어 있다.

④ **직무명세서**

  ㉠ 직무분석의 결과를 인사관리의 특정한 목적에 맞도록 세분화시켜서 구체적으로 기술한 문서이다.

  ㉡ 직무의 특성에 중점을 두어 간략하게 기술된 직무기술서를 기초로 하여 직무의 내용과 직

무에 요구되는 자격요건, 즉 인적 특징에 중점을 두어 일정한 형식으로 정리한 문서이다.

ⓒ 주로 모집과 선발에 사용되며 직무의 명칭, 소속 및 직종, 교육수준, 기능·기술 수준, 지식, 정신적 특성(창의력, 판단력 등), 육체적 능력, 작업경험, 책임 정도 등에 관한 사항이 포함된다.

ⓔ 직무분석의 목적에 따라 고용명세서, 교육훈련용·조직확립용·임금관리용 직무명세서, 작업방법 및 공정개선명세서 등이 있으며, 직무기술서와 더불어 직무개선과 경력계획, 경력상담에 사용된다.

ⓜ 직무분석의 결과를 문서로 정리·기록하였다는 점에서는 직무기술서와 같으나 직무기술서가 직무내용과 직무요건을 동일한 비중으로 다루고 있는데 비해, 직무명세서는 직무내용보다는 직무요건에, 그 중에서도 인적요건에 큰 비중을 두고 있다는 점에 특징이 있다.

(3) 직무평가

① 직무평가의 의의

ⓐ 직무의 각 분야가 기업 내에서 차지하는 상대적 가치를 결정하는 일을 말한다.

ⓑ 각각의 직무가 지니는 책임도, 업무수행상의 곤란도, 복잡도 등을 비교 평가하여 이들에 대한 상대적인 서열을 매긴다.

ⓒ 직무평가는 직무에 관한 사실을 파악하여 분석하는 과정, 이들 사실을 직무기술서에 정리하는 과정, 직무기술서를 기초로 하여 어떠한 평가방법에 의해 직무를 평가하는 과정, 이 평가를 기초로 하여 직무의 임금을 결정하는 과정 등 네 가지 과정을 포함한다.

② 직무평가의 목적

ⓐ 각 직무의 질과 양을 평가하여 직무의 상대적인 유용성을 결정하기 위한 자료를 제공한다.

ⓑ 공정타당한 임금편차에 의하여 종업원의 노동의욕을 증진하고, 노사간의 관계를 원활하게 한다.

ⓒ 직계제도 내지 직제의 확립과 직무급의 입안 등의 기초가 된다.

ⓓ 동일 노동시장 내의 타기업과 비교할 수 있는 임금구조의 설정에 대한 자료를 제공한다.

ⓔ 합리적인 임금지급, 노동조합과 교섭의 기초가 된다.

③ 직무평가 방법

ⓐ 서열법 : 각 직무의 중요도, 곤란도, 책임도 등을 종합적으로 판단하여 일정한 순서로 늘어놓는다.

ⓑ 분류법 : 제시된 제반 요소로 직무의 가치를 단계적으로 구분하는 등급표를 만들고 평가직무를 이에 맞는 등급으로 분류한다.

ⓒ 요인비교법 : 급여율이 가장 적정하다고 생각되는 직무를 기준직무로 하고 그에 비교해 지식·숙련도 등 제반 요인별로 서열을 정한 다음, 평가직무를 비교함으로써 평가직무가 차

지할 위치를 정한다.

    ⓔ **점수법** : 책임, 숙련, 피로, 작업환경 등 4항목을 중심으로 각 항목별로 각 평가점수를 매겨 점수의 합계로써 가치를 정한다. 점수법이 가장 과학적이기 때문에 널리 보급되어 있지만, 각 항목에 대하여 어떻게 중요도를 두느냐는 것이 자의적이고, 각 항목은 상호간에 서로 가산될 수 없는 이질적 요소이기 때문에 결코 과학적이라고 할 수 없다.

④ **근무평정**

    ㉠ 직장의 감독자가 일정한 기준에 따라 종업원의 근무성적을 분석적으로 평정하는 일로 인사고과, 종업원평정, 성적평정 또는 업적평정 등과 같이 다양하게 표현한다.

    ㉡ 종업원의 현재적인 업무수행상의 업적과 집무태도와 이를 통한 미래의 잠재적 능력 및 성격을 상위자가 측정 · 평가하도록 하는 제도로서, 종업원의 실무능력, 성격, 적성 및 장래성 등이 판정된다. 이는 임금률 조정, 적재적소 배치, 종업원의 특성 및 결함파악, 이에 대한 적절한 지도 및 교육 등을 통하여 인사의 합리화 · 능률화를 기하는 것이 목적이다.

    ㉢ 근무평정을 실제로 행하는 경우 객관적 평가가 행해지기 어려운 점과 평정자가 전단적이 되지 않도록 배려할 필요가 있다는 점 등이 있으므로 목적달성을 위해서는 평정방법의 객관성은 물론, 평정자의 신뢰성 구비 및 평가과정의 합리화와 민주화를 기할 필요성이 있다.

    ⓔ 평정방법은 성적순위법, 대인비교법, 표준기록법, 인물명세표법, 강제배분법 등이 있다.

(4) 직무설계

① **직무설계의 의의**

    ㉠ 조직 전체 차원에서의 직무내용과 이에 수반되는 직무별 보상, 개별 직무수행에서 요구되는 자질 등을 계획하는 관리과정이다.

    ㉡ 조직이 관리행위를 전개하기 이전에 계획되어야 하는 필수적 선행 요건인 동시에 조직시스템의 기초적인 요인으로 관리체제 정립과 직무의 성격 및 직무의 상대적 가치의 결정 등에 의해서 조직관리의 기준과 표준을 마련하는 중요한 계획과정이다.

    ㉢ 조직목표달성과 개인욕구충족의 극대화를 위하여 구조적 및 인간관계 측면을 고려한 조직구성원의 직무관련 활동을 설계하는 과정이다.

② **직무설계기법**

    ㉠ **과학적 관리법(F. W. Taylor)** : 테일러에 의해서 제시된 과학적 관리법은 작업자의 유효성을 증대시키기 위한 최초의 직무설계방법으로, 조직 내의 각 작업요소를 단순화, 표준화, 전문화하는 것을 핵심요소로 본다.

    ㉡ **직무순환(Job rotation)** : 작업자들이 완수해야 하는 직무는 그대로 놓아두고 작업자들의 자리를 교대 이동시키는 방법으로, 한 작업자가 같은 직무만 하면 지루하기도 하고 한

가지 기술밖에 익힐 수 없지만 동료들과 자리를 바꾸면 동료의 직무도 배울 수 있고 지루함도 어느 정도 감소시킬 수 있다.

ⓒ 직무확대(Job enlargement) : 직무확대는 전문화와 표준화의 원리로부터 벗어나 직무를 재설계하려는 최초의 시도로, 과업의 다양성을 증진시키기 위하여 직무를 수평적으로 확대하는 것을 말한다.

ⓔ 직무충실화(Job Enrichment) : 허즈버그(F. Herzberg)는 그 자신의 동기-위생이론을 기초로 하여 직무충실화를 제안하였으며, 허즈버그는 직무가 종업원들에게 성취감, 책임감, 발전성 등과 같은 긍정적인 직무경험을 제공할 경우에만 동기유발을 시킬 수 있다고 믿었다. 직무충실화란 직무수행을 통하여 작업자에게 자아성취감과 일의 보람을 느낄 수 있도록 직무내용과 환경을 설계하는 방법이다.

(5) 인사고과

① 인사고과의 의의

ⓐ 기업 내 각 종업원에 대한 인사정보자료를 수집 · 분석 · 평가하는 과정으로, 인사평가 또는 근무평정이라고 한다.

ⓑ 기업이 요구하는 직무의 자격요건에 비추어서 각 종업원의 근무태도, 업무수행능력, 업무성과, 적성 · 장래성 등을 정확히 평가하고, 그 결과를 토대로 종업원의 합리적 인사처우 및 인재육성 · 활용에 이용하는 인사관리의 핵심 과제라 할 수 있다.

ⓒ 종업원 개개인의 근무태도와 능력 · 업적 · 적성 등의 평가를 통하여 종업원의 현재적 · 잠재적 특성과 가치를 파악하는 과정으로, 공정한 인사처우의 실현을 위한 선행요건이다.

② 인사고과의 필요성

ⓐ 성과 향상 : 당사자는 물론 상사나 동료의 잘못된 행동을 파악하고, 수정할 수 있으며, 그 행동의 반복을 피할 수 있다.

ⓑ 기업가치의 측정 : 경영의 목표인 이익창출을 위해서는 손익계산 및 비용 산출을 거쳐 산출물의 추후 가치를 측정해서 계획을 세워야 한다. 그러기 위해서는 제품, 시설, 원료 등에 대한 가치도 알고, 그것을 조율하는 인적 자원의 가치 및 값도 파악해야 한다.

ⓒ 공정한 보상 : 사원은 공정한 보상이 따를 때 회사에 더 공헌하려고 노력할 것이다. 그러므로 더 공헌한 사람에게 더 많이 보상하고, 그렇지 못한 사람에게는 더 작은 보상을 하기 위해서는 공정하고 정확한 성과측정이 필요하다.

ⓓ 효과적 인력계획과 배치 : 인사고과는 인력 운영자에게 회사가 가지고 있는 가치, 능력, 특기 등의 정보를 제공하려고 할 것이다. 인력 운영자는 이러한 자료를 토대로 회사에 잉여인력과 부족인력을 파악할 수 있으므로 어느 종류의 인력을 더 채용하고, 또 어떤 사람을

내보내야 하는지 인력수급 계획을 세워 효율적인 선발과 방출을 할 수 있다.

  ◎ 종업원 능력 개발 : 종업원에 대한 동기부여가 가능하게 한다. 즉, 종업원들은 자신의 행동이 타인에 의해 평가를 받는다고 생각되면 더 열심히 하지만 아무런 평가나 후속 조치가 없을 경우 흥미를 잃을 뿐만 아니라 업무 성과도 나빠진다.

  ⊎ 종업원들의 개발 노력을 헛되지 않게 함 : 종업원 각자의 강점과 약점을 평가하고 부족한 부분에 대한 집중 보완이 효율적이기 때문에 인사고과 결과를 본인에게 피드백 시켜주면서 본인이 깨닫게도 하고 어떠한 능력을 더 키우라는 자세한 충고가 뒤따라야만 한다.

 ③ 인사고과 평정상의 오류

  ㉠ **현혹효과** : 고과자가 피고과자의 어떠한 면을 기준으로 해서 다른 것까지 함께 평가해 버리는 경향

  ㉡ **관대화 경향** : 피고과자의 실제의 능력이나 실적보다 더 높게 평가하는 경향

  ㉢ **중심화 경향** : 평가의 결과가 평가상의 중간으로 나타나기 쉬운 경향

  ㉣ **규칙적 오류** : 가치판단상의 규칙적인 심리적 오류에 의한 것으로 이를 항상 오류라고도 함

  ㉤ **시간적 오류** : 고과자가 피고과자를 평가함에 있어서 쉽게 기억할 수 있는 최근의 실적이나 능력중심으로 평가하려는 데서 오는 오류

  ㉥ **대비오류** : 고과자가 자신이 지닌 특성과 비교하여 피고과자를 평가하는 경향

  ㉦ **논리적 오류** : 서로 상관관계가 있는 요소 간에 어느 한쪽이 우수하면 다른 요소도 당연히 그럴 것이라고 판단하는 경향

  ㉧ **주관의 객관화** : 자기 자신의 특성이나 관점을 타인에게 전가시키는 경향

  ㉨ **지각적 방어** : 자기가 지각할 수 있는 사실을 집중적으로 파고들면서도 보고 싶지 않은 것을 외면해 버리는 경향

(6) 배치 · 이동

 ① 배치 · 이동의 의의

  ㉠ 배치는 종업원을 각 직무에 배속시키는 것을 말하고, 이동은 배치된 종업원을 필요에 의하여 현재의 직무에서 다른 직무로 전환시키는 것을 말한다.

  ㉡ 현대의 경영조직은 급격한 환경변화와 이에 따른 능력주의가 요구되면서 종업원의 적재 · 적소의 배치가 중요해지고 있다.

  ㉢ 종업원의 능력에 맞는 배치와 유연적인 인사고과가 없다면 조직의 경직화와 종업원의 사기가 저하됨으로써 조직의 유효성을 달성할 수 없다.

  ㉣ 급변하는 환경에 능동적인 대처를 위하고 적응하기 위해서는 능력주의적인 인사관리와 이에 따른 적절한 배치가 필연적이라 할 수 있으며, 이를 통한 종업원의 사기 향상과 기업

내에서의 자아발전을 위한 기회를 부여함으로써 중장기적으로 조직의 생산성 향상 및 조직의 유효성을 추구할 수 있다.

② 배치 · 이동의 원칙

ㄱ 적재적소주의 : 기업은 종업원이 소유하고 있는 능력과 성격 등의 면에서 최적의 지위에 배치되어서 최고의 능력을 발휘하는 것을 기대한다. 따라서 적재적소주의는 능력본위의 인사관리를 위한 가장 기초적인 요건이다.

ㄴ 능력(실력)주의 : 능력을 발휘할 수 있는 영역을 제공하여 그 일에 대해 올바르게 평가하고, 평가된 능력과 업적에 대해서 만족할 수 있는 대우를 하는 원칙이다. 여기서 말하는 능력은 현재 능력뿐만 아니라 잠재적 능력까지도 포함하는 개념이며, 배치 · 이동에 있어서 능력주의는 능력을 개발하고 양성하는 측면도 고려해야 한다.

ㄷ 인재육성주의 : 사람을 성장시키면서 사용해야 한다는 원칙으로, 이러한 인재육성주의는 구성원의 자주성 · 자율성이 존중되는 현대사회에 있어서 더욱 중요시된다.

ㄹ 균형주의 : 배치 및 이동에 대하여 단순히 본인만의 적재적소를 고려할 것이 아니라 상하 좌우의 모든 사람에 대해서 평등한 적재적소와 직장 전체의 적재적소를 고려할 필요가 있다.

(7) 교육, 훈련방법

① 종업원의 교육훈련

ㄱ 입직훈련(Orientation training)

- 신입사원으로 하여금 새로운 직장의 환경에 적응하기 위한 훈련으로 도입훈련(entrance training)이라고도 한다.
- 훈련내용은 조직 전체에 대한 개괄(역사, 경영방침, 조직구조), 직무와 개개 종업원과의 관계(규정, 근로조건), 기타 조직의 일원으로 필요한 입문교육(직무지식, 예절, 상식) 등이다.
- 입직훈련은 조직문화의 관점에서 볼 때 입사 초기부터 조직의 전통적 가치를 습득시키고 조직체의 사람을 만드는 조직사회화의 과정이기도 하다.

ㄴ 직장 내 훈련(On-the-Job Training, OJT)

- 종업원이 직무에 관한 지식과 기술을 현직에 종사하면서 감독자의 지도하에 훈련받는 현장실무 중심의 현직훈련으로서 직무훈련이라고도 하며, 실질적으로 적용 가능한 방법이어서 오늘날 교육훈련 방법 중 가장 많이 사용되고 있다.
- 전사적인 교육훈련의 프로그램에 의해 실시되는 것이 아니고 각 부서의 장이 주관하여 모든 계획과 집행의 책임을 지는 부서 내 교육 훈련이다.

- 일을 하면서 훈련을 할 수 있고, 종업원의 습득 정도나 능력에 맞춰 훈련을 할 수 있으며, 상사나 동료 간의 이해와 협조정신을 높일 수 있다는 장점이 있는 반면에, 일과 훈련의 병행에 따른 심적 부담과 다수의 종업원을 훈련하는 데 적절치 못하며, 훈련 내용 및 정도가 통일되지 못할 수 있다는 단점이 있다.

ⓒ 도제훈련
- 작업장이나 일정한 교육장소에서 상사와 피훈련자 간 1:1로 훈련하는 방법으로, 도제(徒弟)라는 용어에서처럼 사제지간의 의미가 강하기 때문에 직장 밖에서 받는 훈련에 비해 자신의 직속 상사에게 직접적으로 개인훈련을 받는다는 의미를 뜻한다.
- 도제훈련의 장점은 교육자로부터 일대일 학습이 가능하기 때문에 피훈련자의 경험학습 효과가 크고 피훈련자가 직무현장에서 근무하면서 배우는 것이기 때문에 소정의 임금을 받을 수 있으며 교육자와 피훈련자 간의 지속적인 상호 작용으로 시간이 지나감에 따라 새로운 업무기술을 창출할 수 있다는 것이다.
- 특수한 직무를 수행하기 위해서 필요한 경우가 많기 때문에 장기간의 시간과 비용이 소모된다는 단점을 가지고 있다.

ⓓ **직장 외 훈련(Off-JT)**
- 종업원을 일정기간 직무로부터 분리시켜 기업 내 연수원 같은 일정 장소에 집합하여 교육훈련에만 열중하게 하는 직무의 훈련으로, 교육훈련담당 스태프의 책임 하에 연수원이나 외부의 전문교육훈련기관에 위탁하여 실시한다.
- 현직을 떠나서 전문가의 지도 아래 훈련에만 전념할 수 있어 통일적 · 단체적 집단훈련이 가능하다.
- 다른 부서의 종업원과 지식, 경험 등을 서로 교환할 수 있는 장점이 있지만, 교육훈련 내용이 추상적이고 이론적이어서 현장과 괴리될 수 있으며, 훈련시설의 설치 및 이용에 따른 경제적 부담과 일손이 모자라는 중소기업은 작업시간 감소로 실시가 용이하지 않다는 단점이 있다.

ⓔ **직능별교육훈련** : 각 부서에 종사하는 종업원들의 업무관련 지식의 수준향상과 고 기능화를 통한 숙련인력의 개발을 목적으로 실시한다.

② **감독자의 훈련**

ⓐ **산업 내 훈련(Training Within Industry, TWI)**
- 계장, 반장 및 조장 등과 같은 현장감독자의 지도, 통솔력 양성과 관리에 기초적인 지식, 기술배양이나 능력의 향상을 목적으로 실시되는 훈련이다.
- TWI는 감독자로서의 조건을 갖추기 위해 3대 기본과정을 설치하고 8~10명의 감독자를 한 조로 편성해서 매 과정마다 두 시간 단위의 화합을 다섯 번 갖도록 한다.

- 3대 기본과정으로는 작업지도 및 훈련능력을 배양하기 위한 작업지도훈련(job instruction training, JIT), 작업방법 개선능력을 향상시키기 위한 작업방법개선훈련(job method training, JMT), 작업상의 인간관계, 특히 부하에 대한 지휘통솔력을 향상시키기 위한 작업상의 인간관계훈련(job relations training, JRT)이 있다.

ⓛ 브레인스토밍(Brainstorming)

- 오스본(A.F. Osborn)이 고안한 것으로 두뇌선풍 또는 두뇌폭풍이라고도 한다.
- 자유연상법을 이용하여 독창적 아이디어를 개발하기 위한 방법으로, 여러 사람으로 하여금 자유롭게 아이디어를 내게 하고 이것을 결합, 교체, 연결하여 실행 가능한 새 아이디어를 개발한다.
- 새 아이디어를 개발하는 원칙으로는 첫째, 아이디어가 많을수록 좋다. 둘째, 한 사람보다 여러 사람이 많은 아이디어를 낼 수 있다. 셋째, 일반적으로 비판은 금지된다. 넷째, 제출된 아이디어를 결합하거나 개선하도록 한다.

ⓒ 역할연기법(Role playing)

- 어떤 주어진 사례나 문제에서 어떠한 인물의 역할을 실제로 연기해 봄으로써 그의 당면한 문제를 체험해 보는 교육훈련 방법이다.
- 실제의 인간 관계적 상황을 가상한 현장실습교육으로서 심리극(psycho drama)이라고도 한다. 이 방법은 감독층, 관리자들의 인간관계훈련이나 판매 훈련용으로 사용된다.

③ 중간관리층 교육훈련

㉠ 관리자훈련프로그램(Management Training Program, MTP)

- 미공군에서 중간관리자를 훈련시키기 위해 개발한 방법으로, 산업내훈련(TWI)보다 상위의 관리층을 대상으로 비교적 광범위한 경영문제, 경영원리 해설, 관리자로서의 필요한 관리기술 지도를 목적으로 한다.
- 관리자의 책임분야로 조직의 이해와 운영, 작업의 관리, 작업의 개선, 부하의 훈련, 인간관계, 관리의 전개 등 6개 부문 20개 항목으로 구성되어 있으며, 주로 회의식 토의방법을 활용한다.

㉡ 중견간부이사회제도(Junior boards of executives)

- 중견간부들로 하여금 경영관리자로서의 경험을 쌓고 그에 맞는 자질과 능력을 배양하는 훈련방법으로, 복수경영제도 또는 청년이사회제도라고도 한다.
- 기업 내의 문제점이나 건설적인 제안들을 조사하여 이사회 및 상위경영진에 건의하고 경영자로서의 실무경험을 쌓는 상설자문기관으로 두어 미래의 경영자를 배출하는 도구로 사용되기도 한다.

④ 경영자개발교육훈련

최고경영자 훈련프로그램 (Administrative Training Program, ATP)	• 기업의 최고경영층(top management)을 대상으로 하는 토의식 경영강좌의 한 방법으로 경영간부에게 최신의 과학적 기업경영에 관한 지식과 기법을 지도하는 것을 목적으로 함 • 주요 강좌내용 : 기업의 목적과 경영방침, 조직상 문제(형태, 권한과 책임 등 조직편성과 구조), 제반관리문제(인사, 자재, 예산, 원가, 품질 등), 관리과정과 업무실시 조정(작업결정, 할당, 집행, 검토) 등에 관한 문제
감수성 훈련 (Sensitivity training)	• 다른 사람이 느끼고 생각하는 것을 정확히 감지할 수 있는 능력과 반응하는 태도, 행동을 개발하는 경영자 육성 방법 • 서로 알지 못하는 8~10명의 소집단 형태로 소위 대인 관계 문화 체험이라는 사회적 조건 하에서 1~2주간 집단생활을 통해 자신의 감정이나 행동이 타인에게 미치는 영향과 타인의 반응을 체험하여 상대방에 대한 민감성을 높임과 동시에 집단간의 상호작용을 통하여 자신의 행동개선과 대인관계 기술을 향상시키려고 함
비즈니스 게임 (Business game)	• 모의기업경영 경기라고도 하며, 경영자들에게 경영의사결정의 중요성을 훈련시키는 일종의 사례연구법 • 보통 5~6명이 한 조로 된 여러 개의 집단이 가상적인 모의회사의 경영진이 되어 부여된 각종 상황(생산비, 설비투자, 광고, 연구개발 등)에서 의사결정을 내린 후 그 결과를 심사집단에서 평가하여 통보함으로써 우열을 가림 • 가상적인 경영게임을 통해 복잡다양한 경영문제에 대한 의사결정 훈련을 함으로써 수년에 걸치는 실무상의 경험을 수일 내에 습득할 수 있게 해줌
인바스켓 훈련 (In basket training)	• 가상적인 상황을 실제와 비슷하게 설정하고 가상적 요구에 따라 의사결정이나 업무수행을 하도록 하는 훈련방법으로, 상사로부터 오는 메모, 전보, 편지, 지시, 전화 메시지 등 실제 상황과 비슷한 업무지시용지(business papers)를 바스켓 안에 넣어 놓고 훈련참가조로 하여금 이를 꺼내 정한 시간 내에 상황 분석을 하고 회답, 주문, 회의구상 등 적절한 조치를 취하도록 함 • 경영자 개발과 능력평가에 사용됨

(8) 임금관리

임금 및 임금관리	• 임금은 기업의 입장에서 보면 기업에 제공된 노동의 대가이고, 종업원의 입장에서 보면 생활의 원천이 되는 소득임 • 임금관리는 사용자와 노동자의 상반되는 이해관계를 조정하여 상호이익의 방향으로 임금제도를 형성함으로써 노사관계의 안정을 도모하고, 이를 바탕으로 노사협력에 의한 기업의 생산성 증진과 근로자들의 생활향상을 달성하는 데 그 목적이 있음
임금관리의 중요성	• 임금은 개별근로자의 입장에서 볼 때 승진과 함께 조직에서 일을 하는 가장 중요한 이유가 됨 • 근로자의 동기부여를 위해 회사가 가질 수 있는 가장 강력한 관리수단임 • 근로자들이 자신이 받는 임금에 대해 충분하게 수긍할 수 있도록 하는 것이 무엇보다도 중요함

	• 장기경영전략, 인적자원관리전략, 인사관리시스템, 임금관리의 흐름 속에서 전략적인 임금관리가 이루어지도록 함
임금관리의 목적	• 외부노동시장에서 우수한 인적 자원을 유인 • 회사 내 우수한 인적 자원을 유지 • 회사 내 모든 인적 자원의 동기유발
임금수준 결정요인	• 생계비수준 • 기업의 지불능력 • 사회일반의 임금수준
임금체계	• **연공급체계** : 임금이 근속을 중시하는 것으로 기본적으로는 생활급적 사고원리에 따른 임금체계 • **직능급체계** : 직무수행능력에 따라 임금의 사내격차를 만드는 체계 • **직무급체계** : 직무의 중요성과 곤란도 등에 따라서 각 직무의 상대적 가치를 평가하고 그 결과에 의거하여 임금액을 결정하는 체계
임금형태의 관리	• **고정급(시간급)제** : 수행한 작업의 양이나 질과는 관계없이 단순히 근로시간을 기준으로 임금을 산정, 지불하는 방식 • **성과급제** : 노동의 성과를 측정하고 그 결과에 따라 임금을 산정, 지급하는 제도

> **Tip**
>
> 집단성과급제도
> • **스캘론플랜** : 수시로 노사위원회제도를 통하여 성과활동과 관련된 상호작용적인 배분방법이다.
> • **럭커플랜** : 근대적이고 동적인 임금방식의 대표적인 것으로 경영성과분배의 커다란 지침이 되며 생산가치, 부가가치를 산출하고 이에 의해서 임금상수를 산출하여 개인임금을 결정하지만, 모든 결정은 노사협력관계를 유지하기 위하여 위원회를 통하여 이루어진다.
> • **프렌치시스템** : 공장의 목표를 달성하는데 있어서 모든 노동자들의 중요성을 강조하고 최적 결과를 얻기 위해 노동자들의 노력에 대한 자극을 부여하려는 제도이다.

(9) 복리후생제도

① 종업원의 복리후생을 위한 제반시설 및 제도는 노동력의 재생산을 위한 보조적 수단이라고 할 수 있지만, 경영관리의 내용이 고도로 발전하고 변화된 오늘날의 기업에 있어서는 대단히 중요한 의의를 갖는다.

② 원칙 : 적정성의 원칙, 합리성의 원칙, 협력성의 원칙

③ 종업원에 대한 이익

  ㉠ 사기앙양, 복지에 대한 인식이 깊어지고 불만이 감소한다.

  ㉡ 경영자와의 관계가 개선되며, 고용이 안정되고 생활수준이 향상된다.

  ㉢ 건설적으로 참가하는 기회가 늘어나고, 기업의 방침 및 목적에 대한 이해가 커진다.

ⓔ 지역사회의 시설 및 기관에 대한 종업원 개인으로서의 관심과 이해가 촉진된다.

④ **사용자에 대한 이익**

㉠ 생산성의 향상과 원가가 절감되며, 팀워크의 정신이 왕성해진다.

㉡ 결근, 지각, 사고, 불만 및 노동자이동률이 감소되며, 인간관계가 개선된다.

㉢ 채용 및 훈련비용이 절감되며, 종업원과 건설적으로 일할 기회가 늘어난다.

ⓔ 기업의 방침과 목적으로 과시할 기회가 많아지며, 회사의 PR을 할 계기가 늘어난다.

In addition

노동조합 가입 방법

• 클로즈드 숍(closed shop) : 조합원만이 고용될 수 있는 제도로, 종업원의 채용 · 해고 등은 노동조합에서 결정한다.

• 오픈 숍(open shop) : 조합원 또는 비조합원이 자유로이 채용될 수 있으며, 조합의 가입이나 탈퇴는 종업원의 자유에 맡긴다.

• 유니언 숍(union shop) : 클로즈드 숍과 오픈 숍의 중간적 형태로, 비조합원도 채용될 수 있으나 채용 후 일정기간 내에 조합에 가입하여야 하며, 가입 거부 시 해고된다.

(10) 리더십이론

① **맥그리거의 XY이론**

㉠ **X이론** : 수동적 인간관으로, 인간은 원래 게으르며 가능하면 일을 하지 않으려고 회피하기 때문에 조직목표를 달성하기 위해서는 처벌로 강제하고 통제해야 한다.

㉡ **Y이론** : 자발적 인간관으로, 인간은 본래 일을 즐기고 자아실현을 위해 노력하는 존재이므로 관리자는 도와주는 역할만을 수행해야 한다.

② **피들러의 상황적합이론**

㉠ 상황에 따라 효과적인 리더십은 달라진다.

㉡ 리더십의 결정요인이 리더의 특성에 있는 것이 아니라 리더가 처해있는 조직적 상황에 있다는 주장이다.

㉢ 초기의 리더십 이론은 리더십을 단지 지도하는 개념으로 보고 지도자에게 편중되어 있었으나, 사회변화 등 시대적인 조류에 따라 구성원과의 협력이란 차원에서 리더십이 조정되고 발전하였다.

ⓔ 이 이론은 각기 다른 상황은 리더십에 있어서 다른 접근방식이 요구된다는 전제 아래 어떤 상황이든 가장 효과적인 리더십을 발휘하기 위해 리더의 지위권력, 수행해야 할 과제의 구조와 본질, 리더와 구성원 간의 인간관계 등을 필수적인 요소로 하고 있다.

ⓜ 일정한 조직적 상황에 있어서 어떠한 지도행동이 적절한가를 규명하여 그것에 알맞은 지도자가 결정되며, 조직의 성격과 규모에 따라 리더십의 유효성도 다르게 나타나므로 리더

십 상황이 리더에게 유리하거나 불리한 경우에는 과업지향적 리더가 효과적이고, 상황이 리더에게 유리하지도 불리하지도 않으면 관계지향적 리더가 효과적이다. 결국 어떤 상황에서나 가장 효과적인 리더십 유형은 없으며 리더십 효과는 상황에 적합한 리더십 유형을 발휘할 때 높아질 수 있다.

③ 허쉬와 블랜차드의 상황이론

   ㉠ 리더의 행동을 과업지향적 행동과 관계지향적 행동의 2차원을 축으로 한 4분면으로 분류하고, 여기에 상황요인으로서 구성원의 성숙도를 추가하여 리더십에 관한 3차원적 이론을 제시하였다.

   ㉡ 리더십 유형

     • 지시형 : 높은 과업지향, 낮은 관계지향(부하가 의욕과 능력이 모두 낮은 경우)

     • 설득형 : 높은 과업지향, 높은 관계지향(부하가 의욕은 있으나 능력이 부족한 경우)

     • 참여형 : 낮은 과업지향, 높은 관계지향(부하가 능력은 있으나 의욕이 부족한 경우)

     • 위임형 : 낮은 과업지향, 낮은 관계지향(부하가 능력과 의욕이 모두 높은 경우)

(11) 동기부여이론

① 매슬로우의 욕구계층 이론

   ㉠ 인간의 욕구(5단계) : 생리적 욕구 → 안전욕구 → 친화욕구(사회적 욕구) → 존경욕구 → 성장욕구(자아실현 욕구)

   ㉡ 인간의 욕구는 저차원의 욕구로부터 고차원의 욕구로 발전되어가므로, 욕구계층에 맞는 적절한 동기부여가 필요하다.

② 알더퍼의 ERG 이론 : 생존욕구, 관계욕구, 성장욕구의 3단계로 구성된 욕구가 동기를 부여한다.

③ 허즈버그의 동기-위생 이론(2요인 이론)

   ㉠ 인간은 상호독립적인 2가지 종류의 이질적인 욕구를 가지고 있는데, 이들은 직무만족에 대해 각각 다른 영향을 끼친다.

   ㉡ 동기요인(만족요인) : 직무에 대한 성취감, 인정, 승진, 직무자체, 성장가능성, 책임감 등

   ㉢ 위생요인(불만요인) : 작업조건, 임금, 동료, 회사정책, 고용안정성 등

④ 맥클리랜드의 성취동기 이론 : 성취욕구, 권력욕구, 소속욕구가 동기부여에 중요한 역할을 한다.

⑤ 브룸의 기대 이론 : 개인의 동기는 자신의 노력이 어떤 성과를 가져오리라는 기대와 그러한 성과가 보상을 가져다주리라는 수단성에 대한 기대감의 복합적 함수에 의해 결정된다.

⑥ 아담스의 공정성 이론

ㄱ 보상에 있어서 공정성을 가져야만 동기부여가 이루어질 수 있다고 보는 이론으로, 불공정한 경우네는 불공정성을 시정하는 방향으로 동기가 부여된다.

ㄴ 공정한 상태 : 자신의 투입에 대한 산출의 비율이 타인과 같을 때 공정성을 느낀다.

ㄷ 불공정 상태 : 자신의 투입에 대한 산출의 비율이 타인보다 크거나 작을 때 불공정성이 존재한다.

In addition

스키너의 강화이론

• 인간행동의 원인을 선행적 자극과 행동의 외적 결과로 규정한다.

• **강화 요인** : 행동에 선행하는 환경적 자극 → 환경적 자극에 반응하는 행동 → 행동에 결부되는 결과

• 강화 요인을 적극적 강화, 회피, 소거, 처벌의 네 가지 범주로 구분한다.

• 칭찬이나 좋은 보상을 함으로써 동기를 유발할 수 있다.

---

3 구매관리

(1) 구매관리의 의의

① 식품구매는 양질의 식품을 저렴한 가격으로 구입하여 안전하게 보관, 관리함으로써 급식관리를 경제적 안정으로 발전시키는 데 그 중요성이 있다.

② 구매란 구매자가 물품을 구입하기 위하여 계약을 체결하고 그 계약에 따라 물품을 인도받고 지불하는 과정을 말한다.

③ 구매관리는 경영활동에 필요한 적정한 품질과 수량의 물품을 적정한 시기에 적정한 공급원으로부터 적정한 가격으로 구입하고 필요로 하는 부문에 공급한다.

(2) 구매절차

① 구매 필요성이 인지되면 필요 품목의 종류와 수량을 결정하고, 가격정보 및 제품에 대한 정보를 바탕으로 급식소의 용도 및 형태에 맞는 제품을 선택하여 식품구매명세서를 작성한다.

② 최적의 공급자를 선정하여 가격을 결정하고 이를 토대로 물품주문서를 작성, 발송한다.

③ 공급자가 물품을 납품하면 검수과정을 거쳐 문제가 없을 경우 대금을 지불하고 물품을 입고함으로써 구매과정이 완료된다.

식품구매의 절차
- 필요품목의 종류와 수량의 결정
- 급식소의 용도 및 형태에 맞는 제품의 선택
- 식품구매명세서의 작성
- 공급자 선정 및 가격의 결정
- 물품주문서의 발송
- 물품의 납품과 검수
- 대금지불 및 물품의 입고

(3) 단체급식소 식품구매 시에 고려해야 할 사항

① **구매시기** : 계절식품 이용, 창고의 저장조건 고려
② **구매장소** : 유통구조 파악, 저렴한 가격조건 및 신선도 유지
③ **구매량** : 표준식단, 급식인원, 재고량 파악 후 발주량 계산
④ **식품의 품질** : 검수시에 신선도 판정
⑤ **구매가격** : 가격변동, 정보수집, 식품단가의 점검

(4) 식품명세서

① 식품에 관한 여러 가지 자세한 내용들을 명확하게 제시함으로써 구매할 때 공급자와 구매자 간의 원활한 의사소통을 위해 사용되며 납품 수령할 때 물품점검의 기본서류가 된다.
② 구매계약의 체결 직전에 구매 담당자에 의해서 작성된다.
③ **구성내용**
  ㉠ 상표명, 제품명
  ㉡ 품질등급, 무게범위, 냉장 및 냉동 등의 온도 상태
  ㉢ 포장단위 및 용량
  ㉣ 용기의 크기, 포장단위 내의 개수
  ㉤ 가공처리 상태, 숙성의 정도
  ㉥ 기타 품종, 산지, 캔 내의 당분 및 지방 등의 성분함량, 고형물 중량 등
④ **식품구매명세서 작성**
  ㉠ 제품명, 단위중량, 포장단위당 개수 등을 기록한다.
  ㉡ 구입품목의 규격, 품질검사에 관한 사항이나 기타 필요한 사항을 기술한 문서이다.
  ㉢ 정확·간단하고 융통성이 있어 납품업자가 쉽게 알 수 있도록 한다.
⑤ **식품구매명세서 작성시 유의할 점**

㉠ 구매부분, 납품업자, 검사부문의 3자가 사용하는 구매명세서는 동일해야 한다.

㉡ 가능한 현실적이어야 한다.

㉢ 가능한 간단하고 명확해야 한다.

㉣ 구매명세서에서 지정하는 물품은 가능한 시장에 나와 있는 상품의 것을 지정하는 것이 좋다.

㉤ 모든 납품업자에 대해서 공평하게 작성되어야 한다.

㉥ 많은 납품업자가 응할 수 있도록 작성되어야 한다.

㉦ 명료하고 융통성 있게 작성되어야 한다. 단, 납품하고자 하는 물품의 양이 적을 경우에는 번거롭고 비경제적이다.

(5) 구매계약의 방법

① 경쟁입찰방법(공식적 구매방법)

㉠ 종류

- **일반경쟁입찰** : 경쟁자의 제한이 없이 모든 공급자에게 입찰 및 계약에 관한 모든 사항을 신문에 공고 또는 게시하여 응찰자를 모집하는 방법이다.
- **지명경쟁입찰** : 구매자측에서 지명한 몇 개의 다수업체에만 공고하여 응찰자를 모집하는 방법이다.

㉡ 특징

- 일반경쟁입찰의 경우 새로운 업자를 발견할 수 있고 정실, 의혹을 방지할 수 있다는 장점이 있으나 신용, 경험이 불충분한 업자가 응찰하기 쉽고 긴급할 때는 조달시기를 놓치기 쉽다는 단점이 있다.
- 지명경쟁입찰의 경우 경비가 절약되고, 절차가 간편하며, 책임소재가 명확하다는 장점이 있으나, 계약에 있어서 독단력 기운을 조성하고 업자 간에 담합할 기회가 많다는 단점을 가진다.

㉢ 기타

- 공식적 구매절차는 경쟁입찰계약에 의한 방법이고 비공식적 구매절차는 수의계약에 의한 방법이다.
- 경쟁입찰계약으로 구매할 경우 구매과정에서 생길 수 있는 의혹을 없앨 수 있으며, 좀 더 경제적인 조건에서 구매가 가능하고 새로운 거래처를 발견할 수 있다.
- 주로 저장성이 높은 품목을 정기적으로 구매하고자 할 경우에 많이 사용되며, 소규모 급식소에서 간단한 절차로 구매하고자 할 경우에는 비공식적 구매절차인 수의계약이 더 유리하다.

② 수의계약(비공식적 구매방법)

　ⓐ 의의

　　• **단일견적 계약방법** : 구매자가 시장조사 등으로 공급자를 선정한 후 견적을 받아서 계약을 체결하는 방법이다.

　　• **복수견적 계약방법** : 여러 취급업체로부터 견적서를 요청한 후에 복수견적 중 최적 업체를 선정하는 방법이다.

　ⓑ 특징

　　• 소규모 급식소에서 간단한 절차로 구매하고자 할 경우에는 비공식적 구매절차인 수의계약이 더 유리하다.

　　• 채소, 생선, 육류 등의 비저장품목을 수시로 구매할 때 주로 사용한다.

③ 기타

　ⓐ 분산구매(현장구매, 독립구매)

　　• 각 사업소나 조직 내 부문별로 필요한 물품을 분산하여 독립적으로 구매하도록 하는 방법이다.

　　• 지역적으로 생산되는 품목, 구매지역에 따라 가격의 차이가 없는 품목, 소량품목, 사무용 소모품 구매시 사용된다.

　　• 구매수속이 간단하고, 비교적 단기간에 가능하며, 자주적 구매가 가능하다. 긴급수요의 경우에 유리하고, 거래업자가 근거리에 있을 경우 운임 등 기타 경비가 절감되고 차후 서비스면에서 유리하다.

　　• 집중구매에 비하여 경비가 많이 들고 가격도 비싸지며, 공급처의 위치가 먼 경우 적정한 시기에 구매하기 어렵다.

　ⓑ 집중구매(중앙구매)

　　• 중앙구매는 동일업체 내의 구매담당 부서에서 필요한 물품을 집중시켜 구매하는 방법이다.

　　• 구매방침을 확립할 수 있으며 구매비용이 절약되는 이점과 긴급 시에 비능률적이라는 단점이 있다.

　　• 중앙구매를 할 경우 구매가격 인하, 비용의 절감, 일관된 구매방침 확립, 공급력 개선 등의 효과가 있으나 구매부서를 거치기 때문에 구매절차와 수속이 복잡해진다.

　　• 대규모의 급식위탁회사에서는 비용절감을 목적으로 각 업장에서 필요한 식재료를 분산구매하지 않고 본사나 지역별 구매부서에서 구입하는 중앙구매방법을 사용한다.

(6) 물품발주방식

① 발주일반

발주량 산출방법	• 1인분당 중량의 결정 • 예상식수의 결정 • 표준 레시피로부터 얻은 식품의 폐기율을 고려하여 계산 • 발주량 $= \dfrac{1인당\ 순\ 사용량(정미량)}{가식부율} \times 100 \times 예상식수$ • 가식부율 $= 100 -$ 폐기율(%)
발주량 결정시 고려사항	• 창고의 저장능력 • 재고량 • 식품의 포장상태, 포장단위 • 식품재료의 형태

② 재고비용

ㄱ 주문비용(발주비용) : 필요한 자재나 부품을 외부에서 구입할 때 구매 및 조달에 수반되어 발생되는 비용으로 주문발송비, 통신료, 물품수송비, 통관료, 하역비, 검사비, 관계자의 임금 등이 있다.

ㄴ 준비비용 : 재고품을 외부로부터 구매하지 않고 회사 자체 내에서 생산할 때 발생하는 제비용을 말하며, 제조 작업에 맞도록 준비요원의 노무비, 필요한 자재나 공구의 교체, 원료의 준비 등에 소요되는 비용으로 주문비용과 대등하다.

ㄷ 재고유지비용 : 재고품을 실제로 유지·보관하는 데 소요되는 비용으로 보관비, 진부화에 의한 재고감손비, 재고품의 보험료 등이 있다.

ㄹ 재고부족비용

• 품절, 즉 재고가 부족하여 고객의 수요를 만족시키지 못할 때 발생하는 비용(일종의 기회비용)으로, 판매기회의 손실도 크지만 고객에 대한 신용의 상실은 기업입장에서 가장 큰 손실이다.

• 고객서비스에 해당하며, 기업에서는 고객의 수요를 잘 파악하여 대처해야 한다.

ㅁ 총재고비용

• 총재고비용 = 주문비용(준비비용) + 재고유지비용 + 재고부족비용

• 총재고비용이 최소로 되는 수준에서 재고정책을 결정하여야 한다.

③ 재고관리기법

발주점법 (정량발주방법)	• 재고량이 일정한 재고수준, 즉 미리 정해진 재주문점 수준까지 내려가면 이때 일정량을 발주하는 방식 • 가격이 비싼 품목에 적용되는 경우에 적합

Two-bin법	• 나사와 같은 부품의 재고관리에 많이 사용하는 재고관리기법으로 두 개의 상자에 부품을 보관하여 필요시 하나의 상자에서 계속 부품을 꺼내어 사용하다가 처음의 상자가 바닥이 날 때까지 사용하여 바닥이 나면 발주를 시켜 바닥난 상자를 채움 • 조달기간 동안 나머지 상자에 남겨져 있는 부품으로 충당하며, 나머지 상자에 남아 있는 부품이 바로 안전재고라 생각하면 됨 • 발주점법의 변형으로 저가품에 주로 적용되는데, 재고수준을 계속 조사할 필요가 없다는 장점이 있음
정기발주법	• 주문기간의 사이가 일정하고 주문량은 매번 변동하며, 재고수준을 계속적으로 관찰하는 것이 아닌 정기적으로 재고량을 파악하고 최대재고수준을 결정하여 부족한 부분만큼 주문함 • 단위당 가격이 저렴한 품목을 통제하는 데 알맞은 재고관리법으로 하나의 공급자로부터 상이한 수많은 품목을 구매할 때 주문비용을 절약하고 가격할인 등의 장점이 있음
ABC 관리방식	• 조달기간 동안뿐만 아니라 다음 주문주기 동안의 재고부족을 방지하기 위해 더 많은 안전재고를 유지해야 하기 때문에 재고유지비용이 높은 단점이 있음 • 물품의 가치에 따라 A, B, C 등급으로 분류하여 등급에 따라 차별적으로 관리함 • A형 품목 : 수량면에서는 전체 재고량의 $10 \sim 20\%$를 차지하지만, 재고액의 $70 \sim 80\%$를 차지하는 품목들로 육류나 주류가 이에 속함 • B형 품목 : 전체 재고량의 $20 \sim 40\%$를 차지하며, 전체 재고가의 $15 \sim 20\%$ 사이에 존재하는 과일이나 야채가 이에 속함 • C형 품목 : 전체 재고량의 $40 \sim 60\%$를 차지하고 재고가는 $5 \sim 10\%$ 정도에 해당되는 품목들로서 밀가루, 설탕, 조미료, 세제 등이 해당됨

In addition

최소-최대 관리방식
• 안전재고량을 유지하면서 재고량이 최소재고량에 이르면 조달될 때까지 사용하는 양을 고려한 적정량을 주문하여 최대한의 재고량을 보유하도록 하는 방식이다.
• 실제로 급식소에서 많은 사용하는 재고관리 방식이다.

(7) 식품의 검수

① 급식소의 일반적 검수절차

ㄱ 배달물품과 소장, 구매청구서 대조

ㄴ 물품의 수량, 신선도 확인

ㄷ 물품의 인수 및 반환

ⓔ 창고 및 주방 입고

ⓜ 검수에 관한 기록 기재

② **납품검사의 방법**

전수검사법	• 납품된 모든 물품을 일일이 검사하는 방법 • 고가의 품목인 경우 세밀히 검사하여 조금이라도 불량품이 없도록 하는 검사방법
발췌검사법	• 납품된 물품 중 일부의 시료를 뽑아 조사하여 그 결과를 판정기준과 대조하여 합격, 불합격을 판정하는 검사방법 • 검사항목이 많을 경우 검사비용 및 시간을 절약하고자 할 경우, 생산자에게 품질향상 의욕을 자극할 경우에 전량을 모두 검사하지 않고 일부분만을 발췌하여 검사하는 것이 효과적이라고 할 수 있음. 그러나 발췌검사를 한다고 해서 검사해야 할 항목을 생략하는 것은 아님

(8) 식품의 저장관리

① **효율적인 저장관리 원칙**

ⓐ 저장위치 표시의 원칙

ⓑ 분류저장의 원칙

ⓒ 품질보존의 원칙

ⓓ 선입선출의 원칙

ⓔ 공간활용의 원칙

② **식품저장소의 요건**

ⓐ **위치** : 검수부서와 인접한 곳일 것

ⓑ **면적** : 급식소 규모의 10~12%

ⓒ **건조창고** : 전체 창고의 50%, 10~22℃ 유지, 곡류 및 밀가루 등을 저장

ⓓ **냉동창고** : 전체 창고의 15%, −18~−24℃, 육류 등을 저장

ⓔ **냉장창고** : 전체 창고의 35%, 0~5℃, 어패류, 육류, 유제품의 저장

ⓕ **창고 간 통로** : 10~15℃, 비냉장 과일류 등의 보관

(9) 식품감별법

① **식품감별 일반**

ⓐ 식품감별의 주목적은 식품 중 유해성분을 감별하고 식재료의 선도 및 위생 상태를 판정하기 위한 것이다.

ⓑ **식품감별방법의 종류**

• **관능적 검사법** : 인간의 오감을 이용하여 음식의 맛, 향미, 풍미, 질감, 외관 등을 평가

- 이화학적 방법 : 화학적·물리적·생화학적 방법에 의해 미생물의 존재 유무, 유해성분의 혼입 여부, 식품의 품질상태 등을 알아내는 방법

② 여러 가지 식품의 감별법

어패류의 감별법	• 건어물은 건조도가 좋고 이상한 냄새가 나지 않는 것이 좋음 • 생선류는 외형이 확실하고 선명한 것이 좋음 • 생선류는 손으로 눌렀을 때 탄력성이 있고 비늘과 껍질이 밀착되어 있는 것이 좋음 • 생선류는 눈이 투명하고 아가미가 선홍색인 것이 좋음 • 조개류의 껍질은 얇은 것이 어린 것이며, 물기가 있고 굳게 닫힌 것은 죽은 것 • 고등어는 중간 크기의 것이 맛이 좋고, 삼치는 등이 회청색이고 윤기가 흐르며 몸살이 곧고 단단하며 탄력이 있는 것이 좋고 가장 맛이 있는 시기는 겨울임 • 조기는 비늘이 은빛이고 살이 탄력 있는 것이 좋으며 산란 직전의 것이 맛이 좋으므로 복부가 불룩한 암컷을 선택 • 갈치는 은분이 벗겨지지 않은 것으로 살이 탄력이 있고 약간 푸른 것이 좋음
채소류 감별법	• 배추는 껍질이 얇고 결구가 단단하며 잎이 밀착된 것이 좋음 • 시금치는 잎의 수가 많고 두터우며, 뿌리는 붉고 선명한 것이 좋음 • 마늘은 외형이 둥글고 크기와 모양이 균일한 것이 좋음
난류	• 표면이 꺼칠꺼칠하고 광택이 없는 것이 좋음 • 햇빛에 비추거나 검란기에 비추었을 때 환한 것이 좋음 • 흔들어 보아 소리가 나지 않는 것이 좋음 • 깨어 보았을 때 난황계수가 높은 것이 좋음
기타	• 쇠고기 구입시 조리해야 하는 음식에 적합한 부위와 중량에 유의하여야 함 • 신선한 쇠고기의 육색은 선홍색 또는 암적색임 • 좋은 쌀은 쌀알이 고르고 투명하며 광택이 나고 단단한 것이 좋음 • 좋은 감자는 춥고 건조한 지방에서 나온 것이 좋음 • 좋은 토란은 원형 모양으로 잘랐을 때 단단하고 끈적끈적한 감이 강한 것이 좋으며, 껍질을 벗겼을 때 흰색인 것이 좋음

2 과목 급식관리

NUTRITIONIST

정답 및 해설 556p

01 다음 중 단체급식의 생산성이 가장 낮은 것은?

① 군대 급식
② 대학교 급식
③ 종합병원 환자식
④ 대기업 공장 급식
⑤ 도시형 중학교 급식

02 다음 중 단체급식의 식품구입에 대한 설명으로 틀린 것은?

① 식단표에 의해 1주~10일 단위로 구입한다.
② 대량 구입 또는 공동 구입으로 염가로 구입한다.
③ 경제적인 식단을 위해 계절식품을 선택한다.
④ 지역 실정에 맞는 쉬운 식품을 선택한다.
⑤ 가식부율이 낮고 기호성이 우수한 식품을 선택한다.

03 중앙의 공동조리장에서 음식을 대량 생산해서 각 단위급식소로 운반된 후 배식이 이루어지는 급식제도는?

① 전통적 급식제도
② 분산식 급식제도
③ 중앙공급식 급식제도
④ 예비저장식 급식제도
⑤ 조합 급식제도

04 음식별로 준비를 해 놓은 후 급식자가 메뉴를 선택하고, 그 선택에 대한 금액을 지불하는 급식 방법은?

① 뷔페
② 카페테리아
③ 따블 도우떼
④ 알라 카르테
⑤ 부분식 급식

05 다음 중 병원환자식, 기내식, 호텔 룸서비스에 이용되는 배식 서비스는?

① 카페테리아(cafeteria)
② 트레이 서비스(tray service)
③ 카운터 서비스(counter service)
④ 테이블 서비스(table service)
⑤ 드라이브인 서비스(drive-in service)

06 단체급식 영양사가 3월 5일 화요일 점심으로 제공할 음식을 당일 오후 2시에 보존식 용기에 넣어 영하 18도에서 보관하였다. 이 보존식의 폐기가 최초로 가능한 시점은?

① 3월 10일 일요일 오후 2시
② 3월 11일 월요일 오후 2시
③ 3월 12일 화요일 오후 2시
④ 3월 13일 수요일 오후 2시
⑤ 3월 14일 목요일 오후 2시

07 월별 또는 계절에 따라 메뉴가 반복되는 식단으로, 병원처럼 급식대상자가 자주 바뀌는 곳에 적합한 식단은?

① 단일식단　　② 고정식단
③ 변동식단　　④ 선택식단
⑤ 순환식단

08 병원급식의 배선방식 중 병동배선 방식의 장점으로 옳은 것은?

① 식품비가 절약된다.
② 인건비가 적게 든다.
③ 시설비가 적게 든다.
④ 적온급식이 용이하다.
⑤ 영양사가 감독하기 쉽다.

09 다음 중 산업체 급식의 궁극적 목적으로 옳은 것은?

① 인건비 감소
② 노동자의 건강 증진
③ 올바른 식습관 교육
④ 기업의 생산성 증가
⑤ 지역사회 식생활 개선

10 다음 중 단체급식소에서 기본적인 통제수단이며 외부적으로는 영양교육의 도구로 활용 가능한 것은?

① 발주표　　　　② 식단표
③ 식품교환표　　④ 식품구성표
⑤ 식품사용일계표

11 다음 설명에 해당하는 것은?

> 영양사가 식재료명, 조리방법, 1인 분량, 총생산량, 배식방법 등을 기재하여 음식의 품질을 일관되게 유지하고 조리작업의 효율화를 꾀하는 도구로 사용한다.

① 식품구성표　　② 식품교환표
③ 표준레시피　　④ 영양출납표
⑤ 작업공정표

12 다음 중 식단작성 시 대상자의 영양필요량을 산출하기 위해 고려해야 할 항목은?

① 성별, 식습관, 식품군
② 성별, 기호도, 식습관
③ 연령, 성별, 기호도
④ 연령, 성별, 신체활동 정도
⑤ 연령, 식품군, 신체활동 정도

13 다음 중 품상이라 하여 손님 접대용 요리상의 첩수는?

① 3첩 이상　　　② 5첩 이상
③ 7첩 이상　　　④ 9첩 이상
⑤ 12첩 이상

14 감자 300g을 고구마로 대치하려면 고구마 몇 g이 필요한가? (단, 식품분석표상의 감자의 당질의 함량은 10g, 고구마의 당질 함량은 20g이다)

① 100g　　　② 120g
③ 150g　　　④ 180g
⑤ 200g

15 다음 중 메뉴의 인기도와 수익성을 종합하여 평가하는 기법은?

① 고객만족도조사
② 메뉴기호도평가
③ 메뉴잔반량조사
④ 메뉴엔지니어링
⑤ 메뉴스코어링분석

16 다음 중 조리장 면적이 식당 면적에서 차지하는 넓이로 옳은 것은?

① 식당면적의 1/2
② 식당면적의 1/3
③ 식당면적의 1/4
④ 식당면적의 1/5
⑤ 식당면적의 1/6

17 단체급식소에서 공간절약의 이점이 있으며 튀김, 구이, 찜, 볶음, 데침 등의 각종 조리가 가능한 기구는?

① 로스터　　　② 레인지
③ 프라이어　　　④ 브로일러
⑤ 스팀컨백션 오븐

18 다음 중 경영관리 기능의 순환 순서로 옳은 것은?

① 계획 → 조정 → 통제 → 조직 → 지휘
② 계획 → 통제 → 지휘 → 조정 → 조직
③ 계획 → 조직 → 지휘 → 조정 → 통제
④ 조직 → 계획 → 지휘 → 조정 → 통제
⑤ 조직 → 계획 → 통제 → 조정 → 지휘

19 다음 중 목표와 결과를 비교한 후 차이가 나는 원인을 밝혀 조치를 취하는 경영 기능은?

① 지휘(directing)
② 조직(organizing)
③ 계획(planning)
④ 통제(controlling)
⑤ 조정(coordinating)

20 장점과 기회를 강조하고 약점과 위협이 되는 요소는 축소함으로써 유리한 전략계획을 수립하는 경영관리 기법은?

① 벤치마킹　　　② SWOT분석
③ 목표관리법　　　④ 아웃소싱
⑤ 다운사이징

21 민츠버그의 경영자 역할 중 의사결정 역할을 하는 사람이 아닌 것은?

① 기업가 ② 협상자
③ 정보탐색자 ④ 혼란중재자
⑤ 자원분배자

22 카츠가 제시한 경영자 필요 기술 중 최고경영진이 필요로 하는 경역능력은?

① 개념적 능력(conceptual skill)
② 기술적 능력(technical skill)
③ 구매관리 능력(purchasing skill)
④ 인간관계 관리능력(human skill)
⑤ 직능적 관리능력(functional skill)

23 다음에서 설명하는 경영관리 기법은?

> 경영자가 소비자 지향적인 품질방향을 세워 최고경영진은 물론 전 종업원이 전사적으로 참여하여 품질향상을 꾀하는 활동이다.

① 6시그마
② 품질관리
③ 종합적품질경영
④ 통계적품질관리
⑤ 종합적품질관리

24 한 사람의 상위자가 직접 지휘할 수 있는 하위자의 수에는 한계가 있다는 경영조직의 원칙은?

① 분업의 원칙
② 권한위임의 원칙
③ 계층단축화의 원칙
④ 명령일원화의 원칙
⑤ 감독한계 적정화의 원칙

25 다음 중 영양사가 식품창고의 재고관리 업무를 조리사에게 맡김으로써 동기부여 효과를 기대할 수 있는 조직화 원칙은?

① 전문화의 원칙
② 권한위임의 원칙
③ 계층단축화의 원칙
④ 명령일원화의 원칙
⑤ 감독한계 적정화의 원칙

26 영양사가 급식관리팀의 직무와 임상영양팀의 직무를 함께 수행하고자 할 때 적합한 조직의 형태는?

① 팀형 조직
② 위원회 조직
③ 네트워크 조직
④ 매트릭스 조직
⑤ 사업부제 조직

27 업무의 핵심부문만 남기고 그 외의 부분은 아웃소싱과 제휴로 운영하는 조직 유형은?

① 위원회 조직
② 프로젝트 조직
③ 사업부제 조직

④ 네트워크 조직

⑤ 매트릭스 조직

② 재료비 + 노무비 + 경비

③ 소비 재료의 수량 × 단가

④ 재료비 + 경비 − 소모품비

⑤ 제조원가 + 관리비 − 경비

28 위탁급식업체가 세분시장 중 병원급식만을 특화하여 운영하고자 할 때의 마케팅 전략은?

① 관계마케팅

② 집중적 마케팅

③ 차별적 마케팅

④ 비차별적 마케팅

⑤ 확장된 마케팅 믹스

31 구입가격이 5,000,000원, 잔존가격이 2,000,000원, 내용연수가 5년인 냉장고의 감가상각비를 정액법으로 계산할 때 1년의 감가상각비는?

① 500,000원   ② 600,000원

③ 700,000원   ④ 800,000원

⑤ 900,000원

29 다음 설명에 해당하는 서비스의 특성으로 옳은 것은?

> 객관적으로 평가하기 어렵기 때문에 질의 평가와 커뮤니케이션 활동이 어렵다. 이런 점을 해결하기 위해 인적 접촉과 기업의 이미지를 세심히 관리해야 한다.

① 무형성   ② 동시성

③ 소멸성   ④ 이질성

⑤ 비일관성

32 손익분기점에 대한 다음 설명 중 빈칸에 들어갈 말로 옳은 것은?

> 손익분기점은 (㉠)과 (㉡)이 일치하는 점이다.

	㉠	㉡
①	판매액	생산액
②	생산액	부채액
③	총비용	판매액
④	부채액	매출액
⑤	매출액	부채액

30 다음 중 집단급식소의 원가 계산 방법으로 옳은 것은?

① 재료비 + 노무비

33 직무분석을 통해 작성되는 서식으로, 직무 구성요건 중에서 인적 요건에 중점을 두고 작성되는 서식은?

① 직무기술서   ② 직무명세서
③ 직무수행서   ④ 직무평가서
⑤ 인사고과평가서

34 다음 중 직무평가의 방법이 아닌 것은?

① 서열법   ② 분류법
③ 점수법   ④ 도식평정법
⑤ 요인비교법

35 다음에서 설명하는 직무설계기법은?

> 병원 단체급식소에서 배선조와 조리조를 2개월마다 교체하여 동일작업으로 인해 발생하는 불만을 감소시켰다.

① 직무순환   ② 직무확대
③ 직무교차   ④ 직무단순화
⑤ 직무충실화

36 '조리원이 근면하고 성실하면 조리 실력도 좋다'라고 평가하는 인사고과의 오류는?

① 현혹효과   ② 관대화 경향
③ 논리적 오류   ④ 지각적 방어
⑤ 주관의 객관화

37 직장 내 훈련(OJT)에 대한 다음 설명 중 틀린 것은?

① 감독자의 지도하에 훈련받는 현장실무 중심의 직무훈련이다.
② 종업원의 습득 정도나 능력에 맞춰 훈련을 할 수 있다.
③ 훈련 내용 및 정도가 조직적이고 통일된 교육이 가능하다.
④ 상사나 동료 간의 이해와 협조정신을 높일 수 있다.
⑤ 종업원이 직무에 관한 지식과 기술을 현직에 종사하면서 받을 수 있다.

38 조리원을 대상으로 고객의 급식서비스 만족도를 높일 수 있는 서비스 교육을 하고자 할 때, 다음에서 설명하는 교육 방법은?

> 고객이 식사에 불만을 제기하는 상황에서 조리원의 응대요령과 표준 대화문을 연습하게 하였다.

① 사례연구   ② 역할연기
③ 시청각 교육   ④ 브레인스토밍
⑤ 프로그램 학습

39 다음 중 직무수행능력에 따라 임금에 차이를 두는 임금체계는?

① 시간급   ② 연공급
③ 성과급   ④ 직능급
⑤ 직무급

40 비조합원도 채용될 수 있으나 채용 후 일정 기간 내에 조합에 가입하여야 하는 노동조합 숍(shop)은?

① 오픈 숍(open shop)
② 유니언 숍(union shop)
③ 클로즈드 숍(closed shop)
④ 에이전시 숍(agency shop)
⑤ 프레퍼렌셜 숍(preferential shop)

41 다음 설명에 해당하는 리더십 이론은?

> 리더십 상황이 리더에게 유리하거나 불리한 경우에는 과업지향적 리더가 효과적이고, 상황이 리더에게 유리하지도 불리하지도 않으면 관계지향적 리더가 효과적이다.

① 브룸의 기대 이론
② 맥그리거의 XY이론
③ 알더퍼의 ERG이론
④ 아담스의 공정성 이론
⑤ 피들러의 상황적합이론

42 허즈버그(Herzberg)의 동기-위생 이론 중 동기요인에 해당하는 것은?

① 임금   ② 동료
③ 직무자체   ④ 회사정책
⑤ 고용안정성

43 다음 중 식품 검수 시 확인해야 할 사항은?

① 재고량
② 출고계수
③ 표준레시피
④ 식품의 품질
⑤ 식품의 폐기율

44 구매하고자 하는 물품의 품질 및 특성에 대해 기록한 양식으로, 발주와 검수 시 품질기준으로 사용되는 것은?

① 납품서   ② 구매요구서
③ 구매명세서   ④ 구매청구서
⑤ 거래명세서

45 다음 중 입찰계약보다 수의계약이 더 유리한 식품은?

① 쌀, 콩   ② 채소, 육류
③ 보리, 달걀   ④ 육류, 조미료
⑤ 생선, 건어물

46 200명분의 호박나물을 조리하고자 한다. 호박의 1인 정미중량을 50g으로 잡을 때 호박의 발주량은 얼마인가(단, 호박의 폐기율은 25%)?

① 15kg   ② 20kg
③ 25kg   ④ 30kg
⑤ 35kg

47 다음 중 재고를 물품의 가치도에 따라 분류하여 차별적으로 관리하는 재고관리 기법은?

① 발주점법
② 정기발주법
③ Two-bin법
④ ABC 관리방식
⑤ 최소-최대 관리방식

48 다음 상황에서 식재료의 올바른 납품검사 방법은?

> 한 끼에 50식을 제공하는 소규모 급식소에서 자연산 송이버섯요리를 특식으로 제공하려고 한다.

① 전수검사법   ② 발췌검사법
③ 부분검사법   ④ 미량검사법
⑤ 무작위검사법

49 다음 중 식품을 저장할 때 가나다 순으로 진열하여 출고 시 시간과 노력을 줄일 수 있는 저장관리 원칙은?

① 선입선출의 원칙
② 품질보존의 원칙
③ 저장위치 표시의 원칙
④ 분류저장 체계화의 원칙
⑤ 공간활용 극대화의 원칙

50 다음 중 식품의 감별법에 대한 설명으로 틀린 것은?

① 생선은 눈이 투명하고 아가미가 선홍색인 것이 좋다.
② 달걀은 표면이 매끈하고 광택이 나는 것이 좋다.
③ 배추는 껍질이 얇고 결구가 단단한 것이 좋다.
④ 쌀은 투명하며 광택이 나고 단단한 것이 좋다.
⑤ 토란은 껍질을 벗겼을 때 흰색인 것이 좋다.

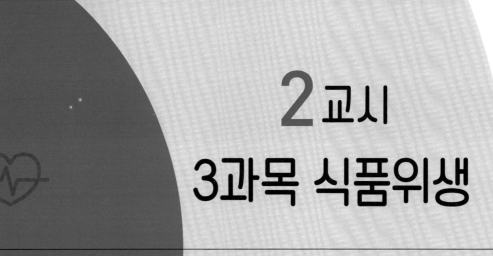

2교시
3과목 식품위생

NUTRITIONIST

1장 식품위생관리

1 식품위생 일반

(1) 식품위생의 목적과 대상

① **WHO의 정의** : 식품위생이란 식품의·생육·생산·제조에서부터 최종적으로 사람이 섭취할 때까지의 모든 단계에 있어서 식품의 안전성·건전성 및 악화방지를 보장하기 위한 모든 수단을 말한다.

② **식품위생법상의 정의** : 식품위생이라 함은 식품, 첨가물, 기구, 용기, 포장을 대상으로 하는 음식에 관한 위생을 말한다.

③ **식품위생의 목적** : 양질의 식품을 선택함으로써 건강을 해치고 질병을 유발시키는 부패, 변질식품, 유해미생물 등을 함유하는 식품을 제거하여 안전성을 확보하는 데 그 목적이 있다.

④ **식품위생의 대상** : 식품, 식품첨가물, 기구 및 용기, 포장을 대상으로 한다. 식품이란 사람이 섭취하는 모든 음식물을 말하며, 다만 의약의 목적으로 섭취하는 것은 제외한다.

(2) 식품의 위해요소

내인성	식품 자체에 함유되어 있는 유해·유독물질	자연독	• **동물성** : 복어독, 패류독, 시구아테라독 등 • **식물성** : 버섯독, 시안배당체, 식물성 알칼로이드 등
		생리작용 성분	식이성 알레르겐, 항비타민 물질, 항효소성 물질 등
외인성	식품 자체에 함유되어 있지 않으나 외부로부터 오염·혼입된 것	생물학적	식중독균, 경구감염병, 곰팡이독, 기생충
		화학적	방사성 물질, 유해첨가물, 잔류농약, 포장재·용기 용출물
유기성	식품의 제조·가공·저장·운반 등의 과정 중에 유해물질이 생성되거나 섭취 후 체내에서 생성되는 유해물질	아크릴아마이드, 벤조피렌, 나이트로사민, 지질과산화물	

(3) 식품의 독성시험

구분	내용
급성 독성시험	• 실험 대상 동물에게 실험 물질을 1회만 투여하여 단기간에 독성의 영향 및 급성 중독증상 등을 관찰하는 시험방법이다. • LD_{50}이란 실험 대상 동물 50%가 사망할 때의 투여량을 말한다. • LD_{50}의 수치가 낮을수록 독성이 강하다.
아급성 독성시험	실험 대상 동물 수명의 10분의 1정도의 기간에 걸쳐 치사량 이하의 여러 용량으로 연속 경구 투여하여 사망률 및 중독 증상을 관찰하는 시험방법이다.
만성 독성시험	• 식품첨가물의 독성 평가를 위해 가장 많이 사용되고 있다. • 시험 물질을 장기간 투여했을 때 일어나는 장애나 중독을 알아보는 시험방법이다. • 만성 중독시험을 식품첨가물이 실험 대상 동물에게 어떠한 영향도 주지 않는 최대의 투여량인 최대무작용량을 구하는 데 목적이 있다. • 최대무작용량(MNEL; Maximum No Effect Level) : 최대무해용량(NOAEL)으로 실험동물에 시험물질을 장기간 투여했을 때 어떤 중독증상도 나타나지 않는 최대 용량 • 일일 섭취허용량(ADI; Acceptable Daily Intake) : 사람이 일생 동안 매일 섭취하더라도 아무런 독성이 나타나지 않을 것으로 예상되는 1일 섭취허용량 $$ADI = 최대무작용량 \times 안전계수(1/100) \times 평균체중$$

2 식품과 미생물

(1) 미생물의 종류

① 세균류

㉠ 의의

  • 단세포의 미생물로 분열증식을 한다.

  • 형태는 크게 세 종류로 둥근모양의 구균, 막대모양의 간균, 나사모양의 나선균으로 나누어진다.

㉡ 종류

Bacillus속	• 그람양성의 호기성 간균, 호기성이며 가장 보편적임 • 내열성 아포를 형성하며 전분 분해력이 강함 • 자연계에 가장 널리 분포하여 식품오염의 주역 • Bacillus natto는 청국장 제조에 이용되는 미생물임

Clostridium속	• 혐기성이며 아포형성 간균임 • 식품의 부패 시 악취가 심한 것은 이 균에 의한 것임
Pseudomonas속	• 그람음성, 무아포성, 편모를 가진 간균, 저온에서 번식, 증식속도 빠름 • 어류, 육류, 우유, 달걀, 야채 등의 부패세균 • 단백질, 유지의 분해력이 강함 • 방부제에 대한 저항성이 강함
Escherichia속	• 그람음성, 무아포성 간균 • 유당과 가스를 생성하는 호기성균
Serratia속	• 붉은 색소를 형성하는 그람음성, 무아포성 • 식품을 적변화시키는 부패현상
Lactic acid bacteria속	유용한 유산균
Vibrio속	• 그람음성의 무아포성, 혐기성 간균 • 비브리오 패혈증 유발
Proteus속	• 그람음성 간균 • 장내세균, 히스타민을 축적하여 알레르기를 일으킴 • 동물성 식품의 대표적 부패균, 단백질 분해력이 강한 호기성 부패균

② 곰팡이

  ㉠ 의의 : 균사체를 발육기관으로 하는 간균류를 총칭하여 사상균 또는 곰팡이라고 한다.

  ㉡ 종류

    • 누룩곰팡이(아스퍼질루스 속) : 전분 당화력과 단백질 분해력이 강하므로 알코올 발효, 유기산 발효 또는 각종 효소의 생산에 많이 이용하고 있다.

    • 거미줄곰팡이(리조푸스 속) : 딸기 · 밀감 · 채소의 변패와 관계되며, 빵에 잘 번식하므로 빵 곰팡이라고도 부른다. 흔히 빵에 번식하는 검은 곰팡이이다.

    • 푸른곰팡이(페니실리움 속) : 식품에서 흔히 볼 수 있는 곰팡이로, 과실이나 치즈 등을 변질시키는 것이 많고 황변미의 원인이 되는 균도 있다.

    • 털곰팡이(무코 속) : 식품의 변질에도 관계되지만 식품제조에도 많이 이용된다.

③ 효모

  ㉠ 의의

    • 곰팡이와 세균의 중간 크기의 단세포 미생물로 출아법으로 번식하고 형태는 달걀형, 타원형, 구형, 레몬형, 소시지형, 사상형 등 여러 가지가 있다.

    • 빵 및 주류 제조에 이용하는 것도 있으나 식품을 변패시키는 것도 있다.

    • 알코올 발효력이 강하며 당분이 많은 곳에서 잘 번식한다.

  ㉡ 종류

    • 사카로마이세스 속

- **토롤라 속** : 맥주, 치즈 등에 산막효모로 유해하게 작용한다.

④ **리케차** : 원형, 타원형, 아령형이 있으며 세균과 바이러스의 중간 형태이다. 벼룩, 이, 진드기 등과 같은 절족동물에 기생하고 이것을 매개체로 하여 사람에게 병을 옮긴다. 발진티푸스, 쓰쓰가무시병의 리케차가 알려져 있다.

⑤ **바이러스** : 형태와 크기가 일정하지 않고 순수배양이 불가능하며 살아 있는 세포에만 증식한다. 미생물 중에서 가장 작은 것으로 세균여과기를 통과하며 경구전염병의 원인이 되는 것도 있다.

⑥ **스피로헤타** : 단세포와 다세포의 중간형 미생물로 나선상 가느다란 원충모양의 세균이며, 운동성이 있다(매독의 병원체).

(2) 미생물 발육에 필요한 조건

① **영양소** : 탄소원, 질소원, 무기염류, 발육소 등을 필요로 한다.

② **수분** : 미생물 몸체의 주성분이며, 생리기능을 조절하는 매체로 반드시 필요하다. 각 미생물의 종류에 따라 요구수분량은 차이가 있다. 세균은 94~99%, 효모는 88~94%, 곰팡이는 80~90%이다.

③ **온도** : 균의 종류에 따라 발육온도가 다르며 저온균, 중온균, 고온균으로 분류된다.

구분	저온균(호냉균)	중온균(호온균)	고온균(호열균)
발육가능온도	0~25℃	15~55℃	40~70℃
최적온도	10~20℃	25~37℃	50~60℃
세균의 종류	저온으로 보존하는 식품에 부패를 일으키는 세균(수중세균)	대부분의 병원성 (곰팡이, 효모)	온천수에 살고 있는 세균 (유황세균, 젖산균)

④ **수소이온농도(pH)**

㉠ 곰팡이 · 효모 : pH 4~6의 약산성 상태에서 가장 잘 발육한다.

㉡ 세균 : pH 6.5~7.5의 중성 또는 약알칼리성 상태에서 가장 잘 발육한다.

⑤ **산소**

㉠ 호기성세균

- 생육에 반드시 산소를 필요로 한다.
- 식품 표면에 주로 번식하며 대부분 곰팡이, 초산균, 고초균, 슈도모나스 등이 이에 속한다.

㉡ 혐기성세균

- 통성혐기성균 : 산소의 존재 여부와 관계 없이 생육한다. 대부분의 효모, 대장균군, 살

모넬라균, 장염비브리오균, 경구전염병이 여기에 속한다.
- **편성혐기성균** : 산소가 존재하면 생육할 수 없으며, 보툴리누스균, 웰치균, 파상풍균이 여기에 속한다.

3 식품의 변질과 보존

(1) 식품의 변질현상
① **부패** : 단백질을 많이 함유하는 식품이 주로 혐기성균의 작용으로 분해되어 저분자의 아민류, 암모니아, 페놀, 황화수소 등의 악취물질과 가스를 생성하는 현상이다.
② **후란** : 호기성균에 의해 단백질이 분해되는 현상이다.
③ **변패** : 탄수화물을 많이 함유하는 식품이 미생물의 호흡, 발효작용에 의해 맛이나 냄새가 변화하는 현상이다.
④ **산패** : 주로 지방이 산화되어 변질되는 현상이다.

(2) 부패 판정법
① **관능시험** : 냄새의 발생, 색의 변화, 조직의 변화, 맛의 변화
② **생균 수의 측정** : 생균수가 식품 1g당 $10^7 \sim 10^8$일 때 초기부패 단계로 판정한다.
③ **휘발성 염기질소량 측정** : 휘발성 염기질소량이 식품 100g당 30~40mg일 때를 초기부패 단계로 판정한다.
④ **트릴메틸아민(TMA)** : 3~4mg%이면 초기부패로 인정한다.

(3) 식품의 보존
① **탈수건조법**
　㉠ **자연건조법** : 태양광선과 바람을 이용하여 건조하는 방법으로 간편하고 경비가 적게 들지만 시간이 많이 걸리고 풍미저하, 영양분 손실을 초래한다. 해산물, 야채류의 건조에 이용된다.
　㉡ **인공건조법** : 상압건조, 감압건조, 가압건조법을 이용한 방법이 있다.
- **열풍건조** : 해산물, 채소류 건조에 이용한다.
- **분무건조** : 액상식품의 건조에 이용한다(분유, 인스턴트 커피 등).
- **박막건조** : 고형분이 많은 점조성 식품의 건조에 이용한다.
- **진공건조** : 저온에서 감압하여 건조한다.
- **진공동결건조** : 식품을 동결시킨 다음 감압하여 건조한다.

② 냉동 · 냉장법

　　㉠ 냉장법 : 0~10℃에서 단기간 저장한다. 미생물의 증식을 억제한다.

　　㉡ 반동결냉장법 : −3~2℃에서 단기간 저장한다(어패류의 선도유지에 유효).

　　㉢ 냉동법(동결저장법) : −20℃에서 장기간 저장(육류, 어패류), 해동 후 부패가 빠르다.

　　㉣ 급속동결법 : −30~−40℃ 이하로 급속히 동결시키면 얼음의 결정이 미세하기 때문에 해동 후의 품질저하가 적다.

③ 가열살균법 : 가열하여 미생물을 살균하는 방법이다. 미생물이나 효소는 100℃ 정도로 가열하면 죽거나 활성을 잃는 것이 보통이다.

　　㉠ 저온살균 : 61~65℃에서 30분 가열한다. 우유, 맥주 등에 적용한다.

　　㉡ 자비살균 : 100℃에서 10분간 가열한다.

　　㉢ 고온고압살균 : 100℃ 이상에서 가열한다. 통조림, 병조림 등에 적용한다.

　　㉣ 고온단시간살균(HTST살균) : 71℃에서 15초간 가열한다. 우유살균에 적용한다.

　　㉤ 초고온순간살균(UHT살균) : 135~150℃에서 0.5~1.5초 가열한다. 우유살균에 적용한다.

④ 기타

　　㉠ 염장법 : 식품을 10% 정도의 소금에 절여 저장(어패류, 야채류, 육류 등)한다. 부패세균은 5% 염의 농도에서 증식이 억제되고 15~20% 염의 농도에서는 증식되지 않는다.

　　㉡ 방사선 조사법 : 발아억제, 해충구제, 부패방지로 저장기간을 연장, 과일이나 채소의 성숙지연, 식중독의 방지 등을 목적으로 식품에 방사선을 조사한다. 우리나라의 실시 품목으로는 감자, 양파, 마늘, 밤, 생버섯, 건조버섯 및 천연분말, 향신료 등이다.

　　㉢ 당장법 : 미생물의 세포의 탈수와 원형질 분리를 일으키게 하여 미생물의 생육 · 증식을 억제하는 방법으로, 식품을 60%(당의 농도가 50% 이상일 때 미생물의 생육이 억제됨) 정도의 설탕이나 포도당에 절여 저장한다(젤리, 잼, 가당연유 등).

　　㉣ 산장법 : 미생물의 생육을 벗어난 pH를 이용하여 식품을 식초산, 젖산, 구연산 등에 담가 저장한다(피클).

　　㉤ 가스치환법(C.A법) : 공기를 불활성 가스(질소, 이산화탄소 등)로 치환하여 호흡작용, 산화작용 등에 의한 식품의 성분변화를 방지하는 방법이다(채소, 과일, 계란, 곡류 등).

　　㉥ 밀봉법 : 식품을 용기나 주머니에 넣고 감압하여서 밀봉하여 진공상태를 유지케 함으로써 호기성 미생물에 의한 부패나 산화 등을 방지하는 방법이다.

　　㉦ 훈연법 : 식품을 목재의 연기에 그을려 연기 중의 살균성분을 식품에 침투 · 흡착시키고 건조, 방부 및 산화방지 등의 저장성을 높이는 방법, 발암성 물질이 존재할 가능성이 있다(소시지, 햄, 베이컨, 어패류 등).

　　㉧ 식품첨가물 이용 : 부패나 지질의 산화방지를 목적으로 보존료, 살균제, 산화방지제, 피막

제 등의 식품첨가물을 이용하는 방법이며 사용기준과 첨가량을 엄격히 준수하여야 위생상 위해가 일어나지 않는다.

4 식품의 살균과 소독

(1) 소독의 의의

소독	병원성 미생물의 생활력을 파괴 또는 멸균시켜 감염 및 증식력을 없애는 것
멸균	강한 살균력을 작용시켜 모든 미생물의 영양은 물론 포자까지도 멸살 · 파괴시키는 것
살균	모든 미생물에 공통으로 사용됨

(2) 물리적 소독방법

① 일광소독법 : 햇빛에 1~2시간, 의류 및 침구 소독에 이용
② 자외선살균법
- 물, 공기의 소독에 유용하며 무균실, 수술실 및 제약실 등의 구조물 소독에 적합
- 균에 내성을 주지 않으며 취급이 용이함
- 살균력이 강한 파장 : 2,400~2,800Å
③ 방사선멸균법
- 일종의 저온살균법
- 살균 · 살충 · 생육억제 · 품질개량 등의 목적으로 이용됨
- 침투성이 강하여 포장 또는 용기 중에 밀봉된 식품을 그대로 조사할 수 있음
- 살균력이 강한 순서 : 감마선 > 베타선 > 알파선
④ 열처리법
- 화염멸균법 : 물품을 직접 불꽃 속에 접촉시켜 표면에 부착된 미생물 멸균
- 건열멸균법 : 160~170℃의 건열멸균기로 1~2시간 처리하여 미생물 사멸
⑤ 습열멸균법
- 자비소독법 : 식기 및 도마, 주사기, 의류, 도자기 등을 100℃의 끓는 물에 15~20분간 처리, 아포형성균, 간염바이러스균은 사멸시키지 못함
- 고압증기멸균법 : 121℃, 15Lb, 20분간 실시, 아포형성균 멸균
- 간헐멸균법 : 1일 1회씩 100℃의 증기로 30분씩 3일간 실시, 포자를 완전멸균
⑥ 저온소독법 : 63~65℃, 30분간 처리
⑦ 초고온순간멸균법 : 130~135℃, 2~3초간 처리시키는 방법으로 청량음료 살균에 많이 이

용함

(3) 화학적 소독방법

① 소독약의 조건
- 살균력이 클 것(석탄산계수가 높을 것)
- 침투력이 강하고 인체에 무해하며 안정성이 있을 것
- 용해성이 높을 것
- 부식성과 표백성이 없을 것
- 가격이 저렴하고 구입이 쉬울 것
- 사용방법이 간단할 것

② 소독약의 살균력 측정
- 소독약의 살균력을 비교하기 위해 석탄산계수가 이용됨
- 석탄산계수 = 소독약의 희석배수 / 석탄산의 희석배수
- 석탄산계수는 살균력의 지표로 소독약의 소독력을 평가하는 데 사용되며 석탄산계수가 높을수록 살균력이 좋다.
- 석탄산계수의 시험균은 장티푸스균과 포도상구균을 이용하는데 20℃에서 5분 내에 죽지 않고 10분 내에 죽이는 희석배수를 말한다.

③ 소독약의 종류
- 3~5%의 석탄산수 : 기차, 선박, 실내벽, 실험대 등에 이용
- 2.5~3.5% 과산화수소 : 상처 소독, 구내염, 인두염, 입안 소독 등
- 70~75% 알코올 : 건강한 피부에 사용
- 3% 크레졸 : 배설물 소독
- 0.01~0.1% 역성비누(양성비누) : 손 소독
- 0.1% 승홍 : 손 소독
- 생석회(CaO) : 변소 등의 소독

In addition

차아염소산나트륨
- 수산화나트륨 용액 등에 염소가스를 이용해 만든 염소계 살균소독제이다.
- 과채류·용기·식기 등에 이용되며 표백과 탈취의 목적으로 사용된다.
- 과일 및 채소류는 100ppm의 차아염소산나트륨 소독액으로 소독 후 깨끗한 물로 충분히 세척하여 사용한다.

2장 식중독

1 식중독의 의의 및 분류

(1) 식중독의 의의

① 식중독이란 미생물, 유독물질, 유동화학물질 등이 식품에 첨가되거나 오염되어 급성위장염 등의 생리적 이상을 초래하는 것을 말한다.

② 발생양상

  ㉠ **계절별 발생양상** : 5~9월에 급격한 증가

  ㉡ **직업별 발생양상** : 무직, 어민, 농민, 학생, 일반노동자, 공무원 순으로 발생

  ㉢ **원인식품별 발생양상** : 어패류가 가장 많음

  ㉣ **연령별 발생양상** : 20대가 가장 많음

  ㉤ **성별 발생양상** : 여자보다 남자가 많이 발생

  ㉥ **음식 섭취장소별 발생양상** : 가정 > 집단급식소 > 일반음식점

(2) 식중독의 분류

① 세균성 식중독

  ㉠ **감염형 식중독** : 살모넬라, 장염비브리오, 병원성대장균 식중독 등이 있다.

  ㉡ **독소형 식중독** : 포도상구균, 보툴리누스균 식중독 등이 있다.

  ㉢ **중간형 식중독** : 장관 내에서 증식한 세균이 생산한 독소에 의한 것이 있다(웰치균, Cereus균).

② 화학성 식중독

  ㉠ 유해 화학 물질에 의한 식중독이다.

  ㉡ 우연 또는 과실로 혼입된 유해물질에 의한 식중독(농약, 수은, 카드뮴, PCB 등)이다.

  ㉢ 유해 식품첨가물(아우라민, 붕산, 둘신 등)에 의한 것이다.

  ㉣ 기구, 포장에 의한 중독(녹청, 납, 비소, 포름알데히드 등)이다.

③ 자연독 식중독

  ㉠ **동물성 자연독** : 독물질이 특정 장기에 국한(복어), 특이환경에서 유독화(조개류)

  ㉡ **식물성 자연독** : 식용으로 오인 섭취(독버섯), 독물질이 특정 부위에 국한(감자), 곰팡이 독

④ **진균류에 의한 식중독** : 곰팡이에 의한 식중독이다.

⑤ **기타** : 알레르기성 식중독, 원인 불명의 식중독 등

2 세균성 식중독

(1) 감염형 식중독

① 살모넬라균 식중독

ㄱ 그람음성 간균으로 아포와 협막을 형성하지 않는 통성 혐기성균이다.

ㄴ 열에 약하다.

ㄷ 사람, 가축, 가금류의 분변에 오염된 식품에서 주로 감염된다.

ㄹ 잠복기는 12~24시간이다.

ㅁ 조리장 및 식품저장고의 방충·방서 철저, 식품의 위생 및 저온보관, 식품의 가열섭취 등으로 예방한다.

② 장염비브리오 식중독

ㄱ 그람음성 간균, 통성혐기성, 3%의 식염 농도에서 자라는 호염성 세균이다.

ㄴ 1차 오염된 근해산 어패류 생식 또는 조리기구를 통해 2차 오염된 어패류 가공식품 섭취로 감염된다.

ㄷ 잠복기는 10~18시간이다.

ㄹ 원인식품으로는 어패류 및 그 가공품이 있다.

ㅁ **예방대책** : 어패류의 생식 금지, 어패류 조리기구의 열탕소독으로 예방한다.

③ 병원성대장균 식중독

ㄱ 그람음성 간균으로 통성 혐기성이다.

ㄴ 환자나 보균자의 분변에 직접 또는 간접적으로 오염된 식품, 특히 유아 수용시설에서 많이 발생한다.

ㄷ 잠복기는 10~30시간이다.

④ 웰치균 식중독

ㄱ 그람양성, 포자형성, 혐기성 간균이다.

ㄴ 사람이나 동물의 분변, 토양, 하수 등에 분포하며 식품에 오염되어 증식하면 식중독을 일으킨다(세균이 체내에 들어가 독소를 생산).

ㄷ 잠복기는 8~22시간이다.

ㄹ 원인식품은 단백질을 많이 함유하는 육류 및 어패류이다.

(2) 독소형 식중독

① 포도상구균 식중독

㉠ 그람양성 구균으로 내열성이 강한 장독소이다.

㉡ 원인식품은 주로 우유 및 유제품, 떡, 김밥, 어육연제품, 도시락 등이다.

㉢ 잠복기는 1~6시간이다.

② 보툴리누스균 식중독

㉠ 그람양성 간균으로 혐기성균이다.

㉡ 살균이 불충분한 소시지, 햄, 통조림, 병조림에서 증식한 세균이 분배하는 독소에 의하여 발생한다.

㉢ 잠복기는 12~36시간이다.

㉣ A, B형은 가열살균이 불충분한 병조림이나 통조림, E형은 어패류 및 그 가공품에서 주로 발생한다.

③ 알레르기성 식중독

㉠ 부패산물의 하나인 히스타민에 의한 식중독이다.

㉡ 히스타민 함량이 많은 꽁치나 전갱이 같은 붉은 살 생선에 모르가니균이 증식하여 발생한다.

(3) 기타

① 장구균 식중독

㉠ 사람이나 동물의 장내 상주균이다.

㉡ 냉동식품의 경우 대장균군은 빨리 사멸되지만 장구균은 오랫동안 생존한다.

② 아리조나균 식중독

㉠ 장내 세균과에 속하며 살모넬라균과 거의 비슷한 성질을 갖는다.

㉡ 특히 닭고기와 달걀류 및 그 가공품인 경우가 많다.

③ 노로바이러스 식중독

㉠ 겨울철에 주로 발생하며, 10~100개의 적은 수로도 식중독이 발생할 수 있다.

㉡ 굴·조개·생선 등을 익히지 않고 먹거나 지하수 섭취가 원인이 된다.

㉢ 소아는 구토, 성인은 1~3일 설사 지속 후 자연치유 된다.

3 화학성 식중독

(1) 고의 또는 오용에 의한 중독

① 유해착색료
  ㉠ 아우라민 : 황색 타르색소로 과자나 단무지, 팥앙금류에 불법 사용하는 경우 두통, 의식불명, 간조직의 혈관 확장 등이 발생한다.
  ㉡ 로다민 B : 핑크색 타르색소로 어묵, 과자, 토마토케첩 등에 불법사용 하는 경우 전신착색, 단백뇨, 부종, 오심, 구토 등이 발생한다.
  ㉢ 파라니트로아닐린 : 황색 결정체로 무미무취이고 물에 녹지 않으며 두통, 청색증, 혼수, 맥박감소, 황색뇨 배출 등의 증세가 나타난다.

② 유해감미료
  ㉠ 둘신 : 백색 결정으로 냉수에 잘 녹지 않으며 열탕에 잘 녹고 설탕보다 약 250배의 단맛이 나며, 소화효소에 대한 억제작용, 신경계 자극, 혈액독 생성, 간종양 등의 원인이 되기도 한다.
  ㉡ 에틸렌글리콜 : 원래 엔진의 냉각수 부동액으로 사용되는 것으로 무색, 무취로 설탕이 부족하던 시기에 감미료로 사용된 적이 있으며 신경장애를 일으키는 것으로 알려져 있다.
  ㉢ 사이클라메이트 : 무색의 결정성 분말로 물에 잘 녹으며 설탕의 약 40~50배의 감미도를 가지나 발암성 때문에 사용이 금지되었다.
  ㉣ 페릴라틴 : 설탕보다 약 2,000~5,000배의 단맛을 가지고 있으며 독성은 신장을 자극하여 염증을 일으킬 우려가 있다.
  ㉤ 파라니트로올소톨루이딘 : 황색 결정으로 설탕보다 약 200배의 단맛이 있으며 신경독 등의 중독사고를 일으킨다.

③ 유해표백료
  ㉠ 롱가릿 : 포름알데히드를 발생하며 물엿의 표백에 사용되고 신장을 자극하여 독성을 나타낸다.
  ㉡ 삼염화질소 : 밀가루 표백제로 사용되었던 것으로 현재는 사용금지하고 있으며 히스테리 증상을 유발한다.
  ㉢ 형광표백제 : 발암성물질이다.

④ 유해보존료
  ㉠ 붕산 : 햄이나 베이컨 등에 불법적으로 사용되며 구토, 설사, 허탈, 홍반이 나타난다.

ⓒ 포름알데히드 : 요소수지 식기 등에서 용출될 수 있는 것으로 0.3% 농도에서 소화요소 작용을 저지시키며 단백질 변성작용을 일으킨다.

ⓒ 승홍(염화제이수은) : 갈증, 구토, 복통 등을 일으킨다.

ⓒ 불소 화합물 : 구토, 복통, 경련 등을 일으킨다.

ⓜ 베타나프톨 : 신장자극, 단백뇨, 혈색소뇨 등을 일으킨다.

(2) 우연한 혼입, 잔류되는 유해물질에 의한 중독

① 농약

ⓐ 유기인제(파라티온, 말라티온 등) : 맹독성으로 신경마비 증상이 발생한다.

ⓑ 유기염소제(DDT, BHC 등) : 복통, 구토, 두통, 설사, 시력감퇴, 전신권태 등을 일으킨다.

② PCB 중독 : 피부발진, 색소침착, 가려움, 피부의 각질화, 관절통 등을 일으킨다.

③ 비소화합물 : 조제분유(비산나트륨 혼입), 식욕부진, 구토, 설사 등을 일으킨다.

(3) 유해금속화합물에 의한 중독

① 유해성중금속

ⓐ 납 : 독성이 강한 중금속으로 특히 만성중독의 위험이 있고 복통, 구토, 설사, 빈혈 등을 유발한다.

ⓑ 비소 : 살충제로 널리 사용되고 있는 것으로 구토, 설사, 간장장애 등을 일으킨다.

ⓒ 수은 : 미나마타병의 원인물질로서 손의 지각이상, 언어장애, 보행곤란 등이며 심할 경우 사망한다.

ⓓ 카드뮴 : 이타이이타이병의 원인이 된 중금속으로 신장의 세뇨관에 축적되어 기능장애를 발생시킨다.

ⓔ 구리 : 공기 중의 수증기와 이산화탄소가 반응하여 탄산구리로 되므로 놋그릇의 구리독은 중독의 원인이 되며 이는 간장과 신장에 장애를 일으킨다.

ⓕ 아연 : 식기, 용기의 도금재료로 구토, 설사, 복통 등을 일으킨다.

ⓖ 주석 : 식기, 용기의 도금재료로 메스꺼움, 구토, 설사, 복통 등을 일으킨다.

② 합성수지 용출물질

ⓐ 포름알데히드 : 요소수지, 페놀수지로 만든 식기가 분해되면 포름알데히드가 발생한다.

ⓑ 가소제 : 염화비닐수지에 첨가하는 프탈산에스테르류이며 발암성을 가진다.

4 자연독 식중독

(1) 동물성 식중독

① 복어 중독
㉠ 동물성 자연독 식중독 가운데 가장 많이 발생하는 것이다.
㉡ 겨울철에서 봄철 산란기인 5~6월에 가장 독성분이 강하다.
㉢ 독력이 강한 것은 매리복, 복섬, 검복 등이며 약한 것은 까치복이다.
㉣ 독성물질은 테트로도톡신으로 열에 대한 저항력이 강하여 100℃에서 4시간의 가열로도 파괴되지 않는다.
㉤ 복어의 난소, 간, 내장, 표피 순으로 다량 함유되어 있다.
㉥ 증상으로는 구토, 근육마비, 보행곤란, 호흡곤란, 의식불명 등이 있다.

② 조개류 중독
㉠ 굴, 모시조개, 바지락 : 베네루핀 독소에 의한 것으로 열에 강하여 100℃에서 1시간 가열하여도 파괴되지 않는다. 일반적으로 2~4월이 조개류의 유독시기이다.
㉡ 대합조개, 섭조개, 홍합 : 삭시톡신의 독소에 의한 것으로 5~9월 특히 한여름에 독성이 가장 강하다.

(2) 식물성 식중독

① 버섯중독
㉠ 독버섯에 의한 식중독은 식물성 식중독 가운데 가장 많이 발생하는 것으로 주로 9~10월경이 가장 많다.
㉡ 독성물질로는 무스카린, 무스카리딘, 뉴린, 콜린, 팔린, 아마니타톡신 등이 있으며 일반적으로 무스카린에 의한 경우가 많다.

② 감자중독
㉠ 저장 중에 생기는 녹색부위와 발아부위의 솔라닌 독소에 의한다.
㉡ 물에 잘 녹지 않고 열에 강하며 보통의 조리법으로는 파괴되지 않는다.

③ 기타
㉠ 독미나리 : 시큐톡신(cicutoxin)
㉡ 독맥(독보리) : 테물린(temuline)

ⓒ 미치광이풀 : 아트로핀(atropine)

ⓔ 청매(덜익은 매실) : 아미그달린(amygdalin)

ⓜ 수수 : 듀린(dhurrin)

ⓗ 고사리 : 프타퀼로시드(ptaquiloside)

ⓢ 목화씨 : 고시폴(gossypol)

ⓞ 피마자 : 리신(ricin), 리시닌(ricinine)

ⓩ 대두, 팥 : 사포닌(saponin)

ⓒ 오디 : 아코니틴(aconitine)

(3) 곰팡이 중독

① 중독의 종류

ⓐ 간장독 : 간경변, 간종양, 간세포의 괴사를 일으키는 물질군으로 아플라톡신이 대표적이다.

ⓑ 신장독 : 신장에 급성 또는 만성의 장애를 일으키는 것으로 시트리닌이 대표적이다.

ⓒ 신경독 : 뇌와 중추신경계에 장애를 일으키는 것으로 파투린 등이 대표적이다.

② 독성

ⓐ 아플라톡신 : 누룩곰팡이에 의한 것으로 탄수화물이 풍부한 농산물 중에서 곡류 및 콩류를 기질로 한다.

ⓑ 황변미중독 : 푸른곰팡이에 의한 것으로 독소를 생성하는 곰팡이에 오염되어 변질된 쌀은 황색을 나타내기 때문에 황변미라고 한다.

ⓒ 후사리움중독 : 보리 등의 곡물에 붉은 곰팡이가 번식하여 독소를 생산하여 발생한다.

....

 독버섯

• **독버섯의 종류** : 알광대버섯, 무당버섯, 화경버섯, 미치광이버섯, 광대버섯, 끈적버섯 등

• **독버섯 감별법**

– 버섯의 살이 세로로 쪼개지는 것은 독이 없다.

– 색이 아름답고 선명한 것은 일반적으로 독버섯이다.

– 악취가 나고 쓴맛, 신맛을 가진 것은 독버섯이다.

– 유즙이나 점액을 분비하거나 공기 중에서 변색하는 것은 독버섯이다.

– 독버섯은 은수저를 검은색으로 변색시킨다.

....

3장 감염병 및 기생충

1 감염병

(1) 감염병의 발생원인

① 병원체(감염원) : 병독이나 병원체를 직접 인간에게 가져오는 원인이 될 수 있는 것을 말한다.

② 환경(감염경로) : 감염원에 충분한 접촉기회가 있어야 한다.

③ 숙주 : 한 생물체가 다른 생물체의 침범을 받아 영양물질의 탈취 및 조직 손상 등을 당하는 생물체이다.

(2) 감염병의 생성과정

① 병원체 : 세균, 바이러스, 라케차, 기생충, 후생동물 등의 감염병을 일으키는 원인을 말한다.

② 병원소 : 사람, 동물, 토양 등 병원체가 생활하고 증식되며 생존을 계속하여 다른 숙주에게 전파될 수 있는 상태로 저장되는 장소이다.

③ 병원소로부터 병원체의 탈출 : 호흡기계, 소화기계, 비뇨기계, 기계적 탈출, 개방병소를 통해 직접 배출한다.

④ 전파

   ㉠ 직접전파

     • 신체적 접촉이나 기침, 재채기 등에 의해 전파된다.

     • 성병, 감기, 결핵, 홍역 등이 있다.

   ㉡ 간접전파 : 중간매체를 통해 숙주에 전파한다.

⑤ 병원체의 침입 : 호흡기계, 소화기계, 피부점막 등을 통해 이루어진다.

⑥ 숙주의 감수성과 면역 : 저항성이나 면역성이 없을 경우 발병한다.

(3) 감염병의 분류

① 병원체에 따른 분류

   ㉠ 세균성 감염병

     • 소화기계 감염병 : 콜레라, 세균성이질, 장티푸스, 파라티푸스 등

     • 호흡기계 감염병 : 결핵, 나병, 성홍열, 백일해 등

   ㉡ 바이러스성 감염병

- 소화기계 감염병 : 폴리오, 감염성 간염 등
- 호흡기계 감염병 : 두창, 인플루엔자, 홍역 등
  - ⓒ 리케차성 감염병 : 발진티푸스, 발진열, 양충병 등
  - ⓔ 기타
    - 스피로헤타성 : 매독 등
    - 원충성 : 말라리아, 아메바성 이질 등
② 예방접종 실시여부와 잠복기 장단여부에 따른 분류
  - ㉠ 예방접종 실시여부
    - 정기적으로 예방접종을 하여야 하는 감염병 : 결핵, 디프테리아, 파상풍, 백일해, 소아마비, 홍역, 콜레라, 인플루엔자, 유행성뇌염, 천연두
    - 임시 예방접종을 실시해야 하는 감염병 : 장티푸스, 파라티푸스, 발진티푸스, 페스트 등
  - ㉡ 잠복기가 있는 감염병
    - 잠복기가 1주일 이내인 것 : 콜레라, 인플루엔자, 성홍열, 뇌염, 이질, 임질, 디프테리아 등
    - 잠복기가 1~2주일인 것 : 백일해, 홍역, 급성회백수염, 두창, 풍진, 발진티푸스, 유행성이하선염
  - 잠복기가 긴 것(2주 이상) : 광견병, 나병, 결핵
③ 감염경로에 의한 분류
  - ㉠ 직접접촉감염
    - 감염원인 환자와 오염된 것에 감수성 보유자가 접촉함으로써 감염된다.
    - 성병 등이 있다.
  - ㉡ 간접접촉감염
    - 장난감, 의류, 먼지 등에 오염된 것에 감수성 보유자가 접촉함으로써 감염된다.
    - 비말감염 : 환자의 기침, 담화, 재채기 등의 분비물에 병원체가 날려 감염된다(디프테리아, 성홍열, 인플루엔자 등).
    - 진애감염 : 먼지나 티끌에 병원체가 부착되어 입이나 코로 침입하여 감염된다(결핵, 천연두, 디프테리아 등).
    - 개달물감염 : 비생체접촉매개물(의복, 침구, 서적, 완구 등)에 의해 감염된다(결핵, 트라코마, 천연두 등).
  - ㉢ 위해해충에 의한 감염
    - 파리 : 장티푸스, 콜레라, 폴리오, 수면병 등
    - 모기 : 말라리아, 일본뇌염, 사상충, 황열, 뎅구열 등
    - 이 : 발진티푸스, 재귀열 등

- 벼룩 : 페스크, 발진열 등
- 진드기 : 유행성출혈열, 양충병 등
ⓔ **수인성감염병** : 콜레라, 장티푸스, 이질, 폴리오 등
ⓜ **토양 감염** : 파상풍, 구충 등
ⓗ **음식물 감염** : 콜레라, 장티푸스, 이질, 식중독, 폴리오 등
ⓢ **경태반 감염** : 매독, 두창, 풍진 등

④ 인수공통감염병

결핵 (Tuberchlosis)	결핵균(Mycobacterium tuberculosis)에 오염된 우유, 유제품에 의해 감염됨
탄저병 (Anthrax)	탄저균(Bacillus anthracis)에 오염된 목초나 사료에 의해 감염되며, 폐렴증상, 임파선염, 패혈증을 유발함
파상열 (Brucella)	브루셀라증, 감염된 동물의 유즙, 유제품, 고기를 거쳐 감염되며, 소 · 염소 · 양 · 돼지에게 유산을 유발, 사람에게는 열을 발생시킴 • Brucella melitensis : 양, 염소 • Brucella abortus : 소 • Brucella suis : 돼지
야토병	야토균(Francisella tularensis), 산토끼의 박피로 감염되며, 오한과 발열을 유발함
돈단독	돈단독균(Erysipelothrix rhusiopathiae), 가축의 고기, 장기를 다룰 때 피부의 창상으로 균이 침입하여 감염되며, 종창 · 관절염 · 패혈증을 유발함
리스테리아병 (Listeriosis)	리스테리아균(Listeria monocytogenes), 가축, 가금류에 의해 감염되며, 패혈증, 내척수막염, 임산부는 자궁내막염 등을 유발함. 5℃ 이하에서도 증식하는 냉온성 세균으로 아이스크림과 냉동 돼지고기에서도 발견됨

⑤ 인체침입구에 따른 분류
ⓐ 호흡기계 침입
- 비말감염 : 환자의 기침, 재채기 등으로 감염된다(결핵, 백일해 등).
- 진애감염 : 병원체가 부착된 먼지와 티끌로 감염된다(천연두, 결핵, 디프테리아 등).
ⓑ 소화기계 침입 : 물과 음식물로 감염된다(장티푸스, 콜레라, 이질, 파라티푸스, 소아마비, 유행성간염).
ⓒ 경피 침입
- 상처를 통한 감염 : 파상풍, 트라코마, 매독, 나병 등이 있다.
- 동물에 물리거나 쏘여서 감염 : 발진티푸스, 재귀열, 말라리아, 일본뇌염, 황열, 사상충, 페스트, 발진열, 서교증, 광견병, 유행성출혈열, 양충병 등이 있다.

(4) 감염병의 특성

① 소화기계 감염병

㉠ 장티푸스

- 우리나라 하절기에 가장 많이 발생한다.
- 잠복기는 1~3주이다.
- 발열, 두통, 식욕부진 등이 나타난다.
- 예방접종을 실시한다.

㉡ 콜레라

- 심한 설사와 탈수증세가 나타난다.
- 잠복기는 12~48시간이다.
- 예방접종을 실시한다.

㉢ 세균성 이질

- 심한 복통, 구토, 고열, 설사, 점액, 혈변 등이 나타난다.
- 잠복기는 2~7일이다.
- 예방접종은 없다.

㉣ 소아마비

- 중추신경계의 손상으로 주로 소아에게 영구적인 마비증세가 나타난다.
- 잠복기는 1~3주이다(호흡기계 분비물, 분변을 통해 오염된 음식물로 침입).
- 예방접종이 가장 좋은 방법이다.

㉤ 유행성 간염

- 간세포의 변성과 염증성 변화가 생기는 질병으로 황달이 생기는 경우가 많다.
- 잠복기는 15일~50일이다.
- 예방접종의 실시 및 위생수칙의 준수 등의 방법으로 예방한다.

㉥ 파라티푸스

- 장티푸스와 유사하다.
- 잠복기는 1~10일이다.
- 환자, 보균자의 배설물을 통해 직접 또는 간접 감염된다.

② 호흡기계 감염병

㉠ 디프테리아

- 인두, 후두, 코, 피부 등의 염증과 통증이 있으며 목이 붓는다.
- 잠복기는 2~7일이다.
- 예방접종을 실시한다(DPT).

    ⓒ 백일해

      • 기침으로 시작되는 호흡기 질환이다.

      • 잠복기는 약 1주일 정도이다.

      • 예방접종을 실시한다(DPT).

    ⓒ 홍역

      • 병원체는 바이러스이며 1~2세의 소아에게 많이 감염된다.

      • 잠복기는 8~20일이며 2~3년 간격으로 순환 변화된다.

      • 예방접종을 실시한다(라이루겐 접종).

    ⓔ 천연두

      • 열, 전신, 발진, 수포, 농포 등이 생긴다.

      • 잠복기는 7~16일이다.

      • 우두접종을 한다.

    ⓜ 유행성이하선염

      • 발진기 이후에 고환에 염증이 생겨 불임의 원인이 되기도 한다.

      • 병원체는 바이러스이고 병원소는 환자이며, 감염원은 환자의 타액이다.

      • 잠복기는 12~26일이다.

      • 예방접종의 실시와 환자의 격리가 중요하다.

    ⓗ 풍진

      • 병원체는 바이러스이고 특히 임신초기에 이환되면 기형아를 낳을 수 있다.

      • 잠복기는 14~21일이다.

      • 예방접종 실시가 필요하다.

③ 동물매개 감염병

    ㉠ 광견병

      • 급성뇌염의 하나로 두통, 발열 증세를 보인다.

      • 잠복기는 개의 경우 3~8주, 사람은 10일~2년이다.

      • 광견병 예방접종을 실시한다.

    ⓒ 말라리아

      • 두통, 피로, 오심과 발열이 나타난다.

      • 잠복기는 12일~30일이며 전파는 중국얼룩날개모기의 감염모기가 전파한다.

    ⓒ 유행성 일본뇌염

      • 고열, 빠른 맥박, 오심, 구토, 혀, 입술의 마비가 나타난다.

      • 잠복기는 5~15일이며 뇌염모기(큐렉스모기)가 감염시킨다.

3과목 식품위생 [2급서]

  ② 페스트

   • 쥐벼룩에 의해 전파되어 고열, 보행곤란, 정신혼란 등의 증세를 보인다.

   • 잠복기는 2~6일이다.

  ⑩ 발진티푸스

   • 발열, 근육통, 발진 등의 증세를 보인다.

   • 잠복기는 12일이다.

   • 예방접종이 필요하다.

  ⑪ 탄저병 : 소, 양, 산양, 말 등이 오염된 사료를 통해 경구감염된다.

 ④ 만성감염병

  ㉠ 결핵

   • 결핵균은 간균으로 신체의 모든 부분에 침입하지만 특히 폐에 많이 감염된다.

   • 잠복기는 4~12주이다.

   • 결핵예방주사를 접종한다(BCG).

  ㉡ 나병(한센씨병)

   • 피부말초신경의 손상을 특징으로 한다.

   • 잠복기는 1년~수년이다.

  ㉢ 성병

   • 대표적인 것으로 매독, 임질, 트라코마 등이 있으며 면역성이 없다.

   • 점막이나 피부를 통해 감염된다.

 ⑤ 특수감염병

  ㉠ 유행성 출혈열

   • 야생설치류 및 진드기가 전염시키고 특히 들쥐의 분말이 호흡기를 통해 감염된다.

   • 식욕부진, 허탈, 구토, 결막, 충혈 등의 증상을 보인다.

  ㉡ 렙토스피라증

   • 들쥐의 대소변, 타액으로 균이 배출된 후 경피감염된다.

   • 고열, 오한, 근육통, 황달, 출혈 등의 증세를 보인다.

  ㉢ 비브리오 패혈증

   • 오염된 바지락, 꼬막, 꽃게, 낙지, 조개 등에 의해 감염된다.

   • 60℃ 이상에서 사멸한다.

  ㉣ 후천성면역결핍증(AIDS)

   • 수혈 및 성행위뿐만 아니라 입이나 상처 등을 통해서 전파된다.

   • 잠복기는 3~ 36개월이다.

   • 체중감소, 발열, 피부염, 만성적인 설사 등의 증세가 나타난다.

(5) 감염병의 예방대책

① **감염원 대책** : 환자에 대한 대책, 보균자에 대한 대책, 외래감염병에 대한 대책, 역학조사를 한다.

② **감염경로 대책** : 감염원과의 접촉기회 억제, 소독 및 살균의 철저, 공기의 위생적 유지, 상수도의 위생관리, 식품의 오염방지, 해충의 구제 등이 있다.

③ **감수성 대책** : 예방접종, 저항력 증진, 발병자와 격리, 병원체 보유동물 대책 등이 있다.

2 식품과 기생충

(1) 채소류로부터 감염되는 기생충 질환

회충	• 경구침입, 유충이 심장, 폐포, 기관지를 통과하여 소장에 정착 • 장내 군거생활
요충	• 경구침입, 맹장, 충수돌기에 기생 • 집단생활하는 곳에 많이 발생, 항문 주위에 산란
구충	• 십이지장충 또는 아메리카구충이라고도 함 • 피부감염(경피감염), 소장에서 성충이 되어 기생
편충	• 맹장 또는 대장에 기생 • 채소의 충분한 세척, 분뇨의 처리와 곤충 규제
동양모양선충	• 양, 산양, 소 등 초식동물에 기생 • 성충은 소장 상부에 기생 • 오염된 흙과 접촉하는 것을 피하고, 채소의 충분한 세척

(2) 어패류로부터 감염되는 기생충 질환

간디스토마 (간흡충)	• 제1중간숙주 : 쇠우렁이 • 제2중간숙주 : 담수어(붕어, 잉어, 모래무지 등)
폐디스토마 (폐흡충)	• 제1중간숙주 : 다슬기 • 제2중간숙주 : 가재, 게, 참게
광절열두조충 (간촌충)	• 제1중간숙주 : 물벼룩 • 제2중간숙주 : 담수어(송어, 연어, 숭어)
아니사키스충 (고래회충)	• 제1중간숙주 : 갑각류(크릴새우) • 제2중간숙주 : 바다생선(고등어, 갈치, 오징어 등) • 최종숙주 : 해양 포유류(고래, 물개 등)
요코카와흡충	• 제1중간숙주 : 다슬기

3과목

식품위생 [2교시]

유구악구충	• 제2중간숙주 : 담수어(붕어, 은어 등)
	• 제1중간숙주 : 물벼룩
	• 제2중간숙주 : 미꾸라지, 가물치, 뱀장어
	• 최종숙주 : 개, 고양이 등

(3) 육류로부터 감염되는 기생충 질환

유구조충 (갈고리촌충)	• 중간숙주 : 돼지 • 두부의 형태가 갈고리 모양을 하고 있음
무구조충 (민촌충)	• 중간숙주 : 소 • 두부에 4개의 흡반이 있음
선모충	• 중간숙주 : 돼지 • 피낭이 들어 있는 돼지고기를 먹으면 소장에서 혈관으로 들어가 심장, 폐를 거쳐 혈액을 통해서 근육에 피포 기생

(4) 기타 기생충 질환

람블편모충	• 십이지장, 담낭에 기생 • 오염된 물이나 음식물을 통해 감염되며, 설사나 복통을 일으킴
이질아메바 (아메바성이질)	• 분변탈출, 경구침입 • 대장에 증식하지만 간, 뇌, 폐, 신장 등에도 농양을 형성함
톡소플라스마 (견회충증)	• 중간숙주 : 포유동물(고양이, 돼지, 원숭이, 쥐, 토끼 등)과 조류(참새, 병아리 등) • 고양이의 분변에 오염된 음식물이나 돼지고기 생식에 의해 감염

4장 식품안전관리인증기준(HACCP)

1 HACCP 개념

(1) 의의

식품안전관리인증기준(HACCP; Hazard Analysis and Critical Control Point)은 식품의 원재료 생산에서부터 제조 · 가공 · 보존 · 유통단계를 거쳐 최종 소비자가 섭취하기 전까지의 각 단계에서 발생할 우려가 있는 위해요소를 규명하고, 이를 중점적으로 관리하기 위한 중요관리점을 결정하여 자주적이며 체계적이고 효율적인 관리로 식품의 안전성을 확보하기 위한 과학적인 위생관리 체계를 말한다.

(2) 용어정의

① **위해요소(Hazard)** : 인체의 건강을 해칠 우려가 있는 생물학적, 화학적 또는 물리적 인자나 조건

② **위해요소분석(Hazard Analysis)** : 식품 · 축산물 안전에 영향을 줄 수 있는 위해요소와 이를 유발할 수 있는 조건이 존재하는지의 여부를 판별하기 위하여 필요한 정보를 수집하고 평가하는 일련의 과정

③ **중요관리점(Critical Control Point)** : HACCP을 적용하여 식품의 위해요소를 예방 · 제어하거나 허용 수준 이하로 감소시켜 당해 식품의 안전성을 확보할 수 있는 중요한 단계 · 과정 또는 공정

④ **한계기준(Critical Limit)** : 중요관리점에서의 위해요소 관리가 허용 범위 이내로 충분히 이루어지고 있는지 여부를 판단할 수 있는 기준이나 기준치

⑤ **모니터링(Monitoring)** : 중요관리점에 설정된 한계기준을 적절히 관리하고 있는지 여부를 확인하기 위하여 수행하는 일련의 계획된 관찰이나 측정 행위

⑥ **개선조치(Corrective Action)** : 모니터링 결과 중요관리점의 한계기준을 이탈할 경우에 취하는 일련의 조치

⑦ **검증(Verification)** : HACCP 관리계획의 유효성과 실행 여부를 정기적으로 평가하는 일련의 활동

2 HACCP 절차

(1) HACCP 7원칙 12절차

① **HACCP팀 구성** : 업소 내에서 HACCP Plan 개발을 주도적으로 담당할 해썹팀을 구성

② **제품설명서 작성** : 제품명, 제품유형, 성상, 작성연원일, 성분 등 제품에 대한 전반적인 취급 내용이 기술되어 있는 설명서를 작성

③ **용도 확인** : 예측 가능한 사용방법과 범위, 그리고 제품에 포함될 잠재성을 가진 위해물질에 민감한 대상 소비자(어린이, 노인, 면역관련 환자 등)를 파악

④ **공정흐름도 작성** : 업소에서 직접 관리하는 원료의 입고에서부터 완제품의 출하까지 모든 공정단계들을 파악하여 공정흐름도 및 평면도를 작성

⑤ **공정흐름도 현장확인** : 작성된 공정흐름도 및 평면도가 현장과 일치하는지를 검정하는 것

⑥ **위해요소분석(원칙 1)** : 원료, 제조공정 등에 대하여 위해요소분석 실시 및 예방책을 명확히 함

⑦ **중요관리점(CCP) 결정(원칙 2)** : 중요관리점의 설정(안정성 확보단계, 공정결정, 동시통제)

⑧ **CCP 한계기준 설정(원칙 3)** : 위해허용한도의 설정

⑨ **CCP 모니터링체계 확립(원칙 4)** : CCP를 모니터링하는 방법을 수립하고 공정을 관리하기 위해 모니터링 결과를 이용하는 절차를 세움

⑩ **개선조치방법 수립(원칙 5)** : 모니터링 결과 설정된 한계기준에서 이탈되는 경우 시정조치 사항을 만듦

⑪ **검증절차 및 방법 수립(원칙 6)** : HACCP이 제대로 이행되고 있다는 사실을 검증할 수 있는 절차를 수립

⑫ **문서화, 기록유지방법 설정(원칙 7)** : 기록의 유지관리체계 수립

Tip

HACCP 적용업소의 기록 보유기간

HACCP 적용업소는 관계 법령에 특별히 규정된 것을 제외하고는 관리되는 사항에 대한 기록을 2년간 보관하여야 한다.

---

(2) HACCP 대상식품

① 수산가공식품류의 어육가공품류 중 어묵 · 어육소시지

② 기타수산물가공품 중 냉동 어류 · 연체류 · 조미가공품

③ 냉동식품 중 피자류 · 만두류 · 면류

④ 과자류, 빵류 또는 떡류 중 과자 · 캔디류 · 빵류 · 떡류

⑤ 빙과류 중 빙과

⑥ 음료류(다류 및 커피류 제외)

⑦ 레토르트식품

⑧ 절임류 또는 조림류의 김치류 중 김치

⑨ 코코아가공품 또는 초콜릿류 중 초콜릿류

⑩ 면류 중 유탕면 또는 곡분, 전분, 전분질원료 등을 주원료로 반죽하여 손이나 기계 따위로 면을 뽑아내거나 자른 국수로서 생면 · 숙면 · 건면

⑪ 특수용도식품

⑫ 즉석섭취 · 편의식품류 중 즉석섭취식품

⑬ 즉석섭취 · 편의식품류의 즉석조리식품 중 순대

⑭ 식품제조 · 가공업의 영업소 중 전년도 총 매출액이 100억 원 이상인 영업소에서 제조 · 가공하는 식품

01 다음의 식품 위해요소 중 화학적 위해요소에 해당하는 것은?

① 버섯독
② 기생충
③ 잔류농약
④ 머리카락
⑤ 알레르기

02 실험 대상 동물 수명의 10분의 1정도의 기간에 걸쳐 치사량 이하의 여러 용량으로 연속 경구 투여하여 사망률 및 중독 증상을 관찰하는 독성시험은?

① 급성 독성시험
② 경피 독성시험
③ 점안 독성시험
④ 만성 독성시험
⑤ 아급성 독성시험

03 다음 중 독성시험의 결과 수치인 LD_{50}에 대한 설명으로 옳은 것은?

① 발암성 분석지표이다.
② 최대무작용량 계산에 이용된다.
③ 아급성 독성실험의 결과값이다.
④ 수치가 낮을수록 독성이 약하다.
⑤ 실험동물의 반수가 치사하는 양이다.

04 다음 중 장내세균으로 히스타민을 축적하여 알레르기를 유발하는 세균은?

① Vibrio속
② Bacillus속
③ Proteus속
④ Escherichia속
⑤ Pseudomonas속

05 다음 중 빵에 잘 번식하므로 빵 곰팡이라고도 부르는 검은 곰팡이는?

① Mucor속
② Serratia속
③ Rhizopus속
④ Penicillium속
⑤ Aspergillus속

06 다음의 식품미생물 중 효모에 속하는 것은?

① Bacillus속
② Penicillium속
③ Aspergillus속
④ Pseudomonas속
⑤ Saccharomyces속

07 다음 중 편성혐기성균에 해당하는 것은?

① 효모　　　　② 대장균군
③ 살모넬라균　　④ 보툴리누스균
⑤ 장염비브리오균

08 단백질을 많이 함유한 식품이 주로 혐기성균의 작용으로 분해되어 나타나는 식품 변질은?

① 발효　　　　② 변패
③ 부패　　　　④ 산패
⑤ 갈변

09 다음 중 식품의 부패가 시작된 것으로 판정하는 식품 1g당 생균수는?

① $10^4 \sim 10^5$　　② $10^5 \sim 10^6$
③ $10^6 \sim 10^7$　　④ $10^7 \sim 10^8$
⑤ $10^8 \sim 10^9$

10 분유, 인스턴트 커피 등에 이용되는 건조법은?

① 열풍건조　　② 분무건조
③ 박막건조　　④ 진공건조
⑤ 진공동결건조

11 다음 중 71℃에서 15초간 가열하는 우유 살균법은?

① 저온살균
② 자비살균
③ 고온고압살균
④ 고온단시간살균
⑤ 초고온순간살균

12 당장법에서 당의 농도는 몇 % 이상이어야 하는가?

① 30%　　　　② 40%
③ 50%　　　　④ 70%
⑤ 80%

13 다음 중 아포형성균을 제거하기에 가장 좋은 소독법은?

① 일광소독　　② 자비소독
③ 건열멸균　　④ 알코올소독
⑤ 고압증기멸균

14 다음 중 소독약의 소독력을 평가하는 데 사용되는 지표로 활용되는 것은?

① 승홍　　　　② 석탄산
③ 크레졸　　　④ 알코올
⑤ 과산화수소

15 다음 중 배설물 소독에 사용되는 크레졸수의 희석 농도는?

① 3% ② 4%

③ 5% ④ 6%

⑤ 7%

16 다음 중 표백과 탈취 목적으로 사용되는 염소계 살균 소독제는?

① 승홍 ② 석탄산

③ 크레졸 ④ 과산화수소

⑤ 차아염소산나트륨

17 다음 중 살모넬라균 식중독에 대한 설명으로 틀린 것은?

① 열에 약하다.

② 그람음성 간균이다.

③ 아포와 협막을 형성한다.

④ 잠복기는 12~24시간이다.

⑤ 사람, 가축, 가금류의 분변에 오염된 식품에서 주로 감염된다.

18 다음 중 장염비브리오 식중독에 대한 설명으로 틀린 것은?

① 그람음성 간균이다.

② 잠복기는 10~18시간이다.

③ 독소형 식중독으로 치사율이 높다.

④ 3%의 식염 농도에서 자라는 호염성 세균이다.

⑤ 여름철 어패류를 생식하는 경우 발생되기 쉽다.

19 살균이 불충분한 소시지, 햄, 통조림, 병조림에서 증식한 세균이 분배하는 독소에 의하여 발생하는 식중독균은?

① 웰치균 ② 장구균

③ 아리조나균 ④ 보툴리누스균

⑤ 황색포도상구균

20 다음 중 히스타민을 생성하여 알레르기성 식중독을 일으키는 세균은?

① 아리조나균

② 살모넬라균

③ 모르가니균

④ 보툴리누스균

⑤ 장염비브리오균

21 다음 중 노로바이러스 식중독에 걸린 성인에게 나타나는 대표적인 증상은?

① 설사 ② 몸살

③ 흑피증 ④ 보행곤란

⑤ 시야협착

22 다음에서 설명하는 유해착색료는?

> 핑크색 타르색소로 어묵, 과자, 토마토케첩 등에 불법사용 하는 경우 전신착색, 단백뇨, 부종, 오심, 구토 등이 발생한다.

① 붕산 ② 로다민 B

③ 삼염화질소 ④ 베타나프톨

⑤ 사이클라메이트

23 다음 설명에 해당하는 유해성 감미료는?

> 백색 결정으로 냉수에 잘 녹지 않으며 열
> 탕에 잘 녹고 설탕보다 약 250배의 단맛
> 이 난다.

① 둘신   ② 페릴라틴
③ 에틸렌글리콜   ④ 사이클라메이트
⑤ 파라니트로올소톨루이딘

24 다음 중 식품 사용에 금지된 유해성 표백제는?

① 둘신   ② 롱가릿
③ 아우라민   ④ 과산화수소
⑤ 아황산나트륨

25 다음 중 PCB 중독으로 인한 증상이 아닌 것은?

① 관절통   ② 가려움
③ 피부발진   ④ 색소침착
⑤ 시력감퇴

26 다음 중 이타이이타이병의 원인이 된 중금속은?

① 납   ② 구리
③ 수은   ④ 안티몬
⑤ 카드뮴

27 다음 중 복어 중독에 대한 설명으로 틀린 것은?

① 독성물질은 테트로도톡신이다.
② 겨울철에서 봄철 산란기인 5~6월에 가장 독성분이 강하다.
③ 복어의 난소, 간, 내장, 표피 순으로 다량 함유되어 있다.
④ 열에 대한 저항력이 약하여 100℃에서 가열 시 모두 제거된다.
⑤ 증상으로는 구토, 근육마비, 보행곤란, 호흡곤란, 의식불명 등이 있다.

28 다음 중 대합조개, 섭조개, 홍합 등에서 검출할 수 있는 마비성 패독은?

① 무스카린   ② 삭시톡신
③ 베네루핀   ④ 아트로핀
⑤ 테트로도톡신

29 다음 중 독버섯의 독성분이 아닌 것은?

① 콜린   ② 팔린
③ 시큐톡신   ④ 무스카리딘
⑤ 아마니타톡신

30 감자를 저장할 때 생기는 녹색부위의 독소는?

① 솔라닌   ② 베네루핀
③ 무스카린   ④ 아트로핀
⑤ 테트로도톡신

31 다음 중 독보리에 함유된 독성분은?

① 듀린(dhurrin)
② 테뮬린(temuline)
③ 사포닌(saponin)
④ 아코니틴(aconitine)
⑤ 시큐톡신(cicutoxin)

32 다음 중 독버섯을 감별하는 방법으로 틀린 것은?

① 버섯의 살이 세로로 쪼개지는 것은 독버섯이다.
② 색이 아름답고 선명한 것은 일반적으로 독버섯이다.
③ 악취가 나고 쓴맛, 신맛을 가진 것은 독버섯이다.
④ 유즙이나 점액을 분비하거나 공기 중에서 변색하는 것은 독버섯이다.
⑤ 독버섯은 은수저를 검은색으로 변색시킨다.

33 다음 중 바이러스성 감염병에 해당하는 것은?

① 폴리오   ② 콜레라
③ 장티푸스   ④ 말라리아
⑤ 발진티푸스

34 다음 중 수인성감염병이 아닌 것은?

① 이질   ② 콜레라
③ 폴리오   ④ 파상풍
⑤ 장티푸스

35 다음 중 인수공통감염병에 해당하는 것은?

① 폴리오   ② 파상열
③ 세균성이질   ④ 디프테리아
⑤ 유행성간염

36 다음 중 냉온성 세균으로, 아이스크림이나 냉동 돼지고기에서도 발견되는 인수공통감염병은?

① 결핵   ② 콜레라
③ 장티푸스   ④ 부르셀라증
⑤ 리스테리아증

37 다음 중 경피감염병에 해당하지 않는 것은?

① 페스트   ② 말라리아
③ 트라코마   ④ 발진티푸스
⑤ 디프테리아

38 다음 설명에 해당하는 호흡기계 감염병은?

> • 발진기 이후에 고환에 염증이 생겨 불임의 원인이 되기도 한다.
> • 병원체는 바이러스이고 병원소는 환자이며, 감염원은 환자의 타액이다.
> • 잠복기는 12~26일이다.

① 홍역   ② 천연두
③ 백일해   ④ 디프테리아
⑤ 유행성이하선염

39 들쥐의 대소변과 타액으로 균이 배출된 후 경피감염되어 나타나는 질병은?

① 발진티푸스
② 세균성 이질
③ 렙토스피라증
④ 유행성 출혈열
⑤ 후천성면역결핍증

40 다음 중 맹장이나 충수돌기에 기생하며 항문 주위에 산란하는 기생충은?

① 회충　　　　② 요충
③ 구충　　　　④ 편충
⑤ 동양모양선충

41 다음 중 폐디스토마의 제1중간숙주와 제2중 간숙주가 순서대로 옳게 짝지어진 것은?

① 다슬기 – 게, 가재
② 물벼룩 – 송어 농어
③ 쇠우렁이 – 게, 가재
④ 쇠우렁이 – 붕어, 잉어
⑤ 크릴새우 – 고등어, 청어

42 다음 중 광절열두조충(긴촌충)에 감염될 수 있는 원인식품은?

① 채소　　　　② 연어
③ 소고기　　　④ 오징어
⑤ 돼지고기

43 어패류에 의해 감염되는 기생충 중 은어를 날로 먹었을 때 감염 우려가 높은 기생충은?

① 간디스토마　　② 아니사키스
③ 유극악구충　　④ 요코가와흡충
⑤ 광절열두조충

44 다음 중 익히지 않은 소고기 섭취로 감염될 수 있는 기생충은?

① 회충　　　　② 유구조충
③ 무구조충　　④ 폐디스토마
⑤ 십이지장충

45 고양이의 분변에 오염된 음식물이나 돼지고 기의 생식에 의해 감염되는 것은?

① 람블편모충　　② 이질아메바
③ 갈고리촌충　　④ 톡소플라즈마
⑤ 동양모양선충

46 다음에서 정의하고 있는 HACCP 용어는?

HACCP을 적용하여 식품의 위해요소를 예방·제어하거나 허용 수준 이하로 감소 시켜 당해 식품의 안전성을 확보할 수 있 는 중요한 단계·과정 또는 공정

① 위해요소　　② 모니터링
③ 개선조치　　④ 한계기준
⑤ 중요관리점

47 다음 중 HACCP(식품안전관리인증기준)의 7원칙에 해당하지 않는 것은?

① 위해요소분석
② 공정흐름도 작성
③ CCP 한계기준 설정
④ 검증절차 및 방법 수립
⑤ 문서화, 기록유지방법 설정

48 HACCP(식품안전관리인증기준)의 7원칙 중 CCP로 옳은 것은?

① 위해요소 분석
② 검증절차 수립
③ 중요관리점 결정
④ 모니터링 체계 확립
⑤ 기록유지 방법 설정

49 HACCP 적용업소는 관계 법령에 특별히 규정된 것을 제외하고는 관리되는 사항에 대한 기록을 최소 몇 년간 보관해야 하는가?

① 1년
② 2년
③ 3년
④ 5년
⑤ 7년

50 다음 중 식품안전관리인증기준(HACCP) 대상식품이 아닌 것은?

① 빙과
② 김치
③ 커피류
④ 피자류
⑤ 레토르트식품

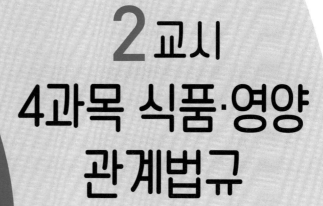

2 교시
4과목 식품·영양
관계법규

NUTRITIONIST

1장 식품위생법

1 총칙

(1) 목적

식품으로 인하여 생기는 위생상의 위해를 방지하고 식품영양의 질적 향상을 도모하며 식품에 관한 올바른 정보를 제공함으로써 국민 건강의 보호·증진에 이바지함을 목적으로 한다.

(2) 정의

① **식품** : 모든 음식물(의약으로 섭취하는 것은 제외)을 말한다.

② **식품첨가물** : 식품을 제조·가공·조리 또는 보존하는 과정에서 감미, 착색, 표백 또는 산화 방지 등을 목적으로 식품에 사용되는 물질을 말한다. 이 경우 기구·용기·포장을 살균·소독하는 데에 사용되어 간접적으로 식품으로 옮아갈 수 있는 물질을 포함한다.

③ **화학적 합성품** : 화학적 수단으로 원소 또는 화합물에 분해 반응 외의 화학 반응을 일으켜서 얻은 물질을 말한다.

④ **기구** : 다음의 어느 하나에 해당하는 것으로서 식품 또는 식품첨가물에 직접 닿는 기계·기구나 그 밖의 물건(농업과 수산업에서 식품을 채취하는 데에 쓰는 기계·기구나 그 밖의 물건 및 위생용품 제외)을 말한다.
- 음식을 먹을 때 사용하거나 담는 것
- 식품 또는 식품첨가물을 채취·제조·가공·조리·저장·소분·운반·진열할 때 사용하는 것

⑤ **용기·포장** : 식품 또는 식품첨가물을 넣거나 싸는 것으로서 식품 또는 식품첨가물을 주고받을 때 함께 건네는 물품을 말한다.

> 소분(小分) : 완제품을 나누어 유통을 목적으로 재포장하는 것을 말한다.

⑥ **공유주방** : 식품의 제조·가공·조리·저장·소분·운반에 필요한 시설 또는 기계·기구 등을 여러 영업자가 함께 사용하거나, 동일한 영업자가 여러 종류의 영업에 사용할 수 있는 시설 또는 기계·기구 등이 갖춰진 장소를 말한다.

⑦ **위해** : 식품, 식품첨가물, 기구 또는 용기·포장에 존재하는 위험요소로서 인체의 건강을 해치거나 해칠 우려가 있는 것을 말한다.

⑧ **영업** : 식품 또는 식품첨가물을 채취 · 제조 · 가공 · 조리 · 저장 · 소분 · 운반 또는 판매하거나 기구 또는 용기 · 포장을 제조 · 운반 · 판매하는 업(농업과 수산업에 속하는 식품 채취업 제외)을 말한다. 이 경우 공유주방을 운영하는 업과 공유주방에서 식품제조업 등을 영위하는 업을 포함한다.

⑨ **영업자** : 영업허가를 받은 자나 영업신고를 한 자 또는 영업등록을 한 자를 말한다.

⑩ **식품위생** : 식품, 식품첨가물, 기구 또는 용기 · 포장을 대상으로 하는 음식에 관한 위생을 말한다.

⑪ **집단급식소** : 영리를 목적으로 하지 아니하면서 특정 다수인에게 계속하여 음식물을 공급하는 다음의 어느 하나에 해당하는 곳의 급식시설로서 대통령령으로 정하는 시설을 말한다.

- 기숙사
- 학교, 유치원, 어린이집
- 병원
- 사회복지시설
- 산업체
- 국가, 지방자치단체 및 공공기관
- 그 밖의 후생기관 등

 Tip 집단급식소의 범위

대통령령으로 정하는 집단급식소는 1회 50명 이상에게 식사를 제공하는 급식소를 말한다.

---

⑫ **식품이력추적관리** : 식품을 제조 · 가공단계부터 판매단계까지 각 단계별로 정보를 기록 · 관리하여 그 식품의 안전성 등에 문제가 발생할 경우 그 식품을 추적하여 원인을 규명하고 필요한 조치를 할 수 있도록 관리하는 것을 말한다.

⑬ **식중독** : 식품 섭취로 인하여 인체에 유해한 미생물 또는 유독물질에 의하여 발생하였거나 발생한 것으로 판단되는 감염성 질환 또는 독소형 질환을 말한다.

⑭ **집단급식소에서의 식단** : 급식대상 집단의 영양섭취기준에 따라 음식명, 식재료, 영양성분, 조리방법, 조리인력 등을 고려하여 작성한 급식계획서를 말한다.

(3) 식품 등의 취급

① 누구든지 판매(판매 외의 불특정 다수인에 대한 제공 포함)를 목적으로 식품 또는 식품첨가물을 채취 · 제조 · 가공 · 사용 · 조리 · 저장 · 소분 · 운반 또는 진열을 할 때에는 깨끗하고 위생적으로 하여야 한다.

② 영업에 사용하는 기구 및 용기 · 포장은 깨끗하고 위생적으로 다루어야 한다.

③ 식품, 식품첨가물, 기구 또는 용기 · 포장의 위생적인 취급에 관한 기준은 총리령으로 정한다.

2 식품과 식품첨가물

(1) 위해식품 등의 판매 금지

누구든지 다음의 어느 하나에 해당하는 식품 등을 판매하거나 판매할 목적으로 채취 · 제조 · 수입 · 가공 · 사용 · 조리 · 저장 · 소분 · 운반 또는 진열하여서는 아니 된다.

① 썩거나 상하거나 설익어서 인체의 건강을 해칠 우려가 있는 것

② 유독 · 유해물질이 들어 있거나 묻어 있는 것 또는 그러할 염려가 있는 것(다만, 식품의약품
안전처장이 인체의 건강을 해칠 우려가 없다고 인정하는 것은 제외)

③ 병을 일으키는 미생물에 오염되었거나 그러할 염려가 있어 인체의 건강을 해칠 우려가 있는 것

④ 불결하거나 다른 물질이 섞이거나 첨가(添加)된 것 또는 그 밖의 사유로 인체의 건강을 해칠
우려가 있는 것

⑤ 안전성 심사 대상인 농 · 축 · 수산물 등 가운데 안전성 심사를 받지 아니하였거나 안전성 심
사에서 식용으로 부적합하다고 인정된 것

⑥ 수입이 금지된 것 또는 수입식품안전관리 특별법에 따른 수입신고를 하지 아니하고 수입한 것

⑦ 영업자가 아닌 자가 제조 · 가공 · 소분한 것

(2) 병든 동물 고기 등의 판매 금지

누구든지 총리령으로 정하는 질병에 걸렸거나 걸렸을 염려가 있는 동물이나 그 질병에 걸려 죽
은 동물의 고기 · 뼈 · 젖 · 장기 또는 혈액을 식품으로 판매하거나 판매할 목적으로 채취 · 수
입 · 가공 · 사용 · 조리 · 저장 · 소분 또는 운반하거나 진열하여서는 아니 된다.

In addition

판매 등이 금지되는 병든 동물 고기
- 축산물 위생관리법 시행규칙에 따라 도축이 금지되는 가축전염병
- 리스테리아병, 살모넬라병, 파스튜렐라병 및 선모충증

---

(3) 기준 · 규격이 고시되지 아니한 화학적 합성품 등의 판매 금지

누구든지 다음의 어느 하나에 해당하는 행위를 하여서는 아니 된다. 다만, 식품의약품안전처장
이 식품위생심의위원회의 심의를 거쳐 인체의 건강을 해칠 우려가 없다고 인정하는 경우에는
그러하지 아니하다.

① 기준 · 규격이 정하여지지 아니한 화학적 합성품인 첨가물과 이를 함유한 물질을 식품첨가
물로 사용하는 행위

② 식품첨가물이 함유된 식품을 판매하거나 판매할 목적으로 제조 · 수입 · 가공 · 사용 · 조리 · 저장 · 소분 · 운반 또는 진열하는 행위

(4) 식품 또는 식품첨가물에 관한 기준 및 규칙

① 식품의약품안전처장은 국민 건강을 보호 · 증진하기 위하여 필요하면 판매를 목적으로 하는 식품 또는 식품첨가물에 관한 다음의 사항을 정하여 고시한다.
- 제조 · 가공 · 사용 · 조리 · 보존 방법에 관한 기준
- 성분에 관한 규격

② 식품의약품안전처장은 기준과 규격이 고시되지 아니한 식품 또는 식품첨가물의 기준과 규격을 인정받으려는 자에게 ①의 각 사항을 제출하게 하여 식품 · 의약품분야 시험 · 검사 등에 관한 법률에 따라 식품의약품안전처장이 지정한 식품전문 시험 · 검사기관 또는 총리령으로 정하는 시험 · 검사기관의 검토를 거쳐 기준과 규격이 고시될 때까지 그 식품 또는 식품첨가물의 기준과 규격으로 인정할 수 있다.

③ 수출할 식품 또는 식품첨가물의 기준과 규격은 수입자가 요구하는 기준과 규격을 따를 수 있다.

④ 기준과 규격이 정하여진 식품 또는 식품첨가물은 그 기준에 따라 제조 · 수입 · 가공 · 사용 · 조리 · 보존하여야 하며, 그 기준과 규격에 맞지 아니하는 식품 또는 식품첨가물은 판매하거나 판매할 목적으로 제조 · 수입 · 가공 · 사용 · 조리 · 저장 · 소분 · 운반 · 보존 또는 진열하여서는 아니 된다.

⑤ 식품의약품안전처장은 거짓이나 그 밖의 부정한 방법으로 기준 및 규격의 인정을 받은 자에 대하여 그 인정을 취소하여야 한다.

(5) 식품 등의 기준 및 규격 관리계획

① 식품의약품안전처장은 관계 중앙행정기관의 장과의 협의 및 심의위원회의 심의를 거쳐 식품 등의 기준 및 규격 관리 기본계획을 5년마다 수립 · 추진할 수 있다.

② 관리계획 포함사항
- 식품 등의 기준 및 규격 관리의 기본 목표 및 추진방향
- 식품 등의 유해물질 노출량 평가
- 식품 등의 유해물질의 총 노출량 적정관리 방안
- 식품 등의 기준 및 규격의 재평가에 관한 사항
- 그 밖에 식품 등의 기준 및 규격 관리에 필요한 사항

③ 식품의약품안전처장은 관리계획을 시행하기 위하여 해마다 관계 중앙행정기관의 장과 협의

하여 식품 등의 기준 및 규격 관리 시행계획을 수립하여야 한다.

④ 식품의약품안전처장은 관리계획 및 시행계획을 수립·시행하기 위하여 필요한 때에는 관계 중앙행정기관의 장 및 지방자치단체의 장에게 협조를 요청할 수 있다. 이 경우 협조를 요청받은 관계 중앙행정기관의 장 등은 특별한 사유가 없으면 이에 따라야 한다.

⑤ 관리계획에 포함되는 노출량 평가·관리의 대상이 되는 유해물질의 종류, 관리계획 및 시행계획의 수립·시행 등에 필요한 사항은 총리령으로 정한다.

In addition

식품 등의 기준 및 규격 관리 기본계획 등의 수립 · 시행

• 식품 등의 기준 및 규격 관리 기본계획에 포함되는 노출량 평가·관리의 대상이 되는 유해물질의 종류
  - 중금속
  - 곰팡이 독소
  - 유기성오염물질
  - 제조·가공 과정에서 생성되는 오염물질
  - 그 밖에 식품 등의 안전관리를 위하여 식품의약품안전처장이 노출량 평가·관리가 필요하다고 인정한 유해물질
• 식품의약품안전처장은 관리계획 및 시행계획을 수립·시행할 때에는 다음의 자료를 바탕으로 하여야 한다.
  - 식품 등의 유해물질 오염도에 관한 자료
  - 식품 등의 유해물질 저감화에 관한 자료
  - 총식이조사(TDS, Totla Diet Study)에 관한 자료
  - 영양 및 식생활 조사에 관한 자료

---

3 기구와 용기 · 포장

(1) 유독기구 등의 판매 · 사용금지

유독·유해물질이 들어 있거나 묻어 있어 인체의 건강을 해칠 우려가 있는 기구 및 용기·포장과 식품 또는 식품첨가물에 직접 닿으면 해로운 영향을 끼쳐 인체의 건강을 해칠 우려가 있는 기구 및 용기·포장을 판매하거나 판매할 목적으로 제조·수입·저장·운반·진열하거나 영업에 사용하여서는 아니 된다.

(2) 기구 및 용기포장에 관한 기준 및 규격

① 식품의약품안전처장은 국민보건을 위하여 필요한 경우에는 판매하거나 영업에 사용하는 기구 및 용기·포장에 관하여 다음의 사항을 정하여 고시한다.

  • 제조 방법에 관한 기준

• 기구 및 용기 · 포장과 그 원재료에 관한 규격

② 식품의약품안전처장은 기준과 규격이 고시되지 아니한 기구 및 용기 · 포장의 기준과 규격을 인정받으려는 자에게 ①의 각 사항을 제출하게 하여 식품 · 의약품분야 시험 · 검사 등에 관한 법률에 따라 식품의약품안전처장이 지정한 식품전문 시험 · 검사기관 또는 총리령으로 정하는 시험 · 검사기관의 검토를 거쳐 기준과 규격이 고시될 때까지 해당 기구 및 용기 · 포장의 기준과 규격으로 인정할 수 있다.

③ 수출할 기구 및 용기 · 포장과 그 원재료에 관한 기준과 규격은 수입자가 요구하는 기준과 규격을 따를 수 있다.

④ 기준과 규격이 정하여진 기구 및 용기 · 포장은 그 기준에 따라 제조하여야 하며, 그 기준과 규격에 맞지 아니한 기구 및 용기 · 포장은 판매하거나 판매할 목적으로 제조 · 수입 · 저장 · 운반 · 진열하거나 영업에 사용하여서는 아니 된다.

⑤ 식품의약품안전처장은 거짓이나 그 밖의 부정한 방법으로 기준 및 규격의 인정을 받은 자에 대하여 그 인정을 취소하여야 한다.

4 표시 및 공전

(1) 유전자변형식품 등의 표시

① 다음의 어느 하나에 해당하는 생명공학기술을 활용하여 재배 · 육성된 농산물 · 축산물 · 수산물 등을 원재료로 하여 제조 · 가공한 식품 또는 식품첨가물은 유전자변형식품임을 표시하여야 한다. 다만, 제조 · 가공 후에 유전자변형 디엔에이(DNA, Deoxyribonucleic acid) 또는 유전자변형 단백질이 남아 있는 유전자변형식품 등에 한정한다.
  • 인위적으로 유전자를 재조합하거나 유전자를 구성하는 핵산을 세포 또는 세포 내 소기관으로 직접 주입하는 기술
  • 분류학에 따른 과의 범위를 넘는 세포융합기술

② 표시하여야 하는 유전자변형식품등은 표시가 없으면 판매하거나 판매할 목적으로 수입 · 진열 · 운반하거나 영업에 사용하여서는 아니 된다.

③ 표시의무자, 표시대상 및 표시방법 등에 필요한 사항은 식품의약품안전처장이 정한다.

(2) 식품 등의 공전

식품의약품안전처장은 다음의 기준 등을 실은 식품 등의 공전(公典)을 작성 · 보급하여야 한다.

① 식품 또는 식품첨가물의 기준과 규격

② 기구 및 용기 · 포장의 기준과 규격

5 검사

(1) 위해평가

① 식품의약품안전처장은 국내외에서 유해물질이 함유된 것으로 알려지는 등 위해의 우려가 제기되는 식품 등이 위해식품 등에 해당한다고 의심되는 경우에는 그 식품 등의 위해요소를 신속히 평가하여 그것이 위해식품 등인지를 결정하여야 한다.

② 식품의약품안전처장은 위해평가가 끝나기 전까지 국민건강을 위하여 예방조치가 필요한 식품 등에 대하여는 판매하거나 판매할 목적으로 채취 · 제조 · 수입 · 가공 · 사용 · 조리 · 저장 · 소분 · 운반 또는 진열하는 것을 일시적으로 금지할 수 있다.

다만, 국민건강에 급박한 위해가 발생하였거나 발생할 우려가 있다고 식품의약품안전처장이 인정하는 경우에는 그 금지조치를 하여야 한다.

In addition

위해평가에서 평가하여야 할 위해요소

• 잔류농약, 중금속, 식품첨가물, 잔류 동물용 의약품, 환경오염물질 및 제조 · 가공 · 조리과정에서 생성되는 물질 등 화학적 요인
• 식품 등의 형태 및 이물 등 물리적 요인
• 식중독 유발 세균 등 미생물적 요인

---

(2) 유전자변형식품 등의 안전성 심사

① 유전자변형식품 등을 식용으로 수입 · 개발 · 생산하는 자는 최초로 유전자변형식품 등을 수입하는 경우 등 대통령령으로 정하는 경우에는 식품의약품안전처장에게 해당 식품 등에 대한 안전성 심사를 받아야 한다.

② 식품의약품안전처장은 유전자변형식품 등의 안전성 심사를 위하여 식품의약품안전처에 유전자변형식품 등 안전성심사위원회를 둔다.

③ 식품의약품안전처장은 거짓이나 그 밖의 부정한 방법으로 안전성 심사를 받은 자에 대하여 그 심사에 따른 안전성 승인을 취소하여야 한다.

④ 안전성 심사의 대상, 안전성 심사를 위한 자료제출의 범위 및 심사절차 등에 관하여는 식품의약품안전처장이 정하여 고시한다.

안전성심사위원회
- 안전성심사위원회는 위원장 1명을 포함한 20명 이내의 위원으로 구성한다. 이 경우 공무원이 아닌 위원이 전체 위원의 과반수가 되도록 하여야 한다.
- 안전성심사위원회의 위원은 유전자변형식품 등에 관한 학식과 경험이 풍부한 사람으로서 다음의 어느 하나에 해당하는 사람 중에서 식품의약품안전처장이 위촉하거나 임명한다.
  - 유전자변형식품 관련 학회 또는 고등교육법에 따른 대학 또는 산업대학의 추천을 받은 사람
  - 비영리민간단체 지원법에 따른 비영리민간단체의 추천을 받은 사람
  - 식품위생 관계 공무원
- 안전성심사위원회의 위원장은 위원 중에서 호선한다.
- 위원의 임기는 2년으로 한다. 다만, 공무원인 위원의 임기는 해당 직에 재직하는 기간으로 한다.
- 규정 사항 외에 안전성심사위원회의 구성 · 기능 · 운영에 필요한 사항은 대통령령으로 정한다.

(3) 검사명령

① 식품의약품안전처장은 다음의 어느 하나에 해당하는 식품 등을 채취 · 제조 · 가공 · 사용 · 조리 · 저장 · 소분 · 운반 또는 진열하는 영업자에 대하여 식품 · 의약품분야 시험 · 검사 등에 관한 법률에 따른 식품전문 시험 · 검사기관 또는 국외시험 · 검사기관에서 검사를 받을 것을 명할 수 있다. 다만, 검사로써 위해성분을 확인할 수 없다고 식품의약품안전처장이 인정하는 경우에는 관계 자료 등으로 갈음할 수 있다.
- 국내외에서 유해물질이 검출된 식품 등
- 그 밖에 국내외에서 위해발생의 우려가 제기되었거나 제기된 식품 등

② 검사명령을 받은 영업자는 검사명령을 받은 날부터 20일 이내에 검사를 받거나 관련 자료 등을 제출하여야 한다.

③ 검사명령 대상 식품 등의 범위, 제출 자료 등 세부사항은 식품의약품안전처장이 정하여 고시한다.

(4) 특정 식품 등의 수입 · 판매 등 금지

① 식품의약품안전처장은 특정 국가 또는 지역에서 채취 · 제조 · 가공 · 사용 · 조리 또는 저장된 식품 등이 그 특정 국가 또는 지역에서 위해한 것으로 밝혀졌거나 위해의 우려가 있다고 인정되는 경우에는 그 식품 등을 수입 · 판매하거나 판매할 목적으로 제조 · 가공 · 사용 · 조리 · 저장 · 소분 · 운반 또는 진열하는 것을 금지할 수 있다.

② 식품의약품안전처장은 위해평가 또는 수입식품안전관리 특별법에 따른 검사 후 식품 등에

서 유독·유해물질이 검출된 경우에는 해당 식품 등의 수입을 금지하여야 한다. 다만, 인체의 건강을 해칠 우려가 없다고 식품의약품안전처장이 인정하는 경우는 그러하지 아니하다.

(5) 출입·검사·수거 등

① 식품의약품안전처장(대통령령으로 정하는 그 소속 기관의 장을 포함), 시·도지사 또는 시장·군수·구청장은 식품 등의 위해방지·위생관리와 영업질서의 유지를 위하여 필요하면 다음의 구분에 따른 조치를 할 수 있다.
- 영업자나 그 밖의 관계인에게 필요한 서류나 그 밖의 자료의 제출 요구
- 관계 공무원으로 하여금 다음에 해당하는 출입·검사·수거 등의 조치
  - 영업소(사무소, 창고, 제조소, 저장소, 판매소, 그 밖에 이와 유사한 장소 포함)에 출입하여 판매를 목적으로 하거나 영업에 사용하는 식품 등 또는 영업시설 등에 대하여 하는 검사
  - 검사에 필요한 최소량의 식품 등의 무상 수거
  - 영업에 관계되는 장부 또는 서류의 열람

② 식품의약품안전처장은 시·도지사 또는 시장·군수·구청장이 출입·검사·수거 등의 업무를 수행하면서 식품 등으로 인하여 발생하는 위생 관련 위해방지 업무를 효율적으로 하기 위하여 필요한 경우에는 관계 행정기관의 장, 다른 시·도지사 또는 시장·군수·구청장에게 행정응원을 하도록 요청할 수 있다. 이 경우 행정응원을 요청받은 관계 행정기관의 장, 시·도지사 또는 시장·군수·구청장은 특별한 사유가 없으면 이에 따라야 한다.

③ 출입·검사·수거 또는 열람하려는 공무원은 그 권한을 표시하는 증표 및 조사기간, 조사범위, 조사담당자, 관계 법령 등 대통령령으로 정하는 사항이 기재된 서류를 지니고 이를 관계인에게 내보여야 한다.

(6) 자가품질검사의무

① 식품 등을 제조·가공하는 영업자는 총리령으로 정하는 바에 따라 제조·가공하는 식품 등이 기준과 규격에 맞는지를 검사하여야 한다.

② 식품 등을 제조·가공하는 영업자는 검사를 식품·의약품분야 시험·검사 등에 관한 법률에 따른 자가품질위탁 시험·검사기관에 위탁하여 실시할 수 있다.

③ 검사를 직접 행하는 영업자는 검사 결과 해당 식품 등이 국민 건강에 위해가 발생하거나 발생할 우려가 있는 경우에는 지체 없이 식품의약품안전처장에게 보고하여야 한다.

④ 검사의 항목·절차, 그 밖에 검사에 필요한 사항은 총리령으로 정한다.

 Tip 자가품질검사 기록서 보관기간
자가품질검사에 관한 기록서는 2년간 보관하여야 한다.

(7) 식품위생감시원

① 관계 공무원의 직무와 그 밖에 식품위생에 관한 지도 등을 하기 위하여 식품의약품안전처(지방식품의약품안전청 포함), 특별시 · 광역시 · 특별자치시 · 도 · 특별자치도 또는 시 · 군 · 구에 식품위생감시원을 둔다.

② 식품위생감시원은 식품의약품안전처장(지방식품의약품안전청장 포함), 시 · 도지사 또는 시장 · 군수 · 구청장이 다음에 해당하는 소속 공무원 중에서 임명한다.

- 위생사, 식품제조기사(식품기술사 · 식품기사 · 식품산업기사 · 수산제조기술사 · 수산제조기사 및 수산제조산업기사를 말함) 또는 영양사
- 고등교육법에 따른 대학 또는 전문대학에서 의학 · 한의학 · 약학 · 한약학 · 수의학 · 축산학 · 축산가공학 · 수산제조학 · 농산제조학 · 농화학 · 화학 · 화학공학 · 식품가공학 · 식품화학 · 식품제조학 · 식품공학 · 식품과학 · 식품영양학 · 위생학 · 발효공학 · 미생물학 · 조리학 · 생물학 분야의 학과 또는 학부를 졸업한 사람 또는 이와 같은 수준 이상의 자격이 있는 사람
- 외국에서 위생사 또는 식품제조기사의 면허를 받거나 위와 같은 과정을 졸업한 것으로 식품의약품안전처장이 인정하는 사람
- 1년 이상 식품위생행정에 관한 사무에 종사한 경험이 있는 사람

③ 식품의약품안전처장(지방식품의약품안전청장 포함), 시 · 도지사 또는 시장 · 군수 · 구청장은 요건에 해당하는 사람만으로는 식품위생감시원의 인력 확보가 곤란하다고 인정될 경우에는 식품위생행정에 종사하는 사람 중 소정의 교육을 2주 이상 받은 자에 대하여 그 식품위생행정에 종사하는 기간 동안 식품위생감시원의 자격을 인정할 수 있다.

In addition

식품위생감시원의 직무
- 식품 등의 위생적인 취급에 관한 기준의 이행 지도
- 수입 · 판매 또는 사용 등이 금지된 식품 등의 취급 여부에 관한 단속
- 표시기준 또는 과대광고 금지의 위반 여부에 관한 단속
- 출입 · 검사 및 검사에 필요한 식품 등의 수거
- 시설기준의 적합 여부의 확인 · 검사
- 영업자 및 종업원의 건강진단 및 위생교육의 이행 여부의 확인 · 지도

4과목 식품 · 영양 관계법규 [2교시]

- 조리사 및 영양사의 법령 준수사항 이행 여부의 확인 · 지도
- 행정처분의 이행 여부 확인
- 식품 등의 압류 · 폐기 등
- 영업소의 폐쇄를 위한 간판 제거 등의 조치
- 그밖에 영업자의 법령 이행 여부에 관한 확인 · 지도

(8) 소비자식품위생감시원

① 식품의약품안전처장, 시 · 도지사 또는 시장 · 군수 · 구청장은 식품위생관리를 위하여 소비자단체의 임직원 중 해당 단체의 장이 추천한 자나 식품위생에 관한 지식이 있는 자를 소비자식품위생감시원으로 위촉할 수 있다.

② 식품의약품안전처장, 시 · 도지사 또는 시장 · 군수 · 구청장은 소비자식품위생감시원이 다음의 어느 하나에 해당하면 그 소비자식품위생감시원을 해촉하여야 한다.
- 추천한 소비자단체에서 퇴직하거나 해임된 경우
- 직무와 관련하여 부정한 행위를 하거나 권한을 남용한 경우
- 질병이나 부상 등의 사유로 직무 수행이 어렵게 된 경우

③ 소비자식품위생감시원이 직무를 수행하기 위하여 식품접객영업자의 영업소에 단독으로 출입하려면 미리 식품의약품안전처장, 시 · 도지사 또는 시장 · 군수 · 구청장의 승인을 받아야 한다.

④ 소비자식품위생감시원이 승인을 받아 식품접객영업자의 영업소에 단독으로 출입하는 경우에는 승인서와 신분을 표시하는 증표 및 조사기간, 조사범위, 조사담당자, 관계 법령 등 대통령령으로 정하는 사항이 기재된 서류를 지니고 이를 관계인에게 내보여야 한다.

In addition

소비자식품위생감시원의 직무
- 식품접객영업자에 대한 위생관리 상태 점검
- 유통 중인 식품 등이 표시 · 광고의 기준에 맞지 아니하거나 부당한 표시 또는 광고행위의 금지 규정을 위반한 경우 관할 행정관청에 신고하거나 그에 관한 자료 제공
- 식품위생감시원이 하는 식품 등에 대한 수거 및 검사 지원
- 그 밖에 식품위생에 관한 사항으로서 대통령령으로 정하는 사항

6 영업

(1) 시설기준

① 다음의 영업을 하려는 자는 총리령으로 정하는 시설기준에 맞는 시설을 갖추어야 한다.

- 식품 또는 식품첨가물의 제조업, 가공업, 운반업, 판매업 및 보존업
- 기구 또는 용기 · 포장의 제조업
- 식품접객업
- 공유주방 운영업(여러 영업자가 함께 사용하는 공유주방을 운영하는 경우로 한정)

② 시설은 영업을 하려는 자별로 구분되어야 한다(다만, 공유주방을 운영하는 경우 제외).

(2) 영업의 종류

① **식품제조 · 가공업** : 식품을 제조 · 가공하는 영업

② **즉석판매제조 · 가공업** : 총리령으로 정하는 식품을 제조 · 가공업소에서 직접 최종소비자에게 판매하는 영업

③ **식품첨가물제조업**

- 감미료 · 착색료 · 표백제 등의 화학적 합성품을 제조 · 가공하는 영업
- 천연 물질로부터 유용한 성분을 추출하는 등의 방법으로 얻은 물질을 제조 · 가공하는 영업
- 식품첨가물의 혼합제재를 제조 · 가공하는 영업
- 기구 및 용기 · 포장을 살균 · 소독할 목적으로 사용되어 간접적으로 식품에 이행될 수 있는 물질을 제조 · 가공하는 영업

④ **식품운반업** : 직접 마실 수 있는 유산균음료(살균유산균음료 포함)나 어류 · 조개류 및 그 가공품 등 부패 · 변질되기 쉬운 식품을 전문적으로 운반하는 영업(다만, 해당 영업자의 영업소에서 판매할 목적으로 식품을 운반하는 경우와 해당 영업자가 제조 · 가공한 식품을 운반하는 경우 제외)

⑤ **식품소분 · 판매업**

- **식품소분업** : 총리령으로 정하는 식품 또는 식품첨가물의 완제품을 나누어 유통할 목적으로 재포장 · 판매하는 영업
- **식품판매업**
  - **식용얼음판매업** : 식용얼음을 전문적으로 판매하는 영업
  - **식품자동판매기영업** : 식품을 자동판매기에 넣어 판매하는 영업(다만, 소비기한이 1개월 이상인 완제품만을 자동판매기에 넣어 판매하는 경우 제외)
  - **유통전문판매업** : 식품 또는 식품첨가물을 스스로 제조 · 가공하지 아니하고 식품제조 ·

가공업자 또는 식품첨가물제조업자에게 의뢰하여 제조·가공한 식품 또는 식품첨가물을 자신의 상표로 유통·판매하는 영업

– 집단급식소 식품판매업 : 집단급식소에 식품을 판매하는 영업

– 기타 식품판매업 : 위의 식품판매업을 제외한 영업으로서 총리령으로 정하는 일정 규모 이상의 백화점, 슈퍼마켓, 연쇄점 등에서 식품을 판매하는 영업

⑥ 식품보존업

- 식품조사처리업 : 방사선을 쐬어 식품의 보존성을 물리적으로 높이는 것을 업으로 하는 영업
- 식품냉동·냉장업 : 식품을 얼리거나 차게 하여 보존하는 영업(다만, 수산물의 냉동·냉장 제외)

⑦ 용기·포장류제조업

- 용기·포장지제조업 : 식품 또는 식품첨가물을 넣거나 싸는 물품으로서 식품 또는 식품첨가물에 직접 접촉되는 용기(옹기류 제외)·포장지를 제조하는 영업
- 옹기류제조업 : 식품을 제조·조리·저장할 목적으로 사용되는 독, 항아리, 뚝배기 등을 제조하는 영업

⑧ 식품접객업

- 휴게음식점영업 : 주로 다류(茶類), 아이스크림류 등을 조리·판매하거나 패스트푸드점, 분식점 형태의 영업 등 음식류를 조리·판매하는 영업으로서 음주행위가 허용되지 아니하는 영업

  다만, 편의점, 슈퍼마켓, 휴게소, 그 밖에 음식류를 판매하는 장소(만화가게 및 인터넷컴퓨터게임시설제공업을 하는 영업소 등 음식류를 부수적으로 판매하는 장소 포함)에서 컵라면, 일회용 다류 또는 그 밖의 음식류에 물을 부어 주는 경우는 제외한다.

- 일반음식점영업 : 음식류를 조리·판매하는 영업으로서 식사와 함께 부수적으로 음주행위가 허용되는 영업
- 단란주점영업 : 주로 주류를 조리·판매하는 영업으로서 손님이 노래를 부르는 행위가 허용되는 영업
- 유흥주점영업 : 주로 주류를 조리·판매하는 영업으로서 유흥종사자를 두거나 유흥시설을 설치할 수 있고 손님이 노래를 부르거나 춤을 추는 행위가 허용되는 영업
- 위탁급식영업 : 집단급식소를 설치·운영하는 자와의 계약에 따라 그 집단급식소에서 음식류를 조리하여 제공하는 영업
- 제과점영업 : 주로 빵, 떡, 과자 등을 제조·판매하는 영업으로서 음주행위가 허용되지 아니하는 영업

⑨ 공유주방 운영업 : 여러 영업자가 함께 사용하는 공유주방을 운영하는 영업

(3) 영업허가

① 허가를 받아야 하는 영업 및 허가관청
- **식품조사처리업** : 식품의약품안전처장
- **단란주점영업과 유흥주점영업** : 특별자치시장 · 특별자치도지사 또는 시장 · 군수 · 구청장

 Tip 허가를 받아야 하는 변경사항
허가받은 사항을 변경할 때 허가를 받아야 하는 사항은 영업소 소재지로 한다.

② 특별자치시장 · 특별자치도지사 또는 시장 · 군수 · 구청장에게 영업신고를 하여야 하는 업종
- 즉석판매제조 · 가공업
- 식품운반업
- 식품소분 · 판매업
- 식품냉동 · 냉장업
- 용기 · 포장류제조업(자신의 제품을 포장하기 위하여 용기 · 포장류를 제조하는 경우 제외)
- 휴게음식점영업, 일반음식점영업, 위탁급식영업 및 제과점영업
③ 특별자치시장 · 특별자치도지사 또는 시장 · 군수 · 구청장에게 등록하여야 하는 영업
- 식품제조 · 가공업(주류제조업은 식품의약품안전처장)
- 식품첨가물제조업
- 공유주방운영업

In addition

신고를 하여야 하는 변경사항
- 영업자의 성명(법인인 경우에는 그 대표자의 성명)
- 영업소의 명칭 또는 상호
- 영업소의 소재지
- 영업장의 면적
- 즉석판매제조 · 가공업을 하는 자가 같은 호에 따른 즉석판매제조 · 가공 대상 식품 중 식품의 유형을 달리하여 새로운 식품을 제조 · 가공하려는 경우(변경 전 식품의 유형 또는 변경하려는 식품의 유형이 자가품질검사 대상인 경우만 해당함)
- 식품운반업을 하는 자가 냉장 · 냉동차량을 증감하려는 경우
- 식품자동판매기영업을 하는 자가 같은 특별자치시 · 시(제주특별자치도 설치 및 국제자유도시 조성을 위한 특별법에 따른 행정시 포함) · 군 · 구에서 식품자동판매기의 설치 대수를 증감하려는 경우

(4) 건강진단

① 총리령으로 정하는 영업자 및 그 종업원은 건강진단을 받아야 한다. 다만, 다른 법령에 따라 같은 내용의 건강진단을 받는 경우에는 이 법에 따른 건강진단을 받은 것으로 본다.

> **In addition**
>
> **건강진단 대상자**
> • 건강진단을 받아야 하는 사람은 식품 또는 식품첨가물(화학적 합성품 또는 기구 등의 살균·소독제는 제외)을 채취·제조·가공·조리·저장·운반 또는 판매하는 일에 직접 종사하는 영업자 및 종업원으로 한다.
>
>   다만, 완전 포장된 식품 또는 식품첨가물을 운반하거나 판매하는 일에 종사하는 사람은 제외한다.
>
> • 건강진단을 받아야 하는 영업자 및 그 종업원은 영업 시작 전 또는 영업에 종사하기 전에 미리 건강진단을 받아야 한다.

 건강진단 항목
• 장티푸스(식품위생 관련 영업 및 집단급식소 종사자만 해당함)
• 폐결핵
• 전염성 피부질환(한센병 등 세균성 피부질환을 말함)

② 건강진단을 받은 결과 타인에게 위해를 끼칠 우려가 있는 질병이 있다고 인정된 자는 그 영업에 종사하지 못한다.
③ 영업자는 건강진단을 받지 아니한 자나 건강진단 결과 타인에게 위해를 끼칠 우려가 있는 질병이 있는 자를 그 영업에 종사시키지 못한다.
④ 영업자 및 그 종업원은 매 1년마다 건강진단을 받아야 한다.
⑤ 건강진단의 유효기간은 1년으로 하며, 직전 건강진단의 유효기간이 만료되는 날의 다음 날부터 기산한다.
⑥ 건강진단은 건강진단의 유효기간 만료일 전후 각각 30일 이내에 실시해야 한다.

   다만, 식품의약품안전처장 또는 특별자치시장·특별자치도지사·시장·군수·구청장은 천재지변, 사고, 질병 등의 사유로 건강진단 대상자가 건강진단 실시기간 이내에 건강진단을 받을 수 없다고 인정하는 경우에는 1회에 한하여 1개월 이내의 범위에서 그 기한을 연장할 수 있다.

> **In addition**
>
> **영업에 종사하지 못하는 질병의 종류**
> • 결핵(비감염성인 경우 제외)
> • 콜레라, 장티푸스, 파라티푸스, 세균성이질, 장출혈성대장균감염증, A형간염

> • 피부병 또는 그 밖의 고름형성(화농성) 질환
> • 후천성면역결핍증(성매개감염병에 관한 건강진단을 받아야 하는 영업에 종사하는 사람만 해당)

(5) 식품위생교육

① 대통령령으로 정하는 영업자 및 유흥종사자를 둘 수 있는 식품접객업 영업자의 종업원은 매년 식품위생에 관한 교육을 받아야 한다.

 식품위생교육 대상
  • 식품제조 · 가공업자
  • 즉석판매제조 · 가공업자
  • 식품첨가물제조업자
  • 식품운반업자
  • 식품소분 · 판매업자(식용얼음판매업자 및 식품자동판매기영업자 제외)
  • 식품보존업자
  • 용기 · 포장류제조업자
  • 식품접객업자
  • 공유주방 운영업자

② 영업을 하려는 자는 미리 식품위생교육을 받아야 한다. 다만, 부득이한 사유로 미리 식품위생교육을 받을 수 없는 경우에는 영업을 시작한 뒤에 식품의약품안전처장이 정하는 바에 따라 식품위생교육을 받을 수 있다.

③ 교육을 받아야 하는 자가 영업에 직접 종사하지 아니하거나 두 곳 이상의 장소에서 영업을 하는 경우에는 종업원 중에서 식품위생에 관한 책임자를 지정하여 영업자 대신 교육을 받게할 수 있다. 다만, 집단급식소에 종사하는 조리사 및 영양사가 식품위생에 관한 책임자로 지정되어 교육을 받은 경우에는 해당 연도의 식품위생교육을 받은 것으로 본다.

④ 다음의 어느 하나에 해당하는 면허를 받은 자가 식품접객업을 하려는 경우에는 식품위생교육을 받지 아니하여도 된다.
  • 조리사 면허
  • 영양사 면허
  • 위생사 면허

⑤ 영업자는 특별한 사유가 없는 한 식품위생교육을 받지 아니한 자를 그 영업에 종사하게 하여서는 아니 된다.

⑥ 식품위생교육은 집합교육 또는 정보통신매체를 이용한 원격교육으로 실시한다. 다만, ②에 따라 영업을 하려는 자가 미리 받아야 하는 식품위생교육은 집합교육으로 실시한다.

In addition

식품위생교육시간

• 영업자와 종업원이 받아야 하는 식품위생교육시간

3시간 (식용얼음판매업자 및 식품자동판매기 영업자 제외)	• 식품제조 · 가공업의 영업자 • 즉석판매제조 · 가공업의 영업자 • 식품첨가물제조업의 영업자 • 식품운반업의 영업자 • 식품소분 · 판매업의 영업자 • 식품보존업의 영업자 • 용기 · 포장류제조업의 영업자 • 식품접객업의 영업자 • 집단급식소를 설치 · 운영하는 자 • 공유주방운영업의 영업자
2시간	유흥주점영업의 유흥종사자

• 영업을 하려는 자가 받아야 하는 식품위생교육시간

8시간	• 식품제조 · 가공업의 영업을 하려는 자 • 즉석판매제조 · 가공업의 영업을 하려는 자 • 식품첨가물제조업의 영업을 하려는 자
6시간	• 식품접객업의 영업을 하려는 자 • 집단급식소를 설치 · 운영하려는 자
4시간	• 식품운반업의 영업을 하려는 자 • 식품소분 · 판매업의 영업을 하려는 자 • 식품보존업의 영업을 하려는 자 • 용기 · 포장류제조업의 영업을 하려는 자

(6) 영업제한

① 특별자치시장 · 특별자치도지사 · 시장 · 군수 · 구청장은 영업 질서와 선량한 풍속을 유지하는 데에 필요한 경우에는 영업자 중 식품접객영업자와 그 종업원에 대하여 영업시간 및 영업행위를 제한할 수 있다.

② 제한 사항은 대통령령으로 정하는 범위에서 해당 특별자치시 · 특별자치도 · 시 · 군 · 구의 조례로 정한다.

Tip 영업제한시간

특별자치시·특별자치도·시·군·구의 조례로 영업을 제한하는 경우 영업시간의 제한은 1일당 8시간 이내로 하여야
한다.

(7) 영업자 등의 준수사항

① 식품접객영업자 등 대통령령으로 정하는 영업자와 그 종업원은 영업의 위생관리와 질서유지, 국민의 보건위생 증진을 위하여 영업의 종류에 따라 다음에 해당하는 사항을 지켜야 한다.

- 축산물 위생관리법에 따른 검사를 받지 아니한 축산물 또는 실험 등의 용도로 사용한 동물은 운반·보관·진열·판매하거나 식품의 제조·가공에 사용하지 말 것
- 야생생물 보호 및 관리에 관한 법률을 위반하여 포획·채취한 야생생물은 이를 식품의 제조·가공에 사용하거나 판매하지 말 것
- 소비기한이 경과된 제품·식품 또는 그 원재료를 제조·가공·조리·판매의 목적으로 소분·운반·진열·보관하거나 이를 판매 또는 식품의 제조·가공·조리에 사용하지 말 것
- 수돗물이 아닌 지하수 등을 먹는 물 또는 식품의 조리·세척 등에 사용하는 경우에는 먹는물관리법에 따른 먹는물 수질검사기관에서 총리령으로 정하는 바에 따라 검사를 받아 마시기에 적합하다고 인정된 물을 사용할 것. 다만, 둘 이상의 업소가 같은 건물에서 같은 수원을 사용하는 경우에는 하나의 업소에 대한 시험결과로 나머지 업소에 대한 검사를 갈음할 수 있다.
- 위해평가가 완료되기 전까지 일시적으로 금지된 식품등을 제조·가공·판매·수입·사용 및 운반하지 말 것
- 식중독 발생 시 보관 또는 사용 중인 식품은 역학조사가 완료될 때까지 폐기하거나 소독 등으로 현장을 훼손하여서는 아니 되고 원상태로 보존하여야 하며, 식중독 원인규명을 위한 행위를 방해하지 말 것
- 손님을 꾀어서 끌어들이는 행위를 하지 말 것
- 그 밖에 영업의 원료관리, 제조공정 및 위생관리와 질서유지, 국민의 보건위생 증진 등을 위하여 총리령으로 정하는 사항

② 식품접객영업자는 청소년 보호법에 따른 청소년에게 다음의 어느 하나에 해당하는 행위를 하여서는 아니 된다.

- 청소년을 유흥접객원으로 고용하여 유흥행위를 하게 하는 행위
- 청소년 보호법에 따른 청소년출입·고용 금지업소에 청소년을 출입시키거나 고용하는 행위

- 청소년 보호법에 따른 청소년고용금지업소에 청소년을 고용하는 행위
- 청소년에게 주류를 제공하는 행위

③ 누구든지 영리를 목적으로 식품접객업을 하는 장소(유흥종사자를 둘 수 있도록 대통령령으로 정하는 영업을 하는 장소 제외)에서 손님과 함께 술을 마시거나 노래 또는 춤으로 손님의 유흥을 돋우는 접객행위(공연을 목적으로 하는 가수, 악사, 댄서, 무용수 등이 하는 행위는 제외)를 하거나 다른 사람에게 그 행위를 알선하여서는 아니 된다.

④ 식품접객영업자는 유흥종사자를 고용·알선하거나 호객행위를 하여서는 아니 된다.

(8) 위해식품 등의 회수

① 판매의 목적으로 식품 등을 제조·가공·소분·수입 또는 판매한 영업자(수입식품안전관리 특별법에 따라 등록한 수입식품 등 수입·판매업자 포함)는 해당 식품 등이 위반한 사실(식품 등의 위해와 관련이 없는 위반사항 제외)을 알게 된 경우에는 지체 없이 유통 중인 해당 식품 등을 회수하거나 회수하는 데에 필요한 조치를 하여야 한다. 이 경우 영업자는 회수계획을 식품의약품안전처장, 시·도지사 또는 시장·군수·구청장에게 미리 보고하여야 하며, 회수결과를 보고받은 시·도지사 또는 시장·군수·구청장은 이를 지체 없이 식품의약품안전처장에게 보고하여야 한다.

> 다만, 해당 식품 등이 수입식품안전관리 특별법에 따라 수입한 식품 등이고, 보고의무자가 해당 식품 등을 수입한 자인 경우에는 식품의약품안전처장에게 보고하여야 한다.

② 식품의약품안전처장, 시·도지사 또는 시장·군수·구청장은 회수에 필요한 조치를 성실히 이행한 영업자에 대하여 해당 식품 등으로 인하여 받게 되는 허가취소 또는 품목 제조정지의 행정처분을 대통령령으로 정하는 바에 따라 감면할 수 있다.

(9) 식품 등의 이물 발견보고

① 판매의 목적으로 식품 등을 제조·가공·소분·수입 또는 판매하는 영업자는 소비자로부터 판매제품에서 식품의 제조·가공·조리·유통 과정에서 정상적으로 사용된 원료 또는 재료가 아닌 것으로서 섭취할 때 위생상 위해가 발생할 우려가 있거나 섭취하기에 부적합한 물질을 발견한 사실을 신고받은 경우 지체 없이 이를 식품의약품안전처장, 시·도지사 또는 시장·군수·구청장에게 보고하여야 한다.

② 소비자기본법에 따른 한국소비자원 및 소비자단체와 전자상거래 등에서의 소비자보호에 관한 법률에 따른 통신판매중개업자로서 식품접객업소에서 조리한 식품의 통신판매를 전문적으로 알선하는 자는 소비자로부터 이물 발견의 신고를 접수하는 경우 지체 없이 이를 식품의약품안전처장에게 통보하여야 한다.

③ 시·도지사 또는 시장·군수·구청장은 소비자로부터 이물 발견의 신고를 접수하는 경우 이를 식품의약품안전처장에게 통보하여야 한다.

④ 식품의약품안전처장은 규정에 따라 이물 발견의 신고를 통보받은 경우 이물혼입 원인 조사를 위하여 필요한 조치를 취하여야 한다.

⑤ 제1항에 따른 이물 보고의 기준·대상 및 절차 등에 필요한 사항은 총리령으로 정한다.

In addition

이물 보고의 대상
• 금속성 이물, 유리조각 등 섭취과정에서 인체에 직접적인 위해나 손상을 줄 수 있는 재질 또는 크기의 물질
• 기생충 및 그 알, 동물의 시체 등 섭취과정에서 혐오감을 줄 수 있는 물질
• 그 밖에 인체의 건강을 해칠 우려가 있거나 섭취하기에 부적합한 물질로서 식품의약품안전처장이 인정하는 물질

(10) 모범업소의 지정

① 특별자치시장·특별자치도지사·시장·군수·구청장은 총리령으로 정하는 위생등급 기준에 따라 위생관리 상태 등이 우수한 식품접객업소(공유주방에서 조리·판매하는 업소 포함) 또는 집단급식소를 모범업소로 지정할 수 있다.

② 시·도지사 또는 시장·군수·구청장은 지정한 모범업소에 대하여 관계 공무원으로 하여금 총리령으로 정하는 일정 기간 동안 출입·검사·수거 등을 하지 아니하게 할 수 있으며, 영업자의 위생관리시설 및 위생설비시설 개선을 위한 융자 사업과 같은 음식문화 개선과 좋은 식단 실천을 위한 사업에 대하여 우선 지원 등을 할 수 있다.

③ 특별자치시장·특별자치도지사·시장·군수·구청장은 모범업소로 지정된 업소가 그 지정 기준에 미치지 못하거나 영업정지 이상의 행정처분을 받게 되면 지체 없이 그 지정을 취소하여야 한다.

Tip
우수업소·모범업소의 지정
• 우수업소의 지정 : 식품의약품안전처장 또는 특별자치시장·특별자치도지사·시장·군수·구청장
• 모범업소의 지정 : 특별자치시장·특별자치도지사·시장·군수·구청장

In addition

집단급식소의 모범업소 지정기준
• 식품안전관리인증기준(HACCP) 적용업소로 인증받아야 한다.
• 최근 3년간 식중독이 발생하지 아니하여야 한다.
• 조리사 및 영양사를 두어야 한다.
• 그 밖에 일반음식점이 갖추어야 하는 기준을 모두 갖추어야 한다.

(11) 식품접객업소의 위생등급 지정

① 식품의약품안전처장, 시·도지사 또는 시장·군수·구청장은 식품접객업소의 위생 수준을 높이기 위하여 식품접객영업자의 신청을 받아 식품접객업소(공유주방에서 조리·판매하는 업소 포함)의 위생상태를 평가하여 위생등급을 지정할 수 있다.

② 식품의약품안전처장은 식품접객업소의 위생상태 평가 및 위생등급 지정에 필요한 기준 및 방법 등을 정하여 고시하여야 한다.

③ 식품의약품안전처장, 시·도지사 또는 시장·군수·구청장은 위생등급 지정 결과를 공표할 수 있다.

④ 위생등급을 지정받은 식품접객영업자는 그 위생등급을 표시하여야 하며, 광고할 수 있다.

⑤ 위생등급의 유효기간은 위생등급을 지정한 날부터 2년으로 한다. 다만, 총리령으로 정하는 바에 따라 그 기간을 연장할 수 있다.

⑥ 식품의약품안전처장, 시·도지사 또는 시장·군수·구청장은 위생등급을 지정받은 식품접객영업자가 다음의 어느 하나에 해당하는 경우 그 지정을 취소하거나 시정을 명할 수 있다.

- 위생등급을 지정받은 후 그 기준에 미달하게 된 경우
- 위생등급을 표시하지 아니하거나 허위로 표시·광고하는 경우
- 영업정지 이상의 행정처분을 받은 경우
- 그 밖에 위에 준하는 사항으로서 총리령으로 정하는 사항을 지키지 아니한 경우

(12) 식품안전관리인증기준

① 식품의약품안전처장은 식품의 원료관리 및 제조·가공·조리·소분·유통의 모든 과정에서 위해한 물질이 식품에 섞이거나 식품이 오염되는 것을 방지하기 위하여 각 과정의 위해요소를 확인·평가하여 중점적으로 관리하는 기준)을 식품별로 정하여 고시할 수 있다.

② 총리령으로 정하는 식품을 제조·가공·조리·소분·유통하는 영업자는 식품의약품안전처장이 식품별로 고시한 식품안전관리인증기준을 지켜야 한다.

In addition

식품안전관리인증기준 대상 식품
- 수산가공식품류의 어육가공품류 중 어묵·어육소시지
- 기타수산물가공품 중 냉동 어류·연체류·조미가공품
- 냉동식품 중 피자류·만두류·면류
- 과자류, 빵류 또는 떡류 중 과자·캔디류·빵류·떡류
- 빙과류 중 빙과
- 음료류(다류 및 커피류 제외)
- 레토르트식품

- 절임류 또는 조림류의 김치류 중 김치(배추를 주원료로 하여 절임, 양념혼합과정 등을 거쳐 이를 발효시킨 것이거나 발효시키지 아니한 것 또는 이를 가공한 것에 한함)
- 코코아가공품 또는 초콜릿류 중 초콜릿류
- 면류 중 유탕면 또는 곡분, 전분, 전분질원료 등을 주원료로 반죽하여 손이나 기계 따위로 면을 뽑아내거나 자른 국수로서 생면 · 숙면 · 건면
- 특수용도식품
- 즉석섭취 · 편의식품류 중 즉석섭취식품
- 즉석섭취 · 편의식품류의 즉석조리식품 중 순대
- 식품제조 · 가공업의 영업소 중 전년도 총 매출액이 100억원 이상인 영업소에서 제조 · 가공하는 식품

③ 식품의약품안전처장은 식품안전관리인증기준을 지켜야 하는 영업자와 그 밖에 식품안전관리인증기준을 지키기 원하는 영업자의 업소를 식품별 식품안전관리인증기준 적용업소로 인증할 수 있다. 이 경우 식품안전관리인증기준적용업소로 인증을 받은 영업자가 그 인증을 받은 사항 중 총리령으로 정하는 사항을 변경하려는 경우에는 식품의약품안전처장의 변경인증을 받아야 한다.

④ 식품의약품안전처장은 식품안전관리인증기준적용업소로 인증받은 영업자에게 총리령으로 정하는 바에 따라 그 인증 사실을 증명하는 서류를 발급하여야 한다. 변경 인증을 받은 경우에도 또한 같다.

⑤ 식품안전관리인증기준적용업소의 영업자와 종업원은 총리령으로 정하는 교육훈련을 받아야 한다.

식품안전관리인증기준적용업소의 영업자 및 종업원에 대한 교육훈련
- **신규 교육훈련** : 영업자의 경우 2시간 이내, 종업원의 경우 16시간 이내
- **정기교육훈련** : 4시간 이내
- **식품위해사고의 발생 및 확산이 우려되어 영업자 및 종업원에게 명하는 교육훈련** : 8시간 이내

⑥ 식품의약품안전처장은 식품안전관리인증기준적용업소의 인증을 받거나 받으려는 영업자에게 위해요소중점관리에 필요한 기술적 · 경제적 지원을 할 수 있다.

⑦ 식품안전관리인증기준적용업소의 인증요건 · 인증절차 및 기술적 · 경제적 지원에 필요한 사항은 총리령으로 정한다.

⑧ 식품의약품안전처장은 식품안전관리인증기준적용업소의 효율적 운영을 위하여 총리령으로 정하는 식품안전관리인증기준의 준수 여부 등에 관한 조사 · 평가를 할 수 있으며, 그 결과 식품안전관리인증기준적용업소가 다음의 어느 하나에 해당하면 그 인증을 취소하거나 시정을 명할 수 있다.

- 식품안전관리인증기준을 지키지 아니한 경우
- 거짓이나 그 밖의 부정한 방법으로 인증을 받은 경우 → 인증을 반드시 취소해야 하는 경우
- 영업정지 2개월 이상의 행정처분을 받은 경우 → 인증을 반드시 취소해야 하는 경우
- 영업자와 그 종업원이 교육훈련을 받지 아니한 경우
- 그 밖에 위의 항목에 준하는 사항으로서 총리령으로 정하는 사항을 지키지 아니한 경우

⑨ 식품안전관리인증기준적용업소가 아닌 업소의 영업자는 식품안전관리인증기준적용업소라는 명칭을 사용하지 못한다.

⑩ 식품안전관리인증기준적용업소의 영업자는 인증받은 식품을 다른 업소에 위탁하여 제조·가공하여서는 아니 된다. 다만, 위탁하려는 식품과 동일한 식품에 대하여 식품안전관리인증기준적용업소로 인증된 업소에 위탁하여 제조·가공하려는 경우 등 대통령령으로 정하는 경우에는 그러하지 아니하다.

⑪ 식품의약품안전처장(대통령령으로 정하는 그 소속 기관의 장 포함), 시·도지사 또는 시장·군수·구청장은 식품안전관리인증기준적용업소에 대하여 관계 공무원으로 하여금 총리령으로 정하는 일정 기간 동안 출입·검사·수거 등을 하지 아니하게 할 수 있으며, 시·도지사 또는 시장·군수·구청장은 영업자의 위생관리시설 및 위생설비시설 개선을 위한 융자 사업에 대하여 우선 지원 등을 할 수 있다.

⑫ 식품의약품안전처장은 식품안전관리인증기준적용업소의 공정별·품목별 위해요소의 분석, 기술지원 및 인증 등의 업무를 한국식품안전관리인증원의 설립 및 운영에 관한 법률에 따른 한국식품안전관리인증원 등 대통령령으로 정하는 기관에 위탁할 수 있다.

⑬ 식품의약품안전처장은 위탁기관에 대하여 예산의 범위에서 사용경비의 전부 또는 일부를 보조할 수 있다.

> **In addition**
>
> **인증 유효기간**
> - 인증의 유효기간은 인증을 받은 날부터 3년으로 하며, 변경 인증의 유효기간은 당초 인증 유효기간의 남은 기간으로 한다.
> - 인증 유효기간을 연장하려는 자는 총리령으로 정하는 바에 따라 식품의약품안전처장에게 연장신청을 하여야 한다.
> - 식품의약품안전처장은 연장신청을 받았을 때에는 안전관리인증기준에 적합하다고 인정하는 경우 3년의 범위에서 그 기간을 연장할 수 있다.

(13) 식품이력추적관리 등록기준

① 식품을 제조·가공 또는 판매하는 자 중 식품이력추적관리를 하려는 자는 총리령으로 정하는 등록기준을 갖추어 해당 식품을 식품의약품안전처장에게 등록할 수 있다. 다만, 영유아식 제조·가공업자, 일정 매출액·매장면적 이상의 식품판매업자 등 총리령으로 정하는 자

는 식품의약품안전처장에게 등록하여야 한다.

식품이력추적관리 등록사항

① 국내식품의 경우
- 영업소의 명칭(상호)과 소재지
- 제품명과 식품의 유형
- 유통기한 및 품질유지기한
- 보존 및 보관방법

② 수입식품의 경우
- 영업소의 명칭(상호)과 소재지
- 제품명
- 원산지(국가명)
- 제조회사 또는 수출회사

② 등록한 식품을 제조·가공 또는 판매하는 자는 식품이력추적관리에 필요한 기록의 작성·보관 및 관리 등에 관하여 식품의약품안전처장이 정하여 고시하는 기준을 지켜야 한다.

③ 등록을 한 자는 등록사항이 변경된 경우 변경사유가 발생한 날부터 1개월 이내에 식품의약품안전처장에게 신고하여야 한다.

④ 등록한 식품에는 식품의약품안전처장이 정하여 고시하는 바에 따라 식품이력추적관리의 표시를 할 수 있다.

⑤ 식품의약품안전처장은 등록한 식품을 제조·가공 또는 판매하는 자에 대하여 식품이력추적관리기준의 준수 여부 등을 3년마다 조사·평가하여야 한다. 다만, 영유아 식품을 제조·가공 또는 판매하는 자에 대하여는 2년마다 조사·평가하여야 한다.

⑥ 식품의약품안전처장은 등록을 한 자에게 예산의 범위에서 식품이력추적관리에 필요한 자금을 지원할 수 있다.

⑦ 식품의약품안전처장은 등록을 한 자가 식품이력추적관리기준을 지키지 아니하면 그 등록을 취소하거나 시정을 명할 수 있다.

⑧ 식품의약품안전처장은 등록의 신청을 받은 날부터 40일 이내에, 변경신고를 받은 날부터 15일 이내에 등록 여부 또는 신고수리 여부를 신청인 또는 신고인에게 통지하여야 한다.

⑨ 식품의약품안전처장이 기간 내에 등록 여부, 신고수리 여부 또는 민원 처리 관련 법령에 따른 처리기간의 연장을 신청인 또는 신고인에게 통지하지 아니하면 그 기간(민원 처리 관련 법령에 따라 처리기간이 연장 또는 재연장된 경우에는 해당 처리기간을 말함)이 끝난 날의 다음 날에 등록을 하거나 신고를 수리한 것으로 본다.

식품이력추적관리정보의 기록·보관
- 등록자는 식품이력추적관리기준에 따른 식품이력추적관리정보를 총리령으로 정하는 바에 따라 전산기록장치에 기록·보관하여야 한다.

• 등록자는 식품이력추적관리정보의 기록을 해당 제품의 소비기한 등이 경과한 날부터 2년 이상 보관하여야 한다.
• 등록자는 기록 · 보관된 정보가 식품이력추적관리시스템에 연계되도록 협조하여야 한다.

7 조리사 등

(1) 조리사

① 집단급식소 운영자와 대통령령으로 정하는 식품접객업자는 조리사를 두어야 한다. 다만, 다음의 어느 하나에 해당하는 경우에는 조리사를 두지 아니하여도 된다.
  • 집단급식소 운영자 또는 식품접객영업자 자신이 조리사로서 직접 음식물을 조리하는 경우
  • 1회 급식인원 100명 미만의 산업체인 경우
  • 영양사가 조리사의 면허를 받은 경우(다만, 총리령으로 정하는 규모 이하의 집단급식소에 한정)

조리사를 두어야 하는 식품접객업자
식품접객업 중 복어독 제거가 필요한 복어를 조리 · 판매하는 영업을 하는 자로 한다. 이 경우 해당 식품접객업자는 국가기술자격법에 따른 복어 조리 자격을 취득한 조리사를 두어야 한다.

② 집단급식소에 근무하는 조리사는 다음의 직무를 수행한다.
  • 집단급식소에서의 식단에 따른 조리업무(식재료의 전처리에서부터 조리, 배식 등의 전 과정)
  • 구매식품의 검수 지원
  • 급식설비 및 기구의 위생 · 안전 실무
  • 그 밖에 조리실무에 관한 사항

(2) 영양사

① 집단급식소 운영자는 영양사를 두어야 한다. 다만, 다음의 어느 하나에 해당하는 경우에는 영양사를 두지 아니하여도 된다.
  • 집단급식소 운영자 자신이 영양사로서 직접 영양 지도를 하는 경우
  • 1회 급식인원 100명 미만의 산업체인 경우
  • 조리사가 영양사의 면허를 받은 경우(다만, 총리령으로 정하는 규모 이하의 집단급식소에 한정)
② 집단급식소에 근무하는 영양사는 다음의 직무를 수행한다.

- 집단급식소에서의 식단 작성, 검식 및 배식관리
- 구매식품의 검수 및 관리
- 급식시설의 위생적 관리
- 집단급식소의 운영일지 작성
- 종업원에 대한 영양 지도 및 식품위생교육

 조리사의 면허 및 명칭 사용 금지
- 조리사가 되려는 자는 국가기술자격법에 따라 해당 기능분야의 자격을 얻은 후 특별자치시장·특별자치도지사·시장·군수·구청장의 면허를 받아야 한다.
- 조리사가 아니면 조리사라는 명칭을 사용하지 못한다.

(3) 교육

① 식품의약품안전처장은 식품위생 수준 및 자질의 향상을 위하여 필요한 경우 조리사와 영양사에게 교육(조리사의 경우 보수교육 포함)을 받을 것을 명할 수 있다. 다만, 집단급식소에 종사하는 조리사와 영양사는 1년마다 교육을 받아야 한다.
② 교육의 대상자·실시기관·내용 및 방법 등에 관하여 필요한 사항은 총리령으로 정한다.
③ 식품의약품안전처장은 교육 등 업무의 일부를 대통령령으로 정하는 바에 따라 관계 전문기관이나 단체에 위탁할 수 있다.

8 식품위생심의위원회 및 식품위생단체

(1) 식품위생심의위원회

식품의약품안전처장의 자문에 응하여 다음의 사항을 조사·심의하기 위하여 식품의약품안전처에 식품위생심의위원회를 둔다.
① 식중독 방지에 관한 사항
② 농약·중금속 등 유독·유해물질 잔류 허용 기준에 관한 사항
③ 식품 등의 기준과 규격에 관한 사항
④ 그 밖에 식품위생에 관한 중요 사항

(2) 식품위생단체

① **동업자조합** : 영업자는 영업의 발전과 국민 건강의 보호·증진을 위하여 대통령령으로 정하는 영업 또는 식품의 종류별로 동업자조합을 설립할 수 있다

475

② **식품산업협회** : 식품산업의 발전과 식품위생의 향상을 위하여 한국식품산업협회를 설립한다.

③ **식품안전정보원** : 식품의약품안전처장의 위탁을 받아 식품이력추적관리업무와 식품안전에 관한 업무를 효율적으로 수행하기 위하여 식품안전정보원을 둔다.

(3) 식품위생단체의 사업

① **동업자조합**
- 영업의 건전한 발전과 조합원 공동의 이익을 위한 사업
- 조합원의 영업시설 개선에 관한 지도
- 조합원을 위한 경영지도
- 조합원과 그 종업원을 위한 교육훈련
- 조합원과 그 종업원의 복지증진을 위한 사업
- 식품의약품안전처장이 위탁하는 조사 · 연구 사업
- 조합원의 생활안정과 복지증진을 위한 공제사업
- 조합원 관련 사업의 부대사업

② **식품산업협회**
- 식품산업에 관한 조사 · 연구
- 식품 및 식품첨가물과 그 원재료에 대한 시험 · 검사 업무
- 식품위생과 관련한 교육
- 영업자 중 식품이나 식품첨가물을 제조 · 가공 · 운반 · 판매 및 보존하는 자의 영업시설 개선에 관한 지도
- 회원을 위한 경영지도
- 식품안전과 식품산업 진흥 및 지원 · 육성에 관한 사업
- 협회 관련 사업의 부대사업

③ **식품안전정보원**
- 국내외 식품안전정보의 수집 · 분석 · 정보제공 등
- 식품안전정책 수립을 지원하기 위한 조사 · 연구 등
- 식품안전정보의 수집 · 분석 및 식품이력추적관리 등을 위한 정보시스템의 구축 · 운영 등
- 식품이력추적관리의 등록 · 관리 등
- 식품이력추적관리에 관한 교육 및 홍보
- 식품사고가 발생한 때 사고의 신속한 원인규명과 해당 식품의 회수 · 폐기 등을 위한 정보제공
- 식품위해정보의 공동활용 및 대응을 위한 기관 · 단체 · 소비자단체 등과의 협력 네트워크 구축 · 운영

- 소비자 식품안전 관련 신고의 안내·접수·상담 등을 위한 지원
- 그 밖에 식품안전정보 및 식품이력추적관리에 관한 사항으로서 식품의약품안전처장이 정하는 사업

(4) 건강 위해가능 영양성분 관리

① 국가 및 지방자치단체는 식품의 나트륨, 당류, 트랜스지방 등 영양성분의 과잉섭취로 인하여 국민 건강에 발생할 수 있는 위해를 예방하기 위하여 노력하여야 한다.

② 식품의약품안전처장은 관계 중앙행정기관의 장과 협의하여 건강 위해가능 영양성분 관리 기술의 개발·보급, 적정섭취를 위한 실천방법의 교육·홍보 등을 실시하여야 한다.

9 시정명령과 허가취소 등 행정제재

(1) 시정명령

① 식품의약품안전처장, 시·도지사 또는 시장·군수·구청장은 식품 등의 위생적 취급에 관한 기준에 맞지 아니하게 영업하는 자와 이 법을 지키지 아니하는 자에게는 필요한 시정을 명하여야 한다.

② 식품의약품안전처장, 시·도지사 또는 시장·군수·구청장은 시정명령을 한 경우에는 그 영업을 관할하는 관서의 장에게 그 내용을 통보하여 시정명령이 이행되도록 협조를 요청할 수 있다.

③ 요청을 받은 관계 기관의 장은 정당한 사유가 없으면 이에 응하여야 하며, 그 조치결과를 지체 없이 요청한 기관의 장에게 통보하여야 한다.

(2) 폐기처분

① 식품의약품안전처장, 시·도지사 또는 시장·군수·구청장은 영업자(수입식품안전관리 특별법에 따라 등록한 수입식품 등 수입·판매업자 포함)가 식품위생법을 위반한 경우에는 관계 공무원에게 그 식품 등을 압류 또는 폐기하게 하거나 용도·처리방법 등을 정하여 영업자에게 위해를 없애는 조치를 하도록 명하여야 한다.

② 식품의약품안전처장, 시·도지사 또는 시장·군수·구청장은 허가받지 아니하거나 신고 또는 등록하지 아니하고 제조·가공·조리한 식품 또는 식품첨가물이나 여기에 사용한 기구 또는 용기·포장 등을 관계 공무원에게 압류하거나 폐기하게 할 수 있다.

③ 식품의약품안전처장, 시·도지사 또는 시장·군수·구청장은 식품위생상의 위해가 발생하였거나 발생할 우려가 있는 경우에는 영업자에게 유통 중인 해당 식품 등을 회수·폐기하게

하거나 해당 식품 등의 원료, 제조 방법, 성분 또는 그 배합 비율을 변경할 것을 명할 수 있다.

⑥ 식품의약품안전처장, 시·도지사 및 시장·군수·구청장은 폐기처분명령을 받은 자가 그 명령을 이행하지 아니하는 경우에는 행정대집행법에 따라 대집행을 하고 그 비용을 명령위 반자로부터 징수할 수 있다.

(3) 위해식품 등의 공표

식품의약품안전처장, 시·도지사 또는 시장·군수·구청장은 다음의 어느 하나에 해당되는 경 우에는 해당 영업자에 대하여 그 사실의 공표를 명할 수 있다. 다만, 식품위생에 관한 위해가 발생한 경우에는 공표를 명하여야 한다.

① 식품위생에 관한 위해가 발생하였다고 인정되는 때

② 회수계획을 보고받은 때

(4) 면허취소

식품의약품안전처장 또는 특별자치시장·특별자치도지사·시장·군수·구청장은 조리사가 다 음의 어느 하나에 해당하면 그 면허를 취소하거나 6개월 이내의 기간을 정하여 업무정지를 명 할 수 있다.

① 결격사유에 해당하게 된 경우 → 면허 취소사유

② 교육을 받지 아니한 경우

③ 식중독이나 그 밖에 위생과 관련한 중대한 사고 발생에 직무상의 책임이 있는 경우

④ 면허를 타인에게 대여하여 사용하게 한 경우

⑤ 업무정지기간 중에 조리사의 업무를 하는 경우 → 면허 취소사유

(5) 청문

식품의약품안전처장, 시·도지사 또는 시장·군수·구청장은 다음의 어느 하나에 해당하는 처 분을 하려면 청문을 하여야 한다.

① 거짓이나 부정한 방법으로 기준 및 규격의 인정을 받은 자의 인정 취소 또는 거짓이나 부정 한 방법으로 안전성 심사를 받은 자의 승인 취소

② 식품안전관리인증기준적용업소의 인증취소

③ 교육훈련기관의 지정취소

④ 영업허가 또는 등록의 취소나 영업소의 폐쇄명령

⑤ 조리사 면허의 취소

(6) 영업정지 등의 처분에 갈음하여 부과하는 과징금 처분

① 식품의약품안전처장, 시·도지사 또는 시장·군수·구청장은 영업자가 허가취소 또는 품목 제조정지에 해당하는 경우에는 대통령령으로 정하는 바에 따라 영업정지, 품목 제조정지 또는 품목류 제조정지 처분을 갈음하여 10억원 이하의 과징금을 부과할 수 있다.

② 다만, 기준·규격이 고시되지 아니한 화학적 합성품 등의 판매 등 금지를 위반하여 허가취소에 해당하는 경우와 위해식품 등의 판매 등 금지, 병든 동물 고기 등의 판매 등 금지, 식품 또는 식품첨가물에 관한 기준 및 규격, 유전자변형식품 등의 표시, 영업허가 등, 영업제한 및 영업자 등의 준수사항을 위반하여 허가취소 또는 품목 제조정지에 해당하는 중대한 사항으로서 총리령으로 정하는 경우는 제외한다.

10 보칙

(1) 식중독에 관한 조사보고

① 다음의 어느 하나에 해당하는 자는 지체 없이 관할 특별자치시장·시장(제주특별자치도 설치 및 국제자유도시 조성을 위한 특별법에 따른 행정시장 포함)·군수·구청장에게 보고하여야 한다. 이 경우 의사나 한의사는 대통령령으로 정하는 바에 따라 식중독 환자나 식중독이 의심되는 자의 혈액 또는 배설물을 보관하는 데에 필요한 조치를 하여야 한다.
- 식중독 환자나 식중독이 의심되는 자를 진단하였거나 그 사체를 검안한 의사 또는 한의사
- 집단급식소에서 제공한 식품 등으로 인하여 식중독 환자나 식중독으로 의심되는 증세를 보이는 자를 발견한 집단급식소의 설치·운영자

② 특별자치시장·시장·군수·구청장은 보고를 받은 때에는 지체 없이 그 사실을 식품의약품 안전처장 및 시·도지사(특별자치시장 제외)에게 보고하고, 대통령령으로 정하는 바에 따라 원인을 조사하여 그 결과를 보고하여야 한다.

③ 식품의약품안전처장은 보고의 내용이 국민 건강상 중대하다고 인정하는 경우에는 해당 시·도지사 또는 시장·군수·구청장과 합동으로 원인을 조사할 수 있다.

④ 식품의약품안전처장은 식중독 발생의 원인을 규명하기 위하여 식중독 의심환자가 발생한 원인시설 등에 대한 조사절차와 시험·검사 등에 필요한 사항을 정할 수 있다.

(2) 식중독 원인의 조사

① 식중독 환자나 식중독이 의심되는 자를 진단한 의사나 한의사는 다음의 어느 하나에 해당하는 경우 해당 식중독 환자나 식중독이 의심되는 자의 혈액 또는 배설물을 채취하여 특별자

치시장·시장(제주특별자치도 설치 및 국제자유도시 조성을 위한 특별법에 따른 행정시장 포함)·군수·구청장이 조사하기 위하여 인수할 때까지 변질되거나 오염되지 아니하도록 보관하여야 한다. 이 경우 보관용기에는 채취일, 식중독 환자나 식중독이 의심되는 자의 성명 및 채취자의 성명을 표시하여야 한다.

- 구토·설사 등의 식중독 증세를 보여 의사 또는 한의사가 혈액 또는 배설물의 보관이 필요하다고 인정한 경우
- 식중독 환자나 식중독이 의심되는 자 또는 그 보호자가 혈액 또는 배설물의 보관을 요청한 경우

② 특별자치시장·시장·군수·구청장이 하여야 할 조사는 다음과 같다.

- 식중독의 원인이 된 식품등과 환자 간의 연관성을 확인하기 위해 실시하는 설문조사, 섭취음식 위험도 조사 및 역학적 조사
- 식중독 환자나 식중독이 의심되는 자의 혈액·배설물 또는 식중독의 원인이라고 생각되는 식품 등에 대한 미생물학적 또는 이화학적 시험에 의한 조사
- 식중독의 원인이 된 식품 등의 오염경로를 찾기 위하여 실시하는 환경조사

③ 특별자치시장·시장·군수·구청장은 조사를 할 때에는 식품·의약품분야 시험·검사 등에 관한 법률에 따라 총리령으로 정하는 시험·검사기관에 협조를 요청할 수 있다.

(3) 집단급식소

① 집단급식소를 설치·운영하려는 자는 총리령으로 정하는 바에 따라 특별자치시장·특별자치도지사·시장·군수·구청장에게 신고하여야 한다. 신고한 사항 중 총리령으로 정하는 사항을 변경하려는 경우에도 또한 같다.

② 집단급식소를 설치·운영하는 자는 집단급식소 시설의 유지·관리 등 급식을 위생적으로 관리하기 위하여 다음의 사항을 지켜야 한다.

- 식중독 환자가 발생하지 아니하도록 위생관리를 철저히 할 것
- 조리·제공한 식품의 매회 1인분 분량을 총리령으로 정하는 바에 따라 144시간 이상 보관할 것
- 영양사를 두고 있는 경우 그 업무를 방해하지 아니할 것
- 영양사를 두고 있는 경우 영양사가 집단급식소의 위생관리를 위하여 요청하는 사항에 대하여는 정당한 사유가 없으면 따를 것
- 축산물 위생관리법에 따라 검사를 받지 아니한 축산물 또는 실험 등의 용도로 사용한 동물을 음식물의 조리에 사용하지 말 것
- 야생생물 보호 및 관리에 관한 법률을 위반하여 포획·채취한 야생생물을 음식물의 조리에 사용하지 말 것

- 소비기한이 경과한 원재료 또는 완제품을 조리할 목적으로 보관하거나 이를 음식물의 조리에 사용하지 말 것
- 수돗물이 아닌 지하수 등을 먹는 물 또는 식품의 조리 · 세척 등에 사용하는 경우에는 먹는물관리법에 따른 먹는물 수질검사기관에서 총리령으로 정하는 바에 따라 검사를 받아 마시기에 적합하다고 인정된 물을 사용할 것. 다만, 둘 이상의 업소가 같은 건물에서 같은 수원을 사용하는 경우에는 하나의 업소에 대한 시험결과로 나머지 업소에 대한 검사를 갈음할 수 있다.
- 위해평가가 완료되기 전까지 일시적으로 금지된 식품 등을 사용 · 조리하지 말 것
- 식중독 발생 시 보관 또는 사용 중인 식품은 역학조사가 완료될 때까지 폐기하거나 소독 등으로 현장을 훼손하여서는 아니 되고 원상태로 보존하여야 하며, 식중독 원인규명을 위한 행위를 방해하지 말 것
- 그 밖에 식품 등의 위생적 관리를 위하여 필요하다고 총리령으로 정하는 사항을 지킬 것

 집단급식소 설치 · 운영자 준수사항
조리 · 제공한 식품(병원의 경우에는 일반식만 해당)을 보관할 때에는 매회 1인분 분량을 섭씨 영하 18도 이하로 보관하여야 한다. 이 경우 완제품 형태로 제공한 가공식품은 유통기한 내에서 해당 식품의 제조업자가 정한 보관방법에 따라 보관할 수 있다.

11 벌칙 및 과태료

(1) 3년 이상의 징역 또는 1년 이상의 징역

① 다음의 어느 하나에 해당하는 질병에 걸린 동물을 사용하여 판매할 목적으로 식품 또는 식품첨가물을 제조 · 가공 · 수입 또는 조리한 자는 3년 이상의 징역에 처한다.

- 소해면상뇌증(광우병)
- 탄저병
- 가금 인플루엔자

② 다음의 어느 하나에 해당하는 원료 또는 성분 등을 사용하여 판매할 목적으로 식품 또는 식품첨가물을 제조 · 가공 · 수입 또는 조리한 자는 1년 이상의 징역에 처한다.

- 마황
- 부자
- 천오
- 초오
- 백부자
- 섬수
- 백선피
- 사리풀

③ ① 및 ②의 경우 제조·가공·수입·조리한 식품 또는 식품첨가물을 판매하였을 때에는 그 판매금액의 2배 이상 5배 이하에 해당하는 벌금을 병과한다.

④ ① 또는 ②의 죄로 형을 선고받고 그 형이 확정된 후 5년 이내에 다시 ① 또는 ②의 죄를 범한 자가 ③에 해당하는 경우 ③에서 정한 형의 2배까지 가중한다.

(2) 10년 이하의 징역 또는 1억원 이하의 벌금

① 다음의 어느 하나에 해당하는 자는 10년 이하의 징역 또는 1억원 이하의 벌금에 처하거나 이를 병과할 수 있다.
- 제4조(위해식품 등의 판매 금지), 제5조(병든 동물 고기 등의 판매 등 금지), 제6조(기준·규격이 정하여지지 아니한 화학적 합성품 등의 판매 등 금지)를 위반한 자
- 제8조(유독기구 등의 판매·사용 금지)를 위반한 자
- 제37조(영업허가 등) 제1항을 위반한 자

② ①의 죄로 금고 이상의 형을 선고받고 그 형이 확정된 후 5년 이내에 다시 ①의 죄를 범한 자는 1년 이상 10년 이하의 징역에 처한다.

③ ②의 경우 그 해당 식품 또는 식품첨가물을 판매한 때에는 그 판매금액의 4배 이상 10배 이하에 해당하는 벌금을 병과한다.

(3) 5년 이하의 징역 또는 5천만원 이하의 벌금

① 제7조(식품 또는 식품첨가물에 관한 기준 및 규격) 제4항 또는 제9조(기구 및 용기·포장에 관한 기준 및 규격) 제4항 또는 제9조의3(인정받지 않은 재생원료의 기구 및 용기·포장에의 사용 등 금지)을 위반한 자

② 거짓이나 그 밖의 부정한 방법으로 제7조(식품 또는 식품첨가물에 관한 기준 및 규격) 제2항, 제9조(기구 및 용기·포장에 관한 기준 및 규격) 제2항, 제9조의2(기구 및 용기·포장에 사용하는 재생원료에 관한 인정) 제5항에 따른 인정 또는 제18조(유전자변형식품 등의 안전성 심사 등) 제1항에 따른 안전성 심사를 받은 자

③ 제37조(영업허가 등) 제5항을 위반한 자

④ 제43조에 따른 영업 제한을 위반한 자

⑤ 제45조(위해식품 등의 회수) 제1항 전단을 위반한 자

⑥ 제72조(폐기처분 등) 제1항·제3항 또는 제73조(위해식품 등의 공표) 제1항에 따른 명령을 위반한 자

⑦ 영업정지 명령을 위반하여 영업을 계속한 자(제37조 제1항에 따른 영업허가를 받은 자만 해당)

(4) 3년 이하의 징역 또는 3천만원 이하의 벌금

① 제12조의2(유전자변형식품 등의 표시) 제2항, 제17조(위해식품 등에 대한 긴급대응) 제4항, 제31조(자가품질검사 의무) 제1항 · 제3항, 제37조(영업허가 등) 제3항 · 제4항, 제39조(영업 승계) 제3항, 제48조(식품안전관리인증기준) 제2항 · 제10항, 제49조(식품이력추적관리 등록기준) 제1항 단서 또는 제55조(명칭 사용 금지)를 위반한 자

② 제22조(출입 · 검사 · 수거 등) 제1항 또는 제72조(폐기처분 등) 제1항 · 제2항에 따른 검사 · 출입 · 수거 · 압류 · 폐기를 거부 · 방해 또는 기피한 자

③ 제36조(시설기준)에 따른 시설기준을 갖추지 못한 영업자

④ 제37조(영업허가 등) 제2항에 따른 조건을 갖추지 못한 영업자

⑤ 제44조(영업자 등의 준수사항) 제1항에 따라 영업자가 지켜야 할 사항을 지키지 아니한 자. 다만, 총리령으로 정하는 경미한 사항을 위반한 자는 제외한다.

⑥ 영업정지 명령을 위반하여 계속 영업한 자 또는 영업소 폐쇄명령을 위반하여 영업을 계속한 자

⑦ 제76조(품목 제조정지 등) 제1항에 따른 제조정지 명령을 위반한 자

⑧ 제79조(폐쇄조치 등) 제1항에 따라 관계 공무원이 부착한 봉인 또는 게시문 등을 함부로 제거하거나 손상시킨 자

⑨ 제86조(식중독에 관한 조사 보고) 제2항 · 제3항에 따른 식중독 원인조사를 거부 · 방해 또는 기피한 자

In addition

3년 이하의 징역 또는 3천만원 이하의 벌금
- 집단급식소 운영자와 식품접객업자가 제51조(조리사) 규정을 위반하여 조리사를 두지 않은 경우
- 집단급식소 운영자가 제52조(영양사) 규정을 위반하여 영양사를 두지 않은 경우

(5) 1년 이하의 징역 또는 1천만원 이하의 벌금

① 제44조(영업자 등의 준수사항) 제3항을 위반하여 접객행위를 하거나 다른 사람에게 그 행위를 알선한 자

② 제46조(식품 등의 이물 발견보고 등) 제1항을 위반하여 소비자로부터 이물 발견의 신고를 접수하고 이를 거짓으로 보고한 자

③ 이물의 발견을 거짓으로 신고한 자

④ 제45조(위해식품 등의 회수) 제1항 후단을 위반하여 보고를 하지 아니하거나 거짓으로 보고한 자

(6) 과태료

① 1천만원 이하의 과태료
- 제46조의2(식품 등의 오염사고의 보고 등) 제2항에 따른 현장조사를 거부하거나 방해한 자
- 제86조(식중독에 관한 조사 보고) 제1항을 위반한 자
- 제88조(집단급식소) 제1항 전단을 위반하여 신고하지 아니하거나 허위의 신고를 한 자
- 제88조(집단급식소) 제2항을 위반한 자(다만, 총리령으로 정하는 경미한 사항을 위반한 자는 제외)

② 500만원 이하의 과태료
- 제3조(식품 등의 취급)를 위반한 자
- 제19조의4(검사명령 등) 제2항을 위반하여 검사기한 내에 검사를 받지 아니하거나 자료 등을 제출하지 아니한 영업자
- 제37조(영업허가 등) 제6항을 위반하여 보고를 하지 아니하거나 허위의 보고를 한 자
- 제46조(식품 등의 이물 발견보고 등) 제1항을 위반하여 소비자로부터 이물 발견신고를 받고 보고하지 아니한 자
- 제48조(식품안전관리인증기준) 제9항을 위반한 자
- 제74조(시설 개수명령 등) 제1항에 따른 명령에 위반한 자

③ 300만원 이하의 과태료
- 제40조(건강진단) 제1항 및 제3항을 위반한 자
- 제41조의2(위생관리책임자) 제3항을 위반하여 위생관리책임자의 업무를 방해한 자
- 제41조의2(위생관리책임자) 제4항에 따른 위생관리책임자 선임·해임 신고를 하지 아니한 자
- 제41조의2(위생관리책임자) 제7항을 위반하여 직무 수행내역 등을 기록·보관하지 아니하거나 거짓으로 기록·보관한 자
- 제41조의2(위생관리책임자) 제8항에 따른 교육을 받지 아니한 자
- 제44조의2(보험 가입) 제1항을 위반하여 책임보험에 가입하지 아니한 자
- 제49조제(식품이력추적관리 등록기준 등) 3항을 위반하여 식품이력추적관리 등록사항이 변경된 경우 변경사유가 발생한 날부터 1개월 이내에 신고하지 아니한 자
- 제49조의3(식품이력추적관리시스템의 구축 등) 제4항을 위반하여 식품이력추적관리정보를 목적 외에 사용한 자
- 제88조(집단급식소) 제2항에 따라 집단급식소를 설치·운영하는 자가 지켜야 할 사항 중 총리령으로 정하는 경미한 사항을 지키지 아니한 자

④ 100만원 이하의 과태료
- 제41조(식품위생교육) 제1항 및 제5항을 위반한 자
- 제42조(실적보고) 제2항을 위반하여 보고를 하지 아니하거나 허위의 보고를 한 자
- 제44조(영업자 등의 준수사항) 제1항에 따라 영업자가 지켜야 할 사항 중 총리령으로 정하는 경미한 사항을 지키지 아니한 자
- 제56조(교육) 제1항을 위반하여 교육을 받지 아니한 자

⑤ ①부터 ④까지의 규정에 따른 과태료는 대통령령으로 정하는 바에 따라 식품의약품안전처장, 시·도지사 또는 시장·군수·구청장이 부과·징수한다.

2장 학교급식법

1 총칙

(1) 목적

학교급식 등에 관한 사항을 규정함으로써 학교급식의 질을 향상시키고 학생의 건전한 심신의 발달과 국민 식생활 개선에 기여함을 목적으로 한다.

(2) 정의

① 학교급식 : 학교급식법의 목적을 달성하기 위하여 학교 또는 학급의 학생을 대상으로 학교의 장이 실시하는 급식을 말한다.

② 학교급식공급업자 : 학교의 장과 계약에 의하여 학교급식에 관한 업무를 위탁받아 행하는 자를 말한다.

③ 급식에 관한 경비 : 학교급식을 위한 식품비, 급식운영비 및 급식시설·설비비를 말한다.

(3) 학교급식 대상

학교급식은 대통령령으로 정하는 바에 따라 다음의 어느 하나에 해당하는 학교 또는 학급에 재학하는 학생을 대상으로 실시한다.

① 유치원(다만, 50명 이하의 유치원 제외)

② 초등학교, 중학교·고등공민학교, 고등학교·고등기술학교, 특수학교

③ 근로청소년을 위한 특별학급 및 산업체부설 중·고등학교

④ 대안학교

⑤ 그 밖에 교육감이 필요하다고 인정하는 학교

2 학교급식 시설·설비 기준

(1) 급식시설·설비

① 학교급식을 실시할 학교는 학교급식을 위하여 필요한 시설과 설비를 갖추어야 한다.

다만, 둘 이상의 학교가 인접하여 있는 경우에는 학교급식을 위한 시설과 설비를 공동으로 할 수 있다.

② 학교급식시설에서 갖추어야 할 시설·설비의 종류와 기준은 다음과 같다.

- **조리장** : 교실과 떨어지거나 차단되어 학생의 학습에 지장을 주지 않는 시설로 하되, 식품의 운반과 배식이 편리한 곳에 두어야 하며, 능률적이고 안전한 조리기기, 냉장·냉동시설, 세척·소독시설 등을 갖추어야 한다.
- **식품보관실** : 환기·방습이 용이하며, 식품과 식재료를 위생적으로 보관하는데 적합한 위치에 두되, 방충 및 쥐막기 시설을 갖추어야 한다.
- **급식관리실** : 조리장과 인접한 위치에 두되, 컴퓨터 등 사무장비를 갖추어야 한다.
- **편의시설** : 조리장과 인접한 위치에 두되, 조리종사자의 수에 따라 필요한 옷장과 샤워시설 등을 갖추어야 한다.

In addition

급식시설의 세부기준

조리장	시설·설비	• 조리장은 침수될 우려가 없고, 먼지 등의 오염원으로부터 차단될 수 있는 등 주변 환경이 위생적이며 쾌적한 곳에 위치하여야 하고, 조리장의 소음·냄새 등으로 인하여 학생의 학습에 지장을 주지 않도록 해야 한다. • 조리장은 작업과정에서 교차오염이 발생되지 않도록 전처리실, 조리실 및 식기구세척실 등을 벽과 문으로 구획하여 일반작업구역과 청결작업구역으로 분리한다. 다만, 이러한 구획이 적절하지 않을 경우에는 교차오염을 방지할 수 있는 다른 조치를 취하여야 한다. • 조리장은 급식설비·기구의 배치와 작업자의 동선 등을 고려하여 작업과 청결 유지에 필요한 적정한 면적이 확보되어야 한다. • 내부벽은 내구성, 내수성이 있는 표면이 매끈한 재질이어야 한다. • 바닥은 내구성, 내수성이 있는 재질로 하되, 미끄럽지 않아야 한다. • 천장은 내수성 및 내화성이 있고 청소가 용이한 재질로 한다. • 바닥에는 적당한 위치에 상당한 크기의 배수구 및 덮개를 설치하되 청소하기 쉽게 설치한다. • 출입구와 창문에는 해충 및 쥐의 침입을 막을 수 있는 방충망 등 적절한 설비를 갖추어야 한다. • 조리장 출입구에는 신발소독 설비를 갖추어야 한다. • 조리장내의 증기, 불쾌한 냄새 등을 신속히 배출할 수 있도록 환기시설을 설치하여야 한다. • 조리장의 조명은 220룩스(lx) 이상이 되도록 한다. 다만, 검수구역은 540룩스(lx) 이상이 되도록 한다. • 조리장에는 필요한 위치에 손 씻는 시설을 설치하여야 한다. • 조리장에는 온도 및 습도관리를 위하여 적정 용량의 급배기시설, 냉·난방시설 또는 공기조화시설 등을 갖추도록 한다.
		• 밥솥, 국솥, 가스테이블 등의 조리기기는 화재, 폭발 등의 위험성이 없는 제품을 선정하되, 재질의 안전성과 기기의 내구성, 경제성 등을 고려하여 능률적인 기기를 설치하여야 한다.

설비·기구		• 냉장고(냉장실)와 냉동고는 식재료의 보관, 냉동 식재료의 해동, 가열조리된 식품의 냉각 등에 충분한 용량과 온도(냉장고 5℃ 이하, 냉동고 −18℃ 이하)를 유지하여야 한다. • 조리, 배식 등의 작업을 위생적으로 하기 위하여 식품 세척시설, 조리시설, 식기구 세척시설, 식기구 보관장, 덮개가 있는 폐기물 용기 등을 갖추어야 하며, 식품과 접촉하는 부분은 내수성 및 내부식성 재질로 씻기 쉽고 소독·살균이 가능한 것이어야 한다. • 식기세척기는 세척, 헹굼 기능이 자동적으로 이루어지는 것이어야 한다. • 식기구를 소독하기 위하여 전기살균소독기, 자외선소독기 또는 열탕소독시설을 갖추거나 충분히 세척·소독할 수 있는 세정대를 설치하여야 한다. • 급식기구 및 배식도구 등을 안전하고 위생적으로 세척할 수 있도록 온수공급 설비를 갖추어야 한다.
식품보관실		• 식품보관실과 소모품보관실을 별도로 설치하여야 한다. 다만, 부득이하게 별도로 설치하지 못할 경우에는 공간구획 등으로 구분하여야 한다. • 바닥의 재질은 물청소가 쉽고 미끄럽지 않으며, 배수가 잘 되어야 한다. • 환기시설과 충분한 보관선반 등이 설치되어야 하며, 보관선반은 청소 및 통풍이 쉬운 구조이어야 한다.
급식관리실, 편의시설		• 급식관리실, 휴게실은 외부로부터 조리실을 통하지 않고 출입이 가능하여야 하며, 외부로 통하는 환기시설을 갖추어야 한다. 다만, 시설 구조상 외부로의 출입문 설치가 어려운 경우에는 출입시에 조리실 오염이 일어나지 않도록 필요한 조치를 취하여야 한다. • 휴게실은 외출복장으로 인하여 위생복장이 오염되지 않도록 외출복장과 위생복장을 구분하여 보관할 수 있는 옷장을 두어야 한다. • 샤워실을 설치하는 경우 외부로 통하는 환기시설을 설치하여 조리실 오염이 일어나지 않도록 하여야 한다.
식당		안전하고 위생적인 공간에서 식사를 할 수 있도록 급식인원 수를 고려한 크기의 식당을 갖추어야 한다. 다만, 공간이 부족한 경우 등 식당을 따로 갖추기 곤란한 학교는 교실배식에 필요한 운반기구와 위생적인 배식도구를 갖추어야 한다.

(2) 영양교사의 배치

① 학교급식을 위한 시설과 설비를 갖춘 학교는 영양교사와 조리사를 둔다.

② 교육감은 학교급식에 관한 업무를 전담하게 하기 위하여 그 소속하에 학교급식에 관한 전문지식이 있는 직원을 둘 수 있다.

 영양교사의 직무
• 식단작성, 식재료의 선정 및 검수
• 위생·안전·작업관리 및 검식
• 식생활 지도, 정보 제공 및 영양상담

• 조리실 종사자의 지도 · 감독
• 그 밖에 학교급식에 관한 사항

(3) 경비부담

① 학교급식의 실시에 필요한 급식시설 · 설비비는 해당 학교의 설립 · 경영자가 부담하되, 국가 또는 지방자치단체가 지원할 수 있다.

② 급식운영비는 해당 학교의 설립 · 경영자가 부담하는 것을 원칙으로 하되, 대통령령으로 정하는 바에 따라 보호자(친권자, 후견인 그 밖에 법률에 따라 학생을 부양할 의무가 있는 자)가 그 경비의 일부를 부담할 수 있다.

③ 학교급식을 위한 식품비는 보호자가 부담하는 것을 원칙으로 한다.

④ 특별시장 · 광역시장 · 도지사 · 특별자치도지사 및 시장 · 군수 · 자치구의 구청장은 학교급식에 품질이 우수한 농수산물 사용 등 급식의 질 향상과 급식시설 · 설비의 확충을 위하여 식품비 및 시설 · 설비비 등 급식에 관한 경비를 지원할 수 있다.

3 학교급식 관리 · 운영

(1) 식재료

① 학교급식에는 품질이 우수하고 안전한 식재료를 사용하여야 한다.

② 식재료의 품질관리기준 그 밖에 식재료에 관하여 필요한 사항은 교육부령으로 정한다.

> **In addition**
>
> **학교급식 식재료의 품질관리기준**
>
> | | |
> |---|---|
> | 농산물 | • 원산지가 표시된 농산물을 사용한다(다만, 원산지 표시 대상 식재료가 아닌 농산물은 제외).
• 쌀은 수확연도부터 1년 이내의 것을 사용한다.
• 부득이하게 전처리농산물(수확 후 세척, 선별, 박피 및 절단 등의 가공을 통하여 즉시 조리에 이용할 수 있는 형태로 처리된 식재료)을 사용할 경우에는 규정 사항이 표시된 것으로 한다.
• 수입농산물은 관계 법령에 적합하고, 상당하는 품질을 갖춘 것을 사용한다. |
> | 축산물 | • **쇠고기** : 등급판정의 결과 3등급 이상인 한우 및 육우를 사용한다.
• **돼지고기** : 등급판정의 결과 2등급 이상을 사용한다.
• **닭고기** : 등급판정의 결과 1등급 이상을 사용한다.
• **계란** : 등급판정의 결과 2등급 이상을 사용한다.
• **오리고기** : 등급판정의 결과 1등급 이상을 사용한다.
• **수입축산물** : 관련법령에 적합하며, 상당하는 품질을 갖춘 것을 사용한다. |

수산물	• 원산지가 표시된 수산물을 사용한다. • 품질인증품, 지리적표시의 등록을 받은 수산물 또는 상품가치가 '상' 이상에 해당하는 것을 사용한다. • 전처리수산물(세척, 선별, 절단 등의 가공을 통해 즉시 조리에 이용할 수 있는 형태로 처리된 식재료)을 사용할 경우 규정된 시설 또는 영업소에서 가공 처리(수입수산물을 국내에서 가공 처리하는 경우에도 동일하게 적용)된 것으로 한다. • 수입수산물은 관련법령에 적합하고 상당하는 품질을 갖춘 것을 사용한다.
가공식품 및 기타	• 김치 완제품은 식품안전관리인증기준을 적용하는 업소에서 생산된 제품을 사용한다. • 수입 가공식품은 등 관련법령에 적합하고 상당하는 품질을 갖춘 것을 사용한다. • 위에서 명시되지 아니한 식품 및 식품첨가물은 식품위생법령에 적합한 것을 사용한다.

(2) 영양관리

① 학교급식은 학생의 발육과 건강에 필요한 영양을 충족하고 올바른 식생활습관 형성에 도움을 줄 수 있도록 다양한 식품으로 구성되어야 한다.

② 학교급식의 영양관리기준은 교육부령으로 정하고, 식품구성기준은 필요한 경우 교육감이 정한다.

(3) 위생 · 안전관리

① 학교급식은 식단작성, 식재료 구매 · 검수 · 보관 · 세척 · 조리, 운반, 배식, 급식기구 세척 및 소독 등 모든 과정에서 위해한 물질이 식품에 혼입되거나 식품이 오염되지 아니하도록 위생과 안전관리를 철저히 하여야 한다.

② 학교급식의 위생 · 안전관리기준은 교육부령으로 정한다.

In addition

학교급식의 위생 · 안전관리기준

시설관리	• 급식시설 · 설비, 기구 등에 대한 청소 및 소독계획을 수립 · 시행하여 항상 청결하게 관리하여야 한다. • 냉장 · 냉동고의 온도, 식기세척기의 최종 헹굼수 온도 또는 식기소독보관고의 온도를 기록 · 관리하여야 한다. • 급식용수로 수돗물이 아닌 지하수를 사용하는 경우 소독 또는 살균하여 사용하여야 한다.
개인위생	• 식품취급 및 조리작업자는 6개월에 1회 건강진단을 실시하고, 그 기록을 2년간 보관하여야 한다. 다만, 폐결핵검사는 연1회 실시할 수 있다. • 손을 잘 씻어 손에 의한 오염이 일어나지 않도록 하여야 한다. 다만, 손 소독은 필요시 실시할 수 있다.

식재료 관리	• 잠재적으로 위험한 식품 여부를 고려하여 식단을 계획하고, 공정관리를 철저히 하여야 한다. • 식재료 검수시 학교급식 식재료의 품질관리기준에 적합한 품질 및 신선도와 수량, 위생상태 등을 확인하여 기록하여야 한다.
작업위생	• 칼과 도마, 고무장갑 등 조리기구 및 용기는 원료나 조리과정에서 교차오염을 방지하기 위하여 용도별로 구분하여 사용하고 수시로 세척·소독하여야 한다. • 식품 취급 등의 작업은 바닥으로부터 60㎝ 이상의 높이에서 실시하여 식품의 오염이 방지되어야 한다. • 조리가 완료된 식품과 세척·소독된 배식기구·용기등은 교차오염의 우려가 있는 기구·용기 또는 원재료 등과 접촉에 의해 오염되지 않도록 관리하여야 한다. • 해동은 냉장해동(10℃ 이하), 전자레인지 해동 또는 흐르는 물(21℃ 이하)에서 실시하여야 한다. • 해동된 식품은 즉시 사용하여야 한다. • 날로 먹는 채소류, 과일류는 충분히 세척·소독하여야 한다. • 가열조리 식품은 중심부가 75℃(패류는 85℃) 이상에서 1분 이상으로 가열되고 있는지 온도계로 확인하고, 그 온도를 기록·유지하여야 한다. • 조리가 완료된 식품은 온도와 시간관리를 통하여 미생물 증식이나 독소 생성을 억제하여야 한다.
배식 및 검식	• 조리된 음식은 안전한 급식을 위하여 운반 및 배식기구 등을 청결히 관리하여야 하며, 배식 중에 운반 및 배식기구 등으로 인하여 오염이 일어나지 않도록 조치하여야 한다. • 급식실 외의 장소로 운반하여 배식하는 경우 배식용 운반기구 및 운송차량 등을 청결히 관리하여 배식시까지 식품이 오염되지 않도록 하여야 한다. • 조리된 식품에 대하여 배식하기 직전에 음식의 맛, 온도, 조화(영양적인 균형, 재료의 균형), 이물, 불쾌한 냄새, 조리상태 등을 확인하기 위한 검식을 실시하여야 한다. • 급식시설에서 조리한 식품은 온도관리를 하지 아니하는 경우에는 조리 후 2시간 이내에 배식을 마쳐야 한다. • 조리된 식품은 매회 1인분 분량을 섭씨 영하 18도 이하에서 144시간 이상 보관해야 한다.
세척 및 소독	• 식기구는 세척·소독 후 배식 전까지 위생적으로 보관·관리하여야 한다. • 급식시설에 대하여 소독을 실시하고 소독필증을 비치하여야 한다.
안전관리	• 관계규정에 따른 정기안전검사(가스·소방·전기안전, 보일러·압력용기·덤웨이터 검사 등)를 실시하여야 한다. • 조리기계·기구의 안전사고 예방을 위하여 안전작동방법을 게시하고 교육을 실시하며, 관리책임자를 지정, 그 표시를 부착하고 철저히 관리하여야 한다. • 조리장 바닥은 안전사고 방지를 위하여 미끄럽지 않게 관리하여야 한다.

4과목

식품·영양 관계법규 [2교시]

(4) 식생활 지도 및 영양상담

① **식생활 지도** : 학교의 장은 올바른 식생활습관의 형성, 식량생산 및 소비에 관한 이해 증진 및 전통 식문화의 계승·발전을 위하여 학생에게 식생활 관련 교육 및 지도를 하며, 보호자 에게는 관련 정보를 제공한다.

② **영양상담** : 학교의 장은 식생활에서 기인하는 영양불균형을 시정하고 질병을 사전에 예방하 기 위하여 저체중 및 성장부진, 빈혈, 과체중 및 비만학생 등을 대상으로 영양상담과 필요한 지도를 실시한다.

(5) 학교급식의 운영방식

① 학교의 장은 학교급식을 직접 관리·운영하되, 유치원운영위원회 및 학교운영위원회의 심 의·자문을 거쳐 일정한 요건을 갖춘 자에게 학교급식에 관한 업무를 위탁하여 이를 행하게 할 수 있다. 다만, 식재료의 선정 및 구매·검수에 관한 업무는 학교급식 여건상 불가피한 경우를 제외하고는 위탁하지 아니한다.

② 의무교육기관에서 업무위탁을 하고자 하는 경우에는 미리 관할청의 승인을 얻어야 한다.

> **Tip** 학교급식공급업자가 갖추어야 할 요건
> - 학교급식 과정 중 조리, 운반, 배식 등 일부업무를 위탁하는 경우 : 위탁급식영업의 신고를 할 것
> - 학교급식 과정 전부를 위탁하는 경우
>   - 학교 밖에서 제조·가공한 식품을 운반하여 급식하는 경우 : 식품제조·가공업의 신고를 할 것
>   - 학교급식시설을 운영위탁하는 경우 : 위탁급식영업의 신고를 할 것

(6) 품질 및 안전을 위한 준수사항

① 학교의 장과 그 학교의 학교급식 관련 업무를 담당하는 관계 교직원 및 학교급식공급업자는 학교급식의 품질 및 안전을 위하여 다음의 어느 하나에 해당하는 식재료를 사용하여서는 아 니된다.

- 원산지 표시를 거짓으로 적은 식재료
- 유전자변형농수산물의 표시를 거짓으로 적은 식재료
- 축산물의 등급을 거짓으로 기재한 식재료
- 표준규격품의 표시, 품질인증의 표시 및 지리적표시를 거짓으로 적은 식재료

② 학교의 장과 그 소속 학교급식관계교직원 및 학교급식공급업자는 다음 사항을 지켜야 한다.

- 식재료의 품질관리기준, 영양관리기준 및 위생·안전관리기준
- 그 밖에 학교급식의 품질 및 안전을 위하여 필요한 사항으로서 교육부령으로 정하는 사항

> **In addition**
>
> **품질 및 안전을 위한 준수사항**
>
> ① "그 밖에 학교급식의 품질 및 안전을 위하여 필요한 사항"이라 함은 다음의 사항을 말한다.
>   - 매 학기별 보호자부담 급식비 중 식품비 사용비율의 공개
>   - 학교급식관련 서류의 비치 및 보관(보존연한은 3년)
>   - 급식인원, 식단, 영양 공급량 등이 기재된 학교급식일지
>   - 식재료 검수일지 및 거래명세표
> ② 학교의 장과 그 소속 학교급식관계교직원 및 학교급식공급업자는 학교급식에 알레르기 유발물질 표시 대상이 되는 식품을 사용하는 경우 다음의 방법으로 알리고 표시해야 한다. 다만, 해당 식품으로부터 추출 등의 방법으로 얻은 성분을 함유하고 있는 식품에 대해서는 다음의 방법에 따를 수 있다.
>   - **공지방법** : 알레르기를 유발할 수 있는 식재료가 표시된 월간 식단표를 가정통신문으로 안내하고 학교 인터넷 홈페이지에 게재할 것
>   - **표시방법** : 알레르기를 유발할 수 있는 식재료가 표시된 주간 식단표를 식당 및 교실에 게시할 것

③ 학교의 장과 그 소속 학교급식관계교직원 및 학교급식공급업자는 학교급식에 알레르기를 유발할 수 있는 식재료가 사용되는 경우에는 이 사실을 급식 전에 급식 대상 학생에게 알리고, 급식 시에 표시하여야 한다.

4 보칙

(1) 학교급식 운영평가

① 교육부장관 또는 교육감은 학교급식 운영의 내실화와 질적 향상을 위하여 학교급식의 운영에 관한 평가를 실시할 수 있다.

② 학교급식 운영평가를 효율적으로 실시하기 위하여 교육부장관 또는 교육감은 평가위원회를 구성·운영할 수 있다.

학교급식 운영평가기준
- 학교급식 위생·영양·경영 등 급식운영관리
- 학생 식생활지도 및 영양상담
- 학교급식에 대한 수요자의 만족도
- 급식예산의 편성 및 운용
- 그 밖에 평가기준으로 필요하다고 인정하는 사항

(2) 출입 · 검사 · 수거 등

① 교육부장관 또는 교육감은 필요하다고 인정하는 때에는 식품위생 또는 학교급식 관계공무원으로 하여금 학교급식 관련 시설에 출입하여 식품 · 시설 · 서류 또는 작업상황 등을 검사 또는 열람을 하게 할 수 있으며, 검사에 필요한 최소량의 식품을 무상으로 수거하게 할 수 있다.

② 시설에 대한 출입 · 검사 등은 다음과 같이 실시하되, 교육부장관 또는 교육감이 필요하다고 인정하는 경우에는 연간 실시 횟수를 조정할 수 있다.

- 식재료 품질관리기준, 영양관리기준 및 준수사항 이행여부의 확인 · 지도 : 연 1회 이상 실시하되, 확인 · 지도시 함께 실시할 수 있음
- 위생 · 안전관리기준 이행여부의 확인 · 지도 : 연 2회 이상

 출입 · 검사 · 수거 등 대상시설
- 학교 안에 설치된 학교급식시설
- 학교급식에 식재료 또는 제조 · 가공한 식품을 공급하는 업체의 제조 · 가공시설

5 벌칙 및 과태료

(1) 벌칙

① 제16조(품질 및 안전을 위한 준수사항) 제1항 제1호 또는 제2호의 규정을 위반한 학교급식 공급업자는 7년 이하의 징역 또는 1억원 이하의 벌금에 처한다.

② 제16조(품질 및 안전을 위한 준수사항) 제1항 제3호의 규정을 위반한 학교급식공급업자는 5년 이하의 징역 또는 5천만원 이하의 벌금에 처한다.

③ 다음의 어느 하나에 해당하는 자는 3년 이하의 징역 또는 3천만원 이하의 벌금에 처한다.

- 제16조(품질 및 안전을 위한 준수사항) 제1항 제4호의 규정을 위반한 학교급식공급업자
- 제19조(출입 · 검사 · 수거 등) 제1항의 규정에 따른 출입 · 검사 · 열람 또는 수거를 정당한 사유 없이 거부하거나 방해 또는 기피한 자

(2) 과태료

① 제16조(품질 및 안전을 위한 준수사항) 제2항 제1호의 규정을 위반하여 제19조(출입 · 검사 · 수거 등) 제3항의 규정에 따른 시정명령을 받았음에도 불구하고 정당한 사유 없이 이를 이행하지 아니한 학교급식공급업자에게는 500만원 이하의 과태료를 부과한다.

② 제16조(품질 및 안전을 위한 준수사항) 제2항 제2호 또는 제3항의 규정을 위반하여 제19조 (출입 · 검사 · 수거 등) 제3항의 규정에 따른 시정명령을 받았음에도 불구하고 정당한 사유 없이 이를 이행하지 아니한 학교급식공급업자에게는 300만원 이하의 과태료를 부과한다.

③ 과태료는 대통령령으로 정하는 바에 따라 교육부장관 또는 교육감이 부과 · 징수한다.

3장 국민건강증진법

1 총칙

(1) 목적

국민에게 건강에 대한 가치와 책임의식을 함양하도록 건강에 관한 바른 지식을 보급하고 스스로 건강생활을 실천할 수 있는 여건을 조성함으로써 국민의 건강을 증진함을 목적으로 한다.

(2) 정의

① **국민건강증진사업** : 보건교육, 질병예방, 영양개선, 신체활동장려, 건강관리 및 건강생활의 실천 등을 통하여 국민의 건강을 증진시키는 사업을 말한다.

② **보건교육** : 개인 또는 집단으로 하여금 건강에 유익한 행위를 자발적으로 수행하도록 하는 교육을 말한다.

③ **영양개선** : 개인 또는 집단이 균형된 식생활을 통하여 건강을 개선시키는 것을 말한다.

④ **신체활동장려** : 개인 또는 집단이 일상생활 중 신체의 근육을 활용하여 에너지를 소비하는 모든 활동을 자발적으로 적극 수행하도록 장려하는 것을 말한다.

⑤ **건강관리** : 개인 또는 집단이 건강에 유익한 행위를 지속적으로 수행함으로써 건강한 상태를 유지하는 것을 말한다.

⑥ **건강친화제도** : 근로자의 건강증진을 위하여 직장 내 문화 및 환경을 건강친화적으로 조성하고, 근로자가 자신의 건강관리를 적극적으로 수행할 수 있도록 교육, 상담 프로그램 등을 지원하는 것을 말한다.

(3) 국민건강증진종합계획의 수립

① 보건복지부장관은 국민건강증진정책심의위원회의 심의를 거쳐 국민건강증진종합계획을 5년마다 수립하여야 한다. 이 경우 미리 관계중앙행정기관의 장과 협의를 거쳐야 한다.

② 종합계획에 포함되어야 할 사항은 다음과 같다.
- 국민건강증진의 기본목표 및 추진방향
- 국민건강증진을 위한 주요 추진과제 및 추진방법
- 국민건강증진에 관한 인력의 관리 및 소요재원의 조달방안
- 국민건강증진기금의 운용방안
- 아동 · 여성 · 노인 · 장애인 등 건강취약 집단이나 계층에 대한 건강증진 지원방안

• 국민건강증진 관련 통계 및 정보의 관리 방안
• 그 밖에 국민건강증진을 위하여 필요한 사항

2 국민건강의 관리

(1) 영양개선

① 국가 및 지방자치단체는 국민의 영양상태를 조사하여 국민의 영양개선방안을 강구하고 영양에 관한 지도를 실시하여야 한다.
② 국가 및 지방자치단체는 국민의 영양개선을 위하여 다음의 사업을 행한다.
 • 영양교육사업
 • 영양개선에 관한 조사 · 연구사업
 • 국민의 영양상태에 관한 평가사업
 • 지역사회의 영양개선사업

(2) 국민영양조사

① 질병관리청장은 보건복지부장관과 협의하여 국민의 건강상태 · 식품섭취 · 식생활조사 등 국민의 건강과 영양에 관한 조사를 정기적으로 실시한다.
② 특별시 · 광역시 및 도에는 국민건강영양조사와 영양에 관한 지도업무를 행하게 하기 위한 공무원을 두어야 한다.
③ 조사대상
 • 질병관리청장은 보건복지부장관과 협의하여 매년 구역과 기준을 정하여 선정한 가구 및 그 가구원에 대하여 국민건강영양조사를 실시한다.
 • 질병관리청장은 보건복지부장관과 협의하여 노인 · 임산부 등 특히 건강 및 영양 개선이 필요하다고 판단되는 사람에 대해서는 따로 조사기간을 정하여 국민건강영양조사를 실시할 수 있다.
 • 질병관리청장 또는 질병관리청장의 요청을 받은 시 · 도지사는 조사대상으로 선정된 가구와 조사대상이 된 사람에게 이를 통지해야 한다.
④ 조사대상가구의 선정
 • 질병관리청장 또는 질병관리청장의 요청을 받은 시 · 도지사는 국민건강영양조사를 실시할 조사대상 가구가 선정된 때에는 국민건강영양조사 가구 선정통지서를 해당 가구주에게 송부해야 한다.
 • 선정된 조사가구 중 전출 · 전입 등의 사유로 선정된 조사가구에 변동이 있는 경우에는 갈

은 구역 안에서 조사가구를 다시 선정하여 조사할 수 있다.
- 질병관리청장은 보건복지부장관과 협의하여 조사지역의 특성이 변경된 때에는 조사지역을 달리하여 조사할 수 있다.

In addition

국민건강영양조사의 조사항목 및 조사내용

구분	건강조사	영양조사
조사 항목	• 가구에 관한 사항 • 건강상태에 관한 사항 • 건강형태에 관한 사항	• 식품섭취에 관한 사항 • 식생활에 관한 사항
조사 내용	• **가구에 관한 사항** : 가구유형, 주거형태, 소득 수준, 경제활동상태 등 • **건강상태에 관한 사항** : 신체계측, 질환별 유병 및 치료 여부, 의료 이용 정도 등 • **건강행태에 관한 사항** : 흡연·음주 형태, 신체 활동 정도, 안전의식 수준 등 • 그 밖에 건강상태 및 건강행태에 관하여 질병 관리청장이 정하는 사항	• **식품섭취에 관한 사항** : 섭취 식품의 종류 및 섭취량 등 • **식생활에 관한 사항** : 식사 횟수 및 외식 빈도 등 • 그 밖에 식품섭취 및 식생활에 관하여 질병관리청장이 정하는 사항

(3) 국민건강영양조사원 및 영양지도원

① 질병관리청장은 국민건강영양조사를 담당하는 사람으로 건강조사원 및 영양조사원을 두어야 한다. 이 경우 건강조사원 및 영양조사원은 다음의 구분에 따른 요건을 충족해야 한다.

건강조사원	영양조사원
• 의료인 • 약사 또는 한약사 • 의료기사 • 학교에서 보건의료 관련 학과 또는 학부를 졸업한 사람 또는 이와 같은 수준 이상의 학력이 있다고 인정되는 사람	• 영양사 • 학교에서 식품영양 관련 학과 또는 학부를 졸업한 사람 또는 이와 같은 수준 이상의 학력이 있다고 인정되는 사람

② 특별자치시장·특별자치도지사·시장·군수·구청장은 영양개선사업을 수행하기 위한 국민영양지도를 담당하는 사람을 두어야 하며 그 영양지도원은 영양사의 자격을 가진 사람으로 임명한다. 다만, 영양사의 자격을 가진 사람이 없는 경우에는 의사 또는 간호사의 자격을 가진 사람 중에서 임명할 수 있다.

③ 국민건강영양조사원 및 영양지도원의 직무에 관하여 필요한 사항은 보건복지부령으로 정한다.

국민건강영양조사원		영양지도원
건강조사원	건강조사의 세부내용에 대한 조사 · 기록	• 영양지도의 기획 · 분석 및 평가 • 지역주민에 대한 영양상담 · 영양교육 및 영양평가 • 지역주민의 건강상태 및 식생활 개선을 위한 세부 방안 마련 • 집단급식시설에 대한 현황 파악 및 급식업무 지도 • 영양교육자료의 개발 · 보급 및 홍보 • 그 밖에 규정에 준하는 업무로서 지역주민의 영양관리 및 영양개선을 위하여 특히 필요한 업무
영양조사원	영양조사의 세부내용에 대한 조사 · 기록	

④ 질병관리청장 또는 특별자치시장 · 특별자치도지사 · 시장 · 군수 · 구청장은 국민건강영양조사원 또는 영양지도원의 원활한 업무 수행을 위하여 필요하다고 인정하는 경우에는 그 업무 지원을 위한 구체적 조치를 마련 · 시행할 수 있다.

4장 국민영양관리법

1 총칙

(1) 목적

국민의 식생활에 대한 과학적인 조사·연구를 바탕으로 체계적인 국가영양정책을 수립·시행 함으로써 국민의 영양 및 건강 증진을 도모하고 삶의 질 향상에 이바지하는 것을 목적으로 한다.

(2) 정의

① **식생활** : 식문화, 식습관, 식품의 선택 및 소비 등 식품의 섭취와 관련된 모든 양식화된 행위 를 말한다.

② **영양관리** : 적절한 영양의 공급과 올바른 식생활 개선을 통하여 국민이 질병을 예방하고 건 강한 상태를 유지하도록 하는 것을 말한다.

③ **영양관리사업** : 국민의 영양관리를 위하여 생애주기 등 영양관리 특성을 고려하여 실시하는 교육·상담 등의 사업을 말한다.

2 국민영양관리기본계획

(1) 기본계획의 수립

① 보건복지부장관은 관계 중앙행정기관의 장과 협의하고 국민건강증진법에 따른 국민건강증 진정책심의위원회의 심의를 거쳐 국민영양관리기본계획을 5년마다 수립하여야 한다.

② 보건복지부장관은 기본계획을 수립한 경우에는 관계 중앙행정기관의 장, 특별시장·광역시 장·도지사·특별자치도지사 및 시장·군수·구청장에게 통보하여야 한다.

(2) 시행계획의 수립시기 및 추진절차

① 기본계획을 통보받은 시장·군수·구청장은 국민영양관리시행계획을 수립하여 매년 1월 말 까지 특별시장·광역시장·도지사·특별자치도지사에게 보고하여야 하며, 이를 보고받은 시·도지사는 관할 시·군·구의 시행계획을 종합하여 매년 2월 말까지 보건복지부장관에 게 제출하여야 한다.

② 시장·군수·구청장은 시행계획을 지역보건법에 따른 지역보건의료계획의 연차별 시행계

획에 포함하여 수립할 수 있다.

③ 시장·군수·구청장은 해당 연도의 시행계획에 대한 추진실적을 다음 해 2월 말까지 시·도지사에게 보고하여야 하며, 이를 보고받은 시·도지사는 관할 시·군·구의 추진실적을 종합하여 다음 해 3월 말까지 보건복지부장관에게 제출하여야 한다.

3 영양관리사업

(1) 영양·식생활 교육사업

① 국가 및 지방자치단체는 국민의 건강을 위하여 영양·식생활 교육을 실시하여야 하며 영양·식생활 교육에 필요한 프로그램 및 자료를 개발하여 보급하여야 한다.

② 보건복지부장관, 시·도지사 및 시장·군수·구청장은 국민 또는 지역 주민에게 영양·식생활 교육을 실시하여야 하며, 이 경우 생애주기 등 영양관리 특성을 고려하여야 한다.

③ 영양·식생활 교육 내용
- 생애주기별 올바른 식습관 형성·실천에 관한 사항
- 식생활 지침 및 영양소 섭취기준
- 질병 예방 및 관리
- 비만 및 저체중 예방·관리
- 바람직한 식생활문화 정립
- 식품의 영양과 안전
- 영양 및 건강을 고려한 음식만들기
- 그 밖에 보건복지부장관, 시·도지사 및 시장·군수·구청장이 국민 또는 지역 주민의 영양관리 및 영양개선을 위하여 필요하다고 인정하는 사항

(2) 영양취약계층 등의 영양관리사업

국가 및 지방자치단체는 다음의 영양관리사업을 실시할 수 있다.

① 영유아, 임산부, 아동, 노인, 노숙인, 장애인 및 사회복지시설 수용자 등 영양취약계층을 위한 영양관리사업

② 어린이집, 유치원, 학교, 집단급식소, 의료기관 및 사회복지시설 등 시설 및 단체에 대한 영양관리사업

③ 생활습관질병 등 질병예방을 위한 영양관리사업

(3) 통계 · 정보

① 질병관리청장은 보건복지부장관과 협의하여 영양정책 및 영양관리사업 등에 활용할 수 있도록 식품 및 영양에 관한 통계 및 정보를 수집 · 관리하여야 한다.

② 질병관리청장은 통계 및 정보를 수집 · 관리하기 위하여 필요한 경우 관련 기관 또는 단체에 자료를 요청할 수 있다.

③ 자료를 요청받은 기관 또는 단체는 이에 성실히 응하여야 한다.

(4) 영양관리를 위한 영양 및 식생활 조사

① 국가 및 지방자치단체는 지역사회의 영양문제에 관한 연구를 위하여 다음의 조사를 실시할 수 있다.

- 식품 및 영양소 섭취조사
- 식생활 행태 조사
- 영양상태 조사
- 식품의 영양성분 실태조사
- 당 · 나트륨 · 트랜스지방 등 건강 위해가능 영양성분의 실태조사
- 음식별 식품재료량 조사
- 그 밖에 국민의 영양관리와 관련하여 보건복지부장관, 질병관리청장 또는 지방자치단체의 장이 필요하다고 인정하는 조사

② 질병관리청장은 보건복지부장관과 협의하여 국민의 식품섭취 · 식생활 등에 관한 국민 영양 및 식생활 조사를 매년 실시하고 그 결과를 공표하여야 한다.

> **In addition**
>
> **영양 및 식생활조사의 시기와 방법**
> - 질병관리청장은 식품의 영양성분 실태조사, 당 · 나트륨 · 트랜스지방 등 건강 위해가능 실태조사를 가공식품과 식품접객업소 · 집단급식소 등에서 조리 · 판매 · 제공하는 식품 등에 대하여 질병관리청장이 정한 기준에 따라 매년 실시한다.
> - 질병관리청장은 음식별 식품재료량 조사를 식품접객업소 및 집단급식소 등의 음식별 식품재료에 대하여 질병관리청장이 정한 기준에 따라 매년 실시한다.

(5) 영양소 섭취기준 및 식생활 지침의 제정 및 보급

① 보건복지부장관은 국민건강증진에 필요한 영양소 섭취기준을 제정하고 정기적으로 개정하여 학계 · 산업계 및 관련 기관 등에 체계적으로 보급하여야 한다.

② 보건복지부장관은 관계 중앙행정기관의 장과 협의하여 다음의 분야에서 영양소 섭취기준을 적극 활용할 수 있도록 하여야 한다.
- 국민건강증진사업
- 학교급식의 영양관리
- 집단급식소의 영양관리
- 식품 등의 영양표시
- 식생활 교육
- 그 밖에 영양관리를 위하여 대통령령으로 정하는 분야

③ 보건복지부장관은 국민건강증진과 삶의 질 향상을 위하여 질병별·생애주기별 특성 등을 고려한 식생활 지침을 제정하고 정기적으로 개정·보급하여야 한다.

 영양소 섭취기준과 식생활 지침의 주요 내용 및 발간 주기
영양소 섭취기준 및 식생활 지침의 발간 주기는 5년으로 하되, 필요한 경우 그 주기를 조정할 수 있다.

4 영양사의 면허 및 교육

(1) 영양사의 면허

① 영양사가 되고자 하는 사람은 다음의 어느 하나에 해당하는 사람으로서 영양사 국가시험에 합격한 후 보건복지부장관의 면허를 받아야 한다.
- 대학, 산업대학, 전문대학 또는 방송통신대학에서 식품학 또는 영양학을 전공한 자로서 교과목 및 학점이수 등에 관하여 보건복지부령으로 정하는 요건을 갖춘 사람
- 외국에서 영양사면허(보건복지부장관이 정하여 고시하는 인정기준에 해당하는 면허)를 받은 사람
- 외국의 영양사 양성학교(보건복지부장관이 정하여 고시하는 인정기준에 해당하는 학교)를 졸업한 사람

② **결격사유** : 다음의 어느 하나에 해당하는 사람은 영양사의 면허를 받을 수 없다.
- 정신질환자(다만, 전문의가 영양사로서 적합하다고 인정하는 사람은 제외)
- 감염병환자(B형간염 환자를 제외한 감염병환자) 중 보건복지부령으로 정하는 사람
- 마약·대마 또는 향정신성의약품 중독자
- 영양사 면허의 취소처분을 받고 그 취소된 날부터 1년이 지나지 아니한 사람

4과목 식품·영양 관계법규 [2교시]

In addition

영양사의 업무
- 건강증진 및 환자를 위한 영양 · 식생활 교육 및 상담
- 식품영양정보의 제공
- 식단작성, 검식 및 배식관리
- 구매식품의 검수 및 관리
- 급식시설의 위생적 관리
- 집단급식소의 운영일지 작성
- 종업원에 대한 영양지도 및 위생교육

(2) 면허의 등록

① 보건복지부장관은 영양사의 면허를 부여할 때에는 영양사 면허대장에 그 면허에 관한 사항을 등록하고 면허증을 교부하여야 한다. 다만, 면허증 교부 신청일 기준으로 결격사유에 해당하는 자에게는 면허 등록 및 면허증 교부를 하여서는 아니 된다.
② 면허증을 교부받은 사람은 다른 사람에게 그 면허증을 빌려주어서는 아니 되고, 누구든지 그 면허증을 빌려서는 아니 된다.
③ 누구든지 금지된 행위를 알선하여서는 아니 된다.
④ 면허의 등록 및 면허증의 교부 등에 관하여 필요한 사항은 보건복지부령으로 정한다.

 명칭사용의 금지
영양사 면허를 받지 아니한 사람은 영양사 명칭을 사용할 수 없다.

(3) 보수교육

① 보건기관 · 의료기관 · 집단급식소 등에서 각각 그 업무에 종사하는 영양사는 영양관리수준 및 자질 향상을 위하여 보수교육을 받아야 한다.
② 보수교육은 영양사협회에 위탁한다.
③ 협회의 장은 다음의 사항에 관한 보수교육을 2년마다 6시간 이상 실시해야 한다.
  - 직업윤리에 관한 사항
  - 업무 전문성 향상 및 업무 개선에 관한 사항
  - 국민영양 관계 법령의 준수에 관한 사항
  - 선진 영양관리 동향 및 추세에 관한 사항
  - 그 밖에 보건복지부장관이 영양사의 전문성 향상에 필요하다고 인정하는 사항

④ 보수교육 대상자
  - 보건소 · 보건지소, 의료기관 및 집단급식소에 종사하는 영양사
  - 육아종합지원센터에 종사하는 영양사
  - 어린이급식관리지원센터에 종사하는 영양사
  - 건강기능식품판매업소에 종사하는 영양사

⑤ 보수교육 대상자 중 다음의 어느 하나에 해당하는 사람은 해당 연도의 보수교육을 면제한다. 이 경우 보수교육이 면제되는 사람은 해당 보수교육이 실시되기 전에 보수교육 면제신청서에 면제 대상자임을 인정할 수 있는 서류를 첨부하여 협회의 장에게 제출해야 한다.
  - 군복무 중인 사람
  - 본인의 질병 또는 그 밖의 불가피한 사유로 보수교육을 받기 어렵다고 보건복지부장관이 인정하는 사람

⑥ 보수교육은 집합교육, 온라인 교육 등 다양한 방법으로 실시해야 한다.

⑦ 보수교육의 교과과정, 비용과 그 밖에 보수교육을 실시하는데 필요한 사항은 보건복지부장관의 승인을 받아 협회의 장이 정한다.

In addition

보수교육 관계 서류의 보존

협회의 장은 다음의 서류를 3년간 보존하여야 한다.
- 보수교육 대상자 명단(대상자의 교육 이수 여부가 명시되어야 한다)
- 보수교육 면제자 명단
- 그 밖에 이수자의 교육 이수를 확인할 수 있는 서류

---

(4) 실태 등의 신고

① 영양사는 대통령령으로 정하는 바에 따라 최초로 면허를 받은 후부터 3년마다 그 실태와 취업상황 등을 보건복지부장관에게 신고하여야 한다.

② 보건복지부장관은 보수교육을 이수하지 아니한 영양사에 대하여 신고를 반려할 수 있다.

③ 보건복지부장관은 신고 수리 업무를 대통령령으로 정하는 바에 따라 관련 단체 등에 위탁할 수 있다.

 영양사의 실태 등의 신고
영양사는 그 실태와 취업상황 등을 면허증의 교부일부터 매 3년이 되는 해의 12월 31일까지 보건복지부장관에게 신고하여야 한다.

(5) 면허취소

① 보건복지부장관은 영양사가 다음의 어느 하나에 해당하는 경우 그 면허를 취소할 수 있다.
- 제16조(결격사유) 제1호부터 제3호까지의 어느 하나에 해당하는 경우 → 반드시 면허 취소
- 면허정지처분 기간 중에 영양사의 업무를 하는 경우
- 3회 이상 면허정지처분을 받은 경우

② 보건복지부장관은 영양사가 다음의 어느 하나에 해당하는 경우 6개월 이내의 기간을 정하여 그 면허의 정지를 명할 수 있다.
- 영양사가 그 업무를 행함에 있어서 식중독이나 그 밖에 위생과 관련한 중대한 사고 발생에 직무상의 책임이 있는 경우
- 면허를 타인에게 대여하여 이를 사용하게 한 경우

③ 행정처분의 세부적인 기준은 그 위반행위의 유형과 위반의 정도 등을 참작하여 대통령령으로 정한다.

④ 보건복지부장관은 면허취소처분 또는 면허정지처분을 하고자 하는 경우에는 청문을 실시하여야 한다.

⑤ 보건복지부장관은 영양사가 실태 등의 신고를 하지 아니한 경우에는 신고할 때까지 면허의 효력을 정지할 수 있다.

In addition

행정처분의 개별기준

위반행위	행정처분 기준		
	1차 위반	2차 위반	3차 이상 위반
법 제16조(결격사유) 제1호부터 제3호까지의 어느 하나에 해당하는 경우	면허취소	–	–
면허정지처분 기간 중에 영양사의 업무를 하는 경우	면허취소	–	–
영양사가 그 업무를 행함에 있어서 식중독이나 그 밖의 위생과 관련한 중대한 사고 발생에 직무상의 책임이 있는 경우	면허정지 1개월	면허정지 2개월	면허취소
면허를 타인에게 대여하여 사용하게 한 경우	면허정지 2개월	면허정지 3개월	면허취소

5 보칙 및 벌칙

(1) 임상영양사

① 보건복지부장관은 건강관리를 위하여 영양판정, 영양상담, 영양소 모니터링 및 평가 등의 업무를 수행하는 영양사에게 영양사 면허 외에 임상영양사 자격을 인정할 수 있다.

② **임상영양사의 업무** : 임상영양사는 질병의 예방과 관리를 위하여 질병별로 전문화된 다음의 업무를 수행한다.
  - 영양문제 수집 · 분석 및 영양요구량 산정 등의 영양판정
  - 영양상담 및 교육
  - 영양관리상태 점검을 위한 영양모니터링 및 평가
  - 영양불량상태 개선을 위한 영양관리
  - 임상영양 자문 및 연구
  - 그 밖에 임상영양과 관련된 업무

③ **임상영양사의 자격기준** : 임상영양사가 되려는 사람은 다음의 어느 하나에 해당하는 사람으로서 보건복지부장관이 실시하는 임상영양사 자격시험에 합격하여야 한다.
  - 임상영양사 교육과정 수료와 보건소 · 보건지소, 의료기관, 집단급식소 등 보건복지부장관이 정하는 기관에서 1년 이상 영양사로서의 실무경력을 충족한 사람
  - 외국의 임상영양사 자격이 있는 사람 중 보건복지부장관이 인정하는 사람

④ **임상영양사의 교육과정**
  - 임상영양사의 교육은 보건복지부장관이 지정하는 임상영양사 교육기관이 실시하고 그 교육기간은 2년 이상으로 한다.
  - 임상영양사 교육을 신청할 수 있는 사람은 영양사 면허를 가진 사람으로 한다.

(2) 임상영양사의 자격취소

① 보건복지부장관은 임상영양사가 다른 사람에게 자격증을 빌려준 경우에는 그 자격을 6개월의 범위에서 정지시킬 수 있다.

② 보건복지부장관은 임상영양사가 3회 이상 자격정지처분을 받은 경우 그 자격을 취소할 수 있다.

(3) 벌칙

① 1년 이하의 징역 또는 1천만원 이하의 벌금
  - 다른 사람에게 영양사의 면허증 또는 임상영양사의 자격증을 빌려주거나 빌린 자

- 영양사의 면허증 또는 임상영양사의 자격증을 빌려주거나 빌리는 것을 알선한 자

② 영양사 면허를 받지 않고 영양사라는 명칭을 사용한 사람은 300만원 이하의 벌금에 처한다.

5장 농수산물의 원산지 표시에 관한 법률

1 총칙

(1) 목적

농산물·수산물과 그 가공품 등에 대하여 적정하고 합리적인 원산지 표시와 유통이력 관리를 하도록 함으로써 공정한 거래를 유도하고 소비자의 알권리를 보장하여 생산자와 소비자를 보호하는 것을 목적으로 한다.

(2) 정의

① **농산물** : 농업·농촌 및 식품산업 기본법에 따른 농산물을 말한다.
② **수산물** : 수산업·어촌 발전 기본법에 따른 어업활동 및 양식업활동으로부터 생산되는 산물을 말한다.
③ **농수산물** : 농산물과 수산물을 말한다.
④ **원산지** : 농산물이나 수산물이 생산·채취·포획된 국가·지역이나 해역을 말한다.
⑤ **유통이력** : 수입 농산물 및 농산물 가공품에 대한 수입 이후부터 소비자 판매 이전까지의 유통단계별 거래명세를 말하며, 그 구체적인 범위는 농림축산식품부령으로 정한다.
⑥ **식품접객업** : 식품위생법에 따른 식품접객업을 말한다.
⑦ **집단급식소** : 식품위생법에 따른 집단급식소를 말한다.
⑧ **통신판매** : 전자상거래 등에서의 소비자보호에 관한 법률에 따른 통신판매(전자상거래로 판매되는 경우 포함) 중 대통령령으로 정하는 판매를 말한다.

Tip

농수산물의 원산지 표시의 심의
농산물·수산물 및 그 가공품 또는 조리하여 판매하는 쌀·김치류, 축산물 및 수산물 등의 원산지 표시 등에 관한 사항은 농수산물품질관리심의회에서 심의한다.

2 농수산물 및 농수산물 가공품의 원산지 표시

(1) 원산지 표시

① 대통령령으로 정하는 농수산물 또는 그 가공품을 수입하는 자, 생산·가공하여 출하하거나

판매(통신판매 포함)하는 자 또는 판매할 목적으로 보관·진열하는 자는 다음에 대하여 원산지를 표시하여야 한다.
- 농수산물
- 농수산물 가공품(국내에서 가공한 가공품 제외)
- 농수산물 가공품(국내에서 가공한 가공품에 한정)의 원료

② 다음의 어느 하나에 해당하는 때에는 원산지를 표시한 것으로 본다.
- 농수산물 품질관리법 또는 소금산업 진흥법에 따른 표준규격품의 표시를 한 경우
- 농수산물 품질관리법에 따른 우수관리인증의 표시, 품질인증품의 표시 또는 소금산업 진흥법에 따른 우수천일염인증의 표시를 한 경우
- 소금산업 진흥법에 따른 천일염생산방식인증의 표시를 한 경우
- 소금산업 진흥법에 따른 친환경천일염인증의 표시를 한 경우
- 농수산물 품질관리법에 따른 이력추적관리의 표시를 한 경우
- 농수산물 품질관리법 또는 소금산업 진흥법에 따른 지리적표시를 한 경우
- 식품산업진흥법 또는 수산식품산업의 육성 및 지원에 관한 법률에 따른 원산지인증의 표시를 한 경우
- 대외무역법에 따라 수출입 농수산물이나 수출입 농수산물 가공품의 원산지를 표시한 경우
- 다른 법률에 따라 농수산물의 원산지 또는 농수산물 가공품의 원료의 원산지를 표시한 경우

③ 식품접객업 및 집단급식소 중 대통령령으로 정하는 영업소나 집단급식소를 설치·운영하는 자는 다음의 어느 하나에 해당하는 경우에 그 농수산물이나 그 가공품의 원료에 대하여 원산지(쇠고기는 식육의 종류 포함)를 표시하여야 한다.

> 다만, 원산지인증의 표시를 한 경우에는 원산지를 표시한 것으로 보며, 쇠고기의 경우에는 식육의 종류를 별도로 표시하여야 한다.

- 대통령령으로 정하는 농수산물이나 그 가공품을 조리하여 판매·제공(배달을 통한 판매·제공 포함)하는 경우
- 농수산물이나 그 가공품을 조리하여 판매·제공할 목적으로 보관하거나 진열하는 경우

④ **원산지의 표시대상** : "대통령령으로 정하는 농수산물이나 그 가공품을 조리하여 판매·제공하는 경우"란 다음의 것을 조리하여 판매·제공하는 경우를 말한다. 이 경우 조리에는 날 것의 상태로 조리하는 것을 포함하며, 판매·제공에는 배달을 통한 판매·제공을 포함한다.
- 쇠고기(식육·포장육·식육가공품 포함)
- 돼지고기(식육·포장육·식육가공품 포함)

- 닭고기(식육 · 포장육 · 식육가공품 포함)
- 오리고기(식육 · 포장육 · 식육가공품 포함)
- 양고기(식육 · 포장육 · 식육가공품 포함)
- 염소(유산양 포함)고기(식육 · 포장육 · 식육가공품 포함)
- 밥, 죽, 누룽지에 사용하는 쌀(쌀가공품 포함, 쌀에는 찹쌀, 현미 및 찐쌀 포함)
- 배추김치(배추김치가공품 포함)의 원료인 배추(얼갈이배추와 봄동배추 포함)와 고춧가루
- 두부류(가공두부, 유바는 제외), 콩비지, 콩국수에 사용하는 콩(콩가공품 포함)
- 넙치, 조피볼락, 참돔, 미꾸라지, 뱀장어, 낙지, 명태(황태, 북어 등 건조한 것은 제외), 고등어, 갈치, 오징어, 꽃게, 참조기, 다랑어, 아귀, 주꾸미, 가리비, 우렁쉥이, 전복, 방어 및 부세(해당 수산물가공품 포함)
- 조리하여 판매 · 제공하기 위하여 수족관 등에 보관 · 진열하는 살아있는 수산물

원산지 표시를 하여야 할 자
"대통령령으로 정하는 영업소나 집단급식소를 설치 · 운영하는 자"란 휴게음식점영업, 일반음식점영업 또는 위탁급식영업을 하는 영업소나 집단급식소를 설치 · 운영하는 자를 말한다.

⑤ 원산지의 표시기준

국산 농수산물	국산 농산물	"국산"이나 "국내산" 또는 그 농산물을 생산 · 채취 · 사육한 지역의 시 · 도명이나 시 · 군 · 구명을 표시한다.
	국산 수산물	"국산"이나 "국내산" 또는 "연근해산"으로 표시한다. 다만, 양식 수산물이나 연안정착성 수산물 또는 내수면 수산물의 경우에는 해당 수산물을 생산 · 채취 · 양식 · 포획한 지역의 시 · 도명이나 시 · 군 · 구명을 표시할 수 있다.
원양산 수산물		원양산업발전법에 따라 원양어업의 허가를 받은 어선이 해외수역에서 어획하여 국내에 반입한 수산물은 "원양산"으로 표시하거나 "원양산" 표시와 함께 "태평양", "대서양", "인도양", "남극해", "북극해"의 해역명을 표시한다.

(2) 영업소 및 집단급식소의 원산지 표시방법

① 위탁급식영업을 하는 영업소 및 집단급식소
- 식당이나 취식장소에 월간 메뉴표, 메뉴판, 게시판 또는 푯말 등을 사용하여 소비자(이용자 포함)가 원산지를 쉽게 확인할 수 있도록 표시하여야 한다.
- 교육 · 보육시설 등 미성년자를 대상으로 하는 영업소 및 집단급식소의 경우에는 위의 표시 외에 원산지가 적힌 주간 또는 월간 메뉴표를 작성하여 가정통신문(전자적 형태의 가정

통신문 포함)으로 알려주거나 교육·보육시설 등의 인터넷 홈페이지에 추가로 공개하여야 한다.

② 축산물의 원산지 표시방법 : 축산물의 원산지는 국내산(국산)과 외국산으로 구분하고, 다음의 구분에 따라 표시한다.

쇠고기	국내산(국산)	"국산"이나 "국내산"으로 표시하고, 식육의 종류를 한우, 젖소, 육우로 구분하여 표시한다. 다만, 수입한 소를 국내에서 6개월 이상 사육한 후 국내산(국산)으로 유통하는 경우에는 "국산"이나 "국내산"으로 표시하되, 괄호 안에 식육의 종류 및 출생국가명을 함께 표시한다. [예시] 소갈비(쇠고기 : 국내산 한우), 등심(쇠고기 : 국내산 육우), 소갈비(쇠고기 : 국내산 육우(출생국 : 호주))
	외국산	해당 국가명 표시 [예시] 소갈비(쇠고기 : 미국산)
돼지고기, 닭고기, 오리고기 및 양고기 (염소 등 산양 포함)	국내산(국산)	"국산"이나 "국내산"으로 표시한다. 다만, 수입한 돼지 또는 양을 국내에서 2개월 이상 사육한 후 국내산(국산)으로 유통하거나, 수입한 닭 또는 오리를 국내에서 1개월 이상 사육한 후 국내산(국산)으로 유통하는 경우에는 "국산"이나 "국내산"으로 표시하되, 괄호 안에 출생국가명을 함께 표시한다. [예시] 삼겹살(돼지고기 : 국내산), 삼계탕(닭고기 : 국내산), 훈제오리(오리고기 : 국내산), 삼겹살(돼지고기 : 국내산(출생국 : 덴마크)), 삼계탕(닭고기 : 국내산(출생국 : 프랑스)), 훈제오리(오리고기 : 국내산(출생국 : 중국))
	외국산	해당 국가명 표시 [예시] 삼겹살(돼지고기 : 덴마크산), 염소탕(염소고기 : 호주산), 삼계탕(닭고기 : 중국산), 훈제오리(오리고기 : 중국산)

③ 배추김치의 원산지 표시방법
- 국내에서 배추김치를 조리하여 판매·제공하는 경우에는 "배추김치"로 표시하고, 그 옆에 괄호로 배추김치의 원료인 배추(절인 배추 포함)의 원산지를 표시한다. 이 경우 고춧가루를 사용한 배추김치의 경우에는 고춧가루의 원산지를 함께 표시한다.
  [예시]
  – 배추김치(배추 : 국내산, 고춧가루 : 중국산), 배추김치(배추 : 중국산, 고춧가루 : 국내산)
  – 고춧가루를 사용하지 않은 배추김치 : 배추김치(배추 : 국내산)
- 외국에서 제조·가공한 배추김치를 수입하여 조리하여 판매·제공하는 경우에는 배추김치를 제조·가공한 해당 국가명을 표시한다.
  [예시] 배추김치(중국산)

(3) 거짓 표시 등의 금지

① 누구든지 다음의 행위를 하여서는 아니 된다.

- 원산지 표시를 거짓으로 하거나 이를 혼동하게 할 우려가 있는 표시를 하는 행위
- 원산지 표시를 혼동하게 할 목적으로 그 표시를 손상·변경하는 행위
- 원산지를 위장하여 판매하거나, 원산지 표시를 한 농수산물이나 그 가공품에 다른 농수산물이나 가공품을 혼합하여 판매하거나 판매할 목적으로 보관이나 진열하는 행위

② 농수산물이나 그 가공품을 조리하여 판매·제공하는 자는 다음의 행위를 하여서는 아니 된다.

- 원산지 표시를 거짓으로 하거나 이를 혼동하게 할 우려가 있는 표시를 하는 행위
- 원산지를 위장하여 조리·판매·제공하거나, 조리하여 판매·제공할 목적으로 농수산물이나 그 가공품의 원산지 표시를 손상·변경하여 보관·진열하는 행위
- 원산지 표시를 한 농수산물이나 그 가공품에 원산지가 다른 동일 농수산물이나 그 가공품을 혼합하여 조리·판매·제공하는 행위

(4) 원산지 표시 등의 위반에 대한 처분

① 농림축산식품부장관, 해양수산부장관, 관세청장, 시·도지사 또는 시장·군수·구청장은 제5조(원산지 표시)나 제6조(거짓 표시 등의 금지)를 위반한 자에 대하여 다음의 처분을 할 수 있다. 다만, 제5조(원산지 표시) 제3항을 위반한 자에 대한 처분은 제1호에 한정한다.

- 표시의 이행·변경·삭제 등 시정명령
- 위반 농수산물이나 그 가공품의 판매 등 거래행위 금지

② 농림축산식품부장관, 해양수산부장관, 관세청장, 시·도지사 또는 시장·군수·구청장은 다음의 자가 제5조(원산지 표시)를 위반하여 2년 이내에 2회 이상 원산지를 표시하지 아니하거나, 제6조(거짓 표시 등의 금지)를 위반함에 따라 제1항에 따른 처분이 확정된 경우 처분과 관련된 사항을 공표하여야 한다. 다만, 농림축산식품부장관이나 해양수산부장관이 심의회의 심의를 거쳐 공표의 실효성이 없다고 인정하는 경우에는 처분과 관련된 사항을 공표하지 아니할 수 있다.

- 제5조(원산지 표시) 제1항에 따라 원산지의 표시를 하도록 한 농수산물이나 그 가공품을 생산·가공하여 출하하거나 판매 또는 판매할 목적으로 가공하는 자
- 제5조(원산지 표시) 제3항에 따라 음식물을 조리하여 판매·제공하는 자

(5) 원산지 표시 위반에 대한 교육

① 농림축산식품부장관, 해양수산부장관, 관세청장, 시·도지사 또는 시장·군수·구청장은 제9조(원산지 표시 등의 위반에 대한 처분) 제2항 각 호의 자가 제5조(원산지 표시) 또는 제

6조(거짓 표시 등의 금지)를 위반하여 제9조(원산지 표시 등의 위반에 대한 처분) 제1항에 따른 처분이 확정된 경우에는 농수산물 원산지 표시제도 교육을 이수하도록 명하여야 한다.

② 이수명령의 이행기간은 교육 이수명령을 통지받은 날부터 최대 4개월 이내로 정한다.

③ 농림축산식품부장관과 해양수산부장관은 농수산물 원산지 표시제도 교육을 위하여 교육시행지침을 마련하여 시행하여야 한다.

④ 농수산물 원산지 표시제도 교육은 다음의 내용을 포함하여야 한다.
- 원산지 표시 관련 법령 및 제도
- 원산지 표시방법 및 위반자 처벌에 관한 사항

② 원산지 교육은 2시간 이상 실시되어야 한다.

③ 원산지 교육의 대상은 법 제9조(원산지 표시 등의 위반에 대한 처분) 제2항 각 호의 자 중에서 다음의 어느 하나에 해당하는 자로 한다.
- 법 제5조(원산지 표시)를 위반하여 농수산물이나 그 가공품 등의 원산지 등을 표시하지 않아 법 제9조(원산지 표시 등의 위반에 대한 처분) 제1항에 따른 처분을 2년 이내에 2회 이상 받은 자
- 법 제6조(거짓 표시 등의 금지) 제1항이나 제2항을 위반하여 법 제9조(원산지 표시 등의 위반에 대한 처분) 제1항에 따른 처분을 받은 자

In addition

농수산물의 원산지 표시 위반에 대한 벌칙
- 제6조(거짓 표시 등의 금지) 제1항 또는 제2항을 위반한 자는 7년 이하의 징역이나 1억원 이하의 벌금에 처하거나 이를 병과할 수 있다.
- 형을 선고받고 그 형이 확정된 후 5년 이내에 다시 제6조(거짓 표시 등의 금지) 제1항 또는 제2항을 위반한 자는 1년 이상 10년 이하의 징역 또는 500만원 이상 1억5천만원 이하의 벌금에 처하거나 이를 병과할 수 있다.

6장 식품 등의 표시 · 광고에 관한 법률

1 총칙

(1) 목적

식품 등에 대하여 올바른 표시 · 광고를 하도록 하여 소비자의 알 권리를 보장하고 건전한 거래 질서를 확립함으로써 소비자 보호에 이바지함을 목적으로 한다.

(2) 정의

① **식품** : 식품위생법에 따른 식품(해외에서 국내로 수입되는 식품 포함)을 말한다.

② **식품첨가물** : 식품위생법에 따른 식품첨가물(해외에서 국내로 수입되는 식품첨가물 포함)을 말한다.

③ **기구** : 식품위생법에 따른 기구(해외에서 국내로 수입되는 기구 포함)를 말한다.

④ **용기 · 포장** : 식품위생법에 따른 용기 · 포장(해외에서 국내로 수입되는 용기 · 포장 포함)을 말한다.

⑤ **건강기능식품** : 건강기능식품에 관한 법률에 따른 건강기능식품(해외에서 국내로 수입되는 건강기능식품 포함)을 말한다.

⑥ **축산물** : 축산물 위생관리법에 따른 축산물(해외에서 국내로 수입되는 축산물 포함)을 말한다.

⑦ **표시** : 식품, 식품첨가물, 기구, 용기 · 포장, 건강기능식품, 축산물 및 이를 넣거나 싸는 것 (그 안에 첨부되는 종이 등 포함)에 적는 문자 · 숫자 또는 도형을 말한다.

⑧ **영양표시** : 식품, 식품첨가물, 건강기능식품, 축산물에 들어있는 영양성분의 양 등 영양에 관한 정보를 표시하는 것을 말한다.

⑨ **나트륨 함량 비교 표시** : 식품의 나트륨 함량을 동일하거나 유사한 유형의 식품의 나트륨 함량과 비교하여 소비자가 알아보기 쉽게 색상과 모양을 이용하여 표시하는 것을 말한다.

⑩ **광고** : 라디오 · 텔레비전 · 신문 · 잡지 · 인터넷 · 인쇄물 · 간판 또는 그 밖의 매체를 통하여 음성 · 음향 · 영상 등의 방법으로 식품 등에 관한 정보를 나타내거나 알리는 행위를 말한다.

⑪ **영업자** : 다음의 어느 하나에 해당하는 자를 말한다.

- 건강기능식품에 관한 법률에 따라 허가를 받은 자 또는 신고를 한 자
- 식품위생법에 따라 허가를 받은 자 또는 신고하거나 등록을 한 자
- 축산물 위생관리법에 따라 허가를 받은 자 또는 신고를 한 자

- 수입식품안전관리 특별법에 따라 영업등록을 한 자
⑫ **소비기한** : 식품 등에 표시된 보관방법을 준수할 경우 섭취하여도 안전에 이상이 없는 기한을 말한다.

2 영양표시 및 광고

(1) 영양표시

① 식품 등(기구 및 용기·포장은 제외)을 제조·가공·소분하거나 수입하는 자는 총리령으로 정하는 식품등에 영양표시를 하여야 한다.

② 영양표시가 없거나 표시방법을 위반한 식품 등은 판매하거나 판매할 목적으로 제조·가공·소분·수입·포장·보관·진열 또는 운반하거나 영업에 사용해서는 아니 된다.

| 영양표시 대상 식품 | <ul><li>레토르트식품(조리가공한 식품을 특수한 주머니에 넣어 밀봉한 후 고열로 가열 살균한 가공식품으로 축산물은 제외)</li><li>**과자류, 빵류 또는 떡류** : 과자, 캔디류, 빵류 및 떡류</li><li>**빙과류** : 아이스크림류 및 빙과</li><li>**코코아 가공품류 또는 초콜릿류**</li><li>**당류** : 당류가공품</li><li>**잼류**</li><li>**두부류 또는 묵류**</li><li>**식용유지류** : 식물성유지류 및 식용유지가공품(모조치즈 및 기타 식용유지가공품은 제외)</li><li>**면류**</li><li>**음료류** : 다류(침출차·고형차 제외), 커피(볶은커피·인스턴트커피 제외), 과일·채소류음료, 탄산음료류, 두유류, 발효음료류, 인삼·홍삼음료 및 기타 음료</li><li>특수영양식품</li><li>특수의료용도식품</li><li>**장류** : 개량메주, 한식간장(한식메주를 이용한 한식간장은 제외), 양조간장, 산분해간장, 효소분해간장, 혼합간장, 된장, 고추장, 춘장, 혼합장 및 기타 장류</li><li>**조미식품** : 식초(발효식초만 해당), 소스류, 카레(카레만 해당) 및 향신료가공품(향신료조제품만 해당)</li><li>**절임류 또는 조림류** : 김치류(김치는 배추김치만 해당), 절임류(절임식품 중 절임배추는 제외) 및 조림류</li><li>**농산가공식품류** : 전분류, 밀가루류, 땅콩 또는 견과류가공품류, 시리얼류 및 기타 농산가공품류</li><li>**식육가공품** : 햄류, 소시지류, 베이컨류, 건조저장육류, 양념육류(양념육·분쇄가공육제품만 해당), 식육추출가공품 및 식육함유가공품</li><li>**알가공품류**(알 내용물 100퍼센트 제품은 제외)</li><li>**유가공품** : 우유류, 가공유류, 산양유, 발효유류, 치즈류 및 분유류</li></ul> |

	• 수산가공식품류(수산물 100퍼센트 제품은 제외) : 어육가공품류, 젓갈류, 건포류, 조미김 및 기타 수산물가공품 • 즉석식품류 : 즉석섭취 · 편의식품류(즉석섭취식품 · 즉석조리식품만 해당) 및 만두류 • 건강기능식품 • 위의 규정에 해당하지 않는 식품 및 축산물로서 영업자가 스스로 영양표시를 하는 식품 및 축산물
영양표시 제외 식품	• 즉석판매제조 · 가공업 영업자가 제조 · 가공하거나 덜어서 판매하는 식품 • 식육즉석판매가공업 영업자가 만들거나 다시 나누어 판매하는 식육가공품 • 식품, 축산물 및 건강기능식품의 원료로 사용되어 그 자체로는 최종 소비자에게 제공되지 않는 식품, 축산물 및 건강기능식품 • 포장 또는 용기의 주표시면 면적이 30제곱센티미터 이하인 식품 및 축산물 • 농산물 · 임산물 · 수산물, 식육 및 알류

③ 표시 대상 영양성분

- 열량, 나트륨, 탄수화물, 당류, 지방, 트랜스지방, 포화지방, 콜레스테롤, 단백질
- 당류는 식품, 축산물, 건강기능식품에 존재하는 모든 단당류와 이당류를 말하며, 캡슐 · 정제 · 환 · 분말 형태의 건강기능식품은 제외함
- 영양표시나 영양강조표시를 하려는 경우에는 1일 영양성분 기준치에 명시된 영양성분을 표시함
- 건강기능식품의 경우에는 트랜스지방, 포화지방, 콜레스테롤의 영양성분은 표시하지 않을 수 있음

In addition

소비자 안전을 위한 표시사항

식품 등에 알레르기를 유발할 수 있는 원재료가 포함된 경우 그 원재료명을 표시해야 한다.

> 알레르기 유발물질 : 알류(가금류만 해당), 우유, 메밀, 땅콩, 대두, 밀, 고등어, 게, 새우, 돼지고기, 복숭아, 토마토, 아황산류 (이를 첨가하여 최종 제품에 이산화황이 1킬로그램당 10밀리그램 이상 함유된 경우만 해당), 호두, 닭고기, 쇠고기, 오징어, 조개류(굴, 전복, 홍합 포함), 잣

(2) 나트륨 함량 비교 표시

① 식품을 제조 · 가공 · 소분하거나 수입하는 자는 총리령으로 정하는 다음의 식품에 나트륨 함량 비교 표시를 하여야 한다.

- 조미식품이 포함되어 있는 면류 중 유탕면(기름에 튀긴 면), 국수 또는 냉면
- 즉석섭취식품 중 햄버거 및 샌드위치

② 나트륨 함량 비교 표시가 없거나 표시방법을 위반한 식품은 판매하거나 판매할 목적으로 제조·가공·소분·수입·포장·보관·진열 또는 운반하거나 영업에 사용해서는 아니 된다.

(3) 부당한 표시 또는 광고행위의 금지

① 누구든지 식품 등의 명칭·제조방법·성분 등 대통령령으로 정하는 사항에 관하여 다음의 어느 하나에 해당하는 표시 또는 광고를 하여서는 아니 된다.
- 질병의 예방·치료에 효능이 있는 것으로 인식할 우려가 있는 표시 또는 광고
- 식품 등을 의약품으로 인식할 우려가 있는 표시 또는 광고
- 건강기능식품이 아닌 것을 건강기능식품으로 인식할 우려가 있는 표시 또는 광고
- 거짓·과장된 표시 또는 광고
- 소비자를 기만하는 표시 또는 광고
- 다른 업체나 다른 업체의 제품을 비방하는 표시 또는 광고
- 객관적인 근거 없이 자기 또는 자기의 식품등을 다른 영업자나 다른 영업자의 식품등과 부당하게 비교하는 표시 또는 광고
- 사행심을 조장하거나 음란한 표현을 사용하여 공중도덕이나 사회윤리를 현저하게 침해하는 표시 또는 광고
- 총리령으로 정하는 식품 등이 아닌 물품의 상호, 상표 또는 용기·포장 등과 동일하거나 유사한 것을 사용하여 해당 물품으로 오인·혼동할 수 있는 표시 또는 광고
- 심의를 받지 아니하거나 심의 결과에 따르지 아니한 표시 또는 광고

② 표시 또는 광고의 구체적인 내용과 그 밖에 필요한 사항은 대통령령으로 정한다.

(4) 표시 또는 광고의 자율심의

① 식품 등에 관하여 표시 또는 광고하려는 자는 해당 표시·광고(규정에 따른 표시사항만을 그대로 표시·광고하는 경우 제외)에 대하여 등록한 기관 또는 단체(자율심의기구)로부터 미리 심의를 받아야 한다. 다만, 자율심의기구가 구성되지 아니한 경우에는 대통령령으로 정하는 바에 따라 식품의약품안전처장으로부터 심의를 받아야 한다.

② 식품 등에 관하여 표시 또는 광고하려는 자가 자율심의기구에 미리 심의를 받아야 하는 대상은 다음과 같다.
- 특수영양식품
- 특수의료용도식품
- 건강기능식품
- 기능성표시식품

01 다음 중 식품위생법상의 식품에 해당하는 것은?

① 모든 음식물
② 모든 음식물과 첨가물
③ 화학적 합성품을 제외한 모든 음식물
④ 모든 음식물과 첨가물 및 화학적 합성품
⑤ 의약으로 섭취하는 것을 제외한 모든 음식물

02 다음 중 식품위생법상 집단급식소에 대한 설명으로 옳은 것은?

① 영리를 목적으로 한다.
② 특정 다수인을 대상으로 한다.
③ 불연속적으로 음식물을 공급한다.
④ 학교, 병원, 휴게음식점 등의 급식시설을 말한다.
⑤ 1회 30명 이상에게 식사를 제공하는 급식소를 말한다.

03 다음 중 식품위생법상 식품 또는 식품첨가물에 관한 기준 및 규칙을 정하여 고시하는 자는?

① 시 · 도지사
② 질병관리청장
③ 보건복지부장관
④ 시장 · 군수 · 구청장
⑤ 식품의약품안전처장

04 다음 중 식품위생법상 식품위생감시원의 직무에 해당하지 않는 것은?

① 행정처분의 이행 여부 확인
② 위생사의 위생교육에 관한 사항
③ 시설기준의 적합 여부의 확인 · 검사
④ 영업소의 폐쇄를 위한 간판 제거 등의 조치
⑤ 식품 등의 위생적인 취급에 관한 기준의 이행 지도

05 식품위생법상 영업자 및 종업원이 건강진단을 받아야 하는 기간으로 옳은 것은?

> 영업자 및 그 종업원은 매 (   )마다 건강진단을 받아야 한다.

① 1년
② 2년
③ 3년
④ 4년
⑤ 5년

06 식품위생법상 영업에 종사하지 못하는 질병에 해당하지 않는 것은?

① 결핵
② 콜레라
③ 피부병
④ 세균성이질
⑤ 유행성이하선염

③ 음료류 중 다류 및 커피류
④ 냉동식품 중 피자류 · 만두류 · 면류
⑤ 수산가공식품류의 어육가공품류 중 어묵 · 어육소시지

07 식품위생법상 집단급식소를 설치 · 운영하려는 자가 받아야 하는 식품위생 교육시간은?

① 1시간
② 3시간
③ 6시간
④ 9시간
⑤ 12시간

10 식품위생법상 식품접객업소의 위생등급 유효기간은 위생등급을 지정한 날로부터 몇 년인가?

① 1년
② 2년
③ 3년
④ 4년
⑤ 5년

08 식품위생법상 집단급식소의 모범업소 지정기준으로 옳은 것은?

① 위생사를 두어야 한다.
② 조리사 및 영양사를 두어야 한다.
③ HACCP 적용업소 인증을 받을 필요는 없다.
④ 최근 2년간 식중독이 발생하지 아니하여야 한다.
⑤ 휴게음식점이 갖추어야 하는 기준을 모두 갖추어야 한다.

11 식품위생법상 식품안전관리인증기준 적용업소의 영업자 및 종업원의 신규 교육훈련 시간으로 옳은 것은?

	영업자	종업원
①	1시간 이내	8시간 이내
②	1시간 이내	16시간 이내
③	2시간 이내	8시간 이내
④	2시간 이내	16시간 이내
⑤	3시간 이내	24시간 이내

12 식품위생법상 집단급식소에 근무하는 조리사의 직무에 해당하지 않는 것은?

① 식재료의 전처리
② 식단에 따른 조리업무
③ 구매식품의 검수 지원
④ 영양 지도 및 식품위생교육
⑤ 급식설비 및 기구의 위생 · 안전 실무

09 식품위생법상 식품안전관리인증기준 대상식품이 아닌 것은?

① 레토르트식품
② 빙과류 중 빙과

13 다음 중 식품위생법상 집단급식소에 영양사를 두지 않아도 되는 경우는?

① 병원
② 기숙사
③ 집단급식소 운영자가 조리사인 경우
④ 1회 급식인원 100명 이상의 산업체인 경우
⑤ 집단급식소 운영자 자신이 영양사로서 직접 영양 지도를 하는 경우

14 다음 중 식품위생법상 조리사 면허를 발급하는 자는?

① 시·도지사
② 질병관리청장
③ 보건복지부장관
④ 식품의약품안전처장
⑤ 특별자치시장·특별자치도지사·시장·군수·구청장

15 집단급식소에 종사하는 조리사와 영양사가 2024년에 식품위생 수준 및 자질 향상을 위한 교육을 받았다면, 다음 교육 연도는?

① 2025년   ② 2026년
③ 2027년   ④ 2028년
⑤ 2029년

16 다음 중 식품위생법상 업무정지기간 중에 조리사 업무를 한 조리사의 행정처분은?

① 시정명령
② 면허취소

③ 업무정지 3개월 연장
④ 업무정지 6개월 연장
⑤ 업무정지 9개월 연장

17 식품위생법상 식중독 환자를 진단한 의사는 다음 중 누구에게 보고하여야 하는가?

① 시·도지사
② 질병관리청장
③ 보건복지부장관
④ 식품의약품안전처장
⑤ 특별자치시장·시장·군수·구청장

18 다음은 식품위생법상 집단급식소에서 조리·제공한 식품의 매회 1인분 분량을 보관하는 기준에 대해 설명한 것이다. ㉠과 ㉡에 들어갈 내용으로 옳은 것은?

> 집단급식소를 설치·운영하는 자는 조리·제공한 식품의 매회 1인분 분량을 섭씨 영하 (㉠)도 이하로 (㉡)시간 이상 보관해야 한다.

	㉠	㉡
①	5	122
②	5	144
③	10	122
④	10	144
⑤	18	144

19 다음 중 식품위생법상 식품 제조 원료로 사용할 수 있는 것은?

① 마황　　　　② 부자
③ 천오　　　　④ 섬수
⑤ 곰취

④ 조리장 출입구에는 신발소독 설비를 갖추어야 한다.
⑤ 천장은 내수성 및 내화성이 있고 청소가 용이한 재질로 한다.

20 다음 중 광우병에 걸린 소를 식품으로 가공하여 판매한 자에 대한 벌칙은?

① 1년 이상의 징역
② 3년 이상의 징역
③ 10년 이하의 징역 또는 1억원 이하의 벌금
④ 5년 이하의 징역 또는 5천만원 이하의 벌금
⑤ 3년 이하의 징역 또는 3천만원 이하의 벌금

23 다음 중 학교급식법상 영양교사의 직무가 아닌 것은?

① 영양상담
② 식단작성
③ 식생활 지도
④ 식단에 따른 조리업무
⑤ 식재료의 선정 및 검수

24 학교급식법상 학교급식 경비 중 보호자 부담을 원칙으로 하는 경비는?

① 인건비　　　　② 유지비
③ 식품비　　　　④ 연료비
⑤ 소모품비

21 다음 중 학교급식법상 방충 및 쥐막기 시설을 갖추어야 하는 곳은?

① 식당　　　　② 조리장
③ 편의시설　　　④ 급식관리실
⑤ 식품보관실

22 학교급식법상 조리장의 시설·설비에 대한 설명으로 틀린 것은?

① 바닥은 미끄럽지 않아야 한다.
② 내부벽은 표면이 매끈하지 않은 재질이어야 한다.
③ 조리장의 조명은 220룩스(lx) 이상이 되도록 한다.

25 다음 중 학교급식법상 축산물 식재료의 품질관리기준이 틀리게 짝지어진 것은?

① 쇠고기 － 2등급 이상인 한우 및 육우
② 돼지고기 － 2등급 이상
③ 닭고기 － 1등급 이상
④ 계란 － 2등급 이상
⑤ 오리고기 － 1등급 이상

26 학교급식법상 식품취급 및 조리작업자의 건강진단 실시 주기는?

① 3개월   ② 6개월

③ 9개월   ④ 12개월

⑤ 15개월

27 다음은 학교급식법상 학교급식의 위생·안전관리기준에 대한 설명이다. ㉠과 ㉡에 들어갈 내용으로 옳은 것은?

> 패류를 제외한 가열조리 식품은 중심부가 (㉠)℃ 이상에서 (㉡)분 이상으로 가열되고 있는지 온도계로 확인하고, 그 온도를 기록·유지하여야 한다.

	㉠	㉡
①	55	1
②	55	2
③	75	1
④	75	2
⑤	85	1

28 학교급식법상 학교급식시설의 위생·안전관리기준 이행여부의 확인·지도 실시 횟수는?

① 연 1회 이상

② 연 2회 이상

③ 연 3회 이상

④ 연 4회 이상

⑤ 연 5회 이상

29 국민건강증진법상 국민건강증진종합계획은 몇 년마다 수립되어야 하는가?

① 1년   ② 2년

③ 3년   ④ 5년

⑤ 10년

30 다음 중 국민건강증진법상 국민건강영양조사를 실시하는 자는?

① 시·도지사

② 질병관리처장

③ 보건복지부장관

④ 시장·군수·구청장

⑤ 식품의약품안전처장

31 국민건강증진법상 국민건강영양조사 중 영양조사 항목에 해당하는 것은?

① 가구에 관한 사항

② 식생활에 관한 사항

③ 건강상태에 관한 사항

④ 건강형태에 관한 사항

⑤ 건강증진에 관한 사항

32 국민건강증진법상 국민건강영양조사의 건강조사 항목 중 건강행태에 관한 사항은?

① 신체계측

② 소득수준

③ 경제활동상태

④ 안전의식 수준

⑤ 의료 이용 정도

33 다음 중 국민건강증진법상 영양조사원이 될 수 있는 자는?

① 약사
② 한약사
③ 영양사
④ 의료인
⑤ 의료기사

34 다음 중 국민건강증진법상 영양지도원의 업무에 해당하지 않는 것은?

① HACCP 이행 여부 확인
② 지역주민에 대한 영양상담
③ 영양지도의 기획 · 분석 및 평가
④ 집단급식시설에 대한 현황 파악
⑤ 영양교육자료의 개발 · 보급 및 홍보

35 다음은 국민영양관리법상 국민영양관리시행계획의 수립시기에 대한 설명이다. ㉠과 ㉡에 들어갈 내용으로 옳은 것은?

> 기본계획을 통보받은 시장 · 군수 · 구청장은 국민영양관리시행계획을 수립하여 매년 (㉠)월 말까지 특별시장 · 광역시장 · 도지사 · 특별자치도지사에게 보고하여야 하며, 이를 보고받은 시 · 도지사는 관할 시 · 군 · 구의 시행계획을 종합하여 매년 (㉡)월 말까지 보건복지부장관에게 제출하여야 한다.

	㉠	㉡
①	1	1
②	1	2
③	2	1
④	2	2
⑤	3	12

36 다음 중 국민영양관리법상 영양 · 식생활 교육 내용에 해당하지 않는 것은?

① 질병 예방 및 관리
② 식품의 영양과 안전
③ 비만 및 저체중 예방 · 관리
④ 학교급식의 위생 · 안전 관리
⑤ 영양 및 건강을 고려한 음식 만들기

37 국민영양관리법상 영양정책에 활용할 수 있도록 영양에 관한 통계 및 정보를 수집 · 관리하는 자는?

① 시 · 도지사
② 질병관리청장
③ 보건복지부장관
④ 시장 · 군수 · 구청장
⑤ 식품의약품안전처장

38 국민영양관리법상 지역사회의 영양문제에 관한 연구를 위하여 실시할 조사 내용에 해당하지 않는 것은?

① 영양상태 조사
② 트랜스지방 실태조사
③ 식품별 조리법 실태조사
④ 음식별 식품재료량 조사
⑤ 식품 및 영양소 섭취조사

39 국민영양관리법상 영양소 섭취기준 및 식생활 지침의 발간 주기는?

① 1년   ② 2년

③ 3년   ④ 4년

⑤ 5년

40 다음 중 국민영양관리법상 영양사 면허를 받을 수 있는 자는?

① 정신질환자

② 대마 중독자

③ B형간염 환자

④ 향정신성의약품 중독자

⑤ 영양사 면허의 취소처분을 받고 그 취소된 날부터 1년이 지나지 아니한 사람

41 국민영양관리법상 영양사 면허증을 교부하는 자는?

① 시 · 도지사

② 질병관리처장

③ 보건복지부장관

④ 시장 · 군수 · 구청장

⑤ 식품의약품안전처장

42 국민영양관리법상 영양사의 보수교육 실시 기간으로 적절한 것은?

① 1년마다 3시간 이상

② 1년마다 6시간 이상

③ 2년마다 3시간 이상

④ 2년마다 6시간 이상

⑤ 3년마다 8시간 이상

43 국민영양관리법상 영양사가 그 업무를 행함에 있어서 식중독 발생에 직무상의 책임이 있는 경우 2차 위반의 행정처분은?

① 시정명령

② 면허정지 1개월

③ 면허정지 2개월

④ 면허정지 3개월

⑤ 면허취소

44 국민영양관리법상 영양사 면허를 받지 않고 영양사라는 명칭을 사용한 사람에 대한 벌칙은?

① 100만원 이하의 벌금

② 300만원 이하의 벌금

③ 500만원 이하의 벌금

④ 1년 이하의 징역 또는 1천만원 이하의 벌금

⑤ 3년 이하의 징역 또는 3천만원 이하의 벌금

45 농수산물의 원산지 표시에 관한 법률상 원산지 표시 대상 수산물이 아닌 것은?

① 참돔   ② 황태

③ 갈치   ④ 고등어

⑤ 조피볼락

46 농수산물의 원산지 표시에 관한 법률상 원산지가 적힌 메뉴표를 인터넷 홈페이지에 추가로 공개해야 하는 곳은?

① 병원

② 일반음식점

③ 학교 급식소

④ 휴게 음식점

⑤ 장례식장 급식소

47 농수산물의 원산지 표시에 관한 법률상 중국산 배추와 국내산 고춧가루를 사용한 배추김치의 원산지 표시는?

① 배추김치(국내산)

② 배추김치(중국산, 국내산)

③ 배추김치(수입산, 국내산)

④ 배추김치(배추 : 중국산, 고춧가루 : 국내산)

⑤ 배추김치(배추 : 수입산, 고춧가루 : 국내산)

48 다음 중 식품 등의 표시 · 광고에 관한 법률상 영양표시 대상에서 제외되는 식품은?

① 식육가공품

② 특수영양식품

③ 건강기능식품

④ 레토르트식품

⑤ 즉석판매제조업자가 제조하는 식품

49 식품 등의 표시 · 광고에 관한 법률상 표시대상 영양성분이 아닌 것은?

① 열량

② 나트륨

③ 탄수화물

④ 콜레스테롤

⑤ 불포화지방

50 다음 중 식품 등의 표시 · 광고에 관한 법률상 알레르기 유발물질 표시대상 원재료가 아닌 것은?

① 커피

② 우유

③ 새우

④ 땅콩

⑤ 메밀

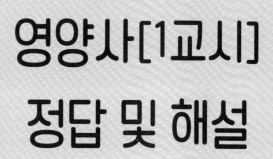

영양사[1교시]
정답 및 해설

NUTRITIONIST

1교시
1과목 영양학
정답 및 해설

1과목 영양학

01	③	02	①	03	⑤	04	④	05	①
06	②	07	③	08	②	09	⑤	10	③
11	④	12	③	13	①	14	③	15	⑤
16	②	17	③	18	①	19	①	20	②
21	③	22	④	23	②	24	②	25	⑤
26	③	27	④	28	⑤	29	④	30	⑤
31	④	32	③	33	③	34	①	35	④
36	①	37	①	38	②	39	⑤	40	②
41	①	42	②	43	①	44	④	45	②
46	①	47	④	48	②	49	③	50	②

01 정답 ③

포도당은 체내 당 대사의 중심물질로서 혈당유지는 뇌세포와 적혈구의 열량원 공급으로 중요하다.

02 정답 ①

항체를 형성하는 것은 수많은 아미노산의 연결체로 고분자 유기물인 단백질이다.

03 정답 ⑤

저탄수화물 식이로 인슐린 분비가 감소하면 지방이 분해되며, 또한 심한 당뇨, 기아, 마취, 산독증일 때도 지방분해로 인

해 케톤체가 과잉으로 생성되는데 이것이 처리되지 못하면 케톤증이 된다. 고탄수화물의 섭취는 케톤증과 직접적인 관련이 없다.

04 정답 ④

올리고당은 단당류가 3~10개 결합된 당질로 충치원인균인 streptococcus mutans의 발육에 거의 이용되지 않아 충치예방효과가 있으며, 장내 유익한 비피더스균을 증식시켜 장을 튼튼하게 한다.

05 정답 ①

과당은 간에서 포도당으로 전환되며, 세포 내로 이동하는 것은 인슐린 의존성이 아니다. 과당은 해당과정에서 속도조절 단계를 거치지 않고 중간 단계인 디히드록시아세톤인산의 형태로 들어가므로 아세틸 CoA 전환속도가 증가되어 지방산 합성속도가 증가한다.

06 정답 ②

유당불내증이란 락타아제 부족으로 유당이 포도당과 갈락토오스로 분해되지 못하고 소장 내 박테리아에 의해 이용되어 많은 양의 가스가 발생되고 삼투압의 증가로 인해 수분을 끌어들여 복부경련과 설사가 유발되는 증상이다.

07 정답 ③

지방은 지용성 비타민(비타민A, D, E, K)의 운반과 흡수를 돕는다.

08 정답 ②

중성지방은 주로 동물성 지방인 포화지방산과 불포화지방산이 있다.

09 정답 ⑤

콜레스테롤은 우리 몸에서 세포막을 구성하고, 담즙생성, 스테로이드계 호르몬의 전구체가 되며, 간, 세포, 뇌에 분포한다.

10   정답 ③

카일로미크론(chylomicron)은 소장 점막에서 합성된다.

11   정답 ④

콜레시스토키닌은 소화관 작용을 조절하는 호르몬으로, 췌장의 리파아제 분비를 촉진시킨다.

12   정답 ③

HDL(고밀도지단백질)은 조직에서 간으로 콜레스테롤을 운반하는 항동맥경화성 지단백으로 간에서 합성된다.

13   정답 ①

식품에 함유된 단백질 : 쌀(오리제닌), 밀(글리아딘, 글루테닌), 콩(글리시닌), 보리(호르테인), 옥수수(제인)

14   정답 ③

완전단백질은 생명유지, 성장 발육, 생식에 필요한 필수 아미노산을 고루 갖춘 단백질이다.

15   정답 ⑤

단백질을 과잉 섭취할 경우 소변을 통한 칼슘 배설이 증가하고, 신장의 부담이 많아지므로 특히 신장질환자는 단백질 섭취에 주의해야 한다.

16   정답 ②

필수아미노산(8종)	비필수아미노산(10종)
• 류신 (Leucine) • 리신 (Lysine) • 페닐알라닌 (Phenylalanine) • 메티오닌 (Methionine) • 트레오닌 (Threonine) • 트립토판 (Trytophane) • 발린 (Valine)	• 알라닌 (Alanine) • 아르기닌 (Arginine) • 아스파라긴 (Asparagine) • 시스테인 (Cysteine) • 글루타민 (Glutamine) • 히스티딘 (Histidine) • 프롤린 (Proline) • 세린 (Serine) • 티로신 (Tyrosine) • 글리신 (Glycine)

17   정답 ③

유아의 경우 히스티딘(Histidine)이 필수아미노산에 포함된다.

18   정답 ①

리파아제는 지방 분해효소이다.

> **소화효소의 종류**
> • **탄수화물 분해효소** : 아밀라아제, 수크라아제, 말타아제, 락타아제 등
> • **단백질 분해효소** : 펩신, 트립신, 에렙신 등
> • **지방 분해효소** : 리파아제

19   정답 ①

② 트립신 – 췌장
③ 락타아제 – 소장
④ 리파아제 – 췌장
⑤ 아밀라아제 – 구강

20   정답 ②

소장에서 분비되는 락타아제는 젖당을 포도당과 갈락토오스로 분해하는 역할을 한다.

21   정답 ③

글리세롤은 림프관에서 흡수되는 영양소이다.

> • **모세혈관에서의 양분의 흡수** : 단당류, 아미노산, 수용성 비타민, 무기염류
> • **림프관에서의 양분의 흡수** : 지방산, 글리세롤, 지용성 비타민

22   정답 ④

위에서 알코올은 쉽게 흡수되지만 물은 거의 흡수되지 않는다.

23 정답 ②

멜라토닌은 활동일 주기를 조절하는 호르몬으로, 신경기능을 내분비기능으로 전환시킨다.

24 정답 ②

호흡계수(RQ) = 생산된 탄산가스(CO_2)의 양/소모된 산소(O_2)의 양

25 정답 ⑤

기온이 낮으면 기초대사량이 증가하고, 기온이 높으면 기초대사량이 감소한다.

26 정답 ③

기초대사량은 일반적으로 체중에 비례하고 근육량이 증가하면 기초대사량도 증가한다.

27 정답 ④

단백질 섭취 후 에너지 소모량은 섭취 열량의 15~30%로 가장 많다. 그러므로 고단백질 식품인 닭가슴살이 에너지 소비량이 가장 크다.

28 정답 ⑤

마그네슘(Mg)은 골격과 치아의 구성성분으로 근육을 이완시키고 신경을 안정시키는 무기질이다.

29 정답 ④

아연이 결핍되면 성장이나 근육발달이 지연되고 생식기 발달이 저하된다. 또한, 면역기능의 저하, 상처회복의 지연, 식욕부진 및 미각과 후각의 감퇴가 나타난다.

30 정답 ⑤

염산(위액)과 비타민 C는 철분의 흡수를 도우며, 피트산과 타닌은 철분의 흡수를 방해한다.

31 정답 ④

구리(Cu)는 철의 흡수와 이동을 돕고, 콜라겐과 엘라스틴이 결합하는 데 작용하는 효소의 일부로 작용하며 매우 다양한 효소들의 구성성분으로서 중요한 역할을 한다.

32 정답 ③

크롬(Cr)은 당내성 인자라고 하는 복합체의 성분으로 작용하여 인슐린의 작용을 강화하며, 세포 내 포도당 유입을 돕는다.

33 정답 ③

셀레늄(Se)은 세포막의 손상을 방지하고, 산화적 손상으로부터 세포를 보호한다. 셀레늄이 결핍되면 근육손실, 성장저하, 심근장애 등이 발생한다.

34 정답 ①

엽산(비타민 M)이 결핍되면 단백질 합성이 손상되고, 적혈구 형성에 이상을 초래하게 된다. 또한 악성 빈혈과 심혈관질환 발생 위험이 증가한다.

35 정답 ④

식물성 기름에 풍부하게 포함되어 있는 토코페롤(비타민 E)은 세포막에 존재하는 다가불포화지방산을 산화적 손상으로부터 보호하는 역할을 한다.

36 정답 ①

비타민 A는 레티날, 레티놀, 레티노익산 등으로 구성되어 있으며, 간상세포에서 레티날은 단백질인 옵신과 결합하여 로돕신 색소를 형성하며 로돕신은 어두운 곳에서의 시각기능에 관여한다.

37 정답 ①

체내에서 트립토판 60mg이 니아신 1mg으로 전환되므로, 15mg + (240 / 60)mg = 15mg + 4mg = 19mg

38 정답 ②

지용성 비타민은 필요량 이상 섭취하면 체내(간)에 저장되므로 결핍 증세가 서서히 나타난다.

39 정답 ⑤

신생아나 흡수불량증 환자, 항생제 등을 장기간 복용하는 경우에는 비타민 K 결핍증이 발생할 수 있다.

40 정답 ②

수분의 기능
- 신체 내 모든 기관이 작용하려면 수분이 반드시 필요하다.
- 체조직 구성성분으로서 체온을 조절하고 윤활액으로 작용한다.
- 변비를 방지하고 신진대사를 증진하며 갈증을 해소시킨다.
- 체내 영양소의 공급과 노폐물의 체외방출을 담당한다.
- 수분은 신진대사에서 생성된 노폐물을 운반하여 폐, 피부 및 신장을 통해 배설한다.
- 혈액 및 림프액 등과 같은 체액조직을 통해 여러 영양소를 각 세포조직에 운반한다.
- 소화액의 구성, 윤활작용 및 외부 충격으로부터의 보호작용을 한다.

41 정답 ①

체내에서 음이온을 형성하는 무기질로는 염소, 황, 인 등이 있다. ②·③·④·⑤는 체내에서 양이온을 형성하는 무기질이다.

42 정답 ②

대사성 산성증은 산의 과다섭취, 설사로 인한 중탄산이온의 손실증가 및 당뇨와 기아 시의 케톤체 형성 등으로 발생한다.

43 정답 ①

우유는 알칼리성 식품에 해당한다.

- 산성 식품 : 달걀, 고기, 생선, 곡류 등
- 알칼리성 식품 : 채소, 과일, 우유 등

44 정답 ④

이유 시작시기가 너무 빠른 경우에는 비만이나 알레르기가 초래될 수 있다.

45 정답 ②

임신 중 프로게스테론은 엽산의 흡수를 방해한다. 그 외 수정란의 착상을 돕고, 자궁근육을 이완시켜 임신의 유지에 관여하며, 위장근육도 이완시켜 변비 등을 유발한다. 또한 체지방 합성 촉진, 신장으로의 나트륨 배설 증가 등의 역할을 한다.

46 정답 ①

영아의 흡유자극이 모체의 뇌하수체 후엽에 전달되어 옥시토신이 분비된다.

47 정답 ④

모유는 우유보다 유당, 시스틴, 필수지방산과 특히 리놀레산, 비타민 A, E, D, C 등의 함량이 많다.

48 정답 ②

대개 2~3개월이 지나면 입덧이 가시고 식욕이 왕성해지며, 입덧 치료는 비타민 B_6 투여가 효과적이다.

49 정답 ③

갱년기 여성은 지질과 탄수화물의 섭취를 줄이고 이소플라본이 함유된 콩밥과 두부를 자주 섭취한다.

50 정답 ②

노인기에는 지질 및 당질대사를 반영하는 요산 및 크레아틴 양이 증가한다.

1교시
2과목 생화학
정답 및 해설

2과목 생화학

01	②	02	③	03	①	04	③	05	④
06	③	07	③	08	④	09	⑤	10	①
11	④	12	③	13	①	14	⑤	15	⑤
16	①	17	②	18	⑤	19	③	20	⑤
21	③	22	④	23	③	24	①	25	③
26	③	27	⑤	28	②	29	③	30	①
31	③	32	④	33	③	34	③	35	⑤
36	④	37	②	38	③	39	④	40	③
41	⑤	42	②	43	①	44	④	45	⑤
46	⑤	47	④	48	⑤	49	④	50	②

01 정답 ②

리보오스(ribose)와 리불로오스(ribulose)는 대표적인 5탄당 물질이다.
① · ③ 6탄당, ④ 4탄당, ⑤ 3탄당

02 정답 ③

티아민(thiamine)은 비타민 B_1으로, 음식물 속의 탄수화물(당질)량이 많을수록 티아민의 요구량은 증가한다.

03 정답 ①

척추동물에서는 혈중 포도당량(혈당량)이 증가하면 인슐린

(insulin)에 의해 간과 근육에서 글리코겐(glycogen)으로 저장되고 혈당량이 낮아지면 글루카곤(glucagon)에 의해 조직으로부터 포도당을 분리해 내어 혈당량이 조절된다.

04 정답 ③

sucrose(설탕)는 포도당과 프록토오스의 카르보닐기가 서로 결합되어 비환원당에 속한다.

05 정답 ④

아밀로오스는 녹말을 구성하는 주요 성분으로, 포도당 단위가 $α-1, 4$ 결합으로 연결된 긴 직쇄상의 구조이다.

06 정답 ③

TCA 회로의 최초 반응은 아세틸–CoA와 옥살아세트산의 축합 반응에 의해 시트르산이 생성되는 것이다.

07 정답 ③

해당경로의 최초 단계는 인산화이며, 글루코스(glucose)가 ATP의 존재 하에서 생체 내에 널리 분포하는 헥소키나아제(hexokinase)의 작용으로 글루코스–6–인산 (glucose–6–phosphate)로 된다.

08 정답 ④

피루브산 카르복실라아제(pyruvate carboxylase)는 비오틴(biotin) 단백질이며, 부활제로 아세틸–CoA를 필요로 한다.

09 정답 ⑤

글리코겐 생성과 분해를 조절하는 단백질 계통의 호르몬들은 이중의 지질막인 세포막을 통과할 수 없으므로 CAMP가 세포 안에서 2차적 메신저 역할을 수행한다.

10 정답 ①

코리(Cori) 회로는 근육의 혐기적 해당작용의 결과 생성된

젓산(lactate)이 혈액을 통해 간으로 이동하여 포도당으로 전환된 다음 근육으로 되돌아가 다시 젖산으로 대사되는 순환적 대사 경로이다.

11 정답 ④

지방질은 섭취 지질 외에 당질이나 단백질로부터 생합성 되며, 주로 지방조직으로 저장된다.

12 정답 ③

인지질은 모든 동·식물 및 미생물의 세포막이나 미토콘드리아 막의 중요 성분이다.

13 정답 ①

왁스는 고급 1가 알코올과 고급 지방산이 에스터 결합한 것으로 식물의 줄기, 동물의 체표부, 뇌, 지방부, 골 등에 분포한다.

14 정답 ⑤

콜레스테롤의 분자식은 $C_{27}H_{46}OH$이다.

15 정답 ⑤

미생물 세포들은 세포막의 지질조성을 변화시킴으로써 온도가 변하여도 비슷한 정도의 유동성을 유지하려고 하며, 그 유동성 정도는 지질의 조성에 의해 영향을 받는다.

16 정답 ①

지방산 생합성의 첫 단계는 아세틸-CoA carboxylase 효소에 의하여 아세틸-CoA로부터 말로닐-CoA를 생성하는 것이다.

17 정답 ②

지방산의 생합성의 첫 단계가 acetyl-CoA carboxylase에 의하여 acetyl-CoA로부터 malonyl-CoA의 형성이

고, 이때 비오틴(biotin)이 필요하다.

18 정답 ⑤

지방산의 β-산화는 1회전할 때마다 5ATP를 얻는다.

19 정답 ③

지방산 산화에 관여하는 조효소의 전구체는 니아신, 비타민 B_1이다.

20 정답 ⑤

지방산 합성에서 malonyl-CoA는 한 번 순환할 때마다 탄소를 2개씩 제공하며, NADPH를 조효소로 사용한다.

21 정답 ③

단백질 생합성이 일어나는 세포 내 장소는 리보솜이다.

22 정답 ④

케토산은 피루브산, acetyl-CoA, 시트르산회로 중간물질을 거쳐서 시트르산회로에 들어가 이산화탄소로 분해된다.

23 정답 ③

뇌조직에서 해로운 암모니아를 간으로 운반하는 아미노산은 세포막을 통과할 수 있는 중성의 아미노산인 글루타민(glutamine)이다.

24 정답 ①

단백질 분해의 최종 배설형태는 사람의 경우 요소, 어류는 암모니아, 양서류와 조류는 요산이다.

25 정답 ③

산화적 탈아미노 반응에서 아미노산의 α-아미노기는 비타민

B_6가 전구체인 조효소 PLP를 전이시킨다.

---

26 정답 ④

퓨린 염기에는 아데닌, 구아닌, 잔틴, 하이포잔틴이 속하며, 피리미딘 염기에는 티민, 시토신, 우라실 등이 있다.

---

27 정답 ⑤

인체에서의 요소생성 작용은 간 세포의 세포질과 미토콘드리아에서 일어나며, 카바모일산(carbamoyl phosphate)의 합성은 미토콘드리아에서 일어난다.

---

28 정답 ②

단백질의 1차 구조는 아미노산이 펩티드 결합으로 연결된 것이다.

---

29 정답 ③

핵산의 기본단위는 뉴클레오티드(nucleotide)이고, 이를 가수분해하면 함질소염기, 당분, 인산이 된다.

---

30 정답 ①

티민(thymine)은 DNA의 구성성분에 해당한다.

---

31 정답 ③

> **m-RNA(전령 RNA)**
> • 전사과정을 통해 생성
> • 핵 바깥쪽으로 유전정보를 전달
> • 부분적으로 이중나선구조를 이루는 3차 구조
> • 유전정보를 DNA로부터 리보솜으로 운반하는 역할

---

32 정답 ④

r-RNA(리보솜 RNA)는 특정한 아미노산을 찾아서 m-RNA가 갖고 있는 메시지에 따라 단백질에 고유한 아미

노산의 결합서열을 결정지으며, 단백질 합성의 연결자 역할을 한다.

---

33 정답 ②

유전정보가 단백질로 발현되는 과정은 크게 DNA 복제, m-RNA로의 전사, t-RNA로의 전이 및 단백질 합성 순으로 진행된다.

---

34 정답 ③

DNA의 이중의 나선구조는 수소 결합에 의해 형성된다.

---

35 정답 ⑤

효소의 활성·구조유지에는 단백질 이외에 특정한 유기화합물인 조효소, 금속이온 무기양이온·음이온 등의 비단백질성 분자나 이온이 요구되기도 한다.

---

36 정답 ④

보결인자 중에는 비타민 B 등과 ATP와 같은 유기물질도 포함된다.

---

37 정답 ②

효소의 촉매반응에 영향을 미치는 요인으로는 pH, 온도, 기질농도, 효소농도 등이 있다.

---

38 정답 ⑤

특정한 기를 다른 화합물로 전이시키는 전이효소(transferase)에는 핵소키나아제, 트랜스아미나아제 등이 있다.

---

39 정답 ④

이성질화효소(isomerase)는 기질 분자 내의 분자식은 바꾸지 않고 원자배열을 변화시키는 효소이다.

40 정답 ③

특정한 기의 이탈이나 이중결합으로의 첨가 반응을 하는 이탈효소(lyase)에는 글루탐산. 탈탄산효소, 알돌라아제 등이 있다.

41 정답 ⑤

에르고스테롤은 식품에 비타민의 모체(전단계물질)가 함유되어 있어 체내에서 비타민으로 전환되는 프로비타민으로 비타민 D에 속한다.

42 정답 ②

프로비타민 A(β–카로틴)는 소장 점막에서 비타민 A가 되며, 간 속에 에스테르체로서 저장된다.

43 정답 ①

토코페롤은 자연계에 존재하는 비타민 E 작용물질로, 소화관에서 흡수되어 체내의 여러 기관과 지방 속에 축적되어 불포화지방산의 산화를 막는 항산화 작용을 한다.

44 정답 ④

자외선을 쬠으로써. 식물에서는 에르고스테롤에서 에르고칼시페롤(비타민 D)이 생기고, 동물에서는 7–디히드로콜레스테롤에서 콜레칼시페롤(비타민 D)이 생긴다.

45 정답 ⑤

니코틴산은 피리딘유도체로서 니아신이라고도 하며, 니코틴산이 부족하면 펠라그라병이 나타난다.

46 정답 ⑤

비타민 C는 아스코르브산이라고도하는데, 6탄당과 비슷하지만 분자 속에는 엔디올기인 C(OH)=C(OH)를 가지고 있다.

47 정답 ④

비타민 K는 항출혈성 비타민으로, 혈액응고인자인 프로트롬빈 등의 생성을 촉진시켜서 혈액응고기능을 정상으로 유지하는 작용을 한다.

48 정답 ⑤

콜리노이드(비타민 B$_{12}$)가 결핍되면 악성빈혈이 나타난다. 식사에서 오는 결핍증은 일반적으로 드물고, 대개는 흡수장애, 수송 및 대사 이상에 수반해서 생긴다.

49 정답 ④

비타민 B(리보플라빈)는 생체 내에서는 거의 FMN과 FAD의 형태로 존재하며, 플라빈효소의 조효소로서 생체 내의 산화 · 환원 반응에 관여한다.

50 정답 ②

판토텐산은 판토인산과 β–알라닌으로 이루어진 아미드로서 동 · 식물계에 널리 존재한다.

정답
및
해설

1교시
3과목 영양교육
정답 및 해설

▌3과목 영양교육

01	②	02	⑤	03	②	04	①	05	④
06	④	07	③	08	②	09	①	10	②
11	⑤	12	②	13	③	14	⑤	15	③
16	④	17	①	18	⑤	19	③	20	④
21	②	22	③	23	③	24	③	25	①
26	②	27	①	28	④	29	③	30	④
31	②	32	⑤	33	①	34	⑤	35	⑤
36	⑤	37	①	38	④	39	④	40	⑤
41	①	42	③	43	①	44	②	45	④
46	③	47	③	48	②	49	⑤	50	②

01 정답 ②

영양교육은 질병예방과 체력향상을 통한 국민의 건강증진을 최종 목표로 한다.

02 정답 ⑤

영양교육은 대상의 진단 → 계획 → 실행 → 평가의 순으로 실시되며, 첫 단계인 대상의 진단 과정에서 대상자의 문제 분석 및 교육요구도를 파악한다.

03 정답 ②

영양플러스사업
- 지원대상 : 만 6세 미만의 영유아, 임산부, 출산부, 수유부
- 소득수준 : 가구 규모별 최저생계비의 200% 미만
- 영양위험요인 : 빈혈, 저체중, 성장부진, 영양섭취불량 중 한 가지 이상 보유
- 지원내용
  - 영양교육 및 상담(월 1회, 개별상담과 집단교육 병행)
  - 보충식품패키지 6종 제공(가구소득이 최저생계비 대비 120~200%인 경우 10% 자부담)
  - 정기적 영양평가(3개월에 1회 실시)

04 정답 ①

영양교육 실시상의 어려움
- 나이, 성별, 교육수준, 노동정도, 경제수준, 기호도, 식생활 및 식습관 등에 따라 차이가 많다.
- 영양교육은 효과가 나타나는 데 걸리는 시간이 장기적이고 완속적이며 비가시적이다.
- 여러 가지 원인이 복합하여 어떤 변화로 나타나는 경우가 많아서 이러한 변화를 영양교육의 효과로 국한시켜 해석하기는 힘들다.

05 정답 ④

고려는 어찬을 바치는 상식국에 식의(食醫)를 두었다는 기록이 처음 나오며, 식의는 식품위생학 및 의약학의 지식을 가지고 왕과 귀족의 위생 및 식사요법에 관계되는 일을 맡았다. 또한 전국에서 공물로 바친 식품에 대한 성질과 해독의 유무를 조사하고 질병에 대한 식사요법이 적합한지를 판정하는 중요한 임무를 맡았다.

06 정답 ④

한국인 영양소 섭취기준(KDRIs)은 건강한 개인 및 집단을 대상으로 하여 국민의 건강을 유지 · 증진하고 식사와 관련된 만성질환의 위험을 감소시켜 궁극적으로 국민의 건강수명을 증진한다.

07　　　　　　　　　　　　정답 ③

한국인 영양소 섭취기준(KDRIs) 중 권장섭취량(RNI)은 인구집단의 약 97~98%에 해당하는 사람들의 영양소 필요량을 충족시키는 섭취수준으로, 평균필요량에 표준편차 또는 변이계수의 2배를 더하여 산출한다.

08　　　　　　　　　　　　정답 ②

① 상한섭취량(UL) : 인체에 유해한 영향이 나타나지 않는 최대 영양소 섭취 수준
③ 권장섭취량(RNI) : 인구집단의 약 97~98%에 해당하는 사람들의 영양소 필요량을 충족시키는 섭취수준으로, 평균필요량에 표준편차 또는 변이계수의 2배를 더하여 산출
④ 평균필요량(EAR) : 건강한 사람들의 일일 영양소 필요량의 중앙값으로부터 산출한 수치
⑤ 만성질환위험감소섭취량(CDRR) : 건강한 인구집단에서 만성질환의 위험을 감소시킬 수 있는 영양소의 최저 수준의 섭취량

09　　　　　　　　　　　　정답 ①

건강신념모델(HBM: Health Belief Model)은 건상 서비스의 채택과 관련하여 건강 관련 행동을 설명하고 예측하기 위해 개발된 사회적 심리적 건강 행동 변화 모델이다.

10　　　　　　　　　　　　정답 ②

건강신념모델의 구성요소
- **인지된 민감성** : 특정 질병에 걸릴 가능성의 정도에 대한 인지
- **인지된 심각성** : 특정 질병과 그 질병이 가져올 수 있는 결과의 심각성에 대한 인지
- **인지된 이익** : 행동변화로 얻을 수 있는 이익에 대한 인지
- **인지된 장애** : 행동변화가 가져올 물질적, 심리적, 비용 등에 대한 인지
- **행위의 계기** : 변화를 촉발시키는 계기
- **자기효능감** : 행동을 실천할 수 있다는 스스로에 대한 자신감

11　　　　　　　　　　　　정답 ⑤

계획적 행동이론(TPB: Theory of Planned Behavior)은 행동에 대한 태도, 주관적 규범 외에 인지된 행동통제력을 추가해 태도와 행동의 관계를 좀 더 정교하게 예측하였다. 인지된 행동통제력은 자신이 대상 행동을 실제로 얼마나 잘 수행하고 통제할 수 있는지에 대한 주관적 평가이다.

12　　　　　　　　　　　　정답 ②

사회인지론(SCT: Social Cognition Theory)은 인간의 행동이 개인적 요인, 행동적 요인, 환경적 요인의 상호작용으로 결정된다고 보는 이론이다.

13　　　　　　　　　　　　정답 ③

행동의 변화단계
- **고려 전 단계** : 문제에 대한 인식이 부족하고, 향후 6개월 이내에 행동변화를 실천할 예정이 없는 단계
- **고려 단계** : 문제에 대한 인식을 하고, 향후 6개월 이내에 행동변화를 실천할 의도가 있는 단계
- **준비 단계** : 향후 1개월 이내에 행동변화를 실천할 의도가 있으며, 변화를 계획하는 단계
- **실행 단계** : 행동변화를 실천한 지 6개월 이내인 단계
- **유지 단계** : 행동변화를 6개월 이상 지속하고 바람직한 행동을 지속적으로 강화하는 방법을 찾는 단계

14　　　　　　　　　　　　정답 ⑤

프리시드–프로시드(PRECEDE–PROCEED) 모델은 문제의 진단, 프로그램의 계획, 실행 및 평가에 이르는 모든 과정의 연속적인 단계를 제공하는 포괄적인 건강증진 계획에 관한 모형이다.
- **PRECEDE(요구진단 단계)** : 영향을 미치는 요인 등을 단계별로 파악하는 문제 진단 단계(1~4단계)
- **PROCEDE(실행 및 평가단계)** : 프로그램의 계획, 실행, 평가 단계(5~8단계)

15　　　　　　　　　　　　정답 ③

지역사회 영양활동 과정 : 지역사회 영양요구 진단 → 지역사회 영양지침 및 기준 확인 → 사업의 우선순위 결정 → 목적

설정 → 목적 달성을 위한 방법 선택 → 집행계획 → 평가계획 → 사업집행 → 사업평가

16 정답 ④

과정평가는 교육이 실행되는 과정의 평가로 일정 준수, 교육방법의 적절성, 대상자의 특성과 형평성, 교육참여도 등을 평가한다.

17 정답 ①

가정지도는 가정방문을 통해 교육이 이루어지므로 방문가정의 생활환경 및 실태를 정확히 파악할 수 있다는 장점이 있어서 영양교육 효과가 가장 크다.

18 정답 ⑤

공론식 토의는 한 가지 주제에 대하여 서로 다른 의견이 제시되는 공청회 형식으로, 2~3명의 강사가 한 가지 주제에 대하여 서로 다른 의견을 발표한다.

19 정답 ③

심포지엄은 4~5명의 전문가가 먼저 자신들의 의견을 발표한 후 일반 청중과 질의 응답하는 강단식 토의방법이다.

20 정답 ④

브레인스토밍은 참가자가 보통 10명 정도로 자유롭게 의견을 제시한 후 문제해결을 위한 가장 좋은 아이디어를 찾아내는 방법이다.

21 정답 ②

연구집회(워크숍)은 대개 30명 이하의 소규모 참가자들이 어떤 일을 수행하는 데 필요한 특별한 기준과 방법을 배우고 활동과 실천에 중점을 두는 교육방법으로, 장기간에 걸쳐 실시하는 방법은 아니다.

22 정답 ③

배석식 토의법(panel discussion)은 4~8명의 전문가가 자유롭게 토의한 후 일반 청중들과 질의 토론하는 방법으로, 청중의 수에는 제한이 없다.

23 정답 ③

좌담회에서 좌장이 회의를 진행할 때 토의 중간에 적당히 중간 결론을 내려가면서 진행하여야 한다.

24 정답 ③

내담자의 말과 행동에서 표현되는 기본적인 감정, 생각, 태도를 상담자가 다른 참신한 말로 부연하는 것은 영양상담 기술 중 반영에 해당한다.

영양상담 기술
- **경청** : 내담자의 말을 잘 듣되 가로막지 않으면서 내담자의 말의 흐름을 잘 따라가며 듣는 것
- **수용** : 상대방이 이야기 한 것을 이해하고 받아들이고 있다는 상담자의 태도를 나타내는 것
- **반영** : 내담자의 말과 행동에서 표현되는 기본적인 감정, 생각, 태도를 상담자가 다른 참신한 말로 부연하는 것
- **명료화** : 내담자의 말 속에 내포되어 있는 것을 내담자에게 명확하게 해주는 것
- **질문** : 내담자의 생각이나 감정을 보다 명확하게 탐색하도록 하는 질문의 기술
- **요약** : 내담자가 진술하는 말의 흐름, 즉 여러 생각과 감정을 상담이 끝날 무렵 하나로 묶어서 정리하는 것
- **조언** : 상담관계의 출발을 안정시키고 내담자의 정보욕구를 충족시켜주는 것
- **직면** : 내담자가 내면에 지닌 자신에 대한 그릇된 감정 등을 인지토록 하는 것
- **해석** : 내담자가 직접 진술하지 않은 내용을 그의 과거 경험이나 진술을 토대로 추론해서 말함

25 정답 ①

내담자 중심요법
- 내담자를 중심으로 상담을 진행하는 접근법
- 내담자 스스로 자신의 영양문제 인식, 목표 설정, 해결

방안 탐구 등의 과정에 참여하고 상담자는 내담자에게 정보 제공, 정서적지지 등의 역할을 함
- 내담자와 상담자 간에 친밀한 관계를 형성하는 것이 중요함

한다.

26 　　　　　정답 ②

영양관리과정(NCP) 단계 : 영양판정 → 영양진단 → 영양중재 → 영양모니터링 및 평가

27 　　　　　정답 ①

영양중재는 영양진단에서 도출된 환자의 문제해결을 위하여 가장 적절하고 효과적인 영양치료 계획을 구체적으로 수립하는 단계이다.
② · ⑤ 영양판정
③ 영양진단
④ 영양모니터링 및 평가

28 　　　　　정답 ⑤

영양스크리닝(영양검색)은 영양결핍이나 영양불량의 위험이 있는 환자를 신속하게 알아내기 위해 실시한다. 입원한 모든 환자를 대상으로 입원 후 24~72시간 내에 실시하는 것이 이상적이며, 영양검색 후 문제가 있는 환자에 대해서는 영양판정을 실시한다.

29 　　　　　정답 ③

24시간 회상법의 조사기간은 1, 3, 5, 7일로 하고, 3일 이상이면 주중과 주말을 일정 비율 포함시킨다.

30 　　　　　정답 ④

생화학 조사는 다른 방법들에 비해 가장 객관적이고 정량적인 영양판정법으로 성분검사와 기능검사로 분류된다.

31 　　　　　정답 ②

혈청 페리틴은 체내에서 철이 감소되는 첫 단계를 진단하는 데 사용되는 지표로, 빈혈 초기 진단에 가장 예민하게 사용

32 　　　　　정답 ⑤

임상조사는 대상자의 영양 문제를 판정할 때 신체적 징후를 시각적으로 진단하는 주관적 평가 방법이다.

33 　　　　　정답 ③

영양교육 매체 중 실물을 이용한 직접적인 경험은 1회적인 성격을 띤다.

34 　　　　　정답 ⑤

팸플릿을 제작할 때 최신유행어나 전문용어의 사용은 가능한 삼가는 것이 좋다.

35 　　　　　정답 ⑤

디오라마는 전시자료의 일종으로 실제 장면과 사물을 축소하여 입체감 있게 제시한 것으로 실제 상황을 재현하므로 강한 현실감을 줄 수 있다.

36 　　　　　정답 ⑤

융판그림은 융이나 우단 또는 펠트 등의 털이 서로 엉기는 성질을 이용한 매체로서, 미리 준비한 자료를 자유롭게 토의에 맞추어 참가자들이 직접 붙이거나 뗄 수 있다.

37 　　　　　정답 ①

대중매체인 신문, 영화, 라디오, TV 등은 신속성, 대량정보 전달성을 가지고 있지만 대상이 고르지 못해 교육효과를 확인 및 판정하는 데 어려움이 있다.

38 　　　　　정답 ④

모형은 실물이나 표본으로 경험하는 것이 어려울 때 원형 그대로 또는 알맞은 크기로 만들어 사용하는 것으로 실물의 촉감이나 냄새, 맛을 느낄 수가 없는 단점이 있다.

39   정답 ④

포스터는 영양교육 매체 중 인쇄매체에 속한다.

40   정답 ⑤

파이도표는 원을 분할하여 전체에 대한 각 부분의 비율을 백분율로 나타내는 것으로, 영양소의 열량 조성비를 표현할 때 적합하다.

41   정답 ①

부종의 원인, 엽산 섭취의 필요성, 철 부족 시 나타나는 증상과 철 함유식품에 대한 설명 등은 모두 임산부를 대상으로 한 영양지도에 대한 설명이다.

42   정답 ③

부종이 있으면 수분을 제한하고 심한 경우에는 전날 뇨량에 500mL의 수분을 더해서 섭취한다.

43   정답 ①

당뇨병에서 에너지의 과잉섭취는 가장 위험하므로 공복감을 느껴도 하루의 필요량을 꼭 지키도록 하고, 공복감을 해소하기 위해 소화가 잘 되는 무, 상추, 근대, 쑥갓, 애호박 같은 채소를 나물, 샐러드, 생식 등으로 풍부하게 섭취한다.

44   정답 ②

고혈압 환자에게는 소금 없이도 맛있게 먹을 수 있는 생강, 계피, 레몬즙 등의 향신료와 깻잎, 쑥갓, 고추 등의 방향성 채소를 활용한다.

45   정답 ④

진단에 따른 식사처방은 의사의 영역에 해당한다.

학교급식의 원칙
- 합리적인 영양섭취
- 올바른 식습관 형성
- 식사예절의 함양
- 지역사회의 식생활 개선에 기여
- 급식을 통한 영양교육

46   정답 ③

한국인 영양소 섭취기준은 보건복지부장관이 국민영양관리법에 따라 매 5년 주기로 제정한다.

47   정답 ③

국민영양관리법은 보건복지부에서 소관한다. 보건복지부장관은 국민건강증진정책심의위원회의 심의를 거쳐 국민영양관리기본계획을 5년마다 수립한다.

48   정답 ②

국민건강영양조사는 질병관리청에서 실시한다. 보건소는 생애주기별 영양교육 및 상담, 임산부 · 영유아 대상 영양플러스 사업, 맞춤형 방문 건강관리사업, 대사증후군 관리, 영양상태 조사 및 평가 등의 영양관련 업무를 담당한다.

49   정답 ⑤

식품의약품안전처에서는 어린이 식생활안전관리 특별법에 따라 어린이 식생활 안전관리종합계획을 3년마다 수립한다.
① 질병관리청, ② 보건복지부, ③ 교육부, ④ 농림축산식품부

50   정답 ②

국민건강영양조사는 국민건강증진법에 근거하여 국민의 건강 및 영양 상태를 파악하기 위해 실시한다.

1교시
4과목 식사요법
정답 및 해설

4과목 식사요법

01	①	02	③	03	④	04	④	05	③
06	⑤	07	①	08	②	09	④	10	③
11	②	12	⑤	13	①	14	④	15	③
16	⑤	17	⑤	18	⑤	19	③	20	④
21	③	22	①	23	④	24	②	25	④
26	①	27	③	28	⑤	29	③	30	①
31	⑤	32	②	33	②	34	④	35	②
36	⑤	37	④	38	①	39	③	40	④
41	①	42	③	43	⑤	44	④	45	③
46	③	47	④	48	②	49	⑤	50	⑤

01 정답 ①

경관급식은 구강으로 음식을 섭취할 수 없는 의식불명환자, 구강내 수술환자, 위장관 수술환자, 연하곤란 환자, 식욕결핍 환자, 식도장애 환자 등에 공급한다.

02 정답 ③

정맥영양은 구강이나 위장관으로 영양공급이 어려울 때 정맥을 통해 영양요구량을 공급하는 영양지원 방법이다.

03 정답 ④

식품교환표에서 우유군이 1교환단위당 열량(kcal)이

125kcal로 가장 높다.
① 곡류군 : 100kcal
② 어육류군 : 50∼100kcal
③ 지방군 : 45kcal
⑤ 과일군 : 50kcal

04 정답 ④

식품교환표에서 쌀밥 1/3공기(70g)의 1교환단위는 100kcal 이며, 사과 1/3개(100g)의 1교환단위는 50kcal이다. 그러 므로 쌀밥 1공기(210g)와 사과 1개(300g)의 열량은 (3 × 100kcal) + (3 × 50kcal) = 300kcal + 150kcal = 450kcal이다.

05 정답 ③

덤핑 증후군(dumping syndrome)이란 위절제수술 후 생 기는 문제로, 위의 크기가 작아지고 위의 운동이 저하되어 위 내용물이 정상적인 십이지장의 소화과정을 경유하지 않고 소 장으로 덩어리째 급속히 내려감으로써 나타나는 증상이다.

06 정답 ⑤

위하수증은 위가 정상인보다 아래로 처져 있는 상태로 배를 움켜잡고 흔들면 위 속에서 출렁출렁 물소리가 나기도 한다.

07 정답 ①

유당(Lactose, Milk sugar)은 동물의 젖 성분(우유)에 함 유되어 있는 당 성분을 말하며, 유당불내증은 선천적으로나 후천적으로 몸에서 유당을 분해하는 효소가 분비되지 않아 대장으로 유당이 그대로 내려가 설사를 일으키는 증상을 말 한다.

08 정답 ②

위에 자극을 주지 않게 하기 위하여 1∼2일 정도 금식하는 것이 좋으며, 금식할 때에도 비경구적인 방법으로 수분을 공 급한다.

09   정답 ④

게실염은 장의 안쪽 벽이 작은 주머니 모양으로 부풀어 오른 게실에 장의 내용물이 괴어 염증이 일어난 것으로, 가장 중요한 인자는 대장내의 압력증가이다.

10   정답 ③

크론병은 구강에서 항문까지 소화관의 어느 부위에나 발생하는 만성 염증성 질병으로 빈혈, 비타민결핍증, 탈수, 식욕부진, 발열, 체중감소, 저단백혈증, 흡수불량증후군 등의 영양불량 상태를 초래한다.

11   정답 ②

급성췌장염의 치료는 발병 후 2~3일은 금식한 후 식이요법을 하는 것이 중요하다.

12   정답 ⑤

지방간은 전체 간소엽의 1/3 이상이 지방으로 점유되어 있는 상태로, 메티오닌이나 콜린 등의 부족이 지방간을 초래할 수 있다.

13   정답 ①

간경변증 환자의 경우 열량섭취는 체중당 약 35kcal 정도의 고열량식을 제공한다.

14   정답 ④

간성혼수는 혈중 상승된 암모니아가 뇌조직으로 들어가 중추신경계에 이상을 일으켜 혼수상태가 되는 것으로, 식사요법으로 혈중 암모니아 상승을 막기 위해 단백질 섭취를 제한한다.

15   정답 ③

담석증 환자의 경우 담낭 수축을 자극하는 지방의 섭취를 제한하고, 대변색이 보통이면 소화가 잘되는 지방을 조금씩 서서히 공급한다.

16   정답 ⑤

① 과도한 운동량 → 부족한 운동량
② 느린 식사 속도 → 빠른 식사 속도
③ 갑상샘 기능항진증 → 갑상샘 기능저하증
④ 부신피질호르몬 분비 감소 → 부신피질호르몬 분비 증가

17   정답 ⑤

① 성인의 비만 판정에 가장 기본이 되는 지표이다.
② 피하지방의 양은 칼리퍼(caliper)라는 기구를 이용하여 측정한다.
③ 체중(kg)과 신장(m)을 이용하여 계산한다.
④ BMI가 $30kg/m^2$ 이상일 경우 비만으로 판정한다.

18   정답 ⑤

동일한 열량의 식사를 할 때 주식은 줄이고 부식의 양은 늘린다.

19   정답 ③

체질량지수(BMI) = 체중(kg) / 신장$(m)^2$이므로,
$70 / (1.7)2 = 70 / 2.89 ≒ 24.2kg/m^2$

20   정답 ④

대사증후군의 중성지방(TG) 진단기준은 150mg/dL 이상이다.

21   정답 ③

심근경색 환자의 경우 동물성 유지나 콜레스테롤이 많이 함유된 식품의 섭취를 삼가고, 식사는 온도가 너무 차거나 뜨겁지 않게 소량씩 자주 공급한다.

22   정답 ①

DASH 식이요법에서는 전곡류(통곡물)를 통한 식이섬유 섭취를 늘릴 것을 권장한다.

DASH(Dietary Approaches to Stop Hypertension) 식이요법

- 소금은 1일 6g 이하로 줄인다.
- 전곡류를 통하여 식이섬유 섭취를 늘린다.
- 과일, 채소, 저지방 유제품 섭취를 늘린다.
- 단 간식 및 설탕 함유 식품의 섭취를 줄인다.
- 포화지방산 및 콜레스테롤, 지방 등의 총량을 줄인다.

23 정답 ④

제4형(고VLDL혈증)은 VLDL 합성 증가와 VLDL 처리 장애로 발생하며, 고탄수화물 식이 등 당질 섭취가 많은 사람에게 흔히 발생한다.

24 정답 ②

동맥경화증의 경우 총지질량의 변화, 인지질 증가, LDL 증가, HDL 감소, 콜레스테롤 증가, 중성지방 증가, 유리지방산 증가 등 혈중 지질대사가 변화한다.

25 정답 ④

울혈성 심부전 환자는 부종이 생기기 쉬우므로 나트륨 섭취를 제한한다.

울혈성 심부전 환자의 식사요법

- 신체 생리기능을 유지할 정도의 저열량식(1,000~1,200kcal) 섭취
- 정상 기능을 유지하기 위한 양질의 단백질 공급
- 지방은 제한하되 불포화지방산은 증가
- 부종이 생기기 쉬우므로 나트륨 섭취 제한
- 부종이 있는 경우 1일 소변량에 따라 수분 섭취 제한
- 수용성 비타민 보충

26 정답 ①

악성 빈혈(pernicious anemia)은 적혈구의 생성과 발달에 필수적인 비타민 B_{12}의 부족으로 오는 빈혈이다.

27 정답 ③

용혈성 빈혈(hemolytic anemia)은 적혈구가 혈액순환 도중에 비정상적으로 용해되어 파괴되므로 생겨나는 빈혈이다. 즉, 골수의 조혈능력은 정상이지만 적혈구 파괴 속도가 증가하여 발생하는 것이다.

28 정답 ⑤

혈액 투석 환자의 경우 충분한 열량과 양질의 단백질을 공급하고 나트륨, 수분, 칼륨, 인 등은 제한한다. 또한 수용성 비타민과 무기질은 보충한다.

29 정답 ②

만성 신부전 환자의 경우 사구체여과율이 저하되고 소변량이 감소하면 칼륨이 배설되지 않아 고칼륨혈증이 발생할 수 있으므로 칼륨의 섭취를 제한한다.

30 정답 ①

수산칼슘결석은 소화기질환 시 1일 4g 이상의 비타민 C를 복용하거나, 비타민 B_6 결핍 시 소변 속에 수산염 배설이 증가되어 결석을 형성한다. 그러므로 칼슘과 수산 함량이 높은 식품과 비타민 C를 제한하고 비타민 B_6는 보충한다.

31 정답 ⑤

급성 사구체신염은 생체의 항원·항체 반응의 증세로 인후염, 폐렴, 편도선염, 감기, 중이염 등을 앓고 난 후 연쇄상구균이나 포도상구균, 바이러스 등에 감염 후 발생되는 경우가 많다. 부종(얼굴, 눈주위, 하지 등), 결뇨, 단백뇨, 혈뇨, 고혈압, 질소화합물(요소, 크레아티닌, 암모니아) 증가 등의 증상을 보인다.

32 정답 ②

신부전, 인공투석, 결뇨 시 칼륨 제거율이 손상되어 고칼륨혈증이 생기므로 칼륨이 높은 식품은 피한다.

33   정답 ②

장티푸스의 식이요법
- 열이 심할 때 유동식을 하며, 수분의 공급을 위해 과즙, 주스 등을 준다.
- 고열로 신진대사율과 단백질 분해가 증가하므로 고열량 고단백 식이를 한다.

34   정답 ④

류마티스열의 식사요법
- 나트륨 식사를 제한한다.
- 에너지를 충분히 공급한다.
- 충분한 수분을 공급한다.
- 비타민 C 섭취를 증가시킨다.

35   정답 ②

소아마비는 급성 회백수염이라고도 하며, 폴리오-바이러스(Polio-Virus)균이 음식과 함께 입으로 들어가 척수전각세포를 파괴하여 상지나 하지에 이완성 마비를 일으키는 감염성 질환이다.

36   정답 ⑤

페닐케톤뇨증은 페닐알라닌을 타이로신으로 전환시키는 효소인 페닐알라닌 수산화효소의 활성이 선천적으로 저하되어 있기 때문에 혈액 및 조직 중에 페닐알라닌과 그 대사 산물이 축적되고, 뇨중에 다량의 페닐파이러빈산을 배설하는 질환이다.

37   정답 ④

갈락토오스혈증의 식사요법은 갈락토오스(유당), 즉 우유·탈지유·카세인·유장·유장제품 등을 제한하는 것이다. 두유는 콩으로 만든 식품이므로 유당 식품이 아니다.

38   정답 ①

통풍 환자에게는 퓨린 함량이 적은 식품을 제공한다.

- **퓨린 함량이 많은 식품** : 핵단백질, 간 및 신장 등의 장기에 많으며 육류 및 생선류, 곡류, 두류의 눈 등
- **퓨린 함량이 적은 식품** : 감자류, 우유 및 유제품, 난류, 채소, 과실류, 해초류 등

39   정답 ③

단풍당뇨증은 류신, 이소류신, 발린과 같은 분자아미노산(BCAA)의 산화적 탈탄산화를 촉진시키는 단일효소가 유전적으로 결핍되어 발생한다.

40   정답 ④

제1형 당뇨병은 인슐린 생성부족, 면역반응 저하, 바이러스 감염 등의 발병원인을 갖는다.

41   정답 ①

임신 당뇨병은 원래 당뇨병이 없던 사람이 임신 후반기에 인슐린 저항성이 생겨 발병한다.

42   정답 ③

수용성 식이섬유는 음식물을 위장에 오래 머물게 해 혈당을 상승시키며, 인슐린이 한꺼번에 분비되는 것을 방지한다.
① 단백질의 권장섭취량은 1일 에너지 필요량의 10~20%이며, 체중 kg당 0.8g이다.
② 단순당의 대용품으로 인공감미료를 소량 사용한다.
④ 단순당인 꿀, 설탕, 사탕 등은 제한한다.
⑤ 지방은 1일 에너지 필요량의 20~25% 섭취를 권장한다.

43   정답 ⑤

당뇨병성 신증 환자의 식사요법 : 단백질 섭취 제한, 저하된 단백질 섭취량만큼 열량섭취량 증가, 신장기능에 따라 칼륨·인 섭취 제한, 혈당 조절, 혈압 조절 등

44   정답 ④

혈당조절에 관여하는 호르몬 중 노르에피네프린은 교감신경

말단에서 분비되는 호르몬이다.

45 정답 ③

담낭 절제수술 환자에게는 지방을 제한한다.

46 정답 ③

화상 환자의 경우 피부조직의 콜라겐 합성을 위해 비타민 C 를 충분히 공급한다.

47 정답 ④

계란 알레르기 환자는 푸딩, 마요네즈, 커스터드, 기타 계란이 함유된 식품의 섭취를 제한한다.

48 정답 ②

악액질이 있는 암환자의 경우 당신생이 증가한다.

49 정답 ⑤

니트로소아민
- 단백질 식품에 존재하는 아민이나 아미드가 질소화합물 등과 반응하여 제조과정 중 생성되는 발암물질이다.
- 훈연가공육에 첨가되는 아질산나트륨은 단백질 속의 아민과 결합하여 니트로소아민을 생성한다.

50 정답 ⑤

항암치료 환자는 금속 맛을 잘 느껴 금속 식기보다는 플라스틱 식기를 사용하고 통조림 식품은 피한다.

1교시
5과목 생리학
정답 및 해설

5과목 생리학

01	⑤	02	③	03	②	04	④	05	②
06	①	07	②	08	④	09	①	10	④
11	①	12	④	13	⑤	14	③	15	②
16	⑤	17	⑤	18	②	19	③	20	③
21	①	22	③	23	②	24	③	25	⑤
26	⑤	27	①	28	④	29	②	30	③
31	③	32	⑤	33	②	34	①	35	③
36	②	37	②	38	③	39	②	40	③
41	②	42	⑤	43	①	44	④	45	④
46	⑤	47	⑤	48	④	49	①	50	②

01 정답 ⑤

① 이중막, ② 리보솜, ③ 미토콘드리아, ④ 조면소포체

02 정답 ③

세포막은 특정물질에 대한 수용체를 가지고 있다.

03 정답 ②

에너지나 운반체의 필요 없이 농도의 차이에 의해 운반되는 것은 단순확산이다.

정답
및
해설

04   정답 ④

촉진확산은 수동적 운반에 해당하므로 농도가 높은 곳에서 낮은 곳으로 운반된다.

05   정답 ②

삼투는 삼투압의 차이에 의해 농도가 낮은 곳의 물분자가 높은 곳으로 운반하는 것으로, 저장액 속 적혈구의 용혈현상이 그 예이다.

06   정답 ①

히스티딘은 단백질을 구성하는 주요 아미노산의 하나로 헤모글로빈에 많이 포함되어 있다.

07   정답 ②

제시된 설명은 신경의 탈분극에 대한 설명이다. 휴지상태의 세포막에 자극을 가하면 안정막 상태의 전압은 증가하고, 세포막의 Na^+ 이온통로가 먼저 열림으로써 세포외액의 Na^+이 세포 내로 들어와 세포막 안쪽이 양성을 띈다. 이때 전압은 역치를 지니면서 급히 상승하여 가시전압에 이른다.

08   정답 ④

뇌교는 척수와 뇌를 이어주는 뇌간의 한 부분으로, 연수와 함께 호흡 중추를 이루어 호흡 운동을 조절한다(호흡조절중추).

09   정답 ①

심장 중추는 연수에 있다. 시상하부에는 자율신경중추(항상성 유지), 호르몬 분비조절 중추, 음식물 섭취조절 중추, 체온조절 중추, 기본욕망 중추, 정서반응 관련 중추, 음수중수(수분평형)가 있다.

10   정답 ④

자율신경의 장기 지배

장기	교감신경	부교감신경
심장	촉진(혈압 상승)	억제(혈압 하강)
혈관	수축(혈압 상승)	이완(혈압 하강)
기관지	이완(확장)	수축(호흡 곤란)
소화관	억제	촉진
동공	산대(산동)	축소(축동)
입모근	수축	무관

11   정답 ①

근육의 수축과 이완에는 칼슘이온이 관여한다.

12   정답 ④

평활근은 휴식기에도 안정막 전압이 변화한다.

13   정답 ⑤

강직은 사후강직처럼 병적 상태에서 활동전압 없이도 수축하는 상태이다.

14   정답 ③

당뇨병 환자는 체액의 산도가 건강인에 비해 높은 경우가 많다.

15   정답 ②

혈장단백질 중 글로불린은 우리 몸의 면역 기능과 생체 방어 작용에 중요한 역할을 한다.

16   정답 ⑤

림프구는 T림프구와 B림프구의 2종류가 있는데, T림프구는 킬러세포로 직 · 간접적으로 대식세포를 끌어당겨 외부에서 침입한 세균과 이물질을 공격한다. 한편 B림프구는 면역글로불린(Ig)을 만들어 세균 · 독소 등을 무력화시킨다.

17　　정답 ⑤

에리트로포이에틴은 신장에서 생성되는 적혈구 조혈 호르몬으로, 골수에서 적혈구의 생성을 조절하며 결핍 시 빈혈이 발생한다.

18　　정답 ②

전혈에 대한 유형성분의 백분율인 헤마토크릿(Hematocrit)은 남자 45%, 여자 42% 정도로 다르며, 이 차이는 적혈구의 차이에 의한다.

19　　정답 ③

스탈링(Starling)의 심근법칙은 심근의 길이가 길수록 수축력이 증가하여 동맥혈의 박출량이 증가한다는 법칙이다.

20　　정답 ③

혈관에 따른 혈압의 크기 : 대동맥 > 소동맥 > 모세혈관 > 소정맥 > 대정맥

21　　정답 ①

레닌은 신장으로 유입되는 혈관의 혈압이 떨어져 신장의 혈류공급이 적어질 때 분비된다.

22　　정답 ③

림프관은 심장의 흡입력이 없기 때문에 정맥혈류보다 속도가 느리다.

23　　정답 ②

혈압은 심박출량, 혈액 점성, 혈관 수축력, 혈관 저항에 비례하고 혈관 직경에는 반비례한다.

24　　정답 ③

기능적 잔기용량은 정상 호식 후에 폐 내에 남아 있는 공기량으로 '잔기용적 + 호식 예비용적'이다.

25　　정답 ⑤

폐에서 가스의 이동은 확산에 의한다. 확산이란 기체나 액체와 같은 유동물질의 농도가 장소에 따라 다를 때, 물질이 이동하여 농도의 균일화가 일어나는 현상을 말한다.

26　　정답 ⑤

폐포 내의 산소 분압은 100mmHg이고 이산화탄소 분압은 40mmHg이다.

27　　정답 ①

- 산소화 반응 촉진요인 : O_2 분압 증가, CO_2 분압 감소, pH 값 증가(중성에 가까울 때), 온도 하락
- 해리반응 촉진요인 : O_2 분압 감소, CO_2 분압 증가, pH 값 감소(중성에 가까울 때), 온도 상승

28　　정답 ④

오른신장은 복강 내에서 간의 밑면에 눌려 있기 때문에 보통 왼신장보다 조금 낮은 부위에 위치하고 있다.

29　　정답 ②

신장(콩팥)은 정상적인 대사과정에서 생기는 과량의 수소 이온을 배설하는 과정을 통해 산 · 염기의 균형을 유지한다.

30　　정답 ③

오줌의 이동 통로 : 사구체 → 보먼주머니 → 세뇨관 → 신우 → 수뇨관 → 방광 → 요도

31　　정답 ③

요소는 암모니아와 이산화탄소가 결합하는 오르니틴 회로(요

소 회로)에 의해 간에서 합성된다.

32　　　　　　　　　　　　　정답 ⑤

사구체에서는 보먼주머니로 혈구와 단백질을 제외한 대부분의 혈액 성분이 빠져 나온다. 혈액성분이 재흡수되는 곳은 세뇨관이다.

33　　　　　　　　　　　　　정답 ②

교감신경은 아드레날린을 분비하여 소장운동을 억제하고, 부교감신경은 콜린을 분비하여 소장운동을 촉진한다.

34　　　　　　　　　　　　　정답 ①

타액, 즉 침 속에는 전분을 분해하는 효소인 프티알린이 함유되어 있다.

35　　　　　　　　　　　　　정답 ③

위액 분비는 미주신경에 의하여 촉진되고, 소화관에서 분비되는 가스트린이나 위억제 폴리펩티드 등에 의하여 조절된다.

36　　　　　　　　　　　　　정답 ②

뮤신은 위샘에서 분비되는 위액의 하나로, 위벽 자체의 단백질이 펩신에 의해 소화되는 것을 막아준다.

37　　　　　　　　　　　　　정답 ②

담즙은 지방을 분해하는 것이 아니라 유화시킨다. 담즙의 주기능은 지질을 유화시켜 지질분해효소인 리파아제의 작용을 쉽게 받도록 하는 것이다.

38　　　　　　　　　　　　　정답 ④

호르몬은 합성하는 곳과 작용하는 곳이 다르다.

39　　　　　　　　　　　　　정답 ②

> **옥시토신(자궁수축호르몬)**
> • 9개의 아미노산으로 구성된 펩타이드호르몬으로, 분만 후 자궁을 수축시켜 출혈을 방지한다.
> • 자궁, 소화관의 민무늬근 수축에 관여하여 분만을 촉진한다.
> • 프로락틴의 분비를 자극하여 유즙의 배출을 촉진한다.

40　　　　　　　　　　　　　정답 ③

> **바소프레신(ADH, 항이뇨호르몬)**
> • 9개의 아미노산으로 구성된 펩타이드호르몬으로, 모세혈관 수축에 의하여 혈압이 상승하고 세뇨관에서 수분의 재흡수를 촉진한다.
> • **과잉증** : 혈관 평활근의 수축으로 혈압이 상승하므로 고혈압을 유발할 수 있다.
> • **결핍증** : 소변량이 증가하는 요붕증이 나타난다.

41　　　　　　　　　　　　　정답 ②

갑상샘호르몬이 과잉 생산되면 식욕이 왕성하나 이화작용이 촉진되고 기초대사율의 증가로 체중이 감소한다.

42　　　　　　　　　　　　　정답 ⑤

쿠싱증후군은 부신피질에서 당질 코르티코이드가 만성적으로 과다하게 분비되어 일어나는 질환으로, 얼굴이 달덩이처럼 둥글고 목 뒤에 비정상적으로 지방이 축적된다.

43　　　　　　　　　　　　　정답 ①

랑게르한스섬의 α세포에서 분비되는 글루카곤은 인슐린과 길항적으로 작용하여 혈당을 증가시킨다.

44　　　　　　　　　　　　　정답 ⑤

유스타키오관은 중이와 비강을 연결하는 관으로, 중이 내부의 압력을 외부의 압력과 같게 유지시켜 고막이 정상적으로 진동하도록 해준다.

45 정답 ④

후각은 대뇌피질의 특수감각 중 순응능력이 가장 빠르다.

46 정답 ⑤

맥락막은 공막과 망막 사이의 중간층을 이루는 막으로, 멜라닌 색소와 혈관이 풍부하게 분되어 있으며 빛을 차단하여 암실작용을 한다.

47 정답 ⑤

전정기관은 몸의 위치감각을 맡고 있는 기관이며, 몸의 회전감각을 맡고 있는 기관은 반고리관이다.

48 정답 ④

테스토스테론은 스테로이드 호르몬으로 남성 생식관의 성장. 형성. 기능 조절을 돕는다. 정자를 생성하는 주된 역할 외에도 성적 행동. 공격적 행동을 자극하고, 사춘기 때 남성의 2차 성징의 발달을 증진시킨다.

49 정답 ①

갑상샘에서 분비되는 칼시토닌은 부갑상샘호르몬과 함께 혈중 칼슘과 인의 수준을 조절한다.

50 정답 ②

인체의 직접적인 에너지원은 ATP라는 화학물질이다. 운동은 근육 속에 비축된 ATP가 분해되면서 생성되는 에너지에 의해 근육이 수축함으로써 이루어진다.

정답
및
해설

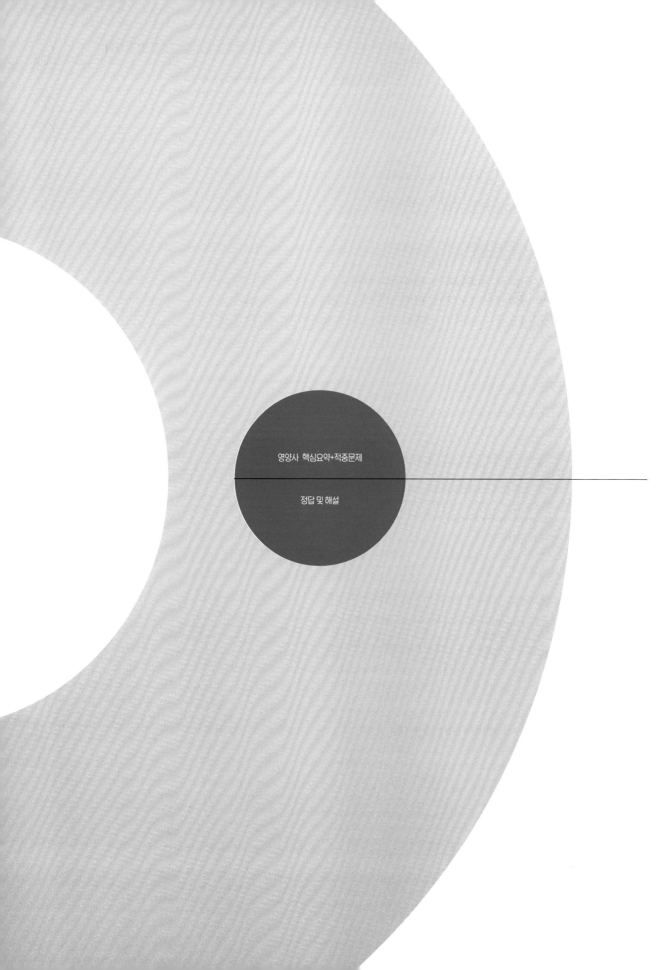

영양사 핵심요약+적중문제

정답 및 해설

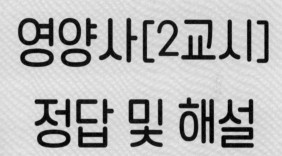

영양사[2교시]
정답 및 해설

NUTRITIONIST

2교시
1과목 식품학 및 조리원리
정답 및 해설

▮ 1과목 식품학 및 조리원리

01	①	02	④	03	①	04	④	05	⑤
06	①	07	①	08	④	09	①	10	④
11	③	12	③	13	④	14	③	15	④
16	⑤	17	②	18	④	19	⑤	20	③
21	②	22	④	23	③	24	⑤	25	②
26	③	27	②	28	①	29	②	30	③
31	②	32	③	33	①	34	⑤	35	②
36	②	37	①	38	④	39	⑤	40	③
41	③	42	⑤	43	④	44	⑥	45	②
46	②	47	⑤	48	②	49	④	50	②

---

01   정답 ①

결합수는 미생물의 번식에 이용되지 못한다. 반면에 유리수(자유수)는 미생물의 번식에 이용되며, 식품의 변질에 영향을 준다.

---

02   정답 ④

글리코겐은 동물체의 저장 탄수화물로 간, 근육, 조개류에 많이 함유되어 있으며 균류, 효모 등에도 들어 있다.

---

03   정답 ①

팔미탄산은 포화지방산이다. 불포화지방산은 분자 중에 이중

결합이 있는 것으로 올레인산, 리놀레산, 리놀렌산, 아라키돈산이 이에 속한다.

---

04   정답 ④

유지가 산패하면 과산화물이 생성되며 과산화물가가 10 이하이면 신선하다.

---

05   정답 ⑤

단백질을 함유하고 있는 질소의 양에 6.25를 곱하면 단백질의 양을 알 수 있는데, 이 6.25를 질소계수라 한다.

> 단백질 함량 = 질소함량 × 질소계수(6.25)

---

06   정답 ①

등전점은 양전하와 음전하를 동시에 지닐 수 있는 분자가 포함하는 양전하 수와 음전하 수가 같아져서 전체 전하의 합이 0이 되는 pH이다.

---

07   정답 ①

티로신은 방향족 아미노산에 해당한다. 함황 아미노산에는 메티오닌(methionine), 시스테인(cysteine), 시스틴(cystine) 등이 있다.

---

08   정답 ④

① **맛의 억제** : 서로 다른 맛이 혼합되었을 경우 주된 맛이 약화되는 현상이다.
② **맛의 상쇄** : 두 종류의 맛이 혼합되었을 때 각각의 맛은 느끼지 않고 조화된 맛으로 느껴지는 현상이다.
③ **맛의 피로** : 같은 맛을 계속 봤을 때 미각이 둔해지거나 그 맛이 변하는 현상이다.
⑤ **맛의 상실** : PTC는 대부분의 사람에게 쓴맛을 주지만 어떤 사람들은 그 맛을 인식할 수 없어서 무미하게 느껴지는 현상이다.

09   정답 ①

떫은맛은 혀의 점막단백질이 일시적으로 변성 응고되어 미각 신경이 마비되어 일어나는 수렴성의 불쾌한 맛으로, 감이나 차의 타닌 성분에서 느낄 수 있다.

10   정답 ④

어류의 비린내는 암모니아 및 아민류의 혼합취이며, 어류의 신선도가 저하되면 트리메틸아민에 의하여 비린내가 심하게 난다.

11   정답 ③

새우나 게 등의 갑각류에서 볼 수 있는 청록색은 카로티노이드계 색소의 일종인 아스타산친이 단백질과 결합한 것으로, 가열하면 단백질이 분리되고 이것이 산화되어 적색의 아스타신으로 변화한다.

12   정답 ③

사과의 껍질을 깎았을 때 갈변을 일으키는 것은 상처받은 조직이 공기 중에 노출되면 페놀화합물이 갈색효소인 멜라닌으로 전환되기 때문에 일어난다.

13   정답 ④

배건법은 직접 불에 대어 식품을 건조하는 방법으로, 커피 등의 제조에 많이 이용된다.

14   정답 ③

전훈법은 속훈법의 하나로, 높은 전압에서 코로나 방전을 하여 시간을 1/20 정도로 단축하는 훈연법이다.

15   정답 ④

플랫사워는 통조림 내용물의 변질 형태로, 통조림의 뚜껑이나 밑바닥이 편평한데도 내용물의 식품이 세균에 의해 산패되어 있는 것을 말한다.

> **통조림의 변질**
> • **외관상의 변질** : 팽창(스웰), 스프링거, 플리퍼, 리커(새기)
> • **내용물의 변질** : 플랫사워, 곰팡이 발생, 변색 등

16   정답 ⑤

가스 저장법(CA 저장)은 이산화탄소, 질소 등의 불활성 기체를 이용해 호흡작용을 억제하여 저장하는 방법으로 채소, 과일 및 달걀 등을 저장한다.

17   정답 ②

강화미는 주로 백미에 부족한 비타민 B_1을 강화한 쌀이다.

18   정답 ④

두부는 콩의 수용성 단백질인 글리세롤을 더운 물로 추출하여 여과하고 응고제를 가하여 단백질을 응고시킨 것이다.

19   정답 ⑤

주로 유당과 염류의 함량에 관계된 우유 검사법은 빙점검사이다.

20   정답 ③

굴비는 소금물에 절여서 또는 소름을 뿌려 건조한 염건품이다.
① 소건품 : 날 것 그대로 건조한 것
② 동건품 : 원료를 얼렸다가 해동하는 것을 반복하여 만든 것
④ · ⑤ 자건품 : 날 것 그대로 또는 소금물에 절인 것을 삶아서 말린 것

21   정답 ②

알긴산은 갈조류에 비교적 많이 들어 있는 점조성의 다당류 물질로 식품품질 개량제로 식품첨가물로서 널리 이용된다.

22   정답 ④

아플라톡신(Aflatoxin)이라는 발암물질을 분비하는 것은 곰팡이의 특성에 해당한다.

23   정답 ③

리케차는 세균과 바이러스의 중간에 속하는 미생물로 벼룩, 이, 진드기 등과 같은 절족동물에 기생하고 이것을 매개체로 하여 사람에게 병을 옮기며, 살아있는 세포 내에서만 증식한다.

24   정답 ⑤

세균류는 원핵세포를 갖는 미생물로, 원시핵세포는 0.3~2μ 이하이고 염색체 수는 1개이다.

25   정답 ②

방선균은 사상세균으로 곰팡이와 세균의 중간 형상이다. 토양 및 퇴비에 존재하여 흙냄새의 주요 원인이 된다.

26   정답 ③

박테리오파지는 유전자로 DNA와 RNA 중 어느 하나만 가지며, 숙주에 대한 특이성이 있다.

27   정답 ②

미생물의 증식곡선에서 대수기에는 세포질의 합성속도와 분열속도가 거의 비례하며, 세대기간이 가장 짧고 일정하다.

28   정답 ①

감자, 양파 등의 연부병 원인균 : Erwinia(펙틴의 분해세균), Rhizopus

29   정답 ②

통조림의 플랫사워(Flat Sour) 원인균으로는 Bacillus coagulans, Bacillus thermoacidurans 등이 있다.

30   정답 ③

습열살균(고압증기살균)은 고압의 수증기를 이용하기 때문에 살균 효과가 높아 세균의 포자까지 사멸할 수 있다.

31   정답 ②

순수분리법은 여러 가지 미생물들이 섞여 있는 재료로부터 한 종류의 미생물을 분리하는 방법으로 도말평판법(streak plate method)과 주입평판법(pour plate method) 등이 있다.

32   정답 ②

L-건조법은 소량의 세포현탁액을 진공하에서 수분을 급속히 증발시키는 보존법으로, 동결건조가 곤란한 미생물에도 사용할 수 있다.

33   정답 ①

청국장은 Bacillus subtilis, Bacillus natto 등의 납두균을 사용한다.

34   정답 ⑤

Saccharomyces ellipsoideus는 포도주 양조에 필요한 효모이다.

35   정답 ②

Aspergillus oryzae는 간장, 된장 등에 사용되는 누룩을 만드는 황록색의 균종이다.

36   정답 ②

유기산 발효균 중 Acetobacter aceti는 식초의 주성분인 아세트산을 생성하여 식초 제조에 사용된다.

37   정답 ①

1큰술(Ts: table spoon)은 15mL이므로, 식초 45mL는

3큰술이다.

38 정답 ④

전분의 호화는 전분의 종류, 전분의 농도, 가열온도, 젓는 속도와 양, 수소이온농도 등에 영향을 받는다.

39 정답 ⑤

베타글루칸은 보리에 함유된 대표적인 식이섬유로 점성이 높아 혈중 콜레스테롤을 낮춘다.

40 정답 ③

밀가루의 종류
- **강력분** : 글루텐의 함량이 13% 이상으로 식빵, 마카로니 등에 사용한다.
- **중력분** : 글루텐의 함량이 10~13%로 다목적 밀가루, 면류 등에 사용한다.
- **박력분** : 글루텐의 함량이 10% 이하로 과자, 튀김, 케이크 등에 사용한다.

41 정답 ③

감자의 갈변효소는 티로시나제로, 감자의 티로신이 티로시나제에 의해 멜라닌 색소가 되어 갈변한다.

42 정답 ⑤

소의 홍두깨살은 찢어지는 결을 가지고 있어 장조림용으로 적합하다.

43 정답 ③

사후강직은 동물이 도살된 후 시간이 지나면서 근육이 굳어지는 현상으로, 글리코겐의 분해에 의해 젖산이 생성된다.

44 정답 ④

가열조리 시 처음 수분간 뚜껑을 열어 비린내를 휘발시킨 후 조리한다.

45 정답 ②

마요네즈는 달걀의 유화성을 이용한 대표적인 음식으로, 난황에 식초와 기름을 넣고 그 외 소금이나 설탕 등으로 조미하여 만든다.

46 정답 ②

유지의 발연점 : 면실유(230℃) > 버터(208℃) > 라아드(190℃) > 올리브유(175℃) > 낙화생유(160℃)

47 정답 ⑤

쿠키나 페이스트리를 만들 때 유지가 반죽의 표면을 둘러싸서 글루텐 망상구조를 형성하지 못하게 함으로써 조직감을 바삭하고 부드럽게 하는 성질은 쇼트닝성이다.

48 정답 ②

겨자의 매운맛 성분은 시니그린이며, 황화아릴은 파의 자극성 향을 내는 성분이다.

49 정답 ④

한천은 우뭇가사리 등의 홍조류를 삶아 그 즙액을 냉각시켜 응고 동결한 다음, 수분을 용출 건조시킨 것이다.

50 정답 ②

젤라틴은 동물의 뼈, 가죽을 원료로 콜라겐을 가수분해하여 얻은 경질 단백질로 마시멜로, 아이스크림 및 기타 얼린 후식 등의 유화제로 이용된다.

정답 및 해설

2교시
2과목 급식관리
정답 및 해설

2과목 급식관리

01	③	02	⑤	03	③	04	②	05	②
06	②	07	⑤	08	④	09	④	10	②
11	③	12	④	13	②	14	③	15	④
16	②	17	⑤	18	③	19	④	20	②
21	③	22	①	23	③	24	⑤	25	②
26	④	27	④	28	②	29	①	30	②
31	②	32	①	33	②	34	④	35	①
36	①	37	③	38	②	39	④	40	②
41	⑤	42	③	43	④	44	③	45	②
46	②	47	④	48	①	49	④	50	②

01　　　　　　　　　　　정답 ③

병원급식은 공휴일과 상관없이 연중무휴로 1일 3식을 제공해야 하며, 질병치료 중에 있는 환자들에게 제공되는 식사인 만큼 최상의 식재료를 사용하여 각 병동과 병실을 찾아 환자 개개인에게 식사를 제공해야 하므로 다른 급식유형에 비해 생산성이 현저하게 떨어진다.

02　　　　　　　　　　　정답 ⑤

단체급식의 식품구입 시 가식부율이 높고 기호성이 우수한 식품을 선택한다.

03　　　　　　　　　　　정답 ③

중앙의 공동조리장에서 음식을 대량 생산해서 각 단위급식소로 운반된 후 배식이 이루어지는 급식제도는 중앙공급식 급식제도로 생산과 소비가 시간·공간적으로 분리된다.

04　　　　　　　　　　　정답 ②

카페테리아(cafeteria)는 음식을 다양한 종류로 진열하고 안내인이 음식 선택에 도움을 주는 방법으로, 선택 음식별로 금액을 지불하는 가장 바람직한 급식 서비스 형태이다.

05　　　　　　　　　　　정답 ②

병원환자식, 기내식, 호텔 룸서비스에 이용되는 배식 서비스는 트레이 서비스(tray service)이다.

06　　　　　　　　　　　정답 ②

보존식은 식중독 사고에 대비하여 그 원인을 규명할 수 있도록 검사용으로 음식을 남겨두는 것으로, 매회 1인분 분량을 섭씨 영하 18도 이하에서 144시간(6일) 이상 보관한다. 그러므로 3월 5일(화요일) 오후 2시에서 144시간(6일)이 지난 3월 11일(월요일) 오후 2시에 최초로 폐기가 가능하다.

07　　　　　　　　　　　정답 ⑤

순환식단은 월별 또는 계절에 따라 메뉴가 반복되는 식단으로, 메뉴개발과 발주서 작성 등에 소요되는 시간을 절약할 수 있다.

08　　　　　　　　　　　정답 ④

병동배선 방식은 중앙취사실에서 병동단위로 보온고에 넣어 음식을 배분하여 병동취사실에서 상차림하여 환자에게 공급하는 방법으로, 음식의 적온급식이 중앙배선 방식보다 효율적이다.

09　　　　　　　　　　　정답 ④

산업체 급식은 급식을 통해 작업의 능률과 생산성을 향상시켜 기업의 이윤증대에 기여하는 것이므로, 기업의 생산성 증가를 궁극적인 목적으로 볼 수 있다.

10 정답 ②

식단표는 급식업무에서 가장 중심적인 기능을 담당하는 급식사무의 기본 계획표로, 집단급식소에서 기본적인 통제수단이며 외부적으로는 영양교육의 도구로 활용 가능하다.

11 정답 ③

> **표준레시피**
> - 메뉴명, 식재료명, 재료량, 조리방법, 총생산량, 1인 분량, 생산 식수, 조리기구, 배식방법 등을 기재한다.
> - 적정구매량, 배식량을 결정하는 기준일 될 뿐만 아니라 조리작업을 효율화 하고 음식의 품질을 유지하는데 매우 중요하다.

12 정답 ④

식단작성 시 한국인 영양권장량을 기준으로 급식대상자의 연령, 성별, 신체활동 정도에 따라 영양소요량을 정한다.

13 정답 ②

첩수는 찬의 수를 말하는데, 5첩 이상의 반상을 품상이라 하여 손님 접대용 요리상으로 이용된다. 7첩 이상의 반상에는 곁상과 반주, 반과 등이 따르고, 12첩 이상은 수라상으로 이용된다.

14 정답 ③

대치식품량 = 원래 식품의 양 × (원래 식품의 해당성분 / 대치식품의 해당성분)

∴ 대치식품량 = 300g × (10/20) = 150g

15 정답 ④

메뉴엔지니어링(Menu engineering)은 마케팅적 접근에 의해 메뉴의 인기도와 수익성을 평가하는 방법으로, 각 메뉴의 판매된 비율과 공헌마진을 근거로 메뉴를 결정한다.

16 정답 ②

조리장의 면적은 일반적으로 식당 넓이의 1/3이 기준으로 되어 있다.

17 정답 ⑤

스팀컨백션 오븐은 가스나 전기를 열원으로 하여 오븐 내의 환풍기로 공기를 순환·대류시켜 식품을 가열하는 조리기구로 다량조리, 공간절약의 이점이 있으며 튀김, 구이, 찜, 볶음, 데침 등의 각종 조리가 가능하다.

18 정답 ③

계획 → 조직 → 지휘 → 조정 → 통제

19 정답 ④

경영관리 기능 중 통제(controlling)는 모든 활동이 처음에 계획한 대로 진행되고 있는가의 여부를 검토하고, 대비 평가하여 만일 차이가 있으면 처음의 계획에 접근하도록 개선책을 마련하는 최종 단계의 관리 기능이다.

20 정답 ②

스왓(SWOT) 분석은 Strengths(강점), Weaknesses(약점), Opportunities(기회), Threats(위협)의 약자로, 조직이 처해 있는 환경을 분석하기 위한 기법이다. 장점과 기회를 규명하고 강조하고 약점과 위협이 되는 요소는 축소함으로써 유리한 전략계획을 수립한다.

21 정답 ③

> **민츠버그의 경영자 역할**
> - 대인간 역할 : 연결자, 대표자, 지도자
> - 정보 역할 : 정보전달자, 정보탐색자, 대변인
> - 의사결정 역할 : 기업가, 협상자, 혼란중재자, 자원분배자

22   정답 ①

> **카츠가 제시한 경영자에게 필요한 기술**
> • **전문적 기술** : 실무적인 기술로 일선관리자에게 필요 (하위관리자)
> • **대인적 기술** : 업무를 지휘·통솔하는 능력(중간관리자)
> • **개념적 기술** : 조직을 전체로 보고 각 부문 간의 상호 관계를 통찰하는 능력(최고경영진)

23   정답 ③

종합적품질경영(TQM: Total Quality Management)은 경영자가 소비자 지향적인 품질방향을 세워 최고경영진은 물론 전 종업원이 전사적으로 참여하여 품질향상을 꾀하는 활동으로, 제품이나 서비스의 품질뿐만 아니라 경영과 업무, 직장환경, 조직 구성원의 자질까지도 품질개념에 넣어 관리해야 한다.

24   정답 ⑤

감독한계 적정화의 원칙(관리범위의 원칙)은 한 사람의 관리자가 효과적이고 능률적으로 통제할 수 있는 부하의 수를 의미하는데, 이러한 관리범위는 일반적으로 조직의 상위계층에서는 4~8명, 하위계층에서는 8~15명이다.

25   정답 ②

권한위임의 원칙은 권한을 보유하고 행사해야 할 조직계층의 상위자가 하위자에게 직무를 위임할 경우 그 직무수행에 있어 요구되는 일정한 권한도 이양하는 원칙이다.

26   정답 ④

매트릭스 조직은 기능식 조직과 프로젝트 조직을 병합한 조직으로, 기능적 부문화에서의 장점과 분권 조직에서의 장점을 동시에 취하려는 조직이다.

27   정답 ④

업무의 핵심부문만 남기고 그 외의 부분은 아웃소싱과 제휴로 운영하는 조직은 네트워크 조직으로 환경변화에 유연하게 대처할 수 있다.

28   정답 ②

여러 세분시장 중 가장 목표에 적합한 세분시장에 마케팅활동을 집중하는 마케팅 전략은 집중적 마케팅이다.

29   정답 ①

> **서비스의 특성**
> • **무형성** : 보거나 만질 수 없다.
> • **비일관성** : 품질이 일정하지 않다.
> • **동시성** : 생산과 소비가 분리되지 않는다.
> • **소멸성** : 남은 용량의 서비스는 저장되지 않는다.

30   정답 ②

> **원가의 3요소**
> • **재료비** : 제품의 제조를 위하여 소비된 물품의 가치로서 단체급식시설에서는 급식재료비를 말한다.
> • **노무비** : 제품의 제조를 위하여 소비된 노동의 가치를 말하며 임금, 급료, 잡급, 상여금 등으로 구분된다.
> • **경비** : 원가요소에서 재료비와 노무비를 제외한 것으로 수도비, 광열비, 전력비, 보험료, 통신비, 감가상각비 등이 있다.

31   정답 ②

감가상각비를 정액법으로 구하는 공식은 (구입가격 − 잔존가격) / 내용연수이므로, (5,000,000원 − 2,000,000원) / 5년 = 600,000원이다.

32   정답 ①

> **손익분기점**
> • 총비용과 매출액이 일치하는 점
> • 판매액과 생산액이 일치하는 점
> • 이익과 손실이 0이 되는 점

33
정답 ②

직무명세서는 직무의 특성에 중점을 두어 간략하게 기술된 직무기술서를 기초로 하여 직무의 내용과 직무에 요구되는 자격요건, 즉 인적 특징에 중점을 두어 일정한 형식으로 정리한 문서이다.

34
정답 ④

직무평가 방법
- 서열법 : 각 직무의 중요도, 곤란도, 책임도 등을 종합적으로 판단하여 일정한 순서로 늘어놓는다.
- 분류법 : 전기한 제반 요소로 직무의 가치를 단계적으로 구분하는 등급표를 만들고 평가직무를 이에 맞는 등급으로 분류한다.
- 점수법 : 책임, 숙련, 피로, 작업환경 등 4항목을 중심으로 각 항목별로 각 평가점수를 매겨 점수의 합계로써 가치를 정한다.
- 요인비교법 : 급여율이 가장 적정하다고 생각되는 직무를 기준직무로 하고 그에 비교해 지식·숙련도 등 제반 요인별로 서열을 정한 다음, 평가직무를 비교함으로써 평가직무가 차지할 위치를 정한다.

35
정답 ①

직무순환(Job rotation)은 작업자들이 완수해야 하는 직무는 그대로 놓아두고 작업자들의 자리를 교대 이동시키는 방법이다.

36
정답 ①

현혹효과는 고과자가 피고과자의 어떠한 면을 기준으로 해서 다른 것까지 함께 평가해 버리는 인사고과 오류이다.

37
정답 ③

직장 내 훈련(OJT)은 일과 훈련의 병행에 따른 심적 부담과 다수의 종업원을 훈련하는 데 적절치 못하며, 훈련 내용 및 정도가 통일되지 못할 수 있다는 단점이 있다.

38
정답 ②

역할연기법(Role playing)은 어떤 주어진 사례나 문제에서 어떠한 인물의 역할을 실제로 연기해 봄으로써 그의 당면한 문제를 체험해 보는 교육훈련 방법이다.

39
정답 ④

직능급은 직무수행능력에 따라 임금의 사내격차를 만드는 임금체계이다.

40
정답 ②

유니언 숍(union shop)은 클로즈드 숍과 오픈 숍의 중간적 형태로, 비조합원도 채용될 수 있으나 채용 후 일정기간 내에 조합에 가입하여야 하며, 가입 거부 시 해고된다.

41
정답 ⑤

피들러의 상황적합이론은 어떤 상황에서나 가장 효과적인 리더십 유형은 없으며 리더십 효과는 상황에 적합한 리더십 유형을 발휘할 때 높아질 수 있다고 본다.

42
정답 ③

허즈버그(Herzberg)의 동기-위생 이론(2요인 이론)
- 동기요인(만족요인) : 직무에 대한 성취감, 인정, 승진, 직무자체, 성장가능성, 책임감 등
- 위생요인(불만요인) : 작업조건, 임금, 동료, 회사정책, 고용안정성 등

43
정답 ④

식품 검수 시 식품의 신선도를 판정하여 품질을 확인한다.

44
정답 ③

구매명세서는 구입품목의 규격, 품질검사에 관한 사항이나 기타 필요한 사항을 기술한 문서로 제품명, 단위중량, 포장단위당 개수 등을 기록한다.

45 정답 ②

수의계약은 채소, 생선, 육류 등의 비저장품목을 수시로 구매할 때 주로 사용한다.

46 정답 ②

발주량 $= \dfrac{1인당\ 순\ 사용량(정미량)}{가식부율} \times 100 \times 예상식수$

가식부율 $= 100 - 폐기율(\%)$이므로,

$\dfrac{50}{100-25} \times 100 \times 200 = \dfrac{50 \times 30,000}{75} = 20,000 = 20(\text{kg})$

47 정답 ④

ABC 관리방식은 물품의 가치에 따라 A, B, C 등급으로 분류하여 등급에 따라 차별적으로 관리하는 재고관리 기법이다.

48 정답 ①

전수검사법은 납품된 모든 물품을 일일이 검사하는 방법으로, 고가의 품목인 경우 세밀히 검사하여 조금이라도 불량품이 없도록 하는 검사방법이다.

49 정답 ④

효율적인 저장관리 원칙
- 저장위치 표시의 원칙 : 저장해야 할 물품은 분류한 후 일정한 위치에 표식화하여 저장
- 분류저장 체계화의 원칙 : 가나다(알파벳) 순으로 진열하여 출고 시 시간과 노력을 줄임
- 품질보존의 원칙 : 납품된 상태 그대로 품질의 변화 없이 보존
- 선입선출의 원칙 : 먼저 입고된 물품이 먼저 출고되어야 함
- 공간활용 극대화의 원칙 : 확보된 공간의 활용을 극대화함으로써 경제적 효과를 높임

50 정답 ②

달걀은 표면이 꺼칠꺼칠하고 광택이 없는 것이 좋다.

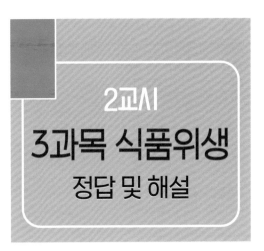

3과목 식품위생

01	③	02	⑤	03	⑤	04	③	05	③
06	⑤	07	④	08	③	09	④	10	②
11	④	12	③	13	⑤	14	②	15	①
16	⑤	17	③	18	③	19	④	20	③
21	①	22	②	23	①	24	②	25	⑤
26	⑤	27	④	28	②	29	③	30	①
31	②	32	①	33	①	34	④	35	①
36	⑤	37	⑤	38	②	39	③	40	②
41	①	42	④	43	③	44	③	45	④
46	⑤	47	②	48	③	49	②	50	③

01 정답 ③

식품의 위해요소 중 화학적 위해요소에는 방사성 물질, 유해첨가물, 잔류농약, 포장재·용기 용출물 등이 포함된다.

02 정답 ⑤

식품의 독성시험
- 급성 독성시험 : 실험 대상 동물에게 실험 물질을 1회만 투여하여 단기간에 독성의 영향 및 급성 중독증상 등을 관찰하는 시험방법
- 아급성 독성시험 : 실험 대상 동물 수명의 10분의 1정도의 기간에 걸쳐 치사량 이하의 여러 용량으로 연속 경구 투여하여 사망률 및 중독 증상을 관찰하는 시험

방법
• **만성 독성시험** : 시험 물질을 장기간 투여했을 때 일어나는 장애나 중독을 알아보는 시험방법

03 정답 ⑤

LD_{50}은 급성 독성시험의 결과값으로, 실험 대상 동물 50%가 사망할 때의 투여량을 말한다. LD_{50}의 수치가 낮을수록 독성이 강하다.

04 정답 ③

장내세균으로 히스타민을 축적하여 알레르기를 유발하는 세균은 Proteus속이다. 동물성 식품의 대표적 부패균으로 단백질 분해력이 강한 호기성 부패균이다.

05 정답 ③

Rhizopus(리조푸스)속은 거미줄곰팡이로 딸기·밀감·채소의 변패와 관계되며, 빵에 잘 번식하므로 빵 곰팡이라고도 부른다. 흔히 빵에 번식하는 검은 곰팡이이다.

06 정답 ⑤

① · ④ 세균
② · ③ 곰팡이

07 정답 ④

편성혐기성균은 산소가 존재하면 생육할 수 없는 균으로 보툴리누스균, 웰치균, 파상풍균이 여기에 속한다.

08 정답 ③

부패는 단백질을 많이 함유하는 식품이 주로 혐기성균의 작용으로 분해되어 저분자의 아민류, 암모니아, 페놀, 황화수소 등의 악취물질과 가스를 생성하는 현상이다.

09 정답 ④

생균수가 식품 1g당 $10^7 \sim 10^8$일 때 초기부패 단계로 판정한다.

10 정답 ②

분무건조는 분유, 인스턴트 커피 등의 액상식품의 건조에 이용된다.

11 정답 ④

고온단시간살균(HTST살균)은 우유를 71℃에서 15초간 가열하여 살균한다.

12 정답 ③

당의 농도가 50% 이상일 때 미생물의 생육이 억제된다.

13 정답 ⑤

고압증기멸균법은 121℃, 15Lb, 20분간 실시하며, 아포형성균의 멸균에 적절한 소독 방법이다.

14 정답 ②

석탄산계수는 살균력의 지표로 소독약의 소독력을 평가하는데 사용되며 석탄산계수가 높을수록 살균력이 좋다.

15 정답 ①

배설물 소독에 사용되는 크레졸수의 희석 농도는 3%이다.

16 정답 ⑤

차아염소산나트륨은 수산화나트륨 용액 등에 염소가스를 이용해 만든 염소계 살균소독제로, 과채류·용기·식기 등에 이용되며 표백과 탈취의 목적으로 사용된다.

정답 및 해설

17   정답 ③

살모넬라균은 그람음성 간균으로, 아포와 협막을 형성하지 않는 통성 혐기성균이다.

18   정답 ③

장염비브리오 식중독은 감염형 식중독에 해당한다.

19   정답 ④

보툴리누스균은 그람양성 간균으로 살균이 불충분한 소시지, 햄, 통조림, 병조림에서 증식한 세균이 분배하는 독소에 의하여 발생한다.

20   정답 ③

부패산물의 하나인 히스타민에 의한 식중독은 히스타민 함량이 많은 꽁치나 전갱어 같은 붉은 살 생선에 모르가니균이 증식하여 발생한다.

21   정답 ①

노로바이러스는 굴·조개·생선 등을 익히지 않고 먹거나 지하수 섭취가 원인이 된다. 성인인 경우 1~3일 설사가 지속된 후 자연치유 된다.

22   정답 ②

① · ④ 유해보존료, ③ 유해표백료, ⑤ 유해감미료

23   정답 ①

둘신은 백색 결정으로 냉수에 잘 녹지 않으며 열탕에 잘 녹고 설탕보다 약 250배의 단맛이 난다. 소화효소에 대한 억제작용, 신경계 자극, 혈액독 생성, 간종양 등의 원인이 되기도 한다.

24   정답 ②

롱가릿은 식품 사용에 금지된 유해성 표백제로, 포름알데히드를 발생하며 물엿의 표백에 사용되고 신장을 자극하여 독성을 나타낸다.

25   정답 ⑤

PCB 중독은 피부발진, 색소침착, 가려움, 피부의 각질화, 관절통 등의 증상을 일으킨다.

26   정답 ⑤

카드뮴은 이타이이타이병의 원인이 된 중금속으로 신장의 세뇨관에 축적되어 기능장애를 발생시킨다.

27   정답 ④

복어의 독성물질은 테트로도톡신으로, 열에 대한 저항력이 강하여 100℃에서 4시간의 가열로도 파괴되지 않는다.

28   정답 ②

대합조개, 섭조개, 홍합 등의 중독은 삭시톡신 독소에 의한 것으로 5~9월 특히 한여름에 독성이 가장 강하다.

29   정답 ③

독버섯의 독성물질로는 무스카린, 무스카리딘, 뉴린, 콜린, 팔린, 아마니타톡신 등이 있으며 일반적으로 무스카린에 의한 경우가 많다. 시큐톡신은 독미나리의 독성분이다.

30   정답 ①

감자를 저장할 때 생기는 녹색부위와 발아부위의 독소는 솔라닌으로, 물에 잘 녹지 않고 열에 강하며 보통의 조리법으로는 파괴되지 않는다.

31   정답 ②

① 듀린(dhurrin) – 수수

③ 사포닌(saponin) – 대두, 팥
④ 아코니틴(aconitine) – 오디
⑤ 시큐톡신(cicutoxin) – 독미나리

말라리아, 일본뇌염, 황열, 사상충, 페스트, 발진열, 서교증, 광견병, 유행성출혈열, 양충병 등

32   정답 ①

버섯의 살이 세로로 쪼개지는 것은 독이 없다.

33   정답 ①

② · ③ 세균성 감염병
④ 원충성 감염병
⑤ 리케차성 감염병

34   정답 ④

파상풍은 토양 감염에 의한 감염병이다. 수인성감염병은 병원성 미생물에 오염된 물에 의해 전달되는 감염병으로 콜레라, 장티푸스, 이질, 폴리오 등이 있다.

35   정답 ②

인수공통감염병은 동일병원체에 의하여 사람과 동물이 공히 감염되는 전염병으로 결핵(Tuberchlosis), 탄저병(Anthrax), 파상열(Brucella), 야토병, 돈단독, 리스테리아병(Listeriosis) 등이 있다.

36   정답 ⑤

리스테리아병(Listeriosis)은 가축이나 가금류에 의한 리스테리아균(Listeria monocytogenes) 감염으로 패혈증, 내척수막염, 자궁내막염(임산부) 등을 유발한다. 5℃ 이하에서도 증식하는 냉온성 세균으로 아이스크림과 냉동 돼지고기에서도 발견된다.

37   정답 ⑤

디프테리아는 진애감염에 의한 경구감염병이다.

경피감염병
• 상처를 통한 감염 : 파상풍, 트라코마, 매독, 나병 등
• 동물에 물리거나 쏘여서 감염 : 발진티푸스, 재귀열,

38   정답 ⑤

발진기 이후에 고환에 염증이 생겨 불임의 원인이 되기도 하는 호흡기계 감염병은 유행성이하선염으로, 예방접종의 실시와 환자의 격리가 중요하다.

39   정답 ③

렙토스피라증은 들쥐의 대소변과 타액으로 균이 배출된 후 경피감염되는 감염병으로 고열, 오한, 근육통, 황달, 출혈 등의 증세를 보인다.

40   정답 ②

요충
• 경구침입, 맹장, 충수돌기에 기생
• 집단생활하는 곳에 많이 발생, 항문 주위에 산란

41   정답 ①

폐디스토마(폐흡충)
• 제1중간숙주 : 다슬기
• 제2중간숙주 : 가재, 게, 참게

42   정답 ②

광절열두조충(긴촌충)
• 제1중간숙주 : 물벼룩
• 제2중간숙주 : 담수어(송어, 연어, 숭어)

43 정답 ④

요코가와흡충
• 제1중간숙주 : 다슬기
• 제2중간숙주 : 담수어(붕어, 은어 등)

44 정답 ③

익히지 않은 소고기 섭취로 감염될 수 있는 기생충은 무구조충(민촌충)으로, 중간숙주가 소이며 두부에 4개의 흡반이 있다.

45 정답 ④

고양이의 분변에 오염된 음식물이나 돼지고기의 생식에 의해 감염되는 것은 톡소플라즈마로, 중간숙주는 포유동물(고양이, 돼지, 원숭이, 쥐, 토끼 등)과 조류(참새, 병아리 등)이다.

46 정답 ⑤

중요관리점(Critical Control Point)이란 HACCP을 적용하여 식품의 위해요소를 예방·제어하거나 허용 수준 이하로 감소시켜 당해 식품의 안전성을 확보할 수 있는 중요한 단계·과정 또는 공정을 의미한다.

47 정답 ②

공정흐름도 작성은 HACCP(식품안전관리인증기준)의 준비단계에 해당한다.

HACCP(식품안전관리인증기준)의 7원칙
• 제1원칙 : 위해요소분석
• 제2원칙 : 중요관리점(CCP) 결정
• 제3원칙 : CCP 한계기준 설정
• 제4원칙 : CCP 모니터링체계 확립
• 제5원칙 : 개선조치방법 수립
• 제6원칙 : 검증절차 및 방법 수립
• 제7원칙 : 문서화, 기록유지방법 설정

48 정답 ③

HACCP(식품안전관리인증기준)의 7원칙 중 CCP는 제2원칙의 중요관리점 결정에 해당한다.

49 정답 ②

HACCP 적용업소는 관계 법령에 특별히 규정된 것을 제외하고는 관리되는 사항에 대한 기록을 2년간 보관하여야 한다.

50 정답 ③

식품안전관리인증기준(HACCP) 대상식품에서 음료류 중 다류 및 커피류는 제외된다.

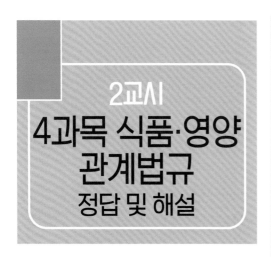

4과목 식품·영양 관계법규

01	⑤	02	②	03	⑤	04	②	05	①
06	⑤	07	③	08	②	09	③	10	②
11	④	12	④	13	⑤	14	⑤	15	①
16	②	17	⑤	18	⑤	19	⑤	20	②
21	⑤	22	⑤	23	④	24	③	25	①
26	②	27	③	28	②	29	④	30	②
31	②	32	⑤	33	③	34	①	35	②
36	④	37	⑤	38	③	39	⑤	40	③
41	③	42	⑤	43	③	44	②	45	②
46	③	47	④	48	⑤	49	⑤	50	①

01 　　　　　　　　　　　　　　정답 ⑤

식품위생법상 식품이란 의약으로 섭취하는 것을 제외한 모든 음식물을 말한다.

02 　　　　　　　　　　　　　　정답 ②

집단급식소는 영리를 목적으로 하지 아니하면서 특정 다수 인에게 계속하여 음식물을 공급하는 다음의 어느 하나에 해 당하는 곳의 급식시설로서 대통령령으로 정하는 시설을 말 한다.
① 영리를 목적으로 하지 않는다.
③ 계속하여 음식물을 공급한다.
④ 휴게음식점은 집단급식소에 해당하지 않는다.
⑤ 1회 50명 이상에게 식사를 제공하는 급식소를 말한다.

03 　　　　　　　　　　　　　　정답 ⑤

식품의약품안전처장은 국민 건강을 보호·증진하기 위하여 필요하면 판매를 목적으로 하는 식품 또는 식품첨가물에 관 한 사항을 정하여 고시한다.

04 　　　　　　　　　　　　　　정답 ②

식품위생감시원의 직무
- 식품 등의 위생적인 취급에 관한 기준의 이행 지도
- 수입·판매 또는 사용 등이 금지된 식품 등의 취급 여 부에 관한 단속
- 표시기준 또는 과대광고 금지의 위반 여부에 관한 단속
- 출입·검사 및 검사에 필요한 식품 등의 수거
- 시설기준의 적합 여부의 확인·검사
- 영업자 및 종업원의 건강진단 및 위생교육의 이행 여 부의 확인·지도
- 조리사 및 영양사의 법령 준수사항 이행 여부의 확 인·지도
- 행정처분의 이행 여부 확인
- 식품 등의 압류·폐기 등
- 영업소의 폐쇄를 위한 간판 제거 등의 조치
- 그밖에 영업자의 법령 이행 여부에 관한 확인·지도

05 　　　　　　　　　　　　　　정답 ①

영업자 및 그 종업원은 매 1년마다 건강진단을 받아야 한다. 건강진단의 유효기간은 1년으로 하며, 직전 건강진단의 유효 기간이 만료되는 날의 다음 날부터 기산한다.

06 　　　　　　　　　　　　　　정답 ⑤

영업에 종사하지 못하는 질병의 종류
- 결핵(비감염성인 경우 제외)
- 콜레라, 장티푸스, 파라티푸스, 세균성이질, 장출혈성 대장균감염증, A형간염
- 피부병 또는 그 밖의 고름형성(화농성) 질환
- 후천성면역결핍증(성매개감염병에 관한 건강진단을 받아야 하는 영업에 종사하는 사람만 해당)

07 정답 ③

식품위생법상 영업을 하려는 자가 받아야 하는 식품위생 교육시간

8시간	• 식품제조 · 가공업의 영업을 하려는 자 • 즉석판매제조 · 가공업의 영업을 하려는 자 • 식품첨가물제조업의 영업을 하려는 자
6시간	• 식품접객업의 영업을 하려는 자 • 집단급식소를 설치 · 운영하려는 자
4시간	• 식품운반업의 영업을 하려는 자 • 식품소분 · 판매업의 영업을 하려는 자 • 식품보존업의 영업을 하려는 자 • 용기 · 포장류제조업의 영업을 하려는 자

08 정답 ②

집단급식소의 모범업소 지정기준
• 식품안전관리인증기준(HACCP) 적용업소로 인증받아야 한다.
• 최근 3년간 식중독이 발생하지 아니하여야 한다.
• 조리사 및 영양사를 두어야 한다.
• 그 밖에 일반음식점이 갖추어야 하는 기준을 모두 갖추어야 한다.

09 정답 ③

식품위생법상 식품안전관리인증기준 대상 식품에서 음료류 중 다류 및 커피류는 제외한다.

10 정답 ②

위생등급의 유효기간은 위생등급을 지정한 날부터 2년으로 한다. 다만, 총리령으로 정하는 바에 따라 그 기간을 연장할 수 있다.

11 정답 ④

식품위생법상 식품안전관리인증기준 적용업소의 신규 교육 훈련 시간은 영업자의 경우 2시간 이내, 종업원의 경우 16시간 이내이다.

12 정답 ④

집단급식소에 근무하는 조리사의 직무
• 집단급식소에서의 식단에 따른 조리업무(식재료의 전처리에서부터 조리, 배식 등의 전 과정)
• 구매식품의 검수 지원
• 급식설비 및 기구의 위생 · 안전 실무
• 그 밖에 조리실무에 관한 사항

13 정답 ⑤

집단급식소 운영자가 영양사를 두지 않아도 되는 경우
• 집단급식소 운영자 자신이 영양사로서 직접 영양 지도를 하는 경우
• 1회 급식인원 100명 미만의 산업체인 경우
• 조리사가 영양사의 면허를 받은 경우(다만, 총리령으로 정하는 규모 이하의 집단급식소에 한정)

14 정답 ⑤

조리사가 되려는 자는 국가기술자격법에 따라 해당 기능분야의 자격을 얻은 후 특별자치시장 · 특별자치도지사 · 시장 · 군수 · 구청장의 면허를 받아야 한다.

15 정답 ①

식품의약품안전처장은 식품위생 수준 및 자질의 향상을 위하여 필요한 경우 조리사와 영양사에게 교육(조리사의 경우 보수교육 포함)을 받을 것을 명할 수 있다. 다만, 집단급식소에 종사하는 조리사와 영양사는 1년마다 교육을 받아야 한다.

16 정답 ②

식품의약품안전처장 또는 특별자치시장 · 특별자치도지사 · 시장 · 군수 · 구청장은 조리사가 결격사유에 해당하거나 업무정지기간 중에 조리사 업무를 하는 경우 그 면허를 취소하여야 한다.

17   정답 ⑤

식중독 환자나 식중독이 의심되는 자를 진단하였거나 그 사체를 검안한 의사 또는 한의사는 지체 없이 관할 특별자치시장·시장(제주특별자치도 설치 및 국제자유도시 조성을 위한 특별법에 따른 행정시장 포함)·군수·구청장에게 보고하여야 한다.

18   정답 ⑤

집단급식소를 설치·운영하는 자는 조리·제공한 식품의 매회 1인분 분량을 섭씨 영하 18도 이하로 144시간 이상 보관해야 한다.

19   정답 ⑤

마황, 부자, 천오, 초오, 백부자, 섬수, 백선피, 사리풀을 원료 또는 성분으로 사용하여 판매할 목적으로 식품 또는 식품첨가물을 제조·가공·수입 또는 조리한 자는 1년 이상의 징역에 처한다.

20   정답 ②

소해면상뇌증(광우병), 탄저병, 가금 인플루엔자에 걸린 동물을 사용하여 판매할 목적으로 식품 또는 식품첨가물을 제조·가공·수입 또는 조리한 자는 3년 이상의 징역에 처한다.

21   정답 ⑤

식품보관실은 환기·방습이 용이하며, 식품과 식재료를 위생적으로 보관하는데 적합한 위치에 두되, 방충 및 쥐막기 시설을 갖추어야 한다.

22   정답 ②

조리장의 내부벽은 내구성, 내수성이 있는 표면이 매끈한 재질이어야 한다.

23   정답 ④

> **영양교사의 직무**
> - 식단작성, 식재료의 선정 및 검수
> - 위생·안전·작업관리 및 검식
> - 식생활 지도, 정보 제공 및 영양상담
> - 조리실 종사자의 지도·감독
> - 그 밖에 학교급식에 관한 사항

24   정답 ③

학교급식을 위한 식품비는 보호자가 부담하는 것을 원칙으로 한다.

25   정답 ①

쇠고기는 등급판정의 결과 3등급 이상인 한우 및 육우를 사용한다.

26   정답 ②

식품취급 및 조리작업자는 6개월에 1회 건강진단을 실시하고, 그 기록을 2년간 보관하여야 한다. 다만, 폐결핵검사는 연 1회 실시할 수 있다.

27   정답 ③

가열조리 식품은 중심부가 75℃(패류는 85℃) 이상에서 1분 이상으로 가열되고 있는지 온도계로 확인하고, 그 온도를 기록·유지하여야 한다.

28   정답 ②

위생·안전관리기준 이행여부의 확인·지도 : 연 2회 이상

29   정답 ④

보건복지부장관은 국민건강증진정책심의위원회의 심의를 거쳐 국민건강증진종합계획을 5년마다 수립하여야 한다. 이 경우 미리 관계중앙행정기관의 장과 협의를 거쳐야 한다.

정답 및 해설

30 　　　　　　　　　　　　　　　　　　정답 ②

질병관리청장은 보건복지부장관과 협의하여 국민의 건강상태 · 식품섭취 · 식생활조사 등 국민의 건강과 영양에 관한 조사를 정기적으로 실시한다.

31 　　　　　　　　　　　　　　　　　　정답 ②

국민건강영양조사

건강조사	영양조사
• 가구에 관한 사항 • 건강상태에 관한 사항 • 건강형태에 관한 사항	• 식품섭취에 관한 사항 • 식생활에 관한 사항

32 　　　　　　　　　　　　　　　　　　정답 ④

건강조사 항목
- **가구에 관한 사항** : 가구유형, 주거형태, 소득수준, 경제활동상태 등
- **건강상태에 관한 사항** : 신체계측, 질환별 유병 및 치료 여부, 의료 이용 정도 등
- **건강행태에 관한 사항** : 흡연 · 음주 형태, 신체활동 정도, 안전의식 수준 등

33 　　　　　　　　　　　　　　　　　　정답 ③

영양조사원
- 영양사
- 학교에서 식품영양 관련 학과 또는 학부를 졸업한 사람 또는 이와 같은 수준 이상의 학력이 있다고 인정되는 사람

34 　　　　　　　　　　　　　　　　　　정답 ①

영양지도원의 업무
- 영양지도의 기획 · 분석 및 평가
- 지역주민에 대한 영양상담 · 영양교육 및 영양평가

- 지역주민의 건강상태 및 식생활 개선을 위한 세부 방안 마련
- 집단급식시설에 대한 현황 파악 및 급식업무 지도
- 영양교육자료의 개발 · 보급 및 홍보
- 그 밖에 규정에 준하는 업무로서 지역주민의 영양관리 및 영양개선을 위하여 특히 필요한 업무

35 　　　　　　　　　　　　　　　　　　정답 ②

기본계획을 통보받은 시장 · 군수 · 구청장은 국민영양관리시행계획을 수립하여 매년 1월 말까지 특별시장 · 광역시장 · 도지사 · 특별자치도지사에게 보고하여야 하며, 이를 보고받은 시 · 도지사는 관할 시 · 군 · 구의 시행계획을 종합하여 매년 2월 말까지 보건복지부장관에게 제출하여야 한다.

36 　　　　　　　　　　　　　　　　　　정답 ④

영양·식생활 교육 내용
- 생애주기별 올바른 식습관 형성 · 실천에 관한 사항
- 식생활 지침 및 영양소 섭취기준
- 질병 예방 및 관리
- 비만 및 저체중 예방 · 관리
- 바람직한 식생활문화 정립
- 식품의 영양과 안전
- 영양 및 건강을 고려한 음식 만들기
- 그 밖에 보건복지부장관, 시 · 도지사 및 시장 · 군수 · 구청장이 국민 또는 지역 주민의 영양관리 및 영양개선을 위하여 필요하다고 인정하는 사항

37 　　　　　　　　　　　　　　　　　　정답 ②

질병관리청장은 보건복지부장관과 협의하여 영양정책 및 영양관리사업 등에 활용할 수 있도록 식품 및 영양에 관한 통계 및 정보를 수집 · 관리하여야 한다.

38 　　　　　　　　　　　　　　　　　　정답 ③

지역사회의 영양문제에 관한 연구 조사
- 식품 및 영양소 섭취조사
- 식생활 행태 조사

- 영양상태 조사
- 식품의 영양성분 실태조사
- 당·나트륨·트랜스지방 등 건강 위해가능 영양성분의 실태조사
- 음식별 식품재료량 조사
- 그 밖에 국민의 영양관리와 관련하여 보건복지부장관, 질병관리청장 또는 지방자치단체의 장이 필요하다고 인정하는 조사

39 정답 ⑤

국민영양관리법상 영양소 섭취기준 및 식생활 지침의 발간 주기는 5년으로 하되, 필요한 경우 그 주기를 조정할 수 있다.

40 정답 ③

국민영양관리법상 B형간염 환자를 제외한 감염병환자가 영양사 면허를 받을 수 없다. 즉, B형간염 환자는 영양사 면허를 받을 수 있다.

41 정답 ③

보건복지부장관은 영양사의 면허를 부여할 때에는 영양사 면허대장에 그 면허에 관한 사항을 등록하고 면허증을 교부하여야 한다. 다만, 면허증 교부 신청일 기준으로 결격사유에 해당하는 자에게는 면허 등록 및 면허증 교부를 하여서는 아니 된다.

42 정답 ④

영양사협회의 장은 영양사의 보수교육을 2년마다 6시간 이상 실시해야 한다.

43 정답 ③

국민영양관리법상 영양사가 그 업무를 행함에 있어서 식중독이나 그 밖의 위생과 관련한 중대한 사고 발생에 직무상의 책임이 있는 경우 1차 위반 시 면허정지 1개월, 2차 위반 시 면허정지 2개월, 3차 이상 위반 시 면허취소 처분을 받는다.

44 정답 ②

영양사 면허를 받지 않고 영양사라는 명칭을 사용한 사람은 300만원 이하의 벌금에 처한다.

45 정답 ②

넙치, 조피볼락, 참돔, 미꾸라지, 뱀장어, 낙지, 명태(황태, 북어 등 건조한 것은 제외), 고등어, 갈치, 오징어, 꽃게, 참조기, 다랑어, 아귀, 주꾸미, 가리비, 우렁쉥이, 전복, 방어 및 부세(해당 수산물가공품 포함)는 원산지 표시 대상이다.

46 정답 ③

교육·보육시설 등 미성년자를 대상으로 하는 영업소 및 집단급식소의 경우에는 원산지가 적힌 주간 또는 월간 메뉴표를 작성하여 가정통신문(전자적 형태의 가정통신문 포함)으로 알려주거나 교육·보육시설 등의 인터넷 홈페이지에 추가로 공개하여야 한다.

47 정답 ④

국내에서 배추김치를 조리하여 판매·제공하는 경우에는 "배추김치"로 표시하고, 그 옆에 괄호로 배추김치의 원료인 배추(절인 배추 포함)의 원산지를 표시한다. 이 경우 고춧가루를 사용한 배추김치의 경우에는 고춧가루의 원산지를 함께 표시한다.

48 정답 ⑤

즉석판매제조·가공업 영업자가 제조·가공하거나 덜어서 판매하는 식품은 영양표시 대상에서 제외된다.

49 정답 ⑤

표시 대상 영양성분 : 열량, 나트륨, 탄수화물, 당류, 지방, 트랜스지방, 포화지방, 콜레스테롤, 단백질

50 정답 ①

알레르기 유발물질 : 알류(가금류만 해당), 우유, 메밀, 땅콩,

대두, 밀, 고등어, 게, 새우, 돼지고기, 복숭아, 토마토, 아황산류(이를 첨가하여 최종 제품에 이산화황이 1킬로그램당 10밀리그램 이상 함유된 경우만 해당), 호두, 닭고기, 쇠고기, 오징어, 조개류(굴, 전복, 홍합 포함), 잣

결코 남이 편견을 버리도록 설득하려 하지 마라.
사람이 설득으로 편견을 갖게 된 것이 아니듯이, 설득으로 버릴 수 없다.

Never try to reason the prejudice out of a man.
It was not reasoned into him, and cannot be reasoned out.

– 시드니 스미스

Challenges are what make life interesting;
overcoming them is what makes life meaningful.

도전은 인생을 흥미롭게 만들며, 도전의 극복이 인생을 의미있게 한다.

– Joshua J. Marine 조슈아 J. 마린